KB030995

인공지능/연결기반

자율주행차량

공학박사 **김 재 휘** 著

머리말

2022년 9월 19일, 정부는 "모빌리티 혁신 로드맵"을 발표하고, 자율주행차량(AV: Autonomous Vehicles)과 도심항공 모빌리티(UAM: Urban Air Mobility)의 상용화 계획뿐만 아니라 로봇 배송, '하이퍼튜브' 물류 서비스, 수요응답형 교통 서비스, 모빌리티 특화 도시 조성 등이 담긴, 방대한 계획을 제시하였다. 실현 여부와 관계없이, 우리는 공상과학소설에서 읽었던 것들을 실현하고자, 도전하는 시대에 살고 있다.

반도체, 컴퓨터, 센서, 배터리, 전동기, 이동통신 및 GNSS 기술의 발전, 연결기반 차세대 지능형 교통체계(C-ITS & C-V2X)의 구축, 그리고 인공지능 알고리즘의 비약적인 발전 덕분에, 차세대 운송수단으로 자연스럽게 떠오른 것이, 자율주행차량과 도심 항공 모빌리티(UAM)이다. 아주 가까운 미래에 완전 자율주행차량(SAE L5)이 상용화될 것처럼 홍보하지만, 실현까지에는 험난하면서도 긴 여정을 거쳐야 할 것이며, 동시에 혹독한 대가도 지불해야 할 것이다.

기술적으로는 물론이고, 윤리적, 사회적, 법적, 심리적, 또는 교통 측면에서 난제들을 해결, 또는 사회적 합의에 도달해야 하는 것이 첫 번째 과제이다.

자율주행차량의 센서는 동시에 처리해야 하는 방대한 양의 데이터를 생성한다. 차량의 카메라, 라이더, 레이더 및 기타 센서의 수에 따라 최대 초당 1기가 바이트(Gbps) 이상의 데이터 전송속도가 필요한 상황이다. 따라서, 해당 차량이 생성하는 데이터는 시간당 약 3.6TB (Tera Byte), 하루 8시간 주행하면, 28.8TB가 된다. 더구나, 연결기반-자율주행 기능을 모두 구현한 미래 차량은, 시간당 5.17TB, 하루(8시간)에 약 40TB 이상의 데이터를 생성하고 처리해야 할 것이며, 기술개발이 진행될수록 처리해야 하는 센서 데이터의 양은 기하급수적으로 계속 증가할 것 [Miller, R et al. 2022]으로 예측하는 전문가들이 늘어나고 있다.

심층학습 중심의 인공지능 기술(모델)들은 기초 basic 기법들에 해당하는 것으로 실제로는 기술별로 다양한 변형과 발전된 기법들이 다수 존재한다. 그리고 수많은 새로운 기법들이 쏟아져 나오고 있다. 지금까지 공개된 기법들은 거의 모두 시작에 불과하며, 내일이 되면 쓸모없는, 과거의 유물이 될 수도 있다. 또한, 심층학습 신경망 인공지능 기술은 여전히 해결해야 할, 많은 문제를 내포하고 있다.

첫째, 학습 결과의 정확도와 일반화 성능을 보장할 수 있는, 양질의 학습 데이터(예제)를 대규모로 확보하는 문제, 둘째, 어떤 논리와 근거로 판단하는지 알 수 없는 블랙박스 black-box 라는 약점, 셋째, 논리적 추론 능력이 크게 떨어진다는 문제가 있다.

일반적으로 매우 큰 차원을 가지는, 연속 상태 공간 학습 데이터로 대응해야 하는데, 심층학습 기술은 이러한 문제의 추론 능력 측면에서, 인간의 인지, 판단, 제어 속도를 따라가지 못한다. 따라서 신속한 인지, 판단, 제어가 요구되는 위급상황에 대응할 수 있는, 추론 능력을 충분히 확보해야 하는 문제가 있다.

기계학습(심층학습) 신경망 방식에서는 AI가 질문을 제대로 이해하고 답하는 것이 아니라, 통계적으로 확률이 가장 높은 답을 선택하는 것에 불과하므로, 복합 경계조건 corner case에서는 실패 확률이 높다. 따라서 기계학습(심층학습) 방식 AI의 단점을 극복하기 위한, 대응책을 찾아야 한다.

운전 자동화 기술의 발전으로 얻을 수 있는 다양한 이점에도 불구하고, 몇 가지 예측 가능한 문제가 지속될 것이다: 예를 들면, 기계 오류 및 고장, 불분명한 데이터 보안 문제 및 사이버 범죄의 위협. 소프트웨어 오류로 인한 사고, 인간의 신뢰성을 기계의 신뢰성으로 대체 가능한지 의문, 다양한 기상 환경에 대한 자동차 센서 시스템의 민감도, 자율주행 제어기술의 완성도 미흡, 자율주행차량 사고의 윤리적, 법적 문제-소위 도덕적 기계의 딜레마 등등.

우리는 현재 인간의 인지능력을, 제한된 에너지 자원을 가진 차량에서 구현할 수 있을 정도로 잘, 그리고 계산 효율적으로 모방할 수 있는 단계에 도달하지 않았다. 그러나, 역설적으로 자율주행차량은 인간보다 우수하면서도, 동시에 안전해야 사회에서 인정받을 수 있을 것이다.

인공지능/연결기반 자율주행차량의 핵심기술은 센서, 컴퓨터 하드웨어와 소프트웨어, 자율주행차량 제어를 위한 인공지능 알고리즘, 차세대 지능형 교통체계, 사이버 보안, 개인정보 보호 등에 관한 기술이다. 이 책은 이와 같은 관점에서, 대학에서 자동차를 공부하는 학생들, 현장기술자, 그리고 자동차 분야에 관심이 있는 다양한 계층이 읽을 수 있도록, **센서/센서 융합, 컴퓨팅 시스템 아키텍처, 인공지능, 주행환경과 차량의 상호작용, 차량의 의사결정 및 제어, 차세대 지능형 교통체계와 C-V2X, 사이버 보안/개인정보 보호, 사용사례와 미래 전망** 등에 관해 기초부터 체계적으로 상세하게, 그리고 쉽게 서술하였다.

이 책이 젊은 학생들과 현장 기술자들의 미래에 도움이 되고, 전문가들이 자율주행기술을 미래 사회의 이익에 공헌하는 방향으로 활용하는 데 도움이 되기를 희망하며 동시에, 자동차공업의 발전에 다소나마 기여할 수 있기를 기대하면서, 뜻하지 않은 오류가 있다면 독자 여러분의 기탄없는 질책과 조언을 수용, 수정해 나갈 것을 약속드립니다.

먼저, 이 책에 인용한 많은 참고문헌 및 논문의 저자들에게 감사드리며, 특히 이 책을 집필할 수 있도록 제반 편의는 물론이고, 많은 자료를 제공해 주신 O.Y. KIM께 감사를 드립니다.

아울러 어려운 여건임에도 불구하고, 독자 여러분을 위해 기꺼이 출판을 맡아주신 (주)골든벨 김길현 사장님, 편집부 조경미 국장님, 그리고 직원 여러분께 진심으로 감사드립니다.

끝으로 소중한 내 마음의 보석, 연희와 정헌의 바르고 착한 삶은, 집필하는 힘의 근원이었다. 두 사람의 밝은 미래와 행복을 기원하며, 손자와 만날 날도 기대한다. 또, 사랑하는 지우와 선우의 희망찬 미래에 신의 가호가 함께 하기를 기원한다.

2022. 12. 1

저자 김 재 휘

차례

chapter 1 총론

chapter 2 하드웨어-센서

chapter 4 차량용 인공지능 Artificial Intelligence for Vehicles

chapter 5 주행환경과 차량의 상호작용

chapter 8 차량의 기능적 안전, 사이버 보안 및 개인정보 보호

chapter 9 적용 사례와 미래 전망

Chapter 1

총론

Generals

총론

1-1 자율주행차량의 정의

Definition of autonomous driving vehicles

가까운 장래에 운전 자동화 차량 Driving Automated Vehicle 소위, 자율주행차량 autonomous vehicle 이 공공 도로교통의 한 축이 될 것으로 예상하는 사람들이 증가하고 있다. 필요한 정보는 카메라, 라이더Lidar 또는 레이더RADAR와 같은 센서들이 제공하며, 컴퓨터는 찰나의 시간에 실시간으로 정보를 처리하고, 이들 차량은 서로, 그리고 교통 기반시설 infrastructure과 계속해서 정보를 교환, 운전 자동화를 실현할 것으로 기대하고 있다. 그러나, 아직 해결되지 않은 기술적인 문제들이 많으며, 혁신적인 기술만으로 자율주행을 실현할 수 있는 것도 아니다. 먼저 윤리적, 사회적, 법적, 심리적, 또는 교통 관련 측면에서 여러 가지 난제들을 해결, 또는 사회적 합의에 도달해야 할 것이다.

가장 중요하면서도 난해한 주제는 윤리적 문제라는데 이견이 없다. 자율주행차량의 의사결정이, 윤리적 문제를 성공적으로 해결한 경우에만, 실제로 자기 존재를 주장할 수 있을 것이다. 예를 들어, 피할 수 없는 충돌의 경우, 어떤 행동이 차량 내/외부의 관련된 인간들에게 최소한의 피해를 줄 것인지를 따져봐야 하는, 이른바 진퇴양난dilemma의 상황에서 특히 그렇다. 해결해야 할 또 다른 핵심 질문은, 어떤 법적 문제가 발생할 것인지(예: 교통법규)이다.

먼저 자율주행차량에 대한 개념부터 살펴보자.

1 자율 및 자율주행차량의 정의 Definition of Autonomy and Autonomous Vehicles

'자율(自律 : autonomous)'의 개념에 관한 보편적인 정의는 없다. 자율성autonomy이란 개인이나 개체(個體)가 스스로 또는 자신의 규칙에 따라 통치하는 능력에 관한 것으로서, 어원학적 의미에서 '자율성autonomy'이라는 단어는 그리스어에서 유래한다. 'autos'는 자신을 의미하고, 'nomos'는 법, 규칙을 의미한다.

그러므로, 자율주행차량(自律走行車輛)은 특정 규칙에 따라 스스로 반응, 동작할 수 있는 차량이라고 말할 수 있다. 유럽 의회에서 제정한 시민 로봇 규칙에 따르면, 로봇의 자율성은 외부 통제나 영향과 무관하게, 외부 세계에서 결정을 내리고 실행에 옮길 수 있는 능력으로 정의하고 있다. 또 '자율주행'이라는 표현은 불완전하게 보일 수 있으므로 '제어 위임 control delegation'이라는 용어가 더 적절하다는 견해도 있다.

용어의 교차성(交叉性)을 감안할 때, 정의는 실제로 복잡하다. 먼저 기술적 측면을, 그리고 이어서 법적 측면을 고려하여, 접근하는 것이 타당하다는 견해가 일반적이다.

실제로 "SAE J3016, 도로 자동차용 운전 자동화 시스템 관련 용어의 분류 및 정의"에서는 자율autonomous이라는 용어 대신에, 운전 자동화driving automation 또는 자동화된 운전 시스템 ADS: Automated Driving System이라는 용어를 권장하고 있다. SAE J3016 제 7.1항에서, 찬성하지 않는 용어deprecated terms에서의 설명은 다음과 같다 [1].

자율autonomous이라는 용어는 로봇공학 및 인공지능 연구 분야에서 독립적이고 자급 자족적으로 결정을 내릴 수 있는 능력과 권한을 가진 시스템을 의미하기 위해 오래전부터 사용하고 있다. 시간이 지남에 따라 이 사용법은 의사결정을 포함할 뿐만 아니라, 전체 시스템 기능을 나타내도록 자연스럽게 확장되어 자동화automated와 동의어가 되었다. 이러한 사용은 소위 '자율주행차량autonomous vehicle'이 중요한 기능(예: 데이터 획득 및 수집)을 위해 외부 기관과의 통신 및/또는 협력에 의존하는지에 관한 질문을 모호하게 한다. 일부 운전 자동화 시스템이 모든 기능을 독립적으로 자급자족하여 수행하는 경우는, 실제로 자율적autonomous일 수 있지만, 외부 기관과의 통신 및/또는 협력에 의존하는 경우는, 자율적이기보다는 협력적cooperative인 것으로 간주해야 한다. 일부 언어 사용은 자율주행을 완전 운전 자동화(수준 5)와 구체적으로 연관시키는 반면, 다른 용도는 모든 수준의 운전 자동화에 적용하며, 일부 주 법률에서는 수준 3 이상의 자동화된 운전 시스템ADS 또는 ADS가 장착된 차량이 대략 이에 해당하는 것으로 정의하고 있다.

또한 법학에서 자율성autonomy은, 자기통제권自己統制權: self-governance을 의미한다. 이런 의미에서 자율autonomous도 자동화된automated 운전기술에 적용되는 잘못된 용어이다. 가장 발전된 ADS(자동화된 운전 시스템)도 자기 통제(또는 지배)가 아니기 때문이다. 오히려, ADS는 알고리즘을 기반으로 작동하며, 그렇지 않으면 사용자의 명령을 따른다.

이러한 이유로, 이 문서(SAE J3016)에서는 널리 사용되는 자율autonomous이라는 용어를, 운전 자동화driving automation 설명에 사용하지 않는다.

자율 autonomous, 자력주행self-driving, 무인unmanned, 로봇robot과 같은 용어들은 때때로 운전 자동화 시스템 및/또는 이를 갖춘 차량을 특성화하는데, 일관되지 않고 혼란스럽게 사용되고 있다. 자동화는 사람의 노동을 대체하기 위해 전자 또는 기계 장치를 사용하는 것이기 때문에 옥스포드 영어사전Oxford English Dictionary에 따르면 자동화 automation(문맥 일치를 위해 'drive'로 수정함)는 DDT Dynamic Driving Task; 동적 운전작업의 일부 또는 전체를 수행하는 시스템에 적합한 용어이다. 다른 용어를 사용하면 혼동, 오해 및 신뢰성 저하가 발생할 수 있다.

그러나, SAE의 권고와는 다르게 실제로는, 소위 자율주행自律走行; autonomous driving, 자력 주행self-driving 또는 무인 주행driverless driving이라는 용어가 '운전자동화 또는 자동운전'과 같은 의미로 일반 대중, 또는 법령에 공식적으로 널리 사용되고 있다. 게다가 '자율주행 자동차'라는 용어 자체도 '자율주행'에 이미 '자동(自動)'이라는 개념이 포함되어 있으므로, 중복을 피해서, '자율주행차량 autonomous driving vehicle'이라고 하는 것이 옳다는 견해도 있다.

이처럼 '자율주행 자동차'라는 용어에 관한 의견이 다양하다는 점을 먼저 이해할 필요가 있다. 따라서 이 책에서는 특별한 경우(예: 법률 설명)를 제외하고는 '자율자동차 또는 자율주행 자동차' 대신에 '자율주행차량' 또는 자동(화된)운전 시스템 ADS: Automated Driving System이라는 용어를 주로 사용할 것이다.

우리나라 **자동차 관리법 "제2조(정의) 1의 3**에서는, '자율주행 자동차'란 운전자 또는 승객의 조작 없이, 자동차 스스로 운행이 가능한 자동차를 말한다."고 정의하고 있으며, **자율주행자동차 상용화 촉진 및 지원에 관한 법률 제2조 1항**에 "자율주행자동차"란 「자동차관리법」 제2조 제1호의 3에 따른 운전자 또는 승객의 조작 없이 자동차 스스로 운행이 가능한 자동차를 말한다고 정의하고 있다. 여기서 사람마다 상상하는 자율주행차량이 서로 다를 수 있다. 어떤 사람은 운전자가 전혀 필요 없이, 완전히 독립적으로 주행하는 차량(SAE L5)으로 이해할 수도 있으며, 또 다른 사람은 자율적인 결정을 내리고, 스스로 주행하지만, 비상 상황이 발생하면, 운전에 개입할 준비가 되어 있는, 인간 운전자가 여전히 운전석을 차지하고 있는 차량을 상상할 수도 있을 것이다.

인간 운전자가 차량을 운전하는 과정을 보면, 우선 목적지를 선택하고 출발지에서 목적지까지의 경로를 결정한다. 운전을 시작하고 나서는, 주변을 계속 육안으로 감시하면서 운전한다. 여기에는 건물, 나무, 도로 표지판, 주차된 자동차 및 동물과 같은 정적 개체가 포함된다. 때때로 이러한 개체 중 하나, 또는 보행자가 도로를 차단할 수 있으며, 이 경우에는, 어떤 식으로든 대응해야 한다. 그동안, 운전자는 교통법규를 준수하면서 필요한 방향으로 차량을 구동하기 위해, 차 안에서 사용 가능한 모든 수단을 사용할 것이다.

이러한 방식으로 설명하면, 이들 단계 중 일부는 사람의 개입 없이 수행될 수 있으며, 실제로 오늘날 우리 주변의 많은 수송수단 예를 들면, 비행기, 기차, 그리고 선박까지도 모두 어느 정도 자동화되어 있다. 우리가 이미 사용할 수 있는 컴퓨팅 성능을 적용하고, 이를 신뢰할 수 있는 센서, 지능형 알고리즘 및 기타 구성 요소와 결합하여, 어느 정도 운전 행위를 복제하는 것이 가능한 시대가 되었다.

자동운전 시스템(ADS) 산업에서 명확성과 공정한 경쟁의 장을 제공하기 위해 SAE international 및 독일연방 도로기술 연구소 BASt: Bundesanstalt für Straßenwesen와 같은 기관은 운전 자동화 정도에 따라 자동차를 분류하고 있다. 가장 널리 적용되는 기준 중 하나는, "SAE J3016 Taxonomy and Definitions for Terms Related to Driving Automation Systems for On-Road Motor Vehicles"(June 2018)이다.

운전 자동화 수준에 따라 차량이 어떤 운전기능을 인수하고, 인간 운전자에게 어떤 책임이 남아있는지에 대한 기준을 제시하고 있다. 그러나, 우리는 기술적인 것뿐만 아니라 법적, 윤리적 고려 사항에서도 이러한 구분이 필요하다.

2 SAE J3016, 도로 자동차용 운전 자동화 시스템 관련 용어의 분류 및 정의[1]

2012년 1월 독일 연방도로기술연구소 Bundesanstalt fuer Strassenwesen: BASt가 자동차의 자동화 수준을 5단계로 분류, 발표하였고, 2013년 5월 미국 연방 도로교통안전국(NHTSA)도 이와 유사한 5단계 기준을 공표하였다. 2014년 1월, SAE International이하 'SAE'은 독일의 분류체계를 포함한, 자동운전시스템 또는 운전자동화기술을 단계 0부터 단계 5까지 6단계로 구분한 J3016을 공표하였다. SAE J3016은 계속 수정 보완, 발표되고 있다.

자동차수준	⇨ BASt	⇨ NHTSA	⇨ SAE(J 3016)
			Level 5–full automation
	Vollautomatisiert	Level 4–full self–driving automation	Level 4–high automation
	Hochautomatisiert	Level 3–limited self–driving automation	Level 3–comditional automation
	Teilautomatisiert	Level 2–combined function automation	Level 2–partial automation
	Assistiert	Level 1–function specific automation	Level 1–driver automation
	Driver only	Level 0–no automation	Level 0–no automation

그림 1-1 BASt, NHTSA, SAE(J3016)에 따른 자동화 수준 분류

SAE J3016의 운전 자동화 기술 단계 구분은 국제 표준으로 자리 잡고 있다. 강제 규정은 아니지만, 미국 교통부(DOT)와 고속도로교통안전국(NHTSA), 영국, 독일을 비롯한 EU,

우리나라, 일본과 호주 등 각국 정부의 입법에도 직접적인 영향을 미치고 있다.

SAE J3016은 기술 사양이 아닌 합리적인 합의에 기반한 규정이다. 이 규정은 그 자체로 요구 사항을 부과하지 않으며, 시스템 성능 측면에서 판단을 부여하거나, 암시하지도 않는다.

(1) 범위 구분에 사용된 용어의 개념

수준 정의에 사용된 DDT(동적 운전작업), ODD(운영설계영역), OEDR(개체와 이벤트의 감지 및 응답), DDT-비상 대처fall-back 등의 개념을 먼저 이해할 필요가 있다.

① **동적 운전 작업** (DDT: Dynamic Driving Task)

여행 일정, 목적지 및 경유지의 선택과 같은 전략 측면의 기능을 제외하고, 도로교통에서 차량의 작동에 필요한, 모든 실시간 운영 측면(조향, 제동, 가속, 차량/도로의 감시 등)과 전술 측면(사건event 대응, 차선변경, 선회, 신호 사용 시기의 결정 등)의 기능을 말한다.

운전 모드는 특징적인 동적 운전작업 요구 사항(예: 고속도로 합류, 고속 순항, 저속 교통 체증, 폐쇄된 캠퍼스 운전 등)을 포함하는, 운전 시나리오의 유형이다. 차량의 개입 요청은, 자동운전 시스템이 인간 운전자에게 "동적 운전작업의 수행을 즉시 시작하거나 재개해야 한다"고 통지하는 것을 말한다.

제한이 없으며, 다음과 같은 하위 작업을 포함한다.

㉠ 조향을 통한 횡(좌/우, 가로)방향 차량 동작 제어(작동).

㉡ 가속/감속을 통한 차량의 종(전/후, 세로)방향 동작 제어(작동).

㉢ 개체와 사건event의 감지, 인지, 분류 및 대응 준비를 통한 주행환경감시(운영 및 전술).

㉣ 개체와 사건event의 응답 실행(운영 및 전술).

㉤ 조종maneuver 계획(전술).

㉥ 조명, 경적 울림, 신호, 몸짓 등(전술)을 통해 눈에 잘 띄도록 한다.

일부 운전 자동화 시스템(또는 운전 자동화 시스템이 장착된 차량)에는 전진과 후진을 가능하게 하는 변속 수단이 탑재되어 있을 수 있다.

그리고 단순하면서도 유용한, 축약된 용어를 제공하기 위해 하위 작업 ㉢과 ㉣을 집합적으로 "개체와 이벤트의 감지 및 응답 OEDR: Object and Event Detection and Response"이라고 한다.

② **운영 설계 영역**(ODD: Operational Design Domain)**의 중요성**

자율주행차량의 능력이 운영설계영역 ODD: Operational Design Domain을 결정한다. ODD는 차량이 기능하도록 설계되고, 안전하게 작동할 것으로 예상되는, 조건을 정의한다. 자동화 수준 1에서 수준 4까지 기능에는 제한된 ODD가 적용된다. 그러나, 수준 5에서는 ODD에 제한이 없다. 이러한 한계는 일반적으로 운전 자동화 시스템의 기술적 능력을 반영한다. 운전 자동화 수준과 ODD의 조합을 사용 사양 usage specification이라고 한다.

운영설계영역(ODD)에는, 주행속도(고속/중속/저속/서행), 지리적 제한(지리적 경계(울타리)), 시간적 제한(주간/야간), 도로 유형(고속도로/국도/지방도), 기상 조건(밤/낮), 교통 유형(혼잡/한산), 조명조건, 차선 표시, 도로 측 교통 장벽, 중앙분리대, 보행로 유무와 같은, 광범위한 변수가 포함된다.

고도로 구조화되고 단순한 운영설계영역(ODD)은 기술적으로 수준 4(고도 운전 자동화)까지도 달성하기가 쉽다. 예를 들어 폐쇄된 경로에서 주행하는 수준 4 ADS-DV(운전자동화 시스템- 전용 차량)는 수십 년 동안 운송 수단 및 공항 셔틀shuttle로 존재해 왔다. 이러한 차량의 운영설계영역(ODD)은 매우 간단하고 잘 제어되며, 물리적으로 폐쇄되어 있다.

또 다른 예를 보자, 자율 화물 트럭을 낮에만 특정 경로로 항구에서 20km 떨어진 물류 센터까지 화물을 운송하도록 설계할 수 있다. 이 차량의 운영설계영역(ODD)은 정해진 경로와 주간time-of-day으로 제한되며, 그 외의 조건에서는 운행하지 않는다.

그러나 혼합교통의 공공도로에서, 악천후를 포함한 다양한 환경에서 작동하는, 수준 3 ADS(운전자동화 시스템)의 기능은, 더 복잡하고 구조화되지 않은 ODD로 인해, ADS 기능 측면에서 위에서 언급한 수준 4의 경우보다 훨씬 더 높은 기술 기준을 요구한다 [1, 6].

③ **DDT 비상 대처**(DDT fall-back)

차량의 작동상태가 운영설계영역(ODD)을 벗어난 경우, 또는 자동운전시스템(ADS)의 동적 운전작업(DDT) 성능 관련 시스템에서 오류가 확인되면, 동적 운전작업(DDT) 비상 대처가 준비된 사용자가, 차량에 개입해야 한다. - 이를 'DDT 비상대처'라고 한다.

(2) 범위(scope) (표 1-1, 1-2 참조)

이 규정은 동적 운전작업(DDT)의 일부 또는 전부를 계속 수행하는, 도로 자동차의 운전 자동화 시스템에 관한 것으로, 도로 자동차(이하 '차량' 또는 '차량들')의 운전 자동화 수준을, 운전 자동화 없음(L0)에서 완전 운전 자동화(L5)에 이르기까지 6단계level로 분류, 정의하고 있다.

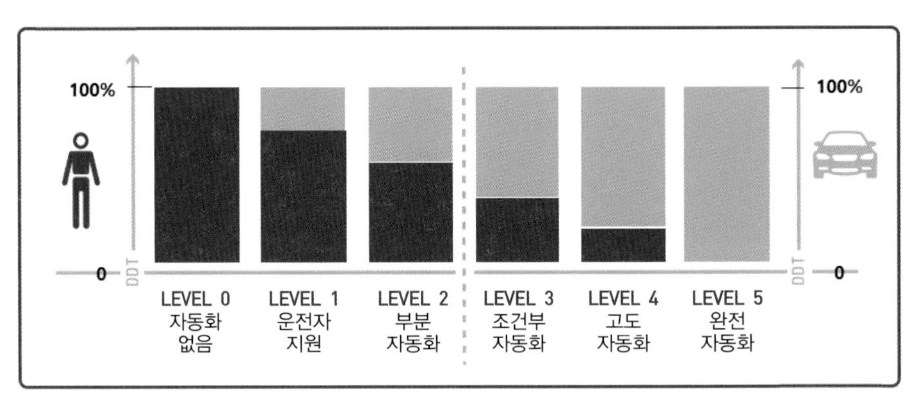

그림 1-2 운전 자동화 수준에 따른 사용자와 자동운전 시스템의 역할(SAE J3016)

① **수준 0(L0): 운전 자동화 없음**(No Driving Automation)

기존의 자동차와 트럭 대부분이 여기에 속한다. 운전자는 조향핸들, 가속페달 및 브레이크 페달을 조작하고, 주변 환경을 감시하고, 방향 지시등을 사용하고, 차선을 변경하고, 회전할 때 탐색하고 결정한다. 그러나 일부 경고 시스템(사각지대 및 충돌 경고)이 있을 수 있다.

② **수준 1(L1): 운전자 지원**(Driver Assistance)

운전자가 동적 운전작업(DDT)의 나머지 부분을 수행할 것으로 기대하며, DDT의 횡방향 또는 종방향 차량 동작 제어 하위 작업(두 가지 하위 작업을 동시에 실행하는 것은 아님)을 운전 자동화 시스템이 지속해서, 그리고 운영 설계영역(ODD)-한정적으로 실행한다. 자동차를 제어, 운전하는 것은, 인간 운전자의 몫이지만, 운전자가 조향핸들에서 손을 떼지 않는 것을 전제로, 위험이 예상되면, 자동차가 속도를 늦추거나 선행자동차와의 간격을 조절한다. 즉, 시스템이 운전자를 도와 주행속도와 제동을 일부 제어하는 단계이다. 특정 주행상태에서 시스템이 차량의 주행 방향 또는 주행속도를 제어하여, 차선lane 유지를 지원하고, 일정한 주행속도를 유지하는 등이 이 수준에 해당한다.

③ **수준 2(L2): 부분 운전 자동화**(Partial Driving Automation)

운전자가 개체와 이벤트의 감지 및 응답(OEDR) 하위 작업을 완료하고, 운전 자동화 시스템을 감독할 것으로 예상하면서, 동적 운전작업(DDT)의 횡방향과 종방향 차량 동작 제어 하위 작업을 운전 자동화 시스템이 계속, 그리고 운영설계영역(ODD) 한정적으로 실행한다.

인간 운전자의 개입 없이, 시스템이 자동차의 주행속도와 주행 방향을 동시에 제어할 수 있다. 특정 상황에서 자동차가 스스로 진행 방향을 바꿀 수 있고, 선행 자동차와의 간격을 유지하기 위해 속도를 줄이거나 가속할 수 있지만, 자동차가 응답하지 않는 개체와 이벤트를 감지하면, 즉시 운전자가 운전을 인수해야 한다. 이 단계까지 운전자는 주변 환경, 교통, 날씨 및 도로 상태를 계속 감시할 책임이 있다.

④ **수준 3(L3): 조건부 운전 자동화**(Conditional Driving Automation)

동적 운전작업(DDT)-비상 대처가 준비된 사용자가, 차량의 다른 시스템의 DDT 성능 관련 시스템 장애를 파악할 뿐만 아니라 자동운전시스템(ADS) 개입 요청에 수용적이고, 적절하게 대응할 것으로 예상하여, 일상/정상 작동에서, ADS가 전체 DDT를, 운영설계영역(ODD)-한정적으로 계속 수행한다. 이 단계에서는 인간 운전자의 개입이 더욱 줄어든다. 운전자는 비상 상황에서만 운전에 개입한다. 수준 2까지는 운전자가 전방주시와 주행 방향을 바꾸는 등의 개입이 필요했다면, 수준 3부터는 자동차 스스로 앞차를 추월하거나, 장애물을 감지하고 이를 피할 수도 있다. 또한 사고나 교통혼잡을 미리 감지하고 우회할 수도 있다.

⑤ **수준 4(L4): 고도 운전 자동화**(High Driving Automation)

자동운전시스템(ADS)이 전체 동적 운전작업(DDT) 및 DDT 비상 대처를 계속, 그리고 운영설계영역(ODD)은 한정된 범위에서 실행한다. 수준 4가 되면, 차량은 운행구간 전체를 계속 감시하고, 조향핸들, 가속페달과 브레이크 페달을 조작하고, 안전 관련 기능들을 스스로 제어한다. 인간 운전자가 할 일은 출발 전에 목적지와 이동 경로를 입력하는 것이 전부이다. 인간 운전자가 수동 운전으로 복귀할 수 없는 상황에서도, 시스템은 스스로 안전하게 자동운전을 할 수 있다. 다만, 악천후 같은 경우는 예외이다.

⑥ **수준 5(L5): 완전 운전 자동화**(Full Driving Automation)

운영설계영역(ODD)에 제한이 없으며, 전체 동적 운전작업(DDT)과 DDT 비상 대처를 자동운전 시스템(ADS)이 계속, 그리고 조건 없이 실행할 수 있는 성능으로, 자동운전시스템(ADS)은 인간 운전자와 동일한 이동성(운전 능력)을 가지고 있다. 즉, 인간 운전자가 필요 없는 수준이다. 탑승자가 원하는 목적지를 입력하면, 인간의 개입이 완전히 배제된 상황에서, 시스템이 스스로 판단, 차량을 목적지까지 운전한다. 차량, 또는 이를 관리하는 시스템은 차량과 승차자의 안전에 필요한 모든 비상 대책을 실행할 수 있다. 인간 운전자가 필요 없으므로, 운전석 자체가 필요 없는 단계이다. 따라서 자동차 내부도 현재와는 전혀 다른 모습으로 변모할 것으로 예측할 수 있다.

모든 도로, 날씨 및 교통상황에서 모든 운전 시나리오에 적응할 수 있도록, 자율주행차량을 설계하는 것은 달성해야 할, 가장 큰 기술적 과제이다. 인간은 많은 양의 감각 정보를 인지하고, 이 데이터를 융합하여, 과거 경험과 지식을 모두 사용하여 결정을 내릴 수 있는 능력이 있다. 그리고 이 모든 작업을 ms(밀리초) 단위로 처리한다. 완전 운전 자동화 차량은 이러한 기능(운전 능력) 관점에서, 인간과 일치하거나 인간을 능가해야 한다.

SAE 수준 5(L5), 완전 운전 자동화 차량에 대한 전망은 엇갈리고 있다. 일부 비관론자들은 외부 제약에 적응하는 능력이, 엄청난 도전을 제기한다는 점을 고려할 때, 이러한 차량은 아주 먼 미래에 가능할 것이라거나, 절대로 실현할 수 없을 것이라고 주장한다. 특히, 도로 기반 시설 및 개인 습관과 관련된 제약. 특히 차량이 회전교차로를 주행할 때 시스템에서 발생하는 기술적인 어려움을 언급하고 있다 [2, 3, 4. 5].

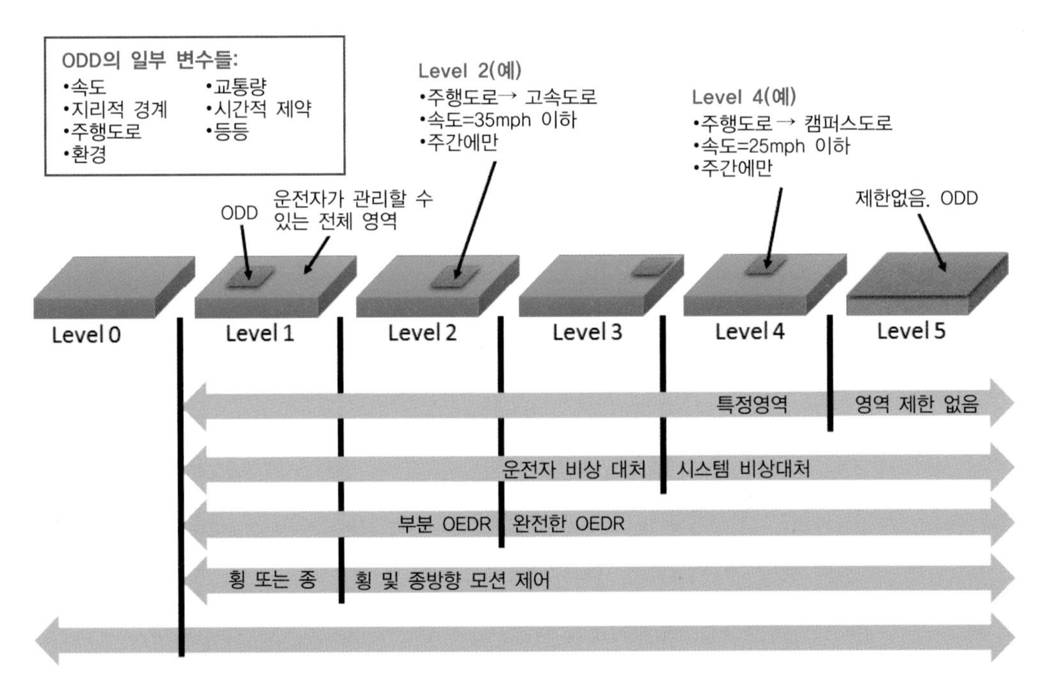

그림 1-3 운전 자동화 수준과 관련된 운영설계영역(ODD) [1]

역으로 긍정론자들은 완전 운전 자동화 차량(즉, 자율주행차량)이 언젠가는, 아니 아주 가까운 미래에 실현될 것으로 확신하고 있다.

그림 1-4는, 운영설계영역(ODD)을 좁게 설계하여 자동화 수준을 상대적으로 쉽게 높이거나, ODD를 넓게 설계하여 자동화 수준을 상대적으로 낮게 하는 두 가지 방법을 제시하고 있다. 물론 먼 미래에는 동일한 자동화 수준에 도달하는 것이 목표이다.

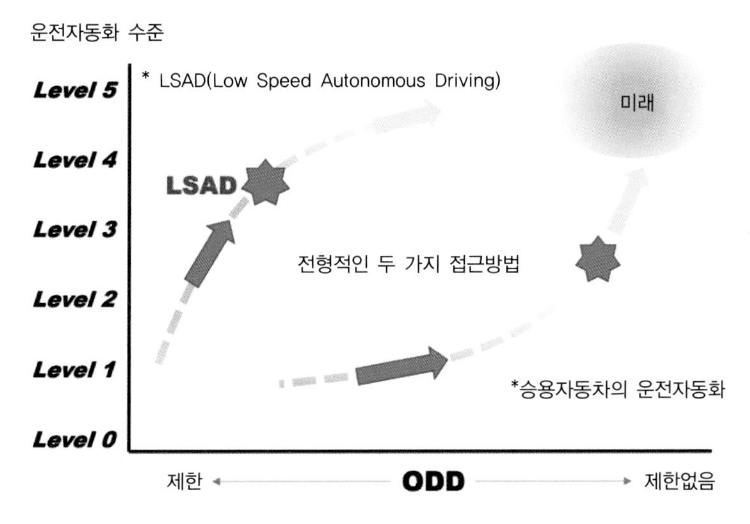

그림 1-4 운영설계영역(ODD)의 제한과 운전 자동화 수준의 상관관계 [1]

[표 1-1] 운전 자동화 시스템이 작동하는 동안의 사용자 역할 [1]

	No Driving Automation	운전 자동화 결합 수준				
	0	1	2	3	4	5
차내 사용자	운전자			차내 비상 대처 준비된 사용자	승객	
원격 사용자	원격 운전자			원격 비상 대처 준비된 사용자	무인 운전 조차원/원격 조수	

[표 1-2] SAE 운전 자동화 수준의 요약 Summary of levels of driving automation [1]

	수준	명칭	서술적 정의	DDT[1]		DDT 대체 시스템	ODD
				지속적인 종/횡 방향 차량 동작 제어	OEDR		
운전자가 동적 운전작업(DDT)의 일부 또는 전체를 수행함							
	0	운전 자동화 없음	운전자가 DDT 전부를 수행함. 능동 안전 시스템(active safety systems)에 의해 개선된 경우도 마찬가지임.	운전자	운전자	운전자	해당 없음
운전자 지원	1	운전자 지원	운전 자동화 시스템이 DDT의 횡방향 또는 종방향 차량 동작 제어 하위 작업(두 작업을 동시에 실행하는 것은 아님)을 지속적이고, ODD(운영설계영역)-특정적으로 실행하며, 운전자가 DDT의 나머지 부분을 수행할 것으로 기대함.	운전자와 시스템	운전자	운전자	제한적
운전자 지원	2	부분 운전 자동화	운전 자동화 시스템이 DDT의 횡방향 및 종방향 차량 동작 제어 하위 작업 모두를 지속적이고 ODD-특정적으로 실행하며, 운전자가 OEDR 하위작업을 완료하고, 운전자동화 시스템을 감독할 것으로 예상함.	시스템	운전자	운전자	제한적
ADS("시스템")가 동적 운전작업(DDT) 전체를 수행한다(연동 중일 때).							
자동화된 운전	3	조건부 운전 자동화	DDT-비상 대처 준비된 사용자가 차량의 다른 시스템의 DDT 성능 관련 시스템 장애뿐만 아니라 ADS 개입 요청에 수용적이고, 적절하게 대응할 것으로 예상하여, ADS(자동화된 운전시스템)가 전체 DDT를 지속적이고 ODD 한정적으로 수행함,	시스템	시스템	대처-준비된 사용자(대처 중에 운전자가 됨)	제한적
자동화된 운전	4	고도 운전 자동화	사용자가 개입해야 할 필요가 있을 것으로 예상하지 않고, ADS가 전체 DDT 및 DDT 비상 대처를 지속적이고 ODD-한정적으로 수행함	시스템	시스템	시스템	제한됨
자동화된 운전	5	완전 운전 자동화	사용자가 개입할 필요가 있을 것으로 예상하지 않고, ADS가 전체 DDT 및 DDT 비상 대처를 지속적이고 조건 없이 수행함(ODD-제한 없음)	시스템	시스템	시스템	제한 없음

2014년 1월 제정, 공표되었고, 2016년과 2018년, 그리고 2021년 4월에 개정, 현재에 이르고 있다.

1) DDT에는 목적지 결정 및 여행 시기 결정과 같은 운전작업의 전략적 측면은 포함되지 않는다.

- **DDT**(Dynamic Driving Task: ((역)동적 운전작업)
- **ODD**(Operational Design Domain: 운영 설계 영역(도메인))
- **OEDR**(object and event detection and response: 개체와 이벤트의 감지 및 응답)
- **ADS**(Automated Driving System: 자동운전 시스템)

[표 1-3] 운전 자동화 수준에 따른 인간 사용자와 운전 자동화 시스템의 역할 [1]

운전 자동화수준	사용자의 역할	운전 자동화 시스템의 역할
LEVELS 0 – 2: 운전자가 동적 운전작업(DDT)의 전부 또는 일부를 수행한다		
수준 0 운전 자동화 없음	• 운전사(항상): • 전체 DDT(동적 운전작업) 수행	• 운전 자동화 시스템(있는 경우라면): • 지속적으로 DDT의 어떤 부분도 수행하지 않는다(차량의 다른 시스템이 경고 또는 순간적인 비상 개입을 제공할 수 있지만).
수준 1 운전자 지원	**운전자(항상):** • 운전 자동화 시스템이 수행하지 않는, 나머지 DDT 수행 • 운전 자동화 시스템을 감독하고 차량의 작동 유지에 필요한 경우 개입한다. • 운전 자동화 시스템의 결합 또는 해제가 적절한 지 여부/시기를 결정한다. • 필요하거나 원할 때는, 언제나 전체 DDT를 즉시 수행한다.	**운전 자동화 시스템(작동 중):** • 종방향 또는 횡방향 차량 동작 제어 하위 작업을 실행, DDT(동적 운전작업) 일부를 수행한다. • 운전자의 요청이 있으면, 즉시 해제
수준 2 부분 운전 자동화	**운전자(항상):** • 운전 자동화 시스템이 수행하지 않는, 나머지 DDT 수행 • 운전 자동화 시스템을 감독하고, 차량의 작동 유지에 필요한 경우는 개입한다. • 운전 자동화 시스템의 결합 및 해제가 적절한지 여부/시기를 결정한다. • 필요하거나 원할 때는, 전체 DDT를 즉시 수행한다.	**운전 자동화 시스템(작동 중):** • 횡방향과 종방향 차량 동작 제어 하위 작업을 모두 실행하며, DDT(동적 운전작업) 일부를 수행한다. • 운전자의 요청이 있으면, 즉시 해제한다.
LEVELS 3 – 5: ADS가 동적 운전작업(DDT) 전부를 수행한다(작동하는 동안은)		
수준 3 조건부 운전 자동화	**운전자(ADS가 작동하지 않는 동안)** • ADS 장착차량의 운영 준비 상태 확인 • ADS 작동 여부 결정 • ADS가 활성화되면, DDT 비상 대처 준비 사용자가 된다. **DDT 비상 대처 준비된 사용자(ADS가 작동 중일 때):** • 개입 요청을 수용하고, 적시에 DDT 비상 대처를 수행, 응답한다. • 차량 시스템의 DDT 성능 관련 시스템 오류를 수용하고, 발생 시 DDT 비상 대처를 적시에 수행한다. • 최소 위험 조건의 달성 여부와 방법을 결정한다. • ADS 해제 시에는 운전자가 된다.	**ADS(작동하지 않을 때):** • ODD(운영설계영역) 범위 안에서만, 참여/작동을 허용한다. **ADS(작동 중):** • ODD 범위 안에서 전체 DDT를 수행한다. • ODD 제한의 초과 여부를 결정하고, 초과하는 경우는, DDT 비상 대처 준비된 사용자에게 적시에 개입하도록 요청한다. • ADS의 DDT 성능 관련 시스템 오류가 있는지 확인하고, 있다면 DDT 비상 대처 준비된 사용자에게 적시에 개입을 요청한다. • 개입을 요청한 후, 적절한 시간에 해제 • 사용자 요청 시, 즉시 개입 해제

운전 자동화수준	사용자의 역할	운전 자동화 시스템의 역할
LEVELS 3 – 5: ADS가 동적 운전작업(DDT) 전부를 수행한다(작동하는 동안은)		
수준 4 고도 운전 자동화	**운전자/조차원(dispatcher) (ADS가 작동하지 않는 동안):** • ADS 장착 차량의 운영 준비상태 확인 • ADS 작동 여부 결정 • ADS가 작동하고, 이때 차 안에 물리적으로 존재하는 경우에만 승객이 된다. **승객/조차원(dispatcher)(ADS 작동 중):** • DDT 또는 DDT 비상 대처를 수행할 필요 없음 • 최소 위험 조건의 달성 여부와 방법을 결정할 필요 없음 • ADS가 ODD 한계에 도달한 후, DDT를 수행할 수 있음. • ADS 해제를 요청할 수 있음 • 요청으로 ADS 해제 후에는, 운전자가 될 수 있음	**ADS(작동하지 않을 때):** • ODD 안에서만 연결/작동을 허용한다. **ADS(작동 중):** • ODD 안에서 전체 DDT를 수행한다. • ODD 한계에 도달하면, 승객에게 차량 작동을 재개하도록 요청할 수 있다. • 다음의 경우 DDT 비상 대책을 수행하고, 자동으로 최소 위험 조건으로 전환한다. ○ DDT 성능 관련 시스템 장애 발생 ○ 사용자가 최소한의 위험 조건 달성을 요청하는 경우 ○ 차량이 ODD를 종료하려고 할 때. • 적절한 경우, 다음 후에만, 해제한다. ○ 최소한의 위험 조건을 달성하거나 ○ 운전자가 DDT를 수행하고 있다. • 사용자가 요청한 해제가 지연될 수 있음.
수준 5 완전 운전 자동화	**운전자/조차원(dispatcher)(ADS가 작동하지 않는 동안):** • ADS 장착 차량의 작동 준비 상태 확인[1] • ADS 참여 작동 결정 • ADS가 작동되고, 이때 차안에 물리적으로 존재하는 경우에만 승객이 된다. **승객/조차원(dispatcher)(ADS 작동 중):** • DDT 또는 DDT 비상 대처를 수행할 필요가 없음 • 최소 위험 조건의 달성 여부와 방법을 결정할 필요가 없음. • ADS가 해제되도록 요청할 수 있으며, 해제된 후 최소 위험 조건을 달성할 수 있음. • 요청으로 ADS가 해제된 후에는, 운전자가 될 수 있음	**ADS(작동하지 않을 때):** • 운전자가 관리할 수 있는 모든 도로 조건에서 ADS의 작동을 허용한다. **ADS(작동 중):** • 전체 DDT 수행 • 다음의 경우, DDT 비상 대처를 수행하고 자동으로 최소 위험 조건으로 전환한다. ○ DDT 성능 관련 시스템 장애가 발생하거나 ○ 사용자가 최소한의 위험 조건 달성을 요청하는 경우 • 적절한 경우, 다음 후에만, 해제한다. ○ 최소한의 위험 조건을 달성하거나 ○ 운전자가 DDT를 수행하고 있다. • 사용자가 요청한 해제가 지연될 수 있음.

1) 이 기능은 사용 사양 또는 배포 개념에 따라 운전사 또는 조차원(dispatcher)이 아닌, 개인 또는 단체가 수행할 수 있다.

총론

1-2 자율주행차량의 역사

History of Autonomous vehicles

인간은 자동차가 발명된 이후로 운전 자동화automation of driving를 성취하기 위해 계속 노력해 왔다. 운전 자동화 시스템 ADS: Automated Driving System 즉, 자율주행 시스템에 관한 연구/개발은, 컴퓨터가 보급되고 그 기술이 발전함에 따라, 본격적으로 시작되었다.

1960년대 후반, 자력-주행self-driving 로봇의 연구/개발에 컴퓨터를 활용할 수 있는 기반이 마련되었다. 가장 잘 알려진 초기 연구/개발로는 스탠퍼드 대학교 연구소(SRI)의 인공지능 센터에서 개발한 샤키Shakey, 그리고 Moravec의 카트cart가 대표적이다. (그림 1-5, 1-6 참조)

1966년부터 1972년까지, SRI Stanford Research Institute의 인공지능센터는 'Shakey'라는 모바일 로봇 시스템 프로젝트를 수행하였다. 환경을 인식하고 모델링하는 능력이 제한적이었던 Shakey는 계획, 경로 찾기 및 간단한 개체의 재배열이 필요한 작업을 수행할 수 있었다. 그러나, Shakey는 논리적 추론과 물리적 행동의 완전한 통합을 보여준, 최초의 모바일 로봇mobile robot으로서, 인공지능과 로봇공학에 미친 영향이 큰 것으로 평가받고 있다 [7].

1966년에는 64K 24bit 메모리의 SDS(Scientific Data Systems)-940 컴퓨터를 사용하였으나, 1969년경에 192K 36bit 워드 메모리가 탑재된 PDP-10으로, 후에 PDP-15로 대체하였다. Shakey는 TV 카메라, 삼각 거리 측량기, 범프bump 센서를 탑재하고, 무선과 비디오-링크video link를 통해 컴퓨터와 연결되었다. 또한 인지perception, 월드-모델링world-modelling과 액션action을 위한 프로그램을 사용했다. 낮은 수준의 액션 루틴action routines이 간단한 이동, 선회, 경로계획 등을 처리하고, 중간 수준의 액션action은 더 복잡한 일들을 확실히 하도록, 낮은 수준의 액션action을 서로 연결하여 실행하였다. 높은 수준의 프로그램들은 사용자가 제시한 목표를 성취하기 위해, 계획을 수립, 실행할 수 있었다. 시스템은 또한 가능한 미래의 용도를 위해서, 이러한 계획들을 일반화하고 저장해 둘 수 있었다.

[표 1-4] SDS((Scientific Data Systems)-940 컴퓨터 사양

형 식	메인프레임(캐비넷형) 컴퓨터
출시 년도	1966년
판매 대수	60대
운영 시스템	SDS 940 시분할 시스템, (버클리 시분할 시스템)
CPU	트랜지스터 기반, 맞춤형 24-bit CPU
메모리	24bits + parity의 16 및 64 kilo-words, 추가 4.5MB 교환(swap)
스토리지	117kB/s에서 6MB, 액세스 시간 85ms
그래픽스	빔 모션, 문자 쓰기 등의 지침, 초당 20자. 875줄 화면의 1,000자 터미널
연결성	종이-테이프, 라인프린터, 모뎀

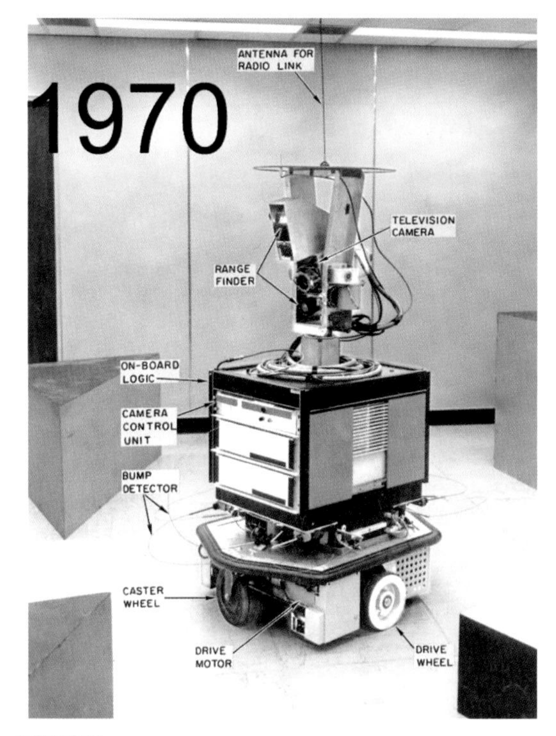

그림 1-5 스탠퍼드 대학교의 Shakey Robot 1970[4]

1990년대에 컴퓨터, 반도체 칩 및 관련 소프트웨어 산업이 급격하게 발전하면서, 자율주행차량 분야의 연구·개발도 본격적으로 가속되었다. ADS(자동운전 시스템) 소위, 자율주행차량의 역사에서 눈에 띄는 사건들을 요약하면, 대략 다음과 같다.

1977년

- 쓰쿠바 기계공학 연구소(Tsukuba Mechanical Engineering Laboratory: 일본)의 쓰가와 토시 유키 교수가 도로상의 백색 경계선을 머신-비전 machine - vision으로 추적하는 시스템을 개발, 최초로 시속 32km/h (20mile)가 넘는 속도로 주행하였다.

그림 1-6 Standford Cart와 젊은 Hans Moravec, 1977년
[출처: Cyberneticzoo.com]

1979년

- 스탠퍼드 대학교는 카트cart 프로젝트를 1960~1980 사이에 수행하였다. 1977년 Hans Moravec이 제작한 Stanford Cart는, 1979년 의자가 가득 찬 방을 성공적으로 횡단하고, 인공지능 연구소(Stanford AI Lab)를 일주, 최초의 컴퓨터 제어, 자율주행차량이 되었다 [8].

1984년

- 카네기 멜런 대학교(CMU)의 Navlab은 방위고등연구계획국(DARPA)의 ALV (Autonomous Land Vehicle: 자율주행 육상차량) 프로젝트의 지원을 받아, 자율주행차량 연구를 시작하였다. 초기에는 30km/h까지의 속도를 달성한 것으로 알려져 있다.

특히, 1980년대 후반부터 1990년대 중반까지, Kanade/Thorpe 팀은 차량 제어에 신경망 이론을 처음 도입, 적용하였으며, Pomerleau/Jochem은 ALVINN Autonomous Land vehicle in a Neural Network을 개발하였다. ALVINN의 신경망 기반 <u>비전-제어 조향</u> vision-controlled steering은 오늘날 자율 조향의 기반이 되었다. - "신경망이 조향하는 방법을 배운다." [9]

독일 UniBW University BundesWehr München의 Dickmanns(Ernst Dieter; 1936.1.4.~) 그룹은 단속적 운동saccadic 비전vision, 칼만 필터와 같은 확률적 접근 기능 및 병렬 컴퓨터를 Mercedes-Benz van에 탑재하여, 세계 최초의 실제 로봇 자동차 VaMos를 제작하였다. 교통 체증이 없는 도로에서 약 90km/h까지의 속도로 주행하였다 [10].

주 **단속적 운동** saccade: 관심 있는 물체를 향하여 눈을 움직여, 물체가 중심와에 맺히도록 주시를 이동gaze shift하는 운동의 하나로 예를 들면, 《독서 중 안구의 순간적 운동》을 말한다.

1994년

- UniBW의 Dickmanns 그룹은 유럽연합의 자율주행차량 개발 프로젝트인 '유레카 프로메테우스Eureka PROMETHEUS'와 연계하여, 쌍둥이 로봇 자동차 VaMP와 VITA-2를 개발하였다. 승객이 탑승한 상태에서, 최고 130km/h의 속도로, 표준 교통량이 많은 3차선 고속도로를 1,000km 이상을 주행하였다. 자유 차선에서의 자율주행, 호송 주행, 다른 차량의 자율 추월과 함께 좌우 차선변경을 시연하였다(Dickmanns, 2007).

1995년

- 카네기멜런 대학교(CMU) Navlab5는 비전 카메라, GPS-수신기, 자이로스코프, 신경망 제어 조향핸들, 차륜속도센서를 장착한, 반(semi)-자율 자동차(자율 조향)로 3,100mile (5,000km)을 완주함. 구호는 "미국 전역을 조향핸들에 손을 대지 않고 달린다"였음. 실제로 5,000km 중 98.2%를 자율 조향으로 주행하였으나, 가속페달과 브레이크 페달은 사람이 조작하였다.
- 독일 UniBW의 Dickmanns 그룹이 재설계한 S-Class Mercedes-Benz는 GPS를 사용하지 않고, 990mile의 유럽 여행을 완료하였다. 예를 들면, 뮌헨에서 덴마크 코펜하겐까지 공공 아우토반에서 1,678km를 자율적으로 주행, 왕복하였으며, 사람의 개입 없이, 최대 158km를 자동으로 추월하였다. - 병렬처리에 최적화된 컴퓨터 비전과 통합 메모리 마이크로프로세서가 실시간으로 반응함. - 지금까지 가장 멋진 로봇 자동차.

1996년

- 이탈리아 Parma 대학교는 도로 추적, 군집 주행 및 장애물 방지를 위한 스테레오-비전stereo-vision을 사용하여 공공도로에서 2,000km 이상의 자율주행을 완료한, ARGO 프로젝트를 수행함.

1998년

- 일본 Toyota는 최초로 레이저laser 기반, 적응식 정속주행(ACC) 시스템을 도입함

1999년

- FCC(미국연방통신위원회)는 전용 근거리 통신용으로 무선주파수 75MHz 스펙트럼을 할당함.

주 미국은 전파관리 체계가, 상무부 산하의 NTIA(National Telecommunication Information Administration)와 의회 직속 기관인 FCC(Federal Communication Commission)로 나뉘어 있다. NTIA에서는 연방정부의 무선통신관리, 통신정책수립, 대외적 무선통신분야 및 중장기 통신정책전략 계획 등을 수립하고, FCC는 주, 지방정부를 포함한 민간 부분의 상업적 성격의 전파 및 주파수를 관리하고 위성통신, 유무선 TV 등 모든 무선통신에 관한 인·허가업무 등 전파관리의 감독업무를 관장한다.

2000년

- Mercedes 트럭과 Nissan이 차선이탈 경고장치 개발

2004년

- DARPA(미국 방위고등연구계획국)의 Grand Challenge Ⅰ: 사막환경에서 150 mile 주행을 목표로 하였으나, 완주한 차량이 없었음.

2005년

- DARPA Grand Challenge Ⅱ(미국팀에 한함): 사막환경에서 GPS를 이용하여, 2,935개의 GPS 지점으로 미리 정의된 코스(도로 곡선 당 최대 4개의 GPS 포인트)를 주행하였으며, 장애물의 유형은 사전에 알려 주었다. 211km의 사막 코스를 5대의 차량이 완주하였으며, Stanford 대학교 팀Volkswagen이 6시간 54분으로 1위, Carnegie Mellon 대학교(CMU) 팀Hummer이 7시간 5분으로 2위를 차지했다. 최고속도는 40km/h였음.
- 1위인 스텐포드팀의 차량은 라이더Lidar 유닛 5개, 전방 카메라, GPS 센서, 관성측정장치(IMU), 차륜 주행거리 측정장치, 그리고 자동차 레이더Radar 2개를 사용하였다.
- BMW, 자율주행 연구 시작

2006년

- European Land Robot trials(ELROB: 유럽 육상 로봇 시험), 자율 비도로offroad 차량의 경연

2007년

- DARPA Urban Challenge Ⅲ: 경기 코스는 96km(60mile) 도시 구간으로 6시간 안에 완주해야 했다. 모든 교통 규칙을 준수하고, 다른 차량, 장애물, 그리고 합류하는 차량들 속에서도 안전하게 운전하는 것이, 규칙의 핵심이었음. 1위는 CMU/GM의 합작팀Tartan Racing이며, 차량은 쉐보레 타호Chevy Tahoe를 개조한 보스Boss였다. 2위는 스탠포드팀으로 차량은 2006년식 Volkswagen Passat를 개조한 차량이었음.
- 1위 팀의 차량Boss은 비디오카메라 2대, 레이더Radar 5개와 라이다(Lidar: 신형 Velodyne 64 HDL의 지붕 장착형 포함) 13개로 구성된 센서 시스템을 사용하였다.
- 민간인 '유럽 육상 로봇 자동차 경기ELROB trials' 개최.

2009년

- Google, 자율주행차self-driving cars 개발 프로젝트 시작

2010년

- Audi는 레이스 속도로 Pikes Peak의 정상에 무인driverless TTS를 보냄.

  주 파이크스 피크Pikes Peak는 북아메리카 로키산맥의 프런트 레인지 남부의 가장 높은 산, 해발 4300.7m

- 이탈리아 Parma 대학교 VisLab, 대륙 간 자율주행 첫 도전
- 독일 Braunschweig 대학교가 개발한 차량이, 독일에서 최초로 자율주행 시험 허가를 받음

2011년

- GM이 자율 도시 차량autonomous urban car인 EN-V Electric Networked vehicle를 제작함.
- 베를린 자유 대학교와 AutoNOMOS 연구소가 합동으로 개발한 무인 자동차 'Spirit of Brain'과 'MadeINGermany'를 교통, 신호등, 로터리 주행에 대해 테스트함.

2012년

- Volkswagen이 Autopilot 테스트를 시작함: 고속도로에서 80mph(약 128km/h)까지 주행함.
- Google 자율주행차량은 Las Vegas에서 14-mile 주행시험을 실행함

2013년

- Parma 대학교의 VisLab은 인간의 통제 없이, 자율주행 시내 테스트를 성공적으로 수행함
- Daimler R&D의 S-Class는 스테레오 비전과 RADAR를 사용, 100km를 자율적으로 주행함. 그리고 일부 자동 주행기능을 포함, 자율 조향, 차선 유지, 주차 등의 옵션이 가능하였음.
- 닛산은 반자율semi-autonomous 기능을 갖춘 리프Nissan Leaf를 일본 고속도로에서 운전할 수 있는 허가를 받음.
- NHTSA(미국 도로교통안전국), 자율주행차량에 대한 초기 정책 공표함
- 영국 정부는 공공도로에서 자율주행차량의 테스트를 허용함.
- Vislab은 대중교통에 개방된 혼합 교통 경로에서 자율주행차량인 BRiVE를 시연함.

2014년

- 최초의 상업용 자력-주행self-driving 차량인 Navia 셔틀 출시됨(속도 12.5mph로 제한)
- SAE "J3016-도로on-road 자동차 자동운전 시스템 관련 용어분류 및 정의" 공표
- Tesla Motors가 자사의 차량에 반자율주행 보조장치인 오토파일럿Autopilot을 탑재함

2015년

- 독일연방 교통부는 바이에른의 A9 아우토반에 'Digital Testfeld 아우토반' 시범 프로젝트의 설립을 발표함. 테스트 트랙은 도로와 차량 간(V2I), 차량 간(V2V) 통신이 가능한 방식으로

디지털화되고 기술적으로 보완됨.

- Volvo, 자율주행autonomous driving 개발 계획 발표
- Tesla Motors, 소프트웨어를 업데이트하는 방식으로 Autopilot 도입
- Uber는 Carnegie Mellon Univ.와 파트너십을 발표함. 자율주행차 개발을 위해 Carnegie Mellon Robotics 연구원 40명 고용함.
- Delphi Automotive는 미국 최초의 자동화된 해안 간coast-to-coast 여정을 완료함.
- Ford가 자력-주행self-driving 차량 테스트를 수행함(CA, AZ, Mi에서)
- 미국 워싱턴 D.C와 5개 주(네바다, 플로리다, 캘리포니아, 버지니아, 미시간)가 공공도로에서 완전 자율주행차량의 테스트를 허용함.

2016년

- Florida에서 Tesla Autopilot과 관련된 최초의 사망사고 발생함, 법적 문제 제기됨.
- Ford Motor는 차세대 R&D 자동차를 위해 Velodyne LiDAR와 파트너십을 발표함.
- 주요 인수 및 파트너십(GM과 Lyft, Toyota와 Jaybirds, Uber와 Volvo)
- 싱가포르는 최초의 자력-주행self-driving 택시 서비스를 시작함: nuTonomy
- NHTSA(미국 도로교통안전국), 자율주행차량의 테스트 및 배포를 위한 지침 공표

2017년

- Apple은 300m 범위와 128개의 수직 계층을 가진 3D 레이저 스캐너의 사용을 공표함.
- NHTSA, 자율주행차autonomous vehicles에 대한 개정된 안전 지침 발표
- Waymo, 100만 마일의 자율주행 완료
- Audi A8, SAE 수준 3(L3)에 도달한 최초의 양산 자동차로 선정됨

2018년

- Waymo, Jaguar Land Rover와 파트너십 발표
- Uber, 공공도로에서 자율주행차량 관련 사망사고 유발.

2019년

- 현대·기아, SAE 수준 4(L4) 자율주행차량 개발을 위해 Aptiv와 합작회사 설립 발표

2020년

- GM은 차선변경 기능이 포함된 Super Cruise 20.2 출시함. 고정밀 센서모듈과 능동 주사 레이더를 이용한 하드웨어적 자율주행 추구
- Tesla Motors는 미국 고객의 소규모 테스트 그룹에 소위 '완전 자력 주행(FSD: Full Self-Driving)' 소프트웨어 '베타Beta' 버전을 배포함.

2021년

- 혼다는 일본 정부로부터 '트래픽 잼 파일럿Traffic Jam Pilot'으로 안전 인증을 받은 SAE 수준 3(L3)에 해당하는 레전드 하이브리드 EX 세단 100대(한정판)를 임대하기 시작함.
- 프랑스는 자동화 차량véhicule à délégation de conduite과 관련하여 도로교통법을, 독일은 도로교통법과 관련된, 연방법과 의무보험법(자율주행법)을 발효함. 이 법은 자율주행 기능이 탑재된 자동차, 즉 사람이 운전하지 않고 자율적으로 운전작업을 수행할 수 있는 자동차를 공공도로의 지정된 구역에서 운행을 허용하고 있다. 적절한 운영영역에서의 자율주행에 관한 조항은 SAE 수준 4(L4)에 해당한다.
- 현대자동차는 무인자율주행차 '아이오닉 로보택시'를 2021년 9월 7~12일(현지시간) 독일 뮌헨에서 열린 IAA에서 세계무대에 첫 선을 보였다.

2022년

- 현재, GM, Ford, Daimler-Benz, BMW, VW, Toyota, Nissan, 현대·기아, Honda, Baidu 등 기존 차량 제조사와 Google(Waymo), Mobileye, Uber, Apple, Amazon 등 비제조사가 자율주행 분야에서 각축전을 벌이고 있다. 2022년 9월 현대자동차는 TESLA FDS 장착 모델을 해체teardown, 점검한 결과, 자사와의 기술격차가 1년 정도라고 발표함.

완성차 생산회사들은 자율주행 초기부터 점진적인 기술 개발을 통해 기존 자동차 산업의 주도권을 유지하는 전략을 추구하는 반면에, 구글, 애플, 아마존, 우버 등 타 산업군 기업들은 전통적 자동차 제조 기술이 아닌 인공지능과 소프트웨어 기술을 기반으로 단숨에 SAE 수준 3 이상의 단계를 구현하는 전략을 추구하고 있다.

자동화된 운전시스템(ADS: 소위, 자율주행차량)의 출시에 가장 열정적인 회사는 Tesla Motors이다. Tesla Motors의 차량은 2022년 현재, 여전히 SAE 수준 2(L2)로 평가되고 있으며, 실제로 독일 정부는 테슬라에 "자율주행autonomous driving"이라는 용어 사용을 중단할 것을 요청하기도 했다.

다양한 혁신에도 불구하고 현재, 완전 자동 운전시스템(SAE L5)은 없으며, 가까운 장래에 공공도로를 주행하는 SAE L5 개인 승용자동차가 실현될 것으로 믿는 사람도 없다.- 먼, 먼 미래의 일. 그러나, 일부 산업 분야 예를 들면, 대규모 농장이나 광산 등에서는 ODD(운영설계영역)가 제한된, 자율주행차량을 이미 사용하고 있다.

자율주행차량에 관한 한, 「거의 모든 것이 R&D에 있으며, 그중 95%가 실제 개발이 아니라 초기 연구 단계에 있다. 개발 단계는, 실제 적용과 진정한 시리즈 생산 차량으로 이행하는, 거대한 작업이다. 누구든지 먼저 양산 차량에서 진정한 자율성을 실현할 수 있는 사람이 업계의 판도를 바꿀 것이다. 그러나, 그런 일은 아직 일어나지 않았다.」 - 2019년 6월 Luminar의 설립자이자 CEO인 Austin Russell.

이러한 현실을 대중 매체media에서 보는 낙관론의 실상과 어떻게 조화시킬 수 있을까? 독자 여러분 개개인의 판단을 기대한다? [11].

① 일반 대중은 자동화(자율주행)의 이점을 얻기를 열망한다.
② 언론은 대중의 배고픔을 달래고자 하고, 과학적 허구는 과학적 사실보다 더 유혹적이다.
③ 기업은 가까운 장래의 큰 사업(이득)을 '놓칠 것(FOMO: Fear of Missing Out)'에 대한 두려움이 크다.
④ 기업마다 기술 선도자의 이미지를 추구하여, 자신의 주장을 과장하는 경향이 있다.
  * 기자는 정확한 질문 및 조사할 기술적 통찰력이 부족하다.
⑤ 기업들이 언론 보도를 조작하고 있다.
⑥ CEO 및 마케팅 사업부의 주장은, 엔지니어가 실제로 개발하는 것과 일치하지 않는다.

참고문헌 REFERENCES

[1] SAE J3016: Taxonomy and Definitions for Terms Related to Driving Automation Systems for On-Road Motor Vehicles", SAE International. June 2018.
[2] Litman T: Autonomous Vehicle Implementation Predictions: Implications for Transport Planning Tech. Rep. 2014
[3] Beiker S: Road Vehicle Automation. 2014
[4] Romm J. Top Toyota expert throws cold water on the driverless car hype. In: ThinkProgress [Internet]. 20 Sep 2018
[5] Ramsey M. The 2019 Connected Vehicle and Smart Mobility HC. In: Twitter [Internet]. 31 Jul 2019
[6] Czarnecki K. Operational Design Domain for Automated Driving Systems- Taxonomy of Basic Terms. 2018
[7] Nilsson, N.: (ed), Shakey the Robot, Technical Note 323, SRI International, Menlo Park, CA, 1984
[8] Moravec, Hans Peter: Obstacle avoidance and navigation in the real world by a seeing robot rover, PhD in Computer Science, 1980.
[9] Pomerleau, Dean A.: Alvinn: An autonomous land vehicle in a neural network Tech. rep. DTIC Document. 1989.
[10] Dickmanns, E.D., Zapp, A.: A curvature-based scheme for improving road vehicle guidance by computer vision. "Mobile Robots", SPIE-Proc. Vol. 727, Cambridge, MA. 1986.
[11] Vipin Kumar Kukkala:, Jordan Tunnel:, Sudeep Pasricha:, and Thomas Bradley: ADAS: A path toward autonomous vehicles. IEEE Consumer Electronics Magazine. August 2018. DOI:10.1109/MCE.2018.2828440[11]

Chapter 2

하드웨어-센서

Hardware - Sensors

1. 센서 개요
2. 레이더(RADAR)
3. 초음파 센서(SONA)
4. 라이다(LiDAR)
5. 디지털 비디오 카메라
6. e-호라이즌(e-Horizon)
7. 관성 측정장치(IMU)와 주행거리 측정계
8. 센서 요약

하드웨어-센서

2-1 센서 개요

Generals of Sensors

인간이 운전할 때는 육안으로 인지한 입체적인 환경정보, 그리고 귀(청각)로 인지한 다양한 소리 정보를 뇌에서 동시에 판단, 손과 발을 사용하여 차량을 가속, 제동 또는 조향한다. 짧은 거리를 운전할 때도, 운전자는 주변 환경으로부터 인지한 시청각 정보를 바탕으로 수천 가지의 결정을 내리고, 크고 작은 수백 가지의 기계적 조작을 실행한다.

수 100억 개의 신경세포neuron로 구성된 뇌에 연결된 인간의 시청각 센서를 대체하는 것은 쉬운 일이 아니다. 인간의 운전능력을 기계가 대신하기 위해서는 인간의 시각과 청각을 대신할 여러 종류의 센서, 뇌를 대신할 컴퓨팅 시스템, 손과 발을 대신할 액추에이터를 갖추어야 한다. 그리고 진정한 자율주행차량은 인간과 마찬가지로 경험을 통해 학습하고, 그 지식을 행동에 통합할 수 있어야 한다.

자율주행차량은 (적어도 부분적으로는) 알려지지 않은 역동적인 환경에서 작동하기 때문에, 환경지도를 구축하고, 동시에 지도 범위 안에서 스스로 자신의 위치를 추정(측정)해야 한다. 이 동시적 위치추정 및 지도작성 SLAM: Simultaneous Localization and Mapping 과정을 수행하기 위한 원시정보raw data는, 다수의 센서와 기존 지도로부터 가져와야 한다.

자동차 센서는 고유수용성(고유 감각) 센서와 외수용성(외부 감각) 센서로 분류한다.

고유수용성 센서는 차량 자체의 움직임과 동역학을 측정하는 데 사용된다. 바퀴 회전속도 센서, 토크 센서, 조향각 센서, 관성측정장치IMU 및 GPS 수신기 등이 대표적인 고유수용성 센서이다. 때로는 일부 고유수용성(고유 감각) 센서만의 정보에 기반하여, 차량의 위치를 추정할 수 있는 능력을 갖추어야 한다. 예를 들면, 관성측정장치IMU와 바퀴 회전속도 센서 정보를 기반으로, 차량의 현재 상대적 위치를 근사적으로 추정할 수 있다.

외수용성(외부 감각) 센서는 차량의 주변 환경(예: 장애물, 보행자, 도로, 차량, 교통표지판 등)을 탐지, 정보를 수집한다. 외수용성(외부 감각) 센서는 다시 수동 센서와 능동 센서로 분류한다.

1 수동 센서와 능동 센서

수동 센서는 환경(또는 개체)에서 반사되는 빛이나 열복사와 같은 기존 에너지를 감지한다. 반면에, 능동 센서는 스스로 환경에 에너지를 방출하고 반사된 신호를 수신, 측정한다. 예를 들어 실화상 카메라와 열화상 카메라는 수동 센서지만, 레이더Radar, 라이다Lidar, 초음파 센서, 그리고 ToF-카메라(근적외선 카메라)는 능동 센서다.

(1) 수동 센서passive sensors–가시광선 카메라와 원적외선(열화상) 카메라가 대표적

카메라 기술을 기반으로 하는 시각 센서vision sensor는, 수동 센서로서 자동차에 가장 널리 사용되는 센서 중 하나이다. 실화상 카메라(가시 적외선 스펙트럼)와 열화상 카메라(원적외선 스펙트럼)는 촬영한 화상신호를 전기신호로 변환하는 CCD전하 결합 소자; charge-coupled device 또는 CMOS 상보형 금속 산화물 반도체; complementary metal-oxide semiconductor 이미지 센서에 의존한다 [1], [2].

수동 CMOS 센서는 일반적으로 가시광선 스펙트럼에 사용되지만, 동일한 CMOS 기술은 원적외선(FIR) 파장에서 작동하는 "열화상 카메라"에 사용할 수 있다.

열화상 카메라는 보행자나 동물과 같은 온기를 가진 물체를 감지하는 데 유용한 센서로서, 물체에서 방출되는 열 신호를 감지하지만, 이미지를 형성하기 위해 조명이 필요하지 않으므로 수동 센서에 속한다. 터널 출구에서와 같은 최대 조명 상황에서 일반 카메라 성능이 강한 햇빛에 의해 약화할 때 쓸모가 있다 [3].

(2) 능동 센서 active sensors

레이더Radar, 라이다Lidar, 그리고 초음파센서SONA와 같은 능동센서에는 신호 발신기와 수신기가 짝을 이루고 있으며, 일반적으로 비행시간 ToF; Time-of-Flight 원리에 따라 환경을 감지한다. ToF(비행시간)는, 발신기에서 발신된 신호가 목표 개체에서 반사되어 수신기에 다시 도달할 때까지, 신호의 비행시간으로, 이를 근거로, 거리와 속도를 구한다.

비행시간 ToF에 기반한, 주요 능동센서는 초음파센서, 레이더Radar, 그리고 라이다Lidar이다. 음향 에너지를 사용하는 초음파센서는 주로 근접 센서로 사용된다. 전파를 사용하는 레이더Radar는 복잡한 모양을 잘 식별할 수는 없지만, 비와 안개와 같은 악천후 속에서도 능력을 발휘한다. 빛(가시광선의 광자)을 사용하는 라이다Lidar는 레이더에 비해, 물체의 모양은 더 잘 감지할 수 있지만, 작동거리가 더 짧고, 주변 조명과 기상 조건의 영향을 더 많이 받는다.

이 외에도 근적외선NIR 카메라는 근적외선 광원(예: 850nm)으로 장면을 비추고, 표준 디지털 카메라로 반사광을 포착하므로 능동센서에 속한다.

능동센서는 흔히, 수동센서(실화상 카메라)와 함께 사용한다 [4].

2 센서들에 적용된 주파수 스펙트럼

사용된 센서의 주파수(또는 파장)는 시스템에서 사용하는 에너지는 물론이고, 정확도에 결정적인 영향을 미친다. 그러므로, 올바른 주파수를 선택하는 것은, 사용할 시스템 선택의 핵심 요소이다.

그림 2-1은 차량에 사용되는 주요 센서들의 주파수 스펙트럼을 포함하여, ISO 20473에서 설명하는 광범위한 전자기 스펙트럼spectrum을 나타내고 있다. 서로 다른 환경 자극에는 이들 파장의 혼합이 포함될 수 있으므로, 센서별 파장이 서로 겹치지 않도록 해야만, 인지perception의 확실성을 유지할 수 있다.

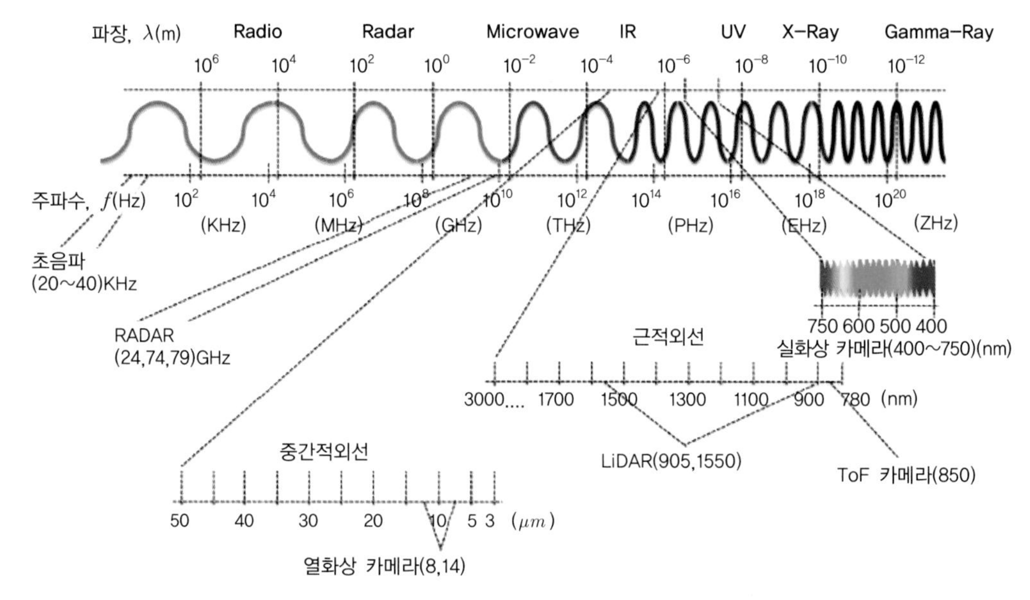

그림 2-1 자율주행차량 센서들이 사용하는 전자기 스펙트럼(ISO 20473) [5]

초음파센서는 인간이 들을 수 있는 주파수 범위를 벗어난, 약 40kHz 대역의 초음파를 사용한다. 초음파는 무지향성으로 사방으로 퍼져나가며, 공기 중에서 약 340m/s의 속도로 전파된다.

다른 센서들은 파장의 길이 순서로 보면, Radar에는 마이크로파(24GHz(12.49mm), 76~81GHz(3.945~3.701mm))를, 열화상 카메라에는 원적외선(8㎛, 14㎛)을, 라이다Lidar (905nm, 1550nm)와 ToF-카메라(850nm)에는 근적외선을, 그리고 일반(실화상) 카메라에는 가시광선(750~400nm)을 사용한다.
이들 파동은 모두 전자기파로서 단방향성unidirectional이며, 빛의 속도(진공과 공기 중에서 약 300,000km/s: 정확히는 299,792,458m/s)로 전파된다.

[표 2-1] 센서 주파수 스펙트럼의 주요 특성

	특성	라디오파	마이크로파	적외선 파, 가시광선
1	방향성	무지향성	단방향성	단방향성
2	침투	낮은 주파수에서는 고체와 벽을 통과할 수 있으나, 높은 주파수에서는 방해물로부터 튕겨 나온다.	낮은 주파수에서는 고체와 벽을 통과할 수 있으나, 높은 주파수에서는 통과할 수 없다.	고체와 벽을 통과할 수 없다.
3	주파수	3kHz~1GHz	1GHz~300GHz	300GHz~400GHz
4	보안	보안성 취약	중간 정도의 보안성	높은 보안성
5	감쇠	높다	가변적	낮다
6	정부허가	필요	필요	필요 없음
7	사용 비용	장치 및 사용 비용 중간	장치 및 사용 비용 비쌈	사용 비용이 매우 낮음
8	통신	장거리 통신에 이용	장거리 통신에 이용	장거리 통신에 이용 안 함

[표 2-2] 센서 주파수 특성 요약

센서	파동 종류	주파수 대역(파장)	파동의 특성	전달 속도
초음파 센서	음파	20~40kHz (1.7~0.9cm)	무지향성	343m/s, 공기
GPS	극초단파(L)	1~2GHz (0.3~0.15m)	무지향성	진공과 공기 중에서 빛의 속도로 전파 299,792,458m/s
Radar	마이크로파	74GHz, 79GHz(4.05mm, 3.79mm)	단방향성	
열화상카메라	중간 적외선	21.4THz(14㎛), 37.47THz(8㎛)	단방향성	
Lidar	근적외선	193.4THz(1550nm) 331.3THz(905nm)	단방향성	
ToF 카메라	근적외선	352.6THz(850nm)	단방향성	
일반 카메라	가시광선	399.7~749.5THz(750~400nm)	직진성	

일반적으로 제어 및 감지가 더 어려운 에너지 형태에 의존하는 센서들은 더 정교하며, 이들이 제공하는 정보의 잠재력을 최대한 활용하기 위해서는 알고리즘을 사용해야 한다. 이 범주에는 능동 거리센서(예: 초음파센서), 동작/속도 센서(예: 도플러 레이더), 그리고 비전 센서(예: 카메라)가 포함된다. 복잡성을 활용하면, 더 광범위하고 풍부하고 다양한 정보를 얻을 수 있고, 더 넓은 범위의 작업을 수행할 수 있다. 이들의 일부는 개체 감지와 거리 측정과 같은 여러 목적으로 동시에 사용할 수도 있다.

센서들은 정보를 수집, 컴퓨팅 플랫폼으로 전달한다. 컴퓨팅 플랫폼은 데이터를 분석하고 차량이 다음에 취해야 할 조치를 결정한다. 일반적으로 센서의 원시 데이터를 처리하여 의미를 부여, 차량이 의사결정 과정에서 이들 정보를 활용할 수 있도록 하는 일련의 소프트웨어 구성 요소 및 도구가 수반되어야 한다. 지원 소프트웨어 구성 요소와 도구의 이러한 조합은 하드웨어(센서 및 액추에이터)와 알고리즘 사이의 격차를 연결하는, 시스템 아키텍처의 중간 계층인 '미들웨어middle ware'를 형성한다. 미들웨어와 자율주행차량 관련 소프트웨어의 일반에 대해서는 제3장에서 더 자세히 설명할 것이다.

3 센서 융합 관련, 주요 고려사항

실제로 완벽한 센서는 없으므로, 일반적으로 그림 2-2와 같이 다양한 센서 유형을 조합하여 사용한다. 특정 센서 범주 안에서도 다양한 생산자와 모델 간에는 고려해야 할 미묘한 차이가 있다. 따라서 각 센서의 강점과 한계를 잘 이해하고, 기능, 차량설계 및 기타 요소를 고려하여 용도에 가장 적합한 센서를 선택하는 것이 중요하다.

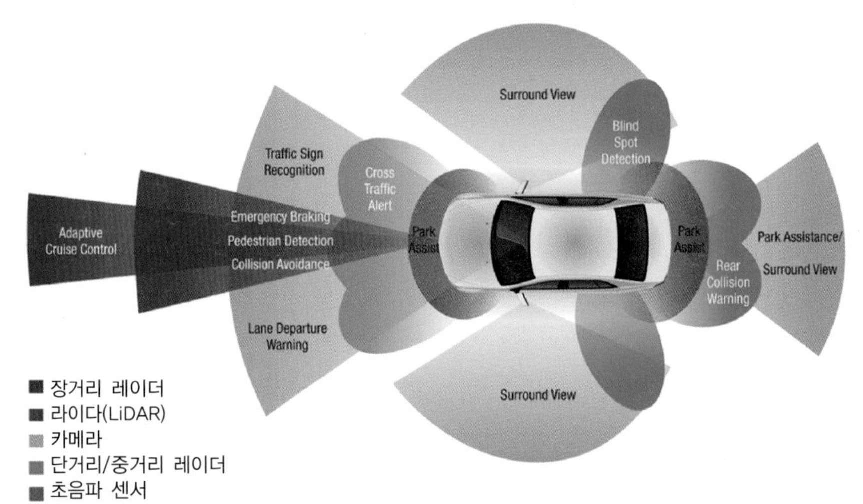

그림 2-2 ADAS/자율주행차량용 환경 감지 시스템의 구성 [출처: Texas Instruments]

또 센서 구성은 기능의 문제일 뿐만 아니라 비용의 문제이기도 하다. Lidar와 같은 일부 센서는 여전히 상대적으로 비싸, 저가형 차량 모델에 사용하기 어렵다. 비용이 많이 든다면, 더 값싼 다른 센서를 지능적으로 사용하여 고가 센서의 기능을 대신할 수 있다. 궁극적으로 어떤 유형의 센서를 선택하든, 차량이 모든 센서의 데이터를 동시에, 빠르게, 처리할 수 있는 충분한 계산 능력을 갖추고 있는지가 중요하다.

또 다른 핵심 문제는 차량 디자인과 미학이다. 특히 미적 고려가 고객의 구매 결정에서 여전히 중요한 부분을 차지하는 승용차 부문에서는, 적합한 센서를 선택하고, 디자인 품질을 떨어뜨리지 않으면서, 차량에 배치하는 문제는 모양과 기능 사이의 전형적인 절충안이다.

4 무선 고주파(RF Radio Frequency) 통신 시스템의 기본 개념

초음파 센서는 저주파를 사용하지만, 레이더나 라이다를 포함해서 GPS는 무선 고주파(RF)를 이용하여 신호를 송/수신한다. 저주파와 고주파의 경계점이 정확히 구분된 것은 아니지만, 마이크로웨이브Microwave로 규정되기 시작하는 주파수인, 300MHz를 저주파와 고주파의 경계로 보는 견해가 지배적이다. 300MHz는 파장이 1m 이하로 내려오기 시작하는 주파수이다. 전자적합(電磁適合; EMI) 측면에서 보면 300MHz 이하는 자기장이 주요 요소이고, 300MHz 이상에서는 전기장이 주요 요소이다. 주파수의 파장이 m-단위에서 cm-단위로 짧아지는 것은, 회로나 시스템을 구성할 때 짧은 파장으로 인한 각종 위상차나 발진 문제 등이 복잡해진다는 것을 의미한다.

무선통신에서의 무선 고주파(RF)라는 용어는 수십 MHz~100MHz 대역의 중간주파수(IF)단에 반대되는 개념으로 사용하기 때문에, RF는 보통 300~400MHz 이상의 높은 주파수대를 의미한다. 하지만 무선통신이 아닌 RF-분야에서는 수 kHz도 RF일 수 있다.

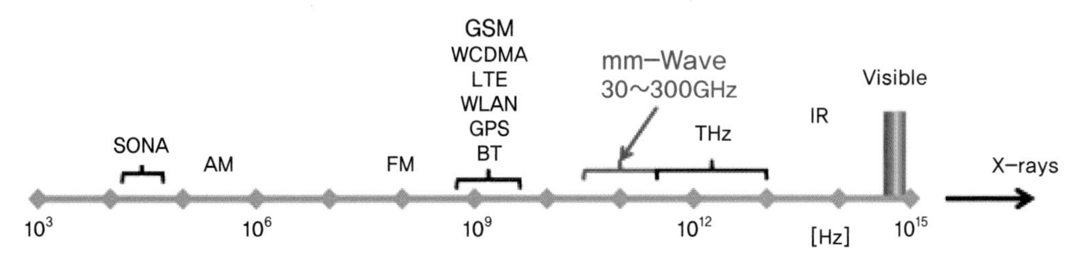

그림 2-3 무선 장치와 적용 주파수 대역

(1) 무선통신 환경과 RF-프런트-엔드(RF-communication environment & RF-front-end)

전자파에 신호를 실어 전송하고 그 반송파를 수신하는 개념은, 언뜻 보면 무선통신이나 이동통신에서만 적용되는 기술처럼 보인다. 그러나, 전자파의 이용 범위는 아주 넓다. 레이더RADAR나 라이다LiDAR처럼 무선으로 정보를 송/수신하는 모든 경우가, 무선통신 시스템과 유사한 구조를 사용한다. 하지만, 레이다나 라이다를 통신시스템으로 분류하지는 않는다.

자유공간 즉, 대기(大氣) 중에 전자파를 방사하고, 그 반송파를 수신하는 방법으로 정보를 취득, 또는 교환하는 장치들은 그 시스템의 기본 개념이 거의 모두 비슷하다. - 모두 RF 프런트-엔드 RF front-end를 통해 신호를 송/수신한다.

유선통신의 경우는 선로에 타인의 신호 주파수가 존재하지 않는다. 잡음이 거의 유입될 수 없는 구조이며, 약간의 감쇄가 있으므로, 중간중간에 증폭용 반복기repeater만 적절히 배치하면, 신호는 순조롭게 전송된다. 그러나, 무선선로(자유공간)에는 유선선로와는 다르게 수많은 잡음과 타인의 신호가 난무한다. 이러한 통신환경에서 특정 주파수의 신호를 정확히 선별, 수신, 분석하는 것은 무선 고주파(RF) 프런트-엔드front-end의 역할이다.

따라서 무선통신에서는 유선통신과는 달리 변조 modulation, 증폭 amplification, 혼합 mixing 및 필터링filtering 등, 고도의 기술을 적용한다.

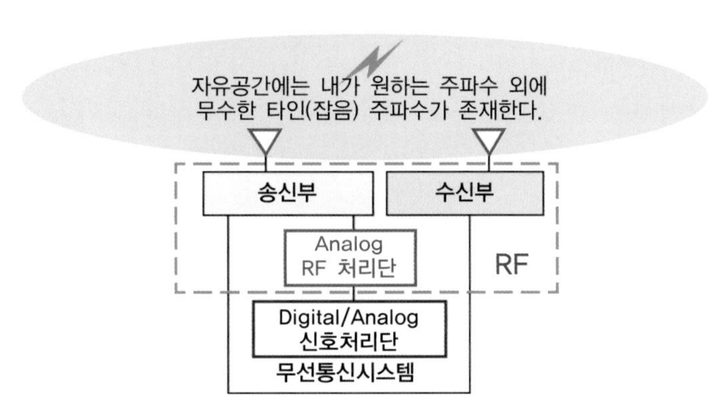

그림 2-4 무선고주파(RF) 송/수신부(front-end)의 연결 환경(예)

아날로그 무선고주파(RF) 프런트-엔드 front-end의 역할을 순서대로 요약하면 다음과 같다.

① 기저대역baseband에서 만들어진 전송신호를 고주파(RF) 신호로 변환하여,

② 적절한 전력으로 증폭, 다른 주파수의 간섭을 차단, 자유공간으로 전송하고,

③ 대기(大氣) 안의 각종 잡음과 수많은 신호 중에서 특정 주파수 신호만을 선별, 수신한 후

④ 잡음을 최소화하면서 미약한 신호를 증폭, 사용 가능한 크기로 만들어,

⑤ 기저대역baseband 주파수로 낮추어서 실제 신호를 복원할 수 있어야 한다.

(2) 주파수 변환 Frequency conversion 방식

① 슈퍼 헤테로다인 super heterodyne 방식 - 중간주파수(IF) 단 활용

무선 통신 시스템에서, 전송해야 할 음성이나 화상 및 데이터 정보가 담긴, 원본 주파수는, 아주 낮은 기저대역baseband 주파수이다. 이 기저대역 주파수는 음성은 수 kHz, 화상이나 데이터는 MHz 단위까지이다.

무선환경, 즉 자유공간에는 무수한 신호의 주파수가 존재하지만, 하나의 주파수에서는 반드시 하나의 신호만 있어야만 확실하게 통신할 수 있다(CDMA와 같은 다중통신의 경우는 신호 묶음으로 표현). 따라서, 음성, 화상 및 데이터를 원본 주파수 상태 그대로 통신하는 것은 실제로 불가능하다. 대부분 비슷한 주파수이므로 서로 겹쳐서, 통신할 수 없게 되기 때문이다. 즉, 통신방식과 장치마다 서로 다른 주파수를 사용해야 한다. 그러므로 불가피하게 높은 주파수 대역의 특정(보통 국가가 승인, 할당한) 주파수로 높게 변환해서 송/수신할 수밖에 없다.

이렇게 실제 신호를 싣고carry 다니는, 높은 주파수를 반송carrier 주파수라고 한다. 그런데, 기저대역 주파수를 반송 주파수로, 또는 역으로 반송 주파수를 기저대역 주파수로 직접 변환하는 것이 아니라, 중간에 특정 주파수로 변환하는 단계를 거치는 구조를 사용할 때, 중간 단계의 주파수를 중간주파수(IF : Intermediate frequency)라고 한다. 그리고 이와 같은 주파수 변환 방식을 슈퍼 헤테로다인super heterodyne 방식이라고 한다.

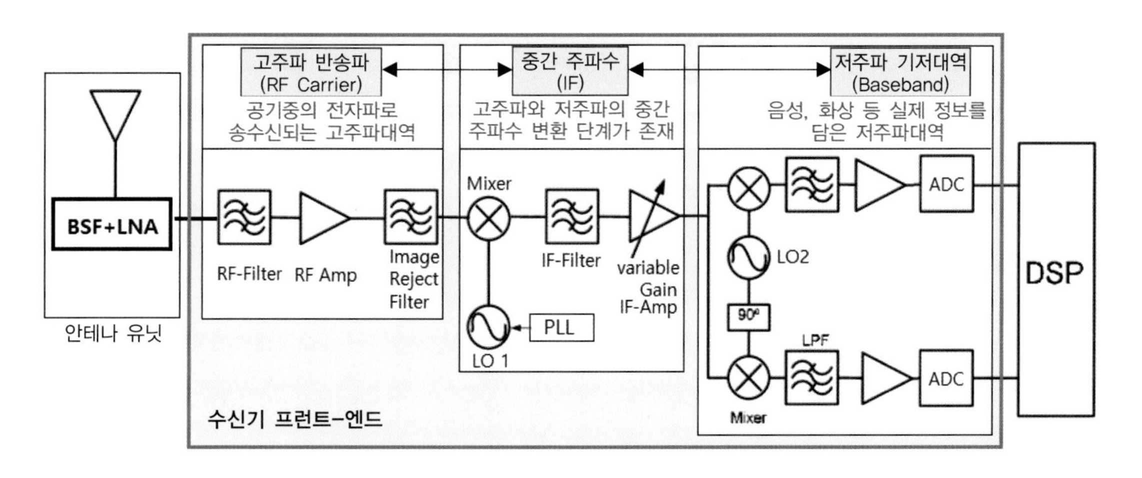

그림 2-5 슈퍼 헤테로다인 RF-수신기 프런트-엔드(예)

현재 대부분의 고주파 무선(RF)-장비 예를 들면, 휴대전화, 각종 송수신기 및 레이다 등에서는 중간주파수(IF; Intermediate Frequency)를 활용한다.

② **직접 변환**(Direct Conversion) **방식 - Zero-IF 방식**

중간주파수(IF)를 활용하면, 선택도, 안정도, 민감도 등에서 장점이 많으나, 이를 위해서 IF단을 구성하는 각종 필터와 증폭기, 주변회로 등을 추가해야 한다. 이로 인해 시스템의 비용이 상승하고, 성능 측면에서도 반복되는 주파수 변환으로 인해 잡다한 신호가 많이 발생한다는 문제도 있다. 즉, 비용과 시스템의 복잡성 때문에, IF를 사용하지 않는, 원래의 방식으로 회귀하려는 노력이 계속되고 있다. IF단이 생략되면, RF-송/수신기 구조가 그만큼 간단해지게 된다. (그림 2-5와 2-6의 비교)

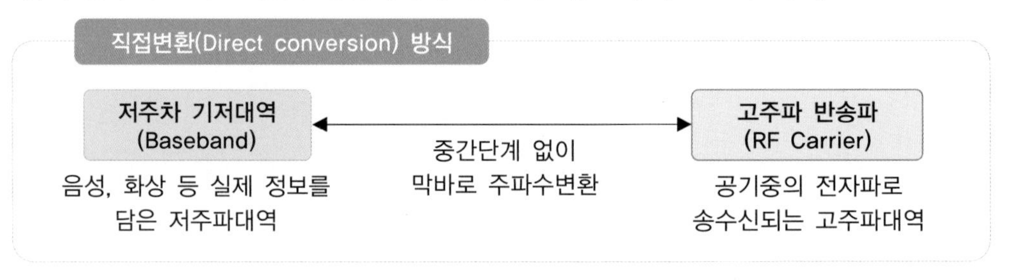

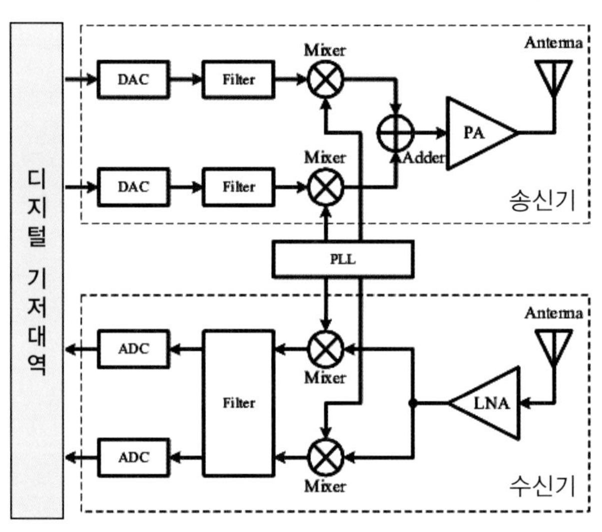

그림 2-6 직접 변환 방식의 RF-프런트 엔드(front-end)(예)

(3) 주파수를 올리고 내리는 혼합기Mixer

혼합기Mixer는 2개의 주파수가 입력되면 두 주파수의 합과 차에 해당하는 주파수를 출력한다.

입력된 고주파 신호에 국부 발진기local oscillator의 주파수만큼을 더한 출력을 주파수 상향 변환up conversion, 입력된 고주파 신호에서 국부발진기(LO) 주파수만큼을 차감한 출력을 주파수 하향 변환down conversion이라고 한다. 그러나 이때, 신호의 주파수는 변해도, 원래 담고 있던 정보의 내용은 그대로 유지된다.

① **진폭변조(AM)의 관점에서**

진폭변조의 경우는 원래 신호의 전체 포락선을 최고점으로 하는 사인파들이 더 밀집된 형태로 나타난다. 그러므로 캐리어 주파수가 달라져도, 원래 신호는 그대로 유지된다.

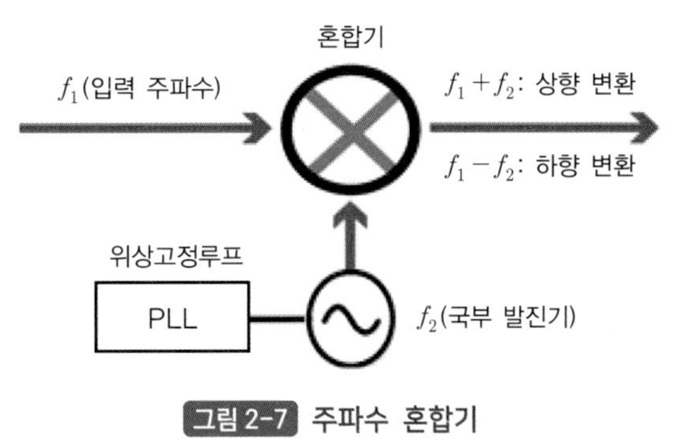

그림 2-7 주파수 혼합기

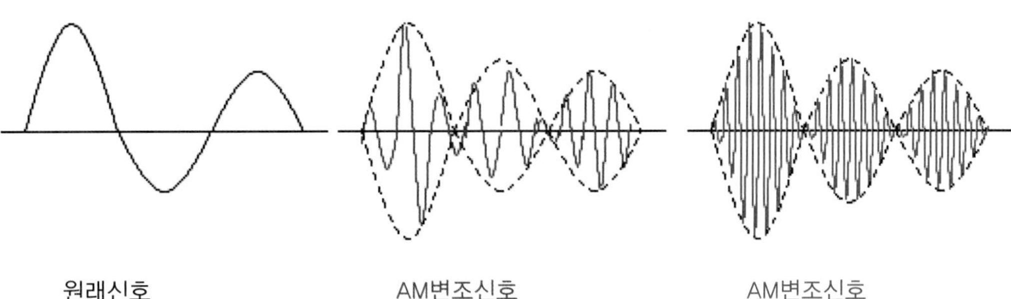

그림 2-8 진폭변조 관점에서의 주파수 변환 개념

② **주파수변조(FM)의 관점에서**

주파수변조(FM)의 경우는 주파수의 차이, 그 자체가 신호정보를 의미하기 때문에, 모든 주파수가 비례적으로 변화해도 원래의 신호정보는 그대로 유지된다.

결론적으로, 반송주파수carrier frequency가 변해도, 실제로 전송하고자 하는 신호의 내용은 변하지 않는다. 그러므로 중간에 중간주파수(IF)로 바꾸거나, 최종적으로 RF-주파수로 주파수를 높여도, 신호의 정보 그 자체는 변하지 않고, 그 신호를 실어 나르는 반송주파수carrier frequency만 변한다.

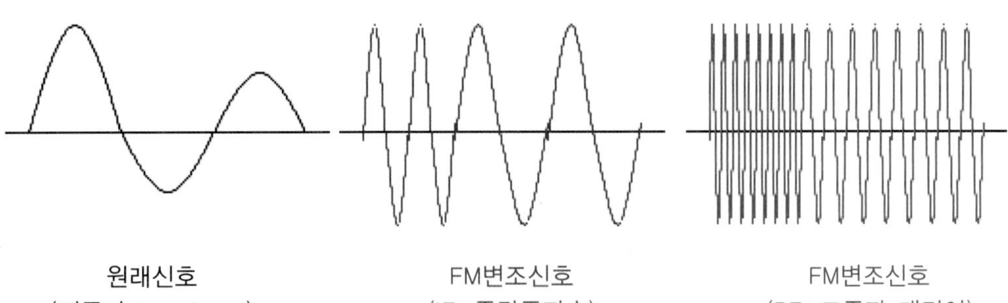

그림 2-9 주파수변조 관점에서의 주파수 변환 개념

(4) RF-프런트-엔드RF front-end에서 수신단(Rx)의 구조와 기능

RF 수신단의 일반적인 구조는 아래와 같다(예: single IF). 이 구조가 모든 무선통신 시스템에서 동일한 것은 아니다. 용도와 장치에 따라 차이는 있으나, 기본적인 RF-수신단 개념 블록선도는 서로 크게 다르지 않다.

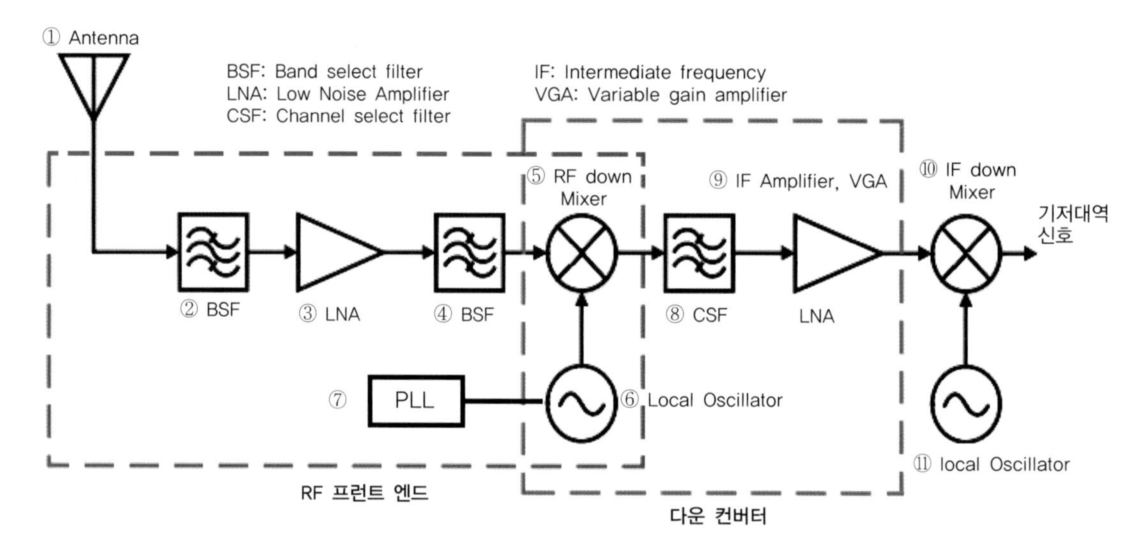

그림 2-10 RF 수신단의 개념 블록선도(예)

① **수신 안테나**(Antenna): 자유공간에서 특정 주파수대역의 전자기파electromagnetic wave 신호를 수신, 전기신호로 바꾸어 회로에 전달한다.

② **대역 선택 필터**(BSF: Band select filter): 안테나를 통해 수신된 신호에는 잡다한 주파수들이 섞여 있으므로, 원하는 주파수대역만 통과하도록 필터링filtering한다. 다수의 채널을 사용하는 경우, 채널들 전체in-band를 통과시켜주어야 하며, 하나의 안테나가 송신과 수신을 모두 담당하는 경우는 듀플렉서duplexer가 대역통과 필터의 역할을 겸한다.

③ **저잡음 증폭기**(LNA: Low Noise Amplifier): 목표 신호와 함께 수신된 자유공간의 많은 잡음이 증폭되는 것을 최대한 억제하면서, 목표 신호가 증폭될 수 있도록 한다.

④ **이미지 제거 필터**(Image reject filter): LNA(저잡음 증폭기)에서 증폭된 신호 중에서 치명적인 이미지 주파수(image frequency: 허수 또는 허상 주파수)가 혼합기mixer로 전달되는 것을 방지하기 위해, 다시한번 대역통과 필터링한다. 부가적으로 원하지 않는spurious 주파수들을 제거하고, RF단과 IF단을 분리하여 수신부의 안정을 도모한다.

⑤ **RF-하향 변환 혼합기**(RF down mixer): 혼합기Mixer는 입력되는 두 주파수의 합과 차에 해당하는 주파수를 출력한다. 입력된 고주파 신호에 국부발진기(LO)의 주파수만큼을 더한 출력을 주파수 상향 변환, 입력된 고주파 신호에서 국부발진기(LO) 주파수만큼을 차감한 출력을 주파수 하향 변환이라고 한다. 적절하게 저잡음 증폭된 RF 신호의 주파수를 중간주파수(IF) 대역으로 하향 변환한다.

⑥ **RF-국부발진기**(RF LO; RF local oscillator): RF-하향 변환 혼합기down mixer에, 주파수 합성을 위한 국부발진기(LO) 주파수를 공급한다. 채널 선택이 필요한 통신의 경우는, 국부발진기(LO) 주파수를 변화시켜 채널을 선택할 수 있다.

⑦ **위상 고정 루프**(PLL: Phase Locked Loop): RF-국부발진기(LO)의 출력주파수가 맥동하지 않고 일정한 주파수를 유지할 수 있게 한다. locking. 또한 컨트롤 입력을 통해 RF-국부발진기(LO)로 사용되는 VCO(전압조정 발진기)의 전압을 정교하게 조절, RF-국부발진기(LO)의 출력주파수를 원하는 주파수로 이동, 고정한다. - 주파수 튜닝tuning 기능 조절부.

⑧ **채널 선택 필터**(CSF: Channel select filter): 중간주파수(IF)로 변환된 신호들은 다수의 채널을 다 포함하고 있다. 이들 중에서 원하는 채널만을 대역통과 필터링하여 선택한다. 대부분, 각 채널 간의 간격이 좁으므로, 스커트skirt 특성이 좋은 필터를 사용해야 한다.

⑨ **중간주파수 증폭기**(IF amp; IF amplifier): RF단의 저잡음증폭기(LNA)만으로는 미약한 수신신호를 충분히 증폭시킬 수 없다. 그러므로, 채널 필터링을 거친 후에 중간주파수 증폭기IF amp를 통해, 신호를 다시 증폭해야 한다. 정교한 전력 조절이 필요한 경우는, 중간주파수 증폭기의 이득gain을 VGA Variable Gain Amplifier나 AGC Auto Gain Control의 형태로 사용한다.

⑩ **중간주파수 하향변환 혼합기**(IF down mixer): 중간주파수(IF)단에서 채널 선택과 증폭을 완료하고, 반송파 주파수를 제거, 원래 신호가 담긴 기저대역baseband 주파수로 변환하기 위해 다시 하향 변환, 혼합한다.

⑪ **중간주파수 국부발진기**(IF LO; IF local oscillator): 중간주파수(IF)를 기저대역 신호 주파수로 변환하는, 중간주파수 혼합기IF mixer에 국부발진기(LO) 주파수를 공급한다. 국부발진기(LO) 주파수를 고정하기 위해, 추가로 중간주파수(IF) 위상고정 루프(PLL)를 사용하기도 한다.

(5) RF 프런트-엔드 RF front-end 에서 송신단(Tx)의 구조와 가능

RF 송신단(Tx)의 일반적인 구조는 아래와 같다. 아래 4각형 안의 소자들은 수신부의 저잡음증폭기(LNA) 이후의 블록선도를 가로로 대칭 이동한 것과 같다. 다만 혼합기mixer는 상향 변환 기능을 수행한다. 따라서 그 이후 소자들의 기능만 설명한다.

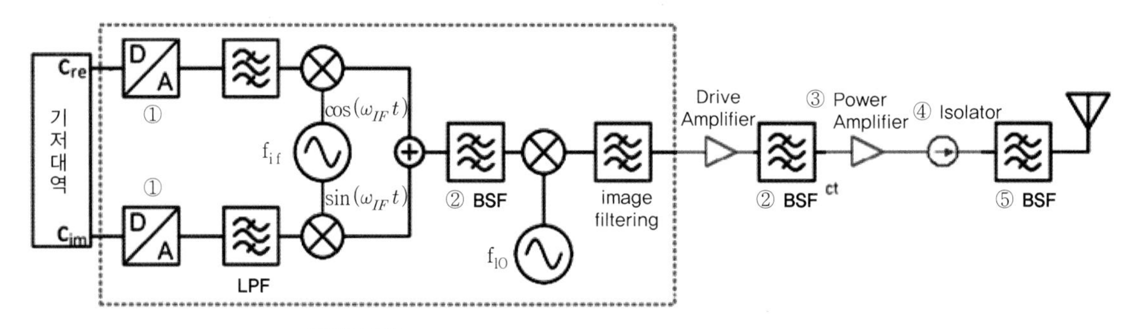

그림 2-11 슈퍼 헤테로다인 RF-송신단의 구조(예)

① **구동 증폭기** (DA; Drive amplifier)

송신단(Tx)은 수신단(Rx)과 다르게 일정한 입력신호를 가지고 있다. 이 입력신호를 큰 전력신호로 증폭하는 역할은 전력증폭기(PA: Power amplifier)가 담당한다. 그러나, 전력증폭기(PA)가 구조상 충분한 이득gain을 가지고 있지 않은 경우가 많고, 또한 전력증폭기(PA)가 충분한 전력으로 증폭하기 위해서는 입력신호도 일정 수준의 전력을 가지고 있어야 한다. 구동증폭기(DA)는 전력증폭기(PA)의 이득gain 부족을 해결하고, 동시에 전력증폭기(PA)에 충분한 입력전력을 공급하는 기능을 수행한다.

② **대역 선택 필터** (BSF; Band select filter)

구동증폭기(DA)는 비선형성 증폭기이므로, 불필요한 주파수 출력성분이 나타날 수 있다. 이들 원하지 않는spurious 주파수 성분이 전력증폭기(PA)에서 증폭되는 것을 방지하고자, 사용 중인 채널들의 주파수대역만 통과시키는 작업이 필요하다.

③ **전력증폭기** (PA; Power amplifier)

고주파 송신부의 최종단에서 충분한 전력을 가진 신호를 송출할 수 있도록 전력을 증폭한다. 이득 gain을 가지고 신호를 증폭하되, 다른 증폭기들과 다르게, 높은 dBm의 전력을 소화할 수 있다. 송신부의 규격은 철저하게 전력증폭기(PA)의 사양에 따라 결정되는 경우가 많다. 소형단말 시스템에서는 출력 정합 matching과 일부 주요 소자를 PA MMIC 칩원판bare chip과 함께 집적한 PAM Power Amp Module으로 사용하는 경우가 많다. PAM을 이용하면 송신단(Tx) 면적을 줄이면서도 출력 정합의 민감도가 떨어져서 시스템을 구현하기 쉬워진다. 또 고장률이 높고 민감한 부품인 전력증폭기(PA)의 신뢰성을 모듈(PAM)을 통해 개선할 수 있다.

④ **절연 변환기** (Isolator)

송신단은 신호를 방출하는 단이지만, 안테나를 통해 신호가 역으로 유입될 가능성이 있으므로, 특정 방향으로만 신호가 전달될 수 있도록 신호송출 방향을 고정할 필요가 있다. 절연 변환기는 출력방향으로는 신호가 흐르고, 역방향으로 들어오는 신호는 다음 단계로 전달되지 않도록 폐기한다. 즉, 역으로 유입된 신호로 인해 전력증폭기(PA) 출력단의 임피던스가 교란되는 것을 방지하여, 전력증폭기(PA)의 파손을 방지한다. 또한, 전력증폭기(PA)들은 출력측을 일치시키지 못하고 출력정합(出力整合; power matching)하므로 출력 반사계수가 나쁘게 된다. 이로 인해 전압 정재파비(VSWR; Voltage Standing Wave Ratio)가 높아져, 출력단에 불필요한 정재파 전압이 걸려서 전력증폭기(PA)가 파손될 수 있는데, 절연 변환기는 이를 방지하기도 한다. 값이 비싼 소자이므로, 꼭 필요한 경우에만 사용한다.

⑤ **대역선택 필터** (BSF; Band select filter)

구동증폭기(DA)단과 마찬가지로 전력증폭기(PA) 후단에 비선형적인, 원하지 않는 주파수성분들이 나타날 수 있으므로, 이들을 잘라내고 원하는 주파수대역만 자유공간으로 방출하기 위해, 마지막으로 대역통과 필터링한다. 수신(Rx)단과 안테나를 공유하는 시스템에서는 듀플렉서duplexer가 이 역할을 겸한다.

⑥ **전송 안테나** (transmitting Antenna)

인가된 전기신호를 전자파(電磁波)로 변환, 자유공간으로 방사radiation한다.

5 자율주행차량의 시스템 계층 구조 요약

그림 2-12는, 첨단 운전자 지원 시스템(ADAS)의 구성에서 출발한, 자율주행차량의 개략적인 계층 구조이다 [6]. 기본적으로 운전자 개입interface 요소와 인지perception 계층, 명령command 계층, 그리고 실행execution 계층으로 구성됨을 알 수 있다.

운전자 개입 요소는 운전자 상태를 평가하고 자동화 사슬에 운전자를 통합하기 위한 계층이며, 동일 위상에 나란히 표시된 인지perception 계층은 환경과 차량 상태의 실시간 정보를 감지하는 센서 시스템 계층이다.

명령command 계층은 기동maneuver, 궤적trajectory 및 자동화 수준automation level을 정의하고 안

전한 모션 제어 벡터motion control vector를 생성하기 위한 계층이다. 다른 많은 기능이 관련되어 있더라도, 기본 아이디어는 명령계층은 실행계층에서 수행하는, 차량이 따라야 하는 모션 벡터를 생성한다는 점이다.

실행execution 계층은 안전한 모션 제어 벡터를 실행하기 위한 계층으로서, 최종적으로 4개의 지능형 액추에이터(drive-by-wire(원동기 출력), shift-by-wire(변속), break-by-wire(제동) 및 steer-by-wire(조향))를 작동시킨다.

동력원(내연기관 또는 구동전동기)은 백업backup 기능이 없고, 변속기 시스템은 제한된 변속 기능을 제공한다. 그러나, 제동장치와 조향장치의 오작동은 동력원이나 변속기의 오작동에 비해 인간에게 치명적인 영향을 미칠 수 있으므로, 이들 시스템은 적어도 오작동(또는 고장)에 비상 대처할 수 있어야 한다. 시스템 결함(고장)에 대응하는, 가장 간단한 비상대책은 단순한 중복성을 사용하는 방법이다. 동시에 작동하는 2개의 병렬 시스템을 구비하여, 장애가 발생하면, 대기 중인 시스템이 고장난 시스템의 기능을 대신한다. 또한, 통합 드라이브트레인 계층에 중복 컨트롤러를 도입하여, 계층을 2개의 하위 계층으로 세분할 수도 있다. 드라이브트레인 컨트롤러는 차량 레벨 제어를 구현하는 반면, 그 아래의 바이-와이어by wire 시스템은 지능형 액추에이터들이다.

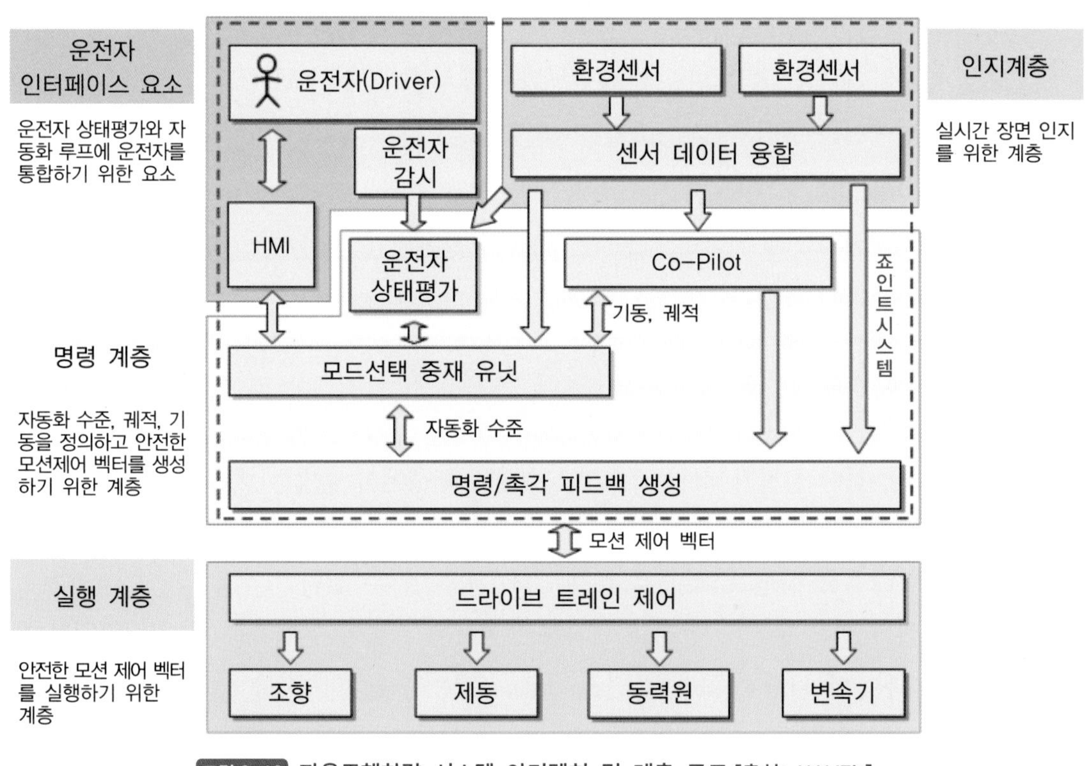

그림 2-12 자율주행차량 시스템 아키텍처 및 계층 구조 [출처: HAVEit]

표준 차량을 구성하는 기계적 구성요소인 동력원(내연기관 또는 구동전동기), 변속기, 현가장치 및 제동장치와 같은 기본 시스템은 이 책의 주제가 아니므로 더는 설명하지 않는다. 이들 시스템 또는 부품은 안전하고 적절한 기능을 보장하는, 하나 이상의 전자제어장치(ECU)에 의해 제어된다고 간단히 가정한다. 예를 들어, 액추에이터 제어명령이 "조향차륜을 우측으로 1° 조향하라!"이면, 조향차륜 액추에이터를 제어하는 ECU가 명령을 올바르게 수령, 일련의 내부 작업을 수행하고, 최종으로 액추에이터를 제어, 차륜을 1° 조향한다고 가정한다.

이 책에서 우리의 관심은 자율주행차량을 현실로 만드는, 추가 기술이다. 완전 자율 주행을 가능하게 하는 하드웨어 요소를 쉽게 이해할 수 있도록, 센서, 컴퓨팅 플랫폼 및 액추에이터 인터페이스의 세 가지 주요 범주로 나누어 설명할 것이다. 먼저 환경 감지 계층인 센서부터 설명할 것이다. 환경 감지 계층의 임무는 차량 주변의 환경 및 개체에 대한 포괄적인 정보를 제공하는 것이다. 근거리, 중거리, 원거리의 환경정보를 획득하는 다양한 유형의 센서가 차량의 곳곳에 설치된다(그림 2-2 참조).

하드웨어 센서

2-2 레이더

RADAR: RAdio Detection And Ranging

1 개요 introduction to RADAR

레이더RADAR는 Radio Detection and Ranging(무선 감지 및 거리 측정)의 약자로 파장이 적외선보다 더 긴 밀리미터파mm-wave를 사용하여 물체를 감지하고 추적하는 센서 기술이다. 물체탐지에 전파를 사용한 최초의 진지한 실험은 1930년대에 수행되었지만, 이 새로운 기술은 제2차 세계 대전 중에 군사적 가치를 인정받아, 크게 발전하는 계기를 마련하였다.

레이더RADAR 기술은 1999년부터 도로 자동차에 적용되기 시작, 비약적으로 발전하고 있다. 차량용 레이더는 전자기파(電磁氣波; electro-magnetic wave) 신호를 발신하고 개체에서 반사되는 신호를 수신, 분석하여, 전방과 주변의 개체(예: 차량, 보행자, 인접 건물)를 감지하고 개체까지의 거리, 상대속도, 그리고 횡방향 오프셋cross offset을 측정, 운전자의 운전작업을 지원한다. 적응형 정속주행(ACC)과 같은 안락성 기능에서 출발하여 비상제동과 같은 안전 기능, 보행자 감지 및 360° 환경 감지와 같은 새로운 용도로 빠르게 확대되고 있다.

레이더RADAR 신호는 금속 물체와 같이, 상당한 전기 전도성을 갖는 개체에 의해 잘 반사된다. 다른 전파의 간섭은 RADAR 성능에 영향을 미칠 수 있지만, 반면에 전송된 신호는 곡면에서 쉽게 반사될 수 있어서, 센서가 이러한 개체를 감지하지 못할 수도 있다. 동시에, 전파의 반사 특성을 사용하면, RADAR 센서가 앞에 있는 물체 너머를 '볼see' 수 있다. RADAR는 라이다Lidar보다, 감지된 개체의 형상을 결정하는 능력이 떨어진다 [7].

전반적으로, 레이더RADAR의 주요 장점은 기술의 성숙도, 저렴한 가격, 그리고 저조도 및 악천후 조건에 대한 탄력성이다. 그러나, 라이다Lidar나 카메라에 비해 공간 해상도가 낮으며, 개체의 공간적 형태에 대한 정보가 많지 않은 개체만 탐지할 수 있으므로, 여러 개체간에 구별하거나, 도달 방향으로 개체를 분리하는 것이 어려울 수 있다.

(1) 비행시간 원리

레이더가 발신한 밀리미터파 신호가 대상 개체에 도달, 반사되어 다시 레이더 수신기로 복귀하기까지의 비행시간(ToF; Time of Flight)을 측정, 개체까지의 거리를 계산한다.

알고 있는 전파의 속도와 측정한 왕복 지연시간은 레이더 시스템에서 개체의 거리와 속도를 정확하게 결정한다. 수신된 반향echo 출력(P_r)을 개체까지의 거리 R[m]과 관련시키는 레이더 거리 방정식은 식(1)으로 나타낼 수 있다 [8].

$$P_r(R) = \frac{P_t G^2 \lambda^2 \sigma L}{(4\pi)^3 R^4} \quad \cdots\cdots (1)$$

여기서, P_t는 전송 출력, G는 이득, λ는 파장, σ는 목표 개체의 단면, L은 다중경로, 대기 및 환경 손실을 포함하여 함께 묶은 모든 손실을 나타낸다.

상대속도 감지 이론의 기본 개념은 도플러 주파수의 위상 편이phase shift이다. 움직이는 개체에서 반사되는 파동은, 발신자와 수신자의 상대속도와 이동방향에 따라 주파수가 변화한다. 발신신호 주파수와 수신신호 주파수의 차이를 측정하여, 상대속도를 계산할 수 있다.

레이더의 도플러 주파수 편이의 일반적인 방정식은 아래와 같이 나타낼 수 있다 [9], [10].

$$f_D = \frac{2 \cdot v_r \cdot f}{c} = \frac{2 \cdot v_r}{\lambda} \quad \cdots\cdots (2)$$

여기서 f_D는 헤르츠(Hz) 단위의 도플러 주파수이다. v_r은 목표 개체의 상대속도[m/s], f는 전송된 신호의 주파수(Hz), c는 빛의 속도($\approx 3 \times 10^8 \mathrm{m/s}$), λ는 방출된 에너지의 파장이다. 실제로 레이더의 도플러 주파수 변화는 두 번 발생한다. 첫 번째는, 전자기파가 목표 개체(표적)로 방출될 때 그리고 두 번째는 전자기파 에너지가 레이더(수신기)로 복귀할 때이다.

(2) 사용 주파수 대역과 대역폭

자동차용 레이더 시스템은 초기에는 단거리 레이더(SRR; 24GHz 대역)와 장거리 레이더(LRR; 77GHz 대역)를 주로 사용하였다. 그동안 적용 소프트웨어가 비약적으로 발전하고, 두 센서가 영역을 확장함에 따라, 해상도가 높은 중/단거리 레이더(MRR, 77~81GHz 대역)가 시장을 지배하고, 장거리 레이더(LRR)가 보완하는 형태로 진화하였다 [BOSCH].

단거리 레이더(SRR)의 일반적인 탐지거리는 약 20~50m이고 유효각도는 최대 약 160°이다. 장거리 레이더(LRR)의 탐지거리는 최대 약 300m까지, 유효각도는 최대 약 30° 내외이다. 중거리 레이더(MRR)의 성능은 그 사이에 있다 [BOSCH].

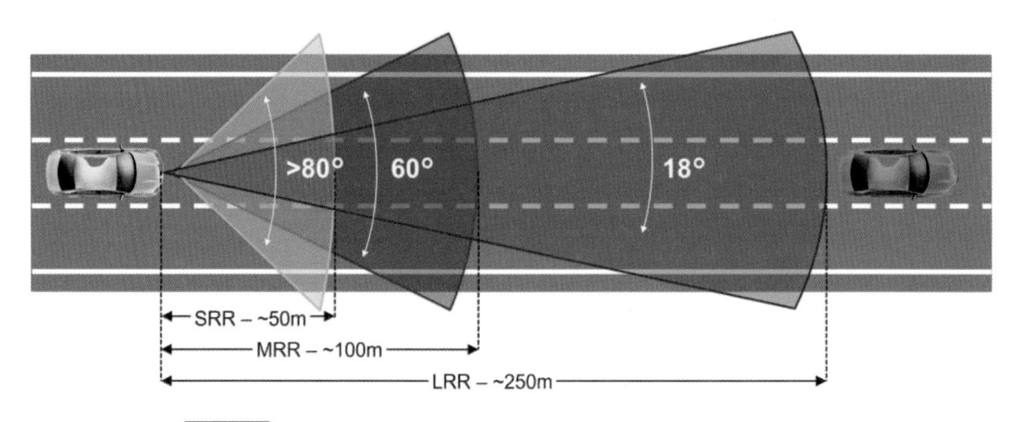

그림 2-13 자동차 레이더의 일반적인 시야각 및 가시거리[RENESAS]

77GHz 대역은 또한 협대역(대역폭 1GHz) 장거리용 76~77GHz, 그리고 단거리 광대역(대역폭 4GHz)용 77~81GHz의 두 가지 하위 대역으로 구분된다(그림 2-14 참조). 단거리 레이더는 거리 정확도가, 중거리/장거리 레이더는 탐지 범위가 주요 성능 매개변수이다.

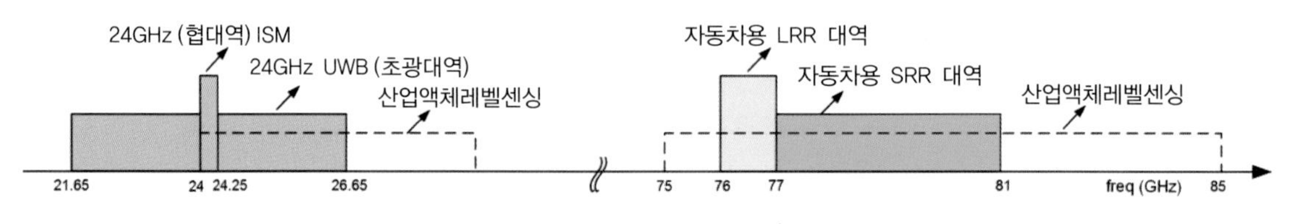

그림 2-14 24GHz 및 77GHz 주파수 대역 할당

단거리/중거리 레이더는 차량의 전/후방 모서리에 주로 설치되며, 충돌 경고 및 완화, 사각지대 감지, 차선변경 지원, 주차지원, 교차로 교통경보, 예측 비상 제동장치(PEBS) 등에 활용된다. 또한, 도시 교통에서 '정지 및 발진stop & go' 교통체증 보조 응용 프로그램을 구현하는 데 사용할 수도 있다 [11].

장거리 레이더는 차량의 앞 그릴 안쪽, 또는 범퍼 아래쪽에 설치되며, 고속주행, 자율 비상제동(AEB) 및 적응형 정속주행(ACC)에 활용된다 [11].

단거리 레이더(SRR)에 사용된 24GHz 광대역(21.65~26.65GHz; 대역폭 5GHz)은 유럽통신표준협회(ETSI)와 미국연방통신위원회(FCC)의 방침에 따라, 2022년 1월1일부터 사용할 수 없고, 24GHz 협대역(24.0~24.25GHz; 대역폭 250MHz)만 계속 사용할 수 있다. 따라서 앞으로는, 장거리 레이더(LRR)를 지원하는 77GHz 대역(76~77GHz)과 중/단거리를 지원하는 77~81GHz 대역을 주로 사용할 것으로 예상된다[12, 13, 14, 15]. 24GHz 협대역은 계속 사용할 수 있으나, 대역폭이 좁아, 더 높은 성능을 요구하는, 새로운 레이더에는 적합하지 않기 때문이다.

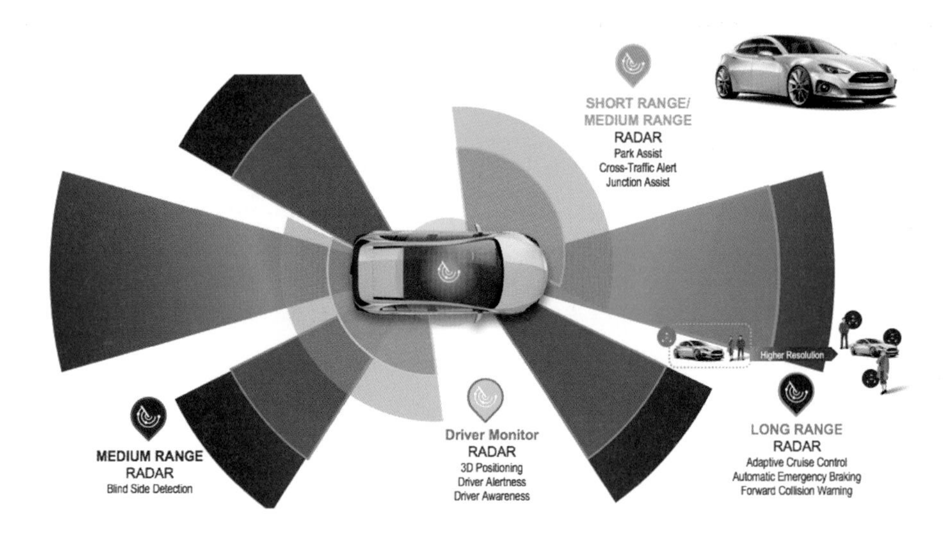

그림 2-15 자율주행차량과 레이더(RADAR) 배치 [출처: NXP]

77~81GHz 대역의 기술적 이점은 크기가 더 작은 안테나(현재 24GHz 크기의 1/3 크기), 더 높은 허용 전송 전력, 그리고 가장 중요한 것은 더 높은 개체 해상도를 가능하게 하는 넓은 가용 대역폭(4GHz)이다. 결과적으로 레이더 변조 기술, 빔beam 형성 및 조향, 시스템 아키텍처 및 반도체 기술의 발전으로, 최대 약 350m(LRR), 최대 시야각 100°(SRR)를 스캔scan할 수 있으며, 3차원 이미지도 생성할 수 있다.

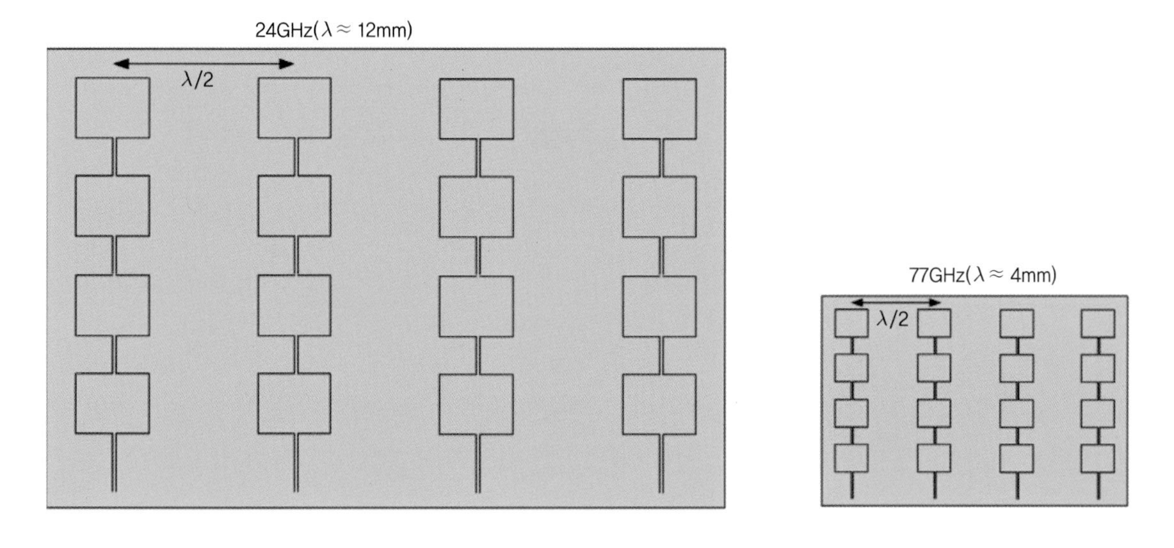

그림 2-16 RF의 주파수가 높으면, 센서 안테나 배열의 크기를 더 작게 할 수 있다[16]

2 레이더의 작동원리

레이더가 방출한 전자기파(電磁氣波)는 금속이나 기타 반사 표면에서 반사되어 레이더 수신기에 다시 포획된다. 개체까지의 거리는 이러한 파동의 전파시간으로부터, 개체의 상대속도는 반사된 전자기파의 도플러Doppler 주파수의 위상 편이phase shift로부터, 구할 수 있다.

움직이는 개체에서 반사된 파동은, 발신자 그리고 수신/반사한 개체의 상대속도와 이동방향에 따라 주파수가 변화한다. 송신 주파수와 수신주파수의 차이를 측정할 수 있으면, 상대속도도 계산할 수 있다. 횡방향 오프셋은 전송된 다수의 레이더 빔beam의 평가를 기반으로 하는 각도 추정을 통해 결정한다.

모든 레이더 방식에서 거리 측정은 신호 발신과 반향echo 신호 수신 사이의 소요시간에 대한 직접 또는 간접 측정을 기반으로 한다. 레이더 시스템은 신호의 전송 유형에 따라, 크게 연속파(CW; continuous-wave) 방식과 펄스파(PW: pulsed wave) 방식으로 구분한다. 자동차에는 주파수 변조 연속파(FMCW) 레이더를 많이 사용한다.

[표 2-3] 다양한 레이더 아키텍처와 개체 탐지 범위, 견고성 및 분해능의 기술적 장단점

	Pulse Doppler 펄스 도플러	FMCW 주파수변조 연속파	FSK 주파수 편이 변조	UWB 초광대역
신호형태	RX, TX, delay, Amplitude, time, geometrical offset	TX, RX, delay, frequency, time, geometrical offset	Freq., f_2, f_1, Δf, Amp., $T=1/f_{sw}$, t	
설명	단일 반송파 주파수는 순간(burst)에 전송	일반적으로 100~150MHz 대역폭의 톱니파형	1MHz 단계의 FSK. 주파수 당 일관된 처리 간격(CPI)은 5ms. 위상차에서 범위정보 유도	디랙-델타(Dirac-Delta) 펄스. 비행시간(ToF) 자동 상관관계 측정
장점	거리에 대한 간단한 알고리즘	범위 정확도가 양호. 상대속도와 거리계산 쉬움	단순한 전압제어발진기(VCO) 변조. 짧은 측정 사이클	단순한 원리. 대역폭이 넓어 근거리에서 측정 가능.
단점	거리 변화율을 결정하기 어려움. 동시에 송/수신 불가능.	고스트(ghost) 대상을 제거하기 위한 계산. 다중 처프(chirp)에 대한 긴 측정시간	정확도를 위해 일관된 신호 필요. 열악한 범위 방향 정보	중간-낮은 범위. 거리 변화율의 직접적인 측정 없음. 외란에 민감.

(1) 펄스 변조 Pulse modulation 방식의 작동원리

펄스 변조된 신호를 사용하여, 전송된 펄스와 수신된 펄스 간의 시간차(소요시간) τ를 측정한다. 수신된 신호가 원하는 정보를 전달할 수 있도록 복조한다. 빛의 속도를 이용하여 이 시간차로부터 선행 차량과의 거리를 계산할 수 있다.

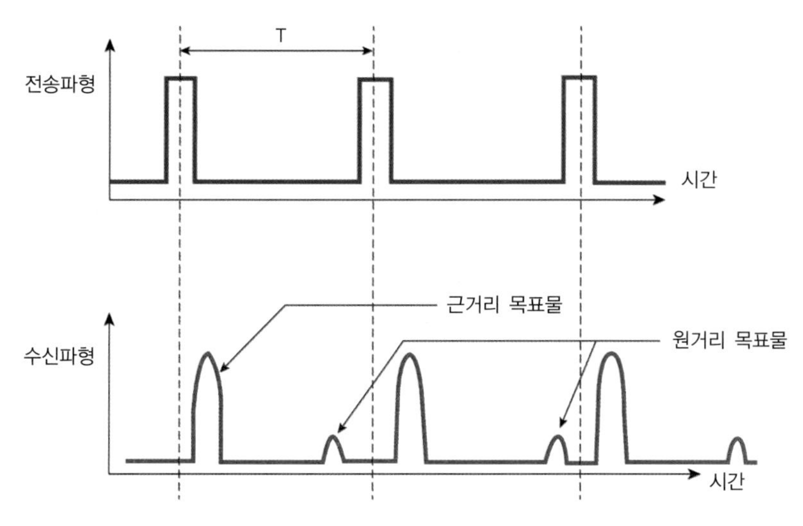

그림 2-17 펄스 레이더에서의 파형, 펄스반복주기(PRF)=1/T

직접 반사의 경우, 개체까지의 거리 R의 2배(왕복)와 빛의 속도 c로부터 소요시간 τ를 구할 수 있다.

$$\tau = \frac{2R}{c}, \quad R = \frac{c\tau}{2} \qquad (3)$$

예를 들어, $R = 150\text{m}$, $c = 300{,}000\text{km/s}$이면, 소요시간(τ)은 $\tau = 1.0\mu s$이 된다.

그림 2-18은 펄스 레이더의 블록선도이다. 예를 들어 24GHz의 주파수로 발진하는 국부 local 발진기(5)는, 신호를 전력분배기 power-divider(6)로 보낸다. 전력분배기(6) 출력단자는 2개의 고속 스위치(3과 9)와 연결되어 있다.

위 경로(전송경로)에서는 펄스 발생기(1)의 신호가 먼저 펄스 변조기(2)에서 변조되며, 구형파 펄스는 캐리어 신호를 구동하고 전송하기에 적합한 형태로 변조된다. 이어서 변조된 신호는, 고속 스위치(고주파 변조 스위치(3))에 전달된다. 이 신호는 고속 스위치로부터 전송 안테나(4)를 거쳐 목표 개체로 방출(전송)된다.

아래 병렬 경로(수신경로)에서 조정 가능한 시간-지연(7)은 참조 신호를 생성하여, 지속시간을 결정한다. 이 시간은 수신경로에서 고속 스위치(9)로 전달된다. 수신안테나(11)를 통해 수신된 반향echo 신호는 자신의 주파수 변화를 감지하기 위해 발진기(5)의 출력output신호와 일관성 있게 혼합된다. 여기서 일관성이란, 전송된 펄스의 위상이 기준 신호에서 유지됨을 의미한다. 이 방식에서는 위상-안정 발진기가 필요하다. 주파수의 변화는 도플러 필터에 의해 측정되며, 차량과 이동하는 개체 간의 상대속도를 결정한다.

20dBm EIRP(Equivalent isotropic radiated Power; 등가 등방성 복사 전력)의 송신 첨두출력peak power에서, 측정거리는 개체의 크기와 반사특성 그리고 수신경로의 감도에 따라 20~50m이다. 최소 측정거리는 일반적으로 0.25m이다.

참고 dBm(decibel-miliWatt)란, 두 전력값 간의 비를 1mW를 기준으로 dB단위로 표현한 값으로 $10\times\log(P_2/P_1)$의 형태로 표현한다.
1W의 전력을 dBm으로 표현하면 $10\times\log(1W/1mW)=10\times\log(10^3)=30dBm$이 된다.
따라서 20dBM은 100mW가 된다. $10\times\log(1W/100mW)=10\times\log(10^2)=20dBm$

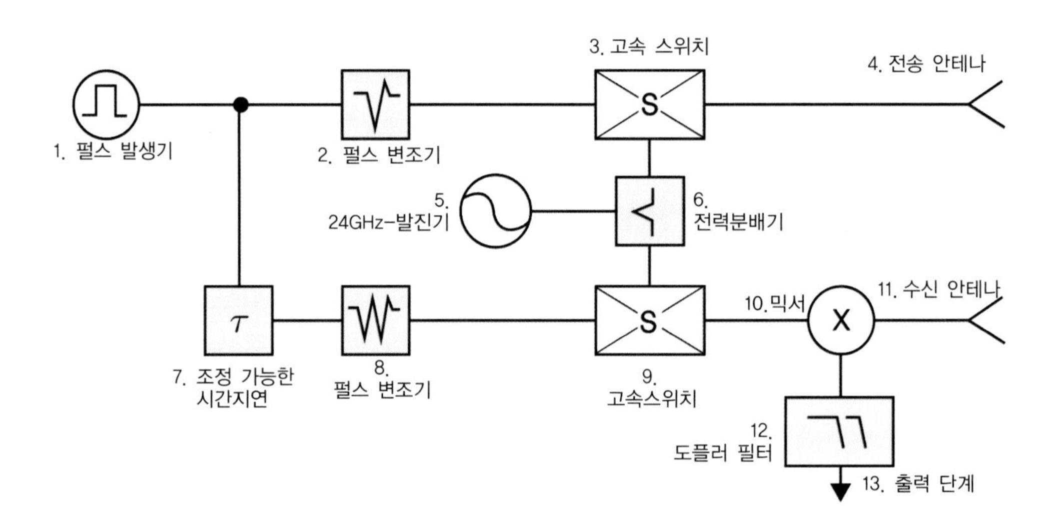

그림 2-18 펄스 레이더 블록선도의 예 [Bosch]

(2) FMCW Frequency Modulated Continuous Wave 방식의 작동원리

FMCW(주파수변조 연속파) 레이더 신호의 주파수와 진폭은 시간의 함수로서, 선형적으로 증가up-chirp 또는 감소down-chirp한다. 이러한 유형의 신호를 처프chirp라고도 한다.

처프는 시작 주파수(f_c), 대역폭(B) 및 지속 시간(T_c)을 특징으로 하며, 처프의 기울기(S)는 주파수의 변화율을 나타낸다. 그림 2-19(b)에 제시된 예에서 $f_c=77\text{GHz}$, $B=4\text{GHz}$, $T_c=40\mu s$ 및 $S=100\text{MHz}/\mu s$이다.

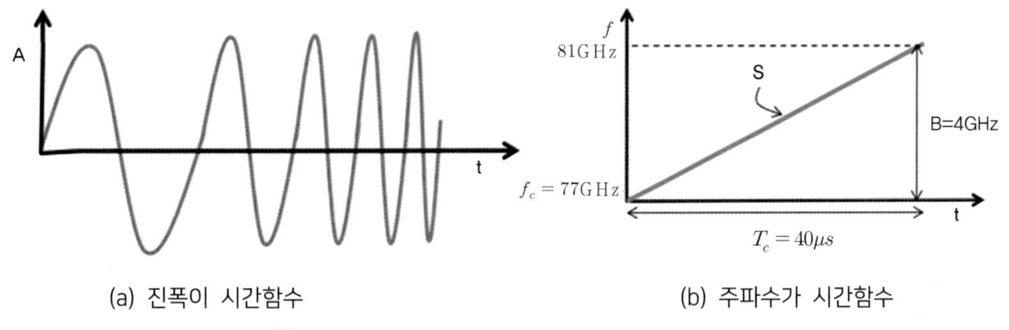

(a) 진폭이 시간함수　　　　(b) 주파수가 시간함수

그림 2-19 FMCW 처프(chirp) 신호의 표현 방식

그림 2-20은 자동차에 많이 사용되는, FMCW-레이더의 블록선도(예)이다. 77GHz-전압 조정 발진기(VCO: Voltage Controlled Oszillator)는 처프chirp 신호(램프ramp파 또는 톱니saw-tooth파)를 생성한다. 생성된 신호는 전력증폭기(PA)를 거쳐, 송신안테나를 통해 방출된다. 수신안테나는 개체에서 반사된 신호를 수신하여, 저잡음증폭기(LNA)를 거쳐 수신 혼합기mixer로 전달하고, 수신 혼합기mixer는 이 신호를 전압조정발진기(VCO)의 현재 전송신호와 혼합하여 0~500kHz 범위의 중간주파수(IF)로 변환한다. 중간주파수(IF)로 변환된 신호는 저역 통과 필터(LPF)를 거쳐, 디지털화되고, 소프트웨어에 구현된 고속 푸리에 변환(FFT)을 거쳐 처리된다.

비트beat 신호(그림 2-21 참조)는 송신/수신된 신호에서 얻어지며, 비트 주파수는 개체와 레이더 센서 사이의 거리에 비례한다. 상대속도와 상대거리는 비트 주파수를 측정하여, 구할 수 있다.

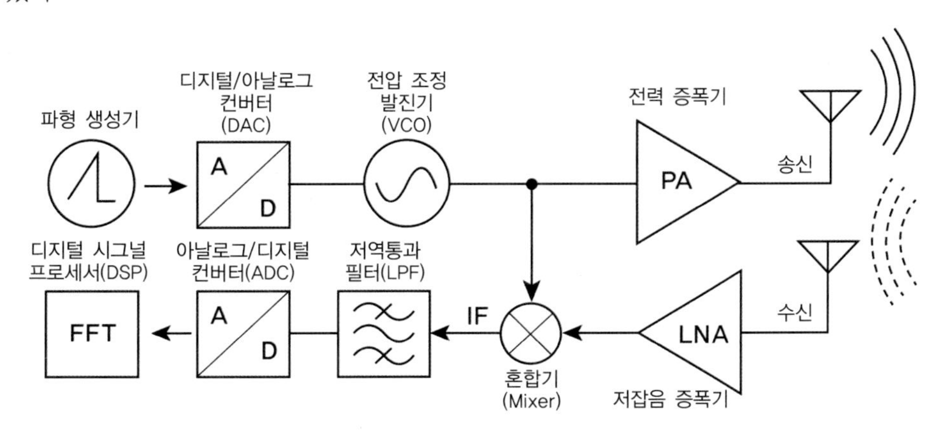

그림 2-20 FMCW 레이더의 구성의 간략한 블록선도(예)

주파수 생성 기능은 다음과 같다. 77GHz 전압조정발진기(VCO; Voltage Controlled Oscillator)의 주파수는 위상 고정 루프(PLL; Phase-Locked Loop) 제어를 통해, 안정적인

석영quartz 기반 기준발진기와 계속 비교, 지정된 규정값으로 제어된다. 위상고정 루프(PLL)는, 측정 중에, 시간이 지남에 따라 전송 주파수 f_T에 대해 선형적으로 증가하는 주파수 비탈ramp이 생성되고, 이어서 선형적으로 감소하는 주파수 비탈ramp이 생성되도록, 변경된다 (그림 2-21 참조).

2 FMCW 방식에서 거리, 속도, 분해능

(1) 주파수, 속도, 거리 계산 (그림 2-21 참조)

평균 전송 주파수는 f_0이다. 선행 차량이나 개체가 반사하여 레이더가 수신한 신호(f_R)는 소요시간만큼 지연된다. 즉, 수신신호(f_R)는 상승 비탈ramp에서는 Δf_{FMCW}만큼 작고, 하강 비탈ramp에서는 Δf_{FMCW} 만큼 더 크다. 주파수 차이 Δf_{FMCW}의 값은 비탈의 기울기(S)에 의존하는, 거리(R)에 대한 직접적인 척도이다.

$$\Delta f_{FMCW} = |f_T - f_R| = \frac{2S}{c} \cdot R \quad \cdots\cdots (4)$$

전송주파수 수신주파수(상대속도 미포함) 수신주파수(상대속도 포함)

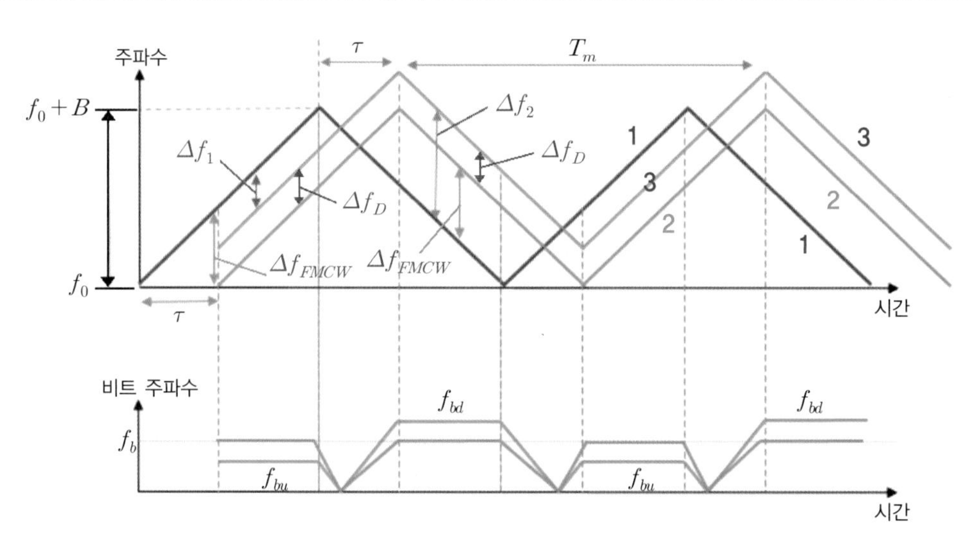

1. 전송 주파수(f_T), 2. 수신 주파수(f_R :상대속도 미포함), 3 수신주파수(f_R ; 상대속도 포함)

Δf_{FMCW} : 레이더의 전송신호와 수신신호의 주파수 차이

Δf_1 : 상승 비탈의 주파수 차이(상대속도 포함)

Δf_2 : 하강 비탈의 주파수 차이(상대속도 포함)

Δf_D : 수신 주파수의 변화(상대속도 포함)

그림 2-21 선형-주파수변조-연속파(FMCW) 레이더에서 거리와 속도 측정[17]

선행 차량에 대한 상대속도 Δv가 있는 경우, 수신주파수 f_R은 도플러Doppler 효과로 인해, 상승 비탈과 하강 비탈 모두에서 특정한 값 Δf_D만큼 증가(접근 시) 또는 감소(거리가 멀어질 때)한다.

$$\Delta f_D = \frac{2f_0}{c} \cdot \Delta v \ (v << c\text{일 때의 근삿값}) \quad \cdots\cdots (5)$$

이는 2개의 서로 다른 주파수 차이 Δf_1과 Δf_2가 있음을 의미한다. 상승 비탈ramp에는 다음 식을 적용한다. 여기서 S: 비탈ramp의 기울기, R: 거리이다.

$$|\Delta f_1| = |f_T - f_R| = \Delta f_{FMCW} - \Delta f_D = \frac{2}{c} \cdot (SR - f_0 \Delta v) \quad \cdots\cdots (6)$$

하강 비탈ramp에는 다음 식을 적용한다.

$$|\Delta f_2| = |f_T - f_R| = \Delta f_{FMCW} + \Delta f_D = \frac{2}{c} \cdot (SR + f_0 \Delta v) \quad \cdots\cdots (7)$$

이들을 더하면 거리 R, 빼면 개체의 상대속도 Δv가 된다.

$$R = \frac{c}{4S} \cdot (\Delta f_2 + \Delta f_1) \quad \cdots\cdots (8)$$

$$\Delta v = \frac{c}{4f_0} \cdot (\Delta f_2 - \Delta f_1) \quad \cdots\cdots (9)$$

주파수 혼합기mixer의 출력에서 주파수를 중간주파수(IF) 신호의 시간함수로 나타내려면, 그림 2-22의 상단에 제시된 두 선line에서 빼기를 하면 된다. 두 선 사이의 거리는 고정되어 있으므로, IF 신호는 일정한 주파수로 나타난다. 그림 2-22는 이 주파수가 Δf_{FMCW}임을 나타내고 있다. IF 신호는 송신 처프와 수신 처프가 모두 겹치는 시간 간격(즉, 그림 2-22서 수직 점선 사이의 간격)에서만 유효하다.

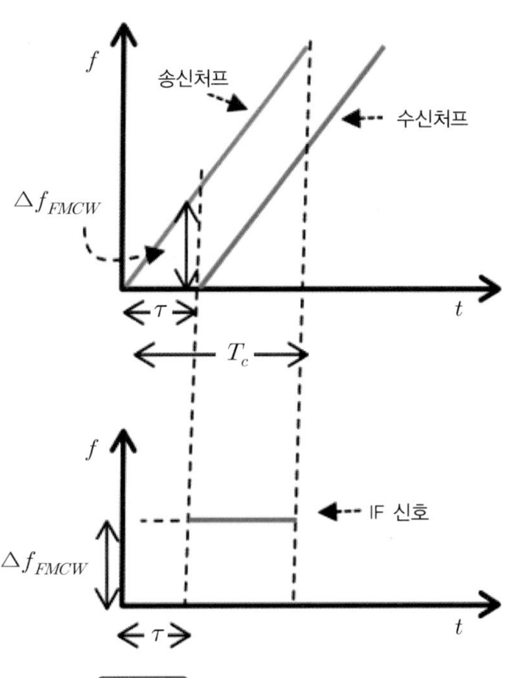

그림 2-22 IF-주파수는 일정하다.

시간의 크기 함수로서의 혼합기mixer 출력신호는, 일정한 주파수를 가지므로 사인파sine wave이다. 중간주파수(IF) 신호의 초기 위상(Φ_0)은, 중간주파수(IF) 신호의 시작에 해당하는 시점(그림 2-22)에서 좌측 수직 점선)이다 (식 10).

$$\Phi_0 = 2\pi f_0 \tau \quad \cdots\cdots (10)$$

수학적으로 식 11을 유도할 수 있다.

$$\Phi_0 = \frac{4\pi R}{\lambda} \quad \cdots\cdots (11)$$

식(11)은 근삿값이며 기울기(S)와 거리(R)가 충분히 작은 경우에만 유효하다. 그러나 IF 신호의 위상이 거리의 작은 변화(ΔR) 즉, $\Delta\Phi = 4\pi\,\Delta R/\lambda$에 선형적으로 반응한다는 것은 여전히 사실이다.

요약하면, 레이더에서 거리 R에 있는 물체의 경우, 중간주파수(IF) 신호는 사인파(식 12)가 되고, 다음과 같이 표현할 수 있다.

$$A\sin(2\pi f_0 t + \Phi_o) \quad \cdots\cdots (12)$$

여기서 $f_0 = \frac{2SR}{c}$ 및 $\Phi_0 = \frac{4\pi R}{\lambda}$이다.

개체 속도에 대한 IF 신호의 주파수 의존성을 무시한다. 이것은 일반적으로 고속 FMCW 레이더에서 작은 효과이며, Doppler-FFT가 처리되면 더 쉽게 수정할 수 있다.

지금까지의 설명은 레이더가 개체를 1개만 감지했을 경우이다. 그림 2-23에서 위 그래프는 서로 다른 개체로부터 수신된, 3개의 서로 다른 수신 처프를 나타내고 있다. 각 처프는 해당 개체까지의 거리에 비례하여 그만큼 시간이 지연된다. 서로 다른 수신 처프는 각각 일정한 주파수를 갖는, 서로 다른 중간주파수(IF)로 나타난다(그림 2-23에서 아래 그래프).

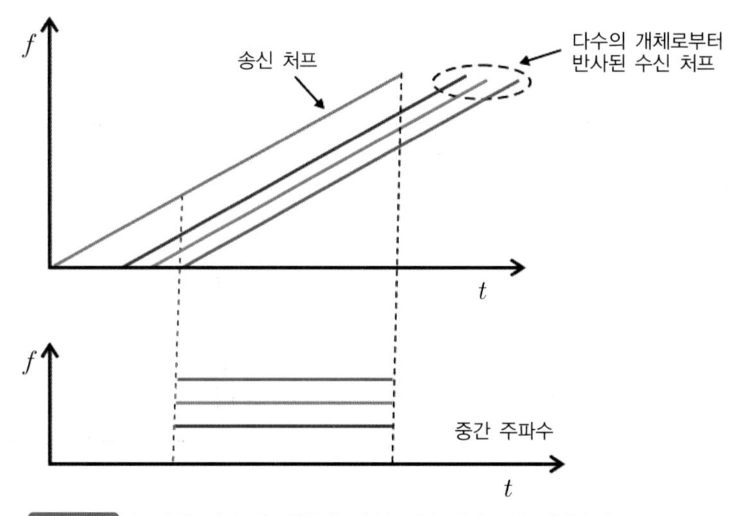

그림 2-23 감지된 다수의 개체에 대한 다수의 중간주파수(IF)

다수의 이들 중간주파수(IF) 신호를 주파수별로 분리하기 위해 고속 푸리에 변환(FFT)을 사용하여 처리한다. 고속 푸리에 변환 처리는 특정 거리에 개체가 있음을 나타내는, 정점 peak이 각기 다른 개별 주파수 스펙트럼을 생성한다.

(2) 범위 분해능 range resolution

범위 분해능은 둘 이상의 개체를 구별하는 능력이다. 두 개체가 가까워지면 레이더 시스템은 더 이상 두 개체를 별개의 개체로 구분할 수 없다. 푸리에 변환 이론에 따르면, IF 신호의 길이를 늘여 해상도를 높일 수 있다.

IF 신호의 길이를 늘이려면, 대역폭도 비례적으로 넓어져야 한다. 길이가 늘어난 IF 신호는 2개의 개별 피크를 가진, 중간주파수(IF) 스펙트럼을 생성한다.

푸리에 변환 이론에 따르면, 또한 관찰 창(T)이 $1/T\,[\mathrm{Hz}]$ 이상으로 분리된 주파수 성분을 분해할 수 있다. 이는 주파수 차이가 식(13)에 주어진 관계를 만족하는 한, 2개의 중간주파수(IF) 신호 톤tone을 주파수에서 분해할 수 있음을 의미한다.

$$\Delta f > \frac{1}{T_c} \qquad (13)$$

여기서 T_c는 관찰 간격이다.

$\Delta f = \dfrac{2S\Delta R}{c}$이므로, 위 식은 다음과 같이 나타낼 수 있다.

$$\Delta R > \frac{c}{2ST_c} = \frac{c}{2B} \quad (B = ST_c\text{이므로})$$

범위 분해능(R_{Res})은 처프가 처리하는 대역폭(B)에만 의존한다(식 14).

$$R_{Res} = \frac{c}{2B} \qquad (14)$$

따라서 처프 대역폭이 수 GHz인 FMCW 레이더는 cm 단위의 범위 분해능을 갖는다. (예: 처프 대역폭이 4GHz인 77GHz FMCW 레이더에서, 범위 분해능은 약 3.75cm가 된다).

(3) 속도 측정 velocity measurement

여기서는 페이저 표기법phasor notation(거리, 각도)을 사용한다. 페이저Phasor란 진폭amplitude과 위상각phase angle 정보를 가진 복소수complex number를 말한다.

① 2개의 처프를 이용하여 속도 측정

FMCW 레이더는 속도를 측정하기 위해, T_c로 구분된 2개의 처프를 전송한다. 반사된 각 처프는 고속 푸리에 변환(FFT)을 통해 처리되어, 물체의 범위range를 감지한다(범위-FFT). 각 처프에 해당하는 범위-FFT는 동일한 위치에 정점을 갖지만, 위상은 서로 다르다. 측정된 위상차는 vT_c의 개체에서의 움직임에 해당한다.

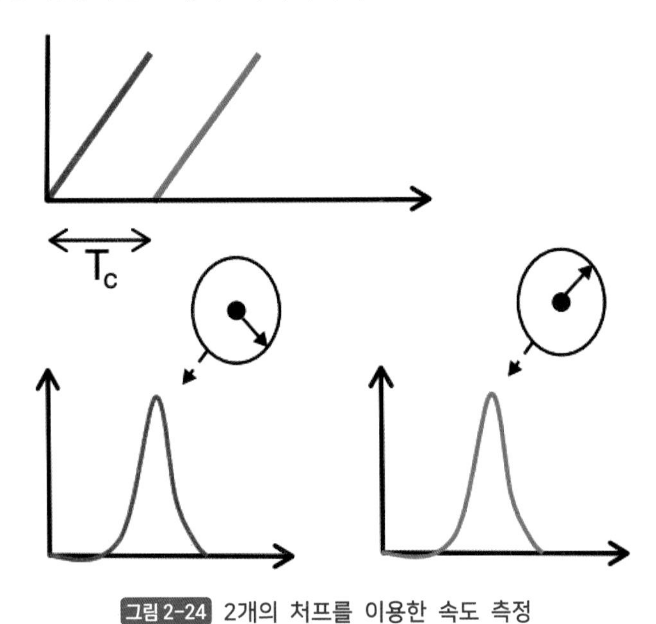

그림 2-24 2개의 처프를 이용한 속도 측정

위상차($\Delta\Phi$)는 식(11)으로부터 다음과 같이 유도된다.

$$\Delta\Phi = \frac{4\pi v T_c}{\lambda} \quad \cdots\cdots (15)$$

식(15)으로부터 속도(v)를 유도할 수 있다.

$$v = \frac{\lambda \Delta\Phi}{4\pi T_c} \quad \cdots\cdots (16)$$

속도 측정은 위상차($\Delta\Phi$)를 기반으로 하므로, 모호함이 있을 수 있다. 측정은 $|\Delta\Phi| < \pi$인 경우에만 명확하다. 위의 식(16)을 사용하여 수학적으로 유도할 수 있다.

$$v < \frac{\lambda}{4T_c}$$

식(17)은 시간 T_c 간격으로 분리된 2개의 처프에 의해 측정된 최대 상대속도($v_{\max}$)이다. $v_{\max}$가 높을수록, 처프 간의 전송 시간은 더 짧아야 한다.

$$v_{\max} = \frac{\lambda}{4T_c} \quad \cdots\cdots (17)$$

② 동일한 범위에 있는 여러 물체의 속도 측정

2-처프 속도 측정 방법은 속도가 다른, 다수의 움직이는 개체가, 측정 시점에 레이더에서 같은 거리에 있는 경우에는 적용할 수 없다. 이들 개체는 동일한 거리에 있으므로, 동일한 IF-주파수로 반사 처프를 생성한다. 결과적으로 범위-FFT는 이들 모든 등거리 개체의 결합된 신호를 나타내는 단일 정점peak을 생성한다. 따라서 간단한 위상 비교 기술은 효력이 없다.

이 경우, 속도를 측정하기 위해서, 레이더 시스템은 2개 이상의 처프를 전송해야 한다. 동일한 간격의 N개의 처프 세트chirp set를 전송한다. 이 처프 세트를 처프 프레임chirp frame이라고 한다. 그림 2-25는 처프 프레임에 대한 시간 함수로서의 주파수를 나타내고 있다.

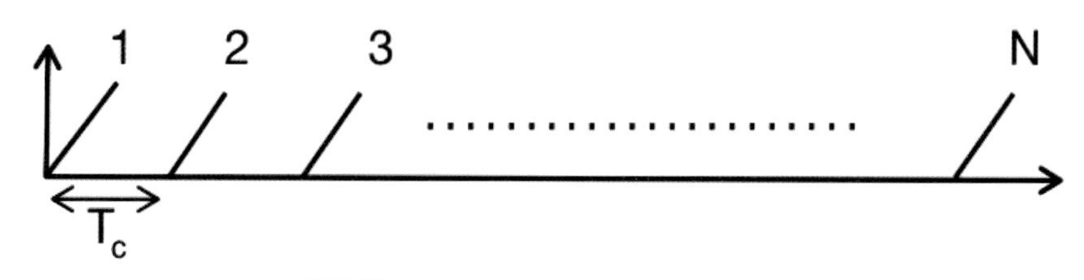

그림 2-25 처프 프레임(chirp frame)

레이더에서 등거리에 있지만, 속도가 v_1과 v_2로 각각 다른 2개의 개체를 처리processing하는 과정을 보자. 범위-FFT는 반사된 처프 세트를 처리하여 동일한 위치에 있는 N개의 정점 세트를 생성하지만, 각 정점은 이 두 개체의 위상 기여도를 통합하는 위상이 다르다(개체 각각의 개별 위상 기여도는 그림 2-26에서 적색 및 청색 페이저phaser로 표시됨).

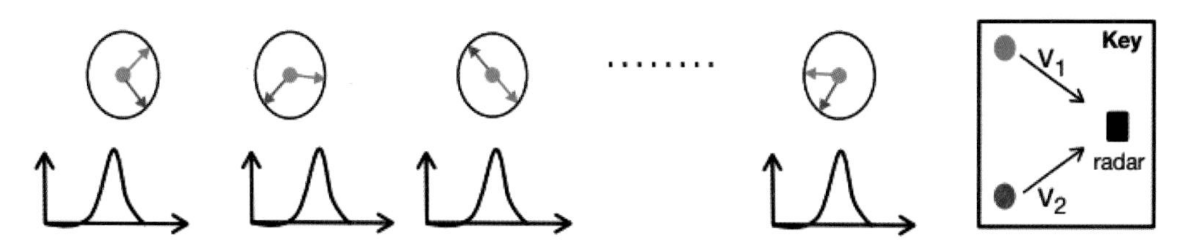

그림 2-26 반사된 처프 프레임의 범위-FFT 처리결과로 N 페이저가 생성된다.

도플러-FFT라고 하는 두 번째 FFT는, 그림 2-27과 같이 N 페이저에서 수행되어, 두 개체를 분리한다.

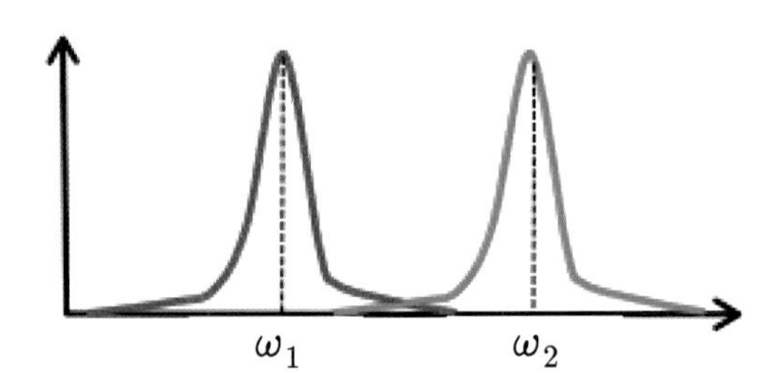

그림 2-27 Doppler-FFT는 두 개체를 분리한다

각속도 ω_1과 ω_2는 각 객체에 대한 연속적인 처프 간의 위상차에 해당한다. 따라서 속도는 식(18)으로 표시된다.

$$v_1 = \frac{\lambda\omega_1}{4\pi T_c}, \qquad v_2 = \frac{\lambda\omega_2}{4\pi T_c} \quad \cdots\cdots (18)$$

③ **속도 분해능** (velocity resolution)

이산 푸리에 변환 이론에 따르면, $\Delta\omega = (\omega_2 - \omega_1) > (2\pi/N)$ radians/sample인 경우, 2개의 이산 주파수 ω_1과 ω_2를 구할 수 있다. $\Delta\omega$는 식(15) $\Delta\Phi = \frac{4\pi v T_c}{\lambda}$으로도 정의되므로, 프레임 기간이 $T_f = NT_c$인 경우, 속도 분해능(v_{res})은 식 (19)가 된다.

$$v > v_{res} = \frac{\lambda}{2T_f} \quad \cdots\cdots (19)$$

레이더의 속도 분해능은 프레임 기간(T_f)에 반비례한다. 즉, 프레임 기간이 길어지면, 속도 분해능은 약화된다.

(4) 각도 감지 angle detection

① **각도 추정** (angle estimation)

FMCW 레이더 시스템은 그림 2-28과 같이 수평면에서 반사된 신호의 각도를 추정할 수 있다. 도래각(DoA; Direction - of - Arrival, 또는 AoA: Angle-of-Arrival)이라고 한다.

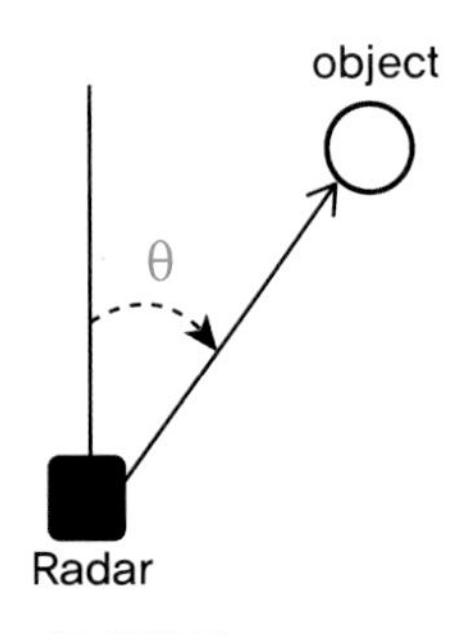

그림 2-28 도래각(θ)

각도 추정은 개체 거리의 작은 변화가 범위-FFT 또는 Doppler-FFT 정점peak에서 위상 변화를 초래한다는 관찰

을 기반으로 한다. 이 결과는 그림 2-29와 같이 2개 이상의 수신(RX) 안테나를 사용하여 각도를 추정한다. 물체에서 각 안테나까지의 거리 차이로 인해, FFT 정점에서 위상 변화가 발생한다. 위상변화로부터 도래각(DoA)을 추정할 수 있다.

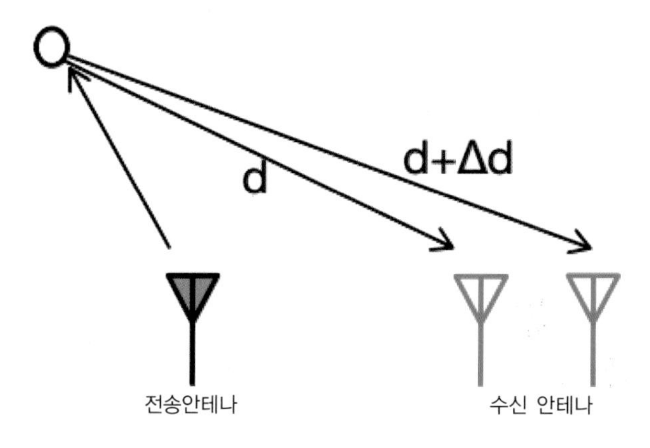

그림 2-29 도래각(DoA)을 추정하려면, 수신안테나가 최소 2개 필요하다.

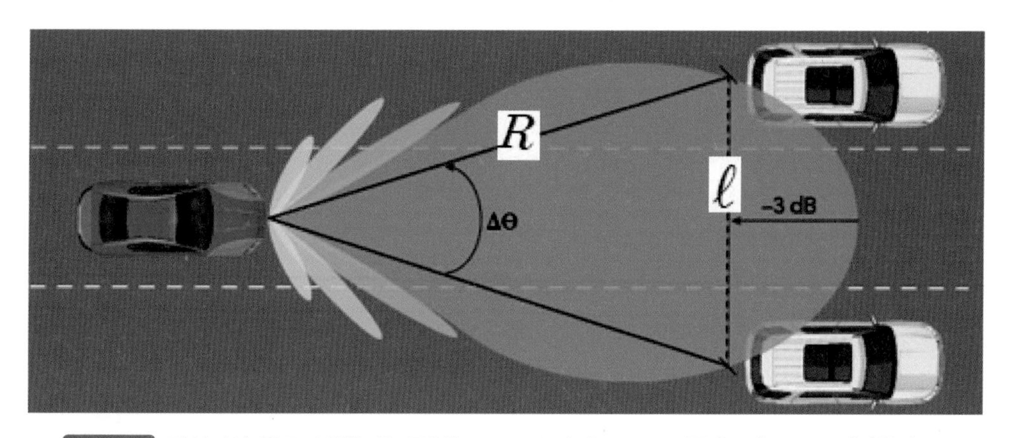

그림 2-30 레이더의 각도 분해능은 주엽(main lobe)의 -3dB 빔폭을 기준으로 결정한다.

이 구성에서, 위상차($\Delta\Phi$)는 수학적으로 아래와 같이 유도된다.

$$\Delta\Phi = \frac{2\pi\Delta R}{\lambda} \quad \cdots\cdots (20)$$

평면-파면 기초 기하학planar wavefront basic geometry의 가정에서, $\Delta R = \ell\sin(\theta)$이고, 여기서 ℓ은 안테나 사이의 거리이다. 따라서 도래각(θ)은 측정한 위상차($\Delta\Phi$)를 식(21)에 대입하여 구할 수 있다.

$$\Theta = \sin^{-1}\left(\frac{\lambda\Delta\Phi}{2\pi\ell}\right) \quad \cdots\cdots (21)$$

위상차($\Delta\Phi$)는 $\sin(\theta)$에 의존한다. 이것을 비선형 종속성이라고 한다. $\sin(\theta)$는 θ가 작은 값($\sin(\theta) \sim \theta$)일 때만 선형 함수로 근사된다. 결과적으로, 추정 정확도는 도래각(DoA)에 의존하며, 그림 2-31과 같이 θ가 작은 값을 가질 때 더 정확하다.

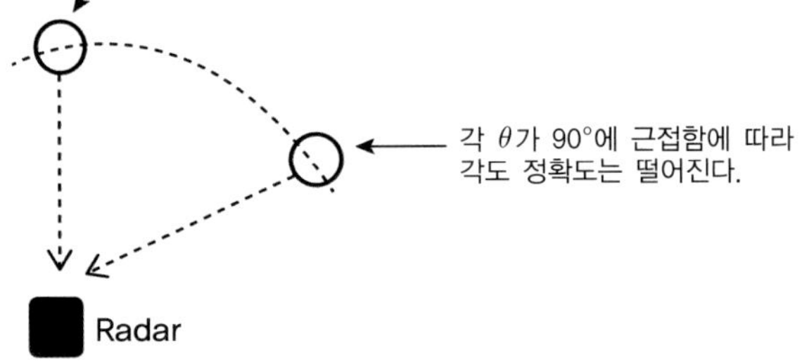

각 θ가 0에 근접할 때 가장 정확한 각도 추정이 가능하다.
각 θ가 90°에 근접함에 따라
각도 정확도는 떨어진다.
Radar

그림 2-31 도래각(DoA) 추정은 작은 값일 때 더 정확하다.

② **최대 시야각** (Maximum angular field of view)(**그림** 2–32 **참조**)

레이더의 최대 시야각은 레이더가 추정할 수 있는 최대 도래각(DoA)으로 정의된다.

−θmax
θmax
Radar

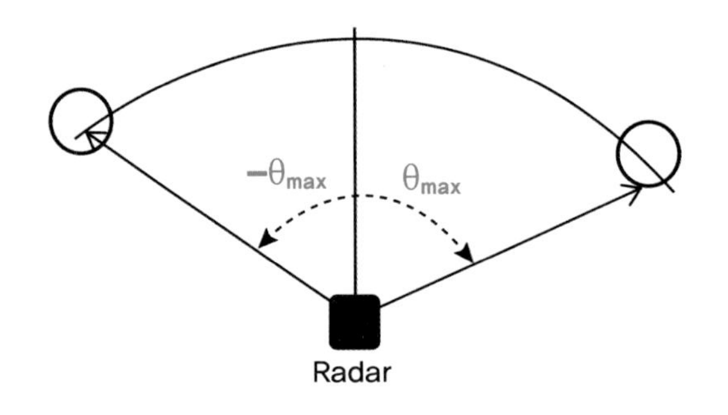

그림 2-32 최대 각도 시야.

명확한 각도 측정은 $|\Delta\omega| < 180°$를 만족해야 한다.

식(21)을 변형, 적용하면, 이는 $\Delta\Phi = \dfrac{2\pi\ell\sin(\theta)}{\lambda} < \pi$와 같다.

식(22)은 ℓ만큼 떨어져 있는 두 안테나가 서비스할 수 있는 최대 시야각(θ_{max})을 나타낸다.

$$\theta_{max} = \sin^{-1}\left(\frac{\lambda}{2\ell}\right) \quad (22)$$

수신안테나 패치patch 사이의 간격이 $\ell = \lambda/2$일 때, 최대 시야각은 $\pm 90°$이다(그림 2-16 참조).

5 안테나 시스템 Antenna system

안테나 시스템은 고주파 신호를 송/수신할 뿐만 아니라, 개체의 횡방향 변위를 추정할 수 있다. 이는 차선에 개체를 할당하는 데 필요하다. 레이더 시스템은, 수신안테나가 개체를 찾는 각도를 추정하여, 개체의 상대적 길이를 결정한다. 이를 위해 최소한 2개, 바람직하게는 2개 이상의 수신안테나가 필요하다. 이는 단일 레이더 빔beam을 조향하여 스캐닝scanning하거나, 다수의 병렬 빔beam을 중첩하여 확인할 수 있다.

연접(連接: coherence)한 레이저 빔beam으로 측정한, 개체에 대한 복잡한 진폭(위상 및 크기)을 활용하여, 레이더센서 축에 대한 상대적 수신 각도를 결정할 수 있다. 실제로, 4개의 레이더 빔beam을 사용하여, 각도를 정확하게(예: 최대 0.1°까지), 그리고 넓게(예: 최대 4°까지) 분리separation할 수 있다. 안테나 시스템의 기술적 구현은 매우 다양하다. 자동차 레이더 안테나의 가장 일반적인 형식은 렌즈 안테나 시스템과 패치-배열patch-array 안테나 시스템이다.

(1) 렌즈-안테나 시스템 Lense Antenna system

이 시스템은, 플라스틱 유전체(誘電體) 렌즈의 초점평면에 배치된, 다수의 개별 패치(patch; 일반적으로 고주파수 친화적인 회로기판에 설치된 직사각형 금속박판)로 구성된다. 렌즈는 개별 패치의 레이더 빔beam을 수평 및 수직으로 묶어서, 레이더 센서의 측정범위와 측정거리를 넓게 한다. 개별 패치의 횡(가로)방향 오프셋offset은 레이더 빔의 각도 오프셋을 생성하고, 따라서 부채꼴 모양의 송수신 감지 범위 특성을 생성하며, 이는 위치 파악 범위를 정의하고, 각도를 결정하는 데 사용된다.

렌즈 안테나 시스템은 일반적으로 단상태monostatic 시스템이다. 즉, 송신 패치patch가 동시에 수신 패치이다. 그러므로, 송신신호로부터 수신신호를 분리하기 위해서, 수신 혼합기mixer에 방향성 커플러coupler를 사용한다.

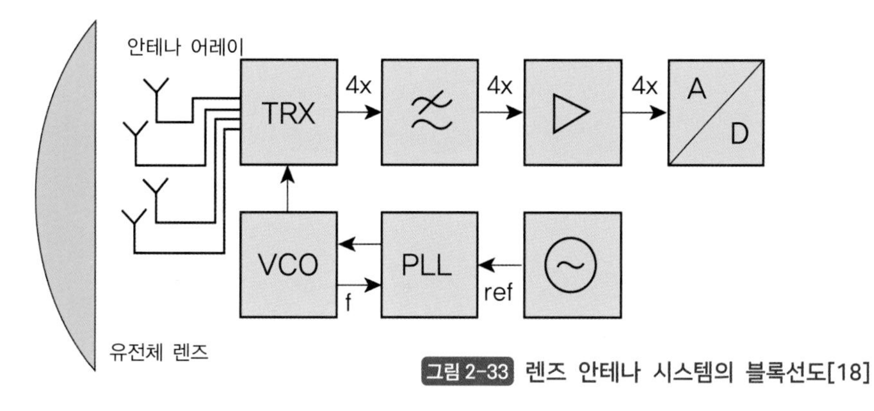

그림 2-33 렌즈 안테나 시스템의 블록선도[18]

(2) 패치-배열-안테나 시스템 Patch-array-antenna system

밀리미터파 대역 차량용 레이다 안테나로는 두께가 얇고, 제작이 쉽고, 저렴한 마이크로-스트립 패치-배열micro-strip patch-array 안테나를 주로 사용한다. 패치-배열 안테나는, 렌즈-안테나 시스템과 달리, 일반적으로 송신측과 수신측이 분리된, 쌍상태bistatic이다. 송신 안테나는 행과 열로 배열된 다수의 개별 패치patch로 구성되며, 중첩하여 렌즈를 통한 다발bundling과 유사한, 레이더 빔beam을 생성하도록 연결되어 있다.

수신-안테나는 일반적으로 열에 배열된 다수의 개별 패치들이, 전기적으로 서로 분리되고 나란히 배열되어 있다. 개별 수신 열의 오프셋(offset)은, 감지된 물체의 수신 신호 사이에 위상 오프셋(offset)을 생성하여, 각도를 결정하는 데 사용된다. 때에 따라, 하나의 수신 열은, 다수의 상호 연결된 열로 구성될 수도 있다(그림 2-34 참조).

사용된 안테나 요소의 종류와 관계없이, 방사 요소가 많을수록, 레이더의 지향성 특성은 개선된다. 위상배열-안테나(그림 2-34의 우측 끝)는, 다수의 안테나 패치를 배열하고, 각 패치의 여기(勵起) 전류의 위상을 조절하여, 안테나를 특정 방향 및 동일 위상으로 만들어 주(主) - 빔 main beam을 형성하는 안테나이다(그림 2-34 참조).

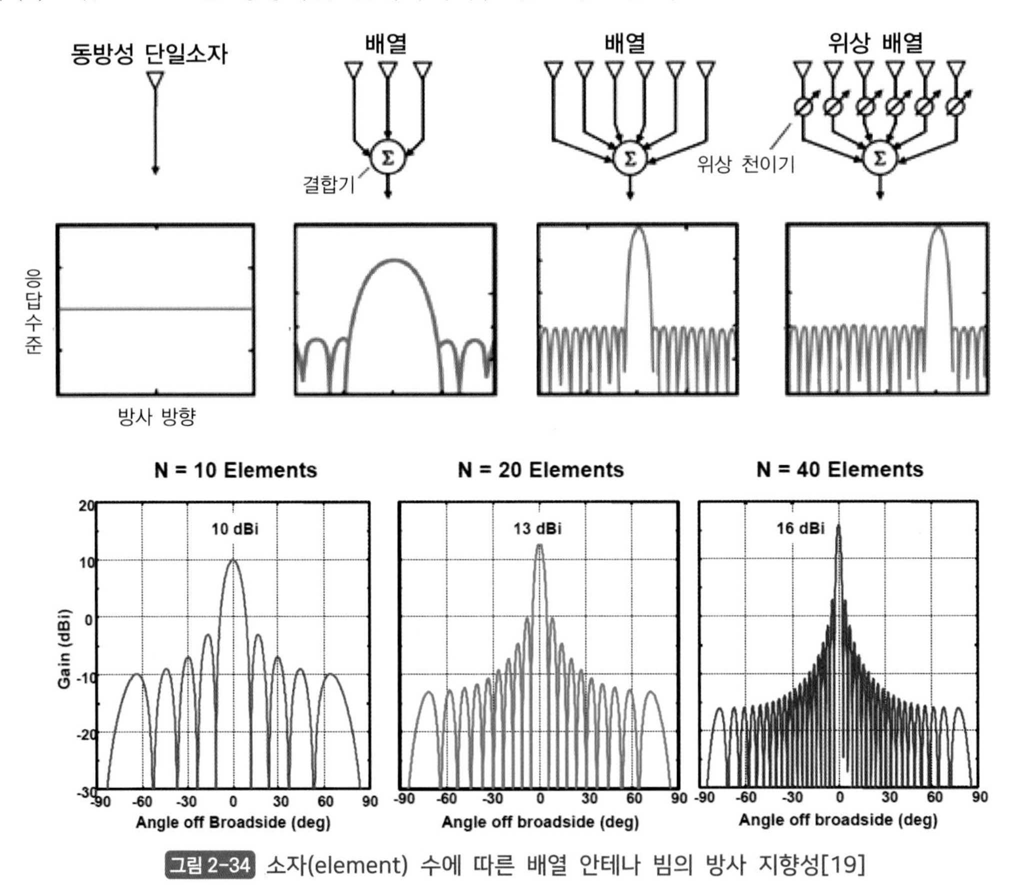

그림 2-34 소자(element) 수에 따른 배열 안테나 빔의 방사 지향성[19]

배열 안테나의 빔-형태beam-pattern에서, 원래 의도했던 제일 큰 빔 성분을 주엽main lobe, 주엽을 제외한 곁가지 성분을 부엽side lobe, 주엽과 정반대 방향의 성분을 후엽back lobe이라고 한다. 각 잎사귀lobe의 사이인 눌null: 독일어로 zero에서는 안테나로서 역할이 없는 영역이 된다. 부엽side lobe은 전혀 필요 없어 보이지만, 설계자는 이를 적절하게 활용하기도 한다.

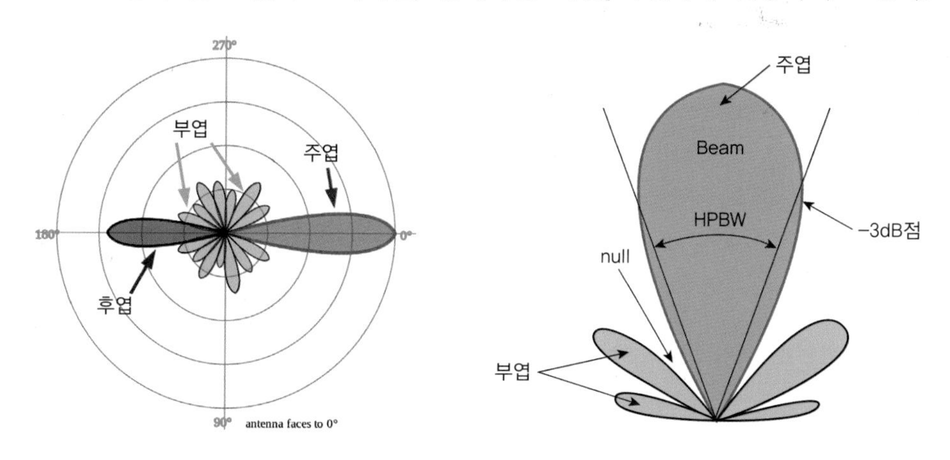

그림 2-35 레이더 방사 빔의 구조와 형태(예) * HPBW(반전력빔폭)

그림 2-36은 안테나를 배열하는 방법에 따른 대표적인 빔-형태beam pattern이다. 브로드사이드Broadside는 늘어놓은 안테나 옆으로 부엽side-lobe이 없이, 주엽main-lobe만 생성할 수 있지만, 빔 형태가 날카롭지 않다. 엔드파이어End-fire 형태는 빔 형태가 매우 날카롭지만, 기생적인 부엽이 많이 발생한다. 안테나 배열 방법 중 가장 선호하는 방식인 체비세프Chevyshev 방식은, 배열 형태에 따라 broadside와 end-fire의 장점을 조합한, 여러 가지 형태의 빔을 합성해낼 수 있다. 또한 안테나 배열법을 수동적, 혹은 능동적으로 가변하여, 빔의 방향마저 조절할 수 있어, 빔 제어가 가능하다.

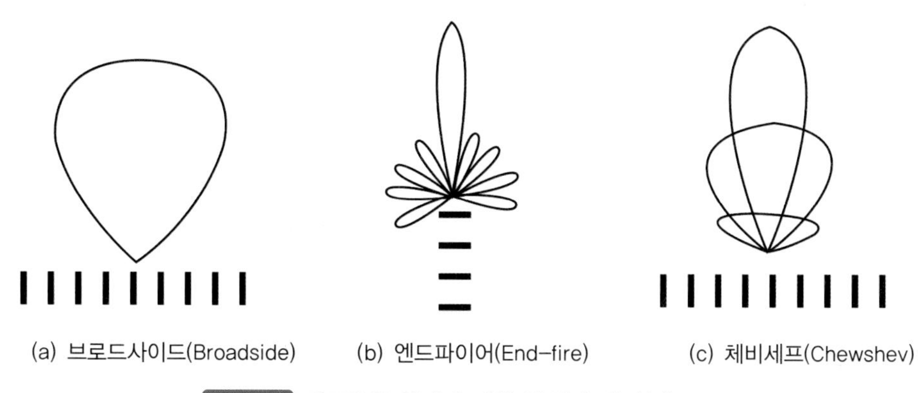

(a) 브로드사이드(Broadside) (b) 엔드파이어(End-fire) (c) 체비세프(Chewshev)

그림 2-36 대표적인 안테나 배열 방식과 빔 형태

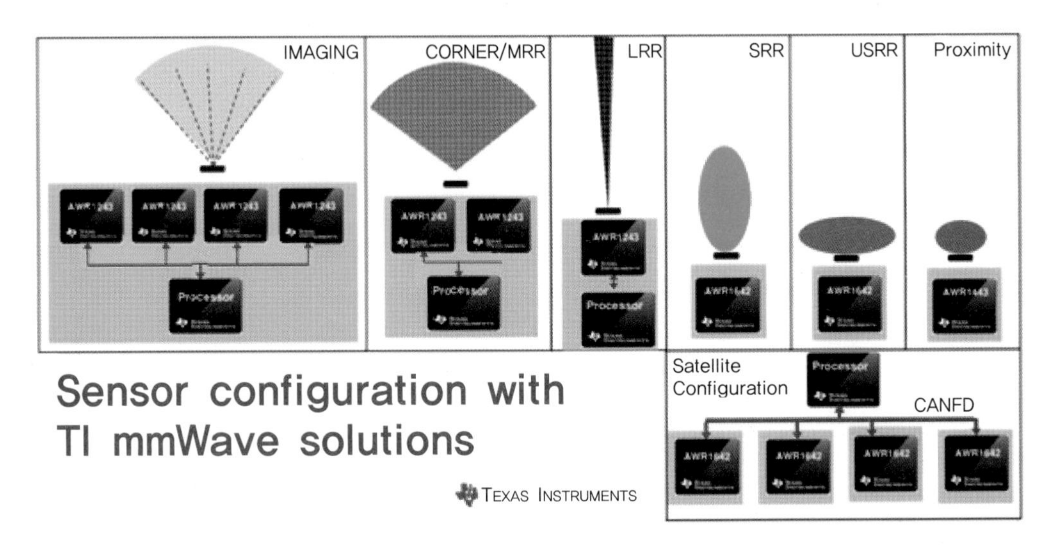

그림 2-37 다양한 밀리미터파 칩 솔루션을 이용한 레이더 센서의 빔 형태 [출처: TI]

6 다중 빔/다중 레인지 multi-beam/multi-range 레이더(예)

정지와 발진(가다/서다)을 반복하는 적응형 정속주행 ACC stop-and-go 시스템은 대부분 주변 차량을 감지하기 위해 다수의 단거리 및 장거리 레이더 센서를 사용한다. 단거리 레이더는 대부분 넓은 각도(예: 최대 ±45°)로 단거리(예: 최대 60m)를 감시하므로, 현재 주행차선으로 끼어들 수도 있는, 인접 차선의 차량을 감지할 수 있다. 장거리 레이더는 비교적 좁은 각도(예: 최대 ±5° ~ ±10°)로 먼 거리(예: 최장 350m)를 감시하며, 같은 차선에서 더 멀리 앞서가는 차량을 감지할 수 있다. 하나의 레이더 센서로 단거리와 장거리를 동시에 탐지를 지원하는 레이더가 증가하고 있다.

(1) 다중-레인지 레이더의 안테나

다중 안테나 배열을 사용하는 FMCW 레이더를 기반으로 하는 적응형 정속주행(ACC) 시스템용 다중-레인지 레이더가 그림 2-38에 제시되어 있다. 디지털 빔 형성 기능을 갖춘 이 다중-대역, 다중-레인지 레이더는 24GHz와 77GHz 모두에서 작동하며 2개의 스위칭 배열-안테나를 사용하여 장거리와 협각(예: 150m, ±10°), 단거리와 광각(예: 60m, ±30°) 범위를 동시에 측정할 수 있다.

발신 안테나는 장거리, 협각 감지(77GHz)용 다중(5×12요소) 직렬 급전 패치 배열SFPA: Series-Fed Patch Array, 그리고 단거리, 광각 감지용 단일 SFPA(24GHz용으로 설계된 단일 1×12

요소), 그리고 수신 안테나용으로 4개(1×12요소)의 SFPA가 구비된, 다중 안테나 배열 시스템이다. 안테나 요소의 수를 늘리면 방위 분해능이 가능해지고, 각도 측정의 정확도가 개선된다.

직사각형 패치 안테나의 설계 성능은 안테나의 길이, 너비, 유전 높이 및 유전율에 의해 좌우된다. 단일 패치의 길이는 공진 주파수를 제어하는 반면, 너비는 입력 임피던스와 방사 패턴을 제어한다. 너비를 늘리면 임피던스를 줄일 수 있다. 그러나 입력 임피던스를 50Ω으로 줄이려면 종종 매우 넓은 패치 안테나가 필요하며, 이는 넓은 공간을 차지한다. 너비가 넓을수록 기판 높이에서와 마찬가지로 대역폭도 증가할 수 있다. 기판의 유전율은 더 낮은 값으로 프린징fringing 자장을 제어하여, 더 넓은 프린지fringe를 생성하고 따라서 더 나은 방사radiation를 할 수 있다. 유전율을 낮추면, 안테나의 대역폭도 증가한다. 효율은 유전율 값이 낮을수록 증가한다.

입력 임피던스를 50Ω으로 줄이려는 이유는 원래 전자기파(電磁氣波) 에너지의 전력 전송Power transfer 특성이 가장 좋은 임피던스는 33Ω, 신호파형의 왜곡distortion이 가장 작은 임피던스는 75Ω 정도라고 한다. 그래서 그 중간이 49Ω 정도인데, 계산의 편의성을 위해 50Ω을 기준점(基準点)으로 사용한다.

주 **프린징 효과**fringing effect; 자속이 전자석 내부로부터 공기 중으로 나오면서 휘어지거나 퍼지는 현상

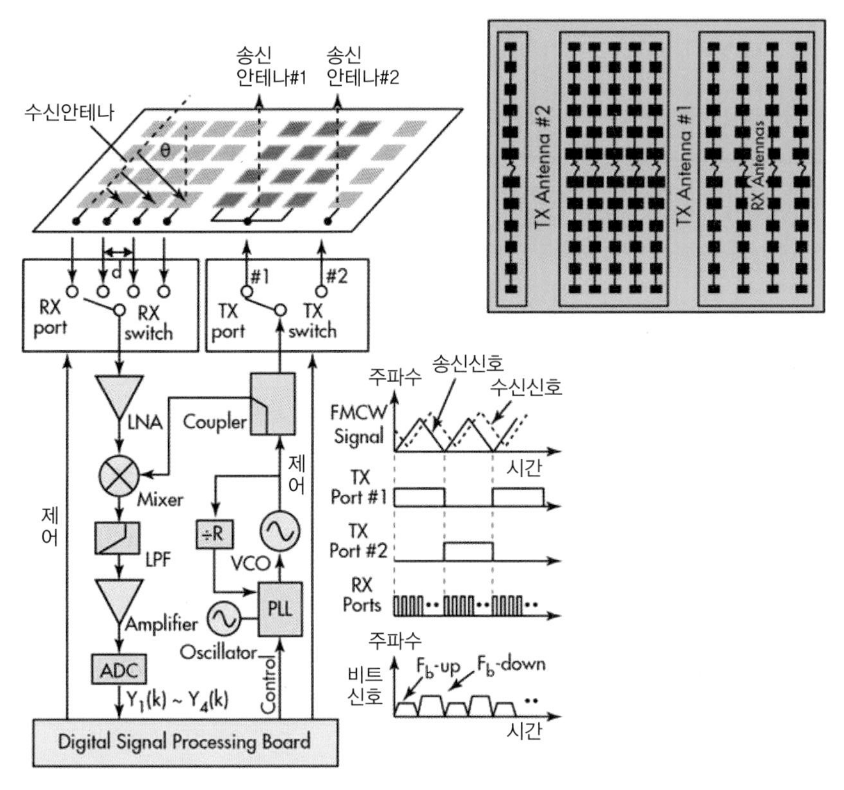

그림 2-38 6개의 개별 SFPA(직렬공급 패치 배열)를 사용하는 다중-대역, 다중-레인지 FMCW 디지털 빔 형성 ACC 레이더[20]

빔 형성(BF; Beam Forming) 기술

차량용 레이더는 위상배열(phased array)-안테나 기술과 디지털 기술을 결합, 송/수신 신호의 진폭과 위상을 기저대역(baseband)에서 제어하는 디지털 빔-형성 기술을 사용한다.

빔-형성 기술은 안테나 여러 개를 배열, 다수의 안테나 패턴(antenna pattern)을 겹치게 한 상태에서, 각 안테나로 신호의 진폭과 위상을 변조하여, 특정한 방향으로는 신호를 강하게, 그리고 다른 방향으로는 신호를 약하게 송/수신하는 기술이다. 즉, 다수의 안테나가 마치 하나의 안테나처럼 동작하여, 송/수신 신호가 특정한 방향의 빔(beam)을 형성하도록 한다. 빔-형성으로 신호를 특정한 방향으로 강하게 송/수신하면, 그 방향으로 감지 범위가 확대되고 전송속도를 개선할 수 있다.

빔(beam)을 형성할 때 신호의 진폭과 위상을 조절하는 장치를 빔-형성기(beam-former), 이 빔-형성기를 RF 단에서 적용하는 방식을 아날로그(analog) 방식, 기저대역(baseband) 모뎀에서 적용하는 방식을 디지털(digital) 방식, RF 단과 기저대역 모뎀에 모두 적용, 혼합한 방식을 하이브리드(hybrid) 빔-형성 방식이라고 한다. 자동차 레이더에서는 주로 디지털 빔 형성 기술을 사용한다.

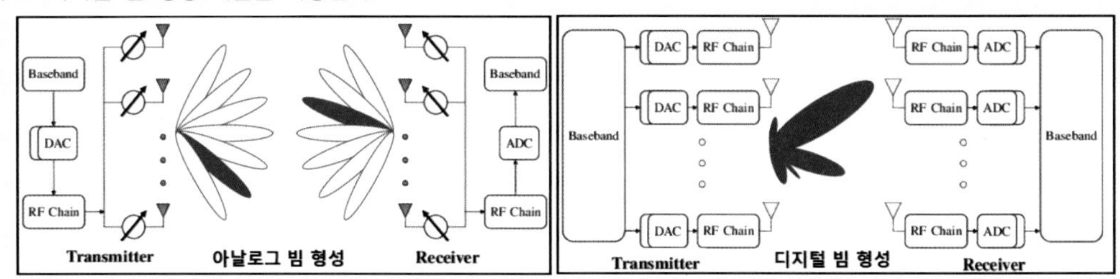

아날로그 빔 형성 방식은 안테나 각 소자의 급전부 위상을 위상천이기(phase shifter)로 조정, 원하는 패턴(지향성)을 만들어 낼 수 있고, 그 패턴(지향성)을 주위 환경의 변화에 대응하여 제어할 수도 있으나, 빔 패턴은 언제나 하나이다. 단점은 부엽(side lobe) 수준의 까다로운 제어, 높은 손실, 개별적인 빔 형성 제어의 결여, 복잡한 구조 등이다.

디지털 빔 형성 방식은 개개의 안테나 신호는 그대로(주파수는 변환되지만, 정보는 보존된 상태임) 디지털 신호로 변환되며, 각각 가중치를 주어 합성할 때, 병렬처리에 의해 다른 조합을 다수 만들어 낼 수 있으므로, 안테나 1개에서 여러 가지로 변환되는 다수의 빔 패턴(지향성)을 동시에 얻을 수 있다. 저잡음 증폭기(LNA)가 필수이고, 안테나 소자와 능동 소자가 일체화된 능동 안테나로 구성되며, 위상 천이기(phase shifter)가 필요 없다. 이 방식은 신호처리로 원하는 빔 형태를 병렬로 만들어 낼 수 있으므로, 다중 빔이 요구되는 복잡한 환경에서 작동하는 자동차에 적합한 방식이다.

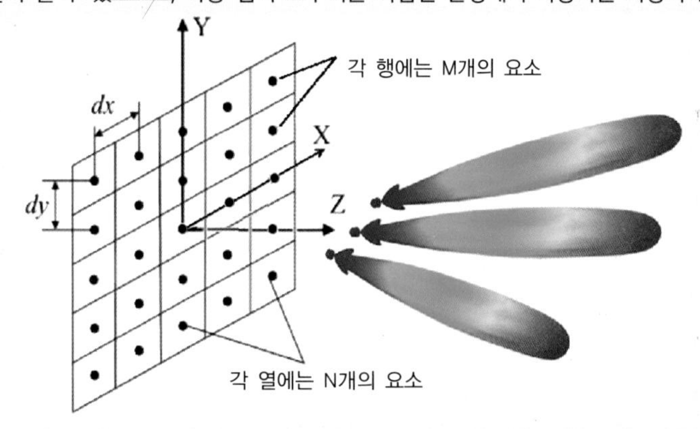

N×M 안테나 배열은, 안테나 요소의 관련 위치 벡터가 표시되는 목표 영역에서 최적의 다중범위를 제공하기 위해 다중 빔을 방사한다. 각 빔에는 독립적인 입/출력(I/O) 포트가 있다. 배열 구조의 위상특성을 가변하여, 빔(beam)의 방향을 수시로 바꿀 수 있다 [21].

(2) MIMO(다중입력/다중출력) 및 빔 조향 안테나 기술

차량의 경우, 레이더는 지상에서 건물 측면 및 가드레일guide-rail과 같은 큰 고정 물체로부터 원치 않는 후방 산란을 수신한다. 직접 경로 반사 외에도, MIMO(다중 입력, 다중 출력) 안테나를 사용하여, 클러터(clutter: 목표 개체가 아닌, 다른 개체와 환경으로부터 반사/복귀하는 반향 요소들)의 영향을 완화하는 데 사용할 수 있는, 산란기scatter들 사이에, 다중경로 반사가 있다.

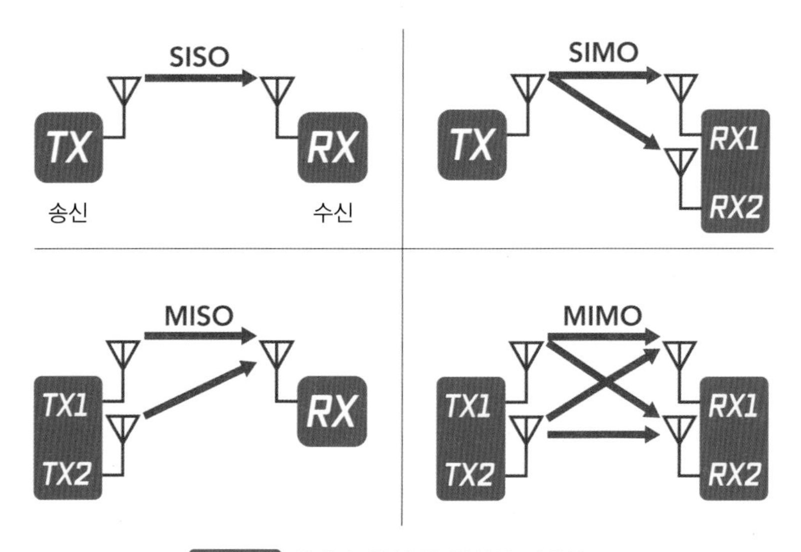

그림 2-39 안테나 입/출력 방식의 다양성

MIMO 레이더 시스템은 각 송신안테나(Tx)가 독립적으로 임의 파형을 방사하는 다중 안테나 시스템을 사용한다. 각 수신안테나(Rx)는 이들 신호를 수신할 수 있다. 반향echo 신호는 다른 파형으로 인해, 단일 송신기에 다시 할당될 수 있다. N개의 송신기의 안테나 요소element와 K개의 수신기 요소는 수학적으로 K×N 요소의 가상 채널을 생성하여, 필요한 배열 요소의 수를 줄일 수 있도록 하는, 확대된 가상 조리개를 생성한다. 따라서 MIMO 레이더 시스템은 안테나 수를 줄이면서도, 공간 분해능을 개선하고, 간섭에 대해 개선된 내성을 제공한다. 신호 대 잡음비를 개선함으로써 표적 탐지 확률도 높아진다.

그림 2-40(a)는 1개의 송신안테나(Tx) 요소와 근접 배치된 8개의 수신안테나(Rx) 요소로 구성된, 단일 입력 다중 출력(SIMO) 레이더이다. 수신(Rx) 요소 사이의 거리 x는 원하는 명확한 시야(FoV)를 달성할 수 있도록 선택된다. 단일 송신기(Tx1)가 신호를 송신하면, 8개의 수신(Rx) 요소는 각각 사이에서 일정한 각도(Ø)만큼 위상이 전위된, 감쇠된 신호 사본을 수신한다.

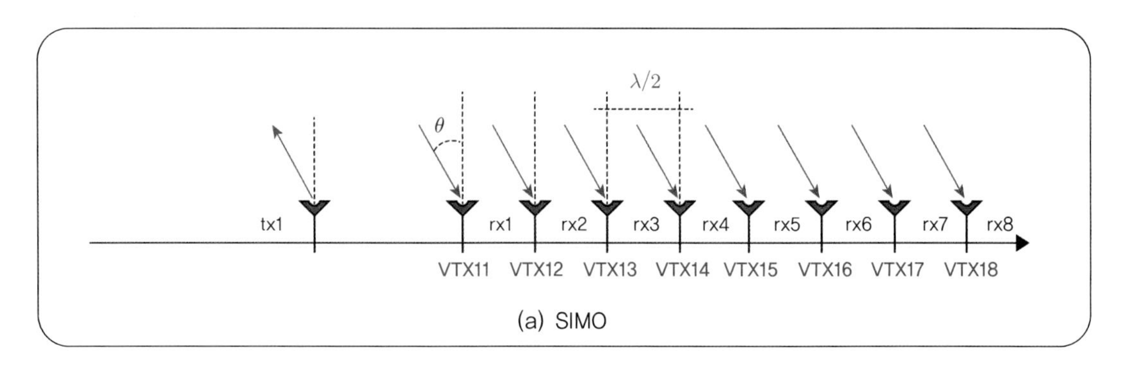

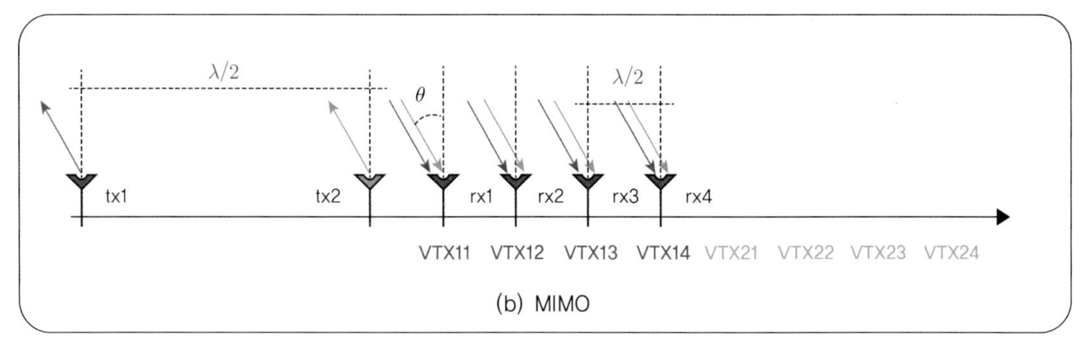

그림 2-40 8개의 가상 수신기 요소를 구현하기 위한 SIMO(a) 및 MIMO(b) 안테나 배열

그림 2-40(b)와 같이 2λ(λ; 파장)로 분리된 2개의 송신(Tx) 요소와 λ/2로 분리된 4개의 수신(Rx) 요소로 구성된 얇은 MIMO 배열로, 완전히 동일한 결과를 얻을 수 있다. 이 경우, 각 수신(Rx) 요소는 한 쌍의 파형 Tx1 및 Tx2를 수신한다. 수신(Rx) 채널이 2개의 송신(Tx) 요소에서 오는 신호를 분리하려면, 송신 요소는 직교 파형을 생성, 송신해야 한다. 수신(Rx) 요소 측에서는 두 송신(Tx) 파형을 정합 필터링한 다음, 신호를 분리하기 위해 8개의 가상 수신 요소(VRx)를 활용한다(즉, 2×4 = 8). 이들은 그림 2-40(a) SIMO의 구성과 위상 편이가 같다.

결과적으로, 안테나 요소 9개를 사용하는 SIMO(a), 그리고 6개를 사용하는 MIMO(b)의 구성은 동일한 각도 분해능을 제공한다. 그러나 MIMO의 구성은 SIMO 설계와 비교하여 요소를 3개 더 적게 사용한다. MIMO 안테나의 하드웨어 축소는 이점이 된다.

그림 2-41은 수신안테나는 요소 수가 N_R이고, 각각의 간격이 d_R이며, 송신안테나 요소 간의 간격(d_T)은 $d_T = d_R \times N_R$이며, 송신 안테나는 시분할 송신, 수신안테나는 동시 병렬 수신하고 있음을 나타내고 있다. 그리고 8개의 물리적 요소로 4×4=16개의 가상 MIMO-수신 요소를 형성하고 있다.

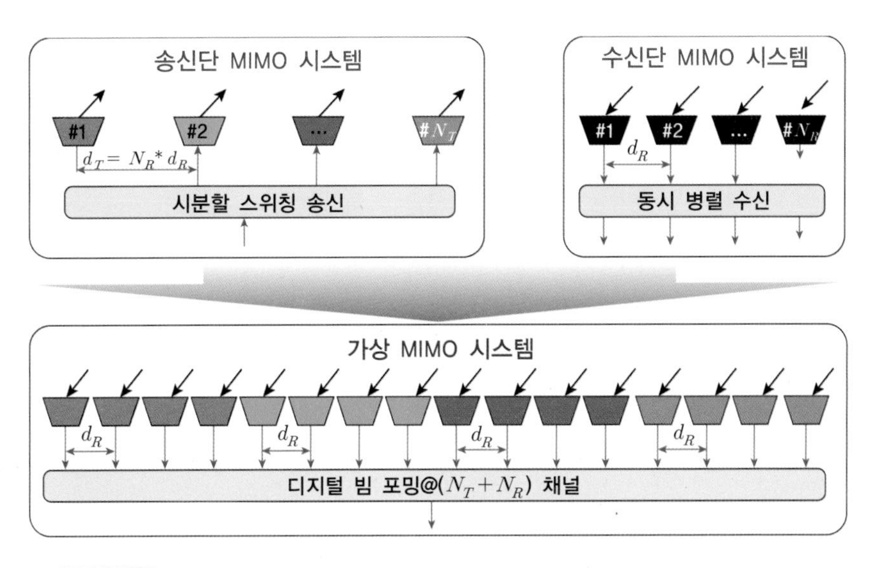

그림 2-41 시분할 스위칭 기반, 균일한 상 MIMO 레이더의 원리[출처: DGIST]

(3) 4D-이미징-레이더 4D-Imaging Radar

레이더 센서는 LiDAR나 카메라와 비교해, 각도 해상도가 매우 낮아서, 점point을 기반으로 개체를 인지하므로, 개체의 거리와 각도 값만 탐지할 뿐, 개체의 종류를 구별하지 못하고, 특징 벡터의 추출에 한계가 있다는 점 등이 최대 약점이다.

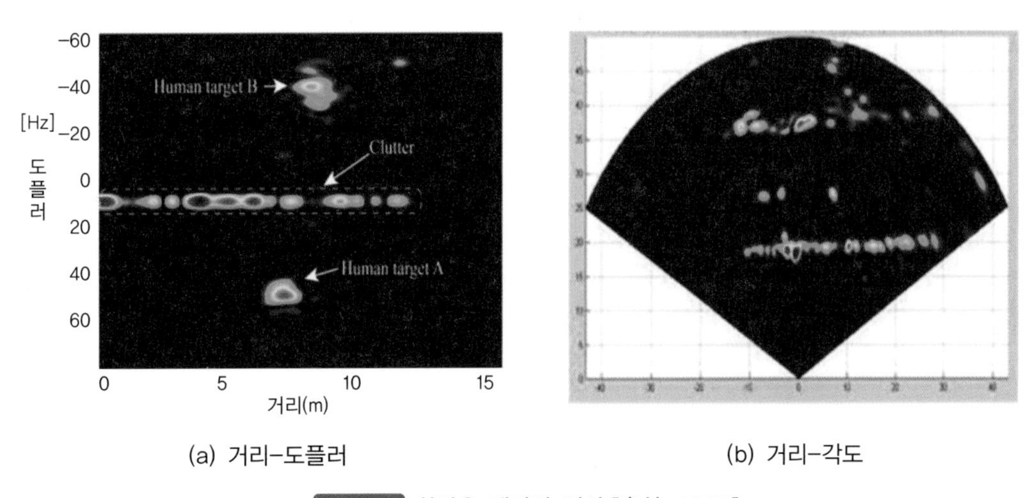

(a) 거리-도플러 (b) 거리-각도

그림 2-42 차량용 레이더 영상 [출처: NXPI]

그러나 MIMO-안테나 배열을 사용하는 이미징 레이더는 더 높은 에너지의 77~79GHz 파장을 사용하며, 대역폭이 넓다(예: 4GHz). 이를 통해 레이더는 최대 300m 거리에 대해 100도 시야를 스캔scan할 수 있다. 점구름point cloud을 기반으로 하는 3D 영상 생성 기법, 그리고 영상과 도플러 성분을 이용한 심층학습 신호처리 알고리즘에서의 고유한 기술 발전은, 해상도가 높은 영상을 기반으로 개체를 쉽게 구분할 수 있는 수준에 도달하였다.

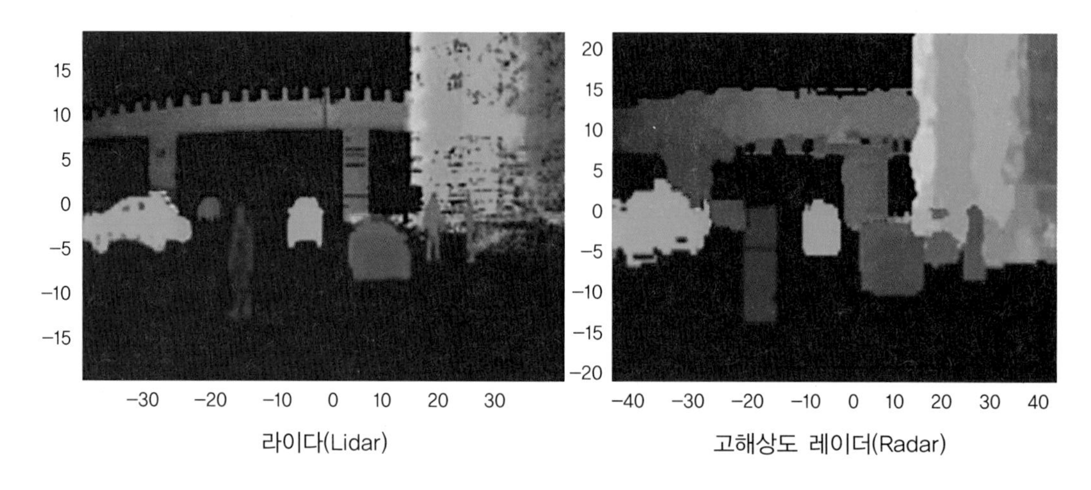

그림 2-43 LiDAR 영상과 해상도가 높은 RADAR 영상의 비교[출처: NXP]

4D-이미징 레이더는 2~3개의 송신 안테나와 3~4개의 수신안테나를 기반으로 하는 기존 레이더와는 달리, 수많은 가상 채널을 활용할 수 있는 MIMO(배열 다중 입력, 다중 출력) 안테나 배열을 주로 사용한다. 센서는 다수의 정적 및 동적 개체까지의 거리, 상대속도 및 방위각(구면 좌표계에서 각도 측정)뿐만 아니라, 도로상 개체의 높이까지를 동시에 높은 해상도로 감지, 정합mapping 및 추적한다. 시간은 4차원(4D)으로 간주된다. 이 형식의 레이더는 실제로 시간을 활용하여 고도와 관련된 3D 환경을 이해한다. 즉, 앞에 정지상태인 개체가 사람인지, 나뭇가지인지, 판단하는 데 시간 정보를 활용한다. 그리고 점구름point cloud 데이터 출력(개체 관련 데이터 세트)과 넓은 FoV(방위각이 넓은 고도 시야)를 결합, 다양한 교통체증 환경에서, 더 정확하게 개체를 탐지 및 추적할 수 있게 되었다[21].

4D-이미징 레이더 기술의 세 가지 핵심 강점은, 다음과 같이 요약할 수 있다.

① 높은 해상도

MIMO 안테나 배열을 활용하여 다수의 정적 및/또는 동적 개체를 동시에 정확하게 감지, 추적하므로, 예를 들면, 센서가 보행자의 개별 팔다리 움직임까지도 분석할 수 있어, 보행자가 걷고 있는 방향을 잠재적으로 인지할 수 있는 수준에 도달하였다. 차량 실내에서는 탑승자를 감지하고, 어린이와 성인을 분류하고, 생체 신호를 모니터링하고, 자세와 위치를 감지하는 데 활용할 수 있다. 외부에서는 다른 차량, 장애물 및 취약한 도로사용자(VRU)를 감지하고 추적할 수 있다.

② 견고성

광학장치를 사용하지 않으므로 모든 조명 및 기상 조건에서 견고하다. 이미징 레이더는 객실 내부와 같이 표적을 안정적으로 감시monitoring하기 위해, 표적과의 가시선line of see이 필요 없다. 또한 벽 및 기타 물체 뒤에 있는 목표물을 감지(투시)하여 거리 모퉁이 주변에서 가시성을 확보할 수 있다. 이는 교차로에서의 충돌 회피, 지하 주차장의 주차 대행 및 어두운 골목길의 침입자 감지와 같은 ADAS 및 차량 주변 안전 용도 측면에서 영상 레이더 기술은 중요한 이점을 제공한다.

③ 사생활 보호

영상 레이더는 해상도가 높은 영상을 얻을 수 있지만, 카메라와 같이 얼굴을 확인할 수 있는 수준의 영상은 아니다. 따라서 항상 개인의 사생활을 보호해야 한다는 측면에서는 개체를 점으로 인식한다는 점이 장점이 될 수 있다. 특히 택시 또는 대중교통처럼 끊임없이 변화하는, 공개된 차량환경에서 탑승자의 얼굴이나 행동이 무차별적으로 기록(촬영)되고 있다는 점은 자동차 산업 전반에 걸쳐 점점 더 중요한 관심사가 되고 있다. 선도적인 자동차 제작사들은 자동차 소비자 개인정보 보호원칙에 입각해서 실내 카메라를 차선책으로 생각하고 있다. 이러한 속성을 고려하면, 이미징 레이더는 차량에 향상된 인지 수준을 제공하면서도, 동시에 차량 탑승자의 사생활을 보호할 수 있는 기술이라고 할 수 있다. - 차량 실내(운전자/승차자) 모니터링에 유용

(4) 전방위 레이더 Full-range RADAR

레이더 시스템을 하나의 칩chip에 집적한 레이더-온-칩(RoC)과 연계한 디지털 신호처리기(DSP) 플랫폼을 기반으로, 집적형 MIMO-안테나 배열 기술, 넓은 대역폭(예: 4GHz)으로 거리/속도/각도 분해능의 고도화, 그리고 도로환경 클러터clutter 신호 및 주행환경에 둔감한 일정 오경보율(CFAR) 알고리즘, 다중-목표 추적과 실시간 탐색이 가능한, 다양한 고속 신호처리 기술 등이 개발됨에 따라, 고해상도 레이더 센서만으로도 카메라나 LiDAR와 같은 광학 센서와 유사한 기능을 제공할 수 있는, 수준에 도달하였다. 따라서 레이더 센서만으로 차량 주위 360° 주변 환경을 인지할 수 있는, 궁극적으로는 SAE 자동화 수준 4(SL4)를 목표로 하는, 전방위 레이더Full-range RADAR 시스템들이 출시되고 있다.

점구름point cloud을 이용한 고해상도 레이더 영상imaging과 탄력적인 조리개 각도(예: ±60°)를 활용하여 복잡하고 느린 교통환경에서부터, 최대 300m까지 탐지할 수 있는 고속 교통환경에 이르기까지, 검증된 레이더 신호처리를 기반으로 하는, 다중 모드 감지 방식을 적용

한다.

그림 2-43은 전방용 장거리 센서(1개)와 프리미엄/이미징 센서(1개), 모서리 센서 4개, 좌/우 사이드 센서 2개, 그리고 후방 센서 2개, 총 12개의 센서로 구성된 전방위 레이더 시스템이다.

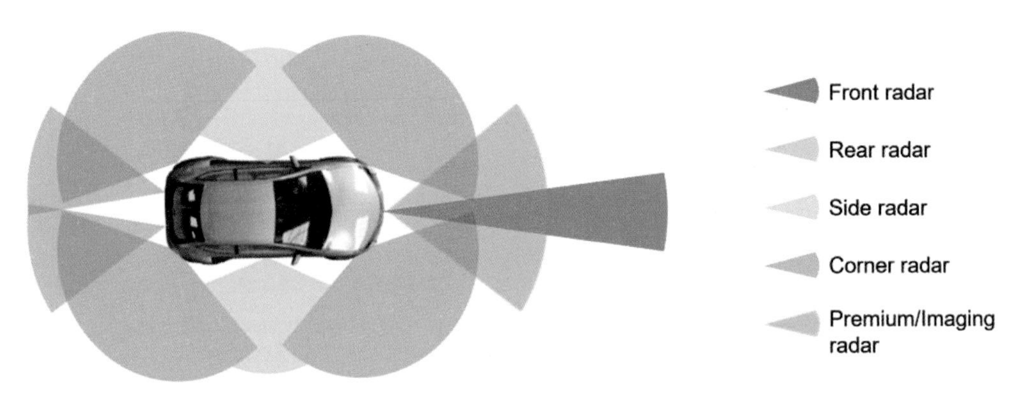

그림 2-43 차량 주변 360° 감지를 위한 레이더 센서의 배치(예)[22]

전방의 프리미엄/이미징 센서와 장거리 센서는 레이더 반향echo의 형태로 교통 참가자의 유형 즉, 트럭, 자동차, 자전거나 보행자를 구별할 수 있다. 거리, 속도, 방위각 외에도 물체의 위치와 고도를 계산해 상대적으로 작은 물체도 감지할 수 있어, 최대 300m까지 주행환경에 대한, 정확한 지도를 생성할 수 있다.

오늘날 평균적인 차량에는 100개 이상의 센서가 장착되어 있으며 분석가들은 2030년까지 이 센서가 2배로 증가할 것으로 예측한다. 따라서 레이더 모듈은, LiDAR와 카메라의 필요성을 없애면서, 동시에 다수의 대상과 개체를 추적하는 것을 목표로 한다.

플랫폼 잠재력의 핵심은 복잡성을 줄이는 능력이다. 직접 및 간접 비용을 줄이기 위해 하드웨어, 소프트웨어, 개발 및 테스트 자원을 포함하는 완전한 종단간end-to-end 솔루션을 개발, 통합 프로세스를 간소화하고, 또한 무선(OTA; Over-The-Air) 소프트웨어 업데이트를 통해 새로운 기능의 배포를 촉진하는 확장성도 설계에 반영하고 있다 [Continental].

Uhnder는 DCM(디지털 코드 변조) 기술을 기반으로 하는, 이미징imaging 레이더-온-칩(RoC)을 발표하였다. DCM 기술은 칩 주기 또는 칩 지속 시간이라고 하는 주어진 시간에 주파수가 아닌 위상을 사용하여 전송신호를 변조한 다음, 위상에 디지털 코드를 추가하여, 더 정확하게 측정하는 기술이다.

Uhnder의 레이더-온-칩(RoC)은 77~79GHz 트랜스시버transceiver에 12개의 송신 및 16개의 수신 채널을 통합, 최대 192개의 가상 수신 채널을 활용하여, 방위각과 고도 프로파일을 모두 포함하는 2개의 안테나 세트에 시간 다중화를 구현하였다. 이 RoC 아키텍처는 외부 RF-PCB 회로가 없어도 다수의 가상 수신기를 활용하여, 기존 레이더 또는 LiDAR보다 더 많은 매개변수를 획득함으로써 기존 센서로 감지할 수 없는, 병치된 개체를 분해할 수 있다 [Uhnder].

BOSCH GEN5 레이더는, 주파수변조 연속파(FMCW)와 처프 시퀀스 변조(CSM: chirp sequence modulation) 알고리즘, 기계학습과 합성곱 신경망 알고리즘을 적용하여, 단 한 번의 레이더 측정으로 위치, 상대속도 및 동작 방향을 감지하는 수준에 이르고 있다. 크기는 작아지고, 성능은 NCAP(AEB Car-to-Car Rear, AEB 보행자, AEB 자전거 주행자) 및 부분 자율주행에 적합하고, 최고 210km/h까지의 적응식 정속주행(ACC)이 가능하다.

ACC1(2000) ACC2(2004) LRR3(2009) MRR(2013) LRR4(2015) GEN5(2019)

그림 2-44 BOSCH FMCW 레이더의 진화[BOSCH, 23]

6 레이더의 장단점과 레이더 기술의 미래

(1) 레이더RADAR의 장단점

레이더 신호는 라이다LiDAR 신호보다 파장이 더 길어서, 훨씬 더 멀리까지 도달할 수 있다. 따라서 먼 거리에 있는 개체를 더 쉽게 감지할 수 있다. 또 빛(직사광선 및 어둠 포함)과 악천후(예: 비, 안개, 눈 및 바람)에서의 감지 능력이 좋다. 또한 장거리(최대 약 350m)에서도 적절한 해상도를 제공하며, 합리적인 가격으로 공급된다. 도플러 현상을 이용하여, 감지된 물체의 위치와 속도를 모두 추정할 수 있다. 그리고 레이더 신호는 금속 개체(예: 자동차)와 같이, 상당한 전기 전도성을 갖는 물질을 감지하는 능력이 탁월하다.

레이더의 단점은 비금속 개체에 대한 열악한 감지 능력과 상대적으로 좁은 탐지각이다. 그리고 LiDAR나 카메라와 비교해, 공간 해상도가 매우 낮아서, 점point을 기반으로 개체를 인지하므로, 개체의 거리와 각도 값만 탐지할 뿐, 개체의 종류를 구별하지 못하고, 도달 방향으로 개체를 분리하는 것이 상대적으로 어렵다 [24, 25].

[표 2-4] ADAS/자율주행차량용 주요 센서의 특징 비교

특성 센서	거리인지	속도인지	각도인지	개체 인지	환경 내성	가성비
레이더	양호	양호	불량	점(point)	양호	1
카메라	보통	불량	양호	모양(feature)	불량	2
라이다	양호	불량	양호	테두리(edge)	불량	3

현재의 레이더 시스템은 단일형 다중-범위multi-range, 다중-빔multi-beam, 다중-추적multi-tracking 시스템으로서, 주행속도에 따라 탐지 각도와 범위를 동적으로 조정할 수 있다. 하나의 센서 칩chip으로 단거리를 넓은 각도로 탐지하는 단거리 레이더(SRR), 그리고 고출력의 좁은 빔-폭beam-width으로 먼 거리를 탐지하는 장거리 레이더(LRR)를 동시에 지원할 수 있다. 고속으로 주행할 때는 긴 탐지거리를 확보하기 위해 각도를 줄이고, 저속 주행할 때(예: 도시 교통)는 탐지거리를 줄이고 각도를 넓혀, 보행자, 자전거, 그리고 차량에 근접하는 기타 개체를 더 정확하게 감지한다. 집적형 다중 안테나 배열multi-antenna array을 이용한, 빔 형성 및 조향, 그리고 해상도가 높은 영상처리imaging 기술까지 적용, LiDAR나 카메라와 경쟁할 수 있는 수준에 도달하였다 [26].

(2) 기술의 현황과 미래

전방 장거리 레이더(LRR)는 77GHz를 계속 유지할 것으로 전망되고 있다. 독립형 SiGe(실리콘-게르마늄) 기반, 송/수신기transceiver를 사용하는 장거리 및 단거리 레이더를, 계속 사용하기 위해서는 하나의 칩에 송신측 전력증폭기(PA)와 수신측 저잡음-증폭기(LNA)를 완전히 통합하여 최고의 성능과 낮은 비용이 가능해야 하는 과제가 있다.

최근에 출시된 단일 칩세트chipset는 마이크로 컨트롤러 유닛(MCU)과 송/수신기transceiver를 하나의 디바이스device에 결합하고 있다. 이들 칩세트는 예를 들어, 45nm~28nm RF CMOS 방식을 기반으로 하며, 다양한 구성요소를 통합할 수 있다. 단일 칩세트 방식은 특히, RF CMOS 방식으로, 더 낮은 전력과 더 높은 집적도를 특징으로 하며, 2칩 방식에 비해 크기가 더 작고, 최적화된 BoM(Bills of Materials; 자재(부품) 명세서)이 가능하다 [TI].

단거리 레이더(SRR) 모듈은 24GHz에서 고성능 77/79GHz로 이동하고 있으며, 45nm RF CMOS 또는 28nm RF CMOS 및 16nm FinFET CMOS를 사용하는, 77/79GHz 레이더가 주류가 되고 있다. 또 기판에 얇은 절연층을 통합하여 누설을 억제하는 22nm

FD-SOI(Fully Depleted Silicon On Insulator: 완전 공핍형 실리콘 절연체) 기술도 사용되고 있다.

벌크bulk CMOS와 FD-SOI 기술을 사용하여, 레이더-칩을 비롯한 다양한 구성요소를 통합할 수 있다. 레이더 유닛 하나의 전력소비는 이미 상당한 수준에 이르고 있으며, 다수의 레이더를 설치하면, 열 문제에 어려움이 따른다. 벌크 CMOS에서는 해결이 어렵지만, FD-SOI 기술을 사용하면, 레이더당 전력소비를 크게(예: 1[W] 미만으로) 낮출 수 있다.

주파수별 고주파 반도체 소자 안테나의 특성

특성	마이크로웨이브	밀리미터파	적외선/가시광선
생성	전자(electron)	전자(electron)	광자(photon)
공간 해상도	m~cm	cm~mm	㎛
커플링(안테나) 크기	PCB	패키지(package)	패키지(package)
벽, 상자 등을 통한 전파	가능	가능	불가능

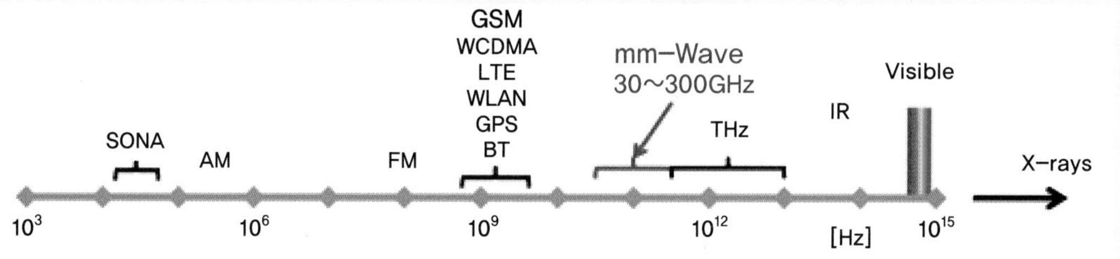

FD-SOI(Fully Depleted Silicon On Insulator)

실리콘 웨이퍼 위에 매우 얇은 절연 산화막을 형성한 다음, 그 위에 평면형 트랜지스터 전극을 구성하는 기술이다.

FinFET과 GAAFET

FinFET은 MOSFET에서 선폭의 미세화로 발생하는 누설전류를 줄이기 위해, 기존 단면에서 만나던 Gate와 채널을 총 3개의 면에서 만나게 하는 기술이다. 그러나 5nm 이하의 미세공정에서는 3개 면으로도 Gate의 통제력이 약하기 때문에, Gate가 채널을 4개 면에서 둘러싸, 통제력을 높인 것이 GAA(Gate All Around)FET 기술이다.

앞서 설명한 바와 같이, 레이더는 악천후 조건(비, 안개, 눈)에서는 라이다보다 근본적으로 우수하지만, 감지한 개체를 식별하는 데 문제가 있다. 예를 들어 물체가 사람인지 개인지 식별할 수 없어서, 주변환경을 이해하기 위해, 카메라의 지원을 받는 경우가 많다.

그러나, 라이다LiDAR와의 해상도 격차를 좁히고, 궁극적으로 라이다를 대체하기 위한, 새로운 하드웨어와 소프트웨어들이 계속 개발되고 있다. 예를 들면, 화상처리imaging 레이더는 펄스를 빠르게 생성하고, 펄스의 반사 에너지를 사용하여 2D- 또는 3D-화상을 생성하는 레이더 응용 프로그램이다. 이 기술은 토지 지도작성 및 기상예보와 같은 목적으로 항공우주 산업에서는 오래전부터 사용하고 있지만, 전력 및 처리 제약으로 자동차 레이더에는 이

제 도입되고 있다. 이 기술은 과거의 해상도 제한을 벗어나, 높은 해상도의 진정한 3D 레이더 화상 image을 생성한다 [27, 28].

하드웨어 그리고 인공지능과 기계학습을 결합한 소프트웨어의 진화, 그리고 주파수 120GHz 이상의 대역에서 대역폭 10GHz로 작동하는 레이더 기술도 머지않아 실현될 전망이다 [29].

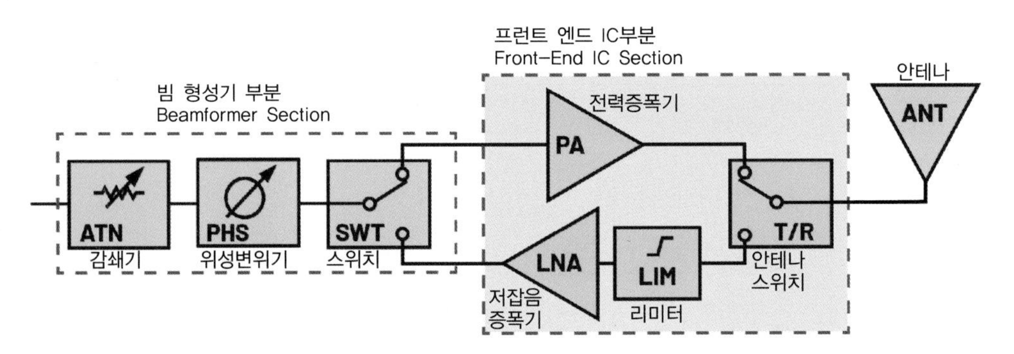

그림 2-45 위상 배열 안테나의 전형적인 RF 프런트 엔드(예)

하드웨어-센서

2-3 초음파 센서

Ultrasonic wave sensor

초음파 센서는 인간의 귀로 들을 수 있는 주파수 범위(~약 20kHz)를 넘어서는 음파(즉, 초음파)를 사용하여, 센서로부터 특정한 목표 개체까지의 거리를 측정한다.

음파(소리)는 매질의 진동현상으로서, 매질의 종방향 압력파이다. 즉, 매질의 입자는 파동의 이동 방향과 같은 방향으로 진동한다. 소리(음파)를 전달하기 위해서는 매질이 필요하다. 우주공간과 같이 절대 진공상태의 환경에는 소리(음파)가 존재하지 않는다. 음파는 고체, 액체, 기체 등 매질의 모든 상태를 통과할 수 있다. 음파의 전달속도는 고체에서 가장 빠르고, 이어서 액체→기체의 순으로 느려진다.

초음파 센서는 가장 낮은 주파수(가장 긴 파장) 대역을 사용하므로 더 쉽게 교란된다. 이는 센서가, 비나 먼지와 같은, 불리한 기상환경의 영향을 더 쉽게 받는다는 것을 의미한다. 또, 다른 음파에 의해 생성된 간섭은 센서 성능에 영향을 미칠 수 있다.

또한, 음파는 거리가 멀어짐에 따라 에너지가 빠르게 감쇄되므로, 초음파 센서는 주차 지원과 같은 짧은 거리에서만 효과적이다. 최신 버전은 간섭 가능성을 줄이기 위해, 더 높은 주파수(예: 40kHz 이상)에 의존한다 [30].

1 초음파 센서의 물리적 특성

(1) 압전 소자 piezo-element

센서 소자element로는 전기에너지가 가해지면, 기계적으로 진동하는 세라믹 변환기transducer 즉, 압전((壓電; piezoelectric)-소자를 사용한다.

압전 효과piezo-effect란, 결정(結晶) 구조를 가진 물질 안에서 기계적-전기적 상태 사이의 상호작용으로 인해 나타나는 현상으로 설명할 수 있다. 즉, 해당 물질에 기계적 힘(압축, 인장 혹은 비틀림)을 가하면, 전기적 신호가 생성되고(1차 압전 효과), 거꾸로 물질에 전기적 신호를 가하면 기계적 변화가 발생하는 현상(2차 압전효과 또는 역(逆)압전효과)이다. 1차 압전piezoelectric 효과는 1880년 Pierre Curie(당시 21세)와 Jacques Curie(당시 24세) 형제가 발견하였다. 하지만, 이들은 역압전효과는 발견하지 못했다.

석영quartz은 압축, 비틀림 또는 왜곡이 가해질 때, 전하를 생성하는 특성이 있으며, 매우 안정적이다. 석영 수정quartz crystal은 시계 수정 및 무선 송신기용 정밀 주파수 기준 수정으로 사용된다. 주석산 나트륨(Rochelle 염)은 압축 시 비교적 큰 전압을 생성하며, 초기의 수정 마이크로폰에 사용되었다. 압전성을 가진, 다수의 세라믹 재료를 초음파 변환기transducer 및 마이크로폰microphone에 사용할 수 있다. 이들 세라믹 웨이퍼wafer에 전기적 진동이 가해지면, 초음파 음원을 생성하는 기계적 진동이 발생한다.

(2) 초음파 센서의 구조와 작동원리

자동차용(실외용) 초음파 센서는 이슬, 비, 먼지 및 진동으로부터 보호되어야 한다. 따라서, 센서 소자인 압전 세라믹은 케이스case 안쪽 상단에 설치되며, 트랜스포머transformer, PCB(인쇄회로기판) 및 ASIC Application-Specific Integrated Circuit와 일체로 조립, 수지로 밀봉된 상태로 생산된다(그림 2-46, 2-51 참조).

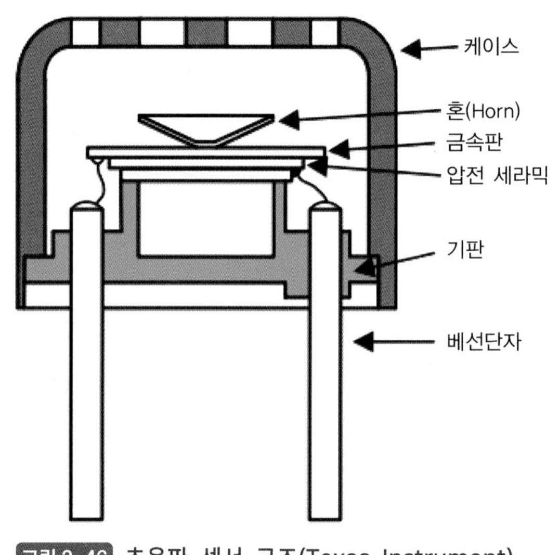

그림 2-46 초음파 센서 구조(Texas Instrument)

초음파센서는 주차보조 컨트롤러(MCU)로부터 디지털 전송펄스를 수신한다. 공진 주파수(약 48kHz)에서 지속시간 약 300㎲인, 이 전송펄스(구형파 펄스)가, 압전 세라믹 2장 또는 압전 세라믹 1장과 금속판(주로 알루미늄 박막) 2장으로 구성된 진동자vibrator에 가해지면, 센서 소자의 굴곡진동에 의해 전기신호가 초음파로 변환, 방사된다(초음파 발신기). 약 900㎲의 휴지 시간에는 수신할 수 없다. 이어서 휴지상태인 진동판은 목표 개체에서 반사, 되돌아온 초음파에 의해 다시 진동한다(수신기). 역압전효과로 인해 진동은 아날로그 전기신호로 출력, 증폭되고 컨트롤러(MCU)에 의해 디지털 신호로 변환된다. 사용된 재료에 따라 발신기와 수신기의 기능을 하나의 트랜시버transceiver로 결합할 수 있다.

(3) 초음파 센서를 이용한 거리 측정 원리 – 비행시간(ToF: Time of Flight) 원리

초음파 센서는 음파의 반사를 기반으로 한다. 충돌하는 음파의 파장보다 크기가 큰 개체는 음파를 반사한다. 이러한 반사파를 반향(反響: echo)이라고 한다.

매질(媒質)에서 음파의 속도를 알고, 음파가 센서에서 개체까지의 거리를 왕복하는 데 걸린 시간을 측정하면, 센서에서 개체 가지의 거리를 정확하게 계산할 수 있다. 여기에서 음파의 매질은 공기이고, 사용 음파는 초음파이다.

그림 2-47에서 공기 중 음파의 속도는 c_{air}이고 음파가 센서에서 개체로 전달되고, 개체에서 반사, 다시 센서로 복귀하기까지 걸린 시간은 왕복 ToF로서, $T = T_3 - T_1$이다. 초음파는 센서와 개체 사이의 거리(D)의 2배를 이동하므로 음파가 비행한 총거리는 다음과 같이 계산된다.

총 비행거리 $= 2 \times D = c_{air} \times T$ ······ (1)

실제 거리$(D) = \frac{1}{2} c_{air} \times T$ ······ (2)

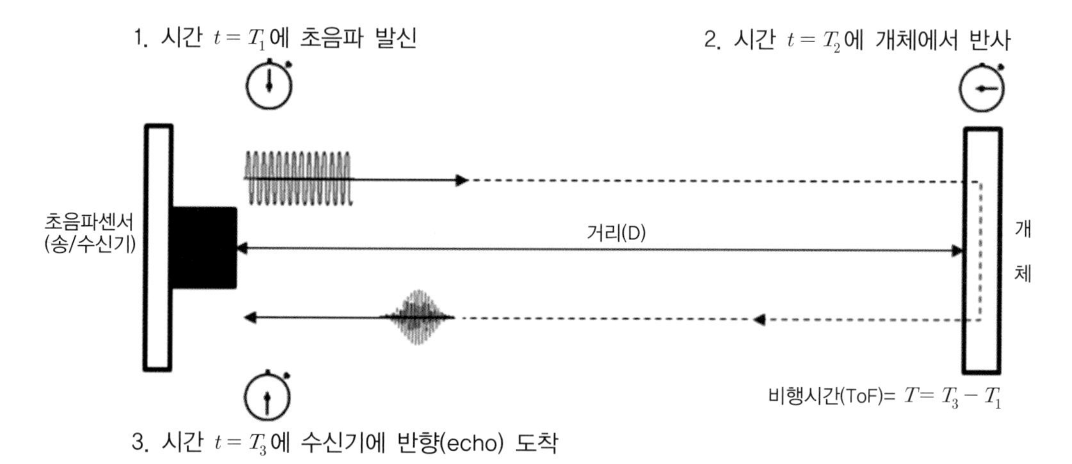

그림 2-47 비행시간(ToF) 측정

대기 중 음속은 기온이 0°C일 때 331.45m/s이다. 음속은 기온이 1°C 상승할 때마다 0.607m/s씩 증가한다. 기온 변화에 따른 소리속도(c [m/s])는 다음 식으로 구한다.

$c = 331.5 + 0.607t$[m/s] 여기서, t는 온도[°C]이다.

즉, 초음파 센서는 음파 펄스 패킷packet을 방출하고, 반향echo 펄스를 수신, 전압으로 변환한다. 컨트롤러(MCU)는 반향echo 시간과 소리의 속도를 이용하여 거리를 계산한다.

(4) 주파수와 거리에 따른 음압 감쇠 특성

공기 중으로 전파되는 초음파의 강도는 거리에 비례하여 약해진다. 이 특성은 회절(回折) 현상으로 인한 구면(球面)의 확산 손실, 그리고 매질로 에너지가 흡수되는 흡수 손실로 인해 발생한다. 아래 그림에서와 같이, 초음파의 주파수가 높을수록 감쇠율이 높아지고, 초음파가 도달하는 거리가 짧아진다.

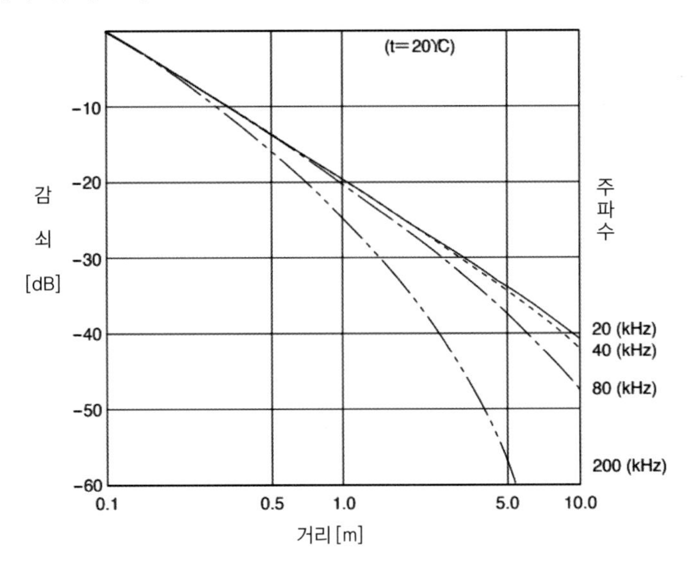

그림 2-48 주파수와 거리에 따른 음압 감쇠 특성(Murata)

방출된 펄스 지속 시간 Δt와 센서의 감쇠 시간으로 인해 초음파 센서가 감지하지 못해서, 개체를 감지할 수 없는 사용 불가 영역이 생성된다. 이 현상으로 인해, 최소 감지 범위는 약 20cm로 제한된다. (그림 2-49 참조)

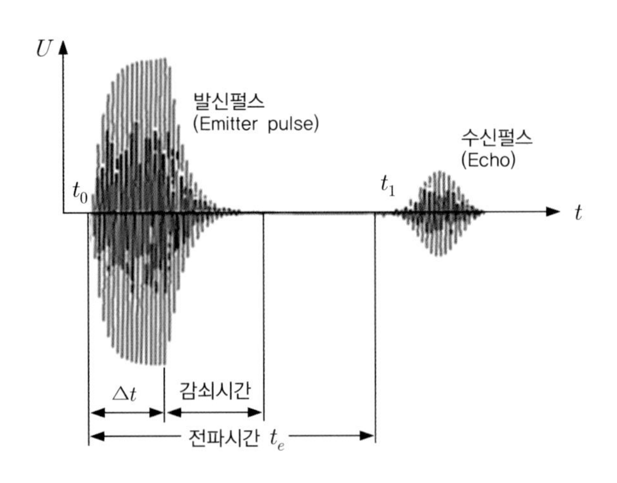

그림 2-49 방출 펄스 및 반향 펄스 [출처: Banner Engineering]

2 초음파 센서의 장단점

초음파 센서는, 광전(光電) 센서를 응용할 수 없는 분야에서 사용한다. 초음파 센서는 투명한 물체 감지 및 액체 수준 측정을 위한 훌륭한 해결책으로서, 대상 개체의 반투명성으로 인해 광전자(光電子)가 어려움을 겪는 분야에 적합하다. 대상 색상 및/또는 반사율은 눈부심이 많은 환경에서 안정적으로 작동할 수 있는 초음파 센서에 영향을 미치지 않는다. 따라서, 초음파 센서는 반사율이 높은 금속성 표면이나 목재, 콘크리트, 유리, 고무, 종이 등을 쉽게 감지할 수 있다. 초음파는 광선optic beam과는 다르게 물방울에서 굴절될 수 있는 습한 환경에서도 잘 작동한다.

반면에 초음파 센서는 온도 변동이나 바람에 취약하며, 천cloth, 무명cotton, 양모wool 등은 초음파를 흡수하기 때문에 감지하기 어렵다, 또한, 불규칙한 반사 때문에 표면 기복이 심한 물체를 감지하는 것은 가끔 어려울 수 있다.

3 자동차 산업에서 초음파 센서의 이용

자동차 산업에서 초음파 센서는 주로 주차 보조 및 사각지대 감지에 이용된다. 이들 센서는 일반적으로 약 40~48kHz까지의 주파수로 작동하며, 거리 감지 범위는 약 25~550cm 정도이고, 개방open 각도는 수평으로 약 120°, 수직으로 약 60° 정도이다(* 산업용으로는 수백 kHz에서 작동하는 초음파 센서도 있다.)

(1) 감지 특성 (그림 2-50 참조)

자동차용 초음파 센서의 초음파 방출 특성은, 수평 감지 범위는 넓고, 수직 감지 범위는 좁다. 넓은 공간 영역을 감지할 수 있도록 하려면, 특별한 요구 사항을 충족해야 한다. 수평 방향으로는 가능한 많은 물체를 감지할 수 있도록 넓은 감지 각도가 바람직하지만, 반면에 타협이 필요하다. 지면 반사의 간섭을 피하려면, 감지 각도가 너무 넓지 않아야 한다. 그러나 장애물을 안정적으로 감지해야 한다.

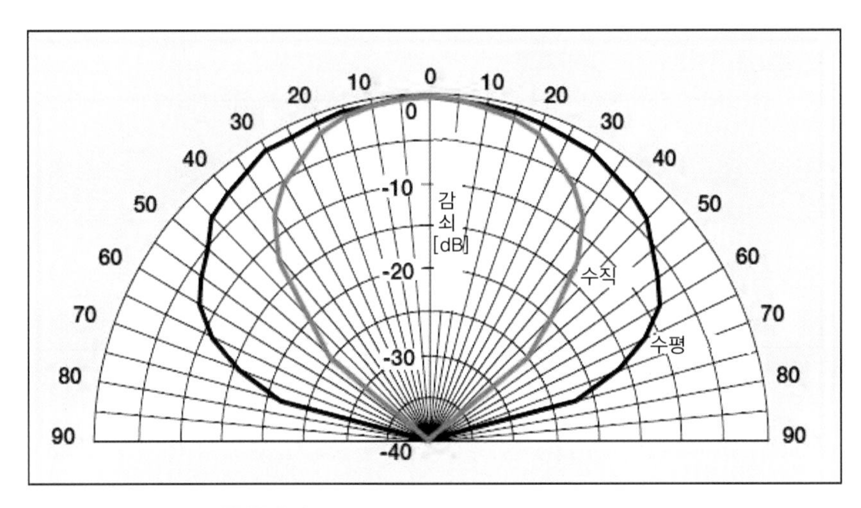

그림 2-50 초음파센서의 초음파 방출 특성

센서의 스캔 범위가 겹치면 거의 이음새가 없는 스캔 범위가 생성된다. 새로운 세대의 센서는 또한 특정 범위 내에서 각도의 수직 감지폭의 변화가 가능하므로, 차체가 피칭 pitching할 때, 경고오류를 초래하지 않고 범퍼와 차량의 기하학적 구조에 최적화된 방사가 가능하다.

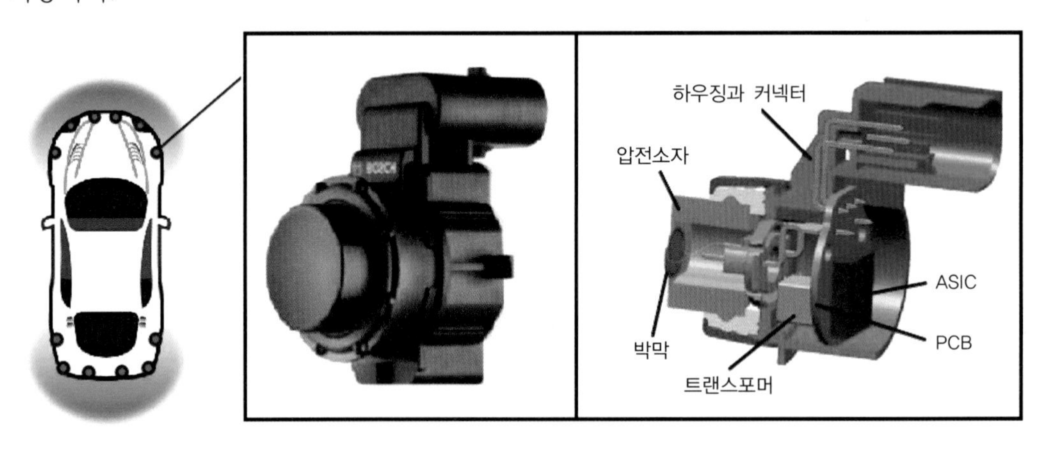

그림 2-51 승용자동차 전/후방에 설치된 12개의 초음파 센서 [출처: BOSCH]

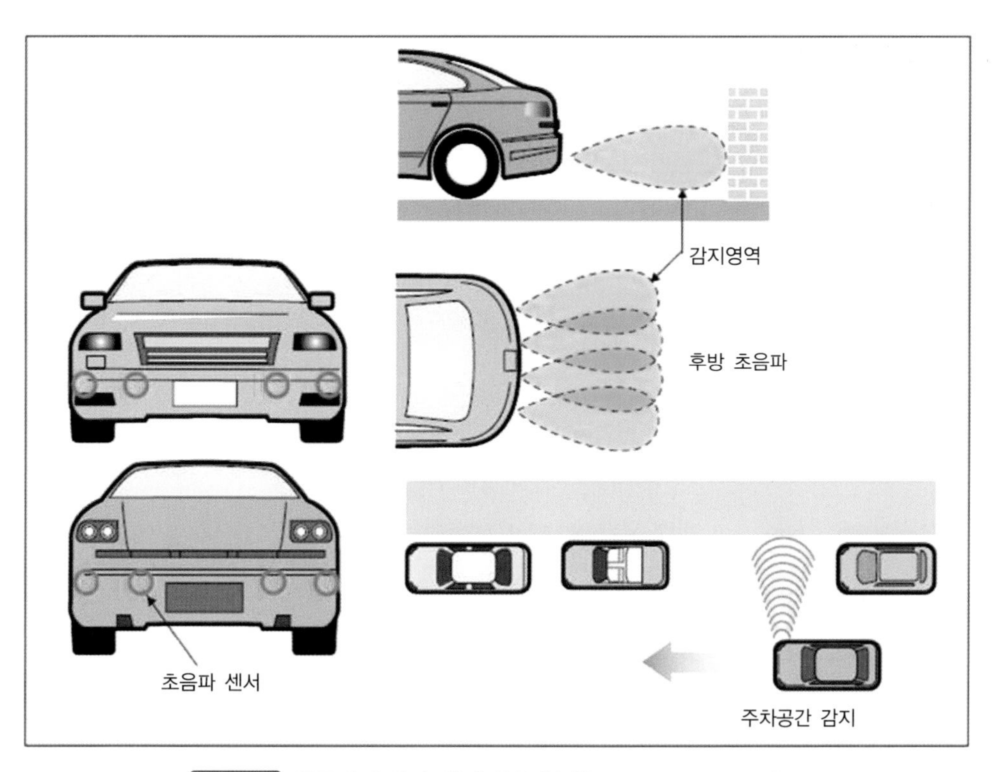

그림 2-52 차량의 초음파 센서 응용 [출처: newelectronics]

(2) 거리 계산 (그림 2-53 참조)

장애물과 차량 앞 범퍼 사이의 기하학적 거리 a는, 앞 범퍼에 서로 거리 d만큼 떨어져 설치된, 2개의 초음파센서에서 목표물까지의 거리가 b와 c인 경우, 삼각 측량법을 사용하여 계산한다. 거리는 다음 식으로 계산한다.

$$a = \sqrt{c^2 - \frac{(d^2 + c^2 - b^2)^2}{4d^2}} \quad \cdots\cdots\cdots\cdots (3)$$

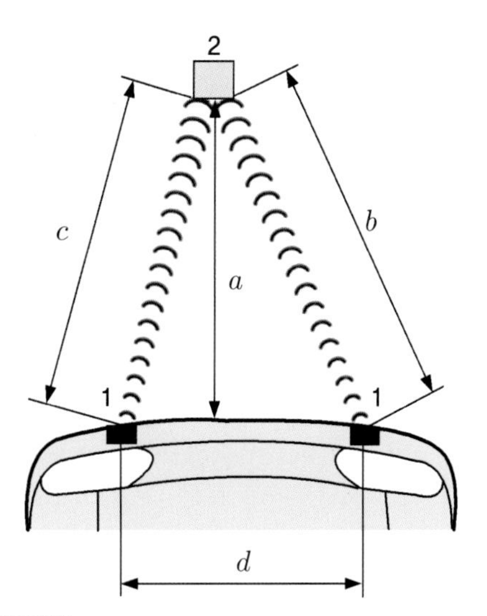

그림 2-53 센서로부터 목표 개체까지의 거리 계산

(3) 시스템 아키텍처 (그림 2-51, 2-54 참조)

앞/뒤 범퍼 또는 펜더에 설치된 4~6개의 초음파 센서, 아날로그 증폭기와 필터, MCU Micro-Control Unit로 구성된다. MCU는 신호를 생성하고 전력증폭기로 센서를 구동한다. 생성된 음파는 물체에 반사되어 같은 센서의 수신 소자에 복귀하여 전자신호로 다시 변환된다. MCU는 반향echo 신호를 측정, 거리를 평가 및 계산한다. 결과는 CAN과 같은 통신 인터페이스를 거쳐 방송되거나 추가 처리를 위해 HMI(인간-기계-인터페이스)로 전송된다.

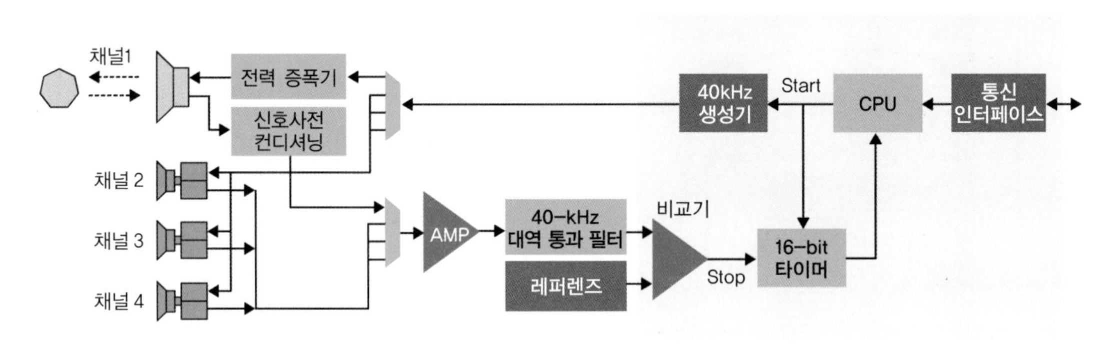

그림 2-54 자동차 초음파 센서 시스템 아키텍처 [출처: Cypress]

참고도 초음파 센서의 작동원리 및 다양한 적용의 예

No.	측정 원리	적용
1	연속파의 신호수준 감지 (입력신호, 출력신호, S, R, object)	계수기 접근 스위치 주차기(parking meter)
2	펄스 반사시간 측정 (입력신호, 출력신호, T, S, R, object)	자동 도어 레벨 게이지 교통신호등의 자동 스위칭 자동차용 초음파 센서
3	도플러 효과의 이용 (입력신호, 출력신호, S, R, object, Movement)	침입자 경보장치
4	직접 전달시간의 측정 (입력신호, S, R, T, 출력신호)	점도계 유량계
5	카르만(Karmann) 와류의 측정 (장애물, S, R, 입력신호, 출력신호)	유량계 (공기질량 계량기)

하드웨어-센서

2-4 라이다
LiDAR

1 개요

라이다(LiDAR: Light Detection and Ranging: 빛 감지와 거리 측정)를 레이저 스캐너 Laser Scanner, 또는 레이저 기반 레이더 시스템 Laser based Radar System이라고도 한다. 레이저(laser : Light Amplification by Stimulated Emission of Radiation)란 "복사의 유도방출에 의한 빛의 증폭"이란 영어 약자의 우리말 표현이다. 레이저laser는 눈에 보이지 않는 적외선 영역의 빛이다.

(1) 레이저 laser의 생성 원리

"빛의 증폭"이란, 어떤 물질의 원자와 분자를 자극하여, 에너지로서 빛과 같은 전자파를 방출하는 것을 말한다. 물질에는 각각 고유의 에너지 수준이 있어, 증폭되었을 때 방출되는 빛의 에너지도 각각 일정한 값을 갖는다. 그러므로, 방출되는 빛의 파장은 물질마다 다르다. 분자와 원자는 통상 각각 일정한 에너지 수준(기저(基底)상태[1])에서 안정되어 있는데, 외부로부터 자극을 받으면 에너지 수준이 높은 여기(勵起) 상태가 된다. 여기 상태의 분자와 원자는 매우 불안정하므로 에너지 수준이 낮은 안정상태로 복귀하고자 빛을 방출한다. 이 자연방출로 생성되는 빛은 파장 및 위상이 제각기 다른 빛들의 혼합체이다. 이와 같은 비간섭성incoherent 빛은 일상생활에서 경험하는 빛과 똑같다.

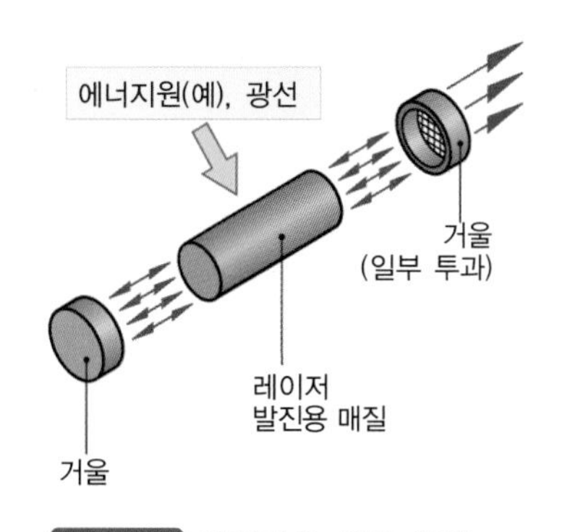

그림 2-55 레이저의 생성 원리

1) **기저(基底)상태**: 여기 상태의 전자가 에너지가 낮은 안쪽 궤도로 이동하여, 에너지가 낮은 상태로 되는 것을 기저상태라 한다. 여기 상태의 전자가 기저상태로 되돌아갈 때, 그 에너지 차이에 해당하는 여분의 에너지가 전자파 즉, 빛에너지로 방출되게 된다. → 발광.

한편 원자와 분자는 자신이 자연 방출하는 빛과 똑같은 파장의 빛에 충돌하면 유도방출하는 성질을 가지고 있다. 이 빛은 원래의 빛과 비교할 때 파장, 위상 및 진행방향이 완전히 똑같은 '간섭(干涉)이 가능한 빛'이다. 레이저 광의 생성에는 광공진기(光共振器)를 사용한다. 광공진기는 광축(光軸)이 일치하도록 좌우에 서로 마주 보는 거울을 배치하고, 그 사이에 레이저 발진(發振)용 매질을 삽입한 것이다. 매질로는 결정(結晶)을 비롯한 고체 외에 액체, 기체도 사용되며 현재까지 수천 종류의 레이저 광이 확인되었다. 광공진기의 레이저 매질에 자극을 가하여 연속적으로 여기(勵起)[2]시키면, 자연방출과 유도방출이 이루어진다. 자연방출은 물론이고 유도방출도 처음에는 제각기 다른 방향을 향해 이루어지지만, 좌우의 거울에 수직으로 충돌한 빛들은 반사, 거울 사이를 빠르게 왕복하는 동안에 유도방출을 반복하여 레이저 광으로 증폭된다. 이때, 한쪽 거울로 부분 투과성 거울을 사용하면, 내부를 왕복하는 빛 중 일부가 광공진기로부터 외부로 방출된다. 이와 같은 방법으로 레이저 광을 생성한다. 레이저 광의 파장은 대략 100nm~1mm 범위이다.

(2) 레이저 다이오드 laser diode – 레이저 광원(光源)

레이저 다이오드는 전기에너지를 강력한 레이저로 변환시킨다. 레이저 칩chip은 대부분 반도체 결정(예: 갈륨 - 비소(Ga-As))의 PN-접합으로 구성되어 있으며, 순방향으로 작동한다. 레이저 활성도를 높이기 위해서는 레이저 칩 내부의 경계층이 광-공진기optic resonator를 형성하도록 하는 것이 중요하다.

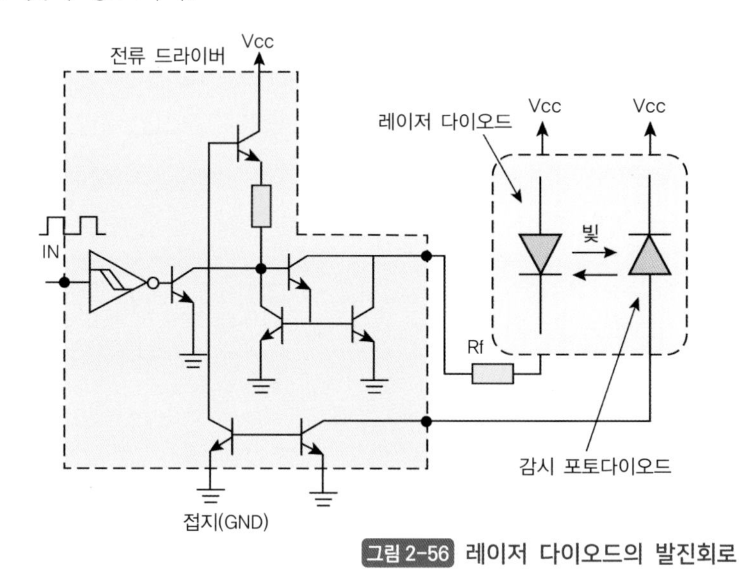

그림 2-56 레이저 다이오드의 발진회로

---

2) **여기(勵起)**: 자연 상태에서 전자는 원자핵에 가까운 궤도를 돌고 있으나, 빛이나 전기, 열 등의 에너지를 공급하면 전자의 운동속도가 빨라져 전자궤도가 변경되게 된다. 이때 전자는 에너지를 받아 에너지가 큰 바깥 궤도를 돌게 되는데, 이 상태를 여기 상태라 한다.

레이저 다이오드로부터 방출되는 레이저 광선은 광학렌즈 시스템을 통해 집속(集束)된다. 태양광은 직경 1/1,000mm로 집속하는 것이 어렵지만, 레이저 광(光)은 가능하다. 따라서 1mW 출력의 레이저라도 태양광의 약 100만 배의 에너지밀도를 얻을 수 있다. 태양광은 파장과 위상이 서로 다른 많은 빛이 혼합체이다. 이에 비해 레이저 광은 단일 파장이므로 단색이며, 위상이 같으므로 똑바로 일직선으로 멀리 뻗어간다. 방출되는 광선의 파장에 따라 가시(可視) 영역 내에서 특정한 색상(예: 파장 530nm에서 적색)을 나타낸다.

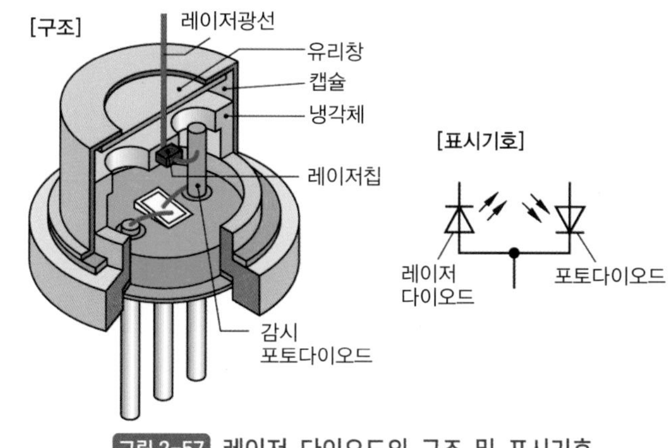

그림 2-57 레이저 다이오드의 구조 및 표시기호

LiDAR에는 구조적으로 측면 발광 레이저(EEL, edge-emitting laser)와 수직 공진 표면광 레이저(VCSEL, vertical cavity surface emitting laser)를 주로 사용한다.

측면 발광 레이저(EEL)는 현재로서는 VCSEL보다 가격이 싸고 출력 효율성이 높아서 더 광범위하게 사용되고 있다. 그러나, 까다로운 패키징 및 배열array, 타원형의 빔 방출, 그리고 열(온도 변화)에 의한 파장 전위shift로 인해, 검출기가 더 넓은 범위의 광자 파장을 찾아야 한다. 이로 인해 더 많은 주변 광자가 잡음noise이 될 수 있다.

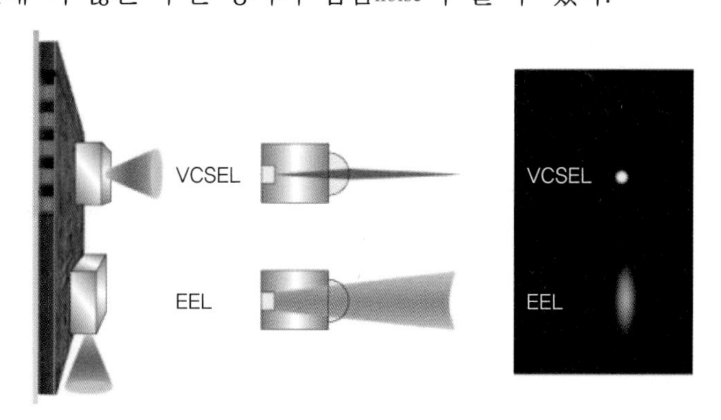

그림 2-58 LiDAR에 주로 사용되는 레이저의 방출 형태

수직 공진 표면광 레이저(VCSEL) 기술은 가격이 비싸고 전력 효율이 낮음에도 불구하고, 빔이 수직 방향으로 작은 원형으로 방출되므로 패키징이 쉽고 효율적이다. 또 통합 어레이를 사용할 수 있으며, 온도에 안정적이다. 가격이 지속적으로 낮아지고, 전력효율이 개선되면서 점점 많이 사용되고 있다.

레이저 다이오드의 구동전압은 1V~2V, 전류는 약 50mA 정도이다. 또한, 전류와 전압의 과부하에 민감하므로, 레이저 다이오드에 추가로 포토-다이오드(PD)를 사용한다(그림 2-57 참조). 여기서 포토-다이오드는 감시 다이오드로서, 레이저 다이오드의 다이오드 전류를 제어한다. 또 레이저 다이오드는 레이저 방출로 인해, 좁은 공간의 에너지밀도가 높아지므로 냉각에 유의해야 한다.

레이저 다이오드로는 주로 질화갈륨(GaN) 기술을 기반으로 하는 드라이버-칩driver-chip을 사용한다. ToF-LiDAR에 주로 사용하는 근적외선(NIR: 850, 905, 940nm) 파장에는 GaAlAs를, FMCW-LiDAR에 주로 사용하는 단파 적외선(SWIR: 1060.6, 1350, 1550nm) 파장에는 InGaAsP를 주로 사용한다. 질화갈륨(GaN)의 스위칭 속도는 실리콘보다 100배 더 빠르다. 따라서, LiDAR 시스템은 주변 환경에 대한, 더 빠른 비트맵bit-map을 생성, 더 멀리 그리고 더 높은 해상도로 환경을 볼see 수 있다.

레이저 다이오드를 구동하는 방법에는 여러 가지가 있지만, 두 가지 기본 유형이 있다. 용량성 방전(CD)과 FET 제어이다. 질화갈륨(GaN) 기반 레이저 다이오드 드라이버는 LiDAR 시스템 전체 비용의 5% 미만을 차지한다. 질화갈륨(GaN) 트랜지스터는, 이미 시스템 비용을 낮추고 성능을 개선하는 질화갈륨(GaN) 집적회로(IC)로 대체되었다.

(3) 광검출 소자인 포토다이오드 photodiode as photo-detector

레이저를 생성하는 레이저 다이오드와 함께, 또 다른 핵심 구성요소는 목표 개체에서 반사, 복귀하는 레이저를 탐지하는 수광부의 광검출 소자인 포토다이오드이다. 광검출용 포토다이오드는 빛을 송출하는 레이저의 특성(파장)에 따라 결정되며, 1차원뿐만 아니라 3차원 영상을 정밀하게 구현하기 위한 핵심 부품이다.

그림 2-59는 ToF LiDAR에 대한 높은 수준의 블록선도이다. 송광부에는 레이저 다이오드, 수광부에는 포토다이오드가 사용됨을 나타내고 있다. *TDC(time-to-digital Converter)

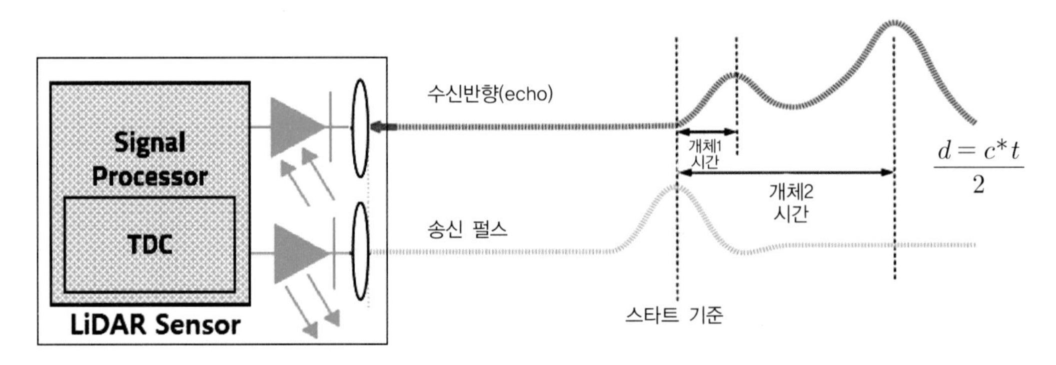

그림 2-59 라이다(LiDAR)의 기본 구성 및 비행시간 작동원리

초기 라이다에는 검출소자로 핀(PIN) 포토다이오드를 사용하였다. 핀 포토다이오드는 내재 이득inherent gain이 없어 약한 신호를 쉽게 감지하기 어렵다.

애벌런치 포토다이오드(APD, Avalanche photodiodes)는, 라이다에 사용되는 센서 중 가장 눈에 띄는 유형으로, 적당량의 이득(~100)을 제공한다. 그러나, APD도 수신된 광자의 신호를 통합하기 위해 핀 포토다이오드처럼 선형 모드에서 작동해야 하며, 매우 높은 바이어스 전압이 필요하면서도, 부품간 균일성uniformity이 약해 어려움이 있다.

라이다에 점점 많이 사용하는, 단일광자 애벌런치 다이오드(SPAD)는 이득이 크고, 검출된 모든 광자에서 측정 가능할 만큼의 전류 출력을 생성한다. 실리콘 광증배기(SiPM, Silicon photomultipliers)는 생성된 신호의 진폭을 통해 단일광자와 다중 광자를 구별하는, 추가적인 이점을 지닌 실리콘 기반 SPAD의 배열이다. 이러한 종류의 광검출기는 근적외선(NIR) 검출용 실리콘, 또는 단파 적외선(SWIR) 검출용 III/V 반도체를 기반으로 제작할 수 있다.

광검출 소자들은 특히, 감광성photosensitivity과 이득gain은 커야 하고, 지터jitter와 과잉 잡음excess noise은 작아야 한다.

① 신호 이득 (signal gain)

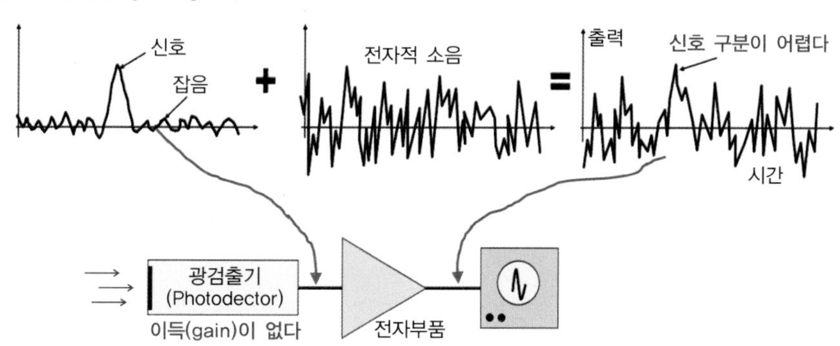

(a) 광검출기의 이득gain이 없을 때는, 수신 신호의 구분이 어려울 수도 있다.

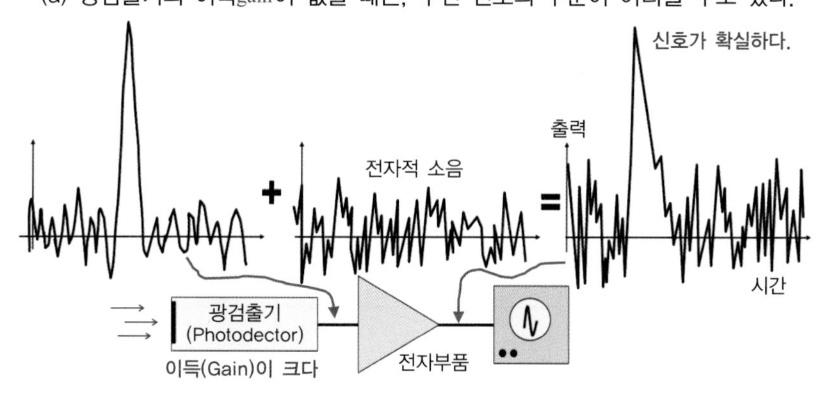

(b) 광검출기의 이득gain이 크면, 수신 신호를 명확하게 구분할 수 있다.

그림 2-60 광검출기 이득(gain)의 중요성

② **광검출기 지터** (jitter)

지터jitter란, 특정한 신호에 대해서, 원하는 신호와 실제 신호 간에 발생하는 '불안정한 시간상의 편차'를 말한다. 그림 2-61에서 $t_1, t_2, t_3, \dots$ 는 전송시간이며, 지터는 전송시간의 변화를 의미한다. 지터는 거리 분해능에 영향을 미치는 왕복비행시간(Δt) 측정의 불확실성($\delta_{\Delta t}$)의 주요 원인이다. 100ps pico-sec 지터는 깊이 1.5cm의 불확실성을 의미한다. 광검출기photo-detector의 지터는 작을수록 좋다.

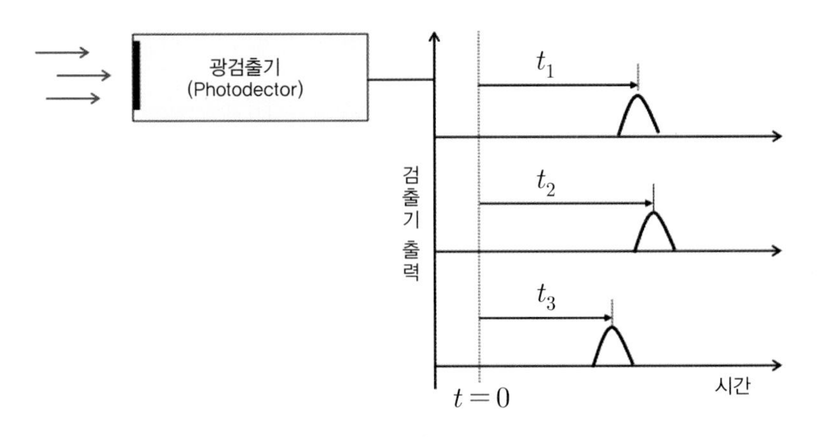

그림 2-61 광검출기의 지터(jitter)

③ **과잉 잡음**(excess noise)**의 중요성** (그림 2-62 참조)

광검출기의 과잉 잡음excess noise은 작을수록 좋다. 트리거 수준trigger level이 고정되면, 왕복 시간은 파형에 따라 서로 다르게 나타난다($\Delta t_1 \neq \Delta t_2$). 일정 분률constant fraction로 트리거링 되면, 파형은 달라도 왕복 시간은 서로 같다($\Delta t_1 = \Delta t_2$)

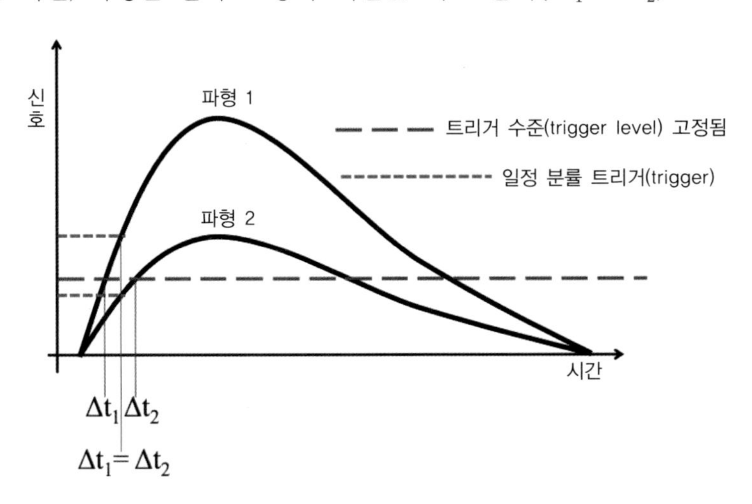

그림 2-62 광검출기의 과잉 잡음의 중요성

④ **신호 대 잡음비** (SNR: Signal Noise Ratio)

일정 세력의 신호가 수신측에 도착하여 나타난, 신호전력 대 잡음전력 간의 비율로서, 잡음의 신호에 대한 영향을 정량적으로 나타낸 척도이다. 큰 신호 대 잡음비(SNR)를 확보하기 위해서는 검출기의 감도(S_λ), 고유 이득(M), 그리고 수신전력($P(R)$)이 커야 한다.

$$SNR(R) = \frac{P(R)\,S_\lambda\,M}{\sqrt{2eB[(P(R)+P_B)S_\lambda + I_D]\,FM^2 + \frac{4kTB}{R_0}}} \quad \cdots\cdots (1)$$

여기서

S_λ; 검출기의 감도

M; 검출기의 고유 이득

I_D; 검출기의 암전류

F; 검출기의 과잉 잡음 계수

B; 감지 대역폭

P_B; 배경광 광출력

e; 기본elementary 전하

k; 볼츠만 상수

T; 온도

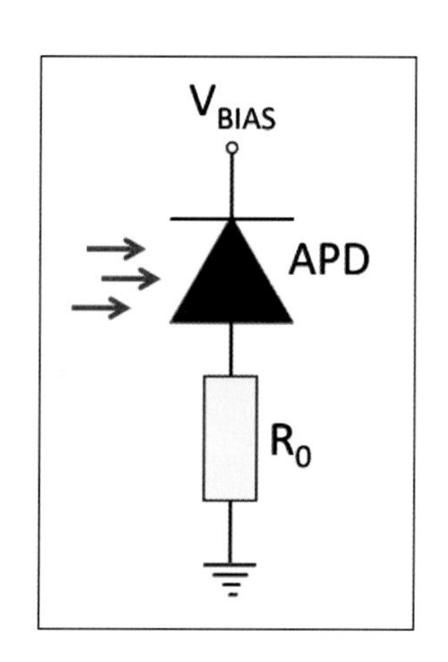

⑤ **애벌런치 포토다이오드(APD)의 과제**

애벌런치 포토다이오드(APD)는 가장 일반적으로 사용되는 광검출기이다.

이득 gain 계수(M)는 ~100으로 좋으나, 충분한 것은 아니다. 그리고 양자 효율 quantum efficiency도 양호하지만, 소음이 과도하다는 약점을 가지고 있다.

참고 **양자 효율**(η; quantum efficiency)

$$\eta = \frac{\text{단위 시간당 발생하는 전잣수}}{\text{단위 시간당 입사되는 광잣수}} = \frac{I_P/q}{P/hf} = \frac{hf}{q}\cdot\frac{I_P}{P} = \frac{hc}{q}\cdot\frac{1}{\lambda}\cdot\frac{I_P}{P}$$

PIN 다이오드의 양자효율(η)은 최대 1이지만, APD는 이득계수(M) 만큼 반응도(R_{APD})가 더 높다.

* 최대 다이오드 전류 $I_P = RP$이므로, 반응도 R이 클수록 유리하다. APD의 반응도(R_{APD})는 다음과 같다.

$$R_{APD} = MR = M\frac{\eta}{1.24}\lambda$$

⑥ **실리콘 광증배기** (SiMP; Silicon Photo Mulpliers)

SiPM은 미세한 크기의 신호인 단일single 광자를 검출하는 능력을 갖춘 반도체 광센서로 기존 PMT Photomultiplier Tube와 비슷한 ~10^6정도의 증폭률을 가지고 있다. 10~100 ㎛ 크기의 많은 마이크로 셀이 병렬로 연결된, 반도체 광 다이오드로, 각 마이크로 셀은 공통의 인가전압과 부하저항으로 동작하며, 출력신호는 모든 마이크로 셀 신호의 합이 되어 증폭률이 높다.

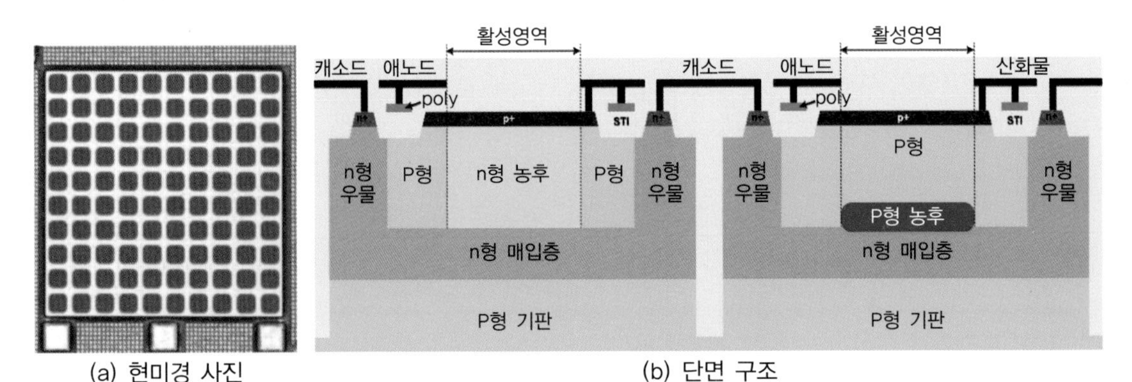

그림 2-63 BCD(Bipolar-CMOS-DMOS)기술로 생산된, SiPM 10×10 마이크로셀

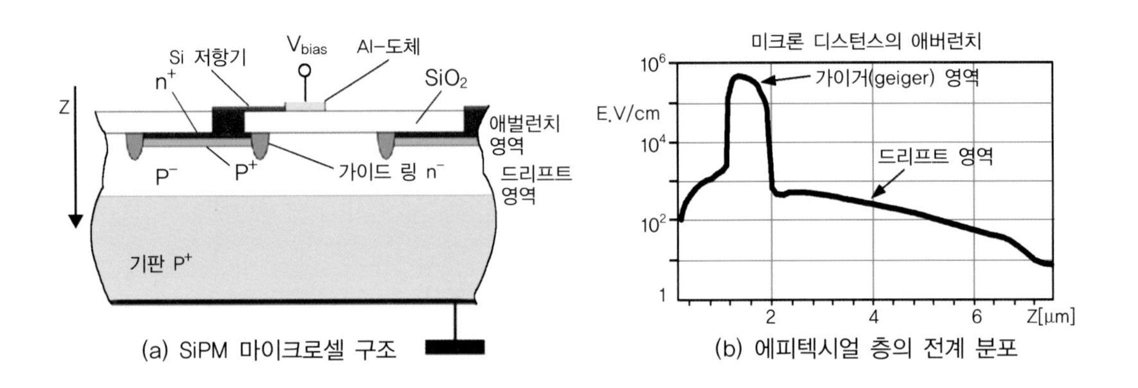

그림 2-64 실리콘 SiPM 마이크로 셀의 구조 및 전계 분포도

SiPM은 병렬로 연결된 마이크로-셀 어레이array로, 이들 각각은 가이거 모드Geiger mode의 APD와 방전quenching 저항의 직렬 조합이다.

방전quenching 저항은 '가이거 모드'로 알려진 항복 전압 이상에서 마이크로-셀micro-cell을 작동할 수 있게 하고, 마이크로 APD를 전기적으로 서로 분리한다.

참고 **가이거 모드**(Geiger mode)란, 다이오드가 항복 임계(breakdown threshold) 전압보다 약간 높은 바이어스(bias) 전압에서 작동하는 것을 의미하며, 이때 단일 전자-정공 쌍(광자의 흡수 또는 열적 맥동으로 인해 생성됨)이 강한 눈사태(avalanche)를 유발할 수 있다.

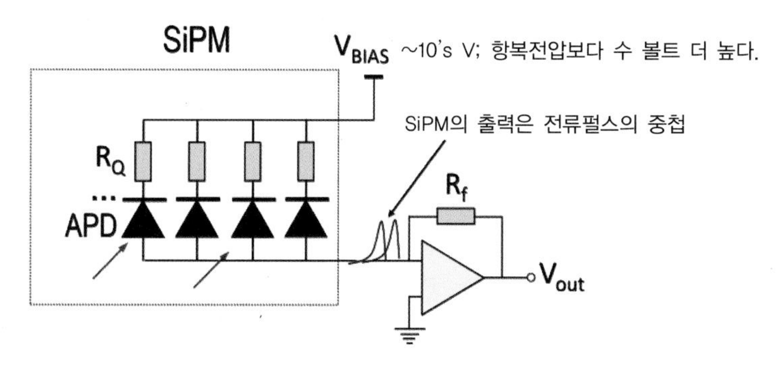

그림 2-65 애벌런치 포토다이오드를 이용하는 실리콘 광증배기

(4) 라이다에 사용하는 파장에 따른 포토-다이오드 재료의 선택

근적외선(NIR: 905nm) 영역에서는 실리콘 APD(애벌런치 포토-다이오드)가 성능 측면에서 이득과 최적의 신호 대 잡음비(SNR)를 제공하는, 가장 안정적이고 입증된 기술이다. 실리콘-광증배기(SiPM)는 계속 가능성을 보여주고 있으나, LiDAR 시스템 수준에서 신호 대 잡음비(SNR)의 이점을 확실하게 입증해야 하는 과제가 있다 [31].

① **실리콘의 에너지 갭** (energy gap; E_g)

에너지 수준이 낮은 가전자대Valence Band와 높은 전도대Conduction Band 간의 에너지 차이를 에너지 갭(Energy gap; E_g) 혹은 밴드 갭Band Gap이라고 하는데, 이는 물질마다 고유한 값을 가진다. 실리콘의 에너지 갭은 $E_g = 1.12\text{eV}$ 이므로, 실리콘(Si)으로 제조한 광-다이오드가 광자를 흡수하여 전류를 생성하기 위해서는 광자의 파장(λ)이 약 1 ㎛(1,000nm) 이하여야 한다.

$$\lambda \leq \frac{hc}{E_g} = \frac{1.24[\mu\text{m} \cdot \text{eV}]}{1,12[\text{eV}]} \approx 1.1[\mu m]$$

따라서 실리콘은 근적외선(NIR: 850, 905, 940nm) 파장을 사용하는 ToF-LiDAR에는 적합하지만, 단파장 - 적외선(SWIR: 1060.4, 1350, 1550nm)을 사용하는 가(可)간섭성 LiDAR 즉 FMCW - LiDAR에는 적합하지 않다.

② **인듐화 – 갈륨 – 비소 – 인화물**(InGaAsP)**의 에너지 갭**(energy gap; E_g)

중심 파장 1.55㎛(1,550nm)인 단파 - 적외선(SWIR)을 사용하는 LiDAR에서는 실리콘(Si) 소자로 충분히 대응할 수 없다. 따라서 E_g가 실리콘(Si)보다 작은 화합물 반도체를 찾아야 한다.

예를 들면, Ⅲ-V 화합물 반도체 기반인 인듐화-갈륨-비소-인화물(InGaAsP) 소자는 인화인듐(InP) 기판에서 성장한다. “$Ga_{0.47}In_{0.53}As$”의 구성은 295K에서 에너지 갭(E_g)이 0.75eV로서 차단 파장 λ=1.68μm에 해당한다. GaAs에 비해 InAs의 몰mole분율을 더 높이면, 차단 파장을 약 λ=2.6μm까지 확장할 수 있다. 그러나 인듐화-갈륨-비소-인화물(InGaAsP)은 실리콘(Si)에 비해 가격이 비싸다는 점이 약점이다.

(5) 근적외선(파장 905nm)과 단파장 적외선(파장 1,550nm)의 특성

① 파장 905nm의 근적외선 (NIR; Near Infra-Red)

이 파장의 적외선은 눈의 망막 손상시킬 수 있다. 눈의 안전을 위해서는 출력을 줄이고, 상대적으로 탐지거리도 줄여야 한다[32]. 가격이 싸고 양산이 쉬운 실리콘 기반 광검출기를 사용하므로 더 경제적이며, 물에 의한 흡수력이 1,550nm보다 낮아서 공기 중의 수분의 영향을 덜 받는다. 단점은 지구로 투과되는 태양광은 905nm 대역이 더 많다. 즉, 태양광에 의한 외란noise 현상이 더 많을 수 있으며, 단파 적외선(SWIR)에 비해 탐지거리가 짧다.

② 파장 1,550nm의 단파 적외선 (SWIR; Short-Wave Infra-Red)

단파 적외선(파장 1,550nm)은 905nm(근적외선)에 비해 상대적으로 안전하여, 망막 손상을 최소화한다(905nm도 Eye-safety Class-1이지만, 비교하자면, 1,550nm가 더 안전하다). 상대적으로 탐지거리가 길고, 태양광에 의한 외란이 적다. 물에 의한 흡수력은 905nm보다 높아서(100배 이상), 공기 중의 수분의 영향을 더 많이 받는다. 출력을 높여, 이 문제를 해결한다. 출력을 높임으로 인해 탐지거리는 길어지지만, 전력 소비는 증가하며, 원가도 높아진다.

상대적으로 가격이 비싼, 비-실리콘 적외선 광검출기를 사용해야 한다는 점도 약점이다.

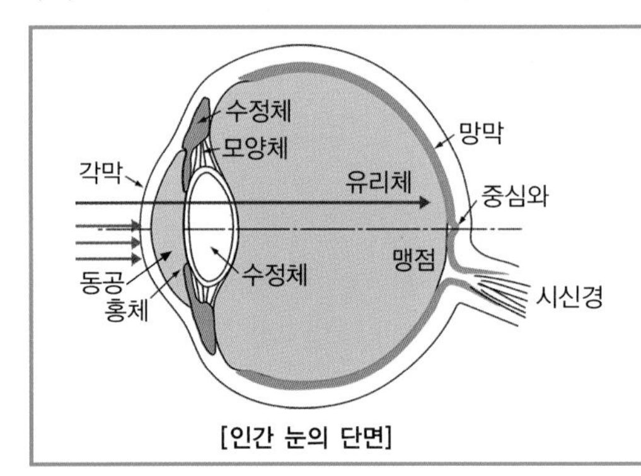

[인간 눈의 단면]

파장 905nm의 빛(청색 화살표)은 눈동자를 투과하여, 취약한 망막에 도달, 눈을 손상시킬 수 있다. 그러나 파장 1,550nm의 빛(적색 화살표)은 눈동자를 투과할 수 없어, 파장이 망막에 도달할 수 없으므로 눈을 위험에 빠뜨리지 않고, 더 높은 전력의 라이다를 사용할 수 있다.

(6) 라이다(LiDAR) 센서를 실외에서 사용하기 위한 전제 조건

라이다 LiDAR 센서를 실외에서 사용하기 위해서는, 태양광으로 인한 조도 변화에 대응할 수 있어야 한다. 일반적으로 직사광선에 노출된 표면의 밝기는 최대 7~8만 lux 수준이다. 그러므로, 라이다 센서는 이 수준의 조도에서도 반사된 레이저 신호를 안정적으로 검출할 수 있어야 한다. 따라서, 라이다는 광검출기의 감도가 우수해야 하고, 배경광background light에 대한 대책이 있어야 하고, 출력은 배경광으로 인해 생성되는 잡광noise보다 더 큰 신호를 확보할 만큼 충분한 신호-대-잡음비(SNR)를 확보할 수 있어야 한다. 특히 빛을 조사하는 송광부의 광출력은 시각 안전 등급 Class 1을 만족하고, 동시에 최종 라이다 모듈의 시각 안전성도 확보할 수 있어야 한다.

추가로 가열 시스템(광학 창의 얼음이나 서리를 제거용), 청소 시스템(광학 창 청소) 및 냉각 시스템을 갖추고, 이들을 적절하게 제어할 수 있어야 한다.

(7) LiDAR의 환경 인식

Lidar 센서는 감지 수준에서 3D 점구름이라고도 하는 다수의 3D 픽셀을 제공하며, 대부분 추가 속성(일반적으로 타임-스탬프, 펄스 강도, 펄스 길이)으로 강화된다. 이 3D 점구름을 기반으로 하는 소프트웨어 알고리즘을 사용하여, 더 추상적인 환경 설명을 생성할 수 있다.

라이다 센서의 개체 수준의 일반적인 기능은 다음과 같다.

- 개체(역동성, 3D 윤곽) 인지,
- 차선 인지,
- 열린 공간 인지,
- 도로변 구조물 인지,
- 개체 분류(유형, 역동성, 개체 높이, 이들 감지능력으로부터 파생된 기타 기능)

Lidar는 추가로 다음에 사용된다.

- 고유 운동 추정,
- 지도 제공자가 제공하는 지도에서 차량 주변 지역을 탐색하고,
- 차량 주변 지역 범위에서 차량 위치를 추정한다.

2 라이다(LiDAR)의 작동원리

라이다LiDAR는, 레이더와 마찬가지로 신호의 비행시간(ToF) 또는 주파수변조 연속파(FMCW) 원리를 기반으로 거리를 측정한다. 그러나 라이다는 전파 대신에 레이저 광(근적외선(NIR) 또는 단파 적외선(SWIR))을 사용한다.

LiDAR 센서는 초당 50,000~200,000 펄스를 전송하여, 반환(복귀) 신호를 3D 점구름point cloud 형태로 변환compile한다. 연속적으로 인지되는, 점구름의 차이를 비교하여, 개체 자체와 그 움직임을 감지하여, 최대 250m 범위의 3차원 지도를 생성할 수 있다 [33].

그림 2-66 라이다(LiDAR)는 환경의 3D 점구름(point cloud)을 제공한다 [Renishaw]

비행시간(ToF) LiDAR는 신호방출 시, 타이밍 회로의 내부 시계clock를 작동시키는, 지속시간(t)이 지정된 광-펄스pulse of light를 생성한다. 목표 개체에서 반사된 광-펄스는, 시계clock를 비활성화하는 전기 출력을 생성하는 광검출기에 의해 감지된다.

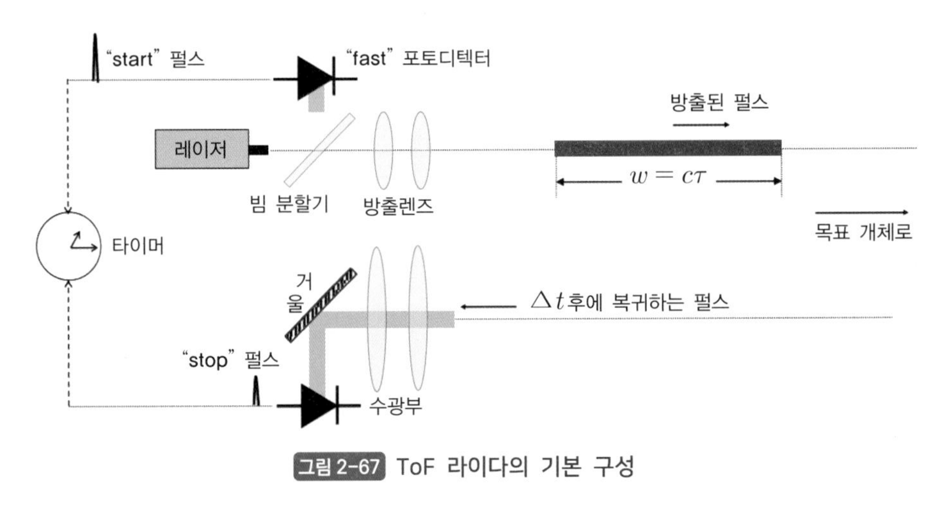

그림 2-67 ToF 라이다의 기본 구성

(1) 목표 개체(반사점)까지의 거리(R)

전자적으로 측정된, 왕복 비행시간(Δt)을 사용하여 거리를 계산할 수 있다. [13]

$$R = \frac{1}{2n} c\,\Delta t \quad \cdots\cdots (2)$$

여기서 c는 진공에서의 광속(光速), n은 전달 매체의 굴절지수(공기의 경우 1)이다. 참고로, $\Delta t = 0.67\mu s$인 경우 $R = 100m$ 또는 거리 1m당 소요시간은 6.7ns가 된다.

① 거리 불확실성(δ_R) – 목표 개체의 형상에 비해, 레이저 표적점(spot)이 작을 때

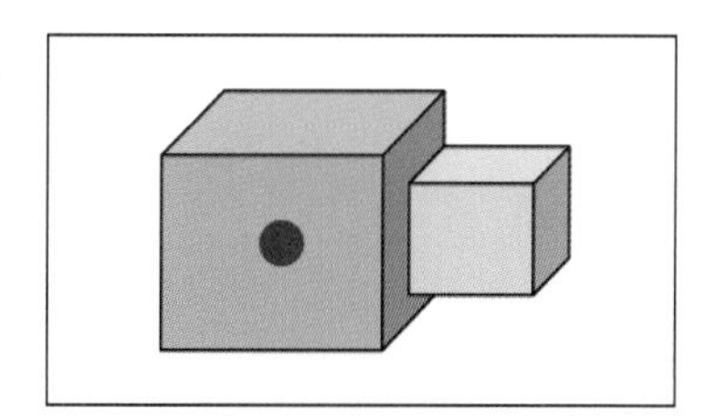

$$\delta_R = \frac{1}{2} c \delta_{\Delta t} \quad \cdots\cdots (3)$$

여기서 $\delta_{\Delta t}$: Δt 측정의 불확실성
(대부분 광검출기 지터jitter로 인한 것임)

② 거리 불확실성(δ_R) – 목표 개체의 형상에 비해, 레이저 표적점(spot)이 클 때

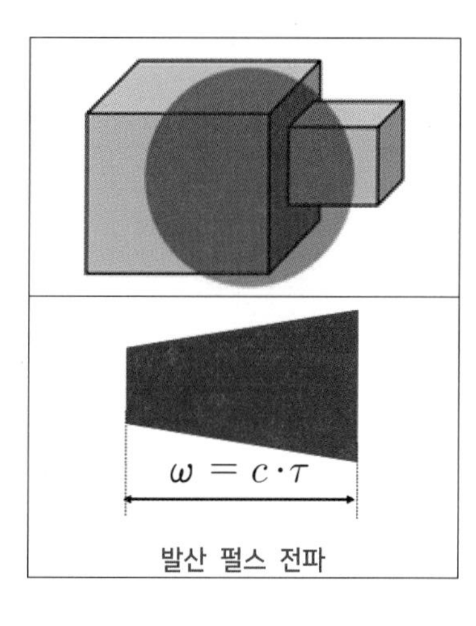

$$\delta_R = \frac{1}{2} c\tau = \frac{1}{2} w \quad \cdots\cdots (4)$$

여기서 τ: 펄스 지속기간
w: 펄스 폭($c\tau$), $w = c\tau$

(2) 빔 발산 Beam Divergence

회절Diffraction로 인해 빔 발산이 발생하며, 그 크기는 대략 $\theta \approx 1.22\lambda/D$ 이다.

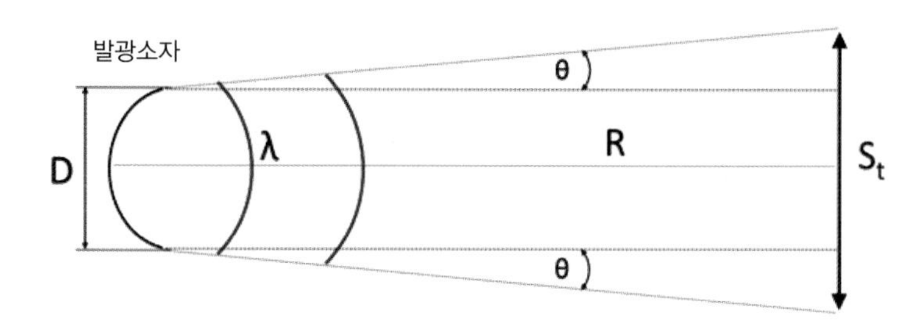

S_t: 거리 R에서 분해 가능한 최소 가로 크기

예 1 Radar: 77 GHz → 파장 $\lambda = 0.3\text{cm}$.

$D = 20\text{cm}$ 인 경우 → $\theta \approx 1°$ → $S_t \approx 1.8\text{m} + 0.2\text{m} = 2\text{m}$ ($R = 100\text{m}$ 에서)

예 2 LiDAR: 파장 1,550nm인 경우,

$D = 5\text{mm}$ 이면, $\theta \approx 0.02°$ → $S_t \approx 3.7\text{cm}$ ($R = 100\text{m}$ 에서).

예 1과 2로부터 해상도가 높은 지도를 작성하기 위해서는, 레이더Radar보다 라이다LiDAR가 훨씬 유리함을 알 수 있다.

(3) ToF LiDAR의 타이밍 timing

그림 2-68에서 반복주기(T)는 Δt보다 더 커야 한다.

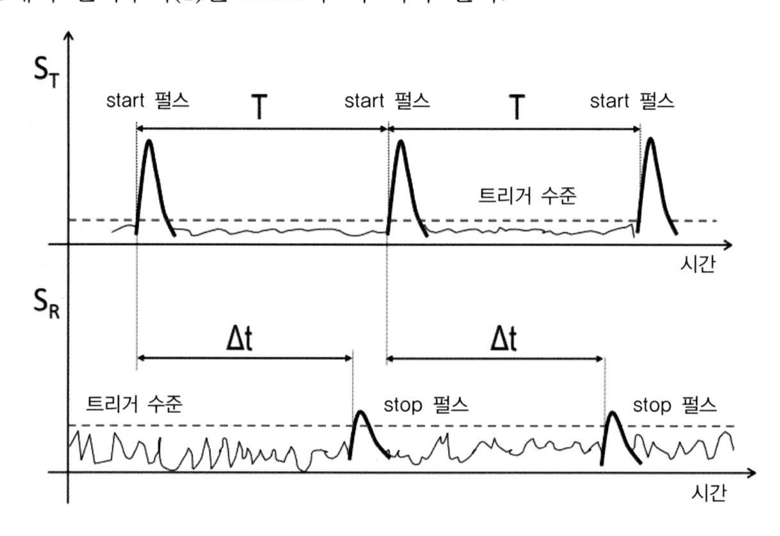

그림 2-68 ToF LiDAR의 타이밍-반복주기

① 최대 거리

$$R_{max} = \frac{cT}{2} = \frac{c}{2f} \quad \cdots\cdots (5)$$

여기서 f: 반복 주파수 또는 샘플링 주파수, T: 주기

광자 회수량photon budget은 최대거리(R_{max})에 또 다른 제한을 부과한다.

② **최소 거리**(R_{min})

- 이상적인 경우

  주기(T)는 펄스 지속기간(τ)보다 길고, B는 무한대(∞)이고, 반응시간(t_R)은 펄스지속기간(τ)과 같다.

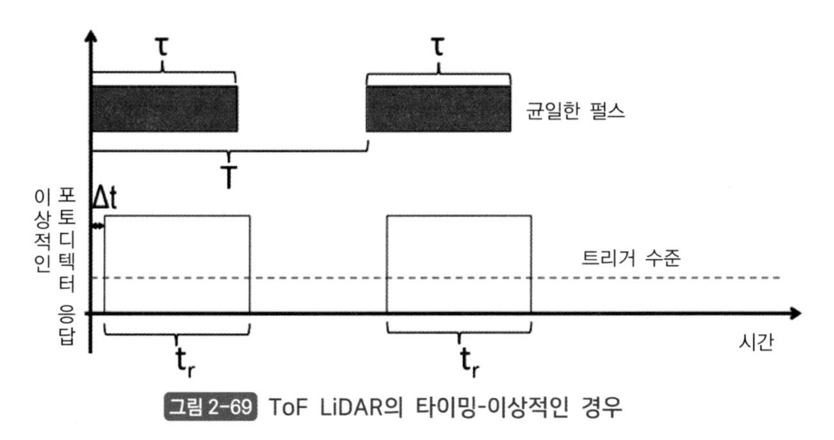

그림 2-69 ToF LiDAR의 타이밍-이상적인 경우

- 실제의 경우

  신호 누적pileup이 측정 가능 최소 거리를 제한한다.

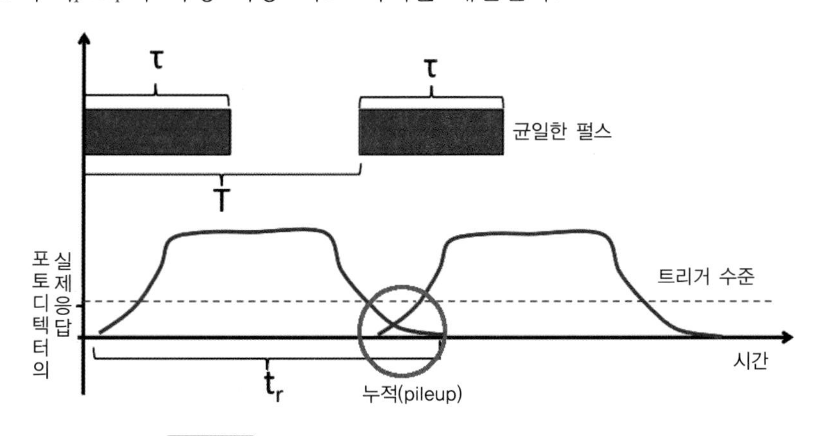

그림 2-70 ToF LiDAR의 타이밍-실제의 경우

주기(T)는 펄스지속기간(τ)보다 길고, B는 제한되고, 반응시간(t_R)은 펄스지속기간(τ)보다 길다

③ **최대 샘플링 속도**(f_{max}; maximum sampling rate)

거리range가 멀수록 3D 지도를 생성하는데, 시간이 더 많이 소요된다.

$$f_{max} = 1/\Delta t_{max} = cR_{max}/2 \quad \cdots\cdots (6)$$

$f_{max} = 1.5\text{MHz}(R = 100\text{m}\text{에서})$

(4) ToF LiDAR의 과제

① **서라운드 뷰**(surround view)

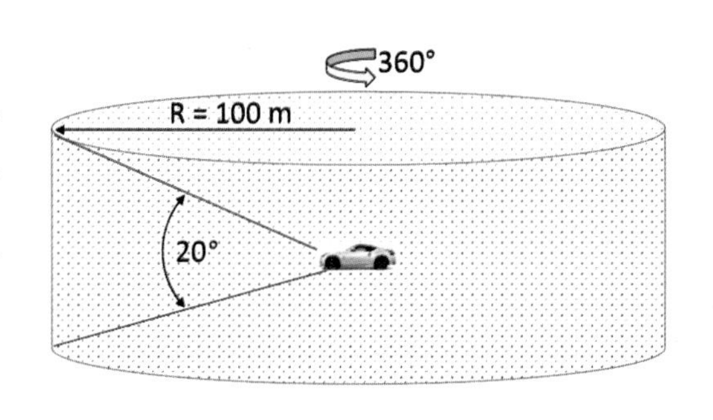

최소한 탐지거리는 100m, 방위각은 360°, 수직 시야각은 20°, 해상도는 0.2°(100m 거리에서 약 35cm), 비디오 속도는 20프레임/초를 확보해야 한다.

② **샘플링 속도**(sampling rate)

문제를 해결하려면 3.6×10^6 샘플링/초(3.6MHz)가 필요하다. 하나의 광원과 광검출기로 1.5MHz를 수행할 수 있으나(거리 R =100m에서), 다양한 접근 방식을 절충 및/또는 새로 도입해야 한다.

③ **광원**(light source)

인간의 시력을 해치지 않아야 한다(안전등급 class 1). 높은 반복에서 짧은 펄스 지속시간(2-5ns를 얻을 수 있음)을 확보해야 한다. 펄스당 높은 피크 전력 파장은 반복 속도 및 펄스당 에너지의 복잡한 함수인, 허용 노출 한계(AEL)를 준수해야 한다. 그리고 대역폭은 좁아야 한다.

④ **광자 예산**(photon budget) **또는 광자 회수량**

- 수신전력 P_r

  수신전력 P_r은 다음 식으로 구한다. 이 LiDAR 방정식은 수직 입사, 램버시안 Lambertian 반사, 평면 빔 프로파일 및 무시할 수 있는 발산, 목표 개체보다 작은 레이저 표적점spot, 그리고 R과 무관한 γ를 가정한다.

$$P_r = P_0 \rho \frac{A_0}{\pi R^2} \eta_0 \exp(-2\gamma R) \cdots (7)$$

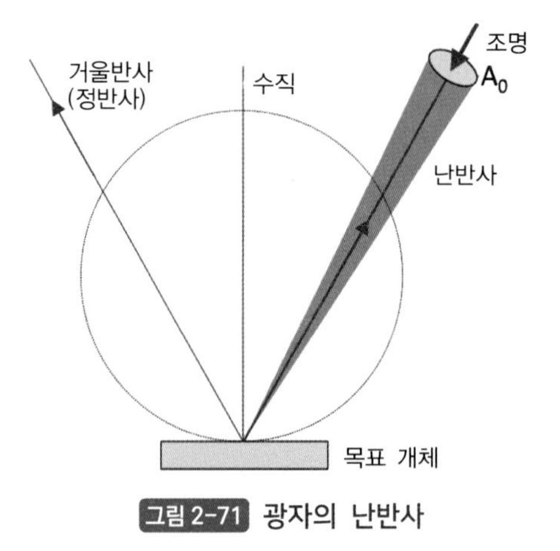

그림 2-71 광자의 난반사

여기서 P_0는 방출된 펄스의 광학적 정점 출력, ρ는 목표물의 반사율, A_0은 수신기의 조리개 면적, η_0은 검출 광학 스펙트럼 투과율, γ는 대기 흡광계수이다.

> **참고** **램버시안 반사율**(Lambertian reflectance)
> 물체 표면의 휘도가 등방성(等方性)을 가질 때, 그 표면은 램버시안 반사율을 갖는다고 한다. 램버시안 반사율을 갖는 표면은, 관찰자가 바라보는 각도와 관계없이 겉보기 밝기가 같다.

신호는 비행 거리의 제곱에 대한 수신기 조리개의 기하학적 비율에 따라 급격히 감쇠된다. 신호 광자(光子; photon)는 또한 개체의 표면에 의해 흡수, 산란 또는 반사되고, 복귀하는 광자는 광수신기 조리개를 통해 수집된다. 공기를 통한 레이저 빔의 전달률transmission은 식 (7)에서 $\exp(-2\gamma R)$ 항으로 계산된다. 흡광계수(γ)는 복사의 파장과 기상학적 가시 범위에 따라 달라지며, 이는 식(8)으로 나타낼 수 있다.

$$\gamma(\lambda) \approx \frac{3.91}{R_\nu}\left(\frac{550}{\lambda}\right)^q \quad (8)$$

여기서 R_ν는 가시도visibility 범위, λ는 파장, q는 가시도가 6km 미만인 경우, $q = 0.585R_\nu^{1/3}$로 계산된다. 그리고 6km를 초과하는 경우 1.3이다. 이 식을 사용하면, 200m 거리에서 전송된 신호는 가시도가 20km 이상일 때 98%가 될 수 있고, 가시도가 2km 미만일 때는 50%에 불과할 수도 있다.

그림 2-72는 1, 10, 100 및 1,000nJ 펄스를 사용하는 범위range의 함수로서, 파장 λ = 1,550nm를 사용할 때, 목표 개체로부터 예상되는 광자 수이다. 목표개체 반사율 30%, 광학효율 70%, 직경 30mm 수신기, 0.5mrad 레이저 빔 발산 및 광학효율 70%를 가정한 것이다. 예를 들면, 파장 1,550nm의 50nJ 4ns 펄스(12.5W)의 광자예산은 광자 약 4×10^{20}개이다.

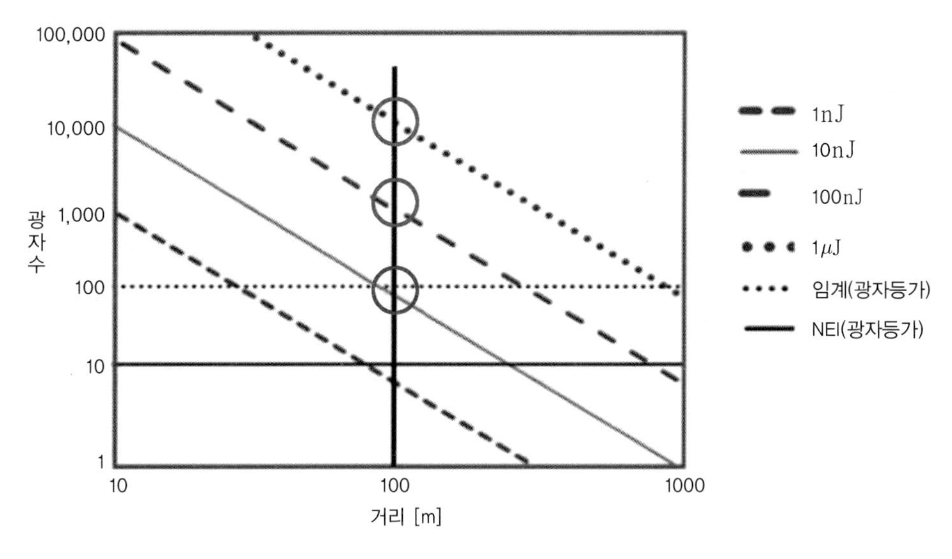

그림 2-72 목표 개체로부터 예상되는 광자 수 [Williams, 2017]

(5) 라이다(LiDAR)의 특성

장거리, 낮은 목표 반사율 및 대기 매체 손실로 광자(光子: photon)가 빠르게 손실됨으로 인해 수신되는 광자를 측정하는 동안, LiDAR가 사용할 수 있는 광자가 고갈될 수도 있다. 아래 표는 200m 거리에서 1,550nm와 905nm의 광잣수, 목표 반사율 10%, 가시도 20km, 수신기 전방의 전달율transmission 85%인 광학 시스템을 나타내고 있다. 1,550nm는 905nm에 비해 사용 가능한 광자 수가 83배 더 많다는 점을 이해하는 것이 중요하다. 이는 삼중 접합 1,550nm 레이저 다이오드를 사용하여, 200m 범위의 어두운 LiDAR를 밝은 LiDAR로 바꿀 수 있음을 의미한다[34].

수신기 전방에	범용 905nm	1,550nm 3중 접합
초당 광자 수	4.2×10^{7}	3.2×10^{9}
상대 광자 수	1	83

그러나 문제는 방사된 다량의 광자(光子: photon) 중, 극히 소량만 검출할 수 있다는 점이다. 따라서, 광자 수를 늘리기 위해 다량의 레이저-광속을 준비해야 한다. 그리고 매우 낮은 광자 회수량budget을 처리할 수 있는, 효과적인 광-수집 장치와 검출기를 갖추어야 하고, 나노nano초 펄스를 생성할 수 있는 작고 경제적이면서도 고성능인 정점peak-전력 광원도 갖추어야 한다[36].

라이다LiDAR의 최대 탐지거리는 시스템 구성, 주변 소음, 광자 회수율, 필터링 및 눈의 안전을 포함한, 여러 요인에 따라 달라진다. 실제로는, 검출기 포화 관련 이유로 "시스템이 아무것도 볼 수 없는 사각(死角) 범위blind range가 존재한다." 그리고 광학적 정렬, 전자 및 광검출기 지터(jitter; 시간축에서 신호 파형의 왜곡 및 떨리는 현상), 광검출기 과잉 잡음noise, 그리고 펄스 지속 시간과 같은 기타 요인도 성능에 영향을 미칠 수 있다[37].

[표 2-5] 특정 조건에서의 성능 비교

특정 조건 성능	LiDAR	RADAR	CAMERA
빛이 적음부터 암흑까지	아주 양호	아주 양호 빛의 조건 영향 없음	작동하지 않음
가변 조명 조건	아주 양호	아주 양호 빛의 조건 영향 없음	아주 취약 blinds the camera
악천후(비, 눈, 안개)	유효거리 단축	아주 양호	유효거리 단축
각도 분해능	0.1°	현재(2.5°) 개발 진행(0.5~1°)	장거리에서 불량
색상 및 대비	색상 감지 불능, 대비 정보 제한적	색상/대비 감지 불능	색상/대비 감지 가능
현재 기술 수준에서의 가격	상용화 시스템 (고가)	24/77GHz Radar (중간 가격)	2Mega pixel 해상도 (저가)

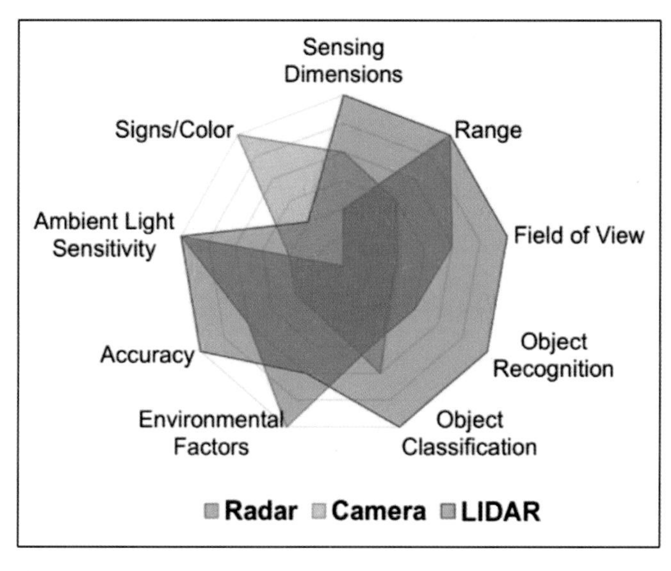

참고도 레이더, 카메라 및 LIDAR비교 [Quanergy, Velodyne]

(6) LiDAR의 장단점

① LiDAR의 장점

라이다의 각도 분해능은 0.1° 정도로, 레이더나 카메라보다 훨씬 더 우수하다. 오차 범위가 mm 단위에 머물 만큼 정밀한데 직진성이 강한 레이저를 기반으로 하므로, 왜곡이 발생할 확률이 카메라나 레이더에 비해 낮기 때문이다.

② LiDAR의 약점

라이다는 측정 정확도와 3차원 인식 측면에서는 밀리미터파 레이더보다 우수하지만, 악천후(안개, 비, 눈, 습기)에서는 성능이 약화된다 [38]. 또한, 다른 라이다를 비롯, 외부조명, 그리고 개체의 반사특성도 성능에 영향을 미친다 [39].

라이다의 유용성에도 불구하고 높은 가격과 크기는, 양산 차량에 이 기술을 광범위하게 적용하는 데 가장 큰 걸림돌이다. 그러나 고체 라이다(즉, 회전하지 않고 움직이는 부품이 없는 라이다)의 지속적인 개발은 센서 비용과 크기를 크게 줄일 수 있을 것으로 기대된다.

근적외선(레이저 광)은 안개, 먼지와 같은 작은 입자도 반사하기 때문에 라이다는 환경에 더 민감하고 악천후에서 레이더보다 '잡음'을 더 많이 생성한다. 이 때문에 차량에 라이다 센서를 통합하는 것이 레이더보다 더 복잡하다. 필터링 알고리즘은 때때로

눈송이나 빗방울로 인한 간섭을 줄이는 데 도움이 될 수 있지만, 레이저 펄스가 센서 표면의 먼지, 얼음 또는 눈에 의해 방해를 받는 경우는, 훨씬 덜 효과적이다. 이 문제는 앞 유리 뒤에 센서를 배치하면 피할 수 있지만, 차량 내부와 앞 유리 와이퍼의 가시 범위 내에 센서가 위치하면, 360도 인식할 수 없고, 비전 카메라 및 레인 센서와 같은 다른 센서와 충돌을 일으킬 수 있다.

LiDAR에 사용되는 레이저는 전파에 비해 출력을 높이기 어렵다. 고출력 레이저는 위험성도 있으며, 발생하는 열을 냉각하기도 힘들다. 따라서 출력 문제로 탐지 범위에 제약이 크다.

탐색 범위가 RADAR에 비해 좁다. RADAR는 다중안테나를 통한 위상변화 기술 등을 통해 단일 레이더만으로 광범위를 커버할 수 있게 되었지만, LiDAR는 현재 센서의 한계 탓에 광범위 탐색을 위해서는 센서를 회전시키는 등의 편법을 사용하고 있다. 센서가 회전하는 기계식 라이다의 경우, 자동차와 같이 고속으로 이동하는 장비에 적용하면 그만큼 라이다도 고속으로 회전해야 하는데, 이는 짧은 수명과 잦은 고장의 원인이 된다.

또 환경의 영향을 너무 크게 받는다. 전파는 주변 환경에 덜 민감하지만, 라이다는 빛을 이용한다는 특성상 습도나 눈, 비, 안개 등의 악천후에 취약한 편이다.

라이다의 전력 소비는 다른 센서에 비해 무시할 수 없는 수준이다. 전기자동차 시대에 진입하면서, 높은 소비 전력도 라이다를 기피하는 원인이 되고 있다.

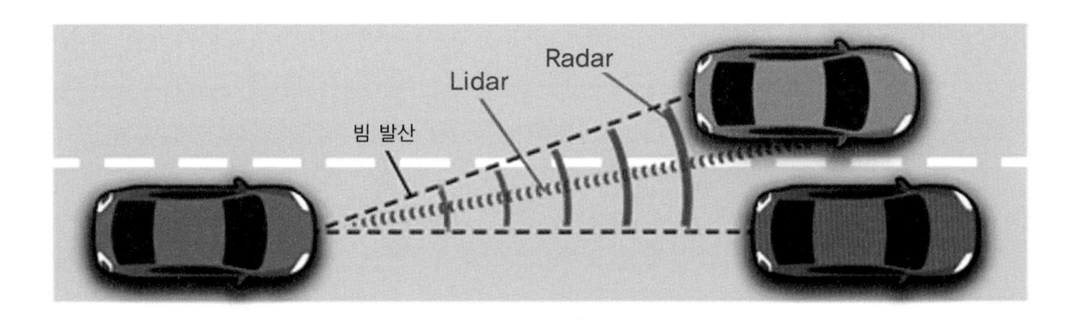

그림 2-73 RADAR와 LiDAR의 빔 발산 특성[Laser Focus World]

빔 발산은 방출 안테나RADAR의 파장 또는 렌즈LiDAR의 조리개 직경의 비율에 따라 달라진다. 빔발산 비율은 LiDAR보다 RADAR에서 더 크므로, 각도 분해능은 LiDAR가 RADAR보다 더 우수하다. 따라서, 그림 2-73에서 RADAR(흑색)는 두 차량을 구별할 수 없지만, LiDAR(빨간색)는 구별할 수 있다.

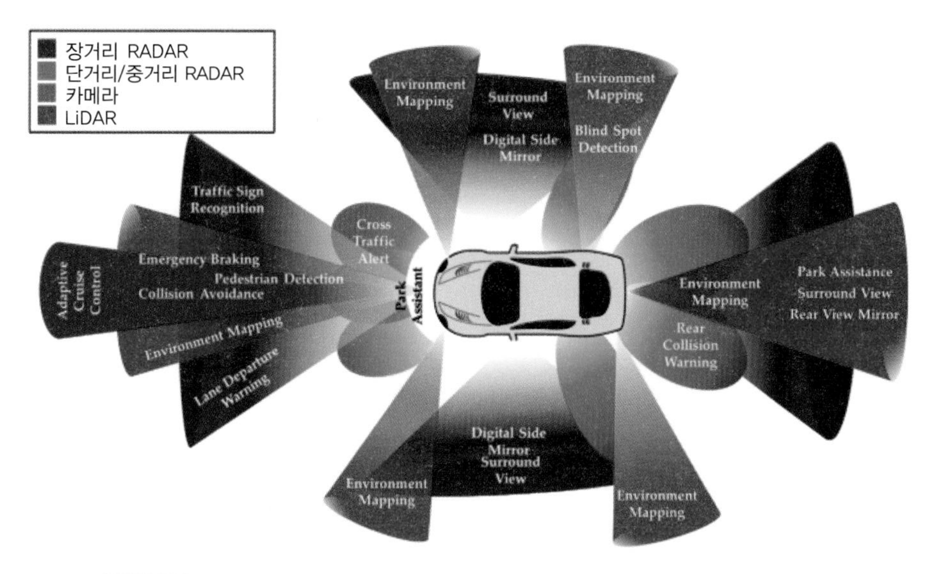

그림 2-74 자율주행차량의 센서 배치 유형의 예(적색이 LiDAR 범위)[40]

3 라이다LiDAR의 종류 및 작동원리

자동차용 LiDAR는 감지 성능에 따라 1차원, 2차원, 3차원 라이다로, 주사(走査; scan) 여부에 따라 주사scanning 라이다와 비-주사non-scanning 라이다로, 광선 조향 방식에 따라 기계식, MEMS(미세 전자기계식) 및 고체solid state 라이다로 분류할 수 있다. 작동원리에 따르면, 현재까지는 비행시간(ToF) 방식이 주류이지만, 주파수변조 연속파(FMCW) 방식도 도입되고 있다.

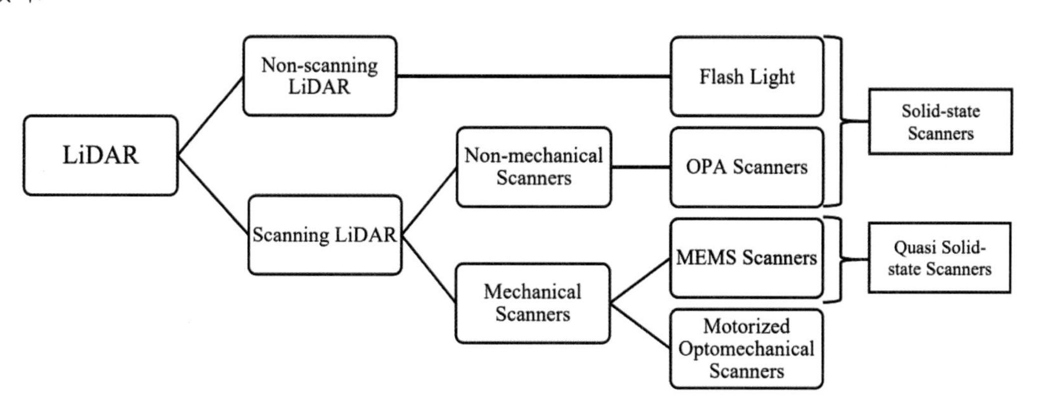

그림 2-75 주사(走査; scanning) 방식에 따른 라이다의 분류[41]

일반적으로 널리 사용되는 비-주사non-scanning 방식인 플래쉬Flash-라이다, 그리고 주사 방식 중, 비-기계식인 광학 위상배열(OPA) 방식은 레이저 광선을 주사하기 위해, 움직이는 부품을 사용하지 않으므로, 이들을 집합적으로 고체 LiDAR라고 한다.

전동 회전-기계식과 MEMS(미세 전자기계식) 방식은 모두 스캐너scanner에 움직이는 부품이 있으므로, 둘 다 기계식 LiDAR라고 한다. 그러나 MEMS 라이다에는 회전부품이 없고, 작은 거울들만을 작은 모터로 움직여, 자유공간에서 레이저 광선을 조향하기 때문에 준-고체 라이다라고 한다.

전동 회전기계식은 고급 광학기구와 회전장치를 사용하여 넓은(일반적으로 360°) FoV(시야)를 탐지한다. 기계적 부분은 넓은 시야(FoV)에 걸쳐, 높은 신호 대 잡음비(SNR)를 제공하지만, 시스템 부피가 크고, 내구성에 문제가 있을 수 있다.

고체 라이다에는 회전하는 기계부품이 없고, 시야(FoV)가 좁다. 따라서 더 저렴하다. 차량의 전면, 후면 및 측면에 다수의 채널을 설치하고, 이들로부터 획득한 데이터를 융합하면 기계식 라이다에 필적하는 시야(FoV)를 확보할 수 있다. "LiDAR-on-a-Chip"이라고도 한다.

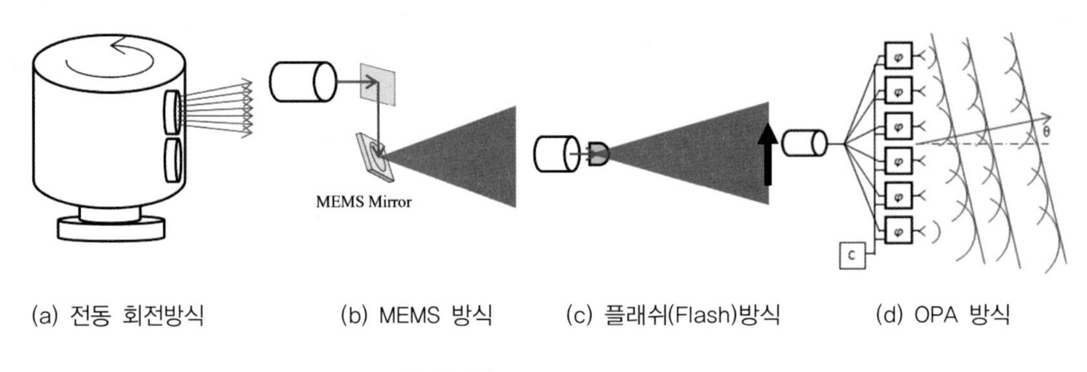

(a) 전동 회전방식 (b) MEMS 방식 (c) 플래쉬(Flash)방식 (d) OPA 방식

그림 2-76 라이다의 종류[41]

전동 광-기계식이나 MEMS 기반 라이다를, 고체 라이다로 대체하기 위한, 치열한 연구가 진행되고 있다. 대부분의 첨단 운전지원 시스템(ADAS) 또는 자율주행차량에는 광각(廣角) 전방/후방 레이더 또는 카메라, 일부 형태의 관성 항법과 결합된 위성 기반 항법시스템, 그리고 추가로 전방 120° 고체 LiDAR 하나만 장착해도 될 것으로 예상하는 전문가들이 늘어나고 있다.

(1) 전동 광-기계식 LiDAR Motorized Opto-mechanical Scanning LiDAR

전동 광-기계식 라이다는 가장 일반적인 유형의 라이다 스캐너이다. 여러 채널의 송신기와 수신기를 수직으로 적층하고, 전동기로 회전시켜 360° 수평 시야(HFoV)를 생성하도록 구성된다. 발신 신호와 수신 신호는 회전부에서 기판base board으로 무선으로 전송된다. 이러한 LiDAR는 전력 효율적이지 않으며, 기계적 충격 및 마모에 취약하다. 또한 수직 해상도는 고정되어 있으며, 송신기와 수신기의 채널 수에 의존한다. 따라서 높은 수직 해상도를 얻기 위해서는 가격이 높아진다.

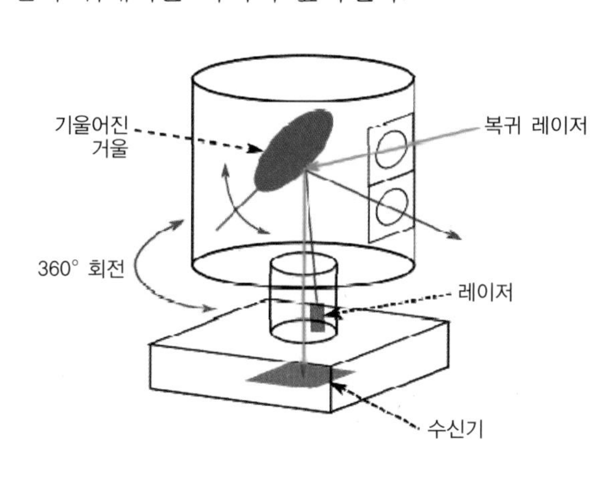

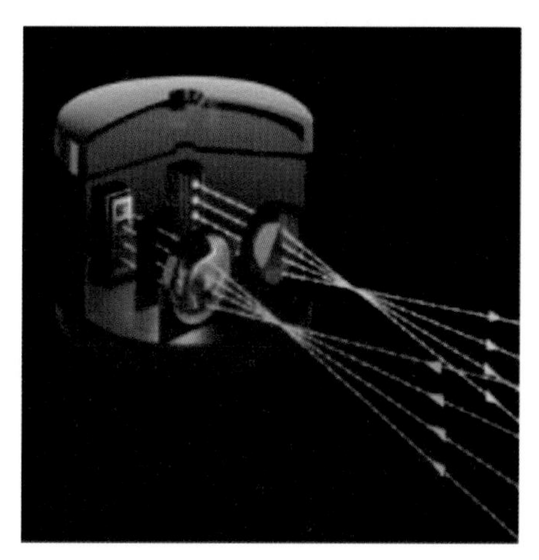

그림 2-77 전동 광기계식 LiDAR(예: Velodyne 64)

2007년 Velodyne은 전동기로 회전시키는 스캐너, 그리고 다중 레이저 및 광검출기 스택stack을 기반으로 하는, 최초의 64라인 LiDAR를 출시하였다(그림 2-77). 그러나 크기가 크고, 회전부품에 의한 내구성에 문제가 있고, 가격이 비교적 비싸다는 단점 때문에, 양산 자동차용으로는 부적합한 것으로 평가되고 있다.

그림 2-78 Velodyne LiDAR의 발전 [Velodyne]

(2) 미세 전자 기계 시스템(MEMs: Micro-Electro-Mechanical system) LiDAR

MEMS 라이다 시스템은 전압과 같은 자극을 가할 때 기울기 각도가 변하는, 작은 거울을 사용한다. 실제로 MEMS 시스템은 기계식 스캐닝 하드웨어를 전기 기계식 하드웨어로 대체한다. 수신신호-잡음비(SNR)를 결정하는 수신기 집광 조리개는 MEMS 시스템의 경우, 대부분 매우 작다(수 mm). 다차원으로 레이저 빔을 전달하려면, 다수의 거울을 계단식으로 배열해야 한다. 이 정렬 과정process은 간단하지 않으며, 일단 설치되면, 주행하는 차량에서 일반적으로 발생하는 충격과 진동에 취약하다. MEMS 기반 시스템의 또 다른 잠재적인 함정은 자동차는 -40°C~105°C에서도 사용할 수 있어야 한다는 점이며, 이 온도에서 MEMS 기기의 작동에 어려움이 있을 수 있다. 그리고 시야(FoV)가 좁다. 그러나, MEMS 라이다는 고체 라이다 기술이 성숙할 때까지 비용과 성능, 기술 성숙도 측면에서 최상의 균형을 제공할 수도 있을 것으로 평가되고 있다. 장점은 크기가 작고, 가격이 비교적 저렴하다는 점이다.

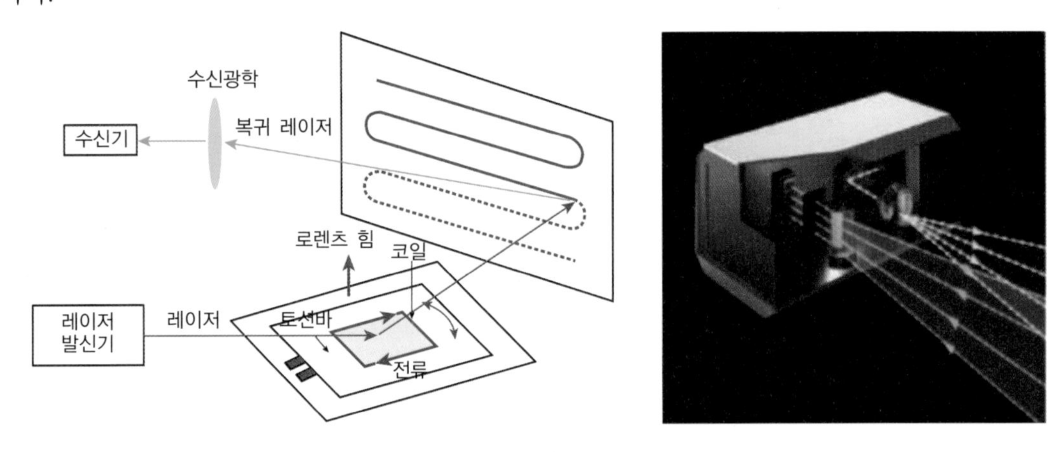

그림 2-79 미세 전자 기계 시스템(MEMS) 라이다의 동작 원리

(3) 플래쉬 라이다 (Flash LiDAR)

이 LiDAR는 플래쉬Flash-light를 사용하는 카메라와 비슷하게 작동한다. 플래쉬 LiDAR의 레이저 광원이 하나의 넓은 면적의 레이저 펄스로 전방의 환경을 조명하고, 레이저에 가깝게 배치된 광검출기의 초점면 배열array이 2D-시야(FoV)의 후방 산란된 빛(레이저)을 포착한다. 검출기는 개체의 거리, 위치 및 반사 강도를 포착한다. 이 방법은 기계식 주사scanning 방식에 비해, 전체 장면을 하나의 이미지로 포착하기 때문에, 데이터 포착 속도가 아주 빠르다. 또한, 전체 이미지를 한 번의 플래쉬flash로 포착하기 때문에, 이미지를 왜곡할 수 있는 진동의 영향을 덜 받는다.

이 LiDAR의 단점은, 실제 환경에서는 역반사체가 있다는 사실이다. 역반사체는 빛을 대부분 반사하고 후방 산란이 매우 적어서, 결과적으로 전체 센서를 눈멀게 하고blinding, 센서 데이터를 무용지물로 만들 수 있다. 플래쉬 방식은 광검출기 배열array의 각 화소pixel가 복귀하는 레이저 출력의 아주 일부만을 수신하므로, 신호 대 잡음비(SNR)가 아주 낮으며, 이는 거리 측정범위를 크게 제한하거나, 매우 높은 레이저 전력을 요구한다. 또한, 검출기 배열array 기반 플래쉬-LiDAR의 해상도는 검출기 배열array의 크기와 밀도에 의해 제한된다. 그리고, 주요 도전 과제는 정확성이다 [42].

그러나, 플래쉬-LiDAR는 이미지 포착속도가 빠르다는 점 외에도, 모두 고체 부품만을 사용하므로, 움직이는 부품이 없어 진동에 강하고, 크기가 작고, 가격이 저렴하다는 장점이 있다.

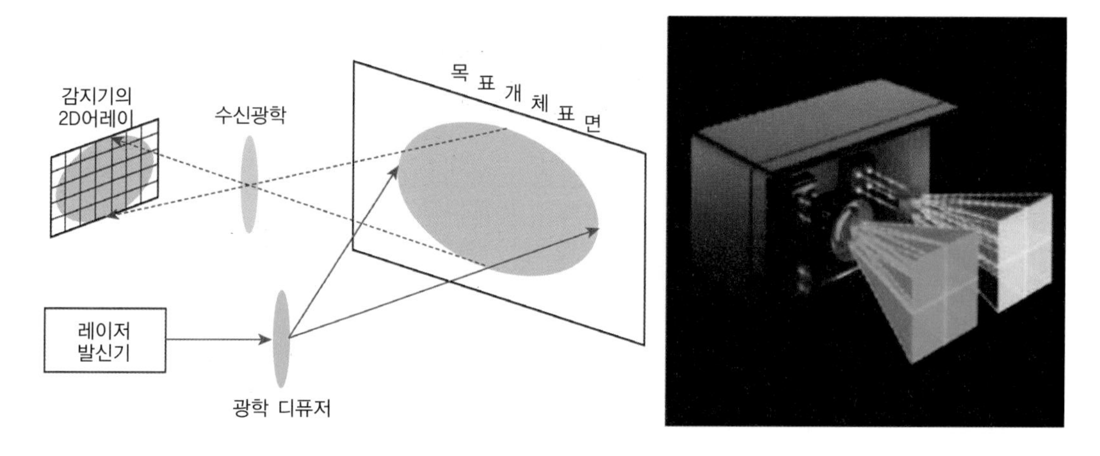

그림 2-80 플래쉬-라이다(Flash LiDAR) 센서의 작동원리

(4) 광학 위상 배열(OPA: Optical Phased Arrays) 라이다

OPA 원리는 위상 배열 레이더와 비슷하다. OPA 시스템에서 광학 위상 변조기는 렌즈를 통과하는 빛의 속도를 제어한다. 빛의 속도를 조절하면, 그림 2-81과 같이 광파면(光波面)의 형상을 조절할 수 있다. 상부 광선beam은 지연되지 않고, 중간 광선과 하부 광선은 양을 증가시키면서 지연된다. 이 현상은 레이저 광선이 다른 방향을 가리키도록 효과적으로 '조향steer' 할 수 있다. 유사한 방법으로 후방 산란광을 센서 쪽으로 조향할 수 있으므로, 움직이는 기계부품을 사용하지 않아도 된다.

가격이 비교적 저렴하고, 크기가 작으나, 시야(FoV)가 좁다.

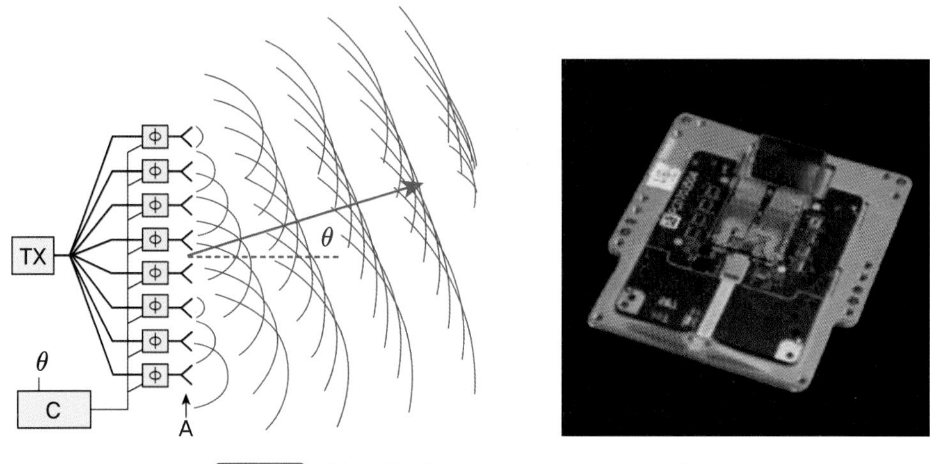

그림 2-81 광학 위상배열(OPA) 라이다 센서의 원리

(a) 회전기계식(Velodyne) (b) MEMS(Luminar) (c) Flash(Continental)

그림 2-82 양산 LiDAR 제품(예)

(5) 액정 메타-표면 LIQUID-CRYSTAL META-SURFACES; LCM

MEMS 시스템과 유사한 아키텍처이지만, MEMS 거울을 LCM(액정 메타표면)으로 대체한 것이다. 비교적 새로운 개발로서, 동적으로 조정 가능한 액정liquid-crystal 메타-표면에, 직접 레이저를 비추어 레이저를 유도하는 방식이다. 이러한 인공적으로 구조화된 메타-표면의 작은 구성요소는 레이저 광선의 일부를 느리게 진행하도록, 동적으로 조정할 수 있으며, 간섭을 통해(전압을 조정하여) 새로운 방향을 가리키게 할 수 있다. LCM 디자인은 광학 조리개가 크고, 시야(FoV)가 넓지만, 현재 모듈은 측정거리가 150m 범위로 제한된다. MEMs 라이다 시스템과 마찬가지로 LCM 조향 메커니즘은 반도체 웨이퍼 제조 공정을 사용하여 구축되지만, 레이저 입력은 LCM 표면에 대해 비스듬히 정렬되어야 하므로, 시스템이 완전히 칩에 집적된 것은 아니다. Lumotive는 액정 메타-표면 기반 LiDAR가 수평으로 120°,

수직으로 25°를 주사scan할 수 있다고 주장하고 있다. 레이저 광선은 위(Tx)로부터 방사되고, 반사광은 아래(Rx)로 수신된다. [Ross PE, Lumotive]

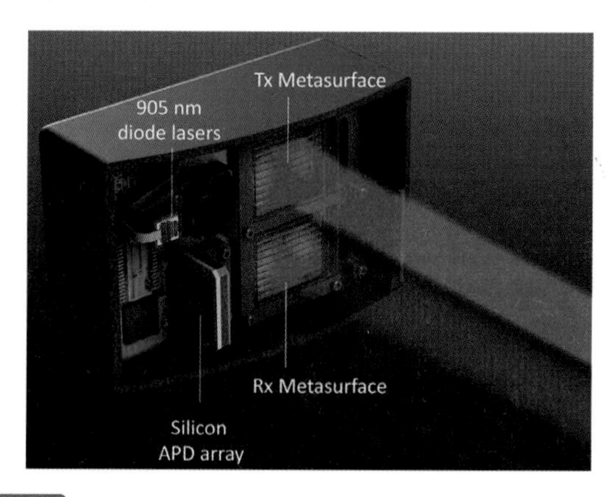

그림 2-83 Lumotive LiDAR의 원리[Ross PE, Lumotive]

(6) FMCW LiDAR(주파수 변조 연속파 라이다)

지금까지 설명한 방식들은 협광(狹光) 펄스를 사용하는 비행시간(ToF) 원리를 기반으로 한다. ToF-라이다는 복귀하는 펄스가 약하고 감지-일렉트로닉스의 넓은 대역폭 때문에 잡음noise에 취약하며, 임계 트리거링은 Δt 측정에서 오류를 생성할 수 있다. 이러한 이유로 FMCW(주파수 변조 연속파) 라이다가 대안으로 떠오르고 있다.

FMCW RADAR에서 안테나는, 주파수가 변조된 전파를 계속 방출한다. 예를 들어 시간 T에 따라 f_0에서 f_{max}까지 선형적으로 증가하고, 시간 T에 따라 f_{max}에서 f_0까지 선형적으로 감소한다. 전파가 움직이는 물체에서 반사되는 경우, 물체가 어느 정도 멀리 떨어져 있다가 앞으로 다가오면, 그 순간 주파수는 그 순간에 방출되는 주파수와 다르다. 차이는 두 가지 요인, 즉 개체까지의 거리와 상대 반경 속도 때문이다. 주파수 차이를 전자적으로 측정하여, 개체의 거리와 속도를 동시에 계산할 수 있다(2-3 레이더 센서 참조).

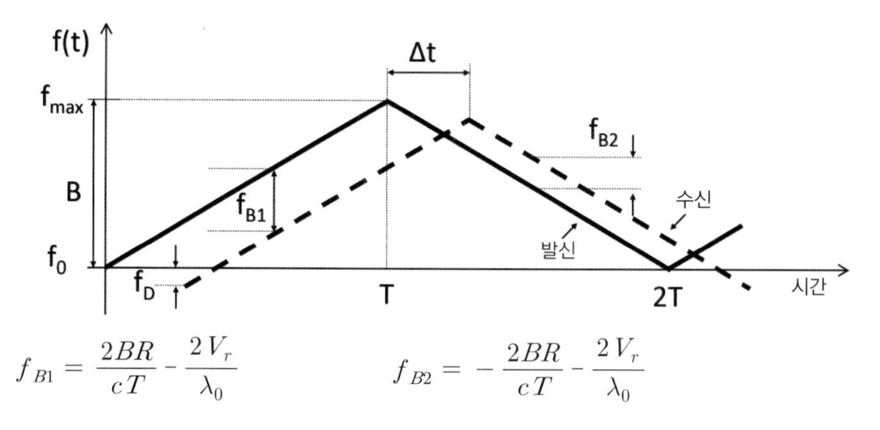

$$f_{B1} = \frac{2BR}{cT} - \frac{2V_r}{\lambda_0} \qquad f_{B2} = -\frac{2BR}{cT} - \frac{2V_r}{\lambda_0}$$

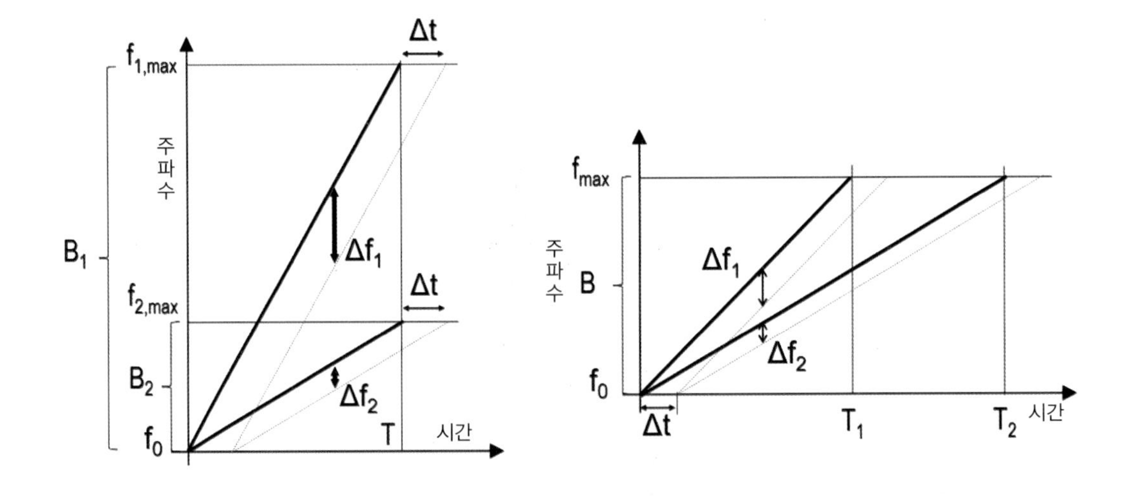

대역폭이 크면, 거리 해상도가 개선된다.

주기(T)가 짧아지면, 해상도는 개선된다.

그러나, 실리콘 포토닉스 기반, FMCW LiDAR는 가(可)-간섭성incoherence 방식을 이용하여, 짧은 처프chirp의 주파수변조 레이저 광을 생성한다. 복귀한 처프chirp의 위상과 주파수를 측정하면, 거리와 속도 둘 다 측정할 수 있다. FMCW LiDAR는 또한 햇빛, 반사 및 다른 LiDAR의 간섭에 덜 민감하다. 또한 짧은 펄스 대신 연속적인 빛의 파장을 발신하므로, 더 낮고 안전한 전력 수준에서 작동하는 동시에, 더 높은 감지 및 효과적인 동적 범위를 달성하여, 역반사체(교통표지판 및 번호판과 같은)의 원치 않는 인공물 간섭을 최소화할 수 있다. FMCW 방식을 사용하면, 처프 생성으로 인해 복잡성은 추가되지만, 계산 부하 및 광학 장치는 훨씬 더 단순해진다 [Mobile Eye].

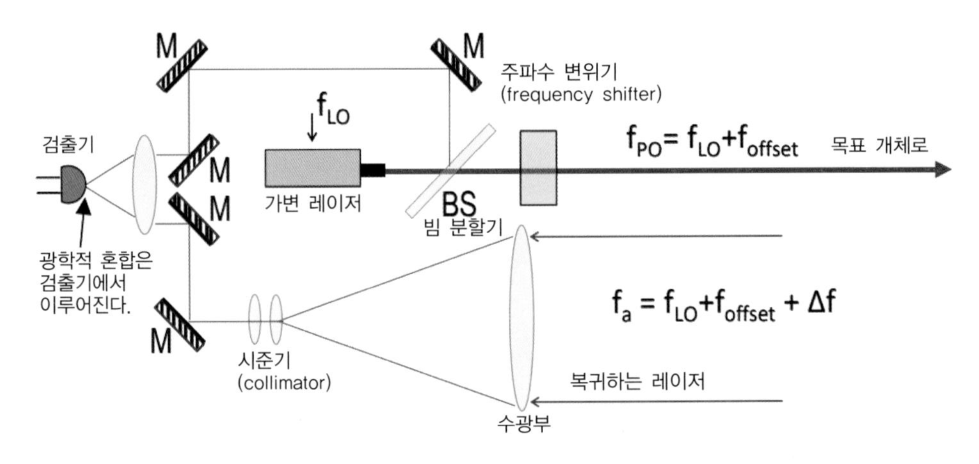

그림 2-84 FMCW LiDAR의 구성(헤테로다인 광 혼합: heterodyne optical mixing)

FMCW LiDAR의 특성은 아래와 같다.

① **광자 산탄잡음 감지의 제한** (Photon shot noise limited detection)

광자 산탄잡음photon shot noise이란 불규칙한 전자의 생성 때문에 발생하는 광전류의 잡음 성분을 말한다. 참고로 열에너지에 의해 불규칙하게 움직이는 전자 때문에 발생하는, 열잡음thermal noise과는 서로 독립적이다.

② **광자 배경에 면역** (Immune to photon background)

③ **주파수 영역의 거리와 속도정보** (Distance and velocity information in frequency domain)

④ **대역폭이 낮은 전자장치** (Lower-bandwidth electronics)

그러나 이 기술은 ToF-LiDAR 기술에 비해, 여전히 초기 단계에 있으며, 가격도 상대적으로 비싸다.

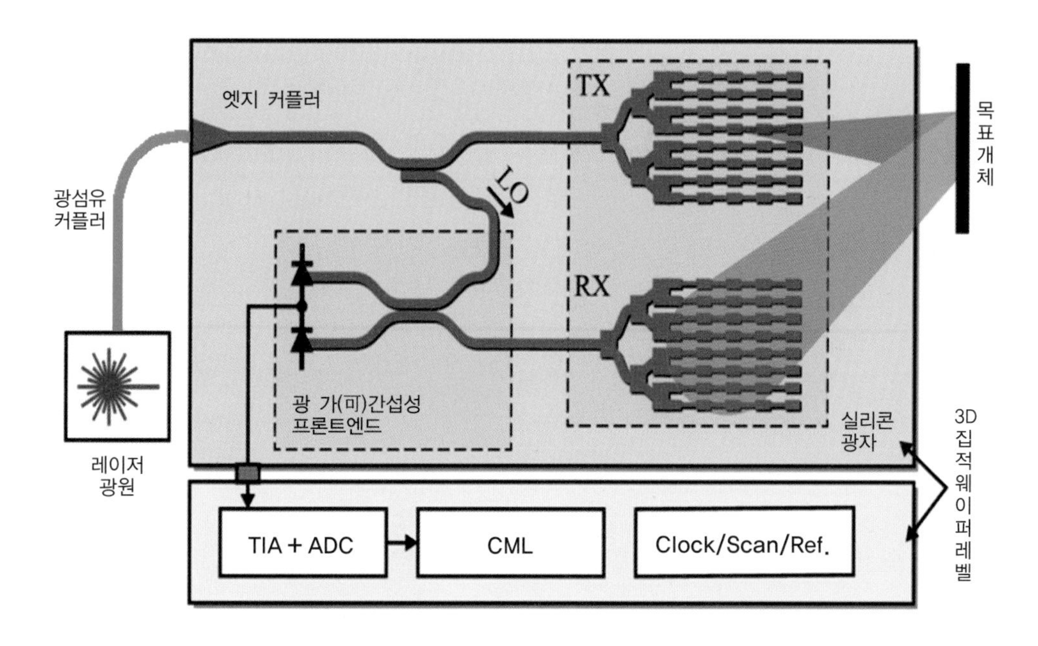

그림 2-85 집적식 FMCW LiDAR 시스템 블록선도[43]

[표 2-6] LiDAR 유형별 특성 비교

LiDAR 시스템	거리 (Range)	신뢰도 (Reliability)	가격 (Cost)	크기 (Size)	시스템수/차량 Systems/Car
기계식	장거리	양호	중간-고가	크다	1
MEMS 기반	중거리-장거리	양호	저가	조밀, 소형	1-4 또는 더
Flash	단거리	아주 양호	저가	조밀, 소형	1-4 또는 더
광학 위상 어레이	장점: 움직이는 부품이 없는 고체(solid state) 설계 단점: 범위(range)를 제한하는 빛의 손실				
FMCW	장점: 배경에 면역, 광자 샷 노이즈 감지 단점: 데이터 처리 집약적, 여전히 빔 조향 필요				

[참고] 탐지 가능 거리별 LiDAR 특성

		근거리 LiDAR	중거리 LiDAR	장거리 LiDAR	초장거리 LiDAR
탐지거리		0~30m	0.5~80m	1~150m	200~300m
시야각	수평	180°	50~150°	50~150°	50~90°
	수직	180°	10~20°	10~20°	50~90°
각도 분해능		0.5~2°	수평 0.15~0.25° 수직 0.15~0.85°	약 0.08 ~ 0.15°	0.05° 미만
거리 정확도		대부분 5~15cm, 프레임 속도는 대부분 10~25Hz 사이.			
이미지 해상도		약 1,000에서 수 100,000 픽셀 사이로 차이가 매우 크다.			

2-5 디지털 비디오 카메라

Vision-sensors; Digital Video-Cameras

인간은 환경 감지와 관련된 정보를 식별하기 위해 시력을 사용한다. 따라서 비디오 데이터를 기반으로 운전자 지원 시스템을 개발하는 것은 당연하다. 다양한 보조 기능이 있으며, 비디오-카메라에 대한 요구 사항도 애플리케이션에 따라 각양각색이다.

첫 번째 응용 사례는 후방 카메라와 같은 디스플레이 시스템을 통해 장면을 제시하는 것이다. 이러한 시스템에서는 높은 대비contrast 이미지와 색상 재현이 중요하다. 이미지는 디스플레이에서 원하는 영상을 얻기 위해 종종 재처리된다.

오늘날 자동차에서는 디스플레이 시스템보다도 컴퓨터 기반 이미지 데이터(컴퓨터 비전)를 처리하여 관련 개체를 추출하고, 운전 상황을 판단하는 시스템이 더 많이 사용되고 있다. 이 분야에서는 더는 이미지를 사실적으로 인식할 필요가 없다. 대신 쉽게 구별할 수 있도록 알고리즘과 관련해서 개체를 묘사해야 한다. 이미지 인식용 카메라는 도로 표지판 인식과 같이 순수한 정보 시스템에 사용할 수 있다. 그러나 카메라는 다음과 같은 액추에이터를 제어하는 역할도 한다.

- 전조등 자동 디밍 dimming,
- 차량 대 차량 간, 그리고 사고 방지를 위한 브레이크 개입,
- 조향 개입(예: 주차 기능, 차선 유지 지원 또는 회피 조향 지원)
- 또는 운전 자동화나 자율주행용 센서.

차량의 자동화 수준이 높아질수록, 카메라 성능에 대한 요구, 예를 들면, 이미지센서와 대물렌즈의 성능에 대한 요구가 높아지고 있다.

ADAS와 자율주행차량에는 일반 실화상(RGB 또는 흑백) 카메라, 적외선 카메라(ToF 카메라와 열화상 카메라), 실화상 카메라와 적외선 카메라를 합한 RGB-D 카메라(심도 및 ToF 카메라) 등을 사용한다. 렌즈의 수에 따라 단안-카메라와 겹눈-카메라로 구분할 수 있다.

일반 실화상 카메라는 대표적인 수동 센서로서, 주요 이점은 다음과 같다[44].

① 시야의 전체 폭에 걸쳐, 화소 및 색상의 해상도가 높다.
② 시야 전반에 걸쳐, '프레임 속도frame-rate'가 일정하다.
③ 2대의 카메라가 3D 입체 화상view을 생성할 수 있다.
④ 자체 전송 소스transmitting source가 없으므로 다른 차량의 간섭 가능성이 작다.
⑤ 기술이 성숙하여 가격이 저렴하다.
⑥ 이들 시스템에서 생성된 이미지는, 사용자가 이해하고 상호 작용하기 쉽다.

Tesla의 일론 머스크Elon Musk는 2017년, "시각용 카메라를 해결하면 자율성은 해결된다. 비전vision을 해결하지 않으면 아무것도 해결되지 않는다. 카메라만 있으면 절대 초인이 될 수 있다."라고 주장하였다. Tesla는 2022년, 단 하나 남은 전방 레이더까지도 제거하고, 전체 차량 주위에 수동 광학 센서인 실화상 카메라 8대로, 시야 정보를 수집하고, 추가로 초음파센서 12개로 차량 주위 8m 범위를 감시할 뿐이다[45].(pp.328 그림 5-43 참조)

소규모 신생기업인 Wayve는 수동 광학 센서에만 의존하는 자동차가 도시에서 사용하기에 매우 안전하다고 주장하고 있다. 수동 센서의 주요 단점은 낮은 조도 또는 열악한 기상 조건에서의 성능이다. 자체 전송원transmission source이 없으므로, 이러한 조건에 쉽게 적응할 수 없다. 이 센서는 또한 0.5~3.5Gbps giga-byte per second의 데이터를 생성하며, 이는 온보드 처리 또는 클라우드cloud와의 통신에 많은 양이 될 수 있다. 또한, 능동 센서가 생성하는 데이터의 양보다 훨씬 더 많다[46].

수동 카메라 센서 제품군을 자율주행차량에 장착, 사용하는 경우, 차량 전체의 주변(사방) 경관을 볼 필요가 있다. 이 기능은 특정 간격으로 이미지를 촬영하는 회전 카메라를 사용하거나, 소프트웨어를 통해 4~6대 카메라의 이미지를 함께 연결하여 실행할 수 있다. 또한, 이들 센서는 100dB 이상의 높은 동적 범위(장면의 하이라이트와 어두운 그림자를 모두 이미지화하는 기능)가 필요하며, 다양한 조명조건에서 작동하고, 다양한 물체(개체)를 구별할 수 있어야 한다[47, 48].

동적 범위dynamic range는, 비율을 설명하는 대수적log 단위인, 데시벨(dB)로 측정한다. 사람 눈의 동적dynamic 범위는 약 200dB이다. 즉, 단일 장면에서 인간의 눈은 가장 밝은 것보다 약 1,000,000배 더 어두운 색조를 인식할 수 있다. 카메라의 동적 범위는 인간과 비교해 매우 좁지만, 점점 더 개선되고 있다.

1 실화상(RGB) 카메라의 구조 및 작동원리

렌즈를 통해 들어오는 빛을 전기적 영상신호로 바꿔 주는 이미지센서(예: CCD- 또는 CMOS-이미지센서(CIS)), 이미지 신호를 처리하는 이미지 신호 처리 장치(ISP), 데이터 처리 속도를 빠르게 해주는 D램, 사진-파일을 저장하는 낸드플래시 등 많은 반도체가 카메라에서 중요한 역할을 한다.

디지털-카메라가 필름 카메라와 비교해 크게 다른 점은, 필름 카메라는 셔터를 누르면 셔터-막이 순간적으로 빛을 입사시켜 필름에 상(像; image)이 맺히도록 하지만, 디지털카메라는 셔터를 누르면, 이미지센서에 순간적으로 전류를 흐르게 하여 상이 맺히도록 한다는 점이다.

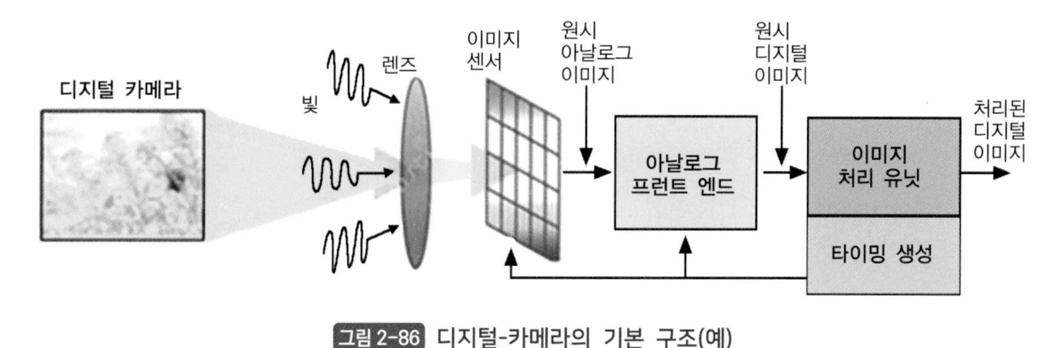

그림 2-86 디지털-카메라의 기본 구조(예)

주 영상(映像)이라는 용어는 이미지(image: 상(像))와 비디오(video: 동영상)를 포함하는 의미이다. 동영상(動映像)도 결과적으로 이미지의 집합이기 때문이다. 그래서, 영상처리를 영어로 이미지 프로세싱(Image Processing)이라고 한다. 이 책에서는 이미지 또는 영상, 화상, 상 등을 혼용한다.

이미지센서에 피사체(물체)의 상이 맺히면, 이 상은 AD-컨버터를 통해 아날로그 신호가 디지털 신호로 변환된다. 이어서 카메라 안의 버퍼 메모리에 저장된 후, 여러 가지 색상 처리를 한 다음, 이미지 압축 표준(JPEG 등)으로 압축, 저장장치(SD-메모리, CF-메모리 등)에 최종 저장된다. 우선 대물렌즈objective부터, 그다음에 이미지센서에 사용되는 기본 반도체 소자를 살펴보자.

(1) 대물렌즈 objective

대물렌즈는 이미지센서의 개체에서 나오는 빛을 재현한다. 선명한 재현의 경우, 점 형상의 광원은 센서의 가능한 한 작은 지점spot 또는 점dot에 초점을 맞춘다. 광축에 대한 입사광선 다발의 물체측 각도를 시야각field angle이라 하고, 화소pixel와 광축 사이의 거리를 이미지 높이(y)라고 한다(그림 2-87 참조). 재현reproduction은 무엇보다도 다음과 같은 특성들이 특징이다.

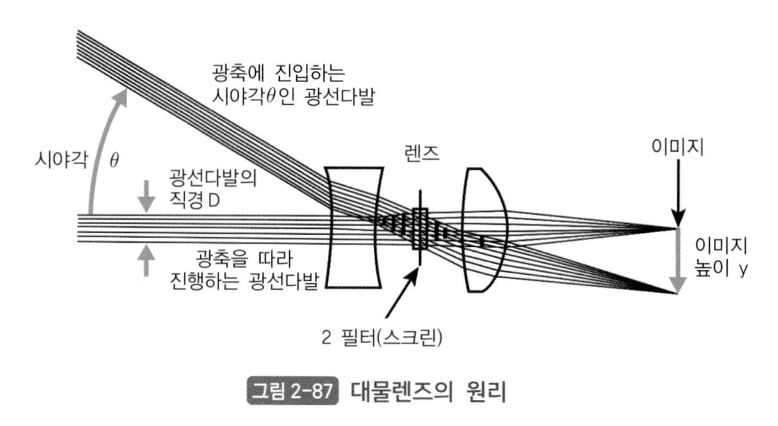

그림 2-87 대물렌즈의 원리

① **시야**(field of view)

시야는 물체가 계속 재현되기 위해 정지할 수 있는, 개체측 최대각도이다. 대물렌즈는 선명하게 재현되는 최대각도로 설계되어 있다. 더욱이, 재현의 선예도sharpness와 밝기가 극적으로 감소하고 재현을 더 이상 사용할 수 없게 되는 경우가 많다. 이 최대각도와 센서 크기size 범위 안에서 모두 재현되는 영역만, 카메라에서 재현된다.

센서는 직사각형이다. 즉, 크기가 가로, 세로, 그리고 대각선 방향으로 각기 다르다. 따라서, 이들 방향에서 다양한 시야각이 존재한다.

② **투영 모델**(projection model)

투영 모델은 물체측 시야각이 이미지 높이로 변환되는 방법을 설명한다. 두 가지 중요한 투영은 핀홀 카메라 모델과 등거리 투영 모델이다.

● 핀홀-카메라(pinhole-camera) 모델(그림 2-88(a).

같은 이름의 핀홀 카메라는 조리개와 필름판film-plate으로만 구성된다 핀홀 카메라는 이미지의 직선 가장자리를 직선으로 변환한다. 렌즈를 포함한 실제 대물렌즈는 핀홀 카메라와 동일한 시야각을 이미지 높이로 변환하는 방식으로 설계되었다.

재현 함수는 $y=f/\tan\theta$로 주어진다. 여기서 y는 센서에서 이미지 높이, f는 초점거리, θ는 시야각(또는 화각)이다. 초점거리는 공식에서 확대 비율로 이해할 수 있다. 원하는 시야가 센서에서 재현되도록, 대물렌즈 설계에서 선택해야 한다. 재현 함수의 유도, 즉, 각도 당 이미지 높이의 변화를 확대라고 한다. 각도 당 단위 픽셀로 나타내는 경우가 많다. 핀홀 카메라에서 시야각이 증가하고 ±90°(무한한 크기의 센서가 필요)에서 발산함에 따라 확대가 커진다. 따라서, 실제 광각 대물렌즈는 핀홀-카메라 모델에서 벗어나 다른 투영 모델을 따라야 한다는 것이 분명해진다.

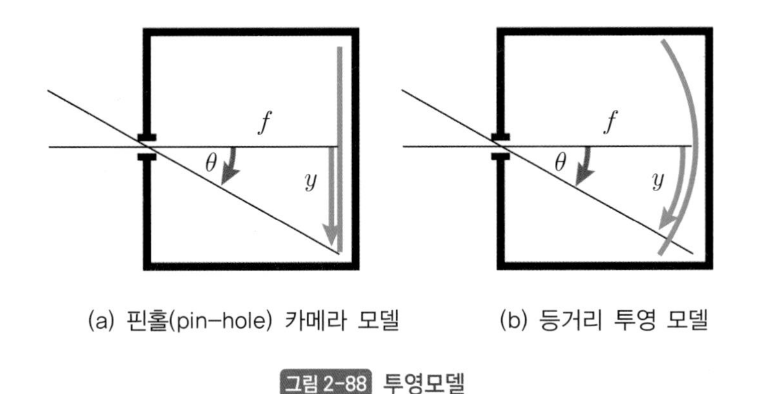

(a) 핀홀(pin-hole) 카메라 모델 (b) 등거리 투영 모델

그림 2-88 투영모델

● 등거리 투영(Equidistant projection) 모델: 그림 2-88(b)

광각 및 어안 카메라는 종종 등거리 투영 모델($f-\theta$ 모델이라고도 함)을 사용한다. 예를 들어 등거리 카메라를, 곡면 이미지가 있는 수정된 핀홀-카메라로 이미지화할 수 있다. 여기서 이미지 높이는 $y=f/\tan\theta$로 주어진다.

각도 θ는 rad 단위를 적용한다. 이 모델에서 동일한 각도 변경은 이미지 위치의 동일한 변경으로 나타난다. 확대는 일정하다. 직선은 일반적으로 배럴barrel 왜곡으로 나타난다.

③ **왜곡** (distortion)

대물렌즈를 설계할 때는 투영 외에도, 다른 많은 매개변수를 고려해야 하므로, 실제 대물렌즈는 투영 모델 중 하나를 정확히 따르는 경우가 거의 없다. 모델에서 대물렌즈 투영의 상대적 편차를 왜곡이라고 한다. 투영 모델이 지정되지 않은 경우, 대부분은 핀홀 카메라 모델이 기준reference으로 가정된다. 설계를 통해 어느 정도의 카메라 성능이 요구되는 이미지 영역에서, 높은 수준의 왜곡을 방지할 수 있다.

④ **광도** (Luminous intensity)

대물렌즈의 광도는 전통적으로 사진에서 친숙한 f-넘버number로 설명한다. 조리개를 완전히 채우는, 광축에 평행한(시준된; 視準; collimation) 광선 다발에 의해 f-값이 결정된다. f-값은 광선 다발의 직경에 대한 초점거리의 비율이다(그림 2-87 참조). f값이 작을수록 대물렌즈의 광도가 높아진다. f-값은 상대 조리개(조리개 직경을 초점거리로 나눈 값)의 역수이다.

⑤ **상대 조도** (Relative luminance)

카메라 대부분에서 조도는 시야각이 증가함에 따라 감소한다. 광축에서 '센서의 밝기-대-시야 밝기의' 비율을 상대 조도라고 한다. 이는 예를 들어 각도에 따른 반사 증가 또는 렌즈 가장자리(비네팅; vignetting)를 통해 광선다발 일부를 차단함으로써 발생한다. 왜곡은 상대 조도에도 영향을 미친다. 확대율을 변경하면, 픽셀이 빛을 수집하는 개체측 입체각solid-angle도 변경된다.

⑥ **선예도** (Sharpness)

기술 광학에서 널리 사용되는 선예도의 척도는 MTF(Modulation Transfer Function; 변조 전달함수)이다. MTF는 재현에서 사인파 밝기 특성을 갖는 주기적인 물체에 의해 발생하는 대비 손실(마이컬슨 대비; Michelson contrast)을 설명한다. 선예도가 높은 대물렌즈는 자체적으로 높은 대비의 미세한 구조를 재현할 수 있는 반면, 흐릿한 unsharp 대물렌즈는 이미 거친 구조에서 눈에 띄는 대비 손실을 나타낸다. MTF를 측정해야 하는 특징적인 기간은 작업마다 다를 수 있다. 예를 들어 도로 표지판의 외부 모양만 인식해야 하는 경우, 그리고 표지판의 글씨만 인식해야 하느냐에 따라 달라진다.

(2) 광전소자 光電素子: photoelectric element

디지털-카메라에 들어 있는 이미지-센서(예: CCD; Charge-Coupled Device)의 핵심 원리는 금속 또는 반도체의 표면에 빛을 비추면 전자가 튀어나오는 현상인, 광전효과(光電效果: photoelectric effect)이다. 광전효과를 이용하는 광전소자는 전기에너지를 전기자기파(電氣磁氣波, electromagnetic wave; 줄여서 전자기파(電磁氣波) 또는 전자파(電磁波))로, 역으로 전자기파를 전기에너지로 변환하는 소자들이다.

전기를 빛으로 변환하는 광전 발신기에는, 발광 다이오드(LED), 레이저 다이오드, 적외선 다이오드 등이, 반대로 입사되는 빛을 전기로 변환하는 광전 수신기에는 포토photo-저항, 포토-다이오드, 포토-엘리먼트, 포토-트랜지스터, 포토-사이리스터 등이 있다. 그리고 광전 수신기와 광전 발신기의 결합체인 광-커플러photo-coupler도 있다.

광전소자들은 광선이 반도체 내부에서 전하를 방출하는 내부 광전(光電)효과를 이용한다. 카메라와 라이다LiDAR에서 중요한 반도체 소자이다.

① **포토-다이오드** (photodiode: PD)

포토-다이오드(PD)는 광신호(=빛-에너지)를 전기신호(=전기에너지)로 변환하는 수광소자(受光素子)의 일종으로, 반도체의 PN 접합부에 광 검출기능을 추가한 구조이다.

PD는 LED(발광-다이오드)와 비슷한 구조이지만 정반대의 기능을 한다. PD는 빛에너지를 전기에너지로 변환하지만, LED는 전기에너지를 빛에너지로 변환한다. 표시기호 역시 비슷하지만, LED는 화살표가 밖으로 향하고, PD는 화살표가 안으로 향하는 형태이다.

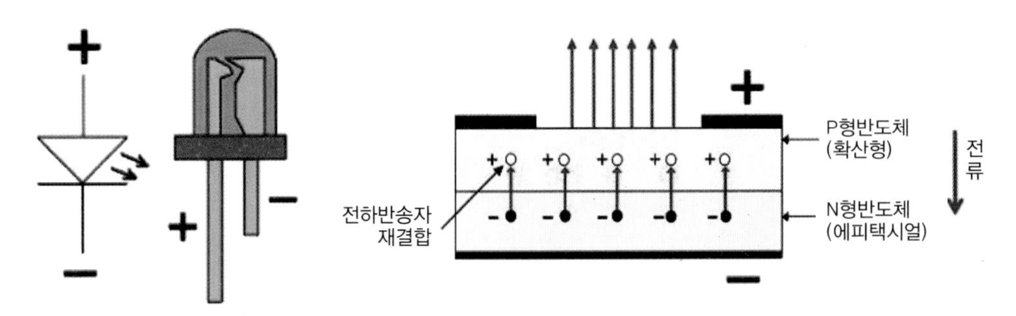

그림 2-89 (a) 전기를 빛으로 변환, 방사하는 LED(발광-다이오드)

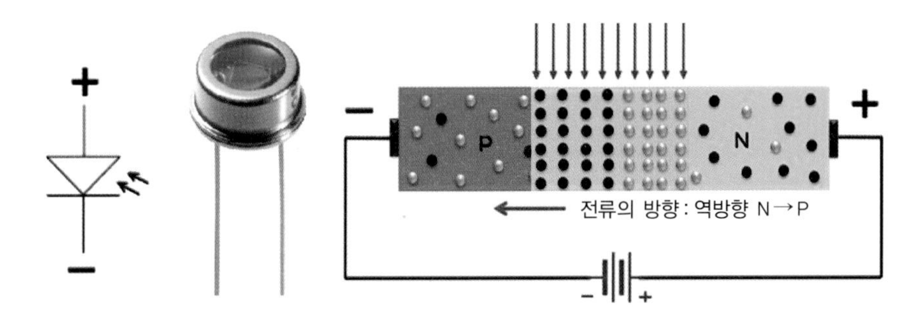

그림 2-89 (b) 빛을 흡수하여 전기로 변환하는 포토-다이오드

빛이 다이오드의 PN-접합부에 입사되면 전자와 정공이 생성되어 전류가 흐르며, 전압의 크기는 입사되는 빛의 강도에 거의 비례한다. 광전효과의 결과로, 반도체의 PN-접합부에 전압이 나타나는 현상을 광기전력(光起電力) 효과라고 한다.

② PIN-다이오드

CCD(전하결합소자; Charge-Coupled Device)를 구성하는 반도체로 PIN-다이오드를 많이 사용한다. 포토-다이오드보다 더 빠르고 포토-트랜지스터보다 더 민감하다. PIN-다이오드에서 "I Intrinsic"는 진성(매우 약하게 도핑되거나 도핑되지 않은) 반도체를 의미하며, 유전체 또는 절연체 역할을 한다. 따라서 PIN-다이오드는 P형과 N형 반도체 사이에 절연체가 끼워지므로, 절연 박막을 사이에 두고 2개의 도체 박막이 붙어있는, 축전기capacitor와 같은 기능을 한다.

역방향전압을 가하고, PN-접합부에 빛을 입사시키면 접합부에 존재하는 전자는 빛에너지에 의해 가속, 공유결합으로부터 이탈하여 자유전자가 되고, 그 자리에 같은 수의 정공hole이 생성된다. 이때 외부에서 전압(역방향)을 가하고 있으므로 PN-접합부에서 생성된 정공은 P지역으로, 자유전자는 N지역으로 각각 끌려간다. 따라서 PN-접합부에서는 역방향으로 전류가 흐른다. 빛이 더 많이 입사되면, 자유전자와 정공은 더 많이 생성되고, 전류는 더 증가한다. PN-접합부에 흐르는 전류는 역방향전압의 영향을 받지 않고, 입사되는 빛의 세기(E)와 파장(λ)의 영향을 받는다.

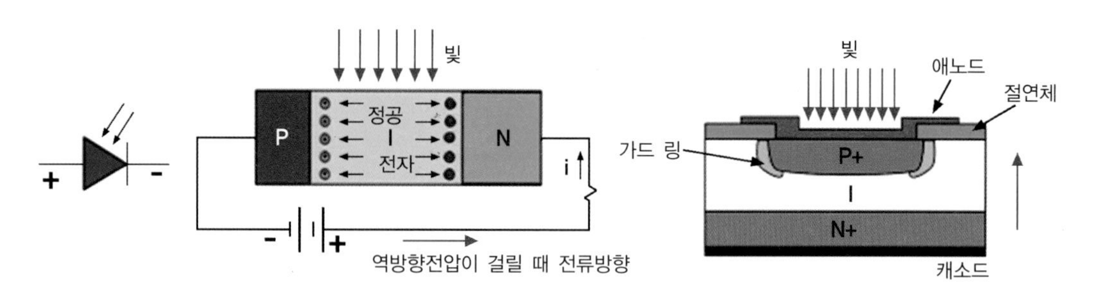

그림 2-90 PIN 다이오드의 구조와 작동원리

③ **포토-트랜지스터** (photo-transistor)

포토-트랜지스터의 일반적인 구조는 NPN(또는 PNP) 트랜지스터와 비슷한 구조이지만, 광전류를 크게 하려고, 빛이 입사되는 베이스→이미터 구간(수광부)을 상대적으로 크게 만든 실리콘 트랜지스터이다. 포토-트랜지스터는 포토-다이오드(PD)의 PN-접합을 베이스-이미터 접합에 이용한 트랜지스터로, 빛이 베이스 전류를 대신한다. PN-접합부에 빛이 입사하면 빛(光)에너지에 의해 생성된 정공과 전자가 컬렉터→이미터 구간의 전기 전도성을 상승시킨다. 따라서, 빛에너지를 전기에너지로 변환시키는 기능 측면에서는 서로 비슷하다. 그러나 포토-트랜지스터는 빛이 입사되었을 때 전류가 증폭되어 흐르므로, 비교 가능한 포토-다이오드(PD)에 비해 빛에 약 100~500배 더 민감하다. 그러나 반응속도는 더 느리다.

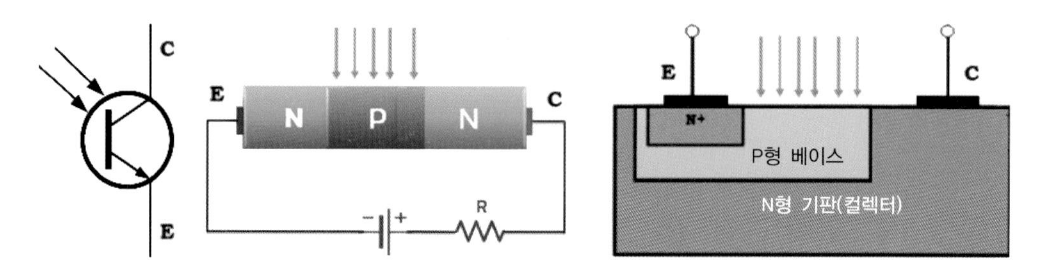

그림 2-91 포토 트랜지스터(NPN형)의 구조와 작동원리

(3) 가시광선의 분광 Spectra of visible lay

햇빛의 세기는 파장별로 다른데, 그중에서 인간이 육안으로 확인할 수 있는, 가시광선(可視光線)의 분광spectra도 파장에 따라 특성이 서로 다르다. 가시광선은 파장 약 780nm~380nm(0.78μm ~0.38μm) 범위의 전자파(電磁波)이다. 색깔별로 각각 파장과 주파수, 그리고 광자(光子) 에너지photon energy가 다르다. 즉 이미지센서(예: CCD)에 입사되는 빛의 파장과 주파수 그리고 광량에 따라 생성되는 전류의 크기도 각각 다르다. 역으로, 입사되는 광선의 광자 에너지(=기전력)를 알면, 원래의 색상을 재현할 수 있다. - 디지털-카메라 이미지센서의 색상 재현 원리

[표 2-7] 분광 색상(Spectral colors)

[출처: Wikipedia]

200 V 450 B 400 G 570 Y 590 O 620 R 750

색상	파장(nm)	주파수(THz)	광자에너지(eV)
violet	380~450	670~790	2.75~3.26
blue	450~485	620~670	2.56~2.75
cyan	485~500	600~620	2.48~2.56
green	500~565	530~600	2.19~2.48
yellow	565~590	510~530	2.10~2.19
orange	590~625	480~510	1.98~2.10
red	625~750	400~480	1.65~1.98

(4) 카메라의 필름 역할을 하는 화상-센서 image sensor

디지털카메라에서 렌즈 등의 외부 부품을 제외하면, 컴퓨터 공학적 측면에서 가장 핵심적인 부품은 이미지-센서image-sensor이다. 이미지-센서는 카메라 렌즈를 통해 빛의 형태로 들어온 물체(피사체) 정보를 전기적 화상신호로 변환해주는 반도체 부품이다.

현실의 물체는 빛에너지를 통해 우리 눈에 감지된다. 카메라에서도 마찬가지로 물체(피사체)의 형상은 빛에너지를 통해 이미지센서로 전달되고, 이미지센서에서 전기적 에너지로 변환된다. 즉, 이미지센서는 빛에너지를 전기적 에너지로 변환, 화상(畫像)으로 만드는 반도체 부품으로서,

카메라의 필름과 같은 역할을 한다. 그러나, 디지털카메라는 일반 필름 카메라와 달리 필름의 인화 과정이 필요 없다, 사진을 촬영한 후, 바로 모니터 화면에서 사진을 확인하거나, 메모리에 저장할 수 있다. 즉, 이미지센서는 샘플링sampling과 양자화를 통해 화상신호를 저장하거나, 전송하여 디스플레이 장치(예: 모니터)에서 영상을 볼 수 있게 하는 시발점이다.

디지털 비디오-카메라의 핵심 부품인 이미지센서로는 주로 CCD(Charge-Coupled Device: 전하결합소자: 電荷結合素子)와 CMOS(Complementary Metal Oxide Semi- conductor; 상보성 금속산화막 반도체)를 사용한다.

센서의 표면은 픽셀pixel로 나뉘며, 각 픽셀은 해당 위치에 축적된 전하량에 따라 수신된 신호의 강도를 감지할 수 있다. 서로 다른 파장의 빛에 민감한 여러 센서를 사용하여 색상 정보도 부호화encoding할 수 있다.

① **이미지센서의 최소 단위인 화소**(畫素: pixel)**와 셀**(cell)

우표 1장 크기 정도인 사각형의 이미지센서에는 화소(pixel: 畫素)라고 하는, 수백만 개의 광전소자(예: 포토다이오드나 포토트랜지스터)가 2차원 평면에 바둑판처럼 배열되어 있다. 화소란, 4각형 이미지센서의 표면을 전기적으로 나눈 요소element 단면적이다. 이미지센서의 표면에 배열된 광전소자 1개는 화소(畫素: pixel) 1개에 해당한다. 화소(광전소자) 수가 많을수록 이미지센서를 통해 해상도가 높은 이미지를 얻을 수 있다.

여기서, 셀cell은 단위 화소의 물리적 구조를 의미하며, 화소란 모든 범위의 휘도와 색도를 재현할 수 있는 가장 작은 기능 단위이다. 그러므로, 어디에 중점을 두느냐에 따라 화소 또는 셀이라는 용어를 선택, 사용한다. 결과적으로, 구성하는 요소 단위를 의미하는 것은 똑같다.

1개의 화소는 다시, 빛을 받아들이는 포토사이트(photosite: 수광부)와 회로circuit 부분으로 나눌 수 있다(그림 2-92(a) 참조).

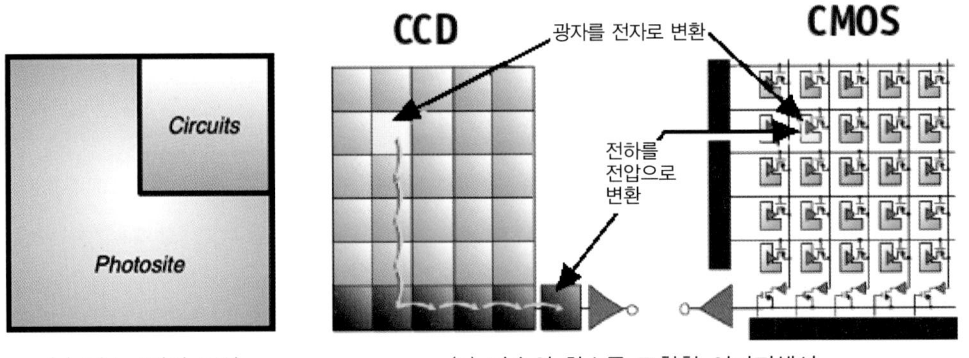

(a) 화소 1개의 구성 (b) 다수의 화소를 포함한 이미지센서

그림 2-92 이미지센서의 물리적 구조[50]

예를 들어, 1,200만 화소 카메라는, 우표 1장 크기의 면적에 정확하게 1,200만 개의 셀(cell: 이미지센서의 구성 요소 단위)이 집적된, 이미지센서를 탑재한 카메라를 말한다. 즉, 촬영한 피사체(물체)를 감지할 수 있는 셀(화소) 1,200만 개가 우표 1장의 면적에 집적되어 있음을 의미한다. 2010년에는 1/4메가픽셀(VGA 해상도) 및 5pm 픽셀을 적용한 센서가 일반적이었지만 2020년에는 각각 3pm의 2메가픽셀 또는 각각 2.1pm의 8메가픽셀 센서가 표준이 되었다.

② **이미지센서의 작동원리** (그림 2-93 참조)

CCD-센서에서는 광활성으로 생성된 전하가 화소에서 화소로 이동, 출력 노드에서 전압으로 변환된다. 반면에 CMOS-센서에서는 각 화소 내부에서 전하가 전압으로 변환된다.

■ **CCD(Charge Coupled Device: 전하 결합 소자) 센서**

각각의 화소는 빛photons을 전하electric charge로 변환해주는 광전소자(포토다이오드)를 포함하고 있다. 노출시간 동안에 밖에서 빛이 들어오면, 튀어나온 전하를 비어있는 우물 구조로 끌어들여 채우고, 비우기를 반복해서 데이터를 전달한다. 노출시간이 끝나서 빛의 입사가 끝나게 되면, 전하는 아래의 수평 CCD에 모인 다음, 전압으로 바뀌어 증폭기로 전달된다. 이 과정을 반복하여, 전하를 모으고, 디지털화하여 메모리에 저장한다.

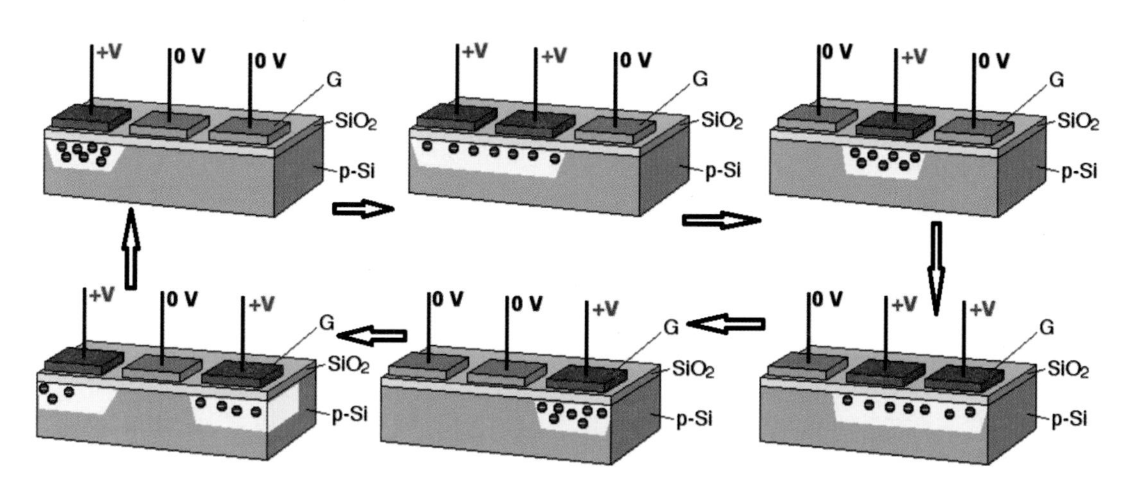

그림 2-93 CCD 화상센서에서 전하의 이동[Wiki, modified]

위 그림은 게이트 단자에 인가되는 전압에 따른 전하 다발(charge packet: 전자, 청색)의 이동을 나타내고 있다. 전하 다발(전자, 청색)은, 게이트 전극(G)에 양의 전압을 인가하여 생성된 전위 우물(노란색)에 모인다. 올바른 순서로 게이트 전극에 양(+)의 전압을 인가하면 전하 다발은 차례로 전송된다.

강한 빛이 많이 들어와, 우물 구조에서 전자가 넘치는 경우, 스미어smear와 블루밍blooming 현상이 발생하게 된다. 태생적으로 한 방향으로만 데이터가 이동하므로 길쭉한 하얀 선이 사진에 나타난다. 이를 수직 번짐vertical smear이라고 한다. 보통 수직줄이 나타나는 데 이는 주로 수평보다는 수직으로 연결되어 있기 때문이다.

블루밍blooming 현상은 밝은 빛을 중심으로 원형으로 퍼지는 현상을 말하는데 스미어 현상과 마찬가지로 우물 구조의 한계로 인해 나타난다.(주로 동시에 나타난다)

그림 2-94 블루밍(blooming; 원형 번짐)과 스미어링(smearing; 수직 줄무늬) 현상[49]

CCD-이미지센서에서 기능 대부분은 카메라의 인쇄 회로 기판에서 수행된다. 응용 프로그램에서 하드웨어 수정이 필요한 경우, 설계자는 화상센서를 다시 설계하지 않고, 전자장치를 간단히 변경, 처리할 수 있다.

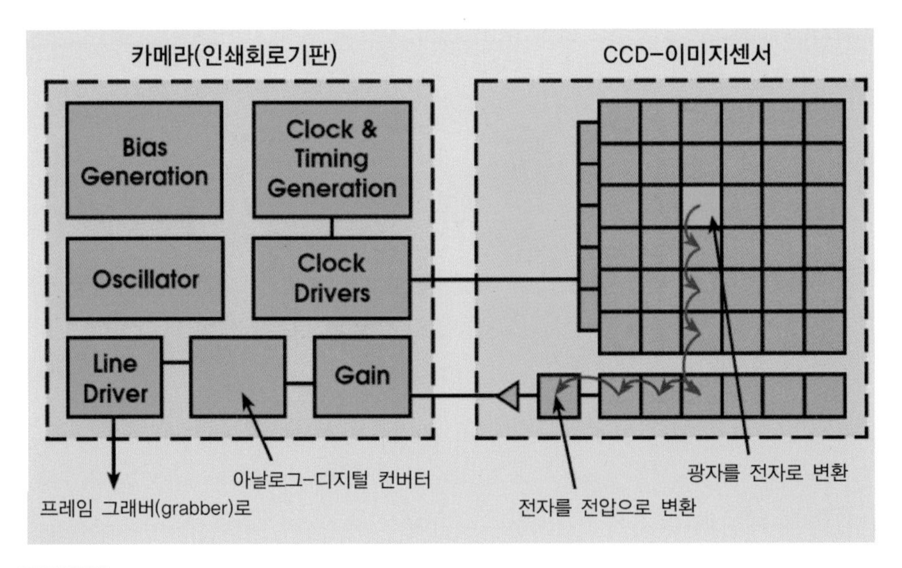

그림 2-95 CCD 영상센서의 회로 구성과 전하이동 경로 [출처: Photonics Spectra][50]

■ **CMOS**(Complementary Metal Oxide Semiconductor; **상보성 금속산화막 반도체**) **센서**

CMOS-이미지센서에서는 빛을 전자로 변환하는 포토다이오드(PD)마다 사양에 따라 3~4개의 트랜지스터가 달라붙어 있다. 빛이 화소의 포토다이오드(PD)로 들어와서 전자를 생성하면, 화소의 트랜지스터들이 전하를 곧바로 전압으로 변환한다. 그런데 PD에 달라붙어 있는 트랜지스터들의 특성이 모두 똑같지 않다. 즉, 약간씩 오차가 있어서 결과적으로 전자 전달률이 고르지 못해, 잡음noise이 발생하는 경향이 있다.

화소에서 전하를 전압으로 변환하며, 기능 대부분이 칩chip 자체에 통합되어 있어서, 센서의 기능 유연성이 떨어진다. 그러나, 열악한 환경에서 사용할 경우, CMOS-센서가 CCD-센서보다 더 안정적일 수 있다. 그리고 CMOS 센서는 CCD보다 최대 100배 더 적은 전력을 사용한다. 또한, 표준 실리콘 생산공정을 사용하여 제작하기가 더 쉽다. 현재 자율주행차량에 사용되는 센서 대부분은 CMOS 기반이며 1~2메가픽셀 해상도를 가지고 있다 [15].

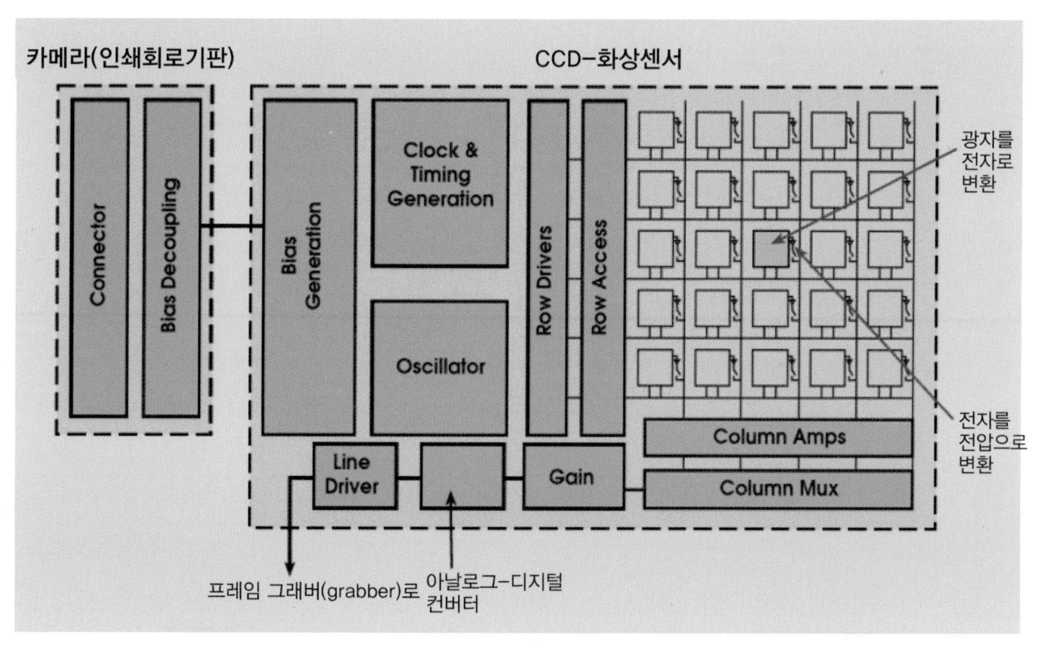

그림 2-96 CMOS 화상센서의 회로 구성 [출처: Photonics Spectra][50]

수동 CMOS 센서는 일반적으로 가시광선 스펙트럼에 사용되지만, 동일한 CMOS 기술은 780nm~1mm의 적외선 파장에서 작동하는 열화상 카메라에 사용할 수 있다. 보행자나 동물과 같은 온열 물체를 감지하는 데 유용한 센서이며, 터널 끝과 같은 최대 조명 상황에서 시각 센서가 빛의 강도에 의해 가려질 때 유용하다 [51].

(5) 화상 image 센서의 속성

화상센서 즉, 이미지센서의 성능을 특징짓는 속성은 대략 다음과 같다.

① **응답성**responsiveness; 입력 광 에너지 단위당 센서가 전달하는 신호의 양

CMOS 카메라는 CMOS 이미지센서에 이득gain 요소를 배치하기 쉬우므로, 일반적으로 CCD보다 약간 더 우수하다. CMOS의 보완 트랜지스터는 저전력 고이득 증폭기를 허용하는 반면, CCD 증폭은 일반적으로 상당한 전력 소비를 수반한다. 일부 CCD 생산회사는 새로운 판독 증폭기 기술로 이 개념에 도전하고 있다.

② **동적 영역**dynamic range: 화소의 포화 수준 대 신호 임곗값의 비율

비교 가능한 상황에서 CCD가 약 2배의 이점이 있다. CCD는 더 조용한 센서 기판(더 작은 온-칩on-chip 회로), 버스 커패시턴스 변동에 대한 고유한 허용 오차, 그리고 최소 잡광noise에 쉽게 적응할 수 있는 트랜지스터 구조geometries를 가진 공통출력 증폭기를 사용하므로, CMOS 이미지센서에 비해 잡광noise에 대한 이점이 있다. 냉각, 더 나은 광학, 더 높은 해상도 또는 적응된 오프-칩off-chip 전자장치를 통해 이미지센서를 외부적으로 연결하는 방식 등은, CCD 센서가 CMOS 센서를 능가한다.

③ **균일성** Uniformity : 동일한 조명조건에서 서로 다른 화소에 대한 응답의 일관성

이상적으로는 동작이 균일하지만, 공간적 웨이퍼 처리 변동variations, 미립자 결함 및 증폭기 변동으로 인해 불균일이 발생한다. 조명 하에서의 균일성과 암흑에 가까운 상태에서의 균일성을 구별하는 것이 중요하다. CMOS 이미지센서는 전통적으로 두 상태 모두에서 훨씬 더 나빴다. 각 화소에는 개방-루프open-loop 출력 증폭기가 있고, 각 증폭기의 오프셋과 이득은 웨이퍼 처리 변화로 인해 상당히 달라져 CCD에서보다 암흑에서나 조명된 상태에서의 비균일성이 악화된다. 일부 사람들은 이로 인해, 장치의 기하학적 구조geometries가 축소되고 편차가 증가함에 따라, CMOS 이미지센서가 패배할 것으로 예측했다. 그러나 피드백 기반 증폭기 구조structure는 조명 아래서 더 큰 균일성을 위해 이득을 절충할 수 있다. 증폭기는 일부 CMOS 이미지센서의 조명 균일성을 CCD의 조명 균일도에 더 가깝게 만들었으며, 형상이 축소됨에 따라, 조명 균일도의 지속이 가능하다. 그러나 여전히 부족한 것은 CMOS 증폭기의 오프셋 변형variation이며, 이는 어둠 속에서 불균일함을 나타낸다. CMOS 이미지센서 제조업체는 암흑에서의 불균일성을 억제하기 위해 상당한 노력을 기울였지만, 여전히 일반적으로 CCD보다 더 나쁘다. 이것은 제한된 신호 수준으로 인해, 암흑상태에서 불균일성이 전체 이미지 품질 저하에 크게 영향을 미치는, 고속 애플리케이션에서 중요한 문제이다.

④ **셔터 링**shuttering: 노출을 임의로 시작/종료하는 기능(전자 셔터; electronic shutter)

전자 셔터는 셔터 막 대신에 전기신호를 사용하는 방식이다.

기계식 셔터 방식의 카메라와는 다르게, 항시 빛에 노출되고 있는 미러리스mirror-less 센서에 "언제부터 언제까지 들어온 빛의 정보를 저장하라"라고 전자적으로 명령해, 이 데이터를 사진으로 만든다. 이렇게 데이터를 저장하도록 지정한 시간 간격이 셔터 속도이다. 셔터 막을 전기신호로 대체하였으므로, 움직이는 부품이 없고, 소음도 발생하지 않는다.

전자 셔터electronic shutter에는 '롤링rolling 셔터'와 '글로벌global 셔터'가 있다.

- 롤링 rolling 셔터는 센서에 들어오는 빛 데이터를 한줄 한줄 차례로 읽어 들여 기록하는 방식이다. 롤링 셔터는 데이터를 읽고 기록하는 동안 피사체가 움직이면 위치가 조금씩 어긋나기 때문에, 형태가 왜곡돼(휘어져) 보이는 '젤로jello 현상'이 발생하고, 형광등이나 LED 조명을 사용하는 장소에 취약하다. 형광등이나 LED 조명은 항상 미세하게 깜빡이는데, 점멸 간격이 짧아서 인간의 눈으로는 식별하기 어렵지만, 카메라로 찍으면 사진에 어둑어둑한 줄무늬 같은 얼룩이 생기는 플리커flicker 현상이 발생하기 쉽다. 그러나, 센서 구조가 비교적 단순해, 낮은 단가로 쉽게 고해상도 센서를 만들 수 있고, 사진에 잡광noise도 적게 발생한다.

(a) 젤로(jello) 현상 [출처: Paul 012]

(b) 플리커(flicker)현상 [recessedlights]

그림 2-97 롤링 셔터에서의 발생 현상

- 글로벌 global 셔터는 센서 화면 전체를 동시에 기록하는 방식으로, 센서 전체의 데이터를 한 번에 기록하므로 젤로jello나 플리커flicker 현상은 발생하지 않으나, 데이터 처리 속도가 매우 빨라야 하고, 촬영한 순간 데이터를 임시 저장하는 공간(트랜지스터)이 화소에 추가로 필요하므로, 화소공간을 점유한다. 수광부가 작아져 사진에 잡광noise이 발생하기 쉽다.

이런 이유로 개발자는 작고 저렴한 이미지센서에서 낮은 필-팩터fill-factor와 작은 화소를 선택하거나(롤링 셔터), 더 크고 값비싼 이미지센서에서 훨씬 더 높은 필 팩터를 가진 큰 화소를 선택해야 한다(글로벌 셔터).

⑤ **속도** speed : CMOS는 모든 카메라 기능을 이미지센서에 배치할 수 있으므로 CCD보다 속도에서 확실히 유리하다. 하나의 기판die을 사용하면 인덕턴스, 커패시턴스 및 전파 지연이 줄어들면서 신호 및 전력 추적trace 거리가 더 짧아질 수 있다.

CMOS 기술의 한 가지 고유한 기능은, 화상센서의 일부분을 판독하는 기능windowing이다. 이를 통해 작은 관심 영역의 프레임 속도 또는 라인 속도를 높일 수 있다. 이것은 이미지의 하위 영역에서 고정밀 물체 추적과 같은 일부 응용 프로그램에서 CMOS 이미저를 활성화하는 기능이다. CCD는 일반적으로 윈도우 기능이 제한적이다. 화상센서에 의해 생성된 이미지 데이터 스트림stream은 일반적으로 30Hz 또는 30fps(초당 30 프레임)이다.

⑥ **안티 블루밍** Anti-blooming: 센서의 나머지 이미지를 손상하지 않으면서 국부적 과다 노출을 우아하게 배출하는 기능. CMOS는 일반적으로 자연적인 블루밍blooming 내성이 있다. 반면에 CCD는 이러한 기능을 달성하기 위해 특정 엔지니어링이 필요하다. 소비자용으로 개발된 많은 CCD가 있지만, 과학용으로 개발된 CCD는 일반적으로 그렇지 않다.

CMOS 이미저는 바이어싱biasing 및 클로킹clocking 측면에서 분명한 장점이 있다. 일반적으로 단일 바이어스 전압 및 클록 수준으로 작동한다. 잡광noise 누출이 없는 한, 사용자로부터 격리된 전하 펌프 회로charge pump circuitry를 사용, 온칩on-chip에서 비표준 바이어스가 생성된다. CCD에는 일반적으로 몇 가지 더 높은 전압 바이어스가 필요하지만, 저전압 클록으로 작동하는 최신 장치에서는 클로킹clocking이 단순화되었다.

주 바이어스(Biasing, Q-point)는 전압이나 전류의 동작점을 미리 결정하는 것을 말한다. 동작점을 기준으로 목적하는 기능이 수행되도록 환경을 조성하는 역할을 한다.

두 가지 이미지 칩 유형 모두 소비자 및 산업 응용 분야에서 대부분 동등하게 안정적이다. 매우 거친 환경에서 CMOS 이미저는 모든 회로 기능을 단일 집적회로 칩에 배치할 수 있어 매우 열악한 환경에서 회로 고장의 주요 원인인 배선lead 및 납땜 연결부를 최소화할 수 있다는 이점이 있다. CMOS 이미지센서는 또한 CCD 장치보다 훨씬 더 집적도가 높을 수 있다. 타이밍 생성, 신호처리, 아날로그-디지털 변환, 인터페이스 및 기타 기능을 모두 이미저 칩에 넣을 수 있다. 이는 CMOS 기반 카메라가 동급 CCD 카메라보다 훨씬 작을 수 있음을 의미한다.

(6) 색상 필터 배열(colour filter array; CFA)

이미지센서는 각 화소의 밝기만 측정한다. 컬러 카메라에서 CFA(색상 필터 배열: Colour Filter Array)는 센서 상단에 위치하여 센서에 떨어지는 빛의 적색, 녹색 및 청색 구성요소를 포획한다. 결과적으로 각 화소는 하나의 기본 색상만 측정하고 나머지 두 색상은 소프트웨어를 통해, 주변 화소를 기반으로 추정한다. 이러한 근삿값은 이미지 선명도를 감소시킨다. 그러나 센서의 화소 수가 증가할수록 선명도 감소가 눈에 덜 띄게 된다.

가장 일반적으로 사용되는 CFA는 그림 2-98(a)와 같은, Bayer 필터 모자이크이다. 이 필터의 형태는 녹색 50%, 적색 25% 및 청색 25%(RGGB 필터)이다. 색상 및 배열의 다양한 수정modification과 색상 공동 사이트co-site 샘플링 또는 Foveon X3 센서와 같이 완전히 다른 기술을 모두 사용할 수 있다.

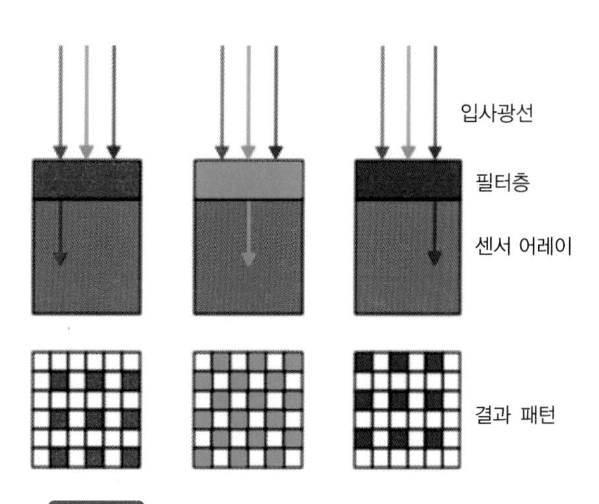

그림 2-98 (a) Bayer 필터 모자이크를 사용한 색상 이미징의 원리[52]

적색(R), 녹색(G) 및 청색(B) 구성요소는 인접한 화소의 도움으로 모자이크 처리를 통해 개별 화소의 RGB 색 공간에 삽입된다(그림 2-98(b)). 일반적으로 모자이크 처리에 의한 이미지 해상도의 감소는 없다. RGGB 필터 외에도 일반적으로 색상 정보가 없는 픽셀을 포함하는 다른 색상 필터는 카메라 기반 자율주행(또는 운전자 지원) 시스템의 이미지센서에 사용된다. 이러한 강도 화소(선명한 화소)는 색상-화소보다 더 많은 빛을 투과하므로 전체적으로 이미지 밝기를 더 높이고, 결과적으로 어두운 장면의 더 높은 대비contrast를 재현한다.

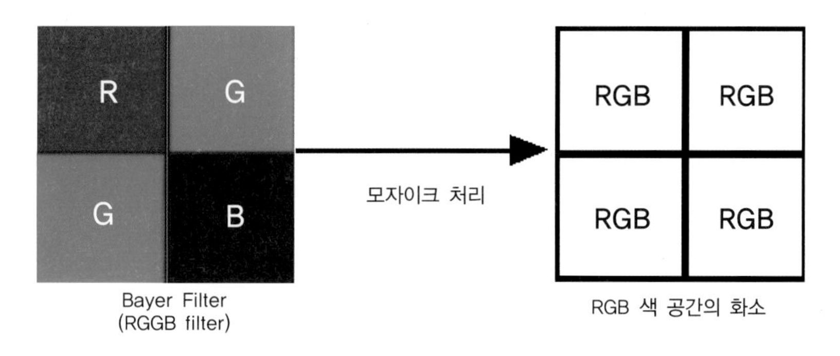

그림 2-98 (b) RGB 색필터의 모자이크 처리

자율주행분야에서는 강도 화소를 포함한, 일반적인 컬러-필터를 사용한다. 예를 들어 RCCC(적색 필터를 가진 화소 1개와 강도 화소 3개) 및 RCCG(적색 필터를 가진 화소 1개, 녹색 필터를 가진 화소 1개, 강도 화소 2개) 필터를 사용한다.

(7) 이미지 처리 Image processing

이미지센서로 이미지를 획득한 후, 이미지 처리를 시작한다. 컴퓨터 비전 시스템에는 일반적으로 자동차 카메라의 작동을 다루는 몇 가지 일반적인 처리 단계가 있다.[53]

① 사전 처리 pre-processing

컴퓨터 비전 기술을 이미지 데이터에 적용하여 특정 정보를 추출하기 전에, 일반적으로 데이터가 비전 기술에 내포된 특정 가정assumption을 충족하는지 확인하기 위해 데이터를 처리해야 한다. 예는 다음과 같다.

- 이미지 좌표계가 올바른지 확인하기 위해 다시 샘플링한다.
- 모자이크 처리한다.
- 센서 노이즈noise가 거짓 정보를 유발하지 않도록 노이즈noise를 감소 시킨다.
- 관련 정보가 감지될 수 있도록 가장자리를 보존하고, 대비contrast를 향상한다.
- 지역적으로 적절한 규모로 이미지 구조를 개선하기 위해, 톤매핑을 포함, 공간 표현을 확장한다. (색상 공간 변환 포함)

② 특징 추출 Feature extraction

다양한 수준의 복잡도에서 이미지 특징은 이미지 데이터로부터 추출된다. 이러한 기능의 대표적인 예는 다음과 같다.

- 선, 가장자리. 주로 차선, 도로 표지판 및 물체 감지 기능에 사용된다.
- 모서리와 같은 지역화된 관심 지점.
- 더 복잡한 기능은 모양이나 동작과 관련이 있을 수 있다.

③ 감지/분할 detection/segmentation

처리의 어느 시점에서 이미지의 어떤 이미지 포인트 또는 영역이 추가 처리와 관련이 있는지를 결정한다. 예를 들면, 특정 관심 대상을 포함하는 하나 이상의 이미지 영역 분할. 일반적으로 차량 조명에서 주변 광원을 분리하기 위해 야간 투시경에 사용된다.

④ **고급 처리** high-level processing

이 단계에서 입력은 일반적으로 특정 개체를 포함하는 것으로 가정되는 점 집합 또는 이미지 영역과 같은 작은 데이터 집합이다. 나머지 처리는 예를 들어 다음과 같다.

- 데이터가 모델 기반 및 애플리케이션 특정 가정을 충족하는지 확인한다.
- 물체 크기, 상대 속도 및 거리와 같은 애플리케이션 특정 매개변수를 추정한다.
- 이미지 인식 감지된 물체를 다양한 범주로 분류한다(예: 승용차/트럭, 오토바이, 보행자).
- 이미지 등록 - 스테레오 카메라에서 동일한 물체의 두 가지 다른 보기view를 비교, 결합한다.

⑤ **의사 결정** Decision making

지원에 필요한 최종 결정을 내리는 것으로서, 예를 들면 다음과 같다.

- 도로 표지판에 대한 정보.
- 차선이탈 경고warn
- 차선, 개체의 속도 및 거리로 ACC 지원(레이더에 보완 정보 추가)
- 차선이탈 시 조향 또는 제동

2 애플리케이션 Applications

자동차 카메라는 여러 가지 기준에 따라 분류할 수 있다. 가장 중요한 측면은 위치(전방, 후방, 서라운드, 실내 감시)와 색상(단색, 단색+1 색상, RGB(천연색)) 및 공간성(모노, 스테레오)이다. 후방 카메라는 일반적으로 주차 보조 기능에 사용하는 반면에, 전방 카메라를 포함한 다른 카메라들은 다음과 같은 여러 기능을 제공한다.

① 개체 감지

② 도로 표지판 인식

③ 차선 감지(횡단보도 인식 포함)

④ 전조등 제어를 위한 차량 감지 및 주변 환경 감지surround view camera

⑤ 노면 품질 측정

⑥ 레이더 기반 기능 지원 및 개선

- 적응식 정속주행, 예측predictive 비상 브레이크 시스템, 전방 충돌 경고

⑦ 교통 체증 지원, 공사 구역 지원

⑧ 가상 거울 대용 및 실내(운전자, 승객) 감시 카메라

착색 기능은 일부 카메라 기능의 신뢰성과 정밀도에 영향을 미친다. 기본적으로 주요 기능의 대부분은, 각 화소의 빛의 강도만 감지하는 흑백 카메라로 구현할 수 있다. 반면에 하나의 색상을 더하는 것이 더 나은 성능에 도달하는 데 크게 도움이 될 수 있다. 예를 들어 적색에 민감한 화소를 사용하면, 도로 표지판 인식이 더 안정적일 수 있다.

앞서 언급한 기능들을 수행하기 위해 이미저의 출력은 고성능 CPU 기반 제어장치에 의해 처리된다. CPU는 종종 사전 처리 및 기능 추출 작업을 수행하기에 충분히 빠른 FPGA Field Programmable Gate Array의 지원을 받는다. 그리고 렌즈를 포함한 이미저와 제어장치 등, 필요한 모든 부품을, 공통 하우징에 통합한 SoC System-on-Chip 형식이 대부분이다.

카메라의 모노 또는 스테레오 디자인은 물체의 거리를 측정하고 도로의 결함을 감지하는 데 중요한 3D 비전에 강한 영향을 미친다.

단안 카메라는 모니터 기능에 사용할 수 있는 주류 카메라이다. 일부 회사는 단안 카메라(예: NISSAN의 '프로페셔널 파일럿')만으로 거리 측정을 실현한다. 또한, NVIDIA GPU 등을 이용한 이미지 인식 기술 등의 기술개발이 진행되고 있으며, 앞으로 단안 카메라 인식 기술은 더욱 진화할 것으로 예상된다.

3 스테레오 카메라 Stereo Camera –겹눈 카메라

스테레오 카메라는 사람의 눈처럼 2대의 카메라로 물체를 인지perception하는 카메라이며, 그 패럴랙스(parallax; 파인더와 렌즈의 시차)는 높은 건물에서도 거리 측정을 가능하게 한다. ADAS는 물론이고 자율주행을 구현하기 위해서는 차량 주행환경의 3차원 정보를 광범위하게, 정확하게, 그리고 빠르게 추출할 필요가 있다. 스테레오 카메라는 구조에 따라 깊이 정보를 더 정확하게 파악할 수 있다.

스테레오 카메라는 교통표지판이나 백선과 같은 정지된 개체뿐만 아니라, 움직이는 개체의 거리 정보도 정확하고 빠르게 생성할 수 있다. 스테레오 카메라는 교정calibration이 어렵고 연산 복잡도가 증가하지만, 차량용 ECU 및 반도체 혁신과 같은 자동차 전자기술의 발달로 사용 범위가 고도화되고 있다.

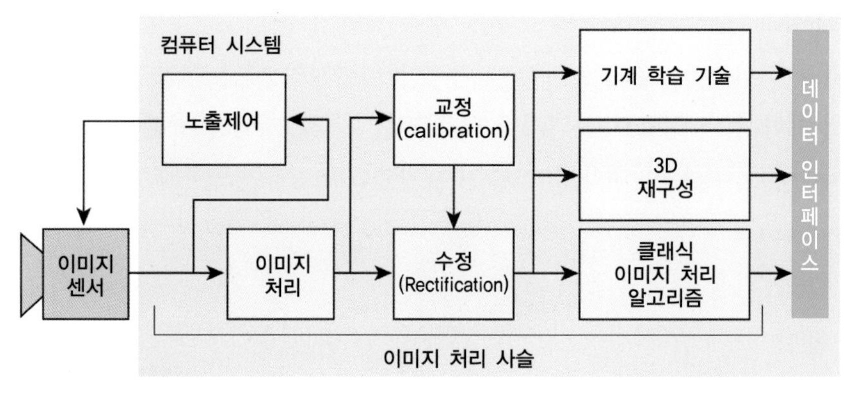

참고도 이미지 처리 사슬(image processing chain)[BOSCH]

(1) 스테레오 카메라를 이용한 거리 측정 - 계산 알고리즘 이용

스테레오 카메라와 물체까지의 거리는 삼각측량의 원리를 적용하여 계산한다. 동일한 물체를 위치가 다른 2대의 카메라로 촬영, 두 화상에서 동일한 부분을 정합하여matching, 시차(視差; disparity)를 추정하고, 이를 근거로 삼각측량의 원리에 따라 거리를 계산한다.

스테레오 카메라를 이용한 거리 측정에는, 여러 단계를 거쳐 시차(불일치: disparity)를 측정하여 거리를 계산한다.

① **전처리**: 왜곡 보정(교정), 영상의 휘도 값 정규화 등
② **병렬화**: 정합 효율을 위한 이미지 변환
③ **정합**: 정합으로 시차(불일치) 추정 - 등극선 기하학 적용
④ **삼각측량**: 카메라의 기하학적 배치로부터 거리를 시차(불일치) 지도로 변환

① 왜곡 보정(교정)

이미지 처리의 전처리로 카메라 왜곡을 수정한다. 카메라의 렌즈는 왜곡이 있어 곡면이기 때문에, 렌즈의 방사형 왜곡과 원주 왜곡을 수학적으로 제거한다.

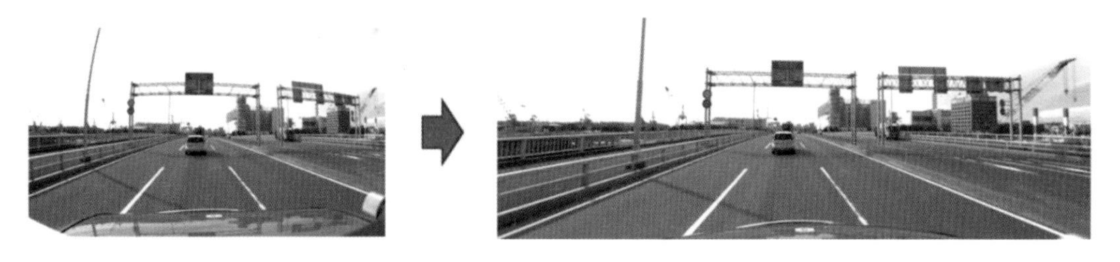
그림 2-99 왜곡 처리 전(좌측)과 처리 후(우측)의 화상

② **정정**(rectification) **처리 과정 – 시준**(視準; collimation)

병렬화 과정에서 2대의 카메라가 측정한 이미지의 해당 지점이 같은 행 좌표를 갖도록 카메라 간의 정확도와 거리를 조정한다. 2개의 이미지 평면이 같은 평면에 있고, 이미지의 선이 정확히 정렬되어 있는지 확인한다.

(a) 시준(視準; collimation) 전의 화상

(b) 시준(視準; collimation) 후의 화상

그림 2-100 시준(視準; collimation) 전(위) / 후(아래)의 화상[ZMP]

③ **등극선 기하**(等極線 幾何: epipolar geometry)**의 원리** [Sanja Fidler]

스테레오 카메라에서는 2대의 카메라를 이용하여, 1대의 카메라만으로는 얻을 수 없는 거리 정보를 얻을 수 있다. 즉, 사람의 두 눈과 마찬가지로, 2대의 카메라(또는 스테레오 카메라)로 3차원 공간을 촬영한 2차원 화상으로부터, 3차원 깊이 정보를 복원할 수 있다.

등극선 기하(等極線 幾何; epipolar geometry)는, 서로 다른 두 위치에서 촬영한 화상에서 3차원(3D) 깊이 정보를 복원하고, 이미지 간의 대응 관계를 찾는 기법이다.

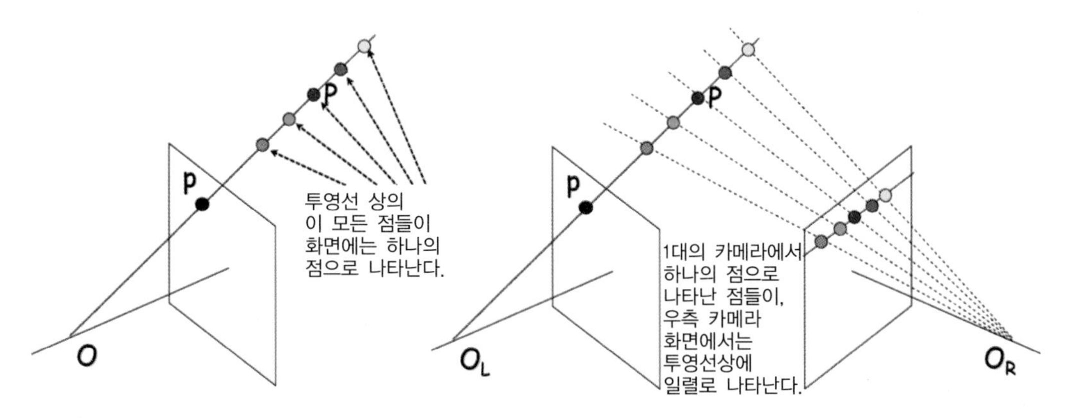

(a) 1대의 카메라 화상 (b) 2대의 카메라를 이용한 거리 정보

그림 2-101 1대의 카메라와 2대의 카메라를 이용한 물체의 거리 정보 비교

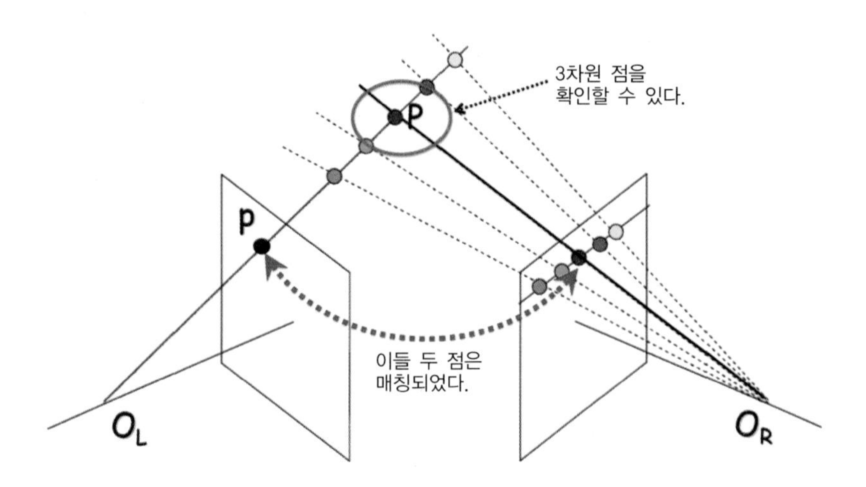

그림 2-102 삼각측량으로 3차원 점(위치)을 2차원에서 확인할 수 있다.

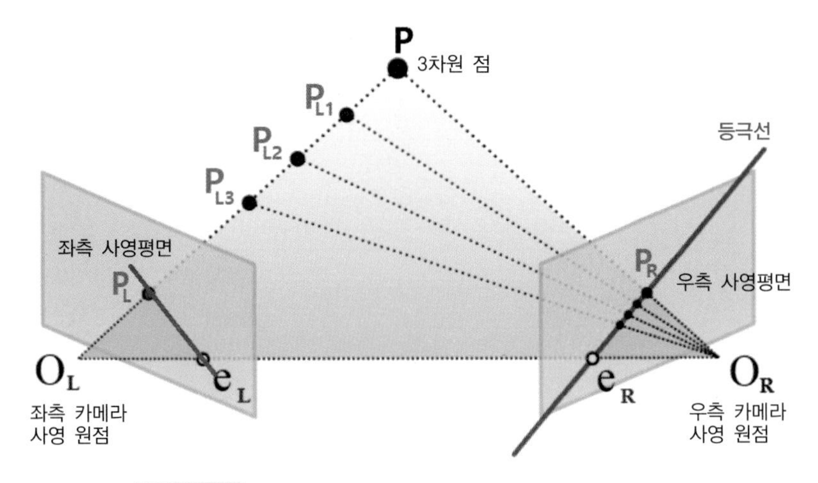

그림 2-103 등극선 기하(epipolar geometry) 선도(예)

등극선 기하를 설명하기 위한 전제 조건은, 3차원 공간에 존재하는 점 P가 두 카메라의 사영(射影; projection) 평면에 사영되는 것으로 가정한다.

- O_L 및 O_R은 두 카메라의 사영 원점(중심)이다.
- 점 P_L 및 P_R은 각 사영 평면에서 점 P의 사영이다.

■ 등극(等極; epipole) (그림 2-103 참조)

두 카메라가 서로 다른 위치에 있으며, 한 카메라가 다른 카메라를 볼 수 있으면, 각각 e_L 및 e_R에 사영된다. 이들을 등극(等極) 또는 등극점(等極点; epipolar point)이라 한다.

O_L, O_R, e_L, e_R은 3차원 공간에서 같은 직선상에 존재하는 특징이 있다.

■ 등극선(等極線; epipolar lines) (그림 2-103 참조)

등극선은 사영 평면에 그을 수 있는 선으로, 사영점에서 해당 등극까지의 직선이다.

직선 $O_L - P$는 좌측 카메라의 한 점에 사영되고, 직선 $O_R - P$는 우측 카메라의 한 점에 사영된다. 그리고 점 P_L이 좌측 사영 평면에 존재할 때 점 P_R은 우측 카메라의 사영 평면에 존재한다. 우측 카메라의 직선 $e_R - P_R$을 우측 등극선, 좌측 카메라의 직선 $e_L - P_L$을 좌측 등극선이라고 한다. 이 등극선은 점 P의 3차원 공간적 위치에 의해 유일하게 결정되며, 모든 등극선은 등극점(epipolar point; 그림에서 e_L, e_R)을 통과한다. 반대로, 등극점을 지나는 직선은 등극선이 되는 특징을 모두 가지고 있다.

■ 등극 평면(等極 平面; epipolar surface) (그림 2-103 참조)

세 점 P, O_L, O_R를 연결한 녹색 삼각(▲) 평면을 등극 평면이라고 한다. 등극 평면과 사영 평면의 교차선은 등극선과 일치한다. (등극선에 등극점이 존재한다)

■ 등극의 제약(epipolar constraints) (그림 2-103 참조)

두 카메라의 위치 관계를 알면, 다음과 같이 말할 수 있다.

점 P에서 좌측 카메라로 사영 P_L이 주어지면, 우측 카메라의 등극선 $e_R - P_R$이 정의된다. 그리고 점 P에서 우측 카메라로 사영 P_R은 이 등극선의 어딘가에 있을 것이다. 이것을 등극의 제약이라고 한다. 즉, 같은 지점을 2대의 카메라로 촬영한다고 가정하면, 그 지점은 서로의 등극선에 있어야 한다.

따라서, 한 카메라에서 본 지점이 다른 카메라에서 반사되는 문제를 해결하려면, 등극선에서 조사하는 것으로 충분하며, 이는 상당한 계산 절약으로 이어진다. 대응이 정확하고 P_L과 P_R의 위치를 알면, 3차원 공간에서 점 P의 위치를 결정할 수 있다.

④ **등극선 기하를 적용한 스테레오 정합**stereo matching **– 시차**(視差; disparity) **추정**

스테레오 카메라로 촬영한, 왼쪽과 오른쪽 이미지의 시차(편차)를 측정하는 방법으로 블록 정합 block matching을 적용한다. 예를 들어 블록 정합은, 좌측 이미지의 특정 지점에 주목하여, 우측 이미지에서 특정 지점 주변을 다수의 픽셀 직사각형 블록으로 구분하여, 좌측 이미지의 블록과 가장 상관관계가 높은 위치를 찾는 방법이다

여기서 좌우 영상이 왜곡되지 않는다고 가정하면, 수직방향의 편차 및 광축의 편차가 없고, 실제로 좌우의 병진운동 편차만 존재한다. 동일한 물체는 동일한 Y 좌표로 이동한다.

블록의 상관관계를 검색하고자 하는 객체가 나타나야 하므로, 동일한 Y에서 X방향으로만 이동할 수 있으며, 상관관계가 가장 높은 위치(점)의 차잇값을 계산하는 방법이 된다.

그림 2-104 블록 정합(block matching) 이미지[68]

예를 들면, 컴퓨터 비전 프로그래밍 라이브러리의 OpenCV에는 빠르고 효과적인 블록 매칭 스테레오 알고리즘이 구현되어 있으며, 정합 이미지로서 동일한 평면 이미지와 이들 간의 절대 차의 합(SAD: Sum of Absolute Difference)에 윈도우를 설정한다. 차의 합(SAD)은 절대 차잇값 사이의 차이를 최소화하는 값이다.

블록 매칭 스테레오 대응 지점 탐색 알고리즘에는 세 단계가 있다.

㉮ 이미지의 밝기를 정규화하고 질감을 강조하기 위해 사전-필터링pre-filtering한다.

㉯ 차의 합(SAD) 창을 사용하여 수평 에피폴라epipolar 라인을 따라 해당 지점을 검색한다.

㉰ 결함이 있는 대응점을 제거하기 위한, 사후 필터링post-filtering을 수행한다.

사전 필터링 단계에서는, 정합을 효율적으로 수행하기 위해 입력 이미지를 정규화하여 이미지의 밝기와 질감을 강조한다.

다음 대응점은 SAD 윈도우(기준 화소로부터 불일치disparity 검색의 범위)를 슬라이딩하여 검색한다. 왼쪽 카메라 이미지의 각 특징에 대해, 오른쪽 카메라 이미지의 해당 줄에서 가장 잘 일치하는 항목을 찾는다.

시준(視準)할 때, 개별 선은 등극선epipolar line이 되므로, 우측 카메라 영상에서 일치하는 위치가 좌측 카메라 영상에서도 같은 행(같은 y 좌표)에 있다고 가정할 수 있다. 또한 스테레오 카메라가 병렬로 장착되어 있으므로, 시차가 0이면 같은 점(x_0)이 되고, 시차가 그보다 크면 영상의 왼쪽에 위치하게 된다 [68]. (그림 2-105 참조)

사후 필터링의 경우, 좌우 시차(視差 : parallax) 값을 보고, 시차 값이 일치하는지 확인하는 등 비정상 값과 불량 대응점을 삭제하는 처리를 수행한다.

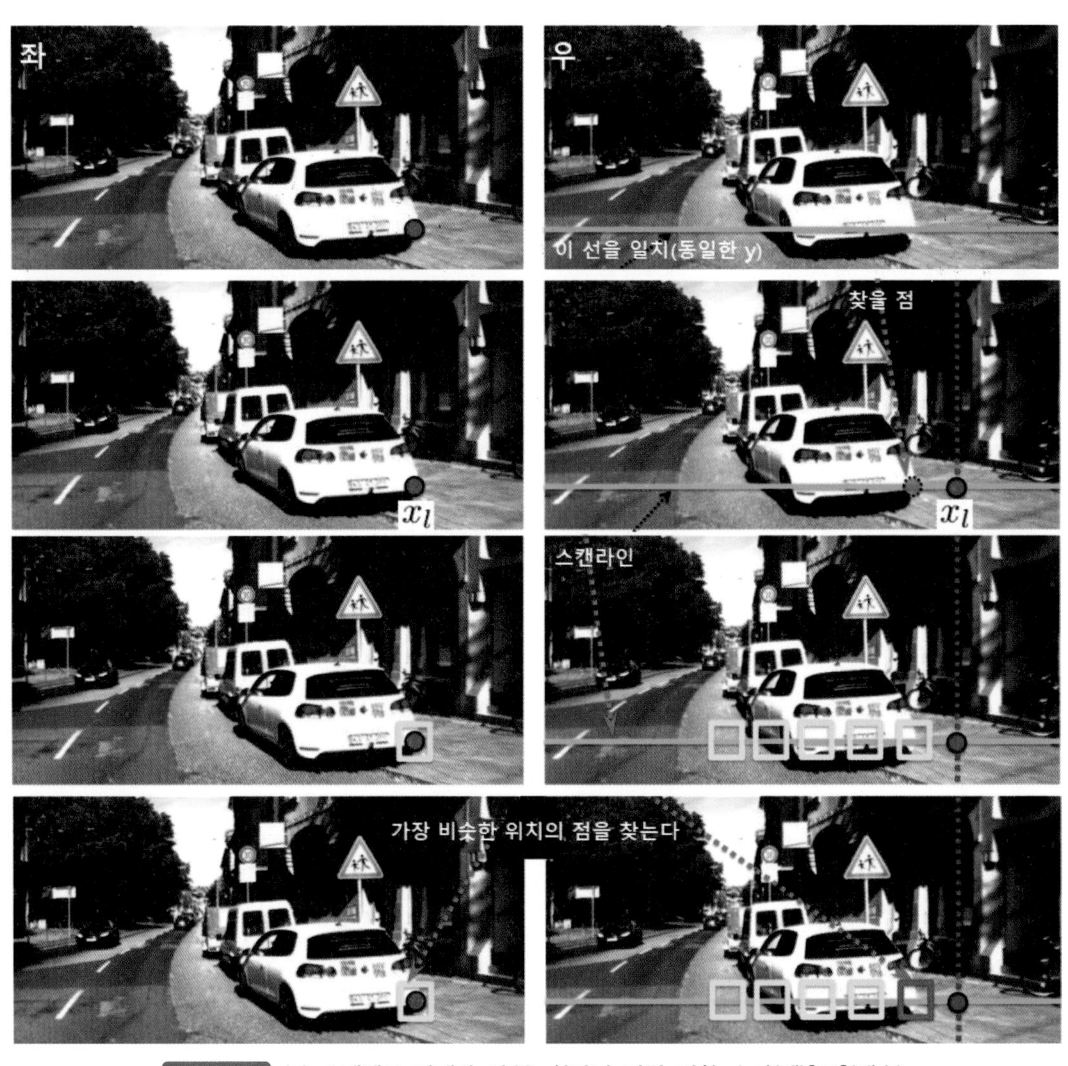

그림 2-105 (a) 스테레오 카메라 좌/우 화상의 병렬 정합 순서(예)[68](계속)

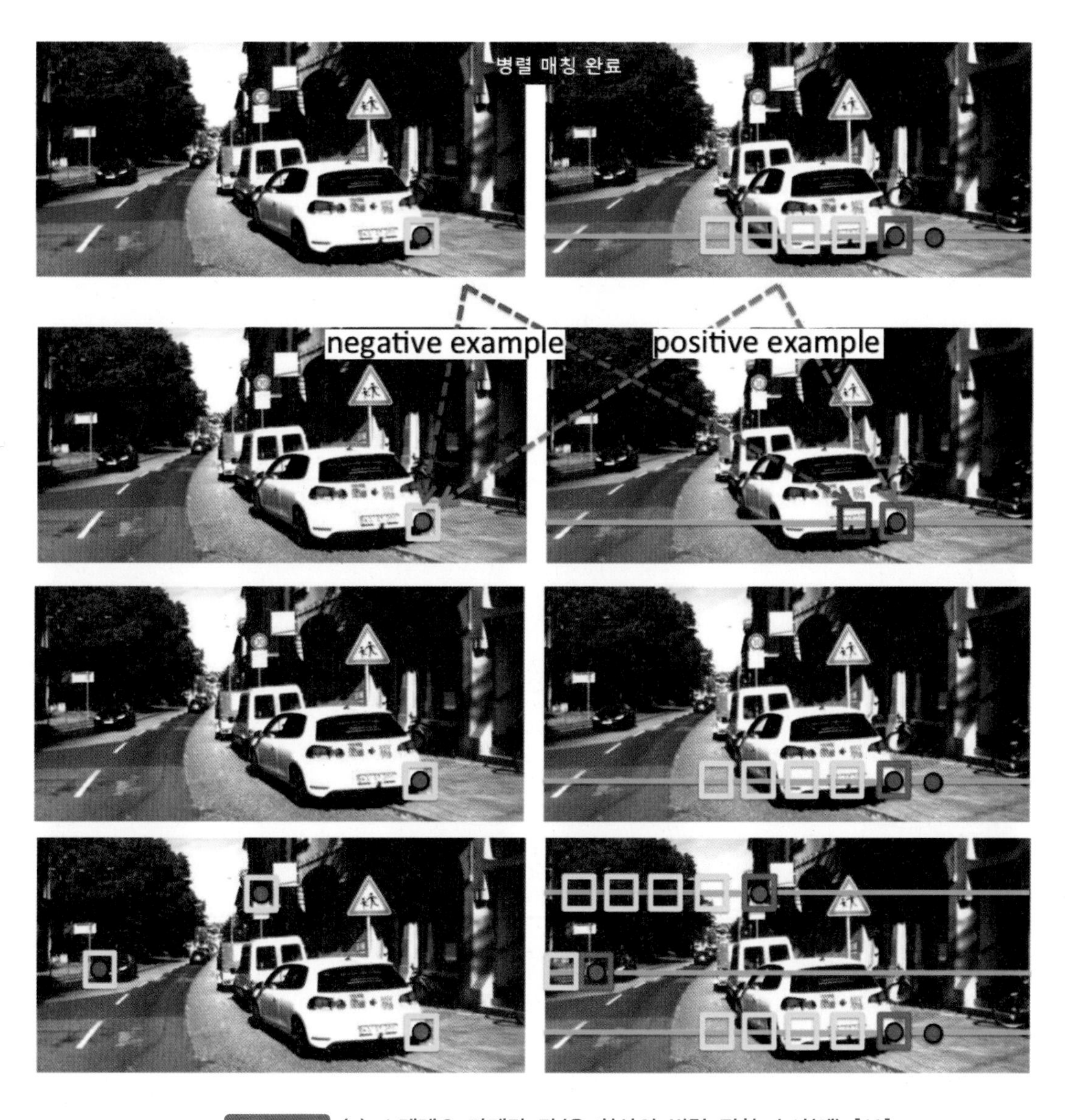

그림 2-105 (a) 스테레오 카메라 좌/우 화상의 병렬 정합 순서(예) [68]

스테레오 이미지로부터, 최종적으로 시차disparity 지도를 얻는다. 적색은 시차가 큰 것을, 청색은 시차가 작음을 나타낸다. 카메라로부터 먼 개체(청색)보다, 가까운 개체(적색)의 시차가 더 크다. 깊이depth와 시차는, 서로 반비례 관계이다. (그림 2-105(b) 참조)

그림 2-105 (b) 스테레오 카메라 병렬 정합의 결과로 얻은 시차 맵 [68]

패치patch가 작으면 상세하지만 잡음이 많고, 크면 상세하지 않지만 부드럽다

그림 2-106 패치 크기에 따른 시차 맵의 특성 [68]

⑤ **삼각측량** triangulation

「삼각형의 한 변의 길이와 양단의 각도를 알면, 삼각형의 꼭짓점이 결정된다」는 유클리드 기하에 근거하여 꼭짓점까지의 거리를 구할 수 있다.

카메라의 기하학적 배치를 알면, 삼각측량 원리에 따라 시차disparity 맵map에서 깊이를 구할 수 있다. 왜곡 보정 및 병렬화 처리를 위해 보정된, 2대의 카메라로 구성된, 스테레오 카메라가 있다고 가정하자. 이때 화상 평면은 정확히 같은 평면 위에 있고, 정확히 평행한 광축, 그리고 동일한 초점거리 f를 가지고 있다.

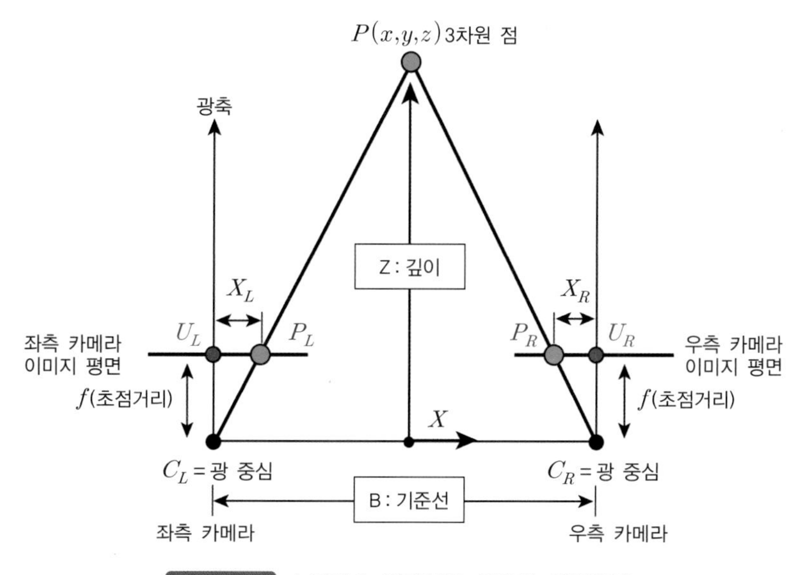

그림 2-107 스테레오 카메라를 이용한 삼각측량

여기서 광 중심optical point C_L과 C_R이 x-축선 상에서 보정되고, 각각 좌측과 우측 이미지에서 동일한 화소 좌표를 갖는다고 가정한다. 또한, 이러한 이미지의 행이 존재하고, 한 카메라의 모든 화소 행이 다른 카메라의 해당 행과 정확히 정렬된다고 가정하면, 실제 세계의 점 P가 좌측 및 우측 이미지 평면에 존재할 것이다. 수평 좌표로는 x_L과 x_R이 된다.

시차(d)는 $d = x_L - x_R$로 정의되며, 깊이 Z는 삼각측량 원리를 적용, 구할 수 있다.
스테레오 카메라에서 기준선의 길이(B), 초점거리(f) 및 촬영 위치의 차이 즉, 시차(視差) ($d = x_L - x_R$)를 알고 있으면, 대상 물체까지의 깊이(Z)를 계산할 수 있다(그림 2-107 참조).

그림 2-107에서 3각형 상사를 적용하면 $\frac{B}{Z} = \frac{B-d}{Z-f}$로부터 $Z = \frac{f \cdot B}{d}$를 얻는다.

시차 d는 $d = x_L - x_R$이므로, 물체까지의 깊이 Z는 다음 식으로 표시된다.

$$Z = \frac{f \cdot B}{d} = \frac{f \cdot B}{x_L - x_R}$$

위의 식으로부터, 깊이(Z)는 시차parallax에 반비례하므로, 시차가 0에 가까울 때(멀리 있는 물체의 경우) 깊이가 크게 변하고, 시차가 큰 경우(가까운 물체)에는, 시차가 약간 달라도 깊이에 대한 영향이 적어지는 특징이 있다. 이러한 이유로, 스테레오 카메라 시스템은 특히 카메라에 상대적으로 가까운 물체에 대해 고해상도를 얻을 수 있다.

(2) 거리 측정의 정확도

스테레오 카메라의 거리 측정 정확도는 다음과 같은 몇 가지 요인의 영향을 받는다.

① 카메라 장착 위치

정확한 영상을 측정하기 위해서는 두 카메라의 기준선 길이(카메라 간 거리)와 장착 위치의 관계가 중요하다. 카메라의 위치는 지그zig 등을 이용하여 기계적으로 구속할 수 있으며, 설치 위치를 확보하는 방볍, 그리고 설치 후 교정calibration 작업을 통해 소프트웨어로 구속할 수 있다. 카메라의 설치 위치는 온도, 진동 등의 영향을 받으며, 시간의 경과에 따라 편차가 발생하면 촬영된 영상의 시차 정보의 정확도와 거리 정보의 정확도가 저하될 가능성이 있다. 이 정확도를 유지하기 위한 대책은 자동 교정calibration이다.

② 렌즈의 왜곡 Lens distortion

카메라의 렌즈는 완벽한 곡면처럼 보이지만, 렌즈마다 약간씩 다르게 가공, 생산된다. 이로 인해 이미지가 왜곡될 수 있으며, 일치하지 않으면 시차가 계산되지 않을 수 있다. 스테레오 정합으로, 카메라에서 물체까지의 거리를 정확하게 측정할 수 있도록, 일반적으로 소프트웨어 보정으로 렌즈의 왜곡을 상쇄한다.

③ 렌즈의 해상도 Lens resolution

렌즈의 해상도는 단위 면적에 얼마나 많은 정보를 포함할 수 있는지를 의미하는 용어이다. 예를 들어, 흰 바탕에 경계선과 같이 수평선이 평행하게 그려진 피사체의 경우, 선과 선이 명확하게 구분될 수 있으면, 선의 해상도는 높다. 그러나 그 선이 흐릿하고 선이 있다고 판단할 수 없는 상황은 선과 선-밀도가 렌즈의 해상력을 초과하고, 렌즈의 흐림blurring에 의해 좌우 이미지의 일치 정확도가 감소하고, 거리 측정의 정확도가 감소한다(측정 오류가 증가한다).

④ **센서의 분해능**

촬상소자(이미지센서)의 해상도 능력도 렌즈 해상도와 같은 개념이다. 촬상소자(이미지센서)의 단위 면적에 기록된 이미지를 얼마나 미세 단위의 데이터로 변환할 수 있는지가 중요하다. 이미지센서는 화소들의 집합체이므로 단위 면적의 화소밀도는 센서의 해상도 성능의 지표가 되며, 영상처리의 부하와 원하는 정밀도에 따라 소자밀도가 높을수록, 화소 수가 많을수록 더 바람직하다.

(3) 이미지 처리의 실제(예)

차량용 스테레오 카메라의 소프트웨어는 다양한 밝기의 이미지와 스테레오 카메라의 기타 이미지 처리를 결합하여 밝고 어두운 상황에서도 이미지를 선명하게 촬영할 수 있는 WDRWide Dynamic Range 기능, 객체 감지 및 가상 틸트 스테레오Object Detection and Virtual Tilt Stereo 기능 등, 다양한 화상처리 기능을 갖추고 있다.

① **광역 역광 보정**(WDR; Wide Dynamic Range) **기능**

이 기능은 어두운 영역은 밝게 하고 밝은 영역은 어둡게 하려고, 어두운 이미지와 밝은 이미지를 처리하여 중간 밝기의 이미지를 생성하는 기능이다.

예를 들어, 터널 출구와 같은 밝은 실외를 어두운 터널 내부에서 촬영하는 경우, 밝은 부분과 어두운 부분이 혼합된 화면에서 어두운 부분에 초점이 맞춰지는 문제가 발생하고, 밝은 부분은 이미지를 확인할 수 없는, 하얀blanking 상태가 된다.

광역 역광 보정(WDR) 기능을 탑재한 카메라로 촬영할 경우, 촬영 후 밝은 부분과 어두운 부분을 따로 결합하여, 밝은 부분과 어두운 부분 모두, 생생한 영상으로 만들 수 있다.

그림 2-108 광역 역광보정의 예

② 개체 감지 알고리즘 Object detection algorithm

개체 감지 알고리즘은 카메라 장착 자세를 기준으로 측정 영상의 지면(노면 높이)을 계산하고, 노면 높이에 대해 상대적인 높이가 있어서, 점구름point cloud을 모은다. 이 알고리즘은 영역에 개체가 있는지 확인하고 카메라에서 너비, 높이 및 위치를 출력한다. 깊이 정보를 고려하여 개체를 감지할 수 있으므로, 보행자와 자전거가 겹치더라도 여러 개체를 감지할 수 있다. 현재, 30fps에서 감지 능력을 개선할 수 있는 소프트웨어도 사용할 수 있다.

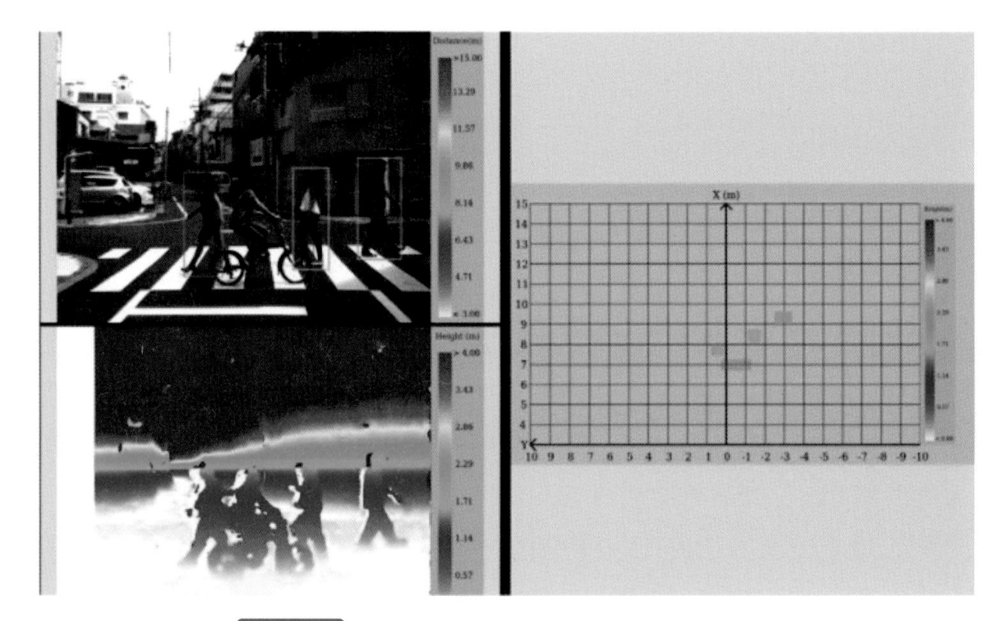

그림 2-109 개체 감지 소프트웨어 화면 [출처: ZMP]

③ 가상 틸트 스테레오 알고리즘 Virtual Tilt Stereo Algorithm

VTS(가상 틸트 스테레오 알고리즘)는, 스테레오 카메라로 도로 위의 차량과 장애물을 감지하기 위해 개발된 알고리즘이다. 이 목적을 위해서는, 노면을 감지하고 기존 스테레오 카메라의 감지 방식을 개선할 필요가 있다. 정확한 노면 검출이 불가능한 이유는, 차량에서 일반적으로 사용하는 카메라가 전방을 향하고 있고 광축과 노면이 거의 평행에 가까워서, 높은 정밀도의 시차disparity를 얻을 수 없다는 문제가 있다.

VTS-알고리즘으로 파노라마 영상 합성 기법을 이용하여, 카메라의 주점(主點; principal point; nodes)을 중심으로 영상을 회전시키고 광축을 하향으로 변화시켜, 위에서부터 노면을 측정하여, 노면 측정 정확도를 개선하는 방법이다.

그 결과, 노면의 거칠기 검출의 정확도가 향상되고, 노면과 차량 전방의 연석과 같이 노면에 대해 높이가 있는 물체를 검출할 수 있게 되었다.

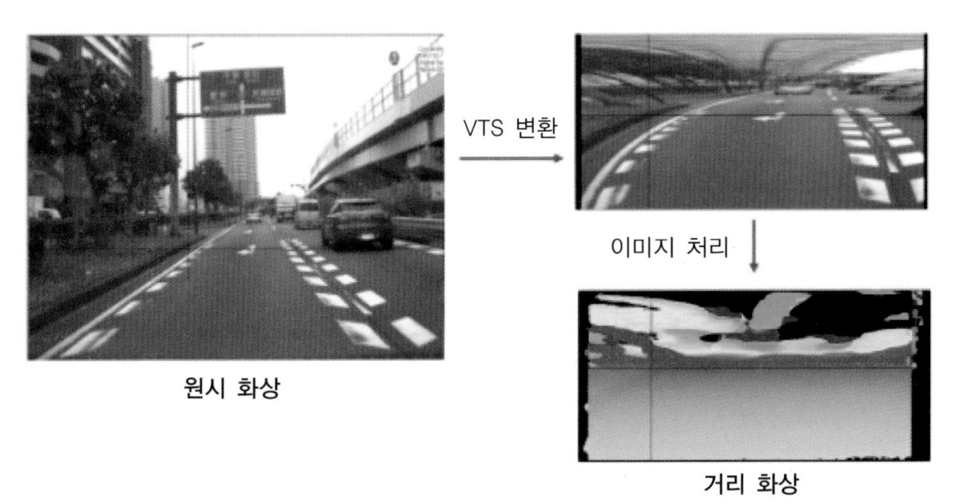

그림 2-110 VTS(가상 틸트 스테레오) 알고리즘의 구현 [출처: ZMP]

4 야간 투시 카메라 Night Vision camera

빛은 주간에는 가시광선+자외선+적외선, 야간에는 적외선+자외선+미약한 가시광선으로 구성된다. 주간에는 사실상 가시광선 영역만 필요하므로 실화상 카메라에서는 이미지센서 앞에 적외선 차단IR Cut 필터를 부착하고 촬영한다. 이 필터는 적외선과 자외선이 통과하지 못하도록 한다. 만약 필터를 사용하지 않을 경우는 색상이 모두 틀려 보이는 문제가 발생한다. 이렇듯 주간에는 카메라가 가시광선 영역에서 촬영하게 되므로 색상을 구분할 수 있지만, 야간에는 가시광선이 매우 약하므로 카메라의 성능이 크게 떨어진다. - 실화상 카메라(RGB 카메라)

야간에는 적외선 차단IR Cut 필터를 제거하고, 적외선과 자외선 그리고 미약한 가시광선을 받아들이는 것이 합리적일 것이다. 한 걸음 더 나아가 미약한 가시광선과 자외선을 차단하고 적외선을 더 많이 받아들일 수 있는 렌즈와 이미지센서를 사용한다면, 선명한 적외선 영상을 얻을 수 있을 것이다. 이와 같은 방법으로 적외선 카메라는 야간에도 사람이나 물체를 선명하게 감시할 수 있다.- 적외선 카메라

단, 적외선 카메라에서 영상이 흑백으로 바뀌게 되는 이유는, 빛 가운데 가시광선이 없어 회로와 이미지센서 자체에서 노이즈noise가 많이 생기게 되는데, 이러한 현상을 없애기 위

해 색상colour 신호를 아예 제거해 버리기 때문이다.

적외선 카메라는 인간의 눈에 보이지 않는, 적외선 에너지를 포획하여 디지털 또는 아날로그 비디오 출력을 통해 흑백 또는 컬러 영상이나 온도 데이터를 제공한다.

일반적으로 적외선 카메라는 근적외선NIR, 단파 적외선SWIR, 중파 적외선MWIR, 장파 적외선LWIR 중 어느 한 가지 파장 범위에 대해서만 민감하게 반응하도록 설계, 생산된다.

(1) 야간 투시 카메라 개요

① 대기의 복사선 간섭

개체와 카메라 사이에는 대기가 있으며, 대기는 기체에 의한 복사선의 흡수와 공기 중에 존재하는 입자에 의한 산란을 통해 복사강도를 감쇠시킨다. 감쇠 정도는 복사선의 파장에 따라서 크게 다르다. 공기는 일반적으로 가시광선을 잘 통과시키지만, 안개, 구름, 비, 눈 등으로 인해 멀리 있는 물체는 잘 보이지 않게 된다. 이와 똑같은 원리가 적외선 복사에도 적용된다.

따라서 열화상 카메라는 흔히 대기의 창atmospheric window이라고 하는 파장 대역을 이용해야 한다. 아래 그림에서와 같이, 대기의 창은 3~5μm 사이의 중파장MWIR 대역과 8~14μm 사이의 장파장LWIR 대역이다. 대기의 감쇠작용에 의해 물체의 총 복사 에너지가 모두 카메라에 도달하지는 못하므로 대기 감쇠에 의한 영향을 보정하지 않으면, 겉보기 온도는 더 낮게 측정된다. 이 영향은 거리가 멀수록 더 커진다. 따라서 온도 측정용 적외선 카메라에서는 소프트웨어로 대기에 의한, 적외선 감쇠를 보정한다.

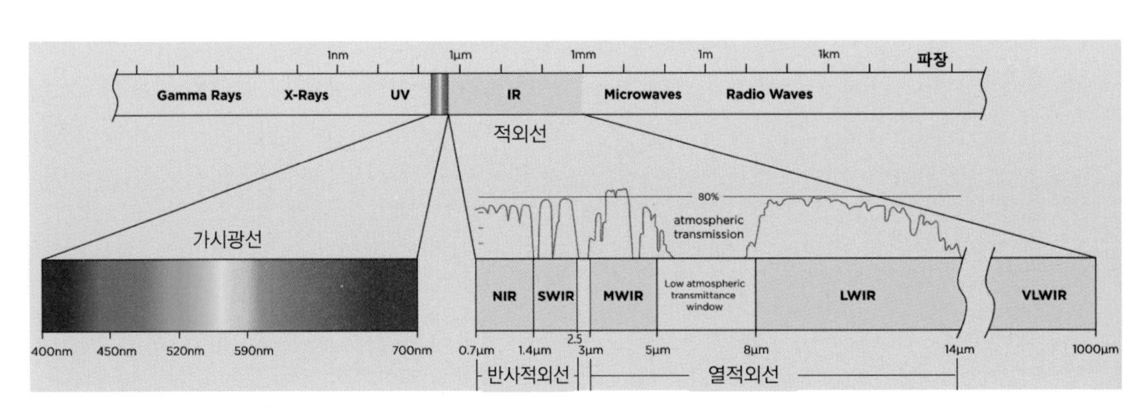

* Tof 카메라(NIR 0.85㎛; 850nm), * NIR LiDAR(0.905㎛; 905nm), * SWIR LiDAR(1.55㎛; 1,550nm)
* 열화상 카메라(LWIR 8~14㎛; 8,000~14,000nm)

그림 2-111 대기의 적외선 창(atmospheric IR window)과 이를 이용하는 센서들

일반적으로 대기는 8μm 이상의 장파장 대역에서는 우수한 하이패스 필터로 작용하므로, 파장 8~14μm 대역에서 사용되는 장파장(LW) 카메라는 대기에 의한 감쇠에 대응하여 양호한 성능을 제공한다. 이와는 대조적으로 파장 3~5μm 대역의 중파장(MW) 카메라는 고급 연구개발 및 군사용으로 감도가 우수한 검출기에 사용되고 있다. 대기 중에서 중파장 카메라를 사용하는 경우, 감쇠가 낮은 전송 파장 대역을 선택, 사용할 필요가 있다.

② 적외선 카메라 렌즈의 재료

적외선은 가시광선과 동일한 반사, 굴절, 전달 등의 광학적 특성이 있으므로 열화상 카메라의 구조적인 설계 방법은 일반 실화상 카메라의 설계 방법과 거의 비슷하다. 그러나 실화상 카메라의 광학장치, 즉 렌즈 시스템의 유리는, 그 소재가 적외선을 잘 통과시키지 못하므로 적외선 카메라에는 사용할 수 없다. 또한 그 반대로, 적외선을 잘 통과시키는 유리는 가시광선(실화상) 카메라에는 부적합하다.

적외선 카메라의 렌즈 소재로는, 대체로 중파장 적외선(MWIR) 카메라에는 규소(Si)를, 장파장 적외선(LWIR) 카메라에는 게르마늄(Ge)을 사용한다. 규소와 게르마늄은 그 기계적 물성이 양호하여 잘 파손되지 않고 수분을 흡수하지 않으며, 현대의 선반 가공 기술로 렌즈로 가공할 수 있다. 실화상 카메라와 마찬가지로 적외선 카메라 렌즈도 반사방지 코팅coating을 한다. 양호한 설계 조건에서 적외선 카메라 렌즈는 입사 적외선을 거의 100% 통과시킬 수 있다.

③ 이미지 센서 – 검출기 detector

일반 비디오 및 실화상 카메라에 사용되는 이미지센서와는 다르게 적외선 카메라의 검출기(이미지센서)는 적외선 파장대에 민감한, 다양한 물질로 만들어지는 마이크로미터 크기의 화소로 구성되는 초점평면 배열(focal plane array; FPA)이다. FPA의 분해능은 대략 160×120화소부터 1024×1024 화소까지의 범위이다. 적외선 카메라는 일반 실화상 카메라보다 화소가 더 커서 상대적으로 해상도가 더 낮다. 이유는 적외선 카메라가 가시광선 대역보다 더 넓은 스펙트럼의 빛을 검출하며, 초점평면 배열(FPA)을 사용하기 때문이다.

적외선 에너지(예: 열에너지)가 검출기에 포획되면, 판독 장치가 시스템이 받아들일 수 있는 신호로 변환한다. 판독장치인 SoC System-on-a-Chip는 이미 카메라에 내장되어 있으며, 이미지 처리, 분석 및 기타 고급 기능을 활용해 사용자에게 통합된 정보를 제공한다.

카메라 기종에 따라서 FPA(초점평면 배열) 상의 원하는 부분에 초점을 두고 그 부분에서 집중적으로 온도를 계산할 수 있도록 하는 소프트웨어를 내장하고 있는 모델도 있다. 또한 온도 분석을 지원하는 특수한 소프트웨어가 설치된 컴퓨터나 다른 데이터 시스템을 사용하기도 한다. 이런 방법들은 모두 ±1℃ 이내의 정밀도로 온도를 분석할 수 있다.

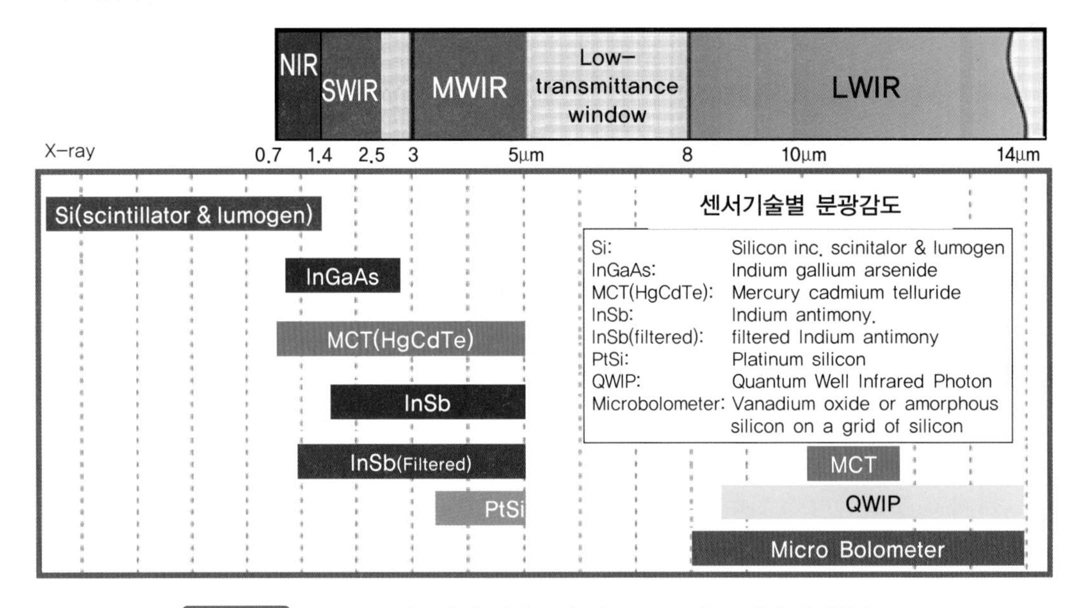

그림 2-112 적외선 스펙트럼에 대한 검출기(detector) 소재의 응답특성

FPA(초점평면 배열) 검출기 기술은 열 검출기thermal detector와 광자 검출기quantum detector의 두 종류로 분류할 수 있다.

대표적인 열 검출기로는 금속 또는 반도체 소재로 제조되는 비냉각식 마이크로볼로미터uncooled microbolometer가 있다. 이 방식의 검출기는 대개 광자 검출기에 비해 가격이 저렴하고, 더 넓은 범위의 적외선 스펙트럼을 검출할 수 있다. 마이크로볼로미터는 입사되는 적외선에 반응하며, 광자 검출기에 비해 그 반응속도와 민감도가 훨씬 더 낮다.

광자 검출기는 InSb, InGaAs, PtSi, HgCdTe(MCT) 등의 재료로 제조되며, GaAs/AlGaAs 층을 형성하여 QWIP(Quantum Well Infrared Photon; 양자 우물 적외선 광자) 검출기가 만들어진다.

광자 검출기의 동작 원리는 결정 안에 있는 전자의 상태가 입사 광자로 인해 달라지는 현상에 기반을 두고 있다. 광자 검출기는 일반적으로 열 검출기에 비해 속도와 민감도가 더 우수하다. 그러나 액화질소 또는 소형의 스털링 사이클 냉각 장치를 사용하여 극저온까지 냉각시켜야 하는 단점이 있다.

(2) 자동차용 야간 투시 카메라 Night vision for Automobile

자동차에 적용된 야간 투시 카메라는 두 가지가 있다.

• 근적외선(NIR: Near Infrared) 기술 - 적외선 카메라(능동형, ToF-카메라)

• 원적외선(FIR: Far Infrared) 기술 - 열화상 카메라(수동형)

야간 투시 카메라 시스템 중, 근적외선(NIR) 시스템은 2002년 Lexus/Toyota에, 원적외선(FIR) 시스템은 2000년 Cadillac Deville 모델에 처음 도입되었다.

① 근적외선(NIR) ToF-카메라

ToF-카메라는 고속(예: 수십 MHz)으로 변조되는 적외선 광원(예: LED 또는 VCSEL (Vertical-Cavity Surface Emitting Laser; 수직-공진 표면 발광 레이저)을 주행 전방에 조사한 후, 반사되어 복귀하는 빛의 시간지연을 계측, 화소pixel 단위로 거리를 측정하는 카메라를 말한다. 근적외선(NIR; 800~1,000nm) ToF-시스템은 파장 약 900~1,000nm, 최대 1100nm(1.1㎛; 실리콘의 최대감도)의 적외선을 장면에 비추고, 근적외선 전용 디지털카메라로 반사광을 포착하는 ToF-카메라이다.

근적외선 조명 광원은 대항차에 방해가 되지 않으면서도 원거리를 조명할 수 있어야 하고, 순간 광-출력이 크면서도 눈에 안전해야 하고, 빛의 퍼짐은 시야각(FoV) 범위 안에서 비교적 균일해야 한다. 예를 들면, 850nm 대역의 빛을 많이 방사하는 광원(예: LED 또는 레이저(VCSELs))을 주로 사용하고, 비구면 렌즈 뒷면에 근적외선만을 선별적으로 투과하는 물질(예: TiO_2, SiO_2)을 교번 증착하여, 가시광선과 특정 대역(예: 800nm 이하) 적외선을 차단하는 기술을 적용한다.

카메라에는 근적외선 대역에서의 감도가 우수한 촬상소자, 그리고 근적외선 광원에 의해 조사된 파장 대역에서 왜곡과 수차(收差; aberration)가 작은 렌즈 시스템이 중요하다. 또 야간에 대항차, 간판, 가로등에 의한 번짐smear 현상을 극복할 수 있도록, 광역 역광 보정wide dynamic range 기능을 갖추어야 한다.

주요 장점은, 이러한 파장의 센서 기술이 이미 실화상 비디오-카메라와 같은 다른 이미징 애플리케이션용으로 잘 개발되어 있어서, 비용이 더 낮다는 점이다. CMOS 공정을 이용한 ToF-카메라의 개발, 그리고 이를 이용한 인식 알고리즘 개발이 이목을 끌고 있다. 특히, 거리 화상으로부터 쉽게 배경을 제거할 수 있어서, 보행자 인식 시스템의 새로운 센서로 떠오르고 있다. 근적외선(NIR) 하드웨어는 잠재적으로 차선이탈 경고와 같은 다른 유용한 기능과 결합될 수도 있다(ToF Radar 참조).

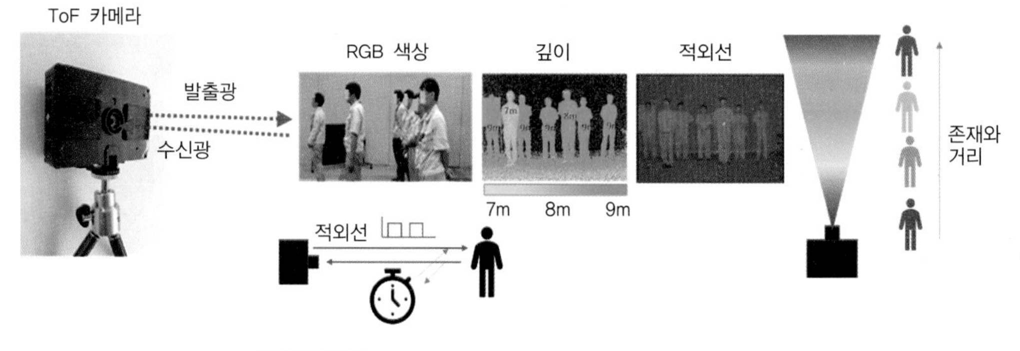

그림 2-113 ToF-카메라의 원리 [출처: Panasonic]

② 원적외선(FIR) 시스템 – 열화상 카메라 [54]

열화상 카메라(적외선 화상)는 빛 대신 열을 '보는' 카메라로서, 가시(可視) 속성 대신에 물체가 발산하는 열을 근거로 화상을 생성한다. 절대 영도(-273°C/-459°F)보다 온도가 높은 모든 물체는 온도에 비례하는 MWIR(3~5μm) 및 LWIR(8~14μm) 파장의 적외선을 방출한다. 따뜻한 물체는 차가운 물체보다 더 많은 복사선을 방출하므로 화상의 가시성(可視性)이 더 높다. 열화상은 이 복사에 초점을 맞추고 감지한 다음, 온도 변화를 흑백 스케일scale 화상으로 변환하고, 더 밝고 더 어두운 회색 음영을 사용하여 더 뜨겁고 더 차가운 온도를 나타내어, 장면의 열 상태를 시각적으로 표현한다. 따뜻한 물체(보행자, 동물)는 흰색으로, 더 차가운 물체(주차된 차량, 파편들)는 검은 회색으로 나타난다. 많은 열화상 카메라는 이러한 이미지에 색상을 적용할 수도 있다. 예를 들어 더 뜨거운 물체는 노란색으로, 더 차가운 물체는 파란색으로 표시하여 개체의 온도를 더 쉽게 비교할 수 있다.

차량에 적용하는, 초전pyroelectric 열화상 카메라 또는 마이크로볼로미터 카메라는 파장 7~12μm의 범위에서만 민감하다. 원적외선(FIR) 시스템은 감지 거리가 멀고, 보행자 감지 기능이 우수하지만, 센서를 앞-유리나 기타 유리 표면 뒤에 장착해서는 안 된다. 이유는 윈드실드 유리가 이들 파장에 대해 투명하지 않기 때문이다.

BMW는 2005년 9월, 원적외선(열화상) 센서를 사용하는 선택사양 Autoliv Night Vision System [37]을 도입하였다. 환경의 매우 작은 온도 차이(10분의 1도 미만)를 감지하는 감지기 요소(열화상 센서의 화소)가 특징이다. 센서는 모델년도에 따라 차량 전면 범퍼, 번호판 바로 아래 한쪽, 또는 방열기 그릴 안쪽에 장착한다.

그림 2-114 수동형 열화상(FIR) 카메라 센서 [출처: http://www.nature.com, BMW]

성능 측면에서 시스템은 300m 범위, 수평 36° 시야 및 재생율 30Hz를 제공한다. 고감도 원적외선(FIR) 카메라를 사용하여 운전자는 전방 도로를 명확하게 볼 수 있으며 주변 공기와 온도가 다른, 따뜻한(살아 있는) 물체를 쉽게 구별할 수 있다. 사용 편의성을 위해 화상image이 자동으로 최적화되어 다양한 주행 조건에서 품질을 유지한다.

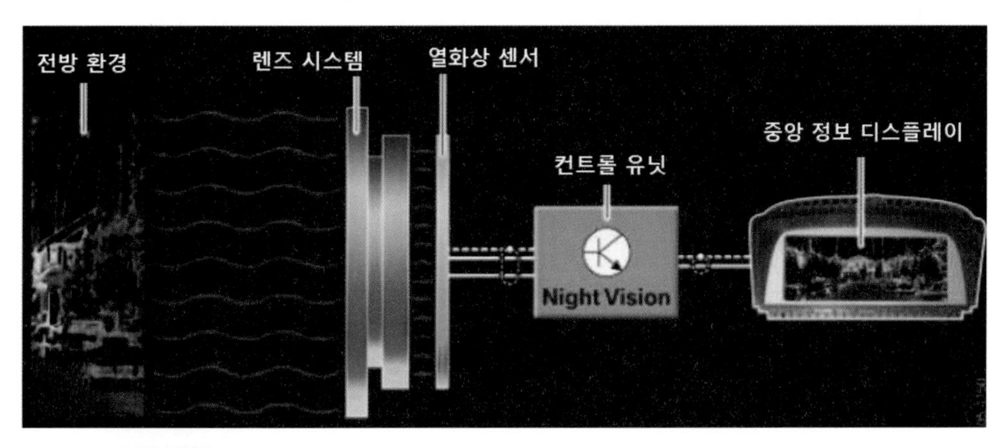

그림 2-115 야간 투시 카메라 시스템(예: BMW Night Vision)의 구성[BMW]

시스템은 주행속도 40km/h(25mph)를 초과하면, 차량 전방 90m(100야드)까지 도로를 스캔하여 특별히 보행자를 찾는다. 다이내믹 라이트 스팟dynamic light spot이 포함된 시스템은 임계critical 거리에서도 열화상으로 눈에 띄지 않는 보행자와 동물을 눈에 띄게 만들고 구체적으로 조명한다. 따라서 칠흑같이 어두운 야간에 놓쳐서는 안 되는 모든 것을 명확하게 볼 수 있다. 위급한 경우, 빨간색 기호(동물 또는 보행자)가 가늘게 나타난다. 음향 경고가 추가되고, 브레이크가 이상적인 응답을 위해 준비된다.

그림 2-116 BMW 나이트 비전 디스플레이의 시각적 주의 표시[BMW]

시속 70km를 초과하는 속도에서는 전자-줌zoom 기능이 작동하여, 화상이 자동으로 1.5배 확대된다. 조향휠의 조향각으로 제어되는 전자 패닝electronic panning 기능은 화상이 차량 방향과 일치하고 도로의 커브를 따라갈 수 있도록 한다.

그림 2-117 열화상 카메라 시스템 디스플레이[BMW]

3세대 야간 투시 시스템의 새로운 헤드램프 기술은 이미지 디스플레이의 생략을 허용하므로, 디스플레이가 산만하지 않다. 이미지 처리 시스템에 의해 감지된 보행자는 작은 추가 헤드램프의 도움으로 밝거나 깜박일 수 있다. 이제 감지되었다는 것을 알게 된 보행자에게 자동으로 운전자의 주의를 유도한다 [BOSCH].

빛이 마이크로 거울을 통해 굴절되는 수많은 고출력 LED를 사용하는, 새로운 픽셀-라이트pixel-light 개념은 거의 모든 모양의 라이트-콘light-cone을 생성하고, 상향 전조등에서 연속 주행을 쉽게 한다. 영상 시스템에서 보행자나 다가오는 차량을 구분하면, 눈부심 현상이 발생하지 않을 정도로, 명암 경계가 자동으로 낮아진다 [BOSCH].

③ 근적외선(NIR) 시스템과 원적외선(FIR) 시스템의 비교

원적외선(FIR)과 근적외선(FIR) 카메라를 사용하여 보행자를 감지하는 운전자의 능력을 비교한 연구에 따르면, 동일한 조건에서 원적외선(FIR) 시스템의 감지 범위는 근적외선(NIR) 시스템 보다 약 3배 이상 더 멀다. - 35m 대 119m.

[표 2-8] FIR 및 NIR 시스템 비교

[출처: Jan-Erik Kaellhammer]

	근적외선 센서(NIR)-능동형 카메라	원적외선 센서(FIR)-수동형 카메라
장점	- 가격 경쟁력(원적외선 대비) - 이미지 해상도 높다:기본 VGA(640x480)급 생물체 및 무생물 감지 가능 - 다른 시스템과의 통합 잠재력 - 설치 위치 선택에 유리.	- 감지 거리 김(NIR보다 약 3배 더 먼 거리 감지) - 보행자/동물과 같은 온열체 감지 능력 좋음 - 운전자의 시각적 혼란이 적은 이미지 - 환경의 작은 온도 차이(10분의 1도 미만)도 감지 가능 - 악천후에 더 나은 성능. 주변 빛의 영향을 받지 않음
단점	- 대향차 전조등 및 다른 NIR 시스템의 눈부심에 민감- 빛 번짐 발생. - 감지 거리 짧음 개체 반사율 영향. - 부품 수 많음(근적외선 발생기)	- 주변 온도와 온도가 같은 개체는 구별하기 어려움 (낮은 대비) - 이미지센서 해상도 열세(320×240) - 카메라 가격이 고가.

그림 2-118a 동일한 장면의 실화상(visual)과 열화상(thermal) 비교

그림 2-118b 열화상(LWIR), 실화상(visible) RGB, 단파적외선(SWIR) 및 근적외선(NIR) 카메라를 사용하여 안개 터널에서 촬영한 이미지의 예[55]

④ SWIR(단파장 적외선; 1.4~3㎛) 카메라

다양한 품질의 다양한 전자기 스펙트럼 범위를 감지하는 SWIR(단파장 적외선; 1.4~3㎛) 이미저 및 FPA(초점 평면 배열)들이 생산되고 있다. 한 가지 유형은 다른 센서 유형과 달리 극저온 냉각이 필요하지 않은 InGaAs 센서이다. 이들은 0.9~1.7㎛ 파장에 민감하다. 즉, NIR(근적외선)과 SWIR(단파장 적외선)을 모두 감지한다. InSb 센서는 또한 0.9~2.5㎛의 넓은 스펙트럼 응답과 함께 0.4~2.5㎛ 대역을 감지할 수 있는 다른 카메라를 사용할 수 있으며, 하나의 센서로 가시광선, NIR 및 SWIR 영역에 대응할 수 있다.

[표 2-9] 카메라 종류별 성능 비교

[출처: INFINITI electro optic]

카메라종류	실화상	NIR/ZLID	SWIR	비냉각FIR	냉각FIR
가격	낮음	중간	높음	중간	높음
ITAR 요구조건	No	No	Yes	No	대부분
해상도	★★★★★	★★★★	★★★	★★	★★★
장거리 감지	★★	★	★★★	★★★★	★★★★★
장거리 식별(identification)	★★★★★	★★★★	★★★	★	★
야간 성능(performance)	★	★★★★	★★★	★★★★★	★★★★★
야간 스텔스(stealth)	★★★★	★	★★★★	★★★★★	★★★★★
전력 효율	★★★★	★	★★★★	★★★★	★★
스모크 성능	★	★★★	★★★★	★★★★★	★★★★★
옅은 안개 성능	★	★★	★★★★	★★★★	★★★★
짙은 안개 성능	★	★	★★	★★	★★

* ZLID; Zoom Laser Infrared Diode. * ITAR requirement(국제 무기 거래 규정) 요구조건

참고 PMD-카메라

PMD(Photonic Mixer Device) 카메라는 차세대 비행시간 원리(ToF: Time-of-Flight) 카메라이다. 주요 구성요소는 스캔하지 않고 병렬로 대상까지의 거리를 화소(pixel) 단위로 측정할 수 있는 어레이(array) 또는 라인(line) 센서이다. 이들 카메라는 촬영한 장면의 깊이 정보와 결합된 빠른 이미징 및 높은 측면 해상도의 장점이 있다. 센서는 하나의 구성요소에서 비간섭성 광(光)신호의 빠른 광학 감지 및 복조를 가능하게 하는 PMD(Photonic Mixer Device)라고 하는 스마트 화소로 구성된다.

PMD 카메라는 표준 CMOS 기술의 센서 칩, 변조된 광 송신기, 제어 및 처리 전자장치, 그리고 소프트웨어 패키지로 구성된다.

5 차량 실내 감시

차량 실내 감시장치는 주의 산만이나 졸음, 심지어 어린이가 차량에 홀로 남겨져 있는지를 감지하고 위험한 상황을 운전자에게 알릴 수 있다. 예를 들어 안전벨트 경고 기능과 같은 안전 시스템은 차량 내부에서 얻은 정보로 더욱 강화된다. 다양한 안전 관련 애플리케이션 외에도 이 시스템은 정보 오락 프로그램 시스템의 방해 없는 작동을 위한 제스처 제어와 같은 다양한 혁신적인 상호작용 옵션도 제공한다. 카메라 기반, 레이더 기반, 라이다 기반 또는 이들을 융합한 시스템들이 출시되고 있다.

레이더 기반 시스템에서는 주로 60GHz mmWave 레이더 센서를 사용한다. 60GHz 센서는 24GHz 센서보다 20배 높은 감지 범위와 3배 높은 속도 해상도를 기반으로 한다.

카메라 기반 실내 감시 시스템은 다양한 요구 사항과 차량 유형에 시스템을 적용할 때

차량 제조업체에 높은 수준의 유연성을 제공한다. 이는 맞춤형 솔루션이 신속하고 비용 효율적으로 구현될 수 있음을 의미하며, 자율주행, 수동 안전 및 정보 오락 프로그램과 같은 다른 시스템을 원활하게 통합할 수 있다.

(1) 운전자 모니터링(운전자 졸음 감지)

운전자 모니터링 카메라(그림 2-119)는 운전자의 주의와 상태를 모니터링한다. 주의 산만, 졸음, 미세 수면을 감지하고 즉시 운전자에게 경고한다.

야간에 장거리 운전을 하면, 순간적으로 졸 위험이 상당히 크다. 연구에 따르면, 4시간 동안 계속 운전하면 운전자의 반응시간이 최대 50% 느려질 수 있다. 따라서 이 기간에 사고 위험은 2배가 된다. 그리고 6시간 동안 쉬지 않고 운전하면 위험이 8배 이상 증가한다! 유럽 전역에서 상용차에 운행기록계를 의무화한 이유이다 [56].

운전자 상태는 운전자의 직간접적인 감시를 기반으로 하는 특수 알고리즘으로 계산한다. 운전자에 대한 평가는 다음 범주로 그룹화할 수 있다.

직접적인 운전자 상태 모니터링은 일반적으로 운전자의 얼굴, 눈 움직임, 깜박인 시간 및 빈도를 기록하고 그에 따라 운전자 상태를 결정하는 카메라(계기 패널 또는 실내거울에 내장)를 기반으로 한다.

간접 모니터링은 다른 센서 정보(예: 운전대 움직임, 버튼/스위치)를 기반으로 운전자 활동을 평가하는 것을 의미한다. 간접 알고리즘은 모든 여행의 처음 몇 분 동안 운전자의 개별 행동 패턴을 계산한다. 그런 다음, 이 패턴은 차량의 전자제어장치에 의해 현재 조향 동작 및 현재 운전 상황과 지속적으로 비교된다. 이 프로세스를 통해 시스템은, 졸음의 일반적인 지표를 감지하고 가청 신호를 방출하고, 계기판의 경고 메시지를 깜박임으로써 운전자에게 경고한다 [56].

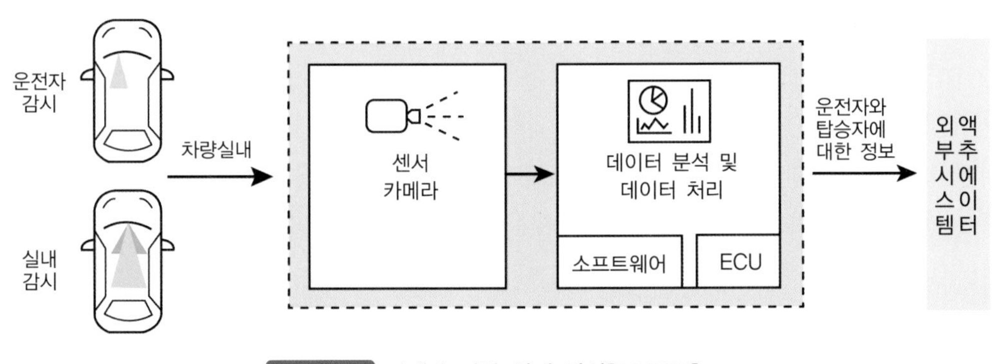

그림 2-119 카메라 기반 실내 감시[BOSCH]

운전자 주의 산만 감지의 과제는 다양한 유형의 주의 산만을 식별하는 데 적합한 알고리즘을 개발하는 것이다. 시각적 주의 산만과 인지적 주의 산만은 주의 산만의 두 가지 주요 유형으로, 각각 'eye-off-road' 및 'mind-off road'로 설명할 수 있다[57].

(2) 운전자 식별

얼굴 인식을 통해 시스템은 절대적으로 확실하게 운전자를 식별할 수 있다. 그러면 시스템은 저장된 운전자 프로필을 사용하여 좌석과 거울의 최적 위치, 선호하는 라디오 방송국 또는 선호하는 실내 온도와 같은 개인의 안락성과 편의 설정을 자동으로 조정할 수 있다.

(3) 실내와 탑승자 모니터링

실내 감시 체계로 주목받는 것은 운전자만이 아니다. 카메라는 모든 좌석이 시야에 들어오도록 배치된다. 이 시스템은 다른 탑승자의 존재를 감지한 다음, 안전벨트를 착용하라는 보다 구체적인 알림을 제공할 수 있다.

이 시스템은 또한 동반석이 점유되어 있는지를 식별하여 예를 들어, 어린이용 안전 시트가 있는 경우 에어백을 비활성화할 수 있다. 차량 내부의 온도 상승은 뒷좌석에 남겨진 어린이에게 빠르게 위험할 수 있다. 이 시스템은 이러한 심각한 상황이 처음부터 발생하는 것을 방지하기 위해 이 경우에도 운전자에게 경고한다.

(4) 안전과 편의성

실내 감시 시스템을 통해 제스처 제어와 같은 혁신적인 상호 작용 인터페이스를 구현할 수 있다. 이를 통해 운전자는 예를 들어 도로에서 시선을 떼지 않고 간단한 손 움직임으로 다음 곡으로 건너뛸 수 있다. 이것은 산만함을 줄이는 동시에 '사용자 경험'을 향상시킨다.

(5) 자율주행을 위한 운전자 모니터링

미래의 자율주행차량에서는, 임계critical 상황에서 운전자가 차량을 다시 제어할 수 있는지를 알아야 한다. 자율주행 상황에서 운전자는 더 이상 차량을 영구적으로 제어할 필요가 없으므로, 더 편안한 자세를 취할 수 있다. 위험한 상황에서 시스템은 좌석 위치를 결정하고 탑승자를 안전한 위치로 이동시켜 충돌 시 최적의 보호를 제공할 수 있다.

하드웨어-센서

2-6 e-호라이즌

e - Horizon

소위 e-호라이즌e-Horizon은 지리적 위치 정보(예: 위성항법 시스템), 경로 정보(예: 지도 정보), 교통정보(실시간 도로 교통정보, 제한속도) 등을 포함하는 통합 정보의 원천source이다. 이들 정보의 도움으로 미래 지향적인 운전기능(예: 도로 경사 및 속도 제한을 고려한 예측 제어)을 개선하고, 주행 안전에 기여할 수 있다.

1 전역 항법 위성 시스템(GNSS; Global Navigation Satellite System)

운전 자동화 시스템에서 가장 핵심적인 기능은 자동차의 지리적 위치를 실시간으로 정확하게 추정하는 위치추정(localization; 로컬라이제이션) 작업이다. 오늘날 자동차들은 주로 전역 항법 위성 시스템(GNSS)을 이용하여, 차량의 지리적 위치를 추정(측정)한다.

GNSS로는 GPS(미국), GLONASS(러시아), Galileo(유럽), Beidou(중국) 등이 운영되고 있다. 따라서 GPS-수신기는 GPS 정보만을, GNSS-수신기는 미국이나 유럽 또는 중국의 GNSS를 동시에 수신할 수 있는 수신기를 말한다. GPS를 예로 들어 GNSS의 개념을 설명한다.

(1) NAVSTAR GPS 개요 [58, 59, 60]

NAVSTAR GPS(NAVigation Signal Timing And Ranging Global Positioning System)는 미국 정부가 소유한 위성 항법 시스템으로, 사용자에게 PNT(위치측정Positioning, 내비게이션Navigation 및 시간정보Timing) 서비스를 제공한다. 즉, GPS는 수신기가 처리할 수 있는 형태로, 부호화된 위성신호를 방송한다. GPS-수신기는 이 신호를 수신하여, 위치, 속도 및 시간을 추정한다.

GPS는 원래 군용으로 개발되었으며, 우주 부문, 제어 부문 및 사용자 부문으로 구성되어 있다. 우주 및 통제 부문은 미국 공군이 개발, 유지 및 운영한다.

① **우주 부문** (SS; space segment)

궤도를 선회 중인 GPS 위성들의 집합(별자리 또는 성단)을 의미한다. GPS 위성들은 중간 지구 궤도(MEO) 대역에 속하는, 고도 약 20,183km에서, 약 11시간 58분 주기(하루 2회)로 지구 주위를 돌고 있다. GPS 위성들은 지구를 둘러싸고 있는, 동일한 간격(60°)으로 배열된, 6개의 궤도 평면에 분포하며(6×60° = 360°), 궤도 평면의 중심은 지구 질량중심과 일치한다. 또 각 궤도 평면은 지구 적도 평면으로부터 55°만큼 기울어져 있다. 그리고 각 궤도에 배치된 위성 중 최소한 4개(실제로는 더 많음)는 정상 작동상태를 유지하도록 관리되고 있다. 따라서 지구상의 대부분 위치에서는, 정상적으로 작동하는 24개의 기본 GPS 위성 중, 최소한 6개의 GPS 위성을 관측할 수 있다.

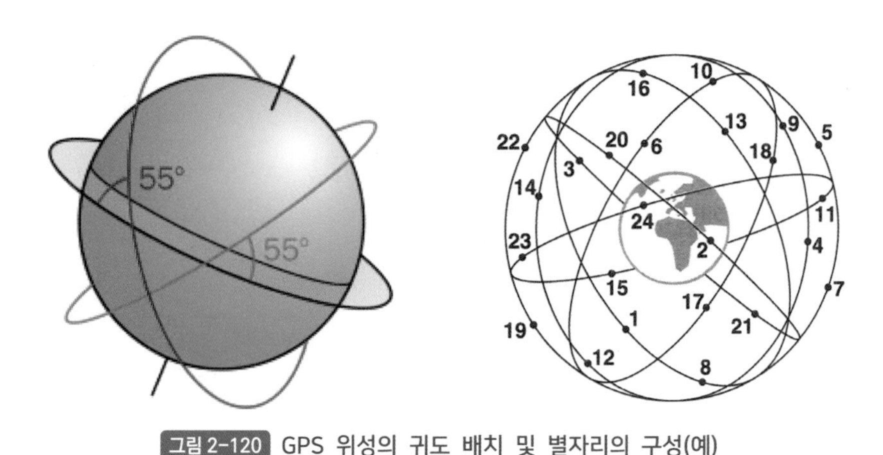

그림 2-120 GPS 위성의 궤도 배치 및 별자리의 구성(예)

지난 수십 년간, 궤도를 선회하는 위성의 수가 늘어나고 있다. 예를 들면, 2019년 4월 기준, 총 31개의 GPS 위성을 운용 중이다(참고: GPS 위성의 평균수명은 약 8년). 기본 24개를 제외한, 나머지 위성들은 기본 위성에 문제가 발생한 경우, 대체 임무를 수행함과 동시에 GPS 수신기의 정밀도 개선에 이용되지만, 기본 GPS 성단constellation 구성요소로 취급하지는 않는다. 그러나, 최근에는 다중 위성을 지원하는 수신기가 늘어나고 있다. 추가 위성을 운용함으로써 위성의 배열 간격은 불규칙하지만, 이러한 불규칙한 배열이 GPS 체계의 신뢰도, 정확성 및 가용성을 높인다.- 다중multiple GPS

위성으로부터 다음과 같은 정보(항법 메시지)가 지구로 전송된다.

- 위성 시간 및 동기화 신호
- 정확한 궤도 데이터(천체력)
- 정확한 위성 시간을 결정하기 위한 시간 보정 정보
- 모든 위성에 대한 대략적인 궤도 데이터almanac

- 신호 전달 시간을 계산하기 위한 보정 신호
- 전리층에 대한 데이터(매개변수)
- 위성 시스템 상태health 정보.

항법 메시지navigation message는 25개의 프레임frame으로 구성되며, 한 프레임의 길이는 1,500bit이고, 각 프레임은 길이 300bit인 5개의 서브sub-프레임으로 구성되어 있다.

② **제어 부문** (CS: Control Segment)

GPS 위성을 추적하고, 전송을 감시monitoring하고, 분석을 수행하고, GPS 별자리에 명령과 데이터를 보내는 지상 시설의 전역global 네트워크로 구성된다.

현재(2017년 5월 기준), 제어 부문에는 주 제어 스테이션(콜로라도), 대체 주 제어 스테이션(캘리포니아), 11개의 원격 추적 스테이션 및 제어 안테나 기지, 16개의 모니터 스테이션이 포함된다. 주 제어 스테이션에서는 취합된 최신의 궤도 정보를 분석하여, 명령/제어 안테나 기지를 거쳐, GPS 위성으로 새로운 궤도 정보를 송신함으로써 위성의 시각을 동기화synchronizing하고, 동시에 천체력ephemeris을 조정한다.

주 제어 스테이션Master Control Station의 중요한 작업은 다음과 같다.

- 위성의 움직임을 관찰하고 궤도 데이터(천문력)를 계산한다.
- 위성 시계를 감시monitoring하고 행동을 예측한다.
- 위성 시간 동기화
- 위성에서 수신한 정확한 궤도 데이터를 통신 중계
- 모든 위성의 대략적인 궤도 데이터almanac 중계
- 위성 상태, 시계 오류 등을 포함한 추가 정보 중계
- 최적의 성단 유지를 위해 위성의 위치 변경을 포함, 위성 유지 관리 및 이상 현상 해결
- 현재 별도의 시스템(AEP & LADO)을 사용, 운영 및 비운영 위성 제어
- 완벽하게 작동하는 대체 주 제어 스테이션으로 백업backup

감시 스테이션Monitor station의 임무는 다음과 같다.

공군에서 6개, NGA(국립 지리 정보원)에서 10개 등 16개 사이트를 통해 글로벌 서비스 제공

- 머리 위를 지나갈 때 GPS 위성 추적
- 항법 신호, 거리/반송자 측정 및 대기 데이터 수집

• 마스터 제어 스테이션에 관찰 피드백
• 정교한 GPS 수신기 활용

지상 안테나 기지Ground antenna의 임무는 다음과 같다.
4개의 전용 GPS 지상 안테나와 7개의 AFSCN(공군 위성 제어 네트워크) 원격 추적 스테이션으로 구성된다.

• 명령, 탐색 데이터 업로드upload 및 프로세서 프로그램 로드load를 위성으로 전송.
• 원격 측정 자료수집collect telemetry
• S-대역을 통해 통신하고, S-대역 레인징ranging을 수행, 이상 현상 해결 및 조기early 궤도 지원 제공

GPS 현대화 프로그램은 GPS 위성을 통해 전 세계적으로 구현된, 민간 GPS의 정확도를 의도적으로 낮추는, 선택적 가용성(SA: Selective Availability) 기능을, 2000년 5월에 비활성화함으로서 시작되었다. 이 조치로 인해, 민간 GPS 정확도가 이전에 비해, 약 10배 향상되어, 전 세계 민간 및 상업 사용자에게 큰 이익이 되고 있다.

2007년, 미국 정부는 선택적 가용성 기능(SA)이 없는, GPS III 위성을 구축하여, 선택적 가용성(SA)을 영구 폐지하는 계획을 발표하였다. GPS 현대화 프로그램에는 일련의 연속적인 위성 획득(발사)이 포함된다. 또한, 아키텍쳐 진화계획(AEP: Architecture Evolution Plan) 및 차세대 운영제어 시스템(OCX: next generation Operational Control System)을 비롯한 GPS 제어 부문의 개선도 포함된다. 주요 목표는 새로운 민간용 및 군용 신호를 사용하고, 우주 및 제어 부문 전반에 걸쳐, 현대 기술을 도입, 전체 성능을 개선하는 것이다, 예를 들어, 기존lagacy 컴퓨터와 통신 시스템을 네트워크 중심 아키텍처로 대체하여, 정확도를 높인, 더 빈번하고 정확한 위성 명령이 가능하게 된다.

③ **사용자 부문** (US: User Segment)

GPS 위성으로부터 신호를 수신하고, 수신한 정보를 이용하여 사용자의 3차원 위치 및 시간을 계산, 출력하는 GPS 수신기 장비로 구성된다. 이들 위성에는 세슘cesium 원자시계가 설치되어 있으며, 동일한 시간 간격(50 bps)으로 식별identification 신호, 시간time신호 및 위치position 신호를 발신한다.

원래 GPS 설계에는 민간인이 무료로 사용할 수 있는 C/ACoarse/Acquisition 코드, 그리고 군사용으로 예약된, 제한된 정밀도(P) 코드가 있다. 또한, 승인된 당사자만 사용하도록 의도적으로 암호화한, 코딩도 있다. 민간용으로 설계된 4개의 GPS 신호 주파수

대역 사양은, 도입 날짜순으로 L1 C/A, L2 C, L5 및 L1 C이다. L1 C/A는 기존legacy 신호라고도 하며, 현재 작동 중인 모든 위성에서 방송된다. L2 C, L5 및 L1 C는 현대화된 신호로, 최신 위성에서만 방송된다. (* 1GHz=1,000MHz)

L1 f_c=1575.42MHz(파장 19.05cm), 대역폭: 2.046MHz, (1574.397~1576.443MHz)
L2 f_c=1227.60MHz(파장 24.45cm), 대역폭: 1.023MHz, (1227.0885~1228.1115MHz)
L5 f_c=1176.45MHz(파장 25.48cm), 대역폭: 20.46MHz, (1166.22~1186.68MHz)

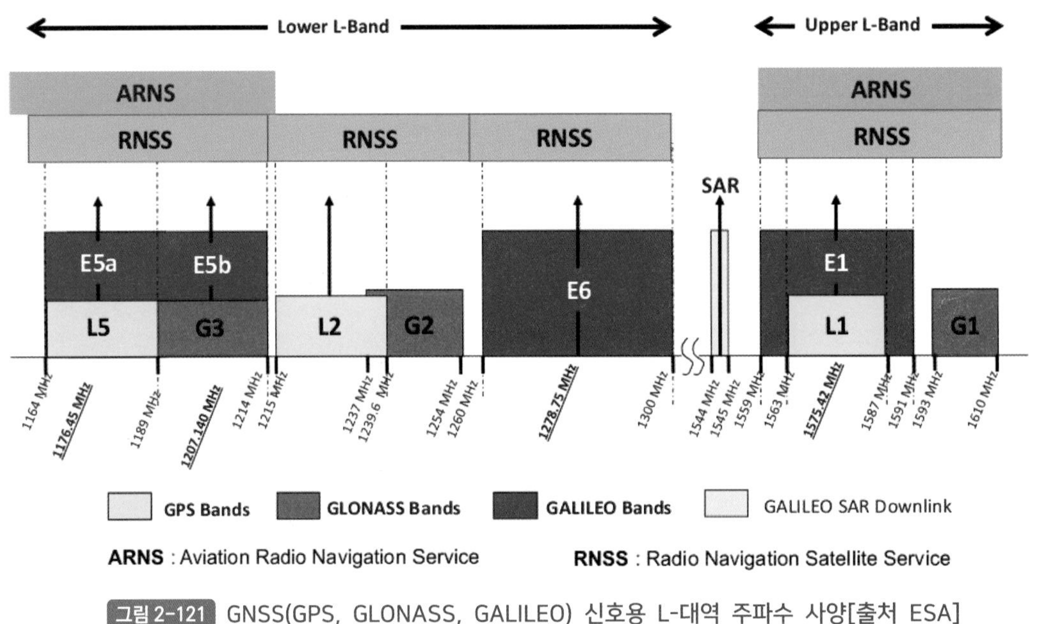

그림 2-121 GNSS(GPS, GLONASS, GALILEO) 신호용 L-대역 주파수 사양[출처 ESA]

작동원리는 거리 측정을 기반으로 한다. GPS 위성은 탑재된 원자시계로부터 정확한 시간(t), 그리고 자신의 위치 및 상태를 알리는 무선 신호를 방송한다. 모든 GPS 위성이 같은 주파수로 신호를 송신하지만, 각 위성 고유의 의사잡음부호(PRN)를 위상 편이 변조(PSK; Phase-shift keying)를 통해 스펙트럼 확산하여 송신하기 때문에, 수신기는 각 GPS 위성의 신호를 구별할 수 있다.

위성이 전송하는 신호가 수신기에 도달하는 데 약 67ms(밀리초)가 걸린다. 신호는 빛의 속도로 전달되므로 전송 시간은 위성과 수신기 사이의 거리에 따라 달라진다. 역으로, 위성과 수신기 사이의 거리는 신호 전송 시간에 의해 결정된다.

자동차에 설치된 내비게이션 컴퓨터를 이용하여 자동차의 현재 위치를 계산하기 위해서는 최소한 3개의 GPS-위성 신호가 필요하다. → 2차원 위치 측정 2-D positioning

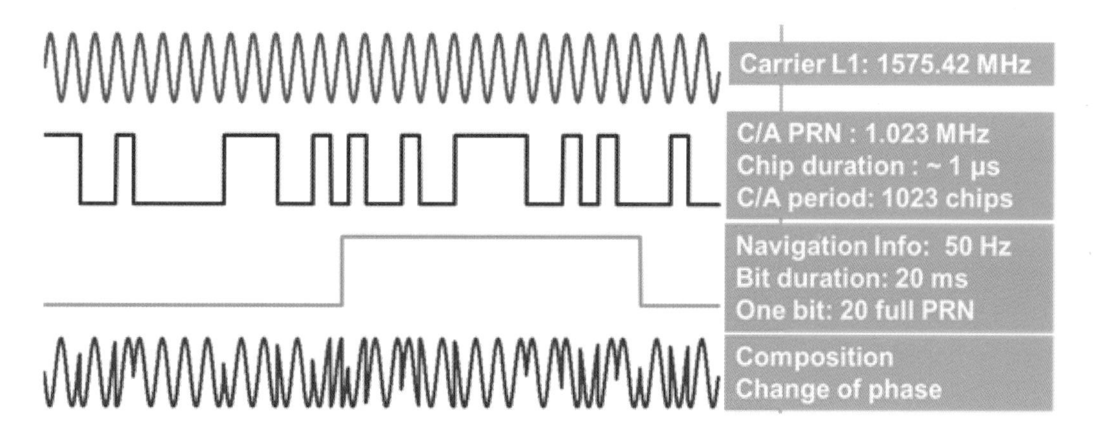

그림 2-122 GPS L1 C/A 신호의 주요 구성요소(예)

4개의 GPS-신호를 이용하면, 예를 들면 다층으로 구성된 도로 및 교차로를 주행하는 자동차의 3차원 위치를 정확하게 파악할 수 있다. 결과적으로, 정확한 위치추정을 위해서는, 차량의 GPS 수신기가 4개의 위성으로부터 동시에 위치 정보를 수신할 수 있어야 한다. 4개의 위성의 위치와 거리로부터 차량의 현재 위도(ϕ), 경도(λ), 고도(h) 및 시간(t)을 계산한다. 수학적으로 표현하면, 이는 4개의 미지수(ϕ, λ, h, t)를 4개의 위성의 위치와 거리를 이용하여 구한다.

10ns의 시간 편차는 거리 3m의 편차를 초래하므로, 시간을 매우 정확하게 측정하는 것이 가장 중요하다. 신호의 이동 시간은 위성이 방송한 시간과 수신기가 신호를 수신한 시간 간의 차이이다.

교통의 관점에서 제2, 제3의 민수용 주파수 신호(L2C 및 L5)는 현대화된 GPS 시스템에서 가장 중요한 변화이다. L2C는 상업적 요구를 충족하도록 특별히 설계되었으며, 이중 주파수 수신기에서 L1 C/A와 결합하면, L2C는 정확도를 높이는 기술인 전리층 보정을 가능하게 한다. 이중 주파수 GPS 수신기를 사용하는 민간인은, 군대와 동일한(또는 그 이상) 정확도를 활용할 수 있다. 기존의 이중 주파수 오퍼레이션operation을 사용하는 전문 사용자를 위해 L2C는 더 빠른 신호 수집, 향상된 안정성 및 더 넓은 작동 범위를 제공한다. L2C는 기존legacy L1 C/A 신호보다 더 높은 유효 전력으로 방송하므로 나무 아래에서는 물론, 실내에서도 수신하기 쉽다.

L5는 인명 안전 운송 및 기타 고성능 애플리케이션에 대한, 까다로운 요구 사항을 충족하도록 설계되어 있다. L5는 항공 안전 서비스 전용으로 예약된 무선 대역에서 방송된다. 더 높은 전력, 더 큰 대역폭 및 고급 신호 설계가 특징이다. 미래의 항공기는 L1 C/A와 함께 L5를 사용하여 정확도(전리층 보정을 통해)와 견고성(신호 중복을 통해)을 높일 것이다.

(2) GPS 내비게이션 메시지

항법 메시지는 50bps로 전송되는 연속적인 데이터 흐름이다. 각 위성은 다음 정보를 지구에 중계한다.

- 시스템 시간 및 시계 수정값
- 자신의 고도로 정확한 궤도 데이터(천문력)
- 다른 모든 위성에 대한 대략적인 궤도 데이터(달력)
- 시스템 상태 등

항법 메시지는 위성의 현재 위치를 계산하고, 신호 전달 시간의 결정에 필요하다. 전체 달력의 전송 시간은 12.5분이다. GPS 수신기가 기능을 수행하려면(예: 기본 초기화를 위해), 전체 달력을 한 번 이상 수집해야 한다.

(3) GPS의 위치 계산 (그림 2-123 참조)

GPS는 지구 질량중심 등위 회전 타원체를 표현하는 WGS84(World Geodetic System 1984: 세계 측지계 84)로 기준 좌표계를 정의한다. 이는 지구의 질량중심을 원점으로 하는, 데카르트, 3차원 좌표계이다. Z축은 지구의 자전축 방향과 일치하고, X축은 WGS 본초자오선과 적도와의 교차선, Y축은 X축으로부터 적도 평면을 따라 동쪽으로 90° 회전한 방향이 된다.

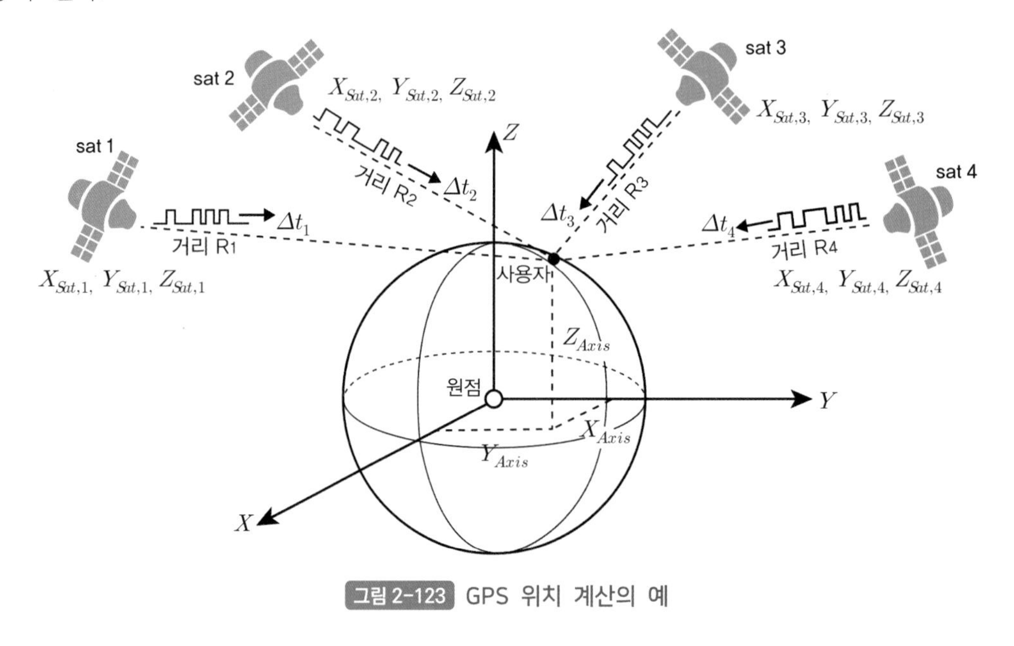

그림 2-123 GPS 위치 계산의 예

WGS84 좌표계는 전체 지구를 대상으로 하므로, 현재 우리나라가 사용하는 바젤Bassel 타원체 기준 좌표계와는 일치하지 않는다. 따라서, GPS로부터 수신된 WGS84 좌표를, 다시 바젤Bassel 타원체 기준 좌표계로 변환하여 사용한다.

4개의 위성으로부터 사용자까지의 거리(R_1, R_2, R_3, R_4)는 4개의 위성과 사용자 사이의 신호 전송 시간($\Delta t_1, \Delta t_2, \Delta t_3$ 및 Δt_4)을 이용하여 결정할 수 있다. 4개의 위성의 위치 ($X_{Sat,i}, Y_{Sat,i}, Z_{Sat,i}, i = 1, 2, 3, 4$)를 알면, 사용자 좌표를 계산할 수 있다.

(4) GNSS의 오차의 근원

GNSS(전역 위성항법 시스템)는 어느 나라 시스템이든 오차를 피할 수 없다. 여러 가지 요인들이 오차에 영향을 미친다.

크게는 위성 오차, 대기 오차, 지상 오차 등으로 구분할 수 있다.

① **위성 오차(위성 궤도, 위성 시계, 위성 데이터 오류)**

- 위성 궤도 오차 oribit error : 위성 위치의 정확도는 일반적으로 약 1~5m 이내이다.
- 위성 시계 오차 satellite clock error : 각 위성에는 4개의 원자시계가 탑재되어 있지만, 시간 오류가 10ns에 불과해도 3m 정도의 오차가 발생한다.
- 위성 데이터 오차 satellite data error

② **대기 오차**

- 빛의 속도: 위성에서 사용자에게 보내는 신호는 빛의 속도로 이동한다. 이 속도는 이온층(지상 80~600km의 대기층)과 대류권(지표면으로부터 평균 약 12km)을 통과할 때 느려지므로, 더 이상 상수로 취급할 수 없다.
- 이온층 지연 ionospheric delay : 이온층에 의한 지연은 태양의 활동, 연도, 계절, 시간, 위치 등에 따라 달라진다. 또한 이온층을 통과하는 인공위성 신호의 주파수에 따라 이온층 지연시간이 달라진다. 따라서 이온층 지연이 오차에 미치는 영향을 정확히 파악하기 어렵다. 대략 ±5m 정도의 오차가 발생한다.
- 대류권 지연 tropospheric delay : 지표면 대기층으로서, 지연은 대류층의 습도, 온도, 대기압 등에 따라 달라진다. 대류층의 환경은 지표면 환경과 비슷하므로 기지국과 수신기에서 발생하는 대류층 지연은 비슷하다. ±0.5m 정도이다. 실시간 이동측위(RTK) GNSS로 보정한다.

③ **지상 오차(ground error)(신호 왜곡, 지상반사(다중경로 및 신호 음영), 수신기 오류)**

사용자는 위성 신호가 수신되는 시점을 약 10~20ns 이내에만 결정할 수 있다. 즉,

신호 전달 시간의 영향은 3~6m의 위치 오차에 해당한다. 오류 성분은 지상 반사(다중 경로 및 신호 음영)의 결과로 더욱 증가한다.

- **신호 왜곡**; 다른 주파수로 구성된 복잡한 신호에서 주파수에 따른 지연차이가 위상차이를 발생시켜 신호의 모양이 바뀌는 것을 말한다.
- **다중경로 오차**: 고층 건물의 벽과 같은 물체에 반사된 GNSS 신호를 수신기 안테나가 수신할 때 발생한다. 반사된 신호의 이동거리가 길어서, 다른 신호보다 수신기에 더 늦게 수신된다.
- **신호 음영**: 주변 환경(장애물)에 의해 신호가 흡수, 차단, 감쇠되어, 수신 전파 전력이 평균을 중심으로 요동치는 현상

(5) 정밀도의 희석 Dilution of precision

항법 모드에서 GPS를 사용하여 위치를 결정할 때의 정확도는, 한편으로는 개별 의사거리 측정의 정확도에 따라, 다른 한편으로는 DOP(정밀도 희석)라고 하는 위성의 기하학적 구성configuration에 좌우된다.

① **위성 기하학**; 측정에 사용된 4개의 위성이 서로 가까이 있으면, 위치 결정 능력이 저하된다. 측정 정확도에 대한 위성 기하학의 영향을 GDOP Geometric Dilution of Precision라고 한다.

② **현재 사용 중인 DOP(정밀도 희석)**

- PDOP: 위치 DOP(3-D 공간에서의 위치)
- HDOP: 높이 DOP(평면에서의 위치)
- VDOP: 수직 DOP(높이만)

- DOP는 안테나에 대한 위성의 기하학적 방향이다.
- DOP의 값은 GPS 측정 품질에 사용된다. 값이 작을수록 DOP가 양호함을 나타낸다. 값이 5보다 크면 PDOP가 불량한 것으로 간주한다.
- 이상적인 조건은 안테나 바로 위에 하나의 위성이 있고, 다른 3개의 위성이 120° 간격으로 분산된 경우이다.

③ **단일 GPS 측량/관측**

- 정적(static) 관찰

- 안테나는 한 지점에 고정되어 있다.
- 장기간 관찰하여 정확도를 높임

- 몇 m 수준의 정확도

- 동적kinematic 관찰
- 안테나가 이동한다moving.
- 특정 지점에서 소수 또는 단일 관찰
- 정확도가 낮다.
- 때로는 오류가 너무 커서 수백 m까지

참고 GPS 캐리어(carrier) 신호가 L-대역 주파수인 이유는?

모든 GPS 신호는 주파수 스펙트럼의 L-대역(1,164~1,610MHz)에 있다. L-대역 파동은 구름, 안개, 비, 폭풍 및 초목을 관통하므로, GPS 수신기는 주야간, 모든 기상 조건에서 정확한 데이터를 수신할 수 있다. 콘크리트 건물 내부나 울창한 숲속에서는 수신기가 신호를 정확하게 수신하지 못하는 상황이 발생할 수 있다.

데이터 신호 전송을 위한 GPS 캐리어 주파수의 선택은 다음을 고려해야 한다.

- 2GHz 이상의 주파수는 신호수신용 지향성 안테나가 필요하므로 주파수는 2GHz 미만이어야 한다.
- 전리층 지연은 1,000MHz 미만 및 10GHz 이상의 대역에서 엄청나게 크므로, 이를 피해야 한다.
- PRN(의사난수잡음) 코드는, 반송파 주파수의 코드 변조를 위해 대역폭이 커야 한다.
  따라서 큰 대역폭이 가능한, 높은 주파수 대역을 선택해야 했다.
- 신호 전파의 주파수는 비, 눈 또는 구름과 같은 기상 현상의 영향을 받지 않는 대역이어야 한다.

이와 같은 사안을 고려하여, GPS 캐리어 주파수로 L-대역 주파수를 선택하였다. 각 GPS 위성(블록 IIF 이상)은 L1, L2 및 L5(대역폭 1,000~2,000MHz 사이의 L-대역 주파수)로 지정된, 전자기 스펙트럼의 마이크로파 범위에서 3개의 반송파 신호를 사용한다.

기본 주파수는 모두 10.23MHz의 정수배로서, L1은 1,575.42MHz(파장 19.05cm), L2는 1,227.60MHz(파장 24.45cm), L5는 1,176.45MHz(파장 25.48cm)이다.

● 방송 전파 대 방출된 전파(Broadcast Radio Waves vs Emitted Radio Waves)

GPS(L-band Carrier) 신호는 방송 전파이다. 방송 전파는 송신기를 사용하여 생성한다. 방출된 전파는 별이나 은하와 같은 천체에서 생성된다. GPS는 방송전파를 사용하고 전파 천문학은 방출된 전파를 사용한다.

● 방송 전파(Broadcast Radio Waves)

송신기는 RF(무선 주파수)에서 전기신호를 사용하여 RF-반송파를 생성한다. RF-반송파를 생성하는 송신기 부분을 발진기라고 한다. 전송 시 RF는 중계될 정보로 변조된다. 수신기는 변조된 무선 신호를 수신, 복조하고 RF를 제거하여 정보 주파수를 남긴다. 송신 안테나는 송신기 내부의 전기신호로 생성한 전파를 수신하여, 이를 공중으로 방송되는 전파로 변환한다. 수신 안테나는 전파를 수신, 수신기로 보내, 원본 메시지로 재구성한다.

● 방출된 전파(Emitted Radio Waves)

전파 천문분야는 우주에 존재하는, 대부분의 천체가 광(빛) 파장뿐만 아니라 전파 파장의 복사선을 방출한다는 발견에서 시작되었다. 행성과 혜성, 가스와 먼지의 거대한 구름, 별과 은하와 같은 천체는 다양한 파장의 빛을 방출한다. 이들이 방출하는 일부 광파의 파장은 매우 길다(때로는 1마일). 이 장파는 전자기 스펙트럼의 무선 영역(radio range)에 있다.

2 위성 기반 위치 보정시스템(SBAS; Satellite Based Augmentation System)

GPS는 오차가 17~37m 정도로서, 정확도 및 신뢰도가 낮다. 따라서 항공기처럼 정확하고 신뢰성이 높은 위치정보가 필요한 분야에서는 GPS의 활용이 제한적일 수밖에 없다. 특히 안전이 중시되는 항공분야에서는 GPS의 고장이나 작동 오류 시 이용자에게 경고해주는 무결성 Integrity 기능을 갖춘 보정(보강)시스템이 별도로 필요하다. 이와 같은 목적으로 구성된 초정밀 위치정보 보정시스템 또는 정지 위성형 위성항법 보정시스템이 바로 위성 기반 위치 보정 시스템(SBAS)이다.

현재 SBAS를 운영 중인 나라는 미국(WAAS), 유럽(EGNOS), 일본(MSAS), 인도(GAGAN), 중국(SNAS) 등이며, 우리나라는 2022년 12월까지 오차 범위 3m 이내인 한국형 초정밀 위치정보 보정시스템(KASS)을 개발, 운영할 예정이다(지상 인프라는 전국에 7개의 기준국, 2개의 위성통신국, 2개의 통합운영국 구축).

국제민간항공기구(ICAO)는 SBAS를 국제표준화하고, 미국의 WAAS(광역 오차 보정 시스템)의 설계와 부합하는 메시지 포맷과 주파수로 전송해야 한다고 규정하고 있다. 따라서, 개별 국가에서 개발, 운영하는 SBAS는 세계 공통 표준을 준수하므로 서로 연동할 수 있다.

참고로, 상용 GNSS 수신기는 대부분 SBAS 기능을 제공하고 있다. 미국의 WASS(광역 오차 보정 시스템)는 최소 95%의 측정시간 동안, 수평축과 수직축에 대한 위치 정확성이 7.6m 이하여야 한다고 규정하고 있다. 실제 정확도는 규정값보다 훨씬 낮은 것으로 알려져 있다.

동작 원리는 다음과 같다. **[출처: 한국항공우주연구원]**

① 넓은 지역에 분산된 기준국에서 개별 GPS 신호를 수신, 항법 데이터와 거리 측정값을 생성, 중앙국/운영국에 전달한다.

② 중앙국/운영국은 기준국에서 수집한 정보를 활용, 사용자들이 위치계산에 이용할, GPS 위성의 오차(궤도오차, 시계오차, 전리층 지연 등) 보정용 정보를 생성하고, 동시에 GPS 신호의 이상 여부를 판단하기 위한 무결성 정보를 생성한다.

③ 중앙국/운영국에서 생성한 정보와 무결성 정보는 국제표준 SBAS 메세지에 포함되어 위성통신국으로 전달된다.

④ 위성통신국은 SBAS 메시지를 GPS 신호와 유사한 특성이 있는 SBS 신호에 실어 정지궤도위성으로 송신한다.

⑤ 정지궤도위성은 수신된 SBAS 신호를 서비스 영역 안의 사용자들(예: 항공기, 선박, 지

상차량 등)에게 방송한다.

⑥ 사용자들은 GPS 신호와 정지궤도위성으로부터 수신한 SBAS 보정 및 무결성 정보를 이용, 신뢰할 수 있는 정확한 위치 계산을 수행한다.

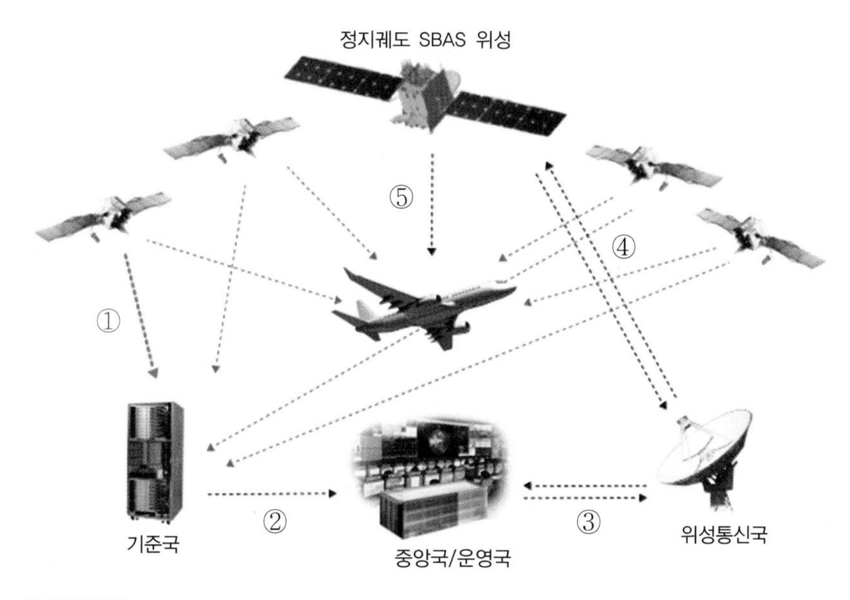

그림 2-124 위성 기반 위치 보정 시스템(SBAS) 개념도[출처: 한국항공우주연구원]

SBAS를 활용한 위치 정확도의 향상은 다음과 같은 이점이 예상된다.

① 항공 분야: 항공기 사고, 지연, 결항 감소 등

② 위치 기반 산업: 빠른 길 찾기, 응급구조 등 고부가가치 산업 창출

③ GPS 교란 대응: GPS 교란 시, 10초 이내 자동 경보 제공으로, 즉시 대응체계 확보

④ 기타: 자동차, 철도, 선박 등의 교통수단과 정보통신, 물류 분야 등에 활용 가능

미국에서 가장 널리 사용되는 SBAS는 WAAS Wide Area Augmentation System이다. WAAS는 항공 애플리케이션에 국한되지 않으며, 해상 및 자동차 상업용 GPS 수신기 중 다수가 WAAS를 지원한다. WAAS는 북미 전역에서 5m 미만의 일반적인 정확도로 GPS 보정 데이터를 제공한다. 유럽에서도 유사한 시스템을 사용할 수 있다.

EGNOS European Geostationary Navigation Overlay Service는 최초의 범유럽 위성 항법 시스템이다. 이 시스템은 미국 GPS 위성 항법 시스템을 보강하고 좁은 채널을 통해 항공기를 조종하거나 선박을 항해하는 것과 같은 안전에 중요한 응용 프로그램에 적합하다.

3개의 정지 위성과 지상국 네트워크로 구성된 EGNOS는 GPS에서 보낸 위치 신호의 신뢰성과 정확성에 대한 정보가 포함된 신호를 전송하여 목표를 달성한다. 이를 통해 유럽 및 기타 국가의 사용자는 1.5m 이내에서 자신의 위치를 결정할 수 있다 [61].

3 DGPS Differential GPS와 RTK Real Time Kinematic

SBAS의 정확도는 위에서 설명한 바와 같이 반경 1.5~3m 정도이다. 이 정도의 정확도는 인간이 자동차를 운전하는 데는 충분할 수 있으나, 자율주행차량이 정상적으로 주행하기 위해서는 cm급의 정확도를 확보해야 한다. 이를 위해서 차동 GPS Global Positioning System나 실시간 이동 측위 Real Time Kinematic 기술을 적용한다.

(1) DGPS (Differential GPS; 차동 GPS)

DGPS는 실시간(현장에서 직접 측정 중) 또는 사무실에서 데이터 후처리(나중에 데이터 평가 중)에 적용할 수 있다. 두 방법 모두 동일한 기본 원칙을 기반으로 하지만, 각각 다른 데이터 공급원에 접속 access하고 다른 수준의 정확도를 달성한다. 두 방법을 결합하면, 데이터 수집 중에 유연성이 확보되고 데이터의 무결성이 향상된다.

DGPS 기술의 기본 가정은, 상대적으로 서로 가까운 두 수신기가 유사한 대기 오류를 경험한다는 점이다. DGPS를 사용하려면 정확히 알려진 위치에 하나의 GPS 수신기를 설치해야 한다. 이 GPS 수신기는 기지국 base station 수신기로서, 위성 신호를 기반으로 위치를 계산하고 이 위치를 이미 알려진 정확한 위치와 비교하여 차이를 만든다. 이 차이는 이동 roving 수신기로 알려진 두 번째 GPS 수신기(예: 차량의 GPS 수신기)에 의해 기록된 GPS 데이터에 적용된다. 수정된 정보는 무선 신호를 사용하여 현장에서 실시간으로 이동 수신기(예: 차량의 수신기)의 데이터에 적용하거나, 특수 처리 소프트웨어를 사용하여 데이터를 획득 capture한 후, 후처리를 통해 적용할 수 있다. 위치 정확도는 ±1m 정도이다.

실시간 차동 GPS(DGPS)는 기지국이 데이터를 수신하면서 각 위성에 대한 보정을 계산하고 방송할 때 발생한다. 정보 공급원 source이 육상 기반인 경우, 무선 신호를 통해 이동 수신기에서 수정을 수신한다. 위성 기반인 경우, 위성 신호를 통해 수신, 계산 중인 위치에 적용한다. 결과적으로 이동 GPS 수신기의 데이터 파일에 표시되고 기록된 위치는 차등적으로 수정된 위치이다.

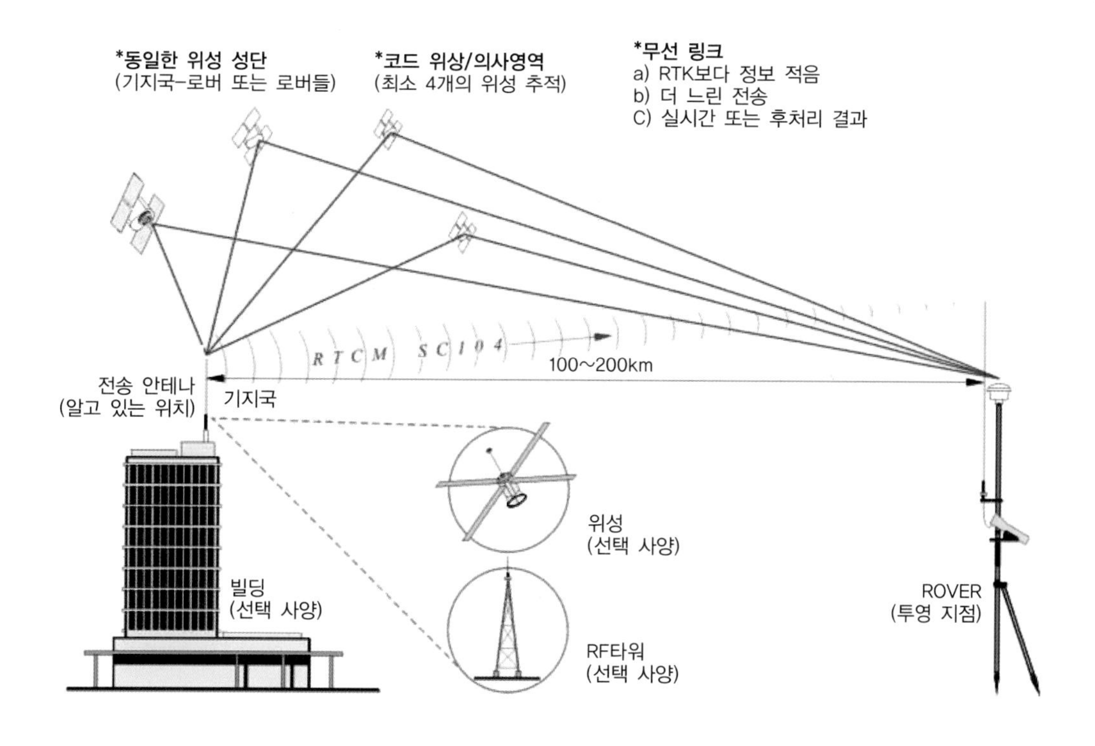

그림 2-125 차동 GPS(DGPS) [출처: GPS for Land Surveyors]

(2) 실시간 이동 측위(RTK: Real Time Kinematic) GNSS

실시간 이동 측위 GNSS(RTK GNSS)는 무선 연결을 통해 이동rover 수신기와 직접 통신하는, 고정된 근거리 지상 기지국을 활용하는 GPS 기반 위치측정 기술이다. RTK는 실시간으로 측정을 수행하고 ±2cm 정도의 즉각적인 정확도를 제공할 수 있다. RTK 시스템은 모든 GNSS 시스템 중에서 가장 정밀하다. 또한 완전한 반복성을 달성할 수 있는 유일한 시스템으로 정확한 위치로 무한정 돌아갈 수 있다. 이 모든 정밀도와 반복성은 상당히 높은 비용이 든다. 그러나 RTK에는 다른 단점도 있다. RTK는 이동하는 차량rover으로부터 약 10~15km 이내에 기지국이 있어야 한다 [62].

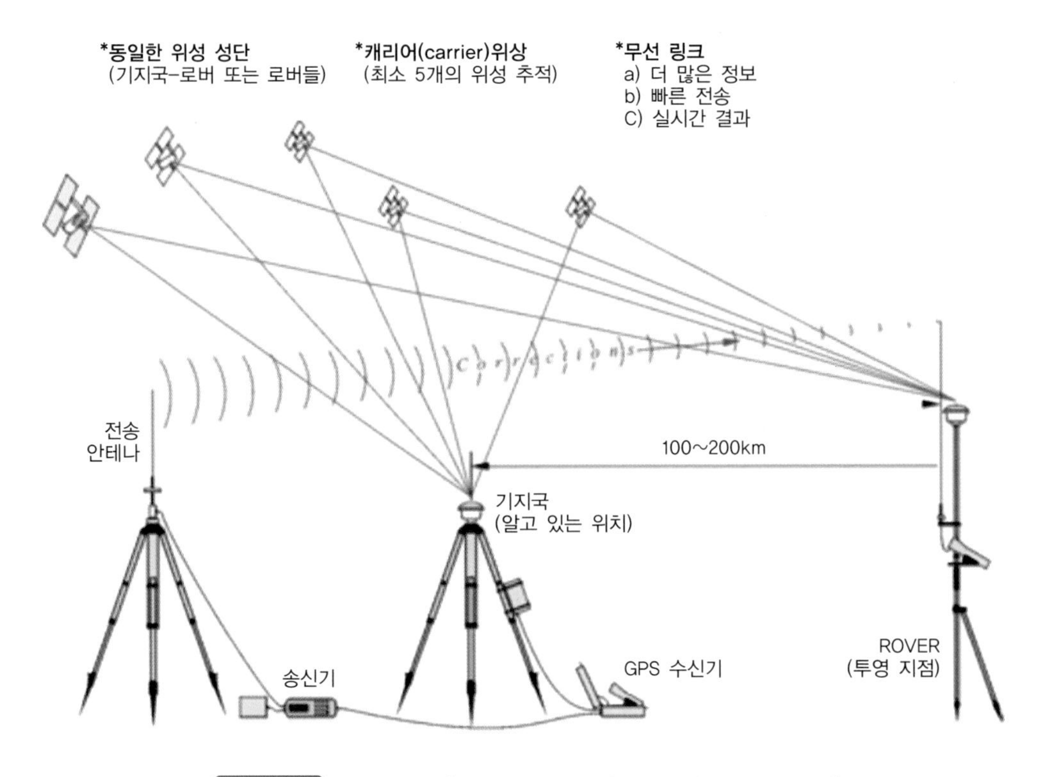

그림 2-126 RTK GNSS[Source: GPS for Land Surveyorss]

RTK는 캐리어 위상(최대 5개의 위성 추적)을 기반으로 위치를 계산하므로, 코드 기반 위치 계산 방식code-based positioning보다 더 정밀하다.

코드 기반 위치 계산 방식은 수신기가 획득한 위성의 의사 난수 코드 정보를 이용하여 위치를 계산하며, 여기에 차분 보정을 적용하면, 약 5m 정도의 정확성을 갖는다.

캐리어 기반 위치 계산carrier-based ranging은 캐리어 전파신호를 사용하는 캐리어 위상 수신기로 데이터를 수집, 위성과 자동차 사이의 캐리어 사이클 수를 구한 다음, 여기에 캐리어 파장을 곱하여 의사 거리를 계산한다. 캐리어 신호의 주파수는 의사 난수 코드보다 주파수가 더 높으므로, 의사 난수 코드만 사용할 때보다 더 정확하다. 캐리어 기반 위치 계산에 차분 보정을 적용하면, 1m 미만의 정확도를 얻을 수 있다. 그러나 정밀도를 높이기 위해서는, 추가로 위성 시계, 위성 궤도력, 그리고 이온층과 대류층의 지연 등으로 인한 오차를 제거한 측정값을 기준국에서 차량rover으로 전송해야 한다.

RTK GNSS는 차분 보정과 미지정수 추정ambiguity resolution을 통합한 알고리즘으로 차량의 위치를 판단한다. 높은 정확도를 얻기 위해서는 기준국과의 거리가 가깝고, 차분 보정의 정확도가 높아야 한다. 차분 보정의 정확도는 기준국의 위치가 좋고, 기준국에서 수신하는 위성 정보의 품질이 높을수록 더 높아진다. 기준국과 차량의 수신기 품질은 물론이고, 기준국이 간섭이나 다중경로 오차와 같은 환경 영향이 최소가 되는 위치에 설치되어야 한다.

(3) 보조 GPS Assisted GPS

보조 GPS는, GPS 수신기가 거리 측정 및 위치 솔루션을 만드는 데 필요한 작업을 수행하는 데 도움이 되는, 지원 서버 및 참조 네트워크와 같은 외부 소스source 시스템을 말한다. 지원 서버는 참조 네트워크의 정보에 접속access할 수 있으며 GPS 수신기를 훨씬 능가하는 컴퓨팅 성능도 가지고 있다. 지원 서버는 무선 링크(일반적으로 모바일 네트워크 데이터 링크)를 통해 GPS 수신기와 통신한다. 네트워크의 도움으로 수신기는 일반적으로 처리할 작업 집합이 지원 서버와 공유되기 때문에 도움을 받지 않는 것보다 더 빠르고 효율적으로 작동(시작)할 수 있다. 통합 GPS 수신기와 네트워크 구성 요소로 구성된 결과, AGPS 시스템은 독립 실행형 모드에서 동일한 수신기보다 성능을 개선한다. GPS 수신기의 시작 성능 또는 TTFF time-to-first-fix를 향상시킨다. 지원 서버는 위치 솔루션을 계산할 수도 있으므로, GPS 수신기는 범위 측정값을 수집하는 유일한 작업을 수행한다. AGPS의 유일한 단점은 인프라에 의존한다는 점이다(보조 서비스 및 온라인 데이터 연결 필요).[63]

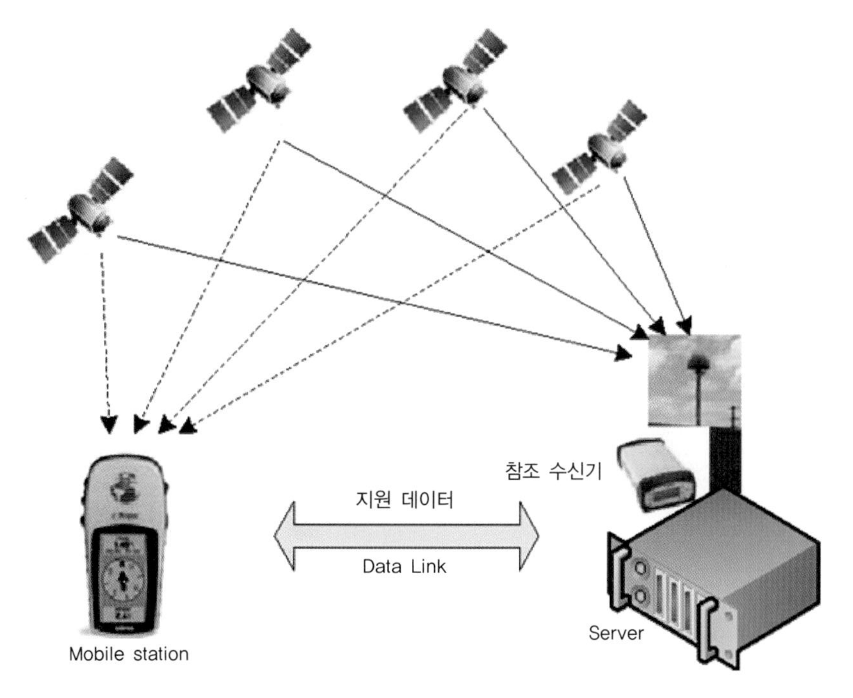

그림 2-127 보조(Assisted)-GPS의 기본 개념

4 정밀 단독 측위(PPP: Precision Point Positioning)[64]

PPP(정밀 단독 측위)는 차동 GNSS와 유사하게 작동하지만 가까운 지상 또는 기지국에 대한 상대 위치를 계산하는 대신에, 정지 위성을 통해 전송되는 보정 데이터를 사용한다. 이 기술은 전 세계 거의 모든 곳에서 최대 cm 품질까지, 정확한 위치 데이터를 제공한다.

PPP 시스템에서 수신기는 위성 자체의 시계 및 궤도 정보, 그리고 상대적으로 희소한 지상 추적 네트워크의 보정 데이터를 사용한다. 이 고정 네트워크는 보이는 모든 위성에 대한 보정을 계산하고 이 보정 데이터의 전부는 이진 메시지로 형식화된다. 그런 다음, 이 메시지는 정지 위성에 업링크 uplink된 하위(sub)-시스템으로 전송된다.

정지 위성은 지상의 수신 안테나로 정보를 방송한다(그림 2-128). 통신은 GPS 성단을 위한 L-대역 형식으로 실행된다. 이중 주파수 수신기는 높은 정확도를 달성하는 데 필요한 기준 스테이션의 수를 줄인다.

위성 기반 보정 데이터는 일반적으로 다수의 상용 서비스 제공업체들이 제공하며, 공개 소스 사용을 위해 PPP-Wizard 및 RTKLIB를 사용할 수 있다(Jokinen 2014).

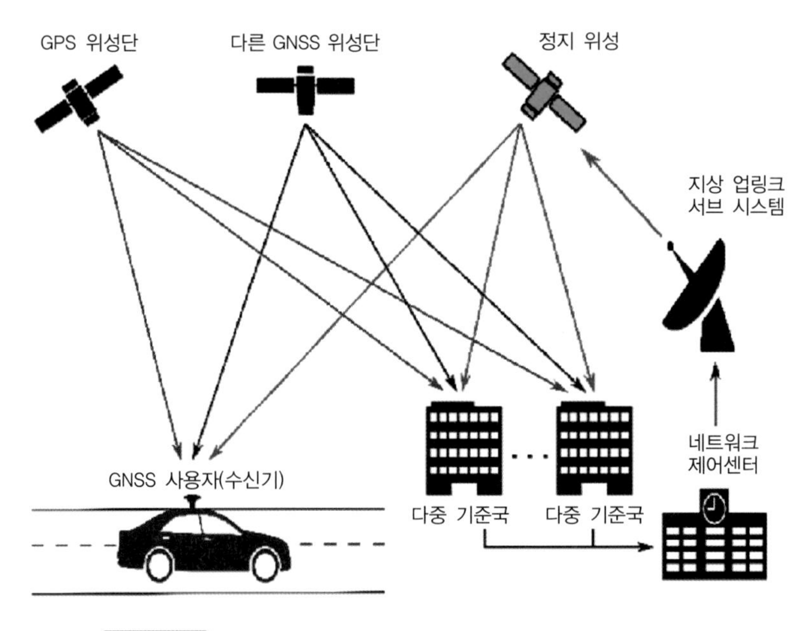

그림 2-128 RTK-PPT(실시간 정밀 단독 측위)의 개념도[64]

특히 PPP(정밀단독측위) -알고리즘은 수신기 좌표와 시계 정보의 정밀 계산에 이중 주파수 수신기에서 받은 코드 및 위상 관측 정보, 그리고 정밀한 위성 궤도 및 시계 정보를 사용한다. 위성으로부터 수신한 정보는 모두 확장 칼만 필터(EKF: Extended Kalman Filter)를 거친다. 위치, 수신기 시계오차, 대류층 지연 및 캐리어 위상 미지정수ambiguity는 EKF 상태로 추정된다. 정확하고 안정적인 값으로 수렴할 때까지 GNSS 측정을 계속 수행해서 EKF 상태에 대한 추정값을 개선한다.

PPP는 상대적으로 네트워크 밀도가 낮은 기준국의 측정 정보로 지상 처리센터에서 계산한, 정밀한 궤도와 시계 정보만 있으면 된다. 그러나, 위치 해의 정밀도는 로컬 기준국에서 상대적으로 결정되는 RTK보다 훨씬 우수하다.

또한, PPK는 시스템 구조가 비슷한 SBAS와 비교하여, 정밀한 GNSS 기준 궤도 정보와 시계정보를 실시간으로 수신하여 정확도를 cm급으로 높일 수 있다. 그리고 PPK는 하나의 보정 스트림을 전 지역에서 사용할 수 있지만, SBAS는 특정 지역에서만 사용할 수 있다.

그러나, 통합 후처리 방식의 PPP에서 가장 큰 문제는, 대기(大氣)조건, 위성의 배치, 다중경로 환경과 같은 자연적인 편향을 보정, cm급의 정확도를 얻는데 약 30분 정도의 시간이 소요된다는 점이다. 실시간(RTK) PPP 시스템은 여전히 초기 단계에 머물고 있다.

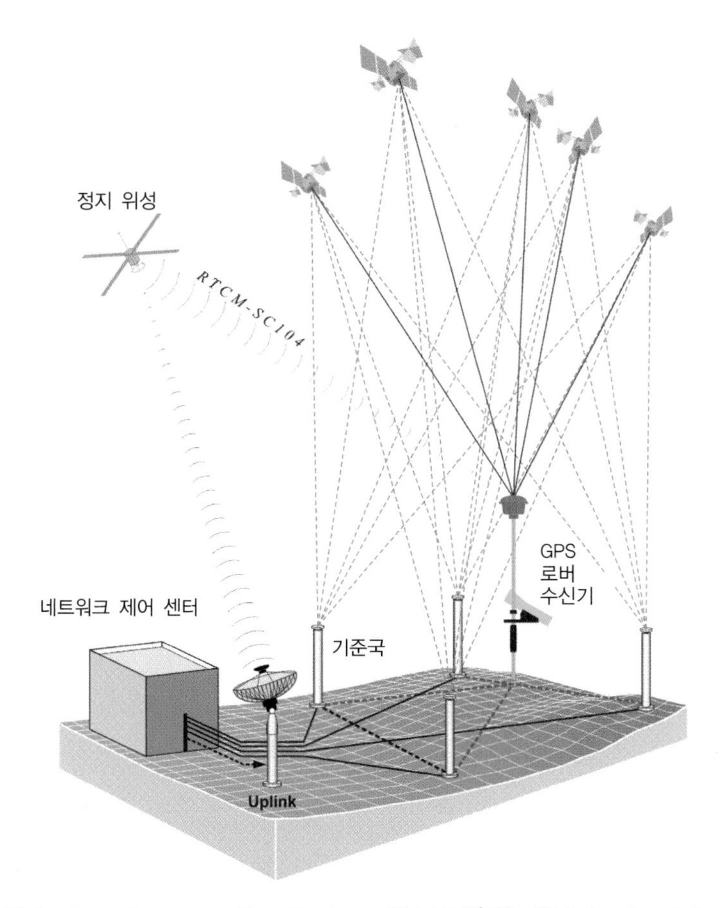

그림 2-129 Wide Area Augmentation System, WAAS [출처: GPS for Land Surveyors]

5 차량 내비게이션 시스템

(1) 내비게이션 시스템의 구성

내비게이션 시스템의 구성 부품 및 관련 시스템은 그림 2-130과 같다. 입력신호들은 내비게이션 컴퓨터에서 처리된다. 결과는 화면에 지도그림으로 또는 음성으로 출력된다.

시스템의 구조는 모니터가 고정, 설치된 형식, 자동차 라디오를 이용하는 형식, PDA Personal Digital Assistant를 이용하는 형식 등 다양하다.

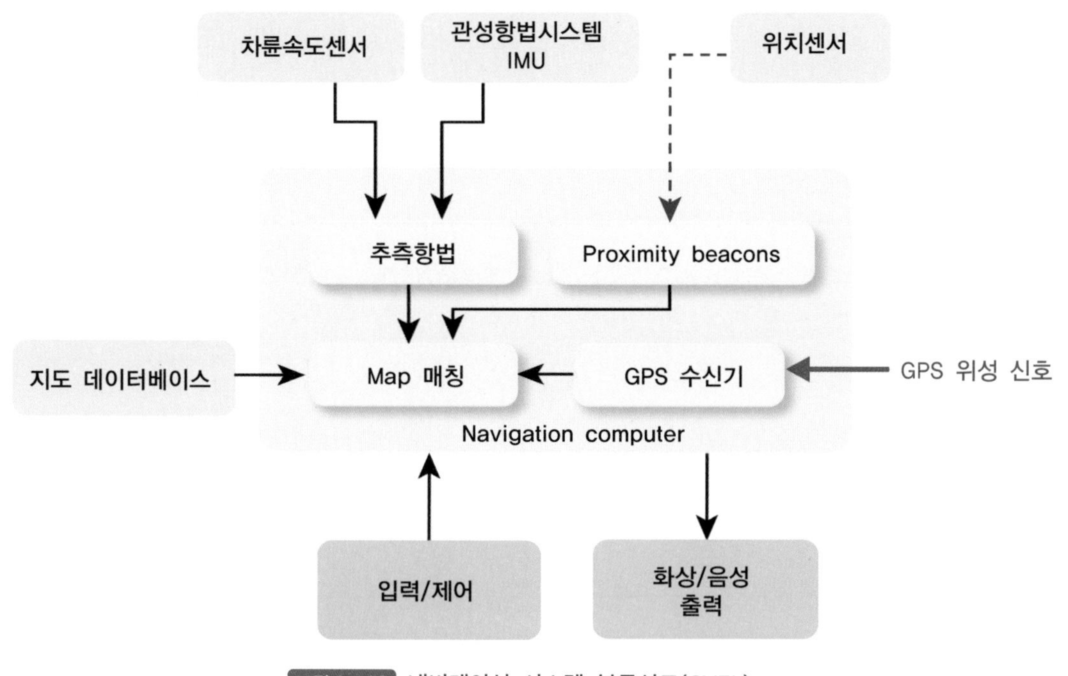

그림 2-130 내비게이션 시스템 블록선도(CVEL)

(2) 차량 내비게이션 시스템의 기능

차량 내비게이션 시스템은 다음과 같은 기능을 수행할 수 있다.

① 고유의 위치 확인 기능

② 위치 전송 기능

③ 실시간 교통상황을 고려하여 목적지까지의 최적 경로를 계산하는 기능

④ 계산한 최적 경로를 따라 목적지까지 길을 안내하는 기능

① **고유의 위치 확인 기능**

GPS-데이터를 이용하여 약 10m까지의 정확도로 위치를 추적할 수 있다. 정확도를 높이기 위해, 요잉yawing센서 및 주행속도센서의 신호를 이용하여 자동차의 이동정보를 보완한다. 이와 같은 방법으로 예를 들면 거리를 정확하게 측정하며, 직진주행과 커브주행을 구분할 수도 있다. 또 교량, 터널 등의 주행에 의한 외부영향 때문에 위치 수정이 필요할 경우, 내비게이션 컴퓨터가 곧바로 이를 수정한다.

이 외에도 장시간 주차하고 있는 경우, 위성의 위치가 바뀜에 따라 차량의 위치를 확인하는 데 약간의 시간이 소요될 수도 있다. 이는 불가피한 현상이다.

② **위치 전송 기능**

비상 시 또는 자동차 고장에 의한 긴급출동 서비스나 사고에 의해 구난이 필요한 경우에 자동차의 현재 위치를 알려주는 기능을 수행한다. 이 외에도 자동차 도난 시에 도난을 당한 자동차의 위치를 추적할 수도 있다.

③ **실시간 교통상황을 고려하여 목적지까지의 최적 경로를 계산하는 기능**

운전자가 조작 요소들을 조작하여 또는 음성으로 목적지를 입력하면, 내비게이션 시스템은 자신의 현재 위치를 확인한다. 이를 바탕으로 내비게이션 컴퓨터는 지도 메모리의 데이터에 근거하여 목적지까지의 최적 경로를 계산한다.

내비게이션 컴퓨터는 주행속도 신호와 요 yaw - 센서의 출력값을 이용하여 커브 부분의 곡률각 및 커브 부분의 길이를 계산할 수 있다. 주행거리로부터 센서들이 취득한 데이터를 도로지도 메모리의 소프트웨어 또는 DVD, CD-롬의 데이터와 비교하여, 필요하면 수정한다Map-matching. 이를 통해 현재 주행하고 있는 도로에서의 자동차의 현재 위치를 정확하게 파악할 수 있다. 또 GPS-신호는 추가로 현재의 위치 점검에 사용할 수 있다.

다양한 정보통신시스템(예: TIM; Traffic Information System), RDS Radio Data System 또는 인터넷을 통해 수집한 실시간 교통정보(예: 정체구간, 공사구간, 도로차단 등)를 목적지까지의 거리를 계산하는데 고려할 수도 있다.

④ **계산한 최적 경로를 따라 목적지까지 길을 안내하는 기능**

내비게이션 시스템은 계산한 최적 경로를 따라 목적지까지 길을 안내하는 기능이 있다. 대부분이 음성으로 길을 안내하며, 도로지도 화면에는 화살표로 현재의 위치를 나타낸다. 설정된 도로를 벗어났을 경우, 즉시 대체경로를 계산, 안내한다. 도로 정보뿐만 아니라 제한속도 및 기타 다양한 정보도 제공한다.

하드웨어-센서

2-7 관성 측정장치(IMU)와 주행거리 측정계

Inertial Measurement Unit and Wheel Odometry

전역 항법 위성 시스템(GNSS)은 수신기와 최소 3~4개의 위성 사이에 가시선(可視線)이 있어야, 제대로 작동하므로 위성 신호를 이용할 수 없는 곳(예: 고층 건물이 밀집된 도시 지역 또는 터널 환경)에서는 다른 기술로 보완해야 한다. 이 목적으로는 주로 관성 측정 장치(IMU)를 사용한다.

1 관성 측정장치(IMU: Inertial Measurement Unit)

관성측정장치(IMU)는, 일반적으로, 차체의 3차원 직교축(x, y, z축) 각각에 배치한 6개의 상호 보완 센서로 구성된다. 축마다 가속도계와 자이로스코프를 설치하여, 6-자유도(DoF: Degree of Freedom: 그림 2-131 참조)를 추정한다. 일부 모델에서는 주로 방향 표류drift 보정을 지원하기 위해서 3축 자력계magneto-meter를 추가하기도 한다. 그러나 자력계는 차량의 국부 자기장과 주변 차량들의 자기장으로 인해 차량용으로 특별하게 유용한 것은 아니다.

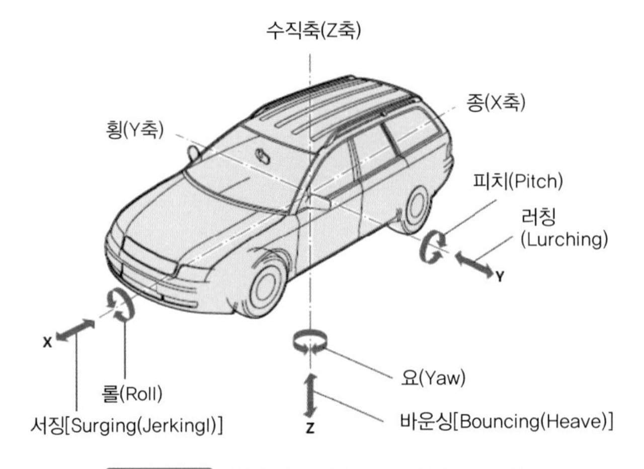

그림 2-131 차량의 3차원 좌표계와 6-자유도

일반적으로 차량용 IMU에 포함된, 자이로스코프는 차량의 x, y, z축 회전 매개변수(피치, 롤 및 요)와 회전각속도를 추정하고, 가속도계는 차량의 x, y, z축의 선형가속도를 추적한다. 관성항법 시스템(INS: Inertial Navigation System)은 이들로부터의 원시 데이터를 결합하여, 차량의 주행속도, 상대 위치relative position, 그리고 주행 방향heading을 더 정밀하게 추정할 수 있다.

[표 2-10] 관성측정장치(IMU)에 내장된 측정기구와 측정변수

측정기구	측정량 및 단위	부정확도	sensor-body 3차원 공간 좌표계		
			X축	Y축	Z축
가속도계 (accelerometer)	선형 가속도 [m/s^2]	$10^{-3}G$	surge (jerk)	lurch (drift, slide)	heave (bounce)
자이로스코프 (gyroscope)	회전 각속도 [rad/s]	$10°/h$	roll	pitch	yaw
자력계 (magnetometer)	지구 자기장 [μT]	–	주로 방향 드리프트(drift) 오차 보정		

※ 온보드 온도계(압전식 자이로센서 오차 보정용), 기압센서(300~1100hPa; 고도 계산용)

IMU의 또 다른 목적은 INS(관성항법 시스템)가 차량의 슬립각slip angle을 결정할 수 있도록 하는 것이다. 슬립각은 차량이 미끄러지거나, 회전하거나, 전복되는 경향이 있는지를 나타낸다. IMU는 휠의 조향 방향에 대한, 실제 차체의 조향방향 정보를 제공한다. IMU는 초당 2cm의 정확도 수준(또는 그 이상)으로 속도를 추적할 수 있다.

(1) 3축 가속도계 accelerometers

IMU의 중요한 구성요소는 스프링-질량-댐퍼 원리에 따라 작동하는 가속도계이다. 관성력, 감쇠력, 스프링력을 모두 계산하여 개체에 가해지는 힘을 측정할 수 있다. 스프링과 질량에 의해 가해지는 압력은 장치에 밀봉된 잔류가스에 의해 감쇠된다. 가속도계에는 고정 구조물과 검증-질량proof-mass 사이의 정전용량을 측정하는 정전식 가속도계, 그리고 단결정 또는 세라믹 압전재료를 사용하여 압력이 가해지면 이 재료로 전압을 측정하는 압전가속도계가 있다. 가속도계 각각은 단일 축에서 가속도를 측정하므로, IMU에는 3D 계산이 가능하도록 3축 가속도계를 사용하는 경향이 있다.

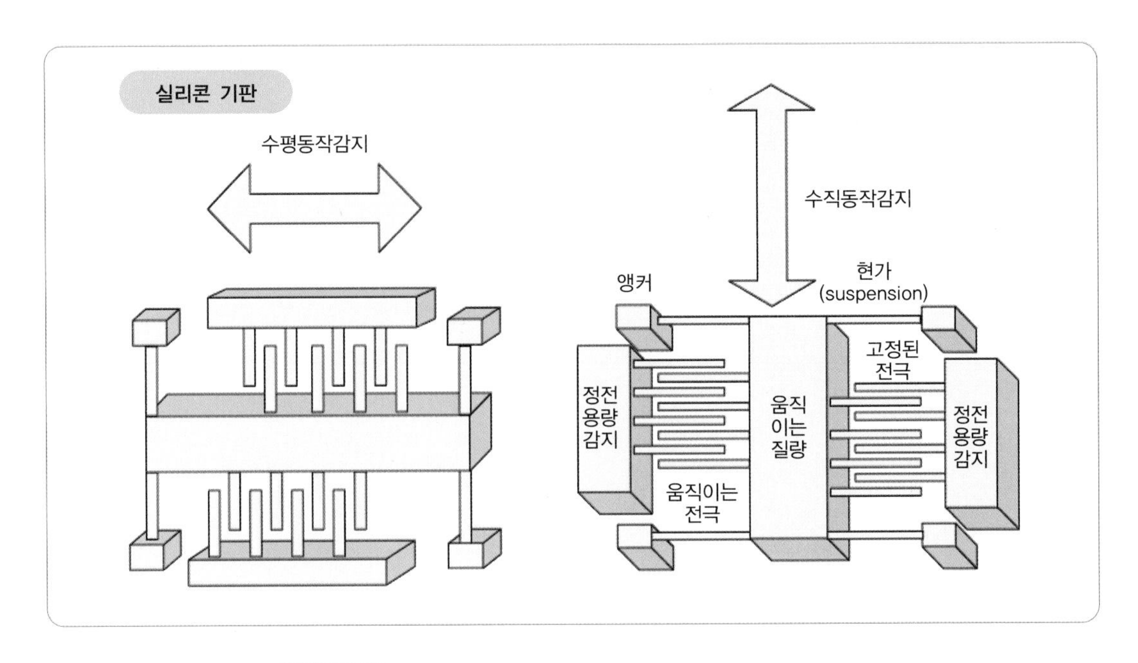

그림 2-132 가속도계의 작동원리 [출처: Maxim Integrated]

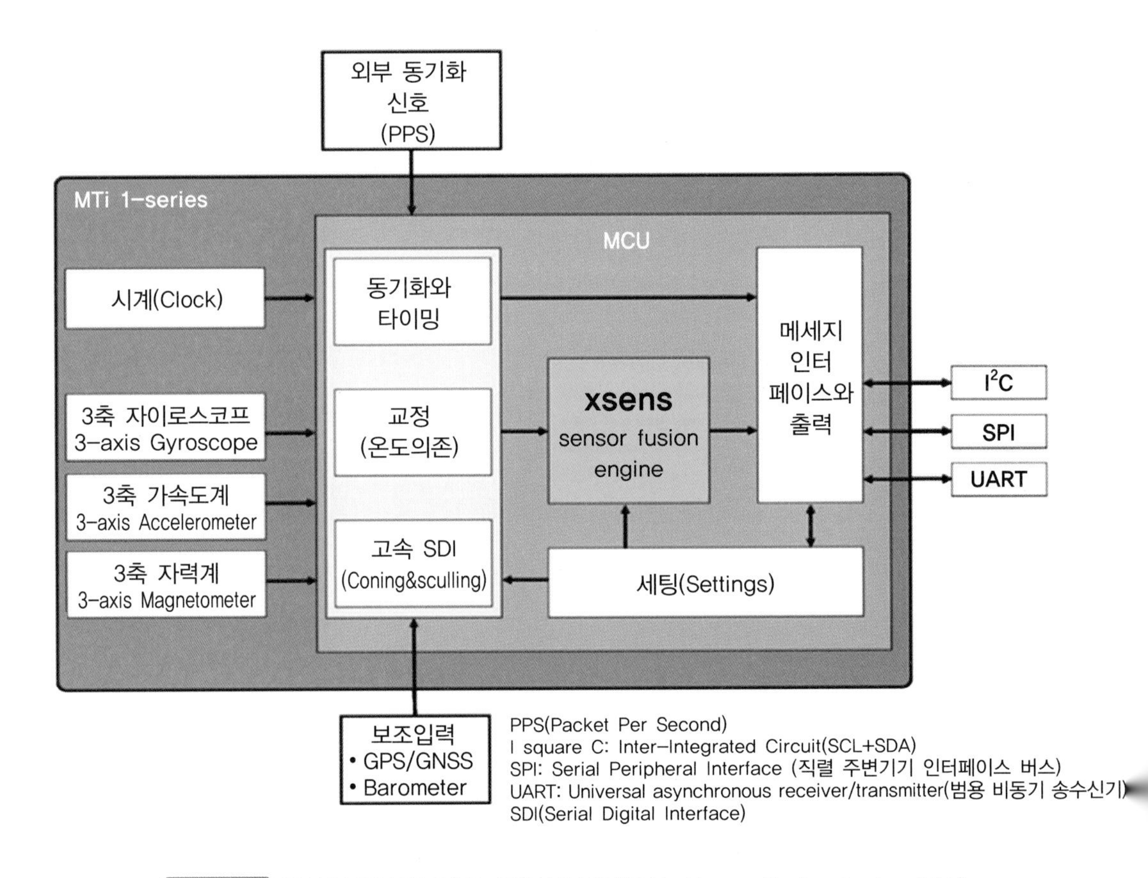

그림 2-133 관성측정장치(IMU)의 블록선도(예) [출처: Xsens Technologies B.V.]

(2) 자이로스코프 gyroscope

관성측정장치(IMU)는 혹독한 환경에 노출된 경우에도 매우 높은 성능을 제공한다. 그러나 이러한 성능에 도달하려면 세 가지 주요 결과 동작을 보완해야 한다.

- 코닝(coning): 2개의 직각 회전으로 인해 유발되는 기생 효과
- 스컬링(sculling): 회전에 직각인 가속도에 기생하는 기생 효과
- 원심 가속 효과(Centrifugal Acceleration Effect)

그림 2-134 IMU 센서 모듈 시리즈 [출처: Xsens Technologies B.V.]

자이로스코프는, 고정된 기준 프레임을 기반으로 차량의 방향을 식별한다. 자이로스코프에는 기계식, 광섬유식, MEMS 등, 여러 유형이 있다.

① 기계식 자이로스코프

2개의 짐벌 gimbal과 지지 프레임에 장착된 회전 원판 또는 빠르게 회전하는 로터를 사용한다. 원판의 각운동량으로 인해, 지지 프레임의 방향 변경과 관계없이 원판의 원래 회전방향이 계속 유지된다. 따라서 관성 기준 좌표계에 대한 두 짐벌 사이의 각도 변위를 측정하여, 방향 변화를 추론할 수 있다.

② 광학식(광섬유) 자이로스코프

sagnac 간섭계를 기반으로 한다. 기본적으로 광원, 그리고 광섬유를 원형으로 감아 놓은 광섬유 코일(회전 감지부)로 구성된다(그림 2-135 참조).

Sagnac 간섭계에서 광선은 분할된다. 자이로스코프가 정지상태에 있는 경우, 두 빛은 서로 반대방향으로 광섬유 코일을 통과, 발신점으로 복귀하는 소요시간은 같다. 반면에, 자이로스코프가 회전하는 경우는, 두 광선이 발신점으로 복귀하는 시간은 서로 다르다.

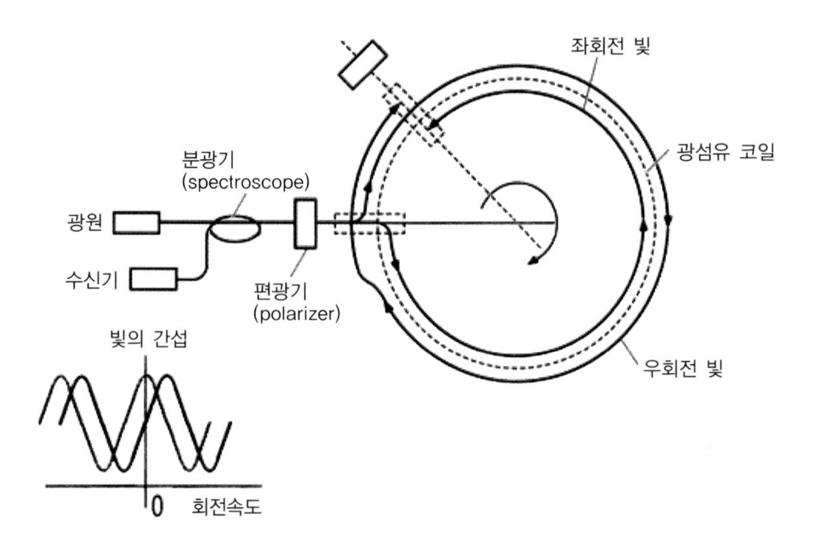

그림 2-135 광섬유 자이로스코프의 기본 구성 [69]

회전하는 방향으로 이동하는 광선은 그림 2-136과 같이 회전 반대 방향으로 이동하는 광선에 비해 발신점으로 복귀하는 시간이 더 길어진다. 자이로스코프의 각속도는 광선의 위상차를 측정하여 추론할 수 있다. 위상차(간섭)는 회전 각속도에 비례한다. 광섬유 자이로스코프는 다른 형태의 자이로스코프와 비교해 가격, 안정도, 내구성, 빠른 기동 시간, 측정 정확도 등에서 이점이 있다.

2개의 광선이 회전하는 링ring 경로(오른쪽)에서 서로 반대 방향으로 전파될 때, 전파 시간은 링ring이 회전하지 않을 때(왼쪽)와 다르다. 광선의 위상차(θ)를 측정하여 링ring에 가해지는 각속도를 추론할 수 있다.

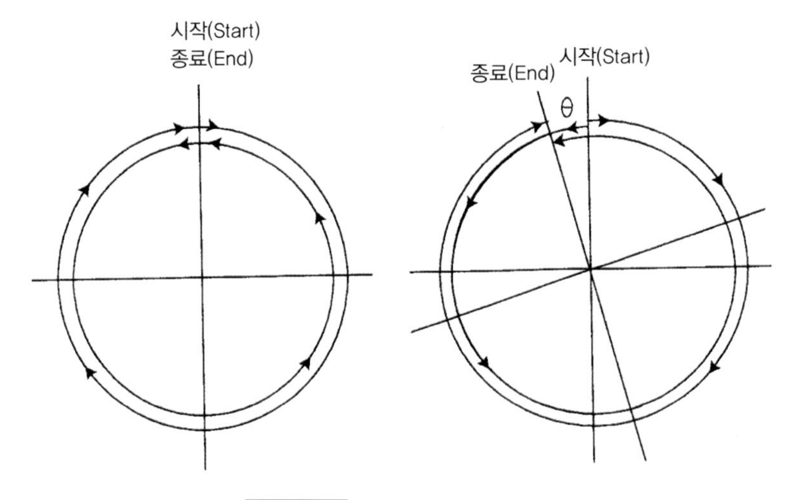

그림 2-136 Sagnac 효과 [69]

③ **MEMS**(Micro Electro-Mechanical System) **자이로스코프** [65]

MEMS 자이로스코프는 코리올리 가속도로 각속도를 측정한다. 그림 2-137(a)와 같이, 사람이 회전하는 원판의 중심 근처에 서 있다고 가정하자. 지면에 대한 상대 속도의 크기는 화살표의 길이로 표시되어 있다. 사람이 원판의 중심 근처에서 바깥쪽 가장자리 근처로 이동하면, 화살표 길이가 길어진 것처럼, 지면에 대한 속도가 증가한다. 사람의 반경 방향 속도로 인해 접선 속도가 증가하는 비율이 코리올리 가속도이다. 즉, 사람이 시계방향으로 회전하는 원판의 바깥쪽 가장자리를 향해 북쪽으로 직진 이동할 때, 북쪽으로 향하는 직선 경로를 유지하기 위해서는, 서쪽으로 가속도를 높여야 한다. 증가하는 서쪽 방향 가속은, 증가하는 동쪽방향 코리올리 힘을 보상하는 데 필요하다. 시계방향으로 회전하는 원판의 바깥쪽 가장자리를 향해 북쪽으로 이동하는 사람은 북쪽으로 향하는 경로를 유지하기 위해 서쪽 방향 속도 성분(화살표)을 높여야 한다. 필요한 가속도는 코리올리 가속도이다.

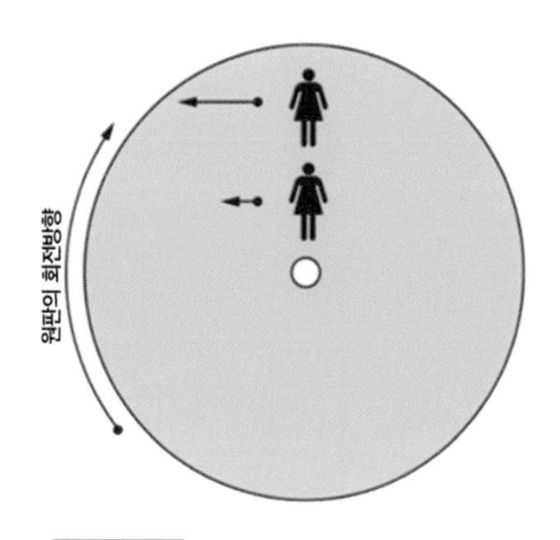

그림 2-137 (a) 코리올리 가속도의 예.

그림 2-137(b)는 공진질량이 회전 원판의 바깥쪽 가장자리로 이동할 때 오른쪽으로 가속되면서 왼쪽으로 프레임에 반력을 가하는 것을 나타내고 있다. 반대로, 공진질량이 회전 중심으로 이동할 때는 화살표로 표시된 것처럼 오른쪽으로 반력을 가한다. 그림에서 화살표는 공진질량의 상태에 따라 구조에 적용되는 힘의 방향이다.

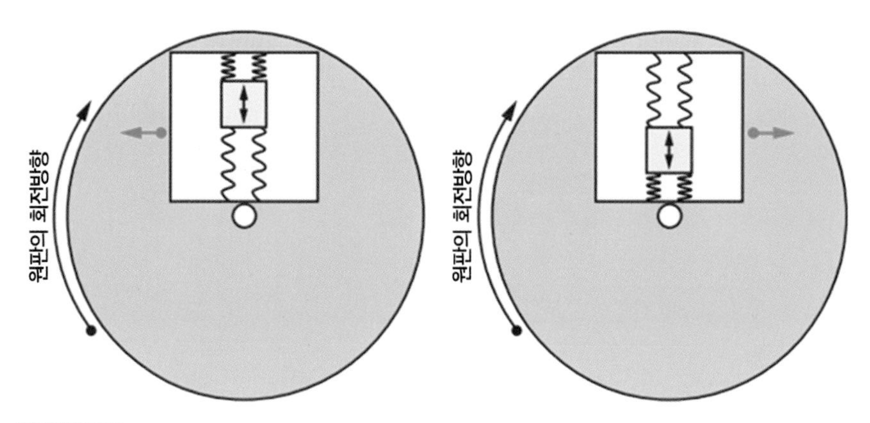

그림 2-137 (b) 프레임 내부에 매달린 공진 실리콘 질량에 대한 코리올리 효과의 시연

그림 2-138은 공진질량을 포함한 프레임은 공진 운동에 대해 90°로 스프링에 의해 기판에 구속되어 있으며, 프레임frame 내부에서 한 방향(북쪽 또는 남쪽)으로만 움직이는 구조임을 알 수 있다. 또한, 질량에 의해 가해지는 힘에 대한 응답으로 용량 변환을 통해 프레임의 변위를 감지하는 데 사용되는 코리올리 감지 핑거Coriolis sense finger를 확인할 수 있다.

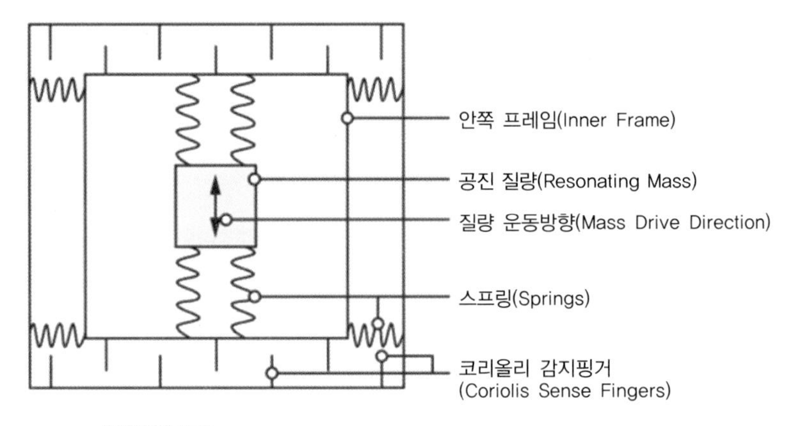

그림 2-138 MEMS 자이로 스코프의 기계적 구조 개략도

전체 구조를 나타내는 그림 2-139를 보면, 공진 질량이 이동하고, 자이로스코프가 장착된 표면이 회전함에 따라 질량과 프레임이 코리올리 가속을 경험하고 진동운동으로부터 90° 변환됨을 나타내고 있다. 프레임의 각속도는, 공진질량이 바깥쪽으로 운동하면, 서쪽으로 향하는 코리올리 힘에 의한 공진 질량의 변위에 비례한다. 마찬가지로, 공진질량이 중심 방향으로 운동하면, 프레임의 각속도는 동쪽으로 향하는 코리올리 힘에 의한 공진질량의 변위에 비례한다. 회전속도가 증가함에 따라, 질량의 변위와 해당 커패시턴스에서 파생된 신호도 변한다. 자이로스코프는 감지축이 회전축과 평행하기만 하면, 회전하는 개체의 어느 곳에 어떤 각도로든 배치할 수 있다.

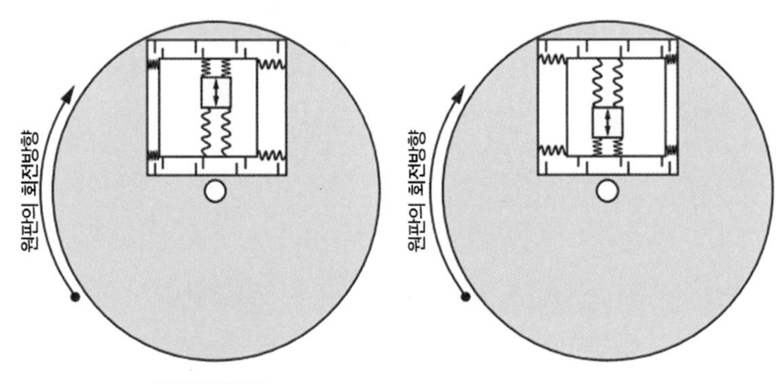

그림 2-139 코리올리 효과에 대한 응답 특성

코리올리 효과에 대한 응답으로 프레임은 횡방향으로, 공진질량은 중심쪽/바깥쪽으로 변위됨을 나타내고 있다. 작은 폼-팩터form-factor에도 불구하고 낮은 전력 소비, 저렴한 비용 및 고성능으로 인해 MEMS 자이로스코프는 소비자 전자 제품에서, 안전이 중요한 자동차 및 항공우주 응용 분야에 이르기까지, 현대 전자장치에 널리 사용되고 있다.

(3) IMU의 장단점

IMU는 지구의 중력장 및 자기장과 같은 모든 상황에서 측정할 수 있는 매개변수를 감지하도록 설계된 수동 센서이다. 자율주행차량은 항상 IMU로부터 정보를 얻을 수 있으므로, 언제나 정보를 이용할 수 있다.

그러나 이러한 높은 수준의 가용성이 IMU에 오류가 없음을 의미하는 것은 아니다. 일반적인 IMU 오류에는 날씨나 온도에 의해 악화될 수 있는 외란noise, 오프셋 및 스케일 요소factor 오류가 포함된다. 일부 IMU에서는 설치된 기압계로 기압을 측정하여 날씨 영향으로 인한 기압 변화를 설명할 수 있다. 날씨가 급격하게 변하는 극단적인 상황에서 해수면 기압은 일시적으로 수직 방향의 정확도를 손상하는 정도로 변할 수 있다.

2 주행거리계 Wheel Odometry

주행거리계 센서 또는 주행거리계는 차륜 회전속도에 타이어 둘레를 곱하여 차량이 이동한 거리를 측정하도록 설계된 센서이다. 주행거리계에는 능동형(외부 전원 필요)과 수동형이 있다.

자동차 산업에서 주행거리계 기능은 일반적으로 휠 회전속도 센서의 형태로 구현된다. 휠 회전속도와 각 휠이 주행거리에 대한 정보를 제공한다. ABS Anti-lock Brake System와 같은 표준 안전 기능은 정확한 휠 회전속도 정보에 크게 의존한다.

(1) 주행거리 센서의 구조와 작동원리

수동 휠 속도 센서는 외부 전원 공급 장치가 필요 없다. 펄스 휠은 모니터링되는 휠과 동시에 회전한다. 펄스 휠의 톱니와 틈새에 의해 번갈아 가며 코일과 센서 헤드에 장착된 영구 자석 사이의 자속 변화가 발생한다. 그림 2-140과 같이 센서는 자속의 변화로 인해, 유도되는 교류 전압을 측정하여 속도를 결정한다. 휠 회전으로 인한 톱니와 틈새가 번갈아 가며 센서 코일과 영구 자석 사이의 자속 변화를 일으켜 교류를 생성한다.

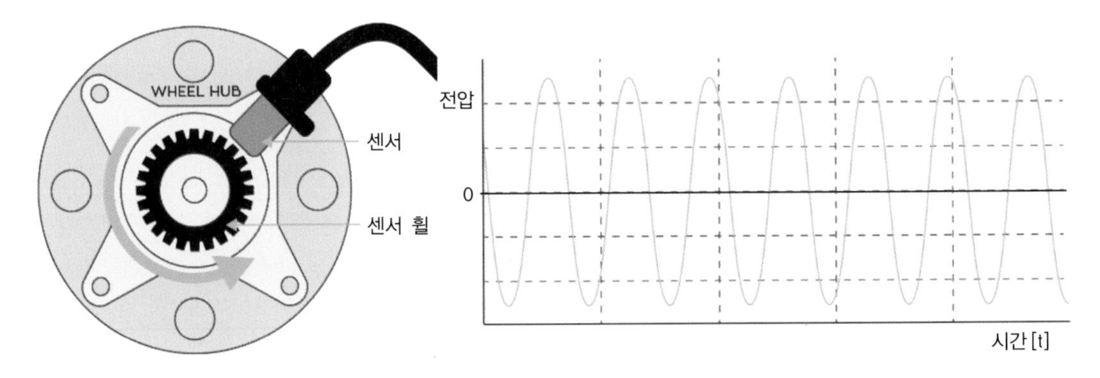

그림 2-140 수동 휠 속도센서의 작동원리

능동 휠 속도센서는 유사한 원리로 작동하지만, 그림 2.-141과 같이 교번 자극alternating pole이 있는 링을 펄스 휠pulse wheel로 사용한다. 교번 자극의 변화는 자기 저항 또는 홀 센서에 의해 감지되고 센서에 의해 펄스폭 변조(PWM) 신호로 변환된다. 수동 센서와 달리 능동 센서는 제어장치로부터 외부 전원 공급이 필요하다.

홀 효과 센서(그림 2-141)는 펄스 휠의 회전으로 인한 교번 자극 변화를 감지하고(그림에서 좌측), 생성된 PWM 신호는 회전속도에 비례한다(그림에서 우측).

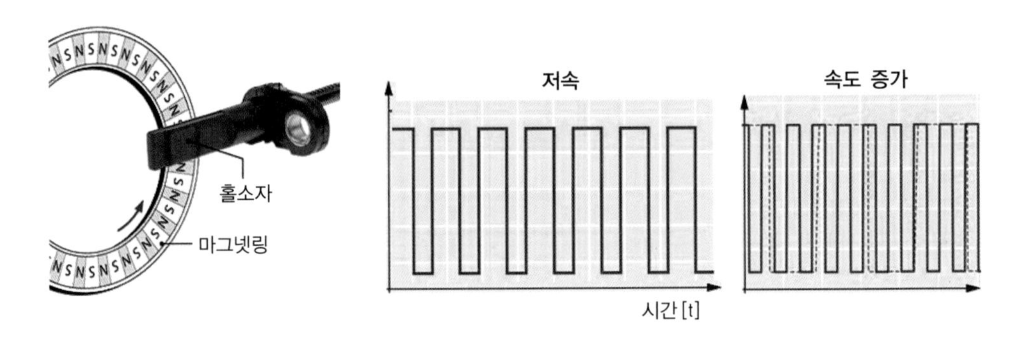

그림 2-141 능동 휠 속도 센서의 작동원리

(2) 주행거리 센서의 장단점

주행거리계는 차량이 이동한 거리에 대한 정확한 정보를 제공할 수 있는 저렴한 센서이다. 최신 능동 센서는 0.1km/h의 낮은 휠 속도를 감지할 수 있으며, 진동과 온도 변동에 크게 영향을 받지 않는다 [66].

그러나 차량 표류drift, 휠 미끄러짐, 고르지 않은 노면 및 기타 요인으로 인해 시간이 지남에 따라 오류가 누적되기 쉽다. 이 현상은 장거리에서 정확도를 감소시킨다 [66]. 따라서 주행거리 측정 센서의 판독값은 GNSS 및 IMU와 같은 다른 장치의 측정값과 물리적으로 결합, 정확한 결과를 얻기 위해, 칼만 필터와 같은 알고리즘을 사용하여 차량의 위치를 계산한다.

3 전역위성항법 시스템(GNSS)과 관성항법 시스템(INS)의 융합

GNSS는 구체적으로 차량이 지표면의 어디에 있는지 위도와 경도로 표시되는 위치 좌표(절대 위치)를 직접 추정할 수 있다. 반면에, 관성항법 시스템(INS)은 알고 있는, 임의의 출발점을 기준으로 상대적 위치와 거리를 추정할 수 있을 뿐이다. 따라서 INS를 이용하기 위해서는, 초기 출발점의 정보를 반드시 제공해야 한다. - 추측 항법dead reckoning

관성항법 시스템(INS)은 IMU로부터의 정보(회전 각속도와 선형 가속도)를 기반으로 빠른 갱신 주기(예: 1kHz)로 차량의 상대적 위치정보를 계산, 계속 제공한다. 이 과정에서 발생하는 측정 오차가 시간이 지남에 따라 누적되어, 상대 위치가 모호해질 수 있다는 약점이 있다. 즉, 외부 기준을 이용하여 보정하지 않으면, INS의 결과가 실제 위치와 급격하게 멀어지게 된다. 따라서 INS로 위치를 추정localization할 때는 반드시 정확한 외부 기준정보를 제공하고, 칼만 필터와 같은 수학적 필터를 이용하여 위치추정 오차를 최소화해야 한다.

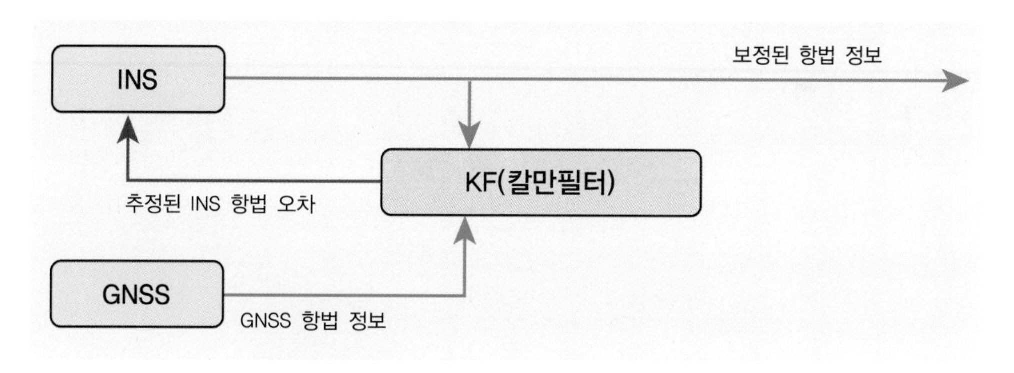

그림 2-142 칼만필터를 이용한 GNSS/INS의 통합

INS로 주행거리를 추정하기 위해서는, 차륜의 회전수와 원둘레를 사용할 수 있다. 이것은 인간의 걸음 수와 보폭으로 이동거리를 추정하는 것과 같다. 따라서, 우리가 측정한 평균 보폭에 걸음수를 곱할 때, 각 걸음의 보폭은 정확히 같은 거리가 아니다. 이는 실제 보행거리의 추정값일 뿐이며, 오류가 누적되게 된다.

GNSS와 INS를 통합, 연동할 수 있다. GPS 신호가 강해서 GNSS가 위도와 경도를 올바르게 추정했다고 가정하자. 차량은 컴퓨터의 지시에 따라 주행한다. 이어서 터널에 진입하자, GPS 신호가 차단되었다. 터널을 통과하는 동안, IMU는 계속해서 위치정보를 실시간 추정, 보고한다. INS는 가상 모델을 갱신하고 있으며, 터널 진입 전에 GPS가 추정한 위도와 경도를 기준으로 현재 위치 좌표(X와 Y)를 추정, 위치정보를 제공한다.

터널을 빠져나온 후, GPS가 이제 최신 위도와 경도 정보를 확보하고, 신호는 강력하고 신뢰할 수 있다고 가정해 보자. 이제 INS는 자신을 업데이트하고, 추정했던 지점에서 얼마나 멀리 떨어져 있는지 확인할 수 있다. 터널 진입 전의 좌표 대신에 최신 GPS 좌표를 사용할 수 있어서 이제 새로운 '기준점'을 가지게 된다.

그러므로, GPS는 IMU의 정보에 의해 증강되며, GPS를 사용할 수 없을 때 INS는 여전히 차량의 위치를 추적할 수 있다. 사실 INS는 GPS가 정확한지 확인하는 데 사용할 수 있다. IMU의 정보와 비교하여 GPS를 다시 확인할 수 있기 때문이다. 기준위치가 주행을 시작한 출발점이라고 하면, 주행하는 동안, INS는 정보를 수집하고 이를 사용하여 항상 GPS에 표시된 내용을 다시 확인할 수도 있다. 물론 추측 항법을 사용할 때 누적되는 '오류'를 염두에 두어야 한다. 시간과 거리가 늘어남에 따라 이러한 오류는 상대적으로 커진다.

하드웨어-센서

2-8 센서 요약

[표 2-11] 주요 인지 센서의 장단점

	장점	약점
RADAR	• 시야가 좋지 않은 상황에서도 차량 전방의 먼 거리를 볼 수 있다. 충돌 방지에 도움이 된다. • 작고 가볍다. • 움직이는 부품이 없으며, 라이다 센서보다 전력 소비가 적다. • 라이다에 비해 고장에 더 강하다. • 라이다보다 저렴하다.	• 이미지의 정확도와 해상도가 낮다. 감지된 개체정보가 제한적임(정확한 모양이나 색상 정보가 아님). • 출력을 높이면, 레이더의 감쇠를 해결할 수 있으나, 이 방법은 실행 가능한 경제적 해결책이 아님. • 레이더 센서의 상호간섭이 증가하는 문제가 있다. • 방위각 및 고도 분해능이 낮아, 장면의 상세한 매핑과 개체 분류가 어렵고 오류가 발생하기 쉽다. • 주변 금속물체로 인해 다수의 오경보 생성 가능.
LiDAR	• 가시성이 좋은 날씨에는 차량 전방의 먼 거리를 볼 수 있다. • 전체 360도 및 3D 점구름 제공 가능. • 이미지의 정확도와 해상도가 좋다. • 다중 라이다 센서에는 중요한 간섭이 없다.	• 레이더나 카메라보다 비싸다. • 작은 물체(예: 와이어와 막대)가 감지되지 않은 채로 남아 있어, 전송 밀도가 높지 않다. • 구성요소 진동으로 인해 기계적 유지보수가 필요. • 젖은 표면을 감지할 때, 마른 표면에 비해 대비(contrast)의 구별이 불명확하다. • 레이더 센서보다 더 많은 전력을 소비한다. • 다양한 기후 조건의 영향을 받는다(날씨에 취약).
초음파센서	• 투명체와 비금속물체 감지에 유용함. • 다양한 기후조건의 영향을 받지 않음. • 비용이 저렴하고 크기가 작다. • 근거리에서 더 높은 해상도 기대 가능. • 카메라와는 다르게, 보행자 차단(occlusion) 문제를 해결한다.	• 단거리에서만 사용할 수 있다. • 온도와 바람이 많이 부는 환경에 민감하다. • 2대의 차량에서 초음파 센서가 각각 작동하거나, 서로 가깝게 배치되면 간섭 및 잔향이 문제 된다. • 주변 소음이 측정에 영향을 미칠 수 있다. • 고속에서는 사용할 수 없다.

	장점	약점
실화상카메라	• 전체 시야에 대해 높은 해상도와 색상 스케일을 유지한다. • 환경의 다채로운 전경을 제공, 주변 환경 분석에 도움이 된다. • 스테레오 카메라는 물체의 3D 형상을 제공할 수 있다. • 주변 환경정보를 계속 강력하게 감시하고 유지할 수 있다. • 크기가 작다.	• 카메라 정보로부터 유용한 데이터를 추출하기 위해서는 고성능 계산 시스템이 필요하다. • 카메라는 폭우, 안개 및 강설량에 민감하므로 컴퓨터 시스템이 주변 장면을 안정적으로 해석할 수 없다. • 장애물을 정확하게 감지할 수 있는 거리는 제한되어 있다.
원적외선카메라	• 원적외선(FIR) 카메라 이미지는 목표 온도와 복사열에 따라 달라진다. 따라서, 조명조건과 물체 표면의 특징은 영향을 미치지 않는다. • 라이다에 비해 저렴하고 작다. • 야간 상황 인지 성능이 개선되었다. • 감지 범위는 수평으로 최대 200m 이상이며, 가능한 위험을 미리 감지할 수 있다. • 실화상 카메라에 비해 먼지, 안개, 눈 속에서 더 잘 감지한다.	• 유용한 데이터를 추출하기 위해 까다로운 계산 소스와 강력한 알고리즘이 필요하다. • CCD 및 CMOS 카메라에 비해 고가이다. • 실화상 카메라에 비해 해상도가 낮고 회색조로 영상을 제공하므로, 물체의 빠르게 변화하는 순간을 실시간으로 감지하고 분류하기가 매우 어렵다. • 온도차를 기반으로 계산하기 때문에 추운 기후에서 관심 대상을 구분하기 어려운 경우가 있을 수 있다. • 대상이 부분적으로 가려지면 분류자가 대상을 무시하게 된다(예: 차 뒤에 서 있는 보행자 또는 서로 겹치는 보행자 그룹)

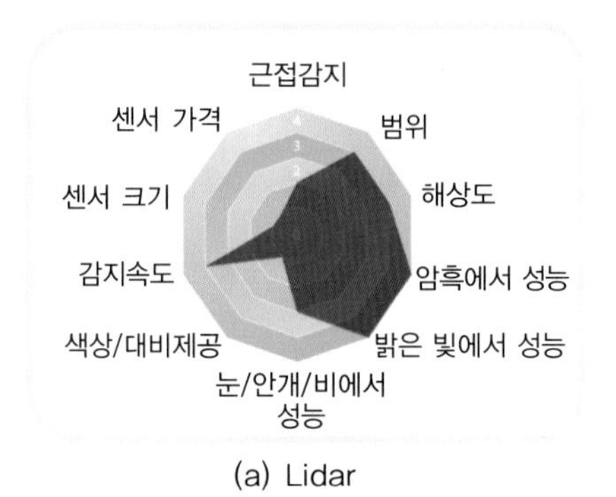

(a) Lidar

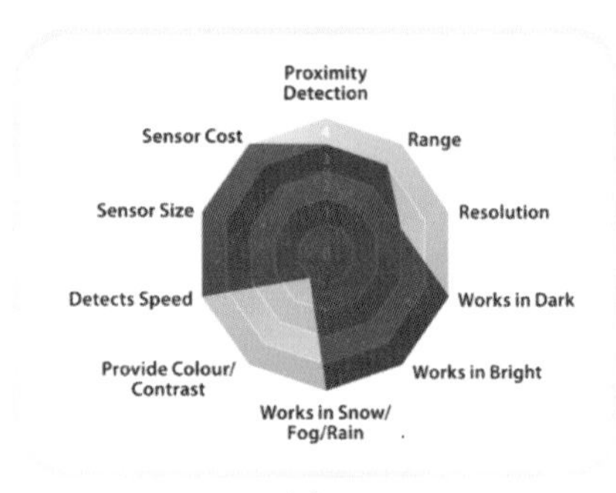

(b) Radar

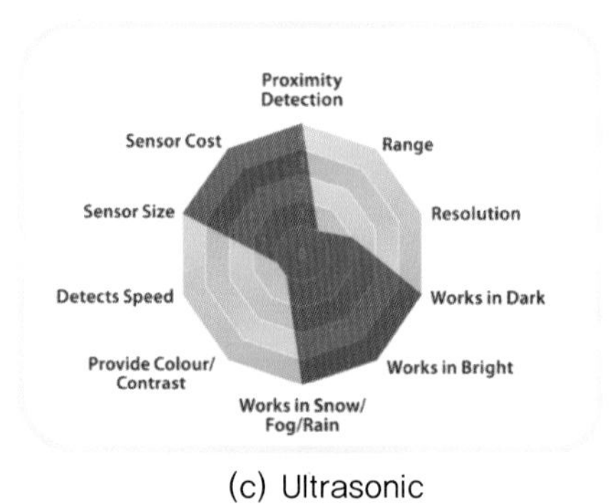

(c) Ultrasonic

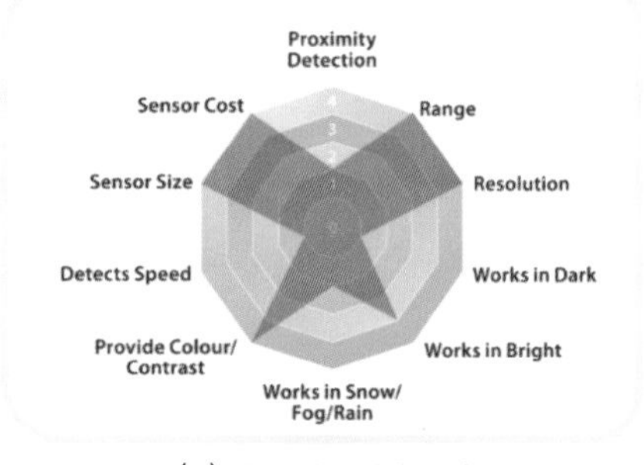

(d) Passive Visual

그림 2-143 자동차에 적용되고 있는 센서들의 강점/약점 스파이더 선도 [67]

참고문헌 REFERENCES

[1] What is the difference between CCD and CMOS image sensors in a digital camera? In: HowStuffWorks [Internet]. HowStuffWorks; 1 Apr 2000 [cited 8 Dec 2019]. https://electronics.howstuffworks.com/cameras-photography/digital/question362.htm

[2] Nijland W. - Basics of Infrared Photography. In: Infrared Photography[Internet]. [cited 27 Dec 2019]. https://www.ir-photo.net/ir_imaging.html

[3] Rosique F, Navarro PJ, Fernández C, Padilla A. - A Systematic Review of Perception System and Simulators for Autonomous Vehicles Research.Sensors. 2019;19: 648. doi:10.3390/s19030648

[4] Royo S, Ballesta-Garcia M. An Overview of Lidar Imaging Systems for Autonomous Vehicles. Applied Sciences. 2019. p. 4093. doi:10.3390/app9194093

[5] Jorge Vargas, Suleiman Alsweiss, Onur Toker, Rahul Razdan and Joshua Santos: An Overview of Autonomous Vehicles Sensors and Their Vulnerability to Weather Conditions. 2021, 21, 5397. https://doi.org/10.3390/s21165397. MDPI

[6] HAVEit Project. https://cordis.europa.eu/project/id/212154

[7] The Tesla Team. Upgrading Autopilot: Seeing the World in Radar. In: Tesla Blog [Internet]. 11 Sep 2016 [cited 29 Jan 2020]. https://www.tesla.com/blog/upgrading-autopilot-seeing-world-radar

[8] Buller,W.;Wilson, B., Garbarino, J., Kelly, J.; Subotic, N.; Thelen, B.; Belzowski, B. Radar Congestion Study; Report No. DOT HS[

[9] Radartutorial. Available online: https://www.radartutorial.eu/11.coherent/co06.en.html

[10] Radar Systems—Doppler Effect—Tutorials point. Available online: https://www.tutorialspoint.com/radar_systems/radar_ systems_doppler_effect.htm

[11] S. Saponara. (2016). Hardware accelerator IP cores for real time radar and camera-based ADAS. J. Real-Time Image Processing.

[12] FCC 47 CFR 15.253 – Operation within the bands 46.7-46.9 GHz and 76.0-77.0 GHz.

[13] FCC Report and Order – Radar services in the 76-81 GHz band, ET docket No. 15-26.

[14] ETSI EN 302 264 – Short-range radar equipment operating in the 77 GHz to 81 GHz band.

[15] ETSI EN 301 091 – Radar equipment operating in the 76 GHz to 77 GHz range

[16] Karthik Ramasubramanian, Kishore Ramaiah; Artem Aginskiy; Moving from legacy 24 GHz to state-of-the-art 77 GHz radar, 2017

[17] M.Y.A. ABDULRAZIGH et. al. : Design of Modular FMCW Radar and Quantization of Its Range Error. Sakarya University Journal of Computer and Information Sciences, VOL. 1, NO. 2, A5, AUGUST 2018.

[18] Steffen Lutz, Thomas Walter and Robert Weigel: Lens-based 77 GHZ MIMO radar for angular estimation in multitarget environments, International Journal of Microwave and Wireless Technologies, 2014, 6(3/4), 397–404. # Cambridge University Press and the European Microwave Association, 2014

[19] https://www.researchgate.net/figure/Delay-and-sum-beampattern-of-30-element-ULA-with-half-wavelength- inter -element-spacing_fig1_317544087

[20] S.-H. Jeong et al.; A MULTI-BEAM AND MULTI-RANGE RADAR WITH FMCW AND DIGITAL BEAM FORMING FOR AUTOMOTIVE APPLICATIONS, Progress In Electromagnetics Research, Vol. 124, 285–299, 2012

[21] Podkamien, Ian. "Automotive Safety Sensors: Why 4D Imaging Radar Should Be on Your Radar".

blog.vayyar.com. Retrieved 2021-01-31.

[22] Marta Martínez Vázquez; Radar transceivers: a key component for ADAS & Autonomous Driving - Blog 1: Why do we need radar?, RENESAS, 2021

[23] Ritter P.; Toward a fully integrated automotive radar system-on-chip in 22 nm FD-SOI CMOS. International Journal of Microwave and Wireless Technologies 523-531. 2021.

[24] The Tesla Team. Upgrading Autopilot: Seeing the World in Radar. In: Tesla Blog [Internet]. 11 Sep 2016 [cited 29 Jan 2020]. https://www.tesla.com/blog/upgrading-autopilot-seeing-world-radar

[25] Marshall B. - Lidar, Radar & Digital Cameras: the Eyes of Autonomous Vehicles. In: Design Spark [Internet]. 21 Feb 2018 [cited 19 Dec 2019].
https://www.rs-online.com/designspark/lidar-radar-digital-cameras-the-eyes-of-autonomous-vehicles

[26] Karthik Ramasubramanian at. al; Highly integrated 76~81-GHz radar front-end for emerging ADAS applications, Texas Instrument, 2019.

[27] Murray C. Autonomous Cars Look to Sensor Advancements 2019. Design News [Internet].7 Jan 2019

[28] Marenko K. Why Hi-Resolution Radar is a Game Changer; FierceElectronics [Internet]. 23 Aug 2018

[29] J ürgen Hasch; THE RISING WAVE OF MILLIMETER- WAVE SENSING, BOSCH, 2021

[30] Thompson J. Ultrasonic Sensors: More Than just Parking | Level Five Supplies.
In: Level Five Supplies [Internet]. [cited 31 Jan 2020]. https://levelfivesupplies.com/ultrasonic-sensors-more-than-just-parking/

[31] MARK LAPEDUS, Racing to drive down sensor cost for automotive market. 23 Oct. 2017.

[32] Rossique, F. : Navarro, P. : Fernandez, C.: Padilla, A. A Systematic Review of perception system and Simulators for Autonomous Vehicles research. Sensors 2019, 29, 648.

[33] Koon J. How Sensors Empower Autonomous Driving. In: Engineering.com [Internet]. 15 Jan 2019 [cited 20 Dec 2021]. https://www.engineering.com/IOT/ArticleID/18285/How-Sensors-Empower-Autonomous-Driving. aspx

[34] Daniel Chu, Sidi Aboujja, David Bean; 1550nm Triple Junction Laser Diode Outshines 905nm in Automotive LiDAR. SemiNex Corporation, 100 Corporate Place, Suite 302, Peabody MA 01960, USA. 2021.

[35] Wojtanowski, J.; Zygmunt, M.; Kaszczuk, M.; Mierczyk, Z.; Muzal, M. Comparison of 905 nm and 1550nm semiconductor laser rangefinders' performance deterioration due to adverse environmental conditions. Opto Electron. Rev. 2014, 22, 183-190.

[36] MARK LAPEDUS, Racing to drive down sensor cost for automotive market. Oct. 23RD , 2017.

[37] Wang Z,: Wu Y.: Niu, Q. Multi-Sensor Fusion in Automated Driving; A Survey. IEEE Access 2020. 8. 2847-2868.

[38] Rasshofer, R.: Spies, H.:Spies, M. Influences of weather phenomena on automotive laser radar systems. Adv. Radio Sci. 2011, 9, 49.

[39] Wallace, A.M.: Halimi, A: Buller, G.S. Full Wave Form LiDAR for Adverse Weather Conditions. IEEE Trans. Veh. Technol. 2020, 69, 7064-7077.

[40] Wendt, Z.; Jeremy Cook, S. Saved by the Sensor: Vehicle Awareness in the Self-Driving Age. Jan. 18, 2018. https://www.machinedesign.com/mechanical-motion-systems/article/21836344

[41] Dingkang Wang, Connor Watkins and Huikai Xie. A Review: MEMS Mirrors for LiDAR. Department of Electrical and Computer Engineering, University of Florida, Gainesville, FL 32611, USA; Received: 2 April 2020; Accepted: 23 April 2020; Published: 27 April 2020

[42] Lee TB. Why experts believe cheaper, better Lidar is light around the corner. In; Ars Technica [Internet]. 1 Jan 2018.

[43] Taehwan Kim, Realization of Integrated Coherent LiDAR, Thesis for: Ph.D. University of California, Berkeley August 2019.

[44] Marshall B. - Lidar, Radar & Digital Cameras: the Eyes of Autonomous Vehicles. In: Design Spark [Internet]. 21 Feb 2018 [cited 20. Jan 2022].
https://www.rs-online.com/designspark/lidar-radar-digital-cameras-the-eyes-of-autonomous-vehicles

[45] Greene B. What will the future look like? Elon Musk speaks at TED 2017.
https://blog.ted.com/what-will-the-future-look-likeelon-musk-speaks-at-ted2017/

[46] Dmitriev S. Autonomous cars will generate more than 300TB of data per year. In: Tuxera [Internet]. 28 Nov 2017 [cited 5 Feb 2022]. https://www.tuxera.com/blog/autonomouscars-300-tb-of-data-per-year/

[47] Ohta J. Smart CMOS Image Sensors and Applications. 2017. doi:10.1201/9781420019155l7.

[48] Marshall B. - Lidar, Radar & Digital Cameras: the Eyes of Autonomous Vehicles. In: Design Spark [Internet]. 21 Feb 2018 [cited 19 Dec 2019].
https://www.rs-online.com/designspark/lidar-radar-digital-cameras-the-eyes-of-autonomous-vehicles

[49] https://commons.wikimedia.org/w/index.php?curid=15131190

[50] D. Litwiller, "CCD vs. CMOS," PHOTONICS SPECTRA, vol. January, 2001.

[51] CMOS Sensor:Working, Types, Differences & Its Applications. https://www.elprocus.com › cmos-sensor

[52] http://en.wikipedia.org/wiki/File:Bayer_pattern_on_sensor_profile.svg

[53] E. R. Davies, Computer and Machine Vision: Theory, ALgorithms, Practicalities. Fourth Edition, Elsevier Inc., 2012.

[54] "BMW Night-Vision Available in the 5 and 6 series as of March".Worldcarfans.com. 2006-01-08.

[55] Nicolas Pinchon, M Ibn-Khedher, Olivier Cassignol, A Nicolas, Frédéric Bernardin, et al..: All-weather vision for automotive safety: which spectral band?. SIA Vision 2016 – International Conference Night Drive Tests and Exhibition, Oct 2016, Paris, France. Société des Ingénieursde l'Automobile - SIA, SIA Vision 2016 - International Conference Night Drive Tests and Exhibition, 7p, 2016.

[56] Daimler AG, „Drowsiness-Detection System," 2014. [Online]. Available: http://www.daimler.com/dccom/0-5-1210218-1-1210332-1-0-0-1210228-0-0-135-0-0-0-0-0-0-0-0.html.

[57] Y. Liang, Detecting driver distraction, PhD dissertation, University of Iowa, 2009.

[58] "GPS: Global Positioning System (or Navstar Global Positioning System)" Wide Area Augmentation System(WAAS) Performance Standard, Section B.3, Abbreviations and Acronyms.

[59] "GLOBAL POSITIONING SYSTEM WIDE AREA AUGMENTATION SYSTEM (WAAS) PERFORMANCE STANDARD". January 3, 2012.

[60] "Global Positioning System Standard Positioning Service Performance Standard : 4th Edition, September 2008" (PDF).

[61] European Space Agency, „The present - EGNOS," 2013. [Online]. Available: http://www.esa.int/Our_Activities/Navigation/The_present_-_EGNOS/What_is_EGNOS.

[62] USU / NASA SPACE GRAMT / LAND GRANT, „High-End DGPS and RTK systems, Periodic Report," 2010. [Online]. Available: http://extension.usu.edu/nasa/files/uploads/gtk-tuts/rtk_dgps.pdf.

[63] J. LaMance, J. DeSalas and J. Järvinen, "Assisted GPS, A Low-Infrastructure Approach," GPS World, vol. 22, pp. 46-51, 2002.

[64] Robert Arendt · Leona Faulstich · Robert Jüpner · André Assmann · Joachim Lengricht · Frank Kavishe · Achim Schulte; GNSS mobile road dam surveying for TanDEM-X correction to improve the database

for foodwater modeling in northern Namibia. 2020.

[65] Jeff Watson; MEMS Gyroscope Provides Precision Inertial Sensing in Harsh, High Temperature Environments. ⓒ2019 Ana1og Devies, Inc.

[66] Hella. Wheel speed sensor in motor vehicles, function, diagnosis, troubleshooting. http://www.hella.com/ePaper/Sensoren/Raddrehzahlsensoren_EN/document.pdf [Online; accessed 15/June.2022]

[67] Jorge Vargas, Suleiman Alsweiss, Onur Toker, Rahul Razdan and Joshua Santos. An Overview of Autonomous Vehicles Sensors and Their Vulnerability to Weather Conditions.
Sensors 2021, 21(16), 5397; https://doi.org/10.3390/s21165397

[68] Sanja Fidler. http://www.cs.toronto.edu/~fidler/slides/2015/CSC420/lecture12_hres.pdf

[69] https://www.neubrex.com/htm/applications/gyro-principle.htm

Chapter 3

시스템 아키텍처

System Architecture

1. 컴퓨팅 플랫폼 – 하드웨어
2. 미들웨어 계층
3. 응용 프로그램 계층
4. 액추에이터 인터페이스

시스템 아키텍처

3-1 컴퓨팅 플랫폼 – 하드웨어

Computing platform- Hardware

약간의 변형이 있을 수 있지만, 일반적인 (자율주행)차량의 컴퓨터 시스템 아키텍처는 하드웨어, 미들웨어 그리고 응용 소프트웨어의 세 가지 계층으로 일반화할 수 있다.

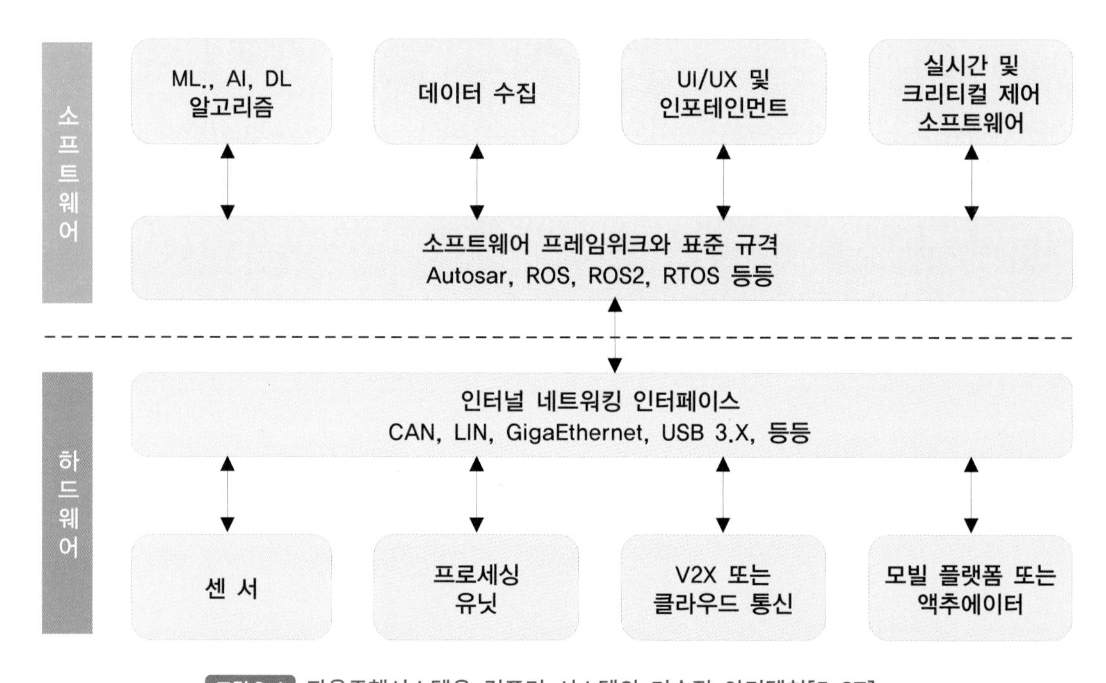

그림 3-1 자율주행시스템용 컴퓨터 시스템의 기술적 아키텍쳐[5-67]

인간의 눈은 3차원 환경정보를 시신경을 통해 전기적 신호로 바꾸어 뇌에 전달한다. 귀는 물리적 신호인 공기의 진동(=소리 즉, 음향정보)을 감지하여, 청신경을 통해 전기적 신호로 변환, 뇌에 전달한다. 인간의 뇌는 이와 같은 과정을 거쳐 입력되는 시청각 정보, 그리고 차체로부터 전달되는 기계적 진동과 차량의 주행속도까지도 고려하며, 이들 신호를 매우 빠른 속도로 처리, 이미 알고 있는 운전법규 및 관련 지식과 통합하여 역동적인 도로환경에 대처, 차량을 안전하게 운전하도록 지시하고, 손발의 동작까지도 제어한다.

자율주행차량은 물론이고 첨단 운전자 지원 시스템(ADAS)도 인간 운전자의 감각을 대체하거나 증강하기 위해 다양한 센서를 사용한다. 카메라, RADAR, SONAR 및 LiDAR는 시청각 정보를, GNSS 센서는 절대 위치 정보를, 관성측정장치(IMU)는 차량의 관성 정보를 제공한다. 컴퓨팅 플랫폼computing platform은 이 모든 정보를 처리, 추상화abstraction 계층인, 액추에이터 인터페이스에 명령을 보낼 수 있다. 이와 같은 인지-결정-행동 루프loop는 자동운전의 핵심이다. 따라서 컴퓨팅 플랫폼은 운전과 관련된 복잡한 작업을 빠른 속도로 처리하기 위한, 성능과 출력을 갖추어야 한다.

1 주요 고려사항

차량 주변 환경의 고정밀 3차원(3D) 이미지를 구축하는 것은 안전하고 안정적인 자율주행에 필수적이지만, 고성능 컴퓨터(HPC)만이 제공할 수 있는 수준의 연산 능력이 필요하다. 자율주행차량에 가장 적합한, 컴퓨팅 플랫폼 선택과 관련된, 주요 주제는 다음과 같다.

(1) 데이터 전송 속도 Data rate

자율주행차량(SDV)의 센서는 동시에 처리해야 하는 방대한 양의 데이터를 생성한다. 차량의 카메라, 라이더, 레이더 및 기타 센서의 수에 따라 초당 최대 1기가 바이트Gbps 이상의 데이터 전송속도가 필요한 상황이다. 따라서, 해당 차량이 생성하는 데이터는 시간당 약 3.6TB Tera Byte, 하루 8시간 주행하면, 28.8TB가 된다. 더구나, 연결기반-자율주행 기능을 모두 구현한 미래 차량은, 시간당 5.17TB, 하루(8시간)에 약 40TB 이상의 데이터를 생성하고 처리해야 할 것이며, 기술 개발이 진행될수록 처리해야 하는 센서 데이터의 양은 기하급수적으로 계속 증가할 것[1]으로 예측하는 전문가들이 늘어나고 있다.

방대한 양의 데이터를 획득하고 처리해야 할 뿐만 아니라, 저장과 관련된 상당한 문제가 뒤따른다. 저장된 원본 센서 데이터에 대한 접근access은 오류 진단 및 기타 기능에 필수적이므로, 병목현상을 방지하기 위해 스토리지 컨트롤러와 스토리지 장치 자체(HDD Hard Drive Disk 또는 SSD Solid State Disk)도, 이러한 높은 데이터 속도를 처리할 수 있어야 한다.

(2) 계산 성능 Computing power

컴퓨팅 플랫폼은 엄청난 양의 데이터를 동시에 처리할 뿐만 아니라, 각각의 모든 상황에서 올바른 결정을 내릴 수 있는 충분한 계산computing 성능을 갖추고 있어야 한다. 몇 밀리초의 지연은 심각한 결과를 초래할 수 있으므로, 지연 시간이 거의 0에 가까워야 한다. 예를 들어 비상제동의 경우, 100km/h에서 차량은 초당 28m를 주행한다. 따라서 차량이 100km/h로 주행할 때 1초 늦게 반응하면, 총 제동거리는 28m보다 훨씬 더 길어진다. 140km/h에서 1초 지연은 제동거리 39m에 해당한다. 두 경우 모두, 이 거리는 삶과 죽음의 경계를 의미할 수 있다. 자율주행차량 컴퓨터 시스템은 안전운전에 필요한 정보를 실시간으로, 그리고 안정적으로 제공할 수 있어야 한다.

자율성을 위한 모든 알고리즘과 프로세스를 실행하려면, 상당한 계산computing 능력과 강력한 프로세서가 필요하다. 완전 자율주행차량에는 지금까지 만들어진 어떤 소프트웨어 플랫폼이나 운영체제보다 더 많은 코드 라인lines of code이 포함될 것이다. 예를 들면, 차량은 도로와의 상호작용의 복잡성으로 인해, 최첨단 항공기의 컴퓨터 시스템보다 훨씬 더 성능이 좋은 컴퓨터 시스템을 사용해야 한다.

관련된 소프트웨어의 양은 엄청나다. 최신 하이테크 럭셔리 자동차(아직 완전 자동화된 차량은 아니지만)에는 이미 약 1억 줄의 코드가 포함되어 있다. 이는 평균 iPhone 앱(40,000줄의 코드)보다 2,500배, 우주 왕복선(400,000줄의 코드)보다 250배, 화성 탐사선 큐리오시티(5백만 줄의 코드)보다 20배, Boeing 787의 내부 및 외부 소프트웨어(700만 줄의 코드)보다 15배 더 많다. Google의 인터넷 서비스(총 20억 줄의 코드)를 제외하고 현대 자동차와 같이 소프트웨어를 많이 사용하는 데 기반을 둔 다른 기술 응용 프로그램은 없다 [출처: McCandless/Doughty -White/Quick 2015].

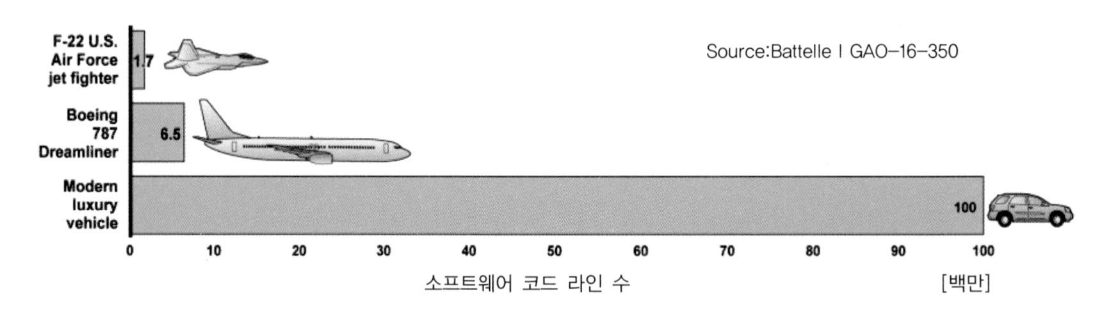

그림 3-2 항공기 대 최신 고급 차량의 평균 소프트웨어 코드 라인 수 비교[GAO-16-350]

GPU(그래픽 처리장치; Graphic Processing Unit) 가속 처리는 현재 업계 표준이며, Nvidia가 시장의 선두주자이다. 그러나, 점점 더 많은 기업이 다른 솔루션을 추구하고 있다. Nvidia의 경쟁 제품 중 대부분은 심층학습 알고리즘의 핵심 작업부하workload인 텐서tensor 작업을 가속하는 TPU Tensor Processing Unit 칩chip 설계에 집중하고 있다. 반면 GPU는 그래픽 처리를 위해 개발되었으므로, 심층학습 알고리즘이 칩chip의 모든 출력을 활용하는 것을 방해한다 [2].

아는 바와 같이, 차량의 소프트웨어로서의 체격physique은 차량의 자동화 수준이 높아짐에 따라 크게 변할 것이다. 그다음으로, 차량의 자율성이 더 커지면, 사용자가 차량과 상호 작용하는 방식도 영향을 받을 것이다.

(3) 에너지 소비 energy consumption와 무게 및 크기

현재의 추세라면, 미래 차량의 동력원은 대부분 전기모터가 될 것이다. 전기자동차의 최대 주행거리는 구동모터와 동력전달장치는 물론이고, 모든 전자부품의 총에너지 소비량에 따라 달라진다. 불필요한 전기에너지 소비를 방지하기 위해서는, 컴퓨팅 성능이 탁월하면서도, 에너지 효율적인 컴퓨팅 플랫폼을 갖추어야 한다.

참고

- **알파고(AlphaGo)와 이세돌[Wikipedia]**

2016년 3월 구글 딥마인드(deep mind)의 인공지능(AI) '알파고(AlphaGo)'는 당시 세계 바둑 최고수, 이세돌 9단과의 대국에서 4 : 1로 승리했다, 그러나, 알파고(AlphaGo)가 이세돌과 대국할 때마다 사용한 자원은, 무려 300여 대의 기업용 서버의 연결로, 1,202개의 CPU(중앙처리장치), 176개의 GPU(그래픽 처리 장치), 103만 개의 메모리 반도체, 100여 명의 전문가 등이 투입되었으며, 시간당 170㎾의 막대한 전력을 소비하였다.

인간 이세돌 9단은 지긴 했으나, 사용한 것은 약 20W의 에너지를 소비하는 두뇌와 커피 한 잔, 그리고 바나나 2개가 전부였다. 이때 두뇌가 소비한 에너지 약 20W는 알파고가 소비한 에너지의 약 0.01%에 지나지 않는다.

이 대국은 인공지능(AI) 시대의 개막을 알리는 계기였으나, 역설적으로 기존 컴퓨팅 아키텍처-폰노이만(Von Neumann) 방식-의 한계를 드러낸 사건이었다. [https://ko.wikipedia.org/wiki/알파고_대_이세돌]

- **인간의 뇌 구조와 작동원리[Bente.Pakkenberg@regionh.dk]**

성인의 뇌는 평균적으로 1.3~1.4kg 정도이며, 약 80%를 차지하는 대뇌에는 그 표면(대뇌피질; cerebral cortex)에 약 1,000억 개의 뉴런(neuron; 신경단위)이 존재한다. 뉴런은 세포핵을 포함한 신경세포(soma), 수상돌기(dendrite), 축색돌기(axon)와 축색종말(axon terminal)로 구성되어 있다. 그리고 하나의 뉴런의 축색종말과 다른 뉴런의 수상돌기의 연결부를 시냅스(synapse; 신경세포 간 자극 전달부)라고 한다. 뉴런은 전기적(또는 화학적) 신호를 처리하고 전달한다. 나뭇가지 모양의 수상돌기는 가지 부분에서 화학적 신호를 받는다. 신경세포체는 여러 줄기의 수상돌기에서 받은 신호를 모두 합친 다음, 일정 크기 이상의 강도(threshold)에 도달하면, 이것을 전기신호로 발사(fire)한다. 발사된 전기신호는 축색돌기를 통해 축색종말에서 시냅스를 통해 다음 뉴런의 수상돌기로 화학물질로 전달된다. 하나의 뉴런은 평균적으로 1,000~10,000개의 시냅스(synapse)를 통해 다른 뉴런들과 연결되어 있다고 한다. 뉴런의 수는 태어나기 전에 완성되지만, 시냅스의 수는 출생 후에 본격적으로 증가하기 시작해서, 평균 생후 3년째가 되면 최대(약 1,000조)가 되었다가, 이후에 필요가 없는 시냅스를 제거하는 프루닝(pruning) 과정을 거쳐, 성인이 되면 약 500조~100조 개로 감소하며, 늙어감에 따라 계속, 서서히 감소하는 경향을 보인다고 한다(pp.232, 그림 4-6 참조)

인간의 뇌는 하나부터 열까지, 일일이 다 계산해야 하는 디지털 비트(digital bit) 방식이 아니라, 순식간에 모든 정보를 파악하고, 추론 과정을 거쳐, 저장하고 실행한다. 즉, 1,000억 개의 뉴런과 100조 개의 시냅스가 병렬 구조, 즉 각자가 하나하나씩 기억하고 계산, 전송하는 작업을 동시에 병렬로 처리한다. 이때 뇌가 소비하는 에너지는 약 20W 정도로, 매우 적은 전력으로도 어마어마한 양의 데이터를 처리한다고 한다.

자동화는 시스템의 복잡성 증가와 함께, 전력 소비, 열 흔적thermal footprint, 무게 및 차량 구성 부품의 크기에 대한 문제도 동반한다. 아키텍처가 분산식이든, 중앙 집중식이든 상관없이, 자율주행 시스템의 필요 전력은 매우 중요하다. 오늘날 생산되는 가장 진보된 차량과 비교해, 완전 자율주행차량의 소비전력은 최대 100배까지 쉽게 더 높아질 수 있다는 계산 결과도 보고되고 있다 [3].

이러한 자율주행차량의 전력 소비는 배터리 성능과 시스템의 반도체 구성 부품의 능력에 대한 요구를 증가시킨다. 순수 전기자동차의 경우, 주행거리는 이러한 전력 수요로 인해 부정적인 영향을 받는다. 현재는 승용자동차로 내연기관, 하이브리드, 전기 자동차가 공존하고 있으나, 궁극적으로는 순수 전기 파워트레인으로 진화할 것으로 예상한다 [4, 5].

처리processing 수요의 증가와 더 많은 전력 소비가 시스템을 가열한다. 전자 부품이 적절하고 안정적으로 작동하도록 하려면, 차량의 외부 조건과 관계없이, 이들 부품의 온도를 특정 범위로 유지해야 한다. 냉각 시스템, 특히 액체 기반 시스템은 차량의 무게와 크기를 더욱 증가시킬 수 있다.

추가 구성 부품, 추가 배선 및 열 관리 시스템은 차량의 모든 부품의 무게, 크기 및 열 발생을 줄이라는 압력을 가한다. LiDAR와 같은 대형 부품부터 전자회로를 구성하는 반도체 부품과 같은 소형 부품에 이르기까지, 무게를 줄이는 문제는, 그리 쉬운 일이 아니다.

반도체 회사는 실제로 신뢰성을 높이는 동시에, 더 작은 설치 공간, 향상된 열 성능 및 더 적게 간섭하는 구성 부품을 만들고 있다. MOSFET, 양극성bipolar 트랜지스터, 다이오드 및 집적회로와 같은 다양한 실리콘 구성 부품을 발전시키는 것 외에도, 업계에서는 새로운 재료의 사용을 고려하고 있다. 질화갈륨(GaN)을 기반으로 하는 구성 부품은 미래 전자 제품에 큰 영향을 미칠 것으로 보인다. 질화갈륨(GaN)은 전자를 훨씬 더 효과적으로 전도할 수 있으므로, 실리콘과 비교해 주어진 온(ON)-저항 및 항복 전압에 대응하여, 더 작은 장치를 만들 수 있다 [6, 7, 8].

(4) 견고성 Robustness

자율주행차량(SDV)이 가능한 모든 지리적 위치와 기후에서 -극한 온도와 습도에서도- 안전하게 작동할 수 있으려면, 컴퓨팅 플랫폼이 자동차 등급 표준을 충족해야 한다. 예를 들면, 작동 온도 범위는, -40℃~125℃이어야 한다. 그리고 컴퓨팅 플랫폼과 하드웨어 구성 요소도 차량의 기계적 진동에 견딜 수 있을 만큼 충분하게 견고해야 한다.

참고

• **폰노이만(Von Neumann) 방식과 뉴로모픽(Neuromorpic) 방식**

폰노이만 방식은, 중앙처리장치(CPU)와 주 기억장치(Memory), 그리고 입출력장치의 3요소로 구성된 현재의 컴퓨터 아키텍처로서, 데이터가 입력되면 이를 직렬로(순차적으로) 실행하므로 계산이나 프로그램 실행처럼 단순한 컴퓨팅 작업에는 최적의 효율을 자랑하지만, CPU와 저장장치(Memory)를 전송회로(Bus)로 연결하기 때문에 대량의 정보처리 과정에서는 병목현상을 피할 수 없다. 동시에 에너지 소비량도 무시할 수 없다.

폰노이만 방식의 한계를 극복하기 위한, 새로운 컴퓨팅 기술들이 연구되고 있다.

하나는 양자물리학의 '큐비트(Qubit)'를 활용해 순식간에 엄청난 양의 정보를 처리하는 방식의 '양자 컴퓨팅' 기술이다, 상용화가 더디다. 무중력, 절대온도(-273℃) 등, 모든 물리적 간섭을 배제해야 큐비트를 구현할 수 있기 때문이다. 큐비트(Qubit)란, 동시에 두 방향의 스핀(spin)을 갖는 전자 또는 양자(Quantum), 그리고 연산의 기본인 비트(bit)를 합친 양자-비트(quantum bit)를 줄인 용어이다.

또 다른 방법은 인간의 뇌를 모방하는 뉴로모픽(neromorpic: 뇌신경 모방) 기술이다.

인공지능 하드웨어의 기본 구성요소(building block)는 뉴런과 시냅스를 모방한, 수학적 연산이 가능한 소자와 회로이다. 이 구성요소에 뉴런의 막전위(membrane potential)가 문턱전압보다 높을 때만 시냅스 간의 정보를 전달하는 방식을 추가하여, 적은 전력으로 동작이 가능한 스파이킹 신경망(SNN: Spiking Neural Network)을 구현하고, 이를 통해 새로운 컴퓨터 아키텍처를 구현하고자 하는 기술이 바로 뉴로모픽 기술이다.

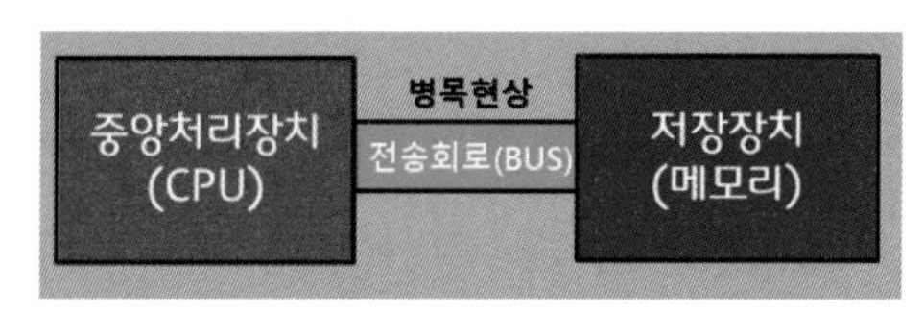

(a) 기존 컴퓨터(폰노이만) 칩 구조

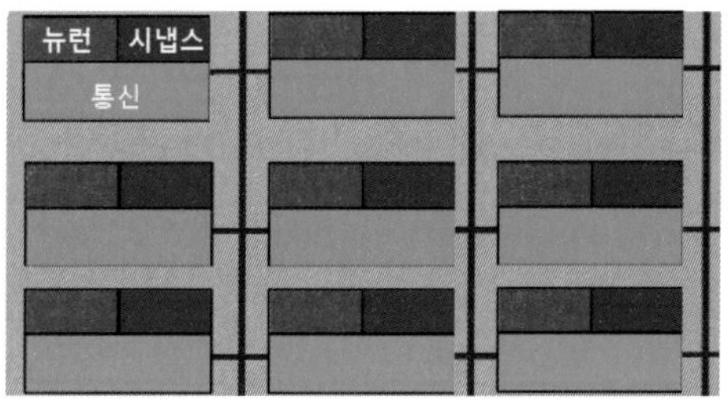

(b) 뉴로모픽 반도체 구조

	기존 반도체	뉴로모픽 반도체
구조	셀(저장, 연산), 밴드 위스(연결)	뉴런(신경기능), 시냅스(신호전달)
강점	저장과 연산	이미지, 소리, 패턴 인식
기능	각각의 반도체가 정해진 기능만 수행	연산, 통신, 저장 등을 함께 처리(융합)
데이터 처리방식	직렬(입/출력을 한 번에 하나씩)	병렬(다양한 데이터 입/출력을 동시에)

뉴로모픽 칩에는 기존 반도체의 '트랜지스터'나 '셀'이 아니라 뉴런과 시냅스를 모방한 소자가 들어 있다. 뇌처럼 정보를 사건 단위로 받아들여 연산, 저장, 전송을 동시에 수행한다. 이미지, 영상, 음향 등 다양한 정보를 하나의 칩에서 연산, 저장, 학습까지 병렬로 동시에 처리할 수 있어, 전력효율과 처리속도를 크게 높일 수 있다.

CMOS 기반 전원을 공급하는 한, 저장된 데이터가 보존되는 램(SRAM: Static Random Access Memory), 그리고 부동 게이트(floating gate)를 시냅스로 활용하는 신경세포 모방 회로기술, 또 이전의 상태를 모두 기억하는 메모리 소자인 멤리스터(memrester), 전자의 스핀(spin)방향을 이용하는 스핀트로닉스(spintronics) 등과 같은 소자와, 이를 뉴런이나 시냅스로 사용하는, 신경세포 모방 소자기술을 기반으로 하는, 뉴로모픽 컴퓨터가 기대를 모으고 있다. [https://news.samsungdisplay.com/25548]

장점은 적은 전력으로도 복잡한 연산과 처리는 물론이고, 인지, 패턴 분석까지 가능하다는 점이다. 그러나, 현재로서는 심층학습과 비교했을 때 정확도가 낮으며, 구조를 구현하기 위한 가격이 비싸다는 점도 단점이다.

2 주요 시스템 반도체 main system semi-conductors

다양한 컴퓨팅 플랫폼을 설계, ADAS와 자율주행차량(ADS)에 적용할 수 있다. 일반적으로 중복 설계를 구축하기 위해 다양한 시스템 반도체들을 결합, 안전 및 작동 신뢰성을 보장한다. CPU와 GPU를 필두로 한 주류 칩, FPGA와 ASIC 그리고 TPU Tenser Processing Unit, NPU Neural Processing Unit, BPU Blockchain Processing Unit 등으로 이어지는 여러 종류의 칩들을 가속장치로 사용할 수 있다. 각각 다른 장단점이 있다.

(1) CPU (Central Processing Unit; 중앙 처리 장치)

컴퓨터 시스템을 통제하고 프로그램의 연산을 실행, 처리하는 가장 핵심적인 제어장치, 혹은 그 기능을 내장한 시스템 반도체chip이다. 기본 구조는 CPU에서 처리할 명령어를 저장하는 역할을 하는 프로세서 레지스터resister, 비교, 판단, 연산을 담당하는 산술논리연산장치(ALU), 명령어의 해석과 올바른 실행을 위해 CPU를 내부적으로 제어하는 제어부control unit, 그리고 내부 버스 등으로 구성된다. CPU는 외부로부터 정보를 입력받고, 기억하고, 컴퓨터 프로그램의 명령어를 해석하여 연산, 외부로 출력한다. 컴퓨터의 모든 작동과정을 통제하는, 두뇌에 해당한다. 연산은 인출, 해독, 실행, 메모리, 라이트-백 Write-Back의 5단계를 거친다. 일정한 규칙이 있는, 많은 양의 정보처리에 강점이 있다. 그러나 CPU는 모든 계산의 결과가 컴비네이셔널 로직(또는 ALU; Arithmetic/Logic Unit; 산술/연산장치)의 연산을 거쳐, 반드시 메모리 어딘가에 저장되어야 한다. 컴비네이셔널 로직combinational logic 연산의 결과가 메모리 또는 칩 내부의 캐시(cache; 데이터나 값을 미리 복사해 놓는 임시 장소)에 저장되어야 하므로, 언제나 한 번에 하나의 트랜잭션(transaction; 데이터베이스의 논리적 작업의 단위로서, 쪼갤 수 없음)만을 순차적으로 처리한다. 클록clock을 높여 처리속도가 빨라져도, 높아진 클록만큼의 계산만 더 할 수 있을 뿐이다. 그림에서 흑색선은 데이터 흐름, 적색선은 제어 흐름을 나타낸다.

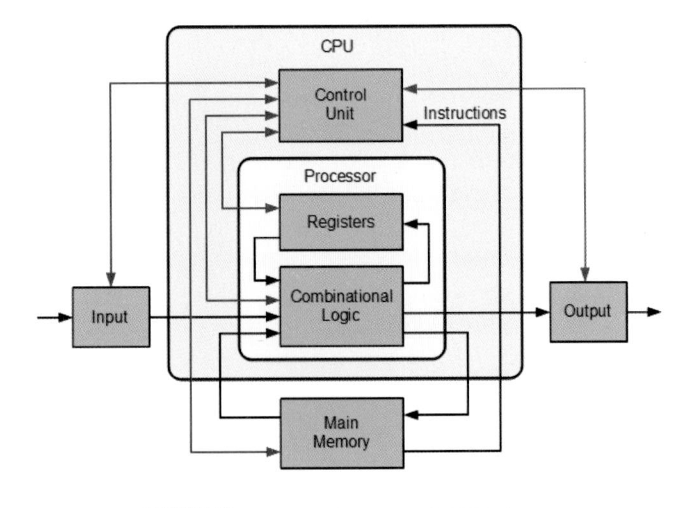

그림 3-3 CPU의 기본 구조의 블록선도

CPU의 성능은 크게 클록clock 속도와 코어core 수에 따라 결정된다.

클록clock이란, CPU 내부에서 일정한 주파수를 가지는 신호로, 이 신호에 동기화되어 CPU의 모든 명령어가 동작한다. 예를 들어, 클록수가 3.0GHz이면, 초당 30억 번의 명령어 처리를 할 수 있다. 따라서 클록 주파수가 빠를수록, 제한된 시간에 더 많은 명령을 처리할 수 있으므로, 더 좋은 성능의 CPU라고 말할 수 있다.

코어core란 CPU의 역할을 하는 블록block으로 예전에는 1개의 칩 안에는 1개의 코어를 가진 싱글코어가 다수였다. 그러나, 클록clock의 개선이 발열 등의 문제로 인해 한계에 이르자, multi-core, hyper-threading과 같이 동시에 구동할 수 있는 코어 수를 늘리는 방향으로 CPU는 발전하고 있다.

(2) GPU (Graphics Processing Unit; 그래픽 처리 장치)

GPU는 컴퓨터 시스템에서, 그래픽 연산을 빠르게 처리, 그 결과를 모니터에 출력하는 연산장치이다. VPU(vision(또는 visual) processing unit)라고도 한다. GPU는 컴퓨터 그래픽과 영상을 매우 효과적으로 처리할 수 있다. 고도의 병렬 구조는 큰 덩어리의 영상 데이터를 병렬 처리할 수 있어, 병렬처리 문제가 많이 발생하는 인공지능(AI) 심층학습 알고리즘에 적합하다. GPU는 AI 훈련을 위한 클라우드와 데이터 저장소 등에 많이 사용된다. 개인용 컴퓨터에서 GPU는 그래픽 카드에 부착되고, 메인보드나 CPU에 따라서는 다이die에 포함되기도 한다. 게임기나 보안 영역에서도 널리 사용되는, 다재다능한 칩chip이다.

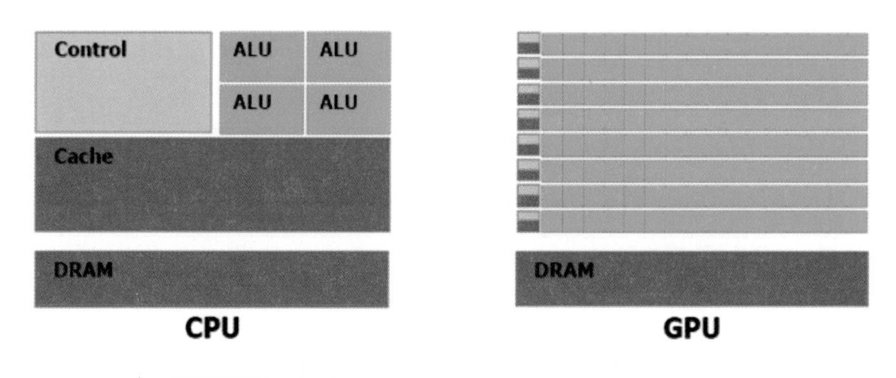

그림 3-4 CPU와 GPU의 구조 비교[출처: SK Hynix]

(3) FPGA (Field Programmable Gate Array; 필드 프로그래머블 게이트 어레이)

FPGA는 프로그래밍 가능한 논리블록 어레이, 그리고 블록을 함께 배선할 수 있는 재구성 가능한 상호 연결 계층을 포함하고 있다. 따라서 생산 후에 고객이나 설계자가 프로그램할 수 있다. ASIC에 사용되는 것과 유사한 HDL(하드웨어 설명 언어)을 사용하여 지정한다.

FPGA는 일반적으로 주문형 반도체(ASIC) 대용품보다 느리고, 복잡한 설계에 적용할 수 없으며, 전력을 많이 소비한다. 그러나 개발시간이 짧고, 오류를 현장에서 재수정할 수 있고, 초기 개발비용이 저렴하다는 장점이 있다. ASIC에 비해 개발 사이클이 빠르고, GPU에 비해 전력 소비율이 낮다. FPGA 사용자들은 ASIC 사용에서 발생할 수 있는 비용적, 기술적 한계들을 회피함과 동시에, 칩을 개별 적용 방식에 맞게 특화할 수 있다.

(4) ASIC (Application Specific Integrated Circuit; 특정 용도용 집적회로)

ASIC 칩은 범용 용도가 아닌 특정 용도에 맞게, 맞춤 생산된 집적회로이다. 주문형 반도체라고도 한다. 이 칩들은 공통으로 다양한, 고연산의, 규칙이 정해진 정보처리를 효율적으로 빠르게 처리하면서, 동시에 CPU의 범용성까지 활용하는 것을 목표로 한다. 기본적으로, ASIC 칩은 더 효율적이고, 형판 크기die size도 더 작으며, GPU나 FPGA에 비해 전력 소비도 적다. 그러나 개발 사이클이 훨씬 길고 유연성도 낮아서, 상용화 정도는 낮다.

오늘날 ASIC에는 종종 마이크로프로세서 전체, ROM, RAM, EEPROM, 플래시 메모리 및 기타 대형 빌딩 블록building block이 포함된다. 이런 ASIC은 종종 SoC(시스템 온 칩) 방식이다. 디지털 ASIC을 설계할 때, 대개 ASIC의 기능을 설명하기 위해 Verilog나 VHDL과 같은 하드웨어 기술 언어(HDL)를 사용한다.

예: NVIDIA DRIVE AGX 개발자 키트, Tesla FSD 칩, Arm Cortex-76AE, Intel SICSNXP BlueBox, Intel AthosMotion 등.

3 실제 컴퓨팅 플랫폼의 예

다수의 반도체 회사들이 자율주행차량 또는 기타 까다로운 애플리케이션용으로 특별히 설계된, 고성능 컴퓨팅 플랫폼을 제공하고 있다.

(1) NVIDIA DRIVE AGX Pegasus

Nvidia(미국)는 GPU(그래픽 처리 장치)로 잘 알려진 회사이다. Nvidia는 초기에 GPU가 자율주행의 인식 문제, 특히 심층 학습을 사용하여 효과적으로 문제를 해결할 수 있는 잠재력을 과시하였다. 그림

그림 3-5 NVIDIA DRIVE AGX Pegasus 컴퓨팅 플랫폼(NVIDIA Corporation)

3-5와 같이 NVIDIA DRIVE AGX Pegasus는 2개의 NVIDIA Xavier™ SoC System on Chip와 2개의 Turing™ GPU를 활용하여 320 TOPS Tera Operations Per Second의 슈퍼컴퓨팅 성능을 달성하고 있다. 이 플랫폼은 로보택시robotaxi를 포함해서, 모든 유형의 자율주행 시스템용으로 설계된, 확장 가능하고 강력한, 에너지 효율적인 컴퓨팅 플랫폼이다.

(2) TTTech Auto의 "RazorMotion"과 Intel/Infineon 칩셋 기반 "AthosMotion"

자율주행용 컴퓨팅 플랫폼을 개발한 또 다른 회사는 TTTech Auto(오스트리아)이다. 이 회사는 컴퓨팅에서 항공우주산업에 이르는 기술 분야의 강력한 네트워크 안전 제어를 전문으로 한다. ASIL D 기능 안전 요구 사항에 기반하여 개발된 TTTech Auto의 Renesas 칩셋 기반 'RazorMotion' 그리고 Intel/Infineon 칩셋 기반 'AthosMotion' (그림 3-6 참조) 프로토타입 ECU는 자율주행차량의 기능을 생산 표준 시리즈로 개발할 수 있도록 지원한다.

그림 3-6 TTTech Auto AthosMotion 컴퓨팅 플랫폼 (TTTech Auto AG)

참고 MCU(Micro Controller 또는 Micro-Controller Unit)

MCU는 마이크로프로세서와 입출력 모듈이 하나의 칩으로 구성되어, 정해진 기능을 수행하는 컴퓨터를 말한다. CPU 코어, 메모리 그리고 프로그램 가능한 입/출력을 갖추고 있다. NOR 플래시 메모리, EPROM 그리고 OTP ROM 등의 메모리를 가지고 있어, 정해진 기능을 수행하도록 프로그래밍 코딩하고 기계어 코드를 써넣는다. 기계어 코드가 실행되기 위한 변수나 데이터 저장을 위해, 적은 용량의 SRAM을 갖추고 있다. 칩에 따라 EEPROM을 내장하기도 한다.

MCU는 임베디드(embeded) 애플리케이션용으로 설계되었으므로, 임베디드 시스템에 널리 사용된다. 개인용 컴퓨터가 다양한 요구에 따라 동작하는 일반적인 용도에 사용된다면, MCU는 기능을 설정하고 정해진 일을 수행하도록 프로그래밍되어, 장치 등에 장착, 동작한다. 한 번 프로그래밍하면, 코드를 나중에 바꿀 일이 거의 없다. 예를 들면, 차량의 ABS, ESC 등의 ECU가 여기에 속한다.

(3) TESLA의 FSD Full Self Driving 칩

Tesla가 자체 개발, 이전의 Autopilot Hardware 3.0을 대체, 2019년 초 도입한 칩으로서, 자율주행 수준 L4와 L5를 목표로 하는 칩이라고 주장하고 있다. 삼성의 14nm 공정 기술로 생산하였으며, AEC-Q100 Grade-2 자동차 품질 표준을 충족한다. CPU로는 CMOS 기반으로 2.2GHz에서 작동하는 3개의 쿼드 코어 Cortex-A72 코어 클러스터로 구성된 12

개의 64비트 ARM 코어를 사용한다. 1GHz로 작동하며, 최대 600GFLOPS가 가능한, Mali G71 MP12 GPU, 그리고 2GHz로 작동하는 2개의 NPU Neural Processing Unit 및 기타 다수의 하드웨어 가속기를 탑재하고 있다.

FDS 칩은 2133MHz에서 작동하는 128비트 LPDDR4 메모리를 지원하는, 비교적 저렴한 기존 메모리 하위 시스템이 특징이다.

칩(chip)	GPU	NPU
수량	1	2
최고 성능	600 GFLOPS (FP32, FP64)	36.86 TOPS (Int 8)
종합 최고 성능	600 GFLOPS	73.73 TOPS

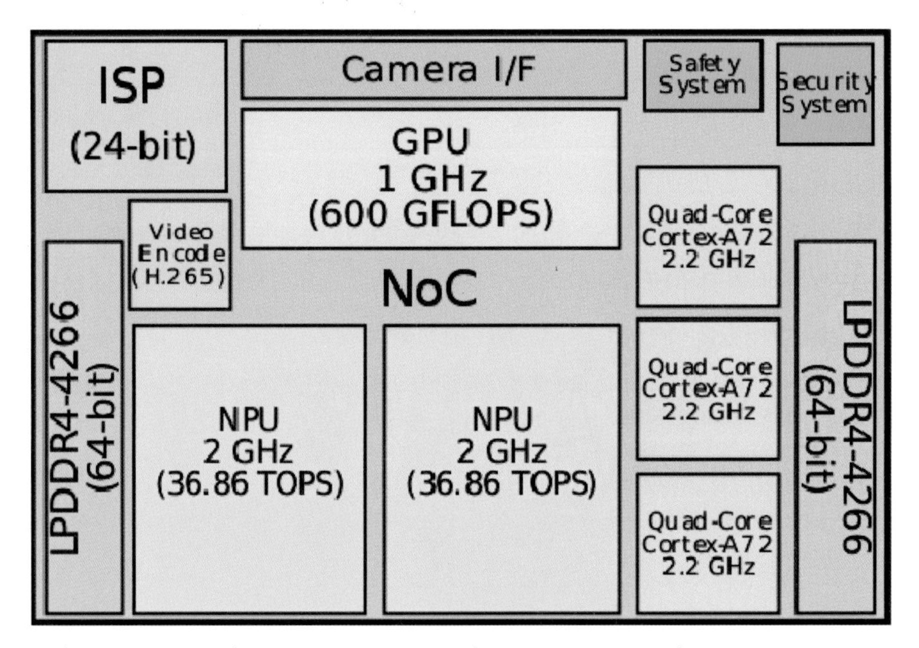

NoC(Network on a Chip),
ISP(Internet Service Provider)
Camera I/F(Camera Interface)
TOPS(Tera Operation Per Second)
NPU(Neural Processing Unit),
LPDDR(Low-Power Double Data Rate),
TFLOPS(Tera Floating point Operation Per Second),

그림 3-7 Tesla FSD Chip block diagram [출처: TESLA]

① **FDS 컴퓨터**(FSD Computer) **구조**

테슬라의 FSD 컴퓨터 보드에는 2개의 FSD 칩이 탑재되어 있다. 각 칩은 자체 스토리지 메모리에서 부팅booting되고, 자체 독립 운영 체제를 실행한다. 보드 오른쪽에는 8개의 카메라 커넥터가 있다. 전원 공급 장치와 컨트롤은 보드 왼쪽에 있다. 2개의 독립 전원은 각각 2개의 칩 중 하나와 연결된다. 또한 카메라도 절반씩 2개의 전원에 연결된다.(비디오 입력 자체는 두 칩 모두에서 수신된다).

그림 3-8 다수의 카메라를 포함, 2개의 FSD 칩으로 이중 구성된 FSD 컴퓨터[TESLA, 2019]

② FDS의 작동

전원을 켜고 연결하면 다양한 소스로부터 보드로 센서 정보가 공급된다. 여기에는 IMU(관성 측정 장치), GPS, 초음파 센서, 휠 회전속도, 조향각도 및 지도 데이터와 같은 현재 자동차 판독값이 포함된다. 8대의 외부 비전 카메라(일부 차량에서는 내부 카메라 1대 추가)와 12개의 초음파 센서를 사용한다. 데이터는 처리를 위해 두 FSD 칩에 동시에 입력된다. 2개의 칩은 독립적으로 자동차의 미래 계획, 즉 자동차가 다음에 해야 할 일에 대한 자세한 계획을 생성한다. 두 칩에서 독립적으로 생성된 두 계획은 안전 시스템으로 전송되어 합의에 도달했는지 확인된다. 두 칩의 두 계획이 계산된 계획에 동의하면, 자동차는 해당 계획을 진행하고 조치를 할 수 있다(즉, 액추에이터 작동). 그런 다음 드라이브 명령이 검증되고 명령이 원하는 작업을 실행했는지 확인하기 위한 피드백으로 센서 정보가 사용된다. 전체 작동 루프는 높은 프레임 속도로 계속 작동한다.

2개의 칩의 인지 판단이 일치하지 않으면, 비상대처Fallback 기능이 작동, 제어권을 운전자에게 넘긴다.

③ FDS의 소비 전력

전체 소프트웨어 스택을 실행하는 FSD 컴퓨터는 72W를 소비한다. 이는 이전 솔루션인 HW2.5가 소비한 57W보다 약 25% 더 많다. 72W에서 여기에는 NPU Neural Processing Unit 에서 소산되는 15W가 포함된다. 이전의 솔루션인 HW2.5와 비교할 때 초당 프레임 수는 21배 향상된 것으로 공표하고 있다.

시스템 아키텍처

3-2 미들웨어 계층
Middleware layer

미들웨어 middleware는 서로 다른 애플리케이션이 서로 통신하는 데 사용되는 소프트웨어로서, 애플리케이션을 지능적, 효율적으로 연결한다. 운영체제(OS)와 런타임runtime 인프라로 구성되며, 애플리케이션 계층과 하드웨어 계층 사이의 다리 역할을 한다. 아래의 하드웨어 계층과 위의 SDV(자율주행차량) 응용 프로그램 계층 간의 인터페이스이다. 미들웨어 계층을 위한 소프트웨어는 일반적으로 공개 소스 source 프로젝트나 소프트웨어 공급업체가 제공한다. 예를 들면, 로봇 운영체제(ROS), 자동차 데이터 및 시간 트리거 프레임워크(ADTF-Audi Electronic Venture에서 개발), 개방형 자동차 표준 소프트웨어 아키텍처(AUTOSAR) 등이 대표적인 미들웨어이다.

1 로봇 운영체제(ROS; Robot Operating System)

ROS는 Windows, Linux 또는 MacOS와 같은 전통적인 의미의 운영체제(OS) 위에 설치되어, 애플리케이션과 분산 컴퓨팅 자원 간의 가상화 레이어로 스케줄링, 부하load, 오류error 처리 등을 지원하는, 공개-소스 open-source 메타-운영체제 Meta-operating system이다. 서로 다른 운영체제, 하드웨어, 프로그램에서도 연동할 수 있으므로, 다양한 하드웨어가 이용되는 로봇과 자율주행차량에 매우 적합한 미들웨어이다.

자세히는 Middleware + Software Framework + Tools + Plumbing + Ecosystem이 결합된 성격이며, 기계 간의 끊김이 없는 분산 통신을 지원하는 통신 인프라를 제공할 뿐만 아니라, 비동기(토픽 사용), 동기(서비스 사용) 및 데이터 저장(parameter 서버 사용)과 같은 다양한 통신 모드도 지원한다. 유연한 클라이언트 라이브러리 아키텍처 덕분에 C/C++, Python, C#Ruby, Lisp, Lua 및 Java를 비롯한 다양한 프로그래밍 언어를 사용하여, ROS 애플리케이션을 구현할 수 있다. 그러나 C/C++ 및 Python 이외의 언어에 대한 지원은, 아직도 실험적인 것으로 간주되고 있다 [9].

그림 3-9와 같이 ROS 프레임워크는 ROS 마스터Master, 그리고 ROS 메시지를 사용하여 입력을 수신하고 출력 데이터를 전송하는 다수의 사용자user 노드로 구성된다. ROS 마스터 노드는 모든 노드의 중앙 등록 지점이며, 런타임runtime 시 매개변수에 접근access하기 위한 특수 서비스인 매개변수 서버도 제공한다. 초기화하는 동안, 노드는 마스터 노드에 자신을 등록하고, 노드가 관심을 가지거나 제공할 수 있는, 토픽topic 또는 서비스에 대해 마스터 노드에 알린다. 새 메시지를 사용할 수 있게 되면, 해당 메시지는 피어-투-피어(P2P) 원격 프로시저 호출(RPC)을 통해 발행자publisher로부터 등록된 모든 구독자subscriber에게 직접 전송된다. 직접 P2P peer-to-peer 통신 아키텍처는, 모든 메시지가 최종적으로 구독자에게 배포되기 전에, ROS 마스터 노드를 통해 중앙에서 라우팅routing되는 중앙 집중식 통신과는 반대로, 효율적이고 확장 가능한 통신을 허용한다. 노드는 요청/응답 방식으로 다른 노드에서 호출할 수 있는 서비스를 등록할 수도 있다.

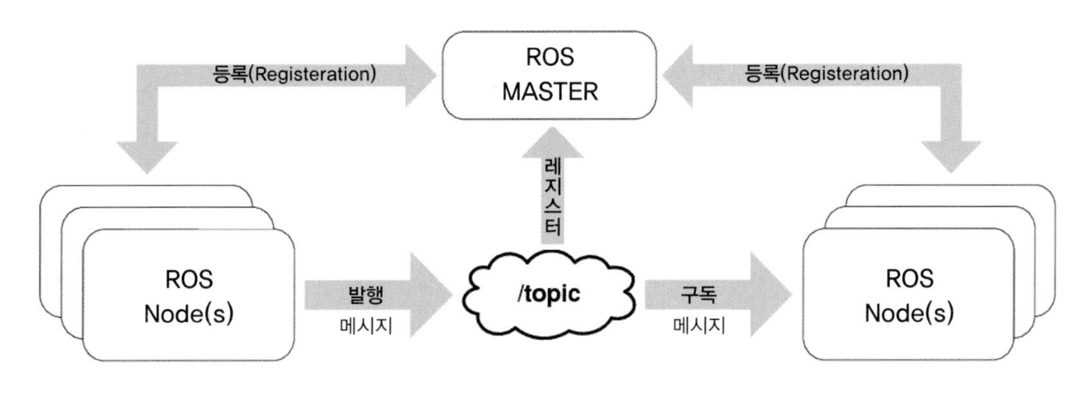

그림 3-9 ROS 기본 개념 블록선도[10]

대규모 시스템에서 코드 재사용성과 공동 개발을 촉진하기 위해, ROS 소프트웨어는 패키지로 구성되며 때로는 스택stack으로 구성되기도 한다. ROS 패키지는 특정 작업을 해결하기 위한, 원자적 빌드atomic build 단위 또는 모듈이다. 이것은 단순히 ROS 노드, 일부 라이브러리, CMake 빌드build 파일, 그리고 패키지 이름, 버전, 종속성 등을 설명하는 XML 패키지 메타-데이터를 포함하는 디렉토리directory이다. ROS 스택stack은, 탐색navigation과 같은, 특정 기능을 집합적으로 제공하는 ROS 패키지 모음이다.

다른 로봇 시스템과 마찬가지로 자율주행차량(SDV)은 일반적으로 전역항법(GNSS) 센서의 세계 좌표 시스템, 차량 무게 중심 좌표 시스템, 위치추정을 위한 고정된 기준reference 프레임에 대한 좌표 시스템 등과 같은 다양한 좌표 시스템을 사용한다. 좌표 프레임의 트랙track을 유지하고, 한 시스템에서 다른 시스템으로의 변환을 계산하는 것은, 지루하고 오류가 발생하기 쉬운 작업이다. ROS 변환 시스템(*tf*)은, 이 작업을 단순화하도록 설계된, 변환 발행transformation publishing을 위한 표준화된 프로토콜을 사용하는, 좌표 프레임 추적 시스템이다. ROS 변환 시스템(*tf*)을 사용하여 ROS 노드는 '원래의native' 좌표계를 사용하여 좌표 프레임을 게시하거나, 시스템의 모든 좌표 프레임을 몰라도 선호하는 좌표계에서 프레임을 검색할 수 있다. 내부적으로 ROS 변환 시스템(*tf*)은 나뭇가지tree 데이터 구조를 사용, 좌표 시스템 간의 계층적 관계를 유지한다. 소스source 프레임과 목표target 프레임 사이에 필요한 변환은 공통 부모 노드common parent node가 발견될 때까지 트리의 가장자리를 걸어 올라가서 형성된 스패닝spanning 세트의 순net 변환을 계산하여 얻는다 [11].

2 자동차 데이터 및 시간 트리거 프레임워크 (EB Assist Automotive data and time-triggered framework; EBAssist ADTF)

자동차 데이터 및 시간 트리거 프레임워크(ADTF)는 ADAS의 개발 및 테스트를 위한 내부 프레임워크로서, Audi Electronics Venture GmbH가 Elektrobit(Continental)과 함께 개발, 2008년 자동차 생산회사 또는 부품 공급업체를 위한 독점 소프트웨어로 제공하기 시작하였다. 강력한 자동차 지식을 배경으로 하므로, ADTF는 LIN, CAN, MOST 및 FlexRay 버스에 대한 지원과 같은 자동차 관련 장치 및 인터페이스에 대한 강력하고 광범위한 지원을 제공하며, 특히 독일 자동차산업계에서 널리 사용되고 있다. ROS와 마찬가지로 ADTF는 Linux 또는 Windows와 같은 다른 운영체제에서 실행되는 미들웨어이다.

그림 3-10과 같이, ADTF는 구성요소component, 실행기launcher 환경, 시스템 서비스, 그리고 런타임 계층의 네 가지 소프트웨어 계층으로 구성된 다계층 프레임워크이다. 구성요소 계층은 사용자 정의 필터, 그리고 추가 필터 또는 서비스를 포함하는 도구 상자로 구성된다. 추가 필터 또는 서비스는 예를 들면, ADTF 또는 제3자 공급업체에서 제공하는 I/O 하드웨어와의 인터페이스용이다. 필터는 실행기launcher 환경 중 하나에서 로드load되고 실행된다. 실행기 환경에는, 헤드리스(비 GUI) 콘솔 환경, 최소한의 GUI(그래픽 사용자 인터페이스) 런타임 환경 또는 구성 편집기, 프로파일러 및 디버거를 포함하는 완전한 GUI 개발 환경이 포함된다. 시스템 서비스 계층은 실행기launcher 실행에 필요한 기능과 메모리 풀memory pool, 클록과 같은 기타 기본 서비스를 제공한다. 마지막으로, 런타임 계층은 구성요소 등록, 시스템 서비스 스케줄링 및 시스템 런타임 레벨 변경을 담당한다 [12].

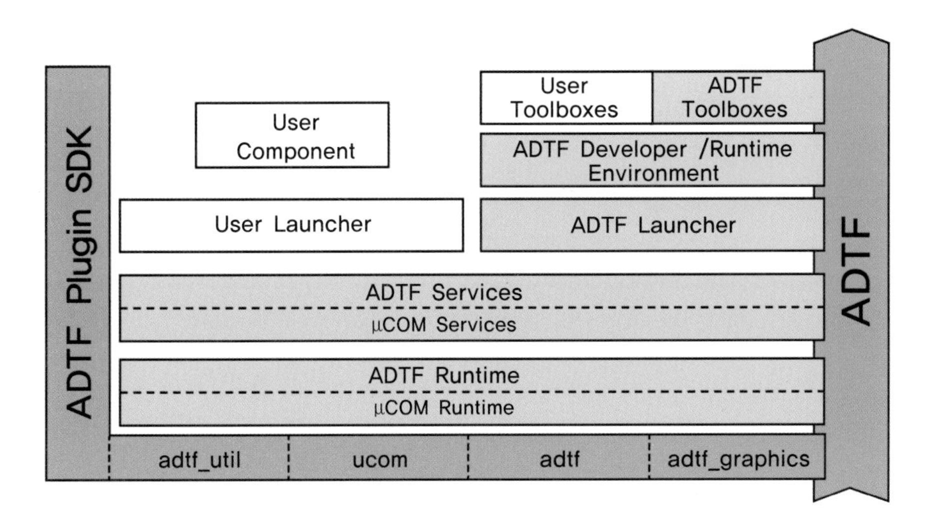

그림 3-10 EB(Elektrobit) Assist ADTF 개념 블록선도[©2019 Digitalwerk GmbH]

ADTF 애플리케이션은 일반적으로 ADTF SDK(ADTF 소프트웨어 개발 키트)를 사용하여 Python 또는 C/C++로 작성된 필터 및 서비스로 구현한다. ADTF에서 응용 프로그램 계층의 기존 기능은, 일반적으로 필터로 쉽게 포장되고wrapped, 기능의 입력/출력은 핀을 통해 자극된다. 통합 Qt 그래픽 프레임워크는 데이터 시각화 또는 그래픽 사용자 인터페이스(GUI) 생성을 지원한다. 플랫폼 독립적인 ADTF 및 Qt SDK(소프트웨어 개발키트)를 사용하면, 동일한 애플리케이션 코드가 Linux 및 Windows 버전의 ADTF에서 모두 실행될 수 있다. ROS와 마찬가지로, ADTF는 오프라인 처리에 유용한 데이터 기록 및 재생을 위한 내장 도구 및 기능도 지원한다. 필터 간에 교환되는 데이터는 int 및 bool과 같은 기본 데이터 유형에서 계층 구조 데이터(중첩 구조체) 및 동적 배열을 사용하여 표현되는 것과 같은, 복잡한 사용자 데이터 유형에 이르기까지 다양하다. 수신기가 들어오는 데이터 스트림을 올바르게 해석하려면, ADTF DDL(데이터 정의 언어)로 작성된 전송된 미디어 유형에 대한 설명이 컴파일 시간에 수신 당사자에게 제공되거나, 런타임 시 데이터 스트림의 일부로, 동적으로 교환되어야 한다.

ADTF의 새 버전인 ADTF3 시리즈를 사용하면, 분산 시스템에서 ADF 인스턴스 간의 원활한 통신이 가능하다. 이전 버전과 달리 각 ADTF 인스턴스는 ADTF 런타임/개발 환경 프로세스 내에서 단일 스레드가 아닌 별도의 프로세스로 시작되며 여러 인스턴스 간의 통신은 호스트 시스템의 IPC Inter Process Communication를 사용하거나 공용 TCP Transmission Communication Protocol, UDP User Datagram Protocol 또는 SCTP Stream Control Transmission Protocol와 같은 네트워크 통신 프로토콜을 사용할 수 있다. 또 다른 주목할 만한 개선 사항은 개발자가

ADTF 코드를 보다 명확하고 간결하게 작성할 수 있도록 하는 Modern C++에 대한 지원이다. 다른 필터와의 일반 RPC(원격 프로시저 호출) 통신에 대한 기본 제공 지원을 통해 ADTF 개발자는 기존 필터링 또는 데이터 흐름 기반 응용 프로그램 외에도 분산 제어 흐름 기반 응용 프로그램을 더 간단한 방법으로 개발할 수 있다.

3 자동차 개방형 시스템 아키텍처 – AUTOSAR

AUTOSAR Automotive Open System Architecture는 ROS나 ADTF와 달리 실제로 미들웨어 소프트웨어 자체가 아니라 일련의 표준이다. 표준은 자동차 전자 제어 장치(ECU)를 위한 표준화된 아키텍처를 만들기 위해, 자동차 생태계 내 기업의 글로벌 개발 파트너십인 AUTOSAR 컨소시엄에서 발표했다. 따라서 AUTOSAR 미들웨어는 단순히 AUTOSAR 표준을 준수하는 미들웨어를 의미하며, 각 표준의 일부 또는 전체를 구현하는 데 전문화된 다양한 회사의 소프트웨어 제품 모음으로 제공될 수 있다.

AUTOSAR 이전에는 모든 자동차 제조업체가 자체 독점 시스템을 개발하거나 공급업체의 독점 시스템을 사용해야 했다. 표준의 부족은 코드 재사용성 저하, 시스템 상호 운용성 부족, 테스트 가능성 제한(이는 소프트웨어 품질 저하로 이어짐), 일반적으로 높은 개발 및 유지 관리 비용을 초래했다. AUTOSAR는 자동차 생태계의 참여자에게 경제적 이점을 제공할 뿐만 아니라 그 방법론과 사양은 ISO 26262에 따라 안전이 중요한 자동차 애플리케이션의 개발을 지원한다.

AUTOSAR 아키텍처에서, 자동차 ECU에서 실행되는 소프트웨어는 그림 3-11과 같이 애플리케이션, 런타임 환경(RTE) 및 기본 소프트웨어(BSW; Basic SoftWare)의 세 가지 추상화 계층으로 나뉜다. 응용 프로그램 계층에는 사용자 또는 응용 프로그램 특정 소프트웨어 구성요소(SWC; SoftWare Component)가 포함된다. SWC(소프트웨어 구성요소) 간 또는 SWC와 통신 버스 또는 기타 서비스 간의 통신은 RTE를 통해 수행된다. RTE는 실제로 이러한 구성 요소 간의 통신 '배관plumbing'을 구현하는 기계 생성 코드이다. 즉, SWC가 해당 변수 또는 AUTOSAR 서비스에 접근access하기 위해 교환된 데이터 및 메서드methods를 저장하는 데 필요한 내부 변수를 생성한다. 기본 소프트웨어 계층은 SWC와 RTE가 임무를 수행할 수 있도록 하드웨어 추상화 및 표준화된 서비스(예: 진단, 코딩 등)를 제공한다. RTE 생성기 및 기타 도구(예: AUTOSAR 저작/모델링 IDE)와 함께 기본 소프트웨어 계층 스택은 일반적으로 AUTOSAR 기술 공급업체가 제공한다.

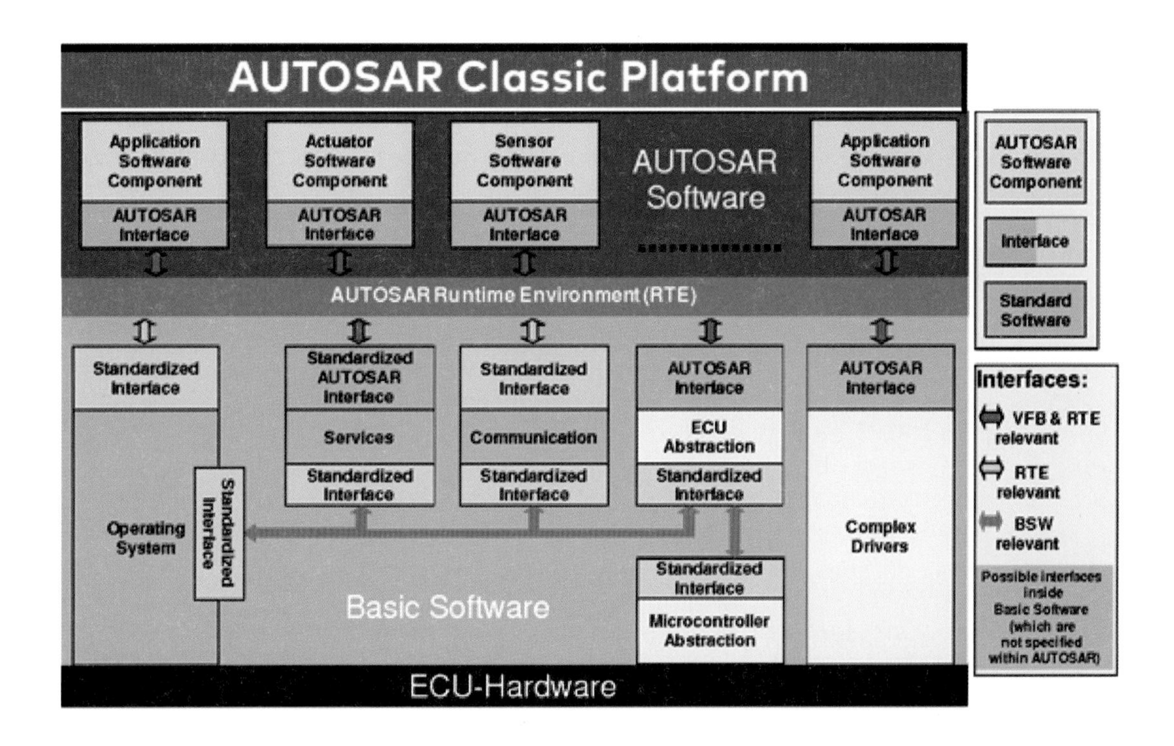

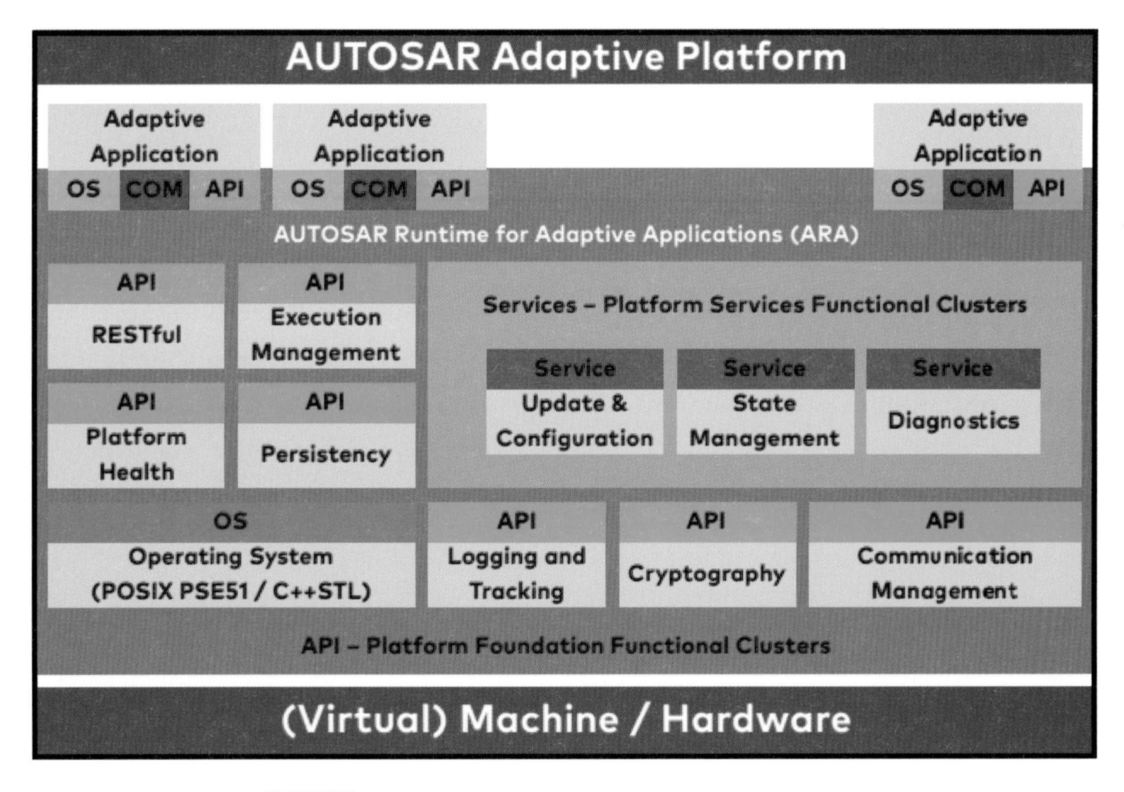

그림 3-11 AUTOSAR Classic/Adaptive 플랫폼의 비교[13]

AUTOSAR에서 구성 요소 간의 통신은 발신자/수신자(S/R) 및 클라이언트/서버(C/S) 통신의 두 가지 일반적인 형태로 나뉜다. 일반적인 애플리케이션에는 통신 버스(예: 센서 데이터 스트림)에서 입력값을 읽고, 소프트웨어-구성요소(SWC)에서 입력값을 처리하고, 계산 결과를 주기적으로 통신 버스로 보내는 것이 포함된다. 이러한 종류의 주기적 데이터 흐름 기반 처리는, 데이터가 발신자/수신자 포트에 대기 중인지의 여부, 액세스 차단/비 차단 등과 같은 몇 가지 추가 매개변수가 있는 발신자/수신자 인터페이스를 사용하여 대부분 실현된다. 제어 흐름 기반 통신 또는 특정 차량 매개변수 읽기(코딩) 또는 암호화 서비스에 대한 값 반환 기능 호출과 같은, 서비스에 대한 비주기적 액세스는 일반적으로 클라이언트/서버 통신을 사용하여 처리한다.

사용된 통신 유형과 관계없이 통신 참여자 간에 교환되는 데이터 유형 및 형식은 설계 시 합의되고 지정되어야 한다. 메서드method 이름, 예상 매개변수 및 해당 유형을 포함하는 메서드 서명은 소프트웨어-구성요소(SWC)에서 액세스할 수 있는, 사용 가능한 모든 기능, 그리고 소프트웨어-구성요소 외부에서 필요한 기능의 메서드 서명이 사양specification의 가장 중요한 부분이다. 사양은 일반적으로 AUTOSAR XML 또는 ARXML에서 C-헤더 파일로 내보내 지고, 소프트웨어-구성요소와 상호 작용하는 모든 구성 요소에 대한 '결합 계약'을 제공하기 때문에 이것을 계약 단계 헤더라고 한다. ARXML은 AUTOSAR의 일반적인 데이터 교환 형식이다. 사람이 읽을 수 있는 형식(XML)이며 AUTOSAR와 함께 작동하는 모든 도구에서 사용된다.

SWC(소프트웨어 구성요소) 런타임 행동behavior은 디자인 타임에도 정의된다. 정의는 SWC가 예약되는 방법, 즉 SWC가 주기적으로 예약되어야 하는 경우, 주기 매개변수 또는 이벤트 기반 호출에 대한 이벤트 유형을 지정한다. 생성된 RTE Real Time Enterprise-에는 모든 소프트웨어-구성요소를 예약할 수 있는, 스케줄러도 포함되어 있다. AUTOSAR 구성에서 ECU의 모든 소프트웨어 구성요소는 함께 '연결'된다. 즉, 모든 발신자/서버 포트는 해당 수신기/클라이언트에 연결tied된다. SWC는 최종적으로 생성된 RTE 및 연결 단계 동안 다른 구성 요소와 함께 통합된다. 연결이 성공하면, 결과 바이너리가 ECU에 플래시flash되고 차량에서 실행할 준비가 된다.

AUTOSAR는 안전한 하드hard 실시간 자동차 애플리케이션 개발을 위한, 표준화된 접근 방식을 가능하게 하도록 개념적으로 설계되었기 때문에, 모든 것 또는 거의 모든 것이 설계할 당시에 정적으로 구성되어야 한다. 정적 시스템 접근 방식은 확실히 애플리케이션이 완전히 결정적임을 보장한다. 그러나 자율주행차량과 같은 특정 애플리케이션에는 너무 제한적일 수 있다. 따라서 AUTOSAR 컨소시엄은 ROM Read-Only Memory 대신 RAM Random Access Memory 실행 지원, 동적 스케줄링 및 가상 주소 공간과 같이 동적으로 구성 가능한 시스템을 개발할 수 있는, 몇 가지 완화된 제약이 있는 AUTOSAR 적응형 플랫폼 표준을 도입하였다 [14].

작성writing 당시, AUTOSAR는 다음 표준을 발표했다 [14].

- '전통적인' 하드 실시간 및 안전에 중요한 시스템에 대한 클래식 플랫폼 표준
- 동적으로 필요한 연결된 서비스 및 클라이언트 시스템을 위한, 적응형 플랫폼 표준
- 클래식 및 적응형 플랫폼의 공통부분을 제공하는 Foundation Standard
- 버스 및 애플리케이션 레벨에서 AUTOSAR 스택 구현 검증을 위한 승인 테스트 표준
- 애플리케이션 인터페이스 공통 도메인 애플리케이션 인터페이스의, 구문/의미 정의 표준

시스템 아키텍처

3-3 응용 프로그램 계층

Application program layer

모든 기능은 응용 프로그램 계층에서 소프트웨어 구성요소로 구현한다. 일반적으로 표준 또는 기성 소프트웨어 제품으로 제공되는 다른 두 계층(하드웨어와 미들웨어 계층)과 달리 응용 프로그램 계층에는 하나의 자율주행차량 시스템을 다른 자율주행차량 시스템과 구별하는 맞춤형 또는 고도로 맞춤화된 소프트웨어 구성요소가 포함되어 있다. 대부분, 이 계층의 소프트웨어는 미들웨어에서 제공하는 API(응용 프로그램 프로그래밍 인터페이스)를 통해 다른 소프트웨어 구성요소 및 시스템의 나머지 부분과 상호 작용한다. 소프트웨어 구성요소와 미들웨어 간의 상호 작용은, 지원되는 통신 메커니즘에 따라 메시지 전달, 공유 메모리, 함수 호출function call 등에 기반할 수 있다. 이와 같은 추상 인터페이스를 사용하면, 애플리케이션 계층이 미들웨어에 독립적일 수 있다.

자율주행차량에 사용되는 대부분의 소프트웨어 모델의 핵심은 기계학습Machine Learning 알고리즘, 특히 인공지능(AI)의 하위 집합인 심층학습 신경망Deep Learning Neural network이다. 이들에 대해서는 제4장에서 자세히 설명할 것이다.

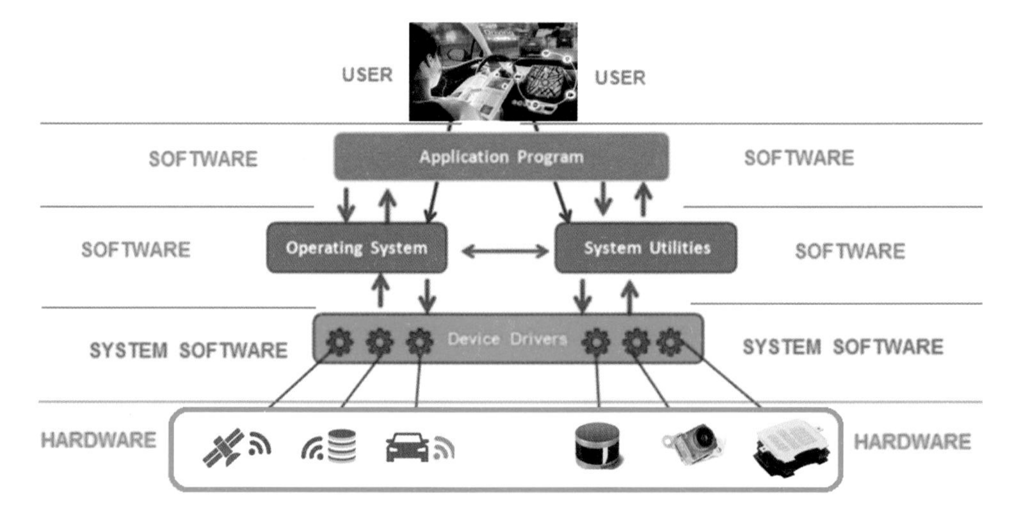

그림 3-12 자율주행차량 컴퓨팅 시스템의 소프트웨어 아키텍처 계층

3-4 액추에이터 인터페이스
Actuator interfaces

1 개요

추상화abstraction 계층인, 액추에이터 인터페이스는 컴퓨팅 플랫폼에서 발행한 차량제어 명령을 차량의 실제 물리적 움직임으로 변환하는 역할을 한다. 즉, 컴퓨팅 플랫폼 출력 신호와 기계적 작동 사이의 계층layer이다. 예를 들어, 컴퓨팅 플랫폼이 좌측으로 1° 조향을 하기로 결정한 경우, 액추에이터 인터페이스는 조향 제어 모듈(자체적으로 폐쇄 루프 제어 시스템을 포함할 수 있음)에 대한 모든 저Low - 수준 명령이 올바르게 수행되도록 한다. 그리고 적시에, 명령이 실행될 때 좌측으로 1° 이상 조향되지 않도록 한다. 이 명령을 실행하는 데 필요한, 일련의 실제 저수준 low-level 제어는 차량마다 다를 수 있다. 따라서 액추에이터 인터페이스는 각 차량의 특정 저-수준 제어의 복잡성을 숨기는, 차량 독립적인 추상화 계층으로 작동한다.

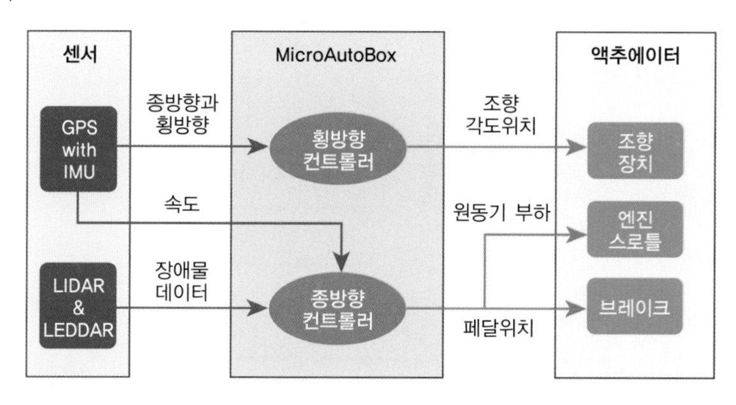

그림 3-13 전기 자동차 자율주행 시스템 요소 및 작동 블록선도(예)

자율주행차량(SDV)이 안전하고 안정적으로 작동하려면, 액추에이터 인터페이스는 횡(Y축)방향과 종(X축) 방향 제어를 모두 지원해야 한다. 횡방향 제어는 Y축(좌/우 방향)을 기준으로 차량의 움직임(조향각)을 제어하는 것이다. 종방향 제어는 X축(전/후 방향)을 따라 차량의 직선 운동을 제어하는 것으로, 가감속 제어(원동기 부하 제어+제동 제어)가 이 범주에 속한다.

2 와이어 구동방식 기술 Drive by wire

SDV는 컴퓨팅 플랫폼에서 실행되는 소프트웨어에 의해 제어되기 때문에 차량의 액추에이터는 완전히 프로그래밍할 수 있거나 '와이어 구동방식drive by wire'이어야 한다. 차량제어 및 작동은 전기자동차(EV)와 내연기관 자동차에서 크게 다르다. 드라이브 바이 와이어 drive-by-wire 기술은 하나 이상의 전자제어장치(ECU)를 이용, 차량의 종방향과 횡방향 동작을 제어한다. 완전히 프로그래밍 가능한 횡방향 및 종방향 제어를 하려면, 최소한 차량의 네 가지 장치(조향장치, 가속장치, 브레이크, 변속장치)를 전자적으로 제어해야 한다.

(1) **스티어 바이 와이어** steer by wire는 통신 버스를 통해 전송된 전자 조향명령(또는 메시지)을 사용, 차량의 좌/우 방향 동작(조향 동작)을 제어한다.

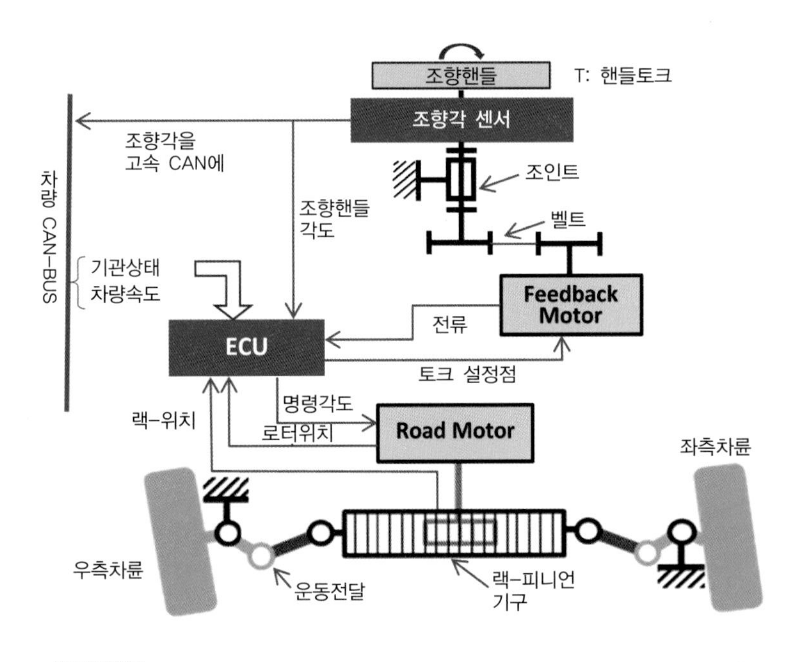

그림 3-14 Steer-by-Wire 개념도[FZB Technology, INC, Dr. Yang]

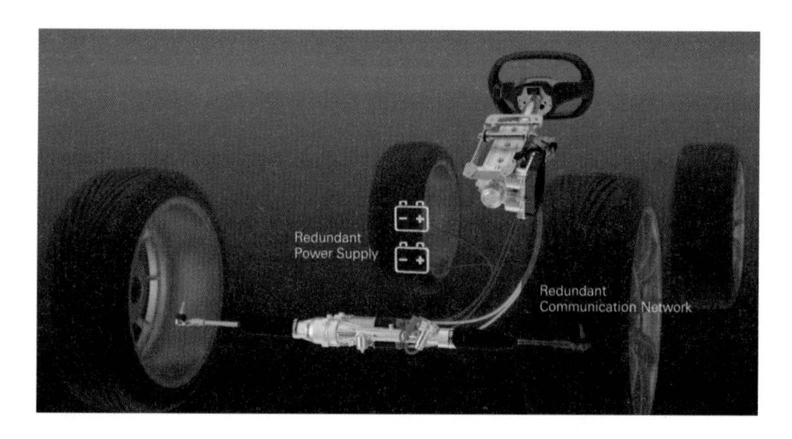

그림 3-15 실제 전자-기계식 조향장치(Steer-by-Wire System)[ZF]

ZF-steer-by-wire 시스템은 안전을 위해 전원과 액추에이터를 이중으로 구성하고, 조향핸들은 접이식으로 설계하였으며, 미래의 SAE L4나 L5에 대응할 수 있도록 하였다.

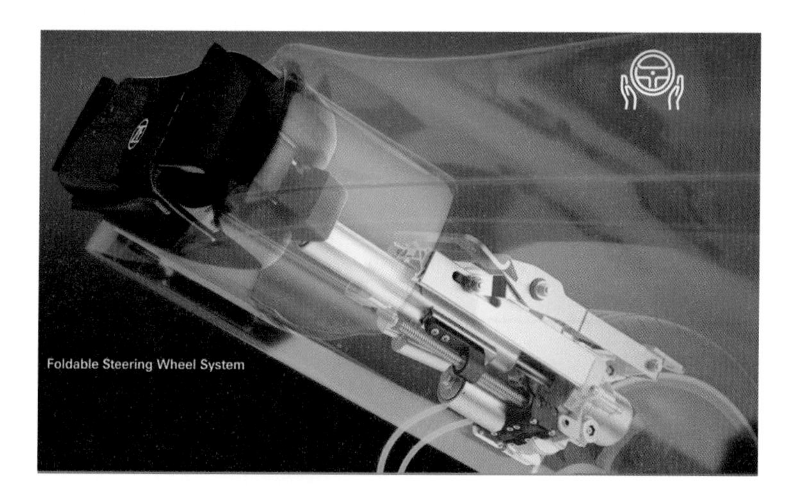

그림 3-16 접이식 조향핸들[ZF]

(2) **브레이크 바이 와이어** Brake-by-wire는 기계식 브레이크 페달을 사용하지 않고, 차량의 종방향 제어(제동)를 전자적으로 처리한다. 제동 명령을 수신하면, 담당 ECU는 이를 각각 실제(물리적) 제동 동작으로 변환한다.

(3) **스로틀 바이 와이어** throttle-by-wire는 기계적 가속 페달을 사용하지 않고, 차량의 종방향 제어(가/감속)를 전자적으로 처리한다. 가속 또는 감속명령을 수신하면, 담당 ECU는 이를 각각 실제(물리적) 가속/감속 동작(내연기관 차량에서 스로틀 제어, 전기자동차에서 구동전동기 속도 제어)으로 변환한다.

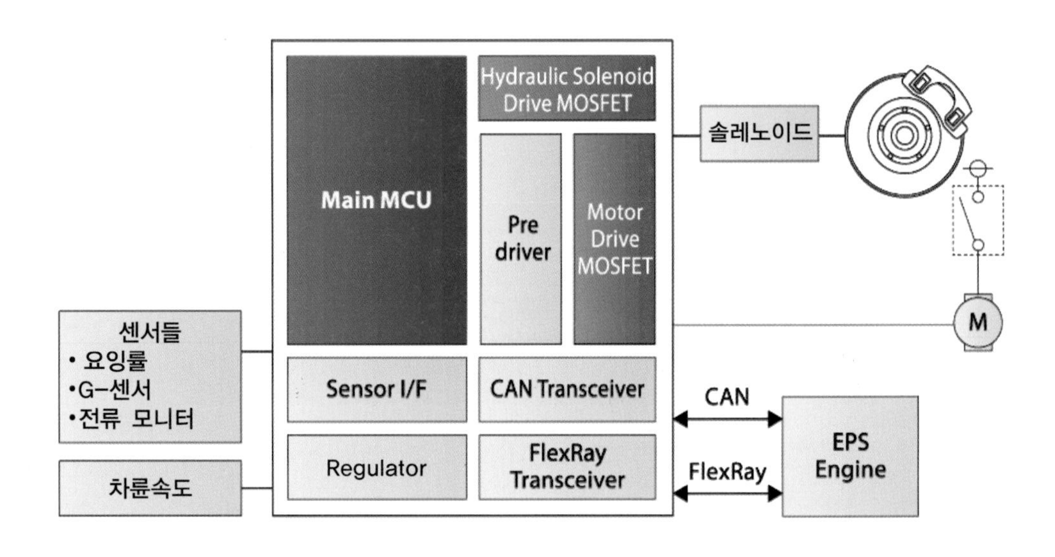

그림 3-17 Brake-by-Wire 시스템 블록선도 [RENESAS]

(4) 시프트 바이 와이어 shift by wire 는 변속 제어(변속기 전자제어)를 담당한다.

수준 5(L5) 자율주행차량에서는 모든 차량제어가 소프트웨어에 의해 수행되며, 차량의 동작을 인수할 수 있는 운전자가 없으므로, 조향핸들, 가속페달 및 브레이크페달과 같은 인간 운전자를 위한 제어 하드웨어는 완전히 쓸모가 없게 된다. 그러나 차량에 따라서는, 인간 운전자가 자율주행차량의 작업을 인수하도록, 이러한 하드웨어가 여전히 존재할 수도 있다.

Drive-by-wire 시스템은 적응형 정속주행 및 차선 유지 시스템과 같은 혁신적인 ADAS 애플리케이션을 위한 핵심 요소였다. 그러나 동시에 ECU에 대한 변조 및 가짜 메시지 주입의 길을 열어 '무단unautorized 차량제어'라는, 상당한 위험을 내포하고 있다. 최신 차량에는 일반적으로 해커hacker가 드라이브 바이 와이어drive-by-wire 시스템을 조작하는 것을 더 어렵게 만드는 추가 보안 계층이 제공된다. 그러나, 드라이브 바이 와이어 시스템에 대한 내부 버스 메시지를 해석하고 조작하는 방법을 알고 있는 사람이라면, 차량을 제어할 수도 있다. 다행스럽게도, 드라이브 바이 와이어 시스템에 사용되는 내부 메시지는 자동차 제조업체마다 다르며, 때로는 동일한 제조업체의 모델 간에도 다르며, 일반적으로 독점 데이터로 보호된다.

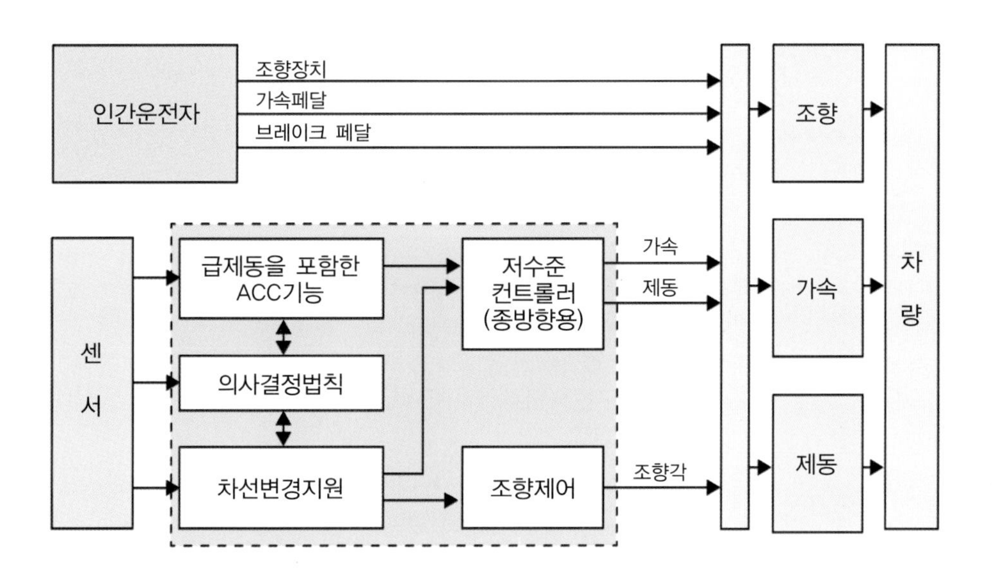

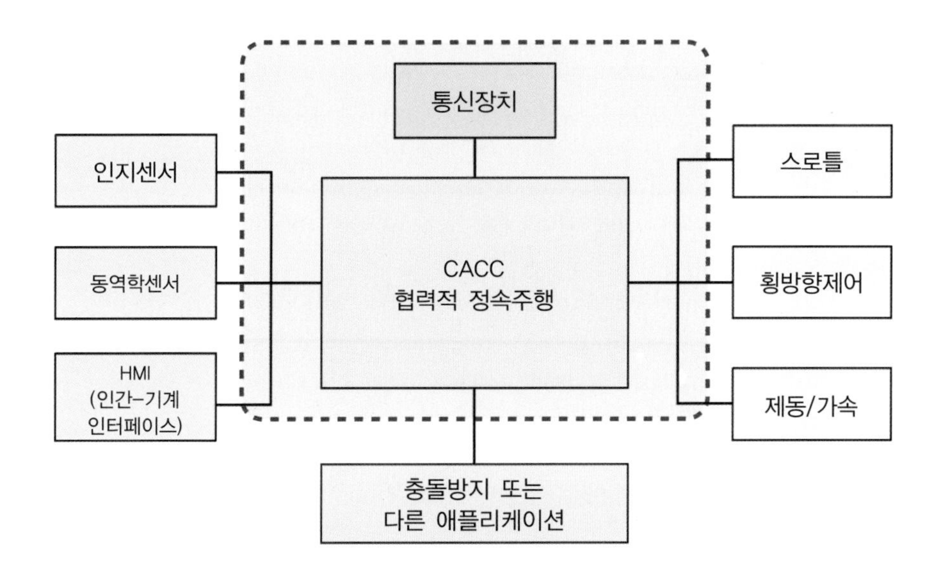

그림 3-18 협력적 정속주행(cooperative adaptive cruise control) 개념 선도(예)

참고문헌 REFERENCES

[1] Miller, R. Rolling Zettabytes: Quantifying the Data Impact of Connected Cars. Available online:https://datacenterfrontier.com/ rolling-zettabytes-quantifying-the-data-impact-of-connected-cars/ (accessed on 1 July 2022).

[2] Wang J. Deep Learning Chips — Can NVIDIA Hold On To Its Lead? In: ARK Investment Management [Internet]. 27 Sep 2017 [cited 17 Dec 2021]. https://ark-invest.com/research/gputpu-nvidia

[3] Nvidia. Self-Driving Safety Report. Nvidia Corporation; 2018. https://www.nvidia.com/content/dam/en-zz/Solutions/self-driving-cars/safety-report/auto-print-safety-report pdf-v16.5%20(1).pdf

[4] Complexity in basic cars: SEAT Ateca SUV has 2.2 km of wire, 100 sensors and control units. In: Green Car Congress [Internet].24 Feb 2019 [cited 15 Nov. 2021]. https://www.greencarcongress.com/2019/02/20190224-ateca.html

[5] Gawron JH, Keoleian GA, De Kleine RD, Wallington TJ, Kim HC. Life Cycle Assessment of Connected and Automated Vehicles: Sensing and Computing Subsystem and Vehicle Level Effects. Environmental Science & Technology. 2018;2: 3249–3256. doi:10.1021/acs.est.7b04576

[6] Preibisch JB. Putting high-performance computing into cars: automotive discrete semiconductors for autonomous driving. In: Wevolver [Internet]. 11 Dec 2019 [cited 27 Dec 2019]. https://www.wevolver.com/article/putting. highperformance.computing.into.cars.automotive.discrete. semiconductors.for.autonomous.driving/

[7] Efficient Power Conversion Corporation. What is GaN? [cited 27 Dec 2019]. https://epc-co.com/epc/ GalliumNitride/WhatisGaN.aspx

[8] Davis S. GaN Basics: FAQs. In: Power Electronics [Internet]. 2 Oct 2013 [cited 27 Dec 2019]. https://www.powerelectronics.com/technologies/gan-transistors/article/21863347/gan-basics-faqs

[9] Kerr, John, and Kevin Nickels. "Robot operating systems: Bridging the gap between human and robot." Proceedings of the 2012 44th Southeastern Symposium on System Theory (SSST). IEEE, 2012.

[10] G. Priyandoko, et al., Human Following on ROS Framework for a Mobile Robot. SINERGI Vol. 22, No.2, June 2018: 77-82.

[11] Tully Foote. tf: The transform library. In technologies for Practical Robot Applications(TePRA), 2013 IEEE International Conference on, pages 1-6. IEEE, 2013.

[12] Programmersought. ADTF(Assist Automotive Data and Time-Triggered Framework) introduction. https://www.programmersought.com/article/54754816761/.

[13] https://www.embitel.com/blog/embedded-blog/adaptive-autosar-vs-classic-autosar]

[14] S. Fürst AUTOSAR – A Worldwide Standard is on the Road. Published 2009, Corpus ID: 17030093.

Chapter 4

차량용 인공지능

Artificial Intelligence for Vehicles

1. 인공지능
2. 하이브리드 인공지능 시스템
3. 기타 기법

4-1 인공지능
AI; Artificial Intelligence

1 인공지능의 정의 Definition of Artificial Intelligence

'인공지능(AI; Artificial Intelligence)'이라는 용어는 1956년 맥카시 John McCarthy가 인공지능에 관한 다트머스 하계 워크숍에서 처음으로 사용하였다. 그는 1955년 록펠러 재단에 보낸 워크숍 workshop 제안서(A Proposal for the Dartmouth Summer Research Project on Artificial Intelligence; 인공지능에 관한 다트머스 하계 연구 프로젝트 제안서)에 인공지능이란 용어를 사용했다. 그는 인공지능을 '지적인 기계 intelligent machine를 만드는 공학 및 과학'이라고 정의하였다.[1]

민스키Marvin Minsky는, 1959년 맥카시와 함께 MIT 인공지능 연구소를 설립, 공동 소장으로 오랫동안 근무한 과학자이자 교수이다. 그는 인공지능을 「인간이 수행할 때 지능이 필요한 일을, 기계가 수행하도록 하는 과학」이라고 정의하였다 [2].

두 정의 모두, 목표의 기능적 정의이다. 다음과 같은 정의들도 제시되고 있다.

- 인간의 사고와 의사결정, 문제해결, 학습과 같은 활동의 자동화,
- 컴퓨터에서 지능적 거동의 시뮬레이션을 다루는 컴퓨터 과학의 한 분야,
- 지능적인 인간 행동을 모방하는 기계의 능력,
- 일반적으로 인간의 지능이 필요한 작업, 예를 들어 시각적 인지, 음성 인식, 의사결정 및 언어 간 번역과 같은 일을 수행할 수 있는, 컴퓨터 시스템의 이론 및 개발,
- 컴퓨터가 배운 지식과 축적된 경험을 어떤 상황에 적용하여 문제를 해결하는 능력 등.

오늘날, 기술분야에서 인공지능의 포함 여부를 말할 수 있는, 특성은 대략 다음과 같다.

① 인지 perception;

② 학습 learning;

③ 추론 reasoning;

④ 문제해결 problem solving;

⑤ 자연어 사용 using natural language

검증 가능한 5가지 특성을 포함한, 더 상세한 정의들도 있다. 이들 기능 중 하나 이상이 시스템에 의해 검증되면, 이 정의에 따라 AI가 관련되어 있다고 말할 수 있다. 우리는 학습 learning이 AI로 간주되는 것의 한 측면임을 주시하고 있다. 학습이 중요한 이유는, 어떤 사람들은 AI를 데이터로부터 학습하는 능력과 체계적으로 연관시켜, AI를 사용하기 위한 전제 조건이 대규모 데이터베이스database를 구축하는 것이라고 말하기 때문이다. 가장 일반적으로 받아들여지는 AI의 정의는 대규모 데이터-베이스를 전제로 하지 않으며, 데이터에서 반드시 배울 필요는 없지만, 인간에게서 추출한 지식을 통합하는 지식 기반 AI 시스템의 중요성을 강조하고 있다. 최근 수년 동안 학습기술에 호응하여, 현재 연구에서 그 비중이 커지고 있다.

그러나, 기술이 발전함에 따라 한때 AI 문제로 간주했던 것들, 예를 들어 바둑 대국과 같은 일이 이제는 일반적인 컴퓨터 문제 목록에서 발견되고 있다. 오늘날 컴퓨터가 바둑 챔피언을 이기는 것은 지능 때문이 아니라, 모든 게임의 순차sequence 조합을 가상으로 병렬 플레이play하고, 항상 최상의 순차sequence를 유지할 수 있는 충분한(인간을 초월하는?) 계산 능력을 갖추었기 때문이다. 그러나 수년 동안 이 문제는 AI 연구자들에게 뜨거운 주제였다.

이 말은 지능intelligence의 개념이, 초월에 대한 암묵적인 개념을 포함하고 있음을 암시하는 것을 알 수 있다. 시스템이 어떻게 작동하는지 쉽게 이해하자마자, 우리는 그것을 더는 AI로 간주하지 않는다. 이것은 세 가지 분명히 다른 태도로 이어진다 [6].

- 「인공지능은 존재하지 않는다.」 생각하는 사람들 [3]
- AI가 발전함에 따라, AI를 대양의 수평선처럼 점점 더 멀어지는 목표로 생각하는 사람들
- 모든 구성요소와 매개변수를 완벽하게 알고 있더라도 작동을 예측할 수 없을 때, 우리가 실제로 AI를 개발할 것으로 생각하는 사람들. 이 개념이 '결정론적 혼돈 이론' [4]에 존재하는 한, 이것은 동떨어진 정의가 아니다.

사실, 이 세 가지 태도는 결국 수렴된다. 이 세 가지 사고방식에서, 지능이라는 개념 자체가 AI를 '단순한 자동 기능'으로 축소하는, 어떤 설명에 대해서도 초월적인 자세를 유지하고 있다는 점이다. - 무한의 가능성을 가진 인공지능 AI with Infinite Possibilities

2 기계학습 機械學習; machine learning

여기서는 기계학습 기술을 상세하게 설명하지 않는다. 가능한 한, 수식도 사용하지 않는다. 다만 특정한 지침guideline과 용도를 이해하는 방편으로, 그리고 주요 접근방식에 대한 기초를 제공하기 위해, 단편적으로 요약한다.

기계학습은 인공지능(인간 신경 모형+학습+지식의 집약)의 한 분야로, 컴퓨터가 알고 있는 지식과 축적한 경험을 통해 스스로 학습, 해결책solution을 찾는, 컴퓨터 알고리즘과 그 기술을 개발하는 분야이다.

미첼 Tom Mitchel은 기계학습을 "컴퓨터 프로그램이 특정한 과업(T)을 수행할 때, 경험(E)을 통해, 성능이 P만큼 개선되었다면, 그 컴퓨터 프로그램은 과업(T)과 성능(P)에 대해 경험(E)을 통해 학습한 것이라고 정의하였다 [5].

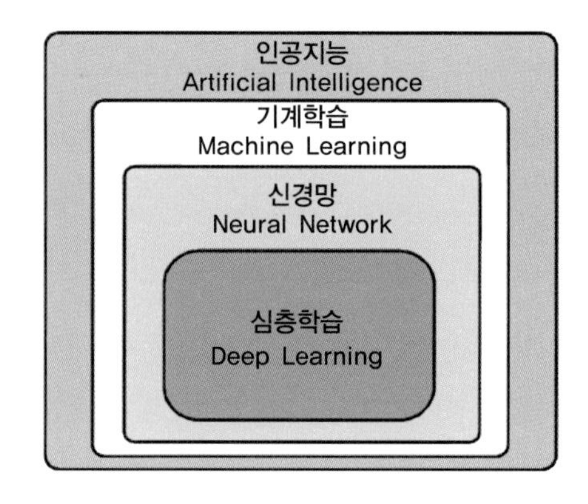

그림 4-1 인공지능, 기계학습, 신경망 그리고 심층학습의 관계[7]

(1) 실무적 관점에서의 기계학습 정의 - 표현+평가+최적화의 결합

본질적으로 기계학습은 제공된 훈련 데이터 세트를 기반으로, 입력 데이터 세트를 출력 세트에 매핑 mapping한다. 기계학습의 핵심은 표현representation과 일반화generalization에 있다. 여기서 표현이란 입력된 데이터의 평가이며, 일반화란 아직 알 수 없는 데이터에 대한 처리이다.

① **표현**(表現; expression)

표현이란 임의의 과업을 수행하는 컴퓨터 프로그램agent이 다수의 입력값을 처리하여, 가능한 한, 적은 양의 숫자로 입력값을 설명할 수 있는, 정량적인 결괏값 또는 대푯값을 제시하는 것을 말한다. 표현의 형태는 스칼라, 벡터 또는 이미지 화소pixel가 될 수 있다. 이처럼 대푯값을 추출하는 방법을 기계학습 모델machine learning model이라고 한다.

② **평가**(評價; evaluation)

평가란, 컴퓨터 프로그램agent이 과업을 얼마만큼 잘 수행했는지를 정량적으로 측정하는 방법을 말하며, 정량화된 평가를 목적함수objective function라고 한다. 목적함수는 지도학습에서는 정량화된 표현값과 실젯값의 차이일 수 있고(이를 비용함수cost function 또는 손실함수loss function라고도 함), 비지도학습에서는 표현값이 생성될, 정돗값을 나타내는 가능도likehood일 수도 있다. 강화학습에서 평가는 에이전트(컴퓨터 프로그램)가 행한 행동 가치action value 또는 행동의 결과에 따른 상태 가치state value일 수도 있다.

③ **최적화**(最適化: optimization)

최적화는 평가에서 설정한 학습목표 기준(목적함수)을 최대화 또는 최소화하는 모델을 구성하고 있는, 학습 변수 learnable-variable 또는 -parameter)를 찾는 것이다. 학습변수는 반복 학습과정에서 매번 갱신update된다. 주로 많이 사용하는 최적화 기법은 경사하강법(gradient descendent; 목적함수를 최소화)과 경사 상승법(gradient ascent; 목적함수를 최대화)이다. 최적화 과정을 통해 목적함수를 최적화하는 학습변수를 구하게 되면, 학습은 종료된다.

학습이 종료된 후, 새로운 데이터에 대해 과업을 수행하는 것을, 일반화generalization 또는 추론(推論; inference or reasoning)이라고 한다.

기계학습의 결과물은 어떠한 임무 또는 과업을 수행하는 컴퓨터 프로그램이다. 예를 들어 기계학습을 통해 학습된 프로그램을 자동차에 탑재, 자율주행을 구현할 수 있다.

(2) 기계학습의 분류

기계학습에서 컴퓨터 알고리즘agent이 교재(디지털 데이터)를 가지고 학습하는 경우를 지도학습supervised learning과 비지도 학습unsupervised learning으로 구분하고, 교재 없이 학습하는 경우를 강화학습reinforcement learning이라고 한다.

① **지도학습**(supervised learning) **– 예측(또는 회귀)과 분류**

데이터(또는 이미지), 그리고 데이터(또는 이미지)를 설명하는 이름표label 또는 주석annotation이 짝pair으로 묶여 있는 데이터 세트를 사용, 학습하는 경우이다. 데이터를 설명하는 이름표가 '지도한다supervise는' 개념으로 사용되고 있다. 지도학습은 예측(또는 회귀)이나 분류에 사용된다.

예측prediction을 회귀regression라고도 한다. 회귀는 다시 선형회귀, 로지스틱 회귀 및 단계별 회귀로 분류할 수 있다. 선형회귀는 선형 예측식을 찾는 방법이며, 로지스틱 회귀는 예/아니오yes/no, 0/1, 양호/불량good/bad, 합격/불합격pass/fail 등과 같은 2진 예측을 사용한다. 단계별 회귀는 고려해야 할 입력 데이터 항목이 많을 때, 점진적으로 항목을 고려해 나가다가 일정한 항목에 도달해도 정확도가 크게 개선되지 않으면, 중단하고 그때까지 고려한 항목의 데이터만으로 예측 식을 찾는 방법이다.

데이터 (이미지)			
이름표	염소	경계 상자	이미지 분할

(a) 분류명 이름표 (b) 개체추출용 경계상자 이름표 (c) 이미지분할 이름표

그림 4-2 이름표의 종류(예)

분류classification 모델은 N개의 개체class로 이름이 붙여진 데이터를 학습, 새롭게 입력된 개체가 어느 개체에 속하는지를 찾는 모델이다. 분류기법에는 k-근접법(k NN; k Nearest Neighbor; 최근접 이웃), 서포트 벡터 머신(SVM: Support vector Machine), 결정나무 Decision Tree 모델 등이 있다.

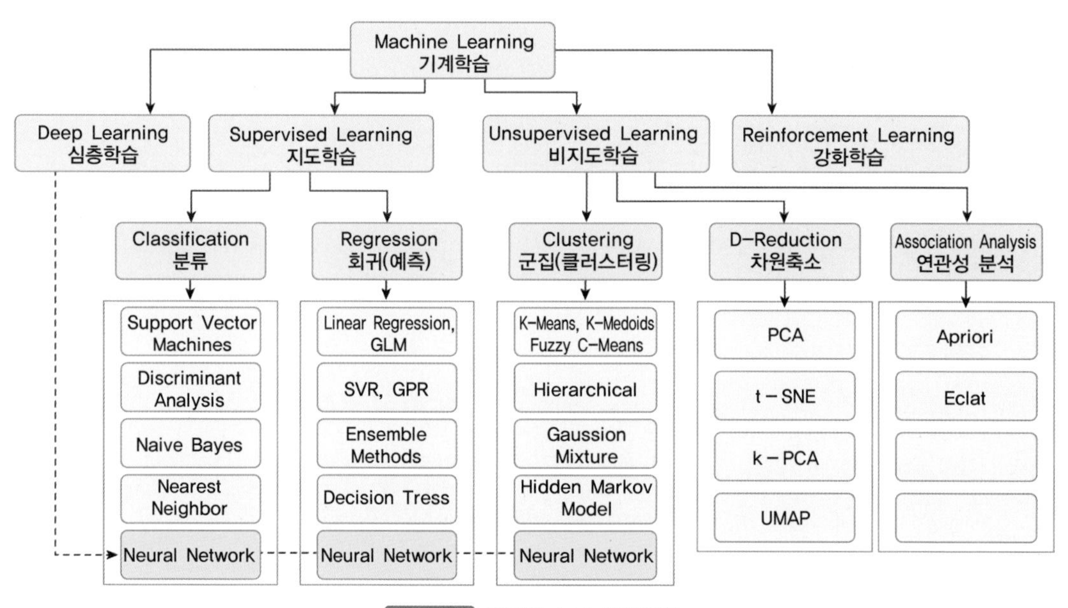

그림 4-3 기계학습의 분류(예)

예측(또는 회귀)과 분류의 차이는, 예측은 결괏값이 데이터 세트의 범위 안의 어떠한 값도 가능하다는 점이고(즉, 연속적이고), 분류는 결괏값이 분류하고자 하는 클래스 중의 하나로 고정되어 있다는 점이다. 즉, 예측 결괏값은 학습 데이터 세트로 결정된 예측식(회귀식)으로 계산한 임의의 값이고, 분류 결괏값은 학습 데이터 세트에 포함된 이름표label 중 하나이다.

② **비지도 학습**(unsupervised learning)

비지도 학습은 이름표label가 데이터만 가지고 학습하는 경우로서, 이름표를 예측하거나 분류하는 임무는 수행할 수 없고, 데이터의 특성을 추출하여 유의미한 결과를 도출하거나, 데이터 분포를 기반으로 새로운 데이터 세트를 생성하는 생성 모델이다. 더 많은 데이터를 활용할 수 있는 비지도학습이, 지도학습에 비해 더 큰 잠재력을 가지고 있다고 말할 수 있다.

비지도학습의 목적은 군집clustering, 차원 축소dimensionality reduction 및 생성모델generative model 등이다.

■ **군집**(clustering) **모델 - 클러스터링**(clustering)

이름표label가 없이 확보된 데이터의 특성을 분석하여, 서로 유사한 특성을 가진 데이터끼리 그룹화하는 것이 군집모델의 학습목표이다.

군집모델은 군집화 알고리즘 관점에서 평활flat 또는 분할 기반partition-based 군집모델, 그리고 계층적hierarchical 군집모델로 구분할 수 있다.

분할 기반 군집모델에는 k-means/k-medoids, DBSCAN((Density-Based Spatial Clustering of Applications with Noise: 밀도 기반 군집분석), GMM(Gausian Mixture Model; 가우스 혼합모델) 등이 대표적이며, 계층적 군집은 병합적agglomeration 군집과 분할적divisive 군집으로 구분할 수 있다.

■ **차원 축소**(dimension reduction)

다양한 특성공학feature engineering 기법을 이용하여 추출한 특성 데이터 세트로 어떤 분석을 할 때, 여전히 특성의 차원이 클 때가 있다. 특성의 차원이 크면, 데이터 분석과정을 직관적으로 가늠하기 어렵고, 컴퓨팅 자원도 많이 소요된다. 그리고 추출한 특성값 중에서 일부 요소들은 데이터의 본질 판별에 영향을 미치지 않을 수도 있다. 따라서 해결방법은 차원을 축소하여 데이터 세트를 계산, 메모리 사용이나 계산시간을 단축하는 것이다.

방법으로는 주성분 분석(PCA: Principle Component Analysis), t-SNE(t-distributed Stochastic Neighbor Embedding: t-분산 확률적 이웃 임베딩), UMAP (Uniform Manifold Approximation and Projection: 균일 다양체 근사 및 투영) 등을 활용한다.

■ **생성 모델**(generative model)

이름표label가 붙은 데이터로 학습하는 지도학습을 판별모델discriminative model이라고 한다. 지도학습의 판별모델은 학습 데이터 x에 대해 이름표 c를 판별하는 조건부 확률을 구하는 모델이다. 반면에 생성모델은 이름표 c의 특성을 가진 x를 생성하는 결합확률 ($p(x,c)$)을 찾는 것이다. 쉬운 표현으로 생성모델은 주관식, 판별모델은 객관식 문제와 비교할 수 있다.

(a) 생성 모델 (b) 판별 모델

그림 4-4 생성모델(≈주관식)과 판별모델(≈객관식)의 비교

인공신경망 기술을 기반으로 발표된 생성 모델 중, VAE(Variational AutoEncoder; 변분 자기 부호화기)와 GAN(Generative Adversarial Network; 생성적 적대 신경망) 등은 자율주행에 많이 적용된다. (그림 4-12, 4-13 참조).

③ **강화학습**(reinforcement learning)

강화학습은 컴퓨터 프로그램agent이 스스로 취한 행동에 대한 보상 또는 벌칙을, 환경으로부터 피드백feedback 받는 '시행착오trial & error'를 통해 학습한다. 그러나 사람이 정의한 보상함수를 기준으로 학습하므로, "사람으로부터 지도를 받는다는" 의미(지도학습) 또한 여전히 포함하고 있다. 강화학습은 사건이 전개되면서 환경으로부터 받는 피드백을 통해 학습하므로, 순차적 사건에 대한 최적의 의사결정이 필요한 경우에 주로 사용한다.

원하는 출력은 모르지만, 계산된 출력이 허용 가능한지, 불가능한지 안다. 아이디어는 수용할 수 없는 솔루션solution을 억제하고, 수용 가능한 솔루션의 존재를 강화하는 것이다. 이를 누적 보상cumulative reward 기구라고 한다.

강화학습은 미래에 얻어질 보상값의 평균을 최대로 하는 정책 함수를 찾는 방법이다. 여기서 '미래'와 '기댓값'에 주목해야 한다. 강화학습 문제는 대부분 수학적 모델인 '마르코프 의사결정 과정Markov Decision Process, MDP'을 이용하여 푼다.

3 심층학습 Deep Learning

일반적으로 기계학습과 심층학습은 구분된다. 심층학습은 다층 순방향feed-forward 인공 신경망의 특별한 경우의 기계학습을 말한다.

심층학습과 기계학습의 가장 큰 차이점은 표현학습representation learning이다. 기계학습은 명시적인 특성 엔지니어링 feature engineering 과정을 거치지만, 심층학습은 다수의 은닉 계층layer과 비선형함수의 조합으로 특성 엔지니어링 과정을 자력(= 학습)으로 해결한다는 점이다. 바꾸어 말하면, 심층학습은 입력 데이터를 기반으로 기댓값(또는 기대출력; expectation)에 가깝게 만드는 유용한 표현representation을 학습 learning한다.

여기서 표현 representation이란, 데이터를 인코딩encoding하거나 묘사하기 위해, 데이터를 바라보는 다른 관점(또는 방법)을 말한다. 예를 들어 컬러 이미지는 RGB(적 / 녹 / 청색) 또는 HSV(색상 / 채도 / 명도)로 인코딩encoding될 수 있다. 이들은 같은 데이터의 두 가지 다른 표현이다. 상황에 따라 표현 'A'로는 해결하기 힘든 문제를 표현 'B'로는 쉽게 해결할 수 있다. 예를 들어 '이미지에 있는 모든 적색 화소를 선택'하는 문제는 RGB 포맷에서 쉽고, 이미지의 채도를 낮추는 문제는 HSV포맷에서 더 쉽다. 그림 4-5에서 추론inference은 예측prediction, 분류classification, 그리고 군집화clustering를 포함한 개념이다.

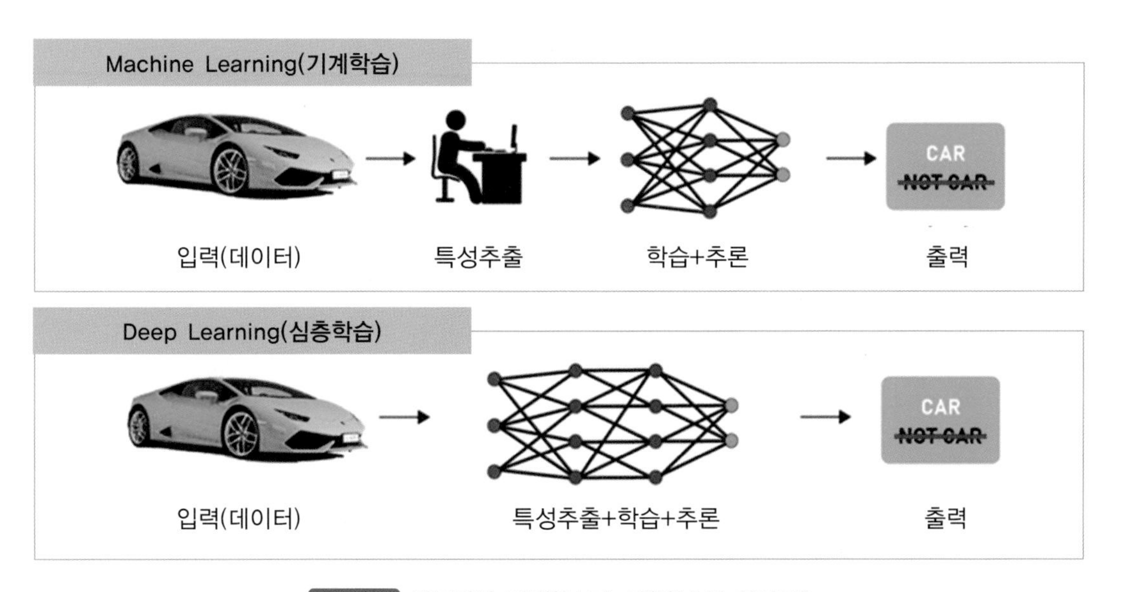

그림 4-5 전통적인 기계학습과 심층학습의 차이(예)

심층학습 기술은 얼굴 인식[8], 음성 합성[9] 등을 포함한, 현대 응용 프로그램의 발전에 크게 기여하고 있다. 자율주행차량 분야에서는 인지perception기능 측면에서 이 기술을 사용하고 있다. 특정 관심 영역 중 하나는 특징feature 학습으로, 사람이 사전에 특징을 수동으로 정의하지 않고도 객체 분류를 가능하게 한다. 즉, 컴퓨터는 스스로 특징을 학습한다. 그러나 특징 엔지니어링은 대부분이 깊은 지식과 도메인 전문 지식이 필요한, 수동 프로세스이다. 최근 몇 년 동안 특히, 이미지 인식 분야에서 심층학습deep learning 응용 프로그램의 인상적인 성공으로 인해, 심층학습은 기존의 접근방식을 사용하여 현재 달성할 수 있는 것 이상으로 자율주행차량의 능력을 확장하는 유망한 기술이 되었다. 그렇다고 문제가 전혀 없는 것은 아니다. 많은 은닉 계층과 관련된 매개변수의 수 때문에, 심층학습에는 많은 계산 자원resource과 매우 많은 양의 훈련 데이터가 필요하며, 블랙박스 과정을 포함하고 있다.

(1) 인공신경망 (ANN: Artificial Neural Network)

인공신경망(ANN)은 인간 두뇌의 신경망에서 영감을 얻은 학습 알고리즘이다. 인공신경망(ANN)은 인간 두뇌의 뉴런(neuron; 신경세포)과 시냅스(synapse; 뉴런 간의 연결부)의 결합을 모방, 회로망network을 형성한, 인공 뉴런artificial neuron이 학습을 통해 시냅스의 결합 강도를 변화시켜, 문제해결 능력을 학습한, 비선형 학습모델이라고 말할 수 있다.

인간 두뇌의 뉴런은 한 방향(일방통행식)으로만 신경 자극을 보낼 수 있다. 그림 4-6에서는 좌측 셀에서 우측 셀로만 자극을 전달하고 있다. 이유는 세포 사이의 연결부인 시냅스의 특성 때문이다.

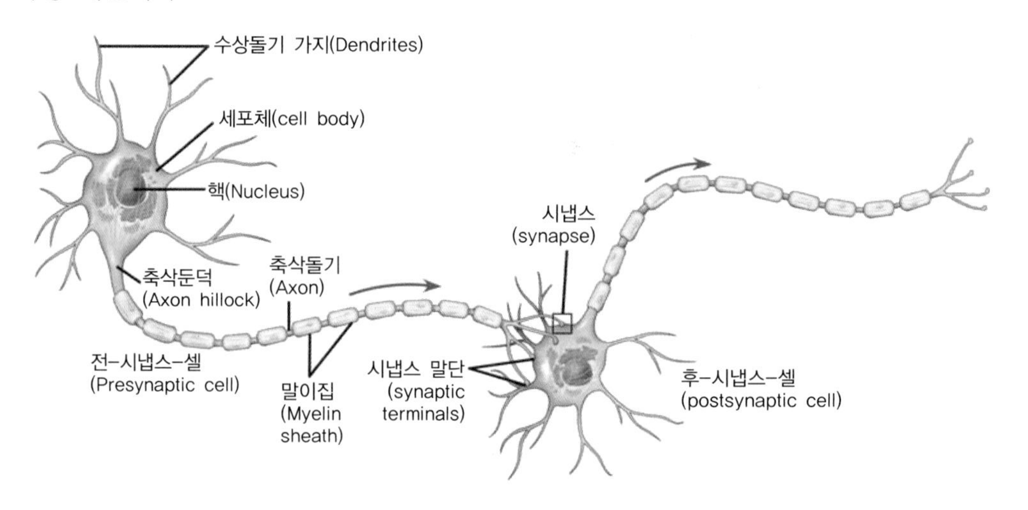

그림 4-6 두 뉴런 간의 신경자극 전달 구조 [출처: GoConqr]

1943년 맥컬럭 Warren McCulloch과 피츠 Walter Pitts가 임계논리 연산자(TLU: Threshold Logic Unit)라는, 인공신경망 모델을 제시하였다. 이후, 인공신경망 연구는 정체를 거듭하였으나, 1986년 러멜하트 David Rumelhart, 힌튼 Geoffrey Hinton 및 윌리엄스 Donald Williams가 네이

처Nature에 논문 'Learning representations by back-propagating errors(오류 역전파에 의한 학습 표현)'을 발표하고, 1989년 르쿤Yann LeCun이 합성곱 신경망(CNN)을 발표하기에 이른다. 병렬분산처리 측면에서의 인공신경망이 제시되면서부터, 다양한 분야에서 활발하게 연구가 진행, 오늘에 이르고 있다.

인공신경망(ANN; Artificial Intelligence Network)에서 상호 연결된 뉴런(노드; node)의 계층은, 외부 세계와 직접 접촉하는 입력층input layer과 출력층output layer, 그리고 은닉층hidden layer 또는 심층층deep layer이라고 하는, 최소 하나 이상의 중간층으로 구성된다. 즉, 최소 3개의 층으로 구성, 다층multilayer을 형성하며, 순방향으로 정보를 전달하는, '순방향 전파feed-forward' 방식을 주로 사용한다.

비선형 분류non-linear classification에는 일반적으로 ANN의 특수한 형태인, 즉 다층 퍼셉트론(MLP; Multi-Layer Perceptron)을 사용한다. MLP(다층퍼셉트론)도 최소 3개의 계층(입력, 은닉 및 출력)으로 구성되며, 각 특징feature은 입력층의 노드로 제시된다. MLP는 그림 4-7과 같이, 올바른 분류가 달성될 때까지 순방향 및 역방향으로 각 노드의 가중치를 반복적으로 갱신하는, 역전파 알고리즘을 사용하여 학습한다. 순방향에서는 입력 데이터에 노드의 실제 가중치를 곱하고, 일부 비선형 활성화 함수를 적용한 후, 출력층의 최종 결과가 얻어질 때까지 출력을 다음 계층으로 전파한다. 실제 결과와 예상 결과 사이의 오차를 측정하고, 각 노드의 가중치를 출력층에서 시작하여, 입력층으로 순차적으로 조정(따라서 역전파)하여 오차를 줄인다.

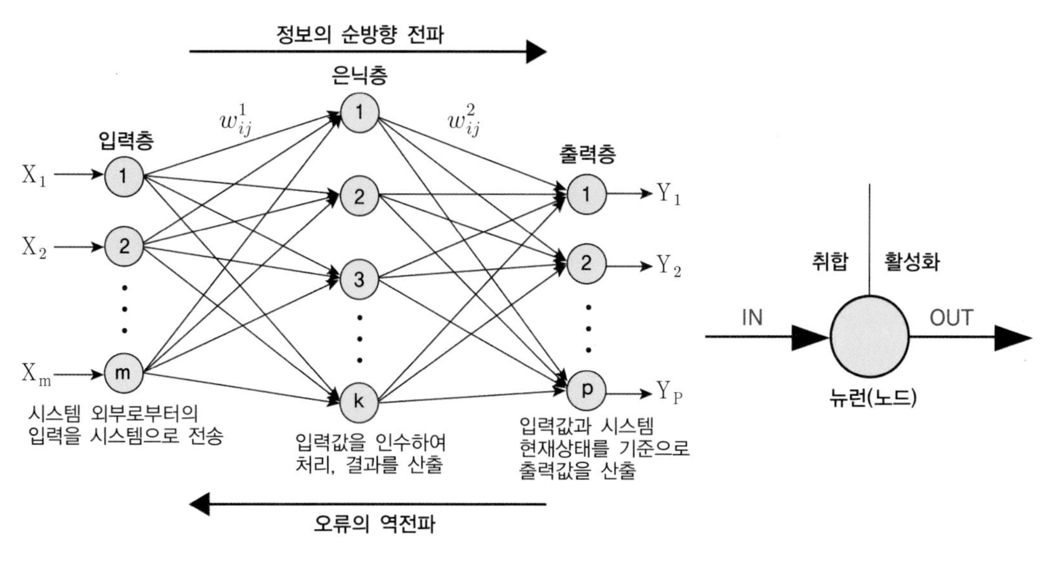

그림 4-7 역전파 개념의 간단한 다층 퍼셉트론(MLP)과 노드의 역할

(2) 심층학습 주요 모델

심층학습은 다양한 데이터 형식 format과 분석 방법에 따라 다층 퍼셉트론(MLP: Multi- Layer Perceptron), 합성곱 신경망(CNN), 순환신경망(RNN), 장단기 메모리(LSTM) 등으로 모듈화되어, 학습모델 구조를 손쉽게 설계, 구현할 수 있다.

다층 퍼셉트론(MLP) 모델에서 순전파 feed-forward나 역전파 back-propagation 과정에서의 반복적 연산이나, 합성곱 신경망(CNN) 모델에서의 커널 필터링(kernel filtering; 합성곱 과정) 연산 등은 데이터 간 종속성이 없어, 병렬 처리 parallel processing가 가능하다. 따라서 GP-GPU General Purpose Graphic Processing Unit나 인공신경망에 최적화된 프로세서(예; 구글의 TPU: Tensor Processing Unit)를 사용하여, 연산시간을 획기적으로 단축할 수 있는 단계에 이르고 있다.

다층 퍼셉트론(MLP; 그림 4-7 참조)은 심층학습의 가장 기본이 되는 구조이다. 벡터 형태($x \in R^n$)의 데이터를 입력받아, 각 신경층의 노드에서 정보를 처리(이전의 층으로부터 전달된 데이터를 합산하고 활성화)하여, 다음 층으로 전송하는 순전파 feed-forward 과정을 통해, 결과를 예측하는 모델이다.

① **합성곱 신경망**(CNN: Convolutional Neural Network) [10, 11, 12]

합성곱 신경망(CNN)은 주로 이미지 데이터 학습과 인식에 특화된 순방향 전파feed forward 심층 신경망 알고리즘에 속한다. 주로, 이미지와 공간 정보를 처리하여, 관심 특징을 추출하고, 환경에서 개체 object의 식별(예: 교통표지판, 보행자 또는 다른 자동차 등)에 사용한다.

CNN은 인접한 층과 층 사이에 특정한 유닛unit만 결합하는 특별한 층을 가지며, 이러한 층에서는 합성곱 convolution과 풀링(pooling; 통합)이라는 이미지 처리의 기본 연산이 수행된다. 이 신경망은 사람의 대뇌(시각) 피질에 관한 신경과학적 지식으로부터 암시를 얻어 만들어졌는데, 개별 피질 뉴런 중 단순세포 simple cell는 수용장 receptive field이라는 시야의 제한된 영역에서만 자극에 반응하고, 출력층의 복합 세포 complex cell는 중간층의 단순세포가 하나라도 활성화되면, 활성화되는 것에 기반한다.

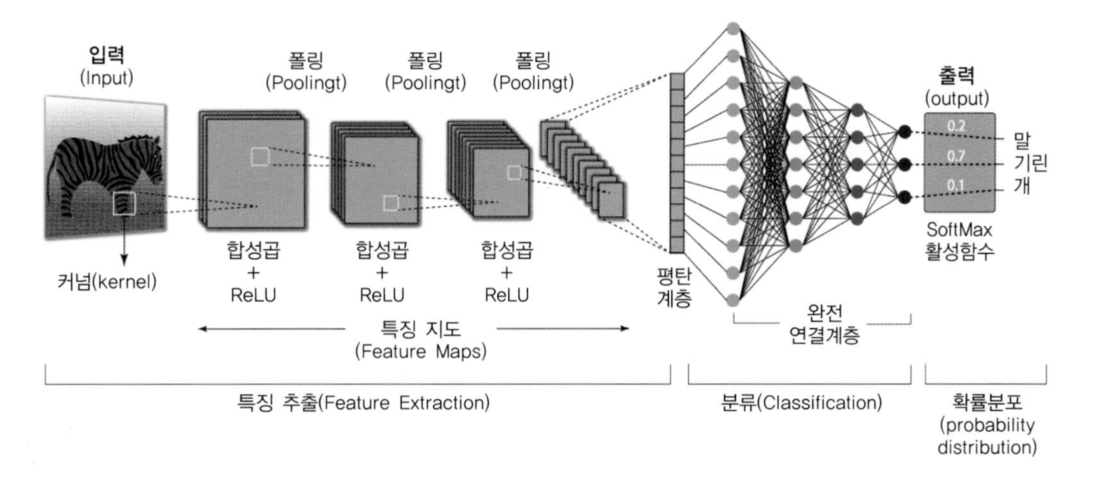

그림 4-8 합성곱 신경망(CNN)의 구성 [Source: Medium.com]

CNN은 일반 신경망보다 2차원 이상의 데이터를 입력받아 학습하기 쉽고, 고차원 데이터(예; RGB 3채널을 가진 컬러 이미지 또는 복셀 Voxel 형태의 3차원 데이터)를 비교적 소수의 매개변수를 이용하여 훈련할 수 있는 특징이 있다. CNN을 이용한 영상 분류는, 다른 영상 분류 알고리즘보다 상대적으로 전처리를 거의 사용하지 않는다. 이는 신경망이 기존 알고리즘에서 수작업으로 만든 필터를 스스로 학습한다는 것을 의미한다. 또한, 공유 가중치 구조와 변환 불변성 특성에 기초하여, 변이 불변 또는 공간 불변 인공신경망이라고도 한다.

주 Voxel: 부피(volume)와 픽셀(pixel)을 조합한 혼성어. 체적 요소로서, 3차원 공간에서 정규 격자 단위의 값을 나타낸다.

② 순환 신경망 (RNN: Recurrent Neural Network)

순환(또는 재귀) 신경망(RNN)은 일반적인 인공신경망과 달리, 비디오video와 같은, 연속열(連續列) 데이터를 분류하거나 예측하는 데 적합한 도구이다. 연속열 데이터란 각각의 요소에 순서가 있는 세트set로 주어지는 데이터를 말하는데 음성, 동영상, 텍스트 등이 데이터 요소에 순서가 있는 연속열 데이터의 예이다. 연속열의 길이는 일반적으로 가변적이다. 연속열 데이터를 다루는 추정 문제의 예로, 문장이 일부 주어졌을 때, 다음에 출현할 단어를 예측하는 문제를 들 수 있다. 즉, 한 문장이 t번째의 단어까지 주어졌을 때 $t+1$번째 단어를 예측하는 것이 목표다. M개의 단어로 구성된 사전으로부터 각 단어를 이름표label i = 1, 2, ..., M으로 나타내기로 할 때, 주어진 문장의 t번째 단어를 변수 x_t, 예측할 단어를 o_t라 하면, 입력 연속열 $x_1, x_2, \ldots, x_t$로부터 출력 연속열 $o_1, o_2, ..., o_t$를 예측하는 문제로 볼 수 있다. 예에서, 문장은 단어의 자유로운 조합이기 때문에 무수히 많은 조합이 가능하지만, 실제로는 각 단어가 이전 단어의 연속열로부터 강하게 영향을 받는다. 즉, 연속열 데이터 안에 존재하는 '문맥'을 포착하고 이를 바탕으로 이전에 입력된 데이터와 지금 입력된 데이터를 동시에 고려해 출력값을 결정한다. 바꿔 말하면, 인간이 구사하는, 올바른 뜻을 가지는 문장은 단어 간의 의존관계, 즉 문맥을 가진다.

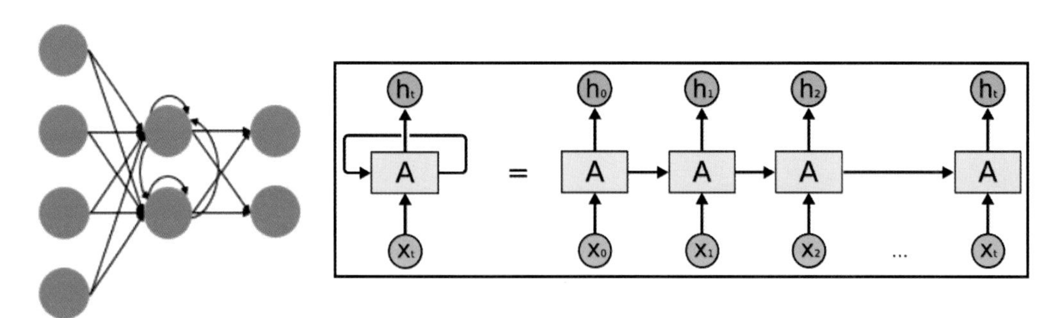

그림 4-9 재귀(또는 순환) 신경망의 구조(예)

RNN(순환신경망)은 그림 4-9와 같이 은닉층의 출력값을 출력층으로도 값을 보내지만, 동시에 은닉층의 출력값이 다시 은닉층의 입력으로 사용되기도 한다. 이러한 구조 덕분에 정보를 일시적으로 기억하고, 그에 따라 반응을 역동적으로dynamically 변화시킬 수 있다.

③ **장단기 메모리** (LSTM: Long Short-Term Memory)

LSTM(장단기 메모리)은 RNN(순환신경망) 모델 중의 하나로, 기존의 RNN이 출력과 먼 위치에 있는 정보를 기억할 수 없다는 단점을 보완하여, 장/단기 기억을 가능하게 설계한 신경망 구조이다. 주로 시계열(時系列; 시간을 기준으로 측정된 자료) 처리나, 자연어 처리에 사용된다. LSTM은 은닉층의 메모리 셀에 입력 게이트, 망각 게이트, 출력 게이트를 추가하여 불필요한 기억을 지우고, 기억해야 할 것들을 결정한다. 요약하면, LSTM은 은닉 상태 hidden state를 계산하는 식이 전통적인 RNN보다 조금 더 복잡하며, 셀 상태cell state라는 값을 추가하였다. LSTM은 RNN과 비교하여 긴 순열 sequence의 입력을 처리하는데 탁월한 성능을 보인다.

LSTM도 RNN과 같은 사슬 구조이지만, 반복 모듈은 단순한 1개의 tanh hyperbolic tangent 층이 아닌, 4개의 층이 서로 정보를 주고받는 구조이다. LSTM 셀에서는 상태 state가 크게 2개의 벡터로 나누어진다. h_t를 단기short term 상태, c_t를 장기 long-term 상태로 볼 수 있다.

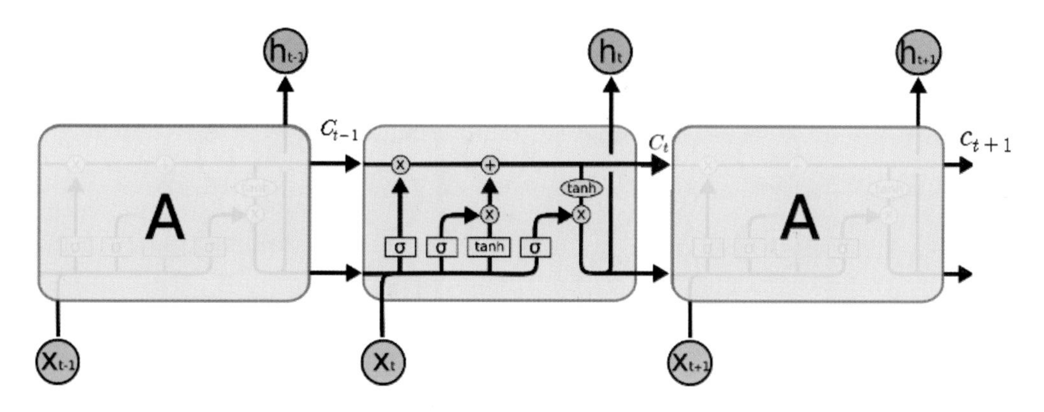

그림 4-10 LSTM(장단기 메모리)의 구조 개요

LSTM(장단기 메모리)의 작동과정은 다음과 같다.

- **셀 상태** cell state : 정보가 바뀌지 않고 그대로 흐르도록 한다.
- **망각 게이트** forget gate : 셀 상태에서 sigmoid 층을 거쳐 버릴 정보를 정한다.
- **입력 게이트** input gate : 들어오는 새로운 정보 중 cell 상태에 저장할 것을 정한다. 먼저 sigmoid 층을 거처 업데이트할 값을 정한 후, tanh 층에서 후보 벡터를 만든다.
- **셀 상태 갱신** cell state update : 이전 게이트에서 버릴 정보와 갱신할 정보를 정했다면, 셀 상태 갱신 과정에서 갱신update을 진행한다.
- **출력 게이트** output gate : 출력정보를 정한다. 먼저 sigmoid 층에 데이터를 입력하고, 이어서 출력정보를 정한 후, cell 상태를 tanh 층에 입력, sigmoid 층의 출력과 곱하여, 출력한다.

④ **자기 부호화기** (AE; Auto-Encoder)

카메라나 라이다를 통해 영상을 획득하고, 획득된 영상을 인식하여 환경의 상태를 인지하는 응용에서, 정확한 상황인지를 위해서는 고해상도의 이미지나 대용량의 점point 데이터를 처리해야 한다. 그러나 입력 데이터의 크기(차원)가 커질수록 학습과 예측에 필요한 계산량이 폭발하는 단점이 있다. 자기 부호화기(AE)는 이러한 문제에 적용할 수 있는 기술로, 데이터에 대한 효율적인 압축을 신경망을 통해 자동으로 학습하는 모델이다. 즉, 코딩을 통해, 데이터의 차원을 줄이고 특징feature을 자동으로 학습한다.

자기 부호화기의 신경망 구조는 입력과 출력이 똑같으며, 좌우 대칭으로 구축된 구조이다.

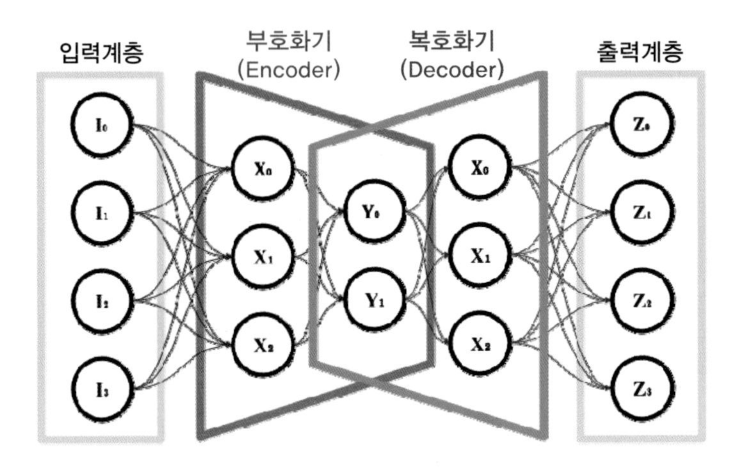

그림 4-11 자기 부호화기(Auto-Encoder)

AE(자기 부호화기)는 그림 4-11과 같이 크게 부호화기Encoder와 복호화기Decoder로 구성된다. 부호화기는 높은 차원의 원본 데이터를 낮은 차원의 벡터 표현으로 변환함으로써 원본 데이터의 특징을 압축한다. 복호화기는 반대로 작은 차원의 벡터-표현으로부터 원본 데이터를 복원하는데, 이를 통해 벡터 표현의 압축 품질을 평가하고, 이를 바탕으로 학습을 진행할 수 있도록 한다. 우리의 관심사는 이렇게 훈련된 신경망에 어떤 데이터를 입력했을 때 중간층의 출력, 즉 입력 데이터의 부호code다. 이를 이용하여 차원 폭발 문제에 대응할 수 있고, 잡음이나 불필요한 특징들을 걸러내고, 중요 특징만을 학습할 수 있기 때문이다.

⑤ **VAE** (Variational AutoEncoder; **변분 자기 부호화기**)

AE는 부호화기Encoder의 학습을 위해 복호화기Decoder를 붙인 것이고, VAE는 복호화기Decoder의 학습을 위해 부호화기Encoder를 붙였다는 점이, 서로 다르다.

AE는 잠재공간에 어떤 하나의 값을 저장, 언제든지 입력(x) 자신을 재구성할 수 있는, 잠재벡터(z)를 만드는 것이 목적이다.

반면에 VAE는 부호화기encoder를 거치면서, 입력 이미지(x)를 잘 설명하는 특징을 추출, 평균과 표준편차라는 2개의 벡터로 출력한다. 이 두 가지를 결합해서 임의의 정규분포를 만들고, 이 정규분포에서 채취sampling하여 잠재벡터(z)를 만들고, 잠재벡터(z)가 다시 복호화기decoder를 통과해, 기존의 입력 데이터(이미지)와 특징이 유사한 새로운 확률 데이터(평균과 분산 이용)를 생성한다. 따라서 VAE는 가우시안 확률 분포를 이용해 특징에 대한, 어떤 새로운 데이터를 생성하는 것을 목적으로 개발된 모델이다.
→ 생성 모델 generative model.

VAE가 AE에 비해 원본 데이터를 재생하는데 더 좋은 성능을 보이며, 따라서 데이터의 특징을 파악하는 데는, VAE가 AE에 비해 더 유리한 것으로 알려져 있다. 그림 4-12에서 복호화기decoder 부분은 추론하는 동안, 생성 모델로 작동한다.

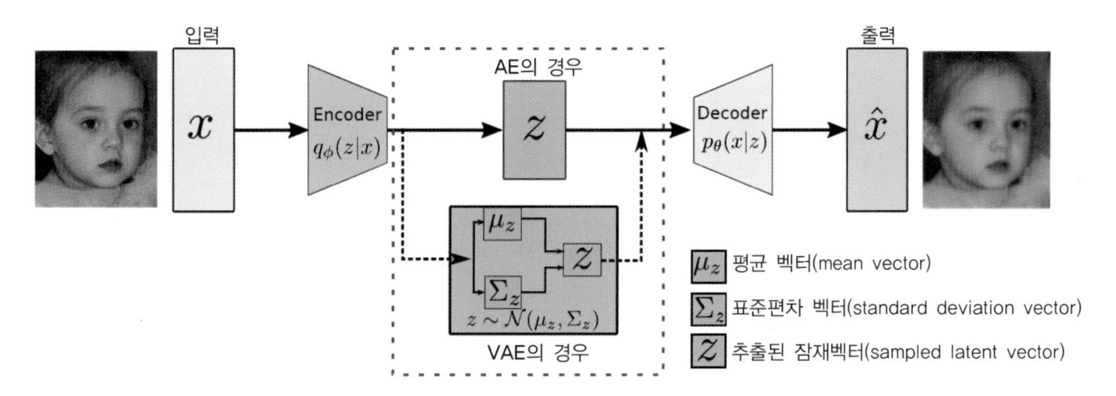

그림 4-12 병목 아키텍처를 기반으로 하는 AE 및 VAE의 아키텍처[13]

⑥ **GAN** (Generative Adversarial Network; **생성적 적대 신경망**)

GAN은 2개의 네트워크가 서로 적대적으로 경쟁하면서 서로 성장해가는 비지도 학습모델이다. 생성기(G: generator)는 고품질 가짜 견본G(z)을 생성하여 식별기(D: discriminator)를 속여, D가 실수할 확률을 최대화하려 하고, D(식별기; discriminator)는 실제 견본(x)과 생성 견본(G(z))을 최대한 구별하려고 한다. D가 G의 성장을 위해 협력하는 관계이다.

G가 실물을 모방한 가짜를 만들어, D에게 진짜와 가짜를 교대로 제시한다. D는 어느 쪽이 진짜일 확률이 높은지 판단하여, 시그모이드 sogmoid 함수를 이용, 진품(1)인지 가짜(0)인지 구별한다. 그리고 D가 정답 여부를 판정할 때, 오류 역전파 back-propagation에 의해 G와 D의 가중치를 변경한다(훈련한다). 일반적으로 훈련은 미니-배치mini-batch 1세트씩 번갈아 가며 수행하며, G가 훈련할 때는 D가 고정되고, D가 훈련할 때는 G가 고정된다. G와 D는 가치함수 V(D,G)에 의해 최적화된다.

주 **미니 배치**(mini-batch): 한 번의 연산에 입력되는 데이터 크기를 배치(batch)라 한다. 1 배치(batch) 크기에 해당하는 데이터 세트를 미니-배치라고 한다.

이 훈련을 통해 G(생성기)는 모방을 잘할 수 있게 되고, D(식별기)도 뭐든 감정 가능한 수준으로 성장한다. 결국, G가 '위작의 명인'이 되어 현실과 전혀 구분할 수 없는 가짜를 생성할 수 있게 되면, D의 판정 확률이 50%가 되면서 과업이 종료된다.

GAN은 훈련하기 어렵고, 평형에 도달하는 것은 쉬운 일이 아니다. 그러나 GAN은 반-지도학습, 즉 레이블이 지정된 데이터를 일부 포함한, 주로 레이블이 지정되지 않은 데이터에서 학습하는, 인상적인 경험적 결과를 생성하는 것으로 입증되었다.

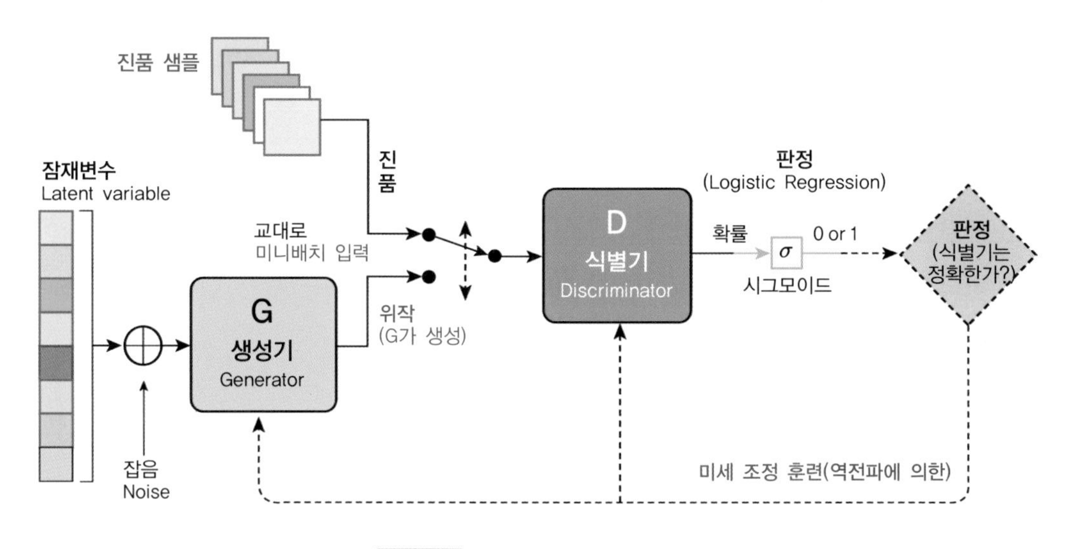

그림 4-13 GAN의 기본 구조[14]

대략 다음과 같은 종류의 GAN이 사용되고 있다.

- DCGAN Deep Convolutional GAN

  기존의 GAN에 포함된, 전결합 fully-connected 구조를 CNN 구조로 변경

- SRGAN Super Resolution GAN

  정교한 질감 디테일detail 복구에 기반, 저해상도 이미지를 고해상도 이미지로 변환한다.

- StackGAN

  입력된 문장과 단어를 해석, 이미지를 생성한다.

- 3D-GAN

  입체 모델 생성 네트워크를 사용, 2D 이미지를 3D 이미지로 변환한다.

- CycleGAN

  AI가 자율적으로 학습하여, 이미지의 스타일을 다른 스타일로 변환한다.

- DiscoGAN

  자율적으로 서로 다른 객체 그룹 사이의 특성을 파악, 양자 간의 관계를 파악할 수 있다.

(3) 심층 강화학습 (DRL: Deep Reinforcement Learning)

심층 강화학습(DRL)은 심층학습과 강화학습을 결합한 기술이며, 최근 다양한 제어 문제에 적용되고 있다. 강화학습이란 에이전트(예, 자율주행차량)가 주변 환경과 상호작용하면서, 자기self 행동을 학습하는 기술이다. 이러한 기술에 대용량 데이터를 활용해 기존 기법들보다 압도적인 성능으로 학습하는 능력을 갖춘 심층학습 기법을 결합하여, 기존에는 해결할 수 없었던 복잡한 문제에서도 해답을 찾을 수 있게 되면서 주목받기 시작했다.

강화학습은 마르코프 의사결정 과정Markov Decision Process 모델을 통해 형식화되는데, 예를 들어 로봇이 다양한 센서를 통해 현재 환경 상태를 인지하고, 하나의 행동을 함으로써 환경으로부터 보상을 받고, 환경은 다음 상태로 전이된다. 심층 강화학습은 이러한 시행착오 과정을 통해 하나의 최적 정책을 학습하게 되는데, 정책은 각 상태에서 수행할 행동을 돌려주는 함수라 생각할 수 있으며, 최적 정책은 이러한 정책 중 누적 보상이 최대가 되도록 하는 정책이다.

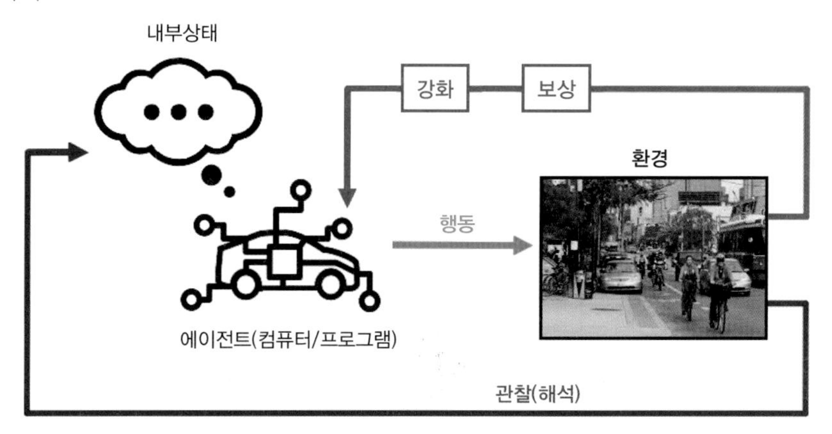

그림 4-14 심층 강화학습의 기본 구조(예)

심층 강화학습은 '결정을 순차적으로 내려야 하는 문제'에 잘 적용된다. 순차적 의사결정 문제란, 예를 들어, 자동차를 제어할 때 빗길, 비포장도로 등의 원인으로 인해 우리가 원치 않는 대로 움직이는 상황에서도 안전하게 운전하기 위해서 매 순간, 연속적인 결정들을 내리고, 일련의 결정들의 결과로 얻어지는 상태들이 모두 안전해야 하는 문제들이다. 이렇게 결정을 계속 선택해야 하는 문제들을 '순차적 의사 결정 문제'라고 한다. 순차적 의사 결정 문제는 심층 강화학습과 다이내믹 프로그래밍, 진화 알고리즘 등으로 해결한다. 그러나 다이내믹 프로그래밍과 진화 알고리즘은 각각 한계를 가지고 있으나, 심층 강화학습이 그 한계를 극복할 수 있는 것으로 알려져 있다. - (예: 자율주행차량의 경로계획과 동작제어)

① 마르코프 의사결정 과정(MDP: Markov Decision-making Process)

불확실한 상황에서 의사결정을 하려면 '확률'에 기초하여 분석해야 한다. 어떤 사건이 발생할 확률값이 시간에 따라 변화해 가는 과정을 확률적 과정stochastic process이라고 하며, 확률적 과정 중에서 한 가지 특별한 경우가 마르코프 의사결정 과정(MDP)이다.

MDP는 어떤 상태가 일정한 간격으로 변하고, 다음 상태는 현재 상태에만 의존하며 확률적으로 변하는 경우의 상태변화를 뜻한다. MDP에서 시간의 연속적 변화를 고려하지 않고, 이산적인 경우만 고려한 경우를 마르코프 사슬Markov chain이라고 한다. 마르코프 사슬은 각 시행의 결과가 다수의, 미리 정해진 결과 중의 하나가 되며, 현재 상태에 따라서 다음 상태가 결정되며, 현재 상태에 이르기까지의 과거 과정은 전혀 고려할 필요가 없다.

마르코프 의사결정과정(MDP)은 상태, 행동, 보상함수, 상태 변환 확률 및 할인율로 구성된다. 보상은 에이전트가 학습할 수 있는 유일한 정보로, 환경이 에이전트에게 주는 정보이다.

상태 S_t에서 행동 A_t를 통해 다음 상태(S_{t+1})가 어디인가는 확률적이다. 따라서 어떤 행동(A_t)을 취했을 때, 보상reward을 얼마나 받느냐는 기댓값으로 표현된다. 참고로 격자 세계grid world에서 도착 시 보상(R)은 +1, 함정에 빠졌을 때 보상(R)은 -1이다.

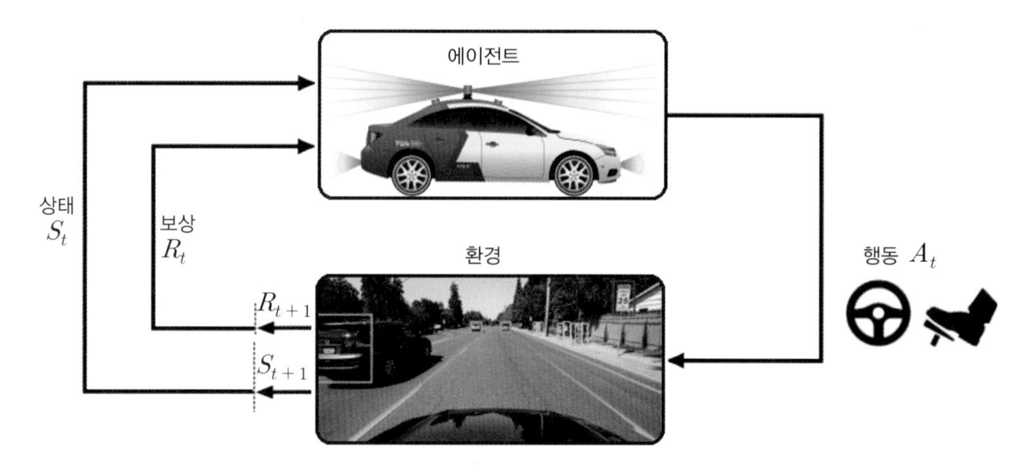

상태(S_t): t 시점에서 에이전트가 인식하고 있는 자신의 상황.
행동(A_t): t 시점에서 에이전트가 인식하고 있는 상황에서 취할 수 있는 행동.
보상함수(R_t): t 시점에서 에이전트가 어떤 행동을 했을 때, 얻을 수 있는 보상, 기댓값
상태 변환 확률: S_t에서 A_t했을 때, 다음 상태 S_{t+1}일 확률.
할인율: 나중에 받을수록 보상을 줄이는 요소factor

그림 4-15 자율주행차량에 대한 마르코프(Markov) 의사결정 과정의 기본 개념도[17]

마지막으로, 할인율(γ)은 0과 1 사이의 수($\gamma \in [0,1]$)로, 같은 크기의 보상이라도, 나중에 받을수록 가치가 줄어든다. 할인율은 격자 세계의 예시에서 최단거리로 도착하느냐, 최장거리로 도착하느냐를 구분한다. 최장 거리를 거쳐 도착하면, 결국 더 적은 보상을 받는다.

② 최적 정책 함수(Optimal Policy Function)를 찾는 방법

강화학습을 푸는 가장 기본적인 방법 두 가지는, 값 반복 value iteration과 정책 반복 policy iteration이다. 만약, 특정 상태에서 시작했을 때, 얻을 수 있을 것으로 기대되는 미래 보상의 합을 구할 수 있다면, 해당 함수를 매번 최대로 만드는 행동을 선택할 수 있을 것이고, 이를 통해 최적의 정책함수를 구할 수 있게 된다. 바로 이 미래에 얻을 수 있는 보상의 합의 기댓값을 값 함수 value function라고 한다. 값 함수는 바로 현재 상태뿐만 아니라 미래의 상태들, 혹은 그 상태에서 얻을 수 있는 보상을 구해야 하므로, 직관적으로 정의할 수 없다. 일반적으로 강화학습에서는 이 값 함수를 벨만 Bellman 방정식을 활용하여 구한다.

- Bellman 최적 방정식을 풀어, 최적의 정책을 찾기 위해서는, 환경 역학에 대한 정확한 지식, 그리고 계산할 수 있는 충분한 공간과 시간이 필요하다. 그러나 상태 수(다항식)는 종종 엄청나다. 따라서, 상태 공간의 완전한 청소 sweep는 불가능하다.
- Bellman 최적 방정식의 근사화는, 자주 접하지 않는 상태에 대해 적은 노력을 투입, 자주 접하는 상태에 대해 올바른 결정을 내리기 위해, 학습에 더 큰 노력을 기울이는 방식으로 최적 정책의 근사화를 가능하게 한다.

4 의미론적 추상화 학습과 종단 간 학습

자율주행차량에 적용되는 대부분의 소프트웨어 모델의 핵심은 기계학습 Machine Learning 알고리즘 중에서도, 특히 인공지능의 하위 집합인 심층학습 신경망이다. 자율주행차량에 적용되는 심층학습(신경망)은 이미지 학습에 의한 개체 인지, 개체속도(위치변화/시간), 그리고 자차의 현재 상태와 주행속도라는 3가지 큰 영역으로 나누고, 현재부터 가까운 미래(예:1초~5초 후)를 예측한 후, 가장 안정적인 방법으로 위험이 예상되는 대상 개체를 회피, 안정적인 주행을 위한 조향제어와 주행속도제어를 동시에 수행하는 것이다. 넓게 보면, 인공지능은 이미지 학습과 인지 쪽에 많이 연계되어 있고, 나머지 주행영역은 예측제어 영역이다.

심층학습 알고리즘을 자율주행차량에 적용하는 측면에서, 두 가지 주요 패러다임(paradigm; 특정 영역, 시대의 지배적인 과학적 대상 파악 방법)이 있다. 첫 번째 패러다임은 의미론적 추상화 학습 semantic abstraction learning으로, 자율주행차량 프로세스 process 사슬 내에서, 특정 작업을 개선하기 위해 심층학습을 적용하는 방식이다. 다른 패러다임은 종단 간 학습 end-to-end learning으로서, 원시raw 센서 데이터를 입력으로 사용하고 차량 제어명령을 출력으로 사용하며, '중간' 전체 과정에 심층학습을 적용하는 방식이다.

(1) 의미론적 추상화 학습 semantic abstraction learning

의미론적 추상화 학습은 모듈식 수준에서 학습하거나, 특정 작업을 학습하는 전통적인 traditional 접근방식을 말한다. 여기서 모듈이라는 용어는 반드시 단일 구성 요소를 의미하는 것은 아니며, 객체 분류와 같은 특정 기능을 구성하는 '의미론적으로 의미가 있는' 구성 요소 집합일 수도 있다. 객체 분류 모듈을 예로 들면, 컴퓨터는 모듈의 입력 및 출력에서 학습을 통해 심층 신경망 모델에 대한 최적의 매개변수를 찾는다. 이 경우의 일반적인 입력은 사용된 센서에 따라 원시 이미지 데이터 또는 3D 점구름 cloud-point이다. 출력은 감지된 객체의 클래스(예: 보행자, 자동차 등) 또는 해당 신뢰도 측정값과 좌표, 또는 경계 상자로 표시된 클래스 후보일 수 있다. 나머지 처리 구성요소는 학습 범위를 벗어나 있으며, 심층학습으로 '대체'되지 않는다.

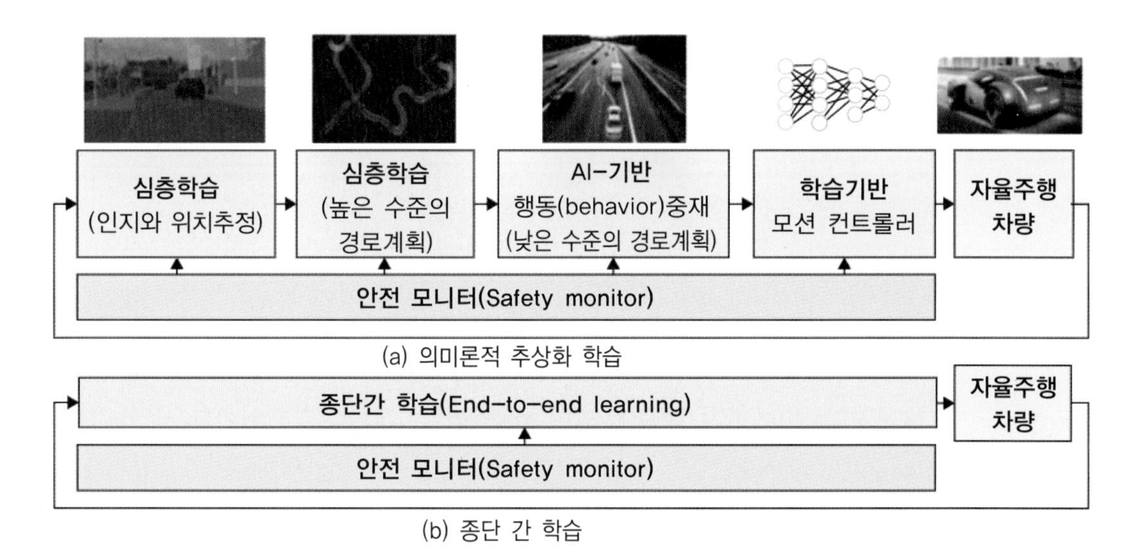

그림 4-16 학습 개념 비교 [출처: Journal of Sensors/2022/Article/Fig3]

(2) 종단 간 학습 End-to-end learning

종단 간 End-to-End 패러다임에서는 입력(원시 센서 데이터)에서 출력(차량제어 명령)까지의 전체 처리과정process을 학습한다. 의미론적 추상화 학습방식과 달리, 종단 간 패러다임은 센서가 환경을 인지하고, 인간 운전자가 차량 명령을 실행하는 방식과 똑같은 방식에 기반하여, 인간의 의사 결정 과정 및 운전 행동을 완전히 모방하는 것을 목표로 한다. 그 특정한 상황. 즉, 종단 간 학습은 문제 분해의 표준 엔지니어링 원리를 적용하지 않고, 복잡한 자율주행차량 문제를 전체론적으로 해결하는, 대안적 접근방식이다 [18].

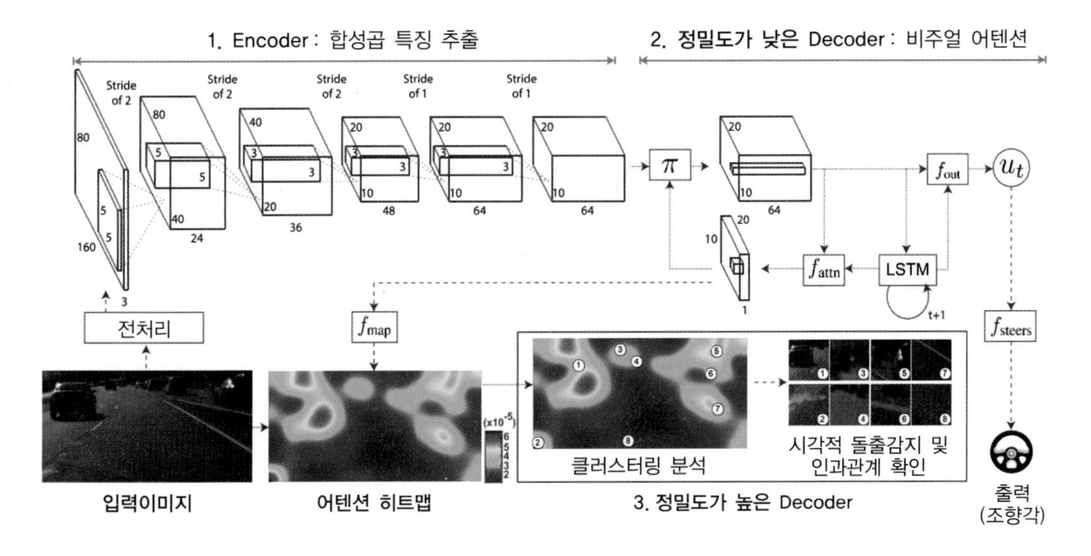

그림 4-17 입력 이미지에서 조향각도 명령에 대한 종단 간 학습의 예[17].

심층학습은 보행자 감지 [19], 위치추정 [20]과 같은 자율주행차량의 인지perception를 개선하거나, 전체 데이터 처리 및 의사결정에 기반한, 종단 간 학습 [21]에 적용하기 위해, 본격적인 활용에 앞서 성능을 검증·개선하는 단계에 있다.

기존의 학습 방법이 임의로 복잡한 작업으로 확장되지 않을 수 있으므로, 기존의 종단 간 접근방식이 필요할 수 있지만 [18], 이 접근방식의 비평가들은 의미론적 추상화 접근방식보다 훨씬 더 대규모 학습 데이터 세트가 필요할 수 있으며, 시스템 고장 확률을 제어하는 것이 사실상 불가능하다고 주장하기도 한다 [22].

심층학습으로 실현되는 기능은, 본질적으로 인간이 완전히 이해할 수 없는, 거대한 매개변수 벡터이다. 이것은 알려진 제한 사항, 잠재적 위험 등이 포함된, 기능에 대한 철저한 이해가 필요한, 지금까지의 안전이 중요한 응용 프로그램이 엔지니어링된 방식과는 정반대이다.

5 요약 summary

심층학습을 중심으로 설명한, 인공지능 기술(모델)들은 기초basic 기법들에 해당하는 것으로 실제로는 기술별로 다양한 변형과 발전된 기법들이 다수 존재한다. 그리고 수많은 새로운 기법들이 쏟아져 나오고 있다. 지금까지 공개된 기법들은 거의 모두 시작에 불과하며, 내일이 되면 쓸모없는 과거의 유물이 될 수도 있다. 그만큼 인공지능 기술의 발전속도가 빠르다는 점을 알아야 한다.

CNN(합성곱 신경망), RNN(순환(재귀) 신경망), AE(자기 부호화기), DRL(심층강화학습) 등의 심층학습 기본모델이 현재 자율주행차량의 다양한 문제에 어떻게 적용되는지는 그림 4-18과 같이 요약할 수 있다.

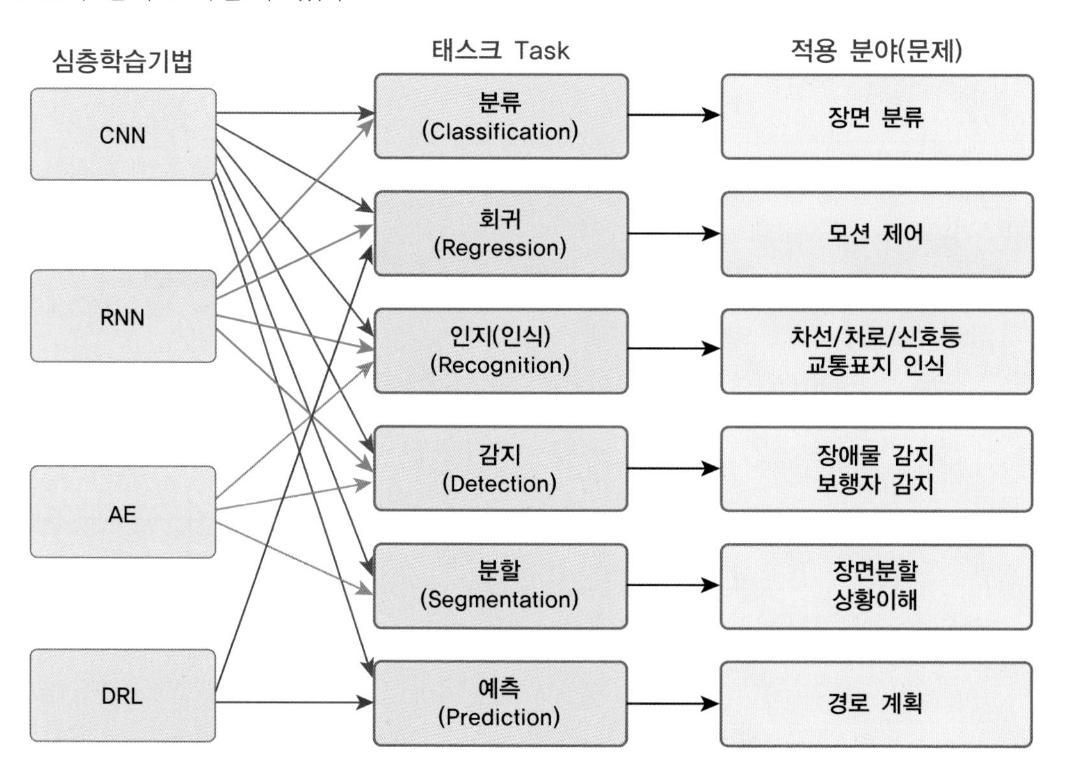

그림 4-18 자율주행차량 분야에서 사용되는 주요 심층학습 기법의 분류[23].

4-2 하이브리드 인공지능 시스템

Hybrid Artificial Intelligence Systems

1 심층학습 신경망 인공지능(AI) 기술의 문제점

자율주행차량 기술은 인공지능 및 심층학습 분야의 발전으로, 빠르게 발전하고 있다. 심층학습 접근방식은 전통적인 인지-계획-행동 파이프라인의 설계에 영향을 미쳤을 뿐만 아니라, 종단 간 End-to-End 학습 시스템을 활용하여, 감각 정보를 조종 명령에 직접 매핑mapping 할 수 있는 단계에 이르고 있다. 그러나, 심층학습 신경망 인공지능 기술은 여전히 해결해야 할, 많은 문제를 내포하고 있다.

첫째, 학습 결과의 정확도와 일반화 성능을 보장할 수 있는, 양질의 학습 데이터(예제)를 대규모로 확보하는 문제이다. 오늘날 AI의 훈련에 엄청난 비용과 시간이 투입되는 데 반해, AI는 아직 중력과 같은, 기본적인 개념을 이해할 능력도 갖추지 못했다.

둘째, 어떤 논리와 근거로 판단하는지 알 수 없는 블랙박스 black-box이다. 기계학습 방식 인공지능 기법의 공통적인 블랙박스 속성은, AI의 활용도를 제약하는 요인으로 작용한다. 어떤 이유로 판단을 내렸는지 이해할 수 없으므로 인해, 사람의 생사(生死)가 걸린 문제와 같은, 아주 중요하고 위험한 문제를 다루는 분야에서는 확실한 안전성이 확인되기 전까지는 쉽게 활용할 수 없다.

셋째, 논리적 추론 능력이 크게 떨어진다. 실제로는 일반적으로 매우 큰 차원을 가지는, 연속 상태 공간 학습 데이터로 대응해야 하는데, 심층학습 기술은 이러한 문제의 추론 능력 측면에서, 인간의 인지, 판단, 제어 속도를 따라가지 못한다. 따라서 신속한 인지, 판단, 제어가 요구되는 위급상황에 대응할 수 있는, 추론 능력을 충분히 확보해야 하는 문제가 있다.

기계학습(심층학습) 신경망 방식에서는 AI가 질문을 제대로 이해하고 답하는 것이 아니라, 통계적으로 확률이 가장 높은 답을 선택하는 것에 불과하므로, 복합 경계조건(corner case; 전혀 예측하지 못했거나 입력된 데이터가 없는 경우)에서는 실패 확률이 높다. 따라서 기계학습(심층학습) 방식 AI의 단점을 극복하려는, 의미 있는 연구가 많아지고 있다.

2 하이브리드 인공지능 시스템 hybrid AI system

지금까지 등장한 인공지능(AI) 시스템들은, 기계학습(심층학습)에 기반하여 데이터를 연역적으로 분석, 대상의 특징을 추출하는 신경망 neural network 방식, 그리고 확인된 지식과 논리적 추론을 바탕으로, 사람이 정한 판단규칙을 코드로 만들고, 그 규칙에 따라 다양한 데이터 중에서 답을 찾는, 역사가 더 오래된, 상징적symbolic 인공지능으로 구분된다. 요약하면, '규칙 기반'인 상징적 인공지능과 '데이터 기반'인 신경망 인공지능으로 구별된다.

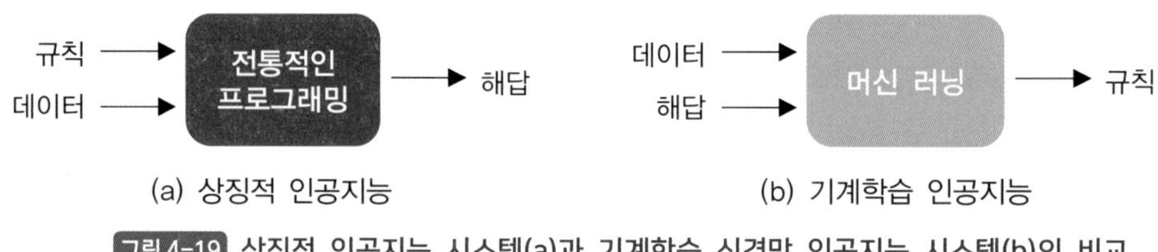

그림 4-19 상징적 인공지능 시스템(a)과 기계학습 신경망 인공지능 시스템(b)의 비교

상징적symbolic AI 방식은 1950년대 중반부터 1990년대 중반까지 AI 연구의 지배적인 패러다임이었으나, 2012년경부터 시각, 음성 인식, 음성 합성, 이미지 생성 및 기계 번역을 처리하는 심층학습 신경망의 비약적 발전의 영향으로, 활력을 상실하였다.

상징적symbolic AI 알고리즘은, 중요한 역할을 해왔지만, 스스로 학습하는 것이 어렵고, 심층학습 신경망 모델은 앞서 설명한 문제점 외에도, 재사용하거나 새로운 영역으로의 확장이 어렵다는 약점이 있다. 따라서 상징적symbolic 접근 방식과 신경적neuro 접근 방식을 결합한, 새로운 AI에 관한 연구가 증가하고 있다. - 뉴로-심볼릭 neuro-symbolic

원시 데이터 파일(예: 이미지 및 사운드 파일에 대한 컨텍스트)에서 통계 구조를 추출, 패턴을 인식하는 신경망을, 논리와 의미적 추론을 적용하는 상징적symbolic AI와 결합하는 새로운 방식의 AI를 뉴로-심볼릭 neuro-symbolic AI, 또는 하이브리드 인공지능 hybrid AI이라고 한다. 두 가지 접근 방식을 융합, 부분의 합보다 훨씬 더 강력한, 새로운 기법의 AI를 구축하는 것을 목표로 한다.

주어진 기술의 모든 문제를 어떤 대가를 치르더라도 인공지능 기술로 해결하려고 하는 소수의 전문가를 제외하면, 여러 기술의 모음을 사용하는 것이 합리적이며, 필요하다는 결론에 도달한다. -'하이브리드hybrid' AI(인공지능) 솔루션.

따라서 다음을 공동으로 통합할 수 있는 해법solution에 이르게 된다 [6].

① 심층학습 Deep Learning ;

② 지식 기반 시스템 knowledge-based systems ;

③ 통계 statistics ;

④ 물리학 physics ;

⑤ 응용 수학 applied mathematics ;

⑥ 고전적 알고리즘 classic algorithms (이미지 처리, 신호 처리 등).

이러한 해법solution들을 설계하기 위해서는, 광범위한 일반 지식이 필요하지만, 반면에 거의 무한한 선택의 조합에 빠지지 않도록 주의해야 한다.

고전적인 상징적 알고리즘과 신경망을 혼합한 솔루션을 설계하는, 다양한 방법론이 발표되고 있다.[24, 25] 다양한 시도 중에서 특히 주목받는 것은 매사추세츠공과대(MIT)와 IBM 연구팀이 2019년 공개한 것과 같은 뉴로 심볼릭 방식Neuro-Symbolic Concept Learner의 AI 이다. [26]

하이브리드 AI 방식 hybrid AI model; neuro-symbolic AI은 비교적 소규모의 데이터로 학습해 대상의 속성을 도출한 다음, 사람이 제공한 규칙에 근거해 답을 찾아 나간다. 하이브리드 neuro-symbolic 방식의 인공지능(AI)은 단계별로 기계학습 방식과 전문가 방식을 적절하게 결합해 사용한다. 실제로 다양한 기술에 대해 여러 전문가의 기술을 통합, 팀 창의성을 촉진하여, 기술적 선택의 추적성을 확보하고, 테스트 절차를 개선하며, 학습에 관한 검증 데이터베이스를 질적, 양적으로 세련되게 한다.

하이브리드 방식 neuro-symbolic의 AI가 주목 받는 이유는 기계학습 방식의 AI들이 지닌 단점을 상당 부분 보완, 극복할 가능성이 높은 것으로 기대되기 때문이다. 학습과정에서 심층학습 방식의 AI보다 적은 데이터를 사용하므로 개발 시간과 비용을 절감할 수 있으며, AI가 결론을 내린 이유를 사람이 이해할 수 있어 블랙박스라는 비판에서도 자유로운 편이다. 또한 기계학습 방식의 장점인 예측 능력과 상징적 AI 시스템 방식의 장점인 논리적 추론 능력을 동시에 갖춤으로서, 훨씬 적은 수의 예제로 더 효율적이고, 더 강력한 학습을 수행할 수 있는 잠재력을 지니고 있기 때문이다.

Tesla와 같은 회사는 여러 방법을 함께 사용하여, 정확도를 높이고, 계산 요구를 줄이는, 하이브리드 방식을 사용한다 [15, 16].

4-3 기타 기법
Other Techniques

1 기계학습 관련 기법

기계학습 시스템에는 다음이 포함되는 경우가 많다.

(1) 베이지안 네트워크 (Bayesian Network, BN)

'베이즈 Bayes'의 조건부 확률을 사용하여, 복잡한 모델(결합 분포)을 쉽게 표현하기 위해서, 그래프로 표현하는 확률적 그래픽 모델이다. 각 노드는 랜덤변수에 해당하고, 각 에지 edge는 해당 랜덤변수에 대한 조건부 확률을 나타내는, 불확실한 도메인에 대한 지식을 나타낸다. 서로 관계가 있는 확률변수 간에 조건부 확률 conditionl probability로 관계를 따지면, 나머지 관계가 없는 노드들은 조건부 독립conditional independent으로 관계가 없어진다. 확률의 연쇄 법칙chain rule of probability으로 표현하는 방식보다 훨씬 더 간단하게 표현할 수 있다[27].

(2) 전이 transfer 학습 시스템

다른 과제를 해결하기 위해, 앞서 과제 해결에 처음 사용했던 지식과 기술을 다시 적용하는 것을 포함한다. 어려움은 작업 근접성을 측정하고, 작업의 어떤 특성이 어떤 종류의 지식과 관련이 있는지 아는 데 있다[28].

(3) 퍼지 fuzzy 의사결정 테이블 [29]

퍼지 집합에 대한 연산자 멤버십 함수 operator membership function를 통해 '예'와 '아니오' 사이의 모든 정도 degree를 허용하는 퍼지 논리로, 고전적인 '예/아니오' 논리를 대체하여 의사결정 테이블의 고전적인 개념을 구현한다. 퍼지 집합은, 구성 가능한 연속 함수이다. 기계학습은 데이터베이스에서의 의사결정 오류를 최소화하기 위해, 퍼지 멤버십 연산자의 조정 매개변수를 반복적으로 찾는 것을 포함한다. 퍼지 세트는 불확실한 지식과 부정확한 데이터를 모두 나타내며, 종종 의사결정의 계산에 '가능성 이론 possibility theory' [30]을 사용할 수도 있다.

(4) 의사결정 나무 Decision trees [31]: – 회귀(예측)

의사결정 공간은 사례 그룹으로 반복적으로 분할되고, 각 사례 case는 더 작은 그룹 등으로 분할된다. 이 분할 프로세스의 반복이 의사결정 나무를 구축한다. 각 나무 마디node에는 사례를 한 그룹의 사례 또는 다른 사례 그룹으로 분류할 수 있도록 하는, 조정 가능한 매개변수가 있다. 데이터베이스에서의 의사결정 오류를 최소화하는, 마디node 매개변수에 대한 반복 검색 역시, 기계학습의 범위에 속한다.

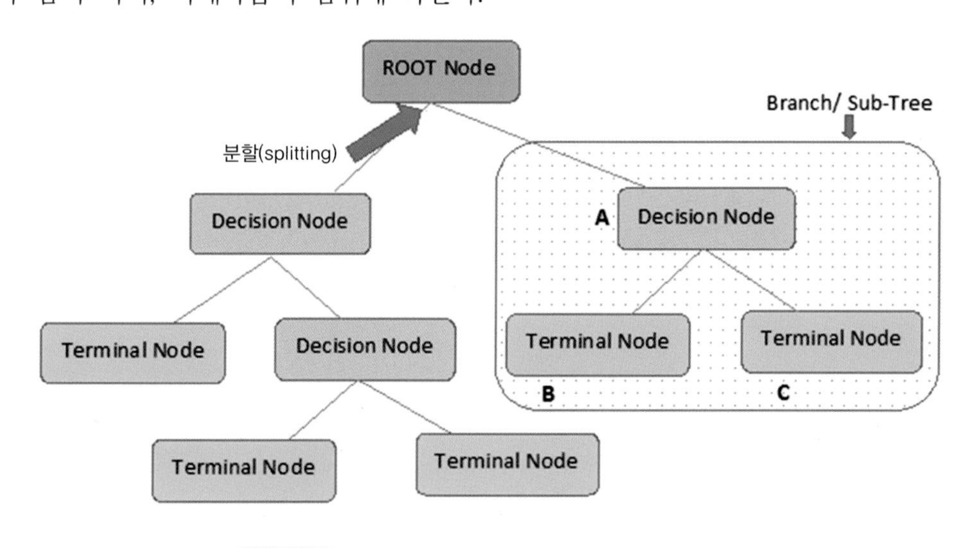

그림 4-20 의사결정 나무(Decision tree) 개념도(예)

(5) 클러스터링 Clustering; 군집화

분류 Classification도 클러스터링 Clustering도 둘 다 마찬가지로 '분류'를 하는 방법이다.

클러스터링의 클러스터는 방을 의미하며 그룹핑 gruoping과 동의어이다. 분류 classification는 지도학습이고, 클러스터링 clustering은 비지도 학습이다.

많은 양의 데이터를 이해하기 위한 질문 중 하나는, "데이터베이스를 소위 동종 그룹으로 나눌 수 있는가?"이다. 그룹 내 분산이 그룹 간 분산보다 작으면 그룹이 동질적이라고 한다. '벡터 양자화 vector quantization' [32]라고도 하는, 이 질문으로 인해 많은 방법이 개발되었으며 그 중 다음을 언급할 수 있다.

[표 4-1] 분류(Classification)와 클러스터링(Clustering)의 차이

구분	학습방법	목적변수	장점
분류 (Classification)	지도학습	있음	분류 정도가 높다. 목적에 맞는 분류를 한다.
클러스터링 (Clustering)	비지도학습	없음 (분류 수만 지정)	학습 데이터, 라벨링 불필요 학습의 수고를 던다. 예측 외의 결과를 획득

① **k-근접법**(k Nearest Neighbor; k-최근접 이웃) – **다항 분류**

k-근접법은, '임시 그룹마다 그 집단의 중심(★)을 구하고, 그 중심에 가까운 것으로 그룹을 재결성하는 것을 반복하는 분류법'이다.

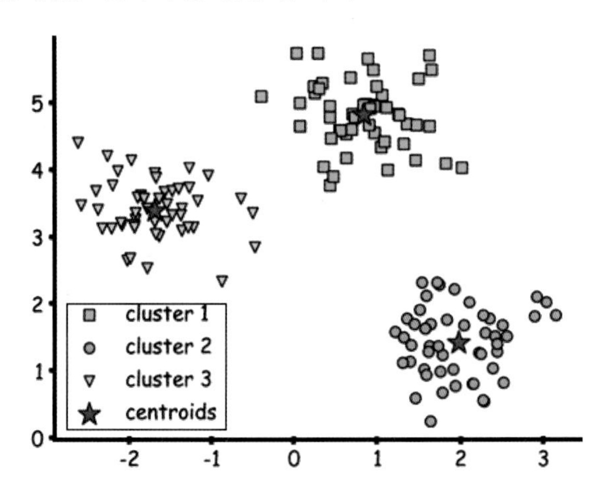

그림 4-21 k-근접법(집단중심★부터 구함)

② **k-평균법**(k-means) [33]

k-평균법은 k-근접법과 비슷하지만, 비지도 학습인 클러스터링에 사용되는 알고리즘으로, 전혀 다른 분류방법이다. k-근접법의 k는 샘플 데이터의 수이고, k-평균법의 k는 분류 수이다.

흩어져 있는 데이터에서 클러스터(예: 적, 청, 황, 녹색)별로 중심을 구한다. 중심이란, 각 데이터의 좌표 평균값이다, - k-평균법의 이름 유래

색깔별로 좌표 평균값 구하기를 반복, 최종적으로 중심이 움직이지 않으면, 종료한다.

k-평균법은 초깃값(할당)에 따라 결과가 달라진다. 따라서 완전 무작위보다는 조금 목적을 갖고 초깃값을 설정하거나, 기본값을 여러 번 바꿔 분석하는 등의 기능도 수행한다. 2차원뿐만 아니라 3차원, 4차원으로 차원을 늘려가는 것도 가능하다.

이 방법은 간단한 아이디어를 사용하지만, 성능을 향상하기 위해 반복 학습 규칙에 확률적 버전을 구현하는, 자동 클러스터링 신경망automatic clustering neural networks 연구자들이 여전히 사용하는 기초이다.

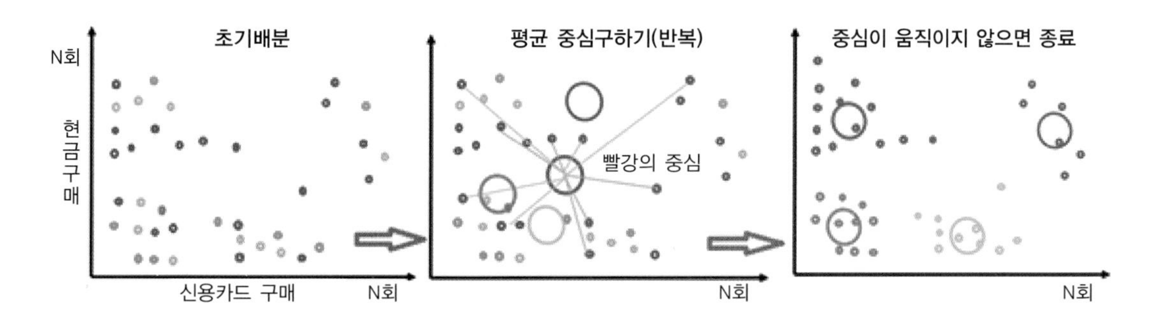

그림 4-22 k-평균 클러스터링(예)

※ 하드 클러스터링과 소프트 클러스터링

k-평균법에서는 하나의 데이터는 하나의 클러스터로만 분류되는데, 이를 하드 클러스터링이라고 한다. 한편, 혼합 가우스 모델처럼 하나의 데이터가 확률적으로, 여러 클러스터에 속할 수 있는 경우를 소프트 클러스터링이라고 한다.

③ 가우시안 혼합 모델 (Gaussian mixture models; 혼합 가우스 분포)

k-평균법은 좌표의 근접을 기반으로 클러스터링하므로, 기본적으로 클러스터는 원(3차원이라면 공)이라는 생각에 기초하고 있다. 따라서 가늘고 긴 클러스터가 있는 경우에는 잘 분류할 수 없다. 또한 클러스터의 크기에 의존하지 않고 근접도 만으로 판정하기 때문에 클러스터의 크기가 많이 다른 경우에도 편차가 발생할 수 있다. 그래서 등장한 것이 혼합 가우스 분포 및 EM(Expectation-Maximization; 기댓값 최대화) 알고리즘이다.

가우스 혼합모델을 요약하면, '데이터가 다수의 클러스터에 속할 가능성을 차원(요인)마다 겹쳐서, EM(기댓값 최대화)을 반복하는 k-평균법의 개량 모델'이다.

가우스 분포는 정규 분포이고, 정규 분포는 확률 분포이므로 확률을 이용함을 알 수 있다.

따라서 혼합 가우스 분포란, 가우스 분포를 겹쳐서 결과를 평가하는 것을 의미한다. 예를 들어, A-자료에서 개별 데이터가 다수(예: 3개)의 클러스터에 속해있을 가능성을 가우스로 구하고, Y-자료에서도 마찬가지로 다수(예: 3개)의 클러스터에 속할 확률을 구하고, 각각의 가우스 분포를 중첩(혼합)해, 개별 데이터가 3개의 클러스터에 속할 확률을 구한다.

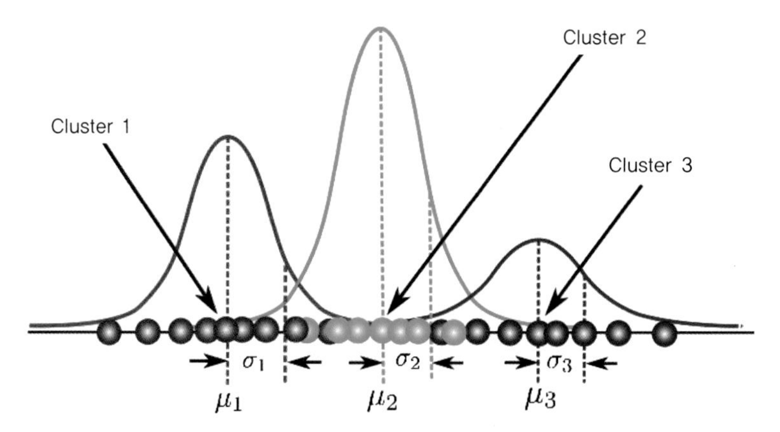

그림 4-23 가우시안 혼합모델을 이용한 클러스터링[Oscar Contreras Carrasco]

※ EM(Expectation(예상)/Maximization(최대화)) 알고리즘

혼합 가우스 분포는 EM-알고리즘에 기반한 클러스터링 기법이다. EM은 예상(E)과 최대화(M)를 반복, 최적의 클러스터로 분류하는 기법이다. 각 데이터가 어떤 클러스터에 속하는지의 확률을 계산하는 것이 E, 확률 분포를 혼합하여 k-평균법의 중심에 해당하는 포인트를 찾는 것이 M이다. k-평균법에서는 중심이 움직이지 않게 되면 종료였지만, 혼합 가우스 분포에서는 우도의 변화를 보고 수렴 기준을 충족하거나 규정 횟수를 초과하면, 종료하는 경우가 많다.

2 유전 알고리즘[34]: – 강화학습 기법

솔루션 세트 solution set는 유전자형이라고 하는 데이터 벡터로 표현되는 개체의 모집단으로 간주된다. 각 유전자형(잠재적 솔루션)은 표현형 phenotype이라는 결과를 가져온다. 누적 보상 기능을 사용하여 개체를 죽이거나 죽이지 않을 수 있다. 개체는 서로 교배(교차)하여 쌍으로 번식할 수 있는데, 이는 유전자형의 끝을 복사하여 붙여넣어 새로운 개체를 만드는 것과 같고, 개체는 돌연변이(유전자형 벡터 요소의 무작위 변형)가 될 수 있다.

유전 알고리즘을 어떤 문제에 적용하기 위해서는 해solution를 유전자의 형식으로 표현할 수 있어야 하며, 이 해가 얼마나 적합한지를 적합도 함수를 통해 계산할 수 있어야 한다. 일반 생명체의 특성이 유전체의 집합인 유전자로 나타나는 것과 같이, 유전 알고리즘에서는 해의 특성을 숫자의 배열이나 문자열과 같은 자료 구조를 통해서 표시하게 된다. 적합도 함수는 이렇게 나타내어진 해가 얼마나 문제의 답으로 적합한지를 평가하기 위한 함수이다. 이는 실세계의 생명체가 유전적 특성에 따라 환경에 얼마나 잘 적응할 수 있는지가 결정되는 것과 비교할 수 있다.

최상의 솔루션은 살아남아, 새로운 솔루션을 생성하는 관점에서 번식에 이바지하는 유일한 솔루션이다. 심층학습과 달리, 오류를 최소화하기 위해 솔루션을 반복적으로 수정하지 않고, 이들 솔루션의 수용 가능성을 최대화하기 위해, 솔루션 모집단을 반복적으로 수정한다. 따라서 최상의 솔루션을 찾기 위해, 여러 솔루션을 교차하여 동시에 개발하려고 노력한다.

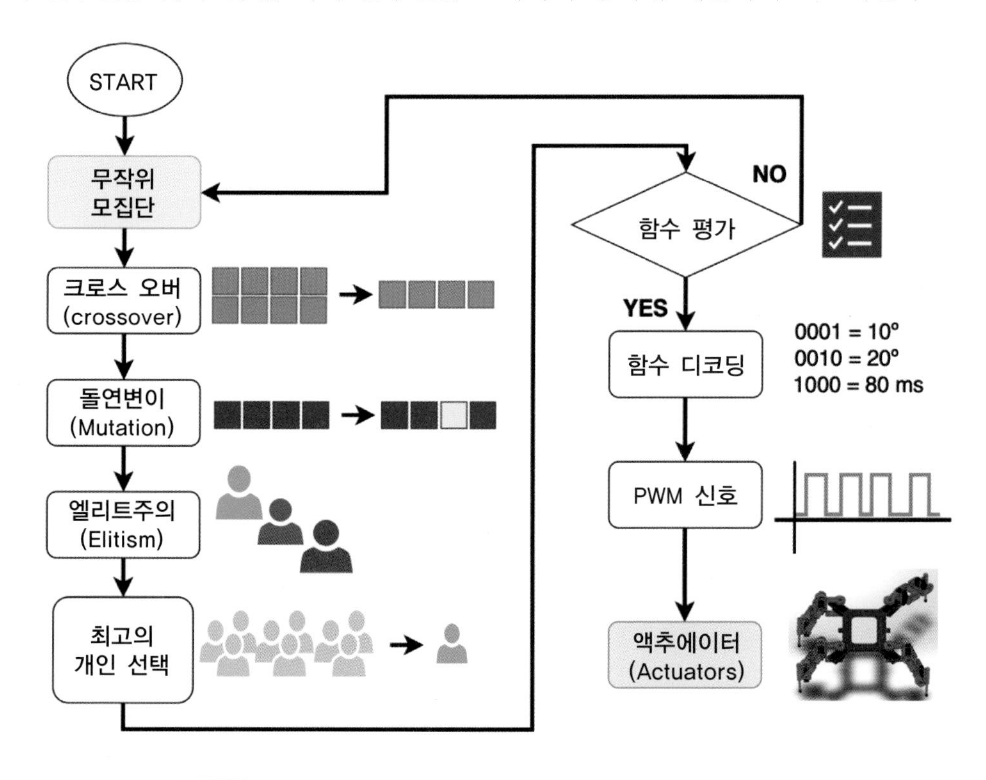

그림 4-24 로봇의 운동에 대한 표준 유전자 알고리즘 순서도[35]

이러한 이유로 '암시적 병렬 처리 implicit parallelism'라고도 한다. 이 접근방식을 사용하려면 솔루션 간의 보간 interpolations이 의미가 있도록, 최소한 하나의 로컬 토폴로지가 존재하는 코딩을 사용하여, 유전자형 genotypes을 코딩해야 한다.

3 사례 기반 추론 case-based reasoning

사례 기반 추론 [36]은 유사한 문제의 해결에서 영감을 얻는다. 이를 위해서, 토폴로지를 수용하는 문제에 대한 설명이 있어야, 사례case 간의 거리를 계산할 수 있다. 두 표현 representation이 비슷하면 문제가 가깝고, 그 반대도 성립한다.

유사한 문제에 대한 검색은 일반적으로 발견적heuristically 방법으로 수행하거나, N개의 가장 가까운 이웃을 검색하여 수행한다.

기본 원리는 사례case 를 성공적으로 해결할 수 있었던 추론 reasoning을 기록한 다음, 가장 가까운 해결 사례 뒤에 추론을 직접 적용하거나, 가장 가까운 사례 뒤에 추론의 수정(파생)을 적용하는 것이다.

시스템은 문제를 해결할 수 있었던 추론으로, 점점 더 많은 사례case 를 저장하고, 학습을 계속한다.

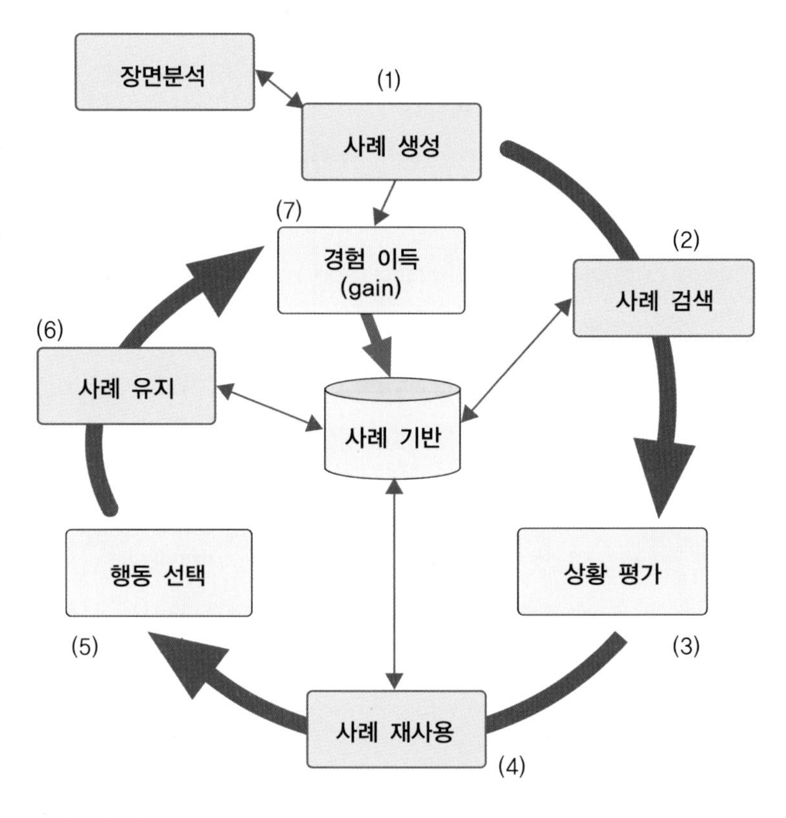

그림 4-25 교통 상황 해석을 위한, 사례 기반 추론 작업 순서[37]

4 논리적 추론 logical reasoning

지식 기반 시스템은, 일반적으로 논리적인 연역적 추론 deduction을 통해 복잡한 문제를 해결할 수 있는, 인간 전문가로부터 지식을 구해야 한다. 지식 기반 시스템을 사용할 준비가 되기 전에, 인터뷰와 연구 사례의 해결을 통해 전문가로부터 지식을 끌어내는 것이 필요하다. 이 논리적 지식이 모이면, 모델링해야 한다(지식 표현 [38], 일반적으로 수학적 논리의 형태로).

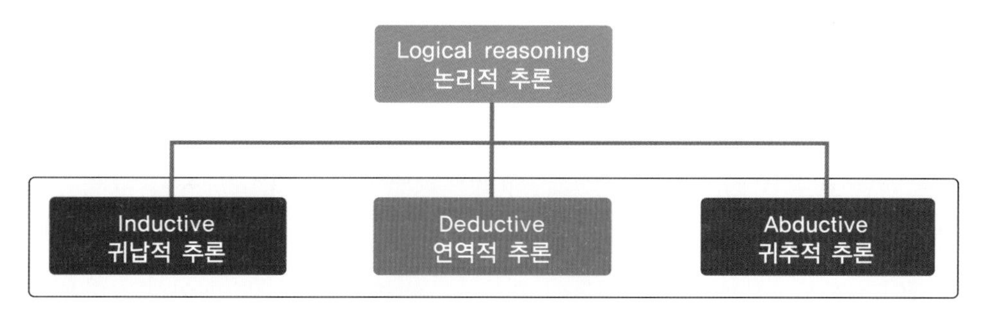

그림 4-26 논리적 추론의 분류(예)

(1) **연역적 추론** Deductive reasoning은 b가 a의 형식 논리적 결과일 때만, a로부터 b를 추론하는 방법이다. 즉, 연역법은 가정의 결과를 이끌어내는 과정을 말한다. 가정이 참이라고 주어졌을 때, 타당한 연역 추론은 결과가 참이라는 것을 보장한다. 예를 들어 "위키는 누구나 수정할 수 있다"(a_1)와 "위키피디아는 위키이다"(a_2)가 주어졌을 때, "위키피디아는 누구나 수정할 수 있다"(b)가 뒤따른다.

(2) **귀납적 추론** Inductive reasoning은 b가 반드시 a로부터 뒤따르지 않더라도, a로부터 b를 추론하는 방법이다. a는 b를 받아들이기 위한 아주 좋은 이유가 될 수 있지만, 반드시 b를 보장하지는 않는다. 예를 들어, 이때까지 관찰된 모든 백조가 하얗다면, 귀납적으로 모든 백조가 하얗다고 추론하는 것은 그럴싸하다. 전제로부터 끌어낸 결론을 믿을 좋은 이유가 있지만, 결론의 참을 보장하지는 못한다. (실제로, 어떤 백조는 까맣다는 것이 발견되었다)

(3) **귀추적 추론** Abductive reasoning은 a를 b의 설명으로 추론하는 방법이다. 이 추론의 결과로, 귀추법은 결과 b로부터 전제조건 a가 추론되도록 한다. 연역 추론과 귀추법은 "a는 b를 수반한다"라는 규칙을 이용해 추론할 때, 방향이 서로 다르다.

논리적 추론은 문제를 해결하기 위해, 여러 수준의 복잡성으로 작동할 수 있는, 추론엔진 inference engine이라는 특수 프로그램을 적용한다. 가정을 만들고, 유효성을 확인하거나 무효화하고, 모든 '드모르간 de Morgan 규칙' 등을 사용하여 논리logic를 조작할 수 있다. 사용되는 논리는 이진 또는 퍼지일 수 있다 [39]. 퍼지purge인 경우, 예를 들어 논리 연산자를 가능성 possibilities 이론 [30]과 결합하기 위해, 더 최근의 수학적 방법을 사용할 수 있다.

5 다중 에이전트 시스템 multi-Agent system

다중 에이전트 시스템[40]은 꿀벌, 개미 등 무리에서 기능하는 동물 그룹에서 영감을 받았다. 각 에이전트(벌)는 자동장치와 같이 매우 간단한 동작을 갖지만, 복잡한 문제를 해결할 수 있게 하는, 창발성(創發性; emergent property)[41]을 그룹에 부여하는 것은, 자동장치 서로 간의 상호 작용이다.

다중 에이전트 설정에서 각 에이전트의 조치action는 환경의 진화뿐만 아니라 다른 에이전트의 정책policy에도 영향을 미치므로, 에이전트의 상호 작용이 매우 역동적이다. 환경은 각 에이전트 1,⋯, j에 대해 상태state와 보상reward을 생성한다. 각 에이전트는 이 상태와 보상을 활용, 자체 정책policy을 사용하여, 조치action하는 데 사용한다. 그러나 각 에이전트의 정책policy은 다른 모든 에이전트의 정책policy에 영향을 미친다.

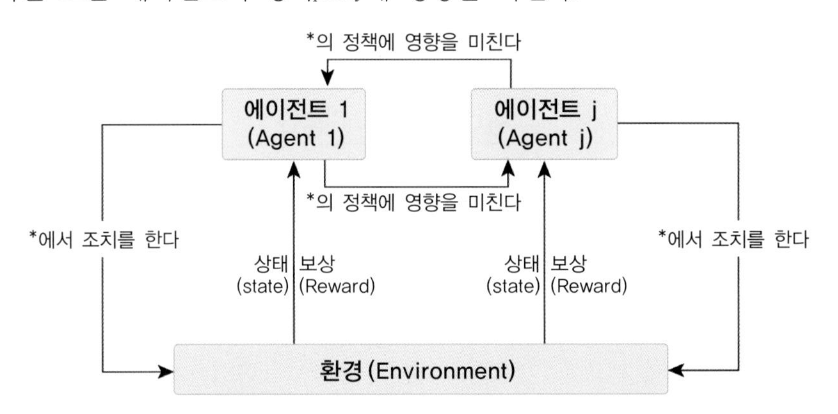

그림 4-27 다중 에이전트 시스템의 기본 구성[42]

에이전트는 'BDI(Belief-Desires-Intentions; 믿음 - 욕망 - 의도)' 유형[43]에 따른 행동의 자율성과 환경에 대한 반응 모델을 가지고 있다. 다중 에이전트 함수의 핵심은 에이전트 간의 통신과 상호작용(예: 주변 에이전트의 작업에 대한 에이전트 작업의 영향)이다. 다중 에이전트 시스템에서의 학습은 특히 마르코프 의사결정 과정(MDP)과 같은 알려진 방법에 의존한다.

6 PAC Probably approximately correct 학습

PAC 학습[44]은 학습 과정에 복잡성 이론을 도입한다. 아이디어는 클래스class를 각 입력 벡터와 연관시키는, 사전 설정된 분류 기능이 있다는 점이다. 이러한 사전 설정 기능 중 하나를 '개념concept'이라고 하며, 새 항목을 적절하게 분류하는 (복잡한) 기능이다. 실제로 함수의 모음을 초기화할 수 있다. 이를 위해서는 다항시간(多項時間; polynomial time) 범위에서 개념에 가장 가까운 함수, 즉 ε(학습 오류와 실제 오류의 차이(gap))보다 작은 오차로, 개념을 제공할 확률이 $(1-\delta,\ 0 \leq \delta \leq \frac{1}{2})$보다 더 높은 함수를 찾아야 한다. 학습자에 대한 유일한 합리적인 기대는, 높은 확률로 목표 개념에 가까운 근삿값을 학습하는 것이다.

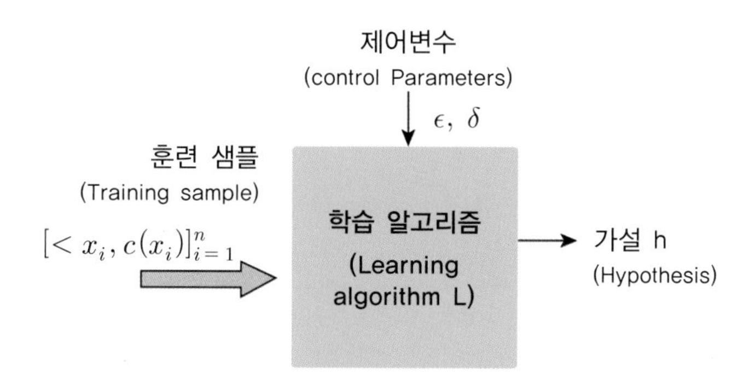

그림 4-28 PAC 학습모델의 블록선도(예)

합성곱 신경망(CNN: Convolutional Neural Network)

합성곱 신경망(CNN)은 이미지 데이터 학습과 인식에 특화된, 심층학습 알고리즘의 하나이다. 합성곱convolution은 이미지 프로세싱에서 **일정한 패턴** pattern으로 변환하기 위해, 수행하는 **행렬연산**을 의미한다. 특정한 수가 조합된 행렬인 필터(=커널)를 사용하며, 필터의 값 구성에 따라 이미지의 패턴이 달라진다. 필요한 전처리는 다른 분류 알고리즘에 비해 훨씬 적다. 기본 방법에서 필터는 수작업으로 설계되지만, CNN에서는 충분한 학습을 통해 필터/특성을 알고리즘 스스로 조정할 수 있다.

1950년대 허블David Hubel과 비셀Torsten Wiesel은 고양이의 시각피질visual cortex 실험에서, 고양이 시야의 한쪽에 자극을 주었더니 모든 뉴런(neuron; 단위 신경)이 아닌, 특정 뉴런만이 활성화되며, 물체의 형태와 방향에 따라서도 활성화되는 뉴런이 다르며, 어떤 뉴런의 경우 저수준 뉴런의 출력을 조합한, 복잡한 신호에만 반응하는 것을 발견했다. 이 실험을 통해 동물의 시각 피질 안의 뉴런들은 일정 범위 안의 자극에만 활성화되는 '국소 수용장local receptive field'을 가지며, 이 수용장들이 서로 겹쳐, 전체 시야를 구성한다는 사실을 확인하였다.

이러한 발견에 영향을 받은 르쿤Yann LeCun은 인접한 두 층의 노드들이 모두 연결되어있는, 기존의 인간 신경망이 아닌, 특정 국소 영역에 속하는 노드들의 연결로 이루어진 인공 신경망을 고안, 발표하였다(1989년). - 합성곱 신경망(CNN)의 탄생

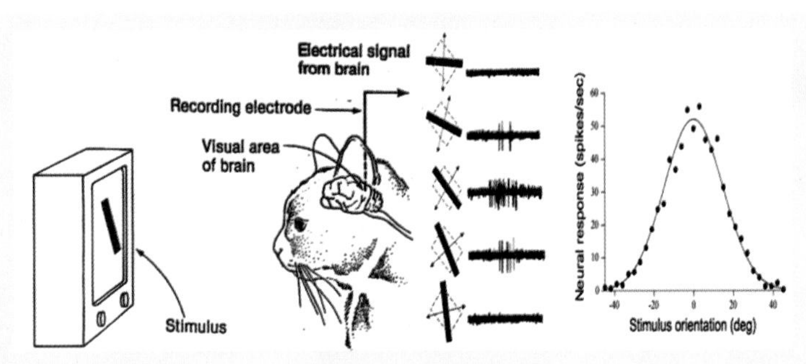

그림 1 고양이 시각피질(visual cortex) 실험(허블(David Hubel)과 비셀(Torsten Wiesel))

■ **신경망 아키텍처**

일반 인공신경망(ANN)은, 그림2와 같이 Affine이라고 하는 전결합fully-connected 연산, 그리고 렐루(ReLU)와 같은 활성화 함수(입력 신호의 총합을 출력 신호로 변환하는 전달 함수)의 합성으로 이루어진 계층을 여러 개 쌓은 구조이다.

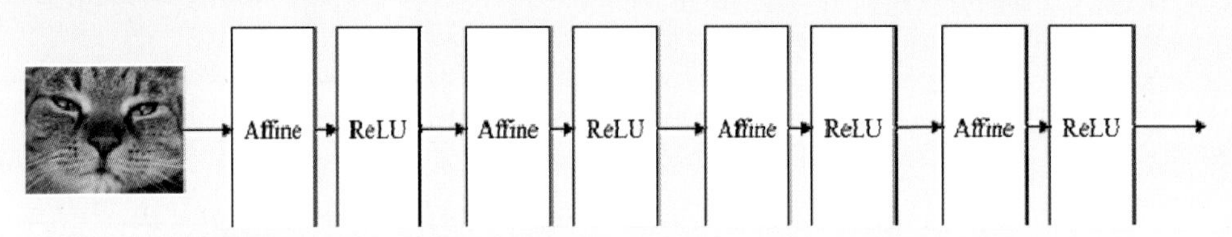

그림 2 일반적인 인공신경망(ANN: Artificial Neural Network) 블록선도

일반 인공신경망(ANN)에서 전결합층 Affine 이미지 데이터의 3차원(높이, 폭, 채널) 형상은 **공간적 구조**spatial structure 또는 **공간 정보**를 가진다. 전결합층(全結合層; Affine)을 이용하기 위해서는 3차원(높이, 폭, 채널)인 이미지 데이터를 입력층에 입력할 때, 3차원에서 1차원으로 데이터를 변환하는 과정을 거친다. 3차원에서 1차원으로 변환shift하는 순간, 3차원 공간정보가 사라지므로 **데이터의 형상이 무시**된다. 전결합층Affine은, 이미지 전체를 하나의 데이터로 생각하여 입력으로 받아들이므로, 이미지의 특성을 찾지 못하고, 이미지 위치가 조금만 달라지거나 왜곡되면, 올바른 성능을 발휘하지 못한다.

CNN 아키텍처는 그림 3과 같이 전결합층Affine 이전에, 합성곱convolution 계층과 풀링(pooling; 통합) 계층을 추가, 원본 이미지에 필터링 기법을 적용한 다음, 필터링된 이미지에 대해 분류 연산을 수행하도록 구성된다. 합성곱 신경망(CNN)은 전결합층Affine과 다르게, 3차원의 이미지를 그대로 입력층에 입력하고, 출력 또한 3차원 데이터로 출력하여 다음 계층으로 전달하므로, 데이터의 원래 구조를 유지할 수 있다. 이 경우, 이미지가 왜곡된다고 해도 입력 데이터의 공간정보를 잃지 않으므로, 형상을 가지는 데이터의 특성을 추출할 수 있어 제대로 학습할 수 있게 된다.

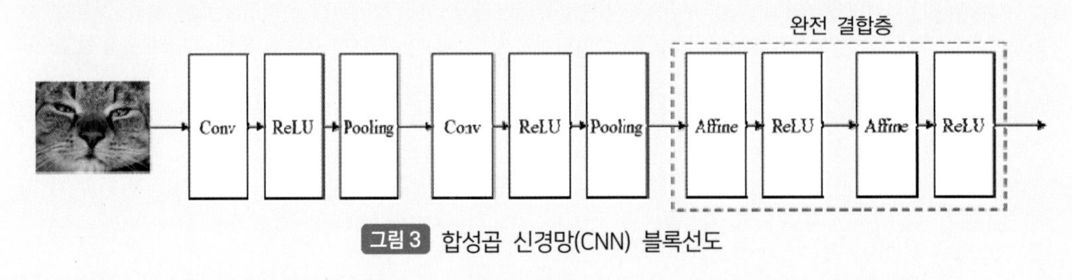

그림 3 합성곱 신경망(CNN) 블록선도

위의 CNN 구조를 조금 더 도식화하면 아래와 같다.

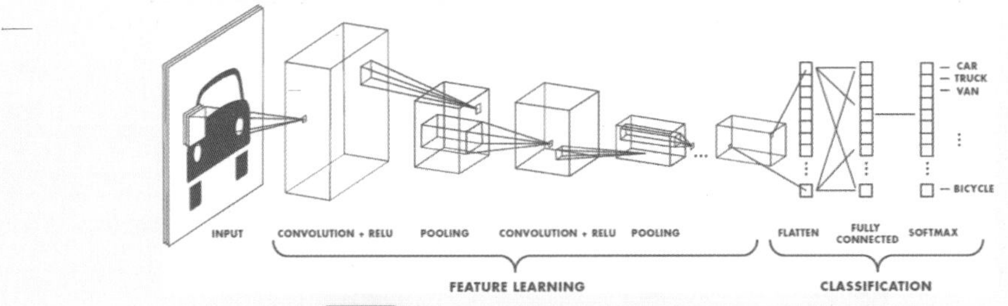

그림 4 다수의 컨볼루션 계층으로 구성된 CNN

[출처: https://medium.com/@RaghavPrabhu/understanding-of-cnn-deep-learning-99760835f148]

합성곱 신경망(CNN)은 크게 "필터링(특징 추출)"과 "클래스 분류" 과정을 거쳐 결과를 출력한다. 특징 추출 영역은 그림 4와 같이 은닉층hidden layer에 속하는 컨볼루션convolution 계층과 풀링pooling 계층을 여러 겹 쌓는 형태이다.

컨볼루션 계층은 입력 데이터에 필터를 적용한 후 활성화 함수(입력 신호의 총합을 출력 신호로 변환하는 전달 함수)를 반영하는 필수 요소에 해당하며, 그다음의 풀링pooling 계층은 선택적 계층에 해당한다. CNN의 마지막 부분에는 이미지 분류를 위한 전결합층Affine이 추가된다. 이미지의 특징을 추출하는 부분과 이미지를 분류하는 부분 사이에, 이미지 형태의 데이터를 전결합층에 전달하기 위해 1차원 자료로 변환해 주는 플래튼(flatten; 평탄화) 계층이 존재한다. CNN은 이미지 특징 추출을 위해 입력된 이미지 데이터를, 필터가 순회하며 합성곱을 계산하고, 그 계산 결과를 이용하여 특성 맵feature map을 생성한다. 컨볼루션 계층은 필터의 크기, 스트라이드stride, 패딩padding의 적용 여부, 최대-풀링pooling의 크기에 따라 출력 데이터의 형태shape가 달라진다. 앞서 언급한, 이러한 요소들은 CNN에서 사용하는 학습 파라미터 또는 하이퍼-파라미터에 해당한다.

■ 채널(Channel)

이미지를 구성하는 화소는 실수이다. 컬러 이미지는, 각 화소의 적, 녹, 청색을 합계 3개의 실수로 표현한 3차원 데이터 세트이다. 컬러 이미지는 3개의 채널로 구성되며, 흑백 이미지는 1개의 채널을 가지는 2차원 데이터로 구성된다. 높이가 64 픽셀, 폭이 32 픽셀인 컬러 사진의 데이터 형태shape는 (64, 32, 3)으로 표현되며, 높이가 64 픽셀, 폭이 32 픽셀인 흑백 사진의 데이터 형태shape는 (64, 32, 1)로 표현된다.

■ 이미지 처리와 필터링 기법

이미지 처리에는 다수의 필터링 기법이 존재한다. identity, edge detection, sharpen, box blurnormalized, Gausian blur 3×3approximation

기존에는 이미지 처리를 위해서 고정된 필터를 사용했고, 알고리즘을 개발할 당시에, 사람의 직관이나 반복적인 실험을 통해 최적의 필터를 찾아야만 했다. 그러나 CNN(합성곱 신경망)은 이러한 고정된 필터를 일일이 수동으로 찾는 것이 아니라, 자동으로 데이터 처리에 적합한 필터를 학습하는 것을 목표로 한다.

■ 합성곱(Convolution)

합성곱 계층은 CNN에서의 가장 중요한 구성요소로, 전결합층fully-connected layer과 다르게 입력 데이터의 형상이 유지된다. 3차원 이미지를 그대로 입력층에 입력하며, 출력 또한 3차원 데이터로 출력되어 다음 계층으로 전달된다. 데이터 크기는 점점 작아진다.

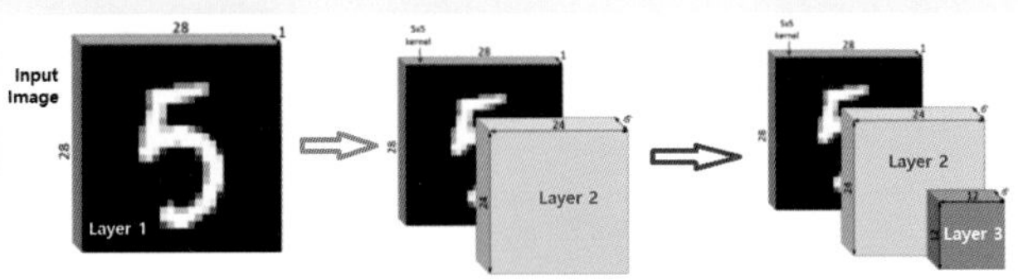

그림 5 합성곱 층의 작동 과정(데이터 이미지가 3차원으로 전달된다)

■ **컨볼루션을 사용한 특성 추출(Feature extraction using convolution)의 예**

이미지 데이터는 화소pixel들의 합이며, 한 화소는 RGB(적,녹,청색) 3색으로 구성된다. 따라서 100×100의 아주 작은 칼라 이미지라도 (100×100×3)=30,000개라는 큰 크기의 데이터가 되고. 따라서 수많은 이미지를 일반 신경망에 그대로 입력하게 되면, 학습에 많은 시간이 소비된다.

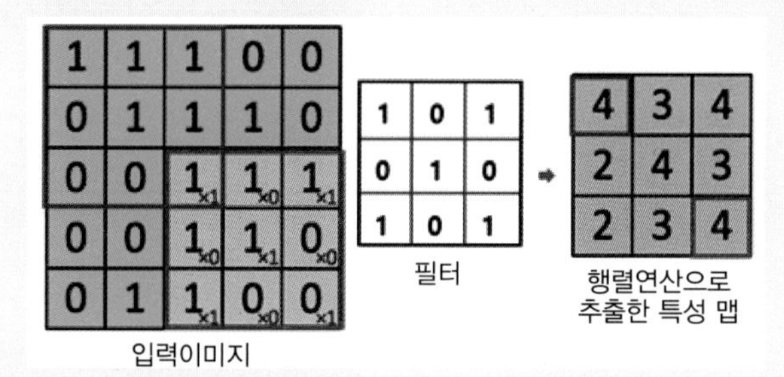

그림 6 5×5 입력 이미지에 3×3 필터(커널)를 적용, 추출한 3×3 특성 맵

필터(=커널)는 이미지의 특징을 찾아내기 위한 공용 변수parameter인데, 일반적으로 (3×3)이나 (4×4)와 같은 정사각 행렬로 정의된다. 위의 합성곱 처리 절차와 같이 입력 데이터를 지정된 간격으로 순회하며 채널별로 합성곱을 하고, 모든 채널(컬러의 경우 3개)의 합성곱의 합을 특성 맵feature map으로 생성한다.

위 그림과 같이 3×3의 필터(=커널)를 이용, 입력에 대해 행렬 연산convolution을 수행하면, 데이터의 크기가 축소되는 효과를 얻을 수 있고, 이러한 연산을 여러 번 반복, 데이터 크기를 줄여가면서, 이미지의 특징(패턴)을 추출하는 것이 합성곱 신경망의 특징이다.

합성곱 층의 뉴런의 경우, 위 그림과 같이 입력 이미지의 모든 픽셀에 연결되는 것이 아닌, 합성곱 층의 뉴런의 수용장 안에 있는 픽셀에만 연결되기 때문에, 앞의 합성곱 층에서는 저수준 특성에 집중하고, 그다음 합성곱 층에서는 고수준 특성으로 조합해 나가도록 한다.

■ **스트라이드(Stride)**

보폭stride은 입력 행렬에 대한 픽셀 이동 수이다. 보폭stride이 1이면 필터를 한 번에 1픽셀씩 이동한다. 보폭이 2이면 필터를 한 번에 2픽셀씩 이동하는 식이다. 아래 그림은 보폭stride 2로 합성곱을 하고 있음을 나타내고 있다.

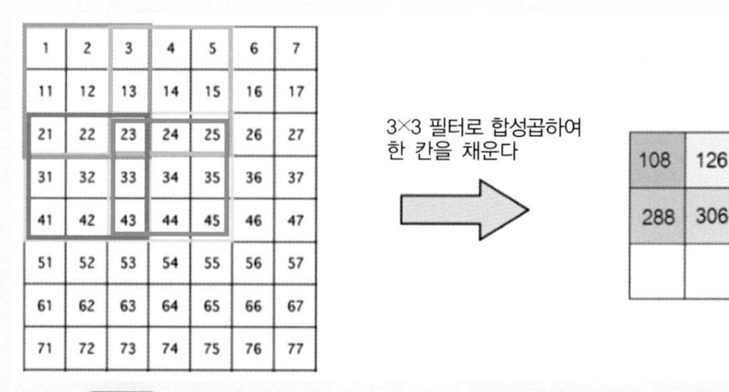

그림 7 스트라이드(stride; 보폭)가 2 픽셀인 컨볼루션의 연산(예)

보폭stride은 출력 데이터의 크기를 조절하기 위해 사용하며, 일반적으로 스트라이드stride는 1과 같이, 작은 값에 더 잘 동작하며, stride가 1일 경우, 입력 데이터의 공간적spatial 크기는 풀링(pooling; 통합) 계층에서만 조절할 수 있다.

■ **패딩(Padding)**

패딩은 컨볼루션 계층의 출력 데이터가 줄어드는 것을 방지하기 위해 사용하며, 주로 합성곱 계층의 출력을 입력 데이터의 공간적 크기와 동일하게 맞춰주기 위해, 합성곱 연산을 수행하기 전에, 입력 데이터의 외각에 지정된 픽셀만큼 특정 값(예: 0)으로 채워 넣는 것을 의미한다. 패딩에 사용할 값은 하이퍼-파라미터로 결정할 수 있으나, 보통 zero-padding을 사용한다. 또한, 필터가 맞지 않는 이미지 부분을 탈락drop out시킨다. 이를 이미지의 유효한 부분만 유지하는 유효한 패딩이라고 한다.

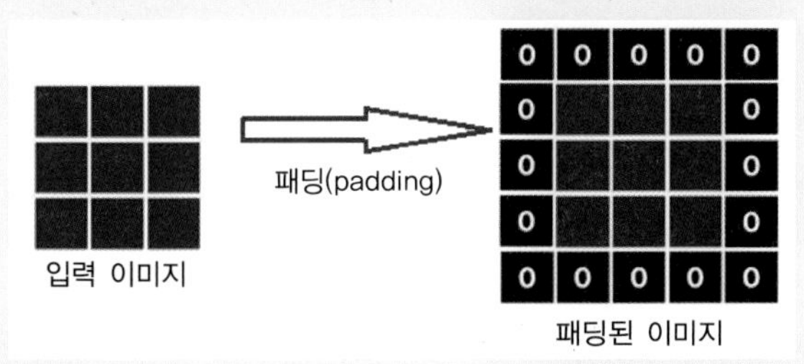

그림 8 3×3 입력 이미지에 하나의 제로-패딩을 적용한 경우(예)

그림 9는 보폭Stride 1과, 제로-패딩zero-padding 하나를 적용한 뒤, 합성곱 연산을 수행하고, 특성맵map을 생성하는 과정을 나타내고 있다.

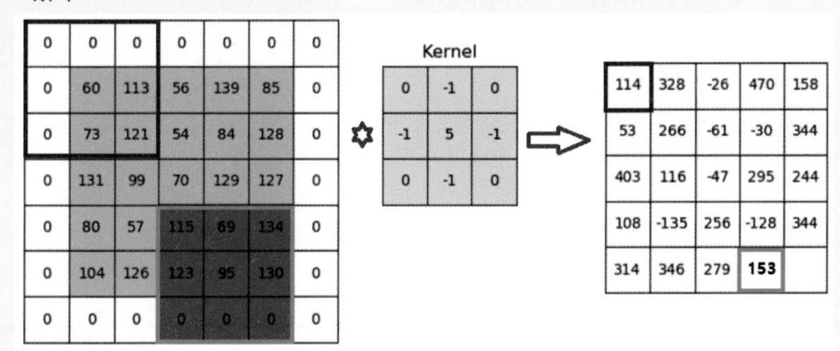

그림 9 1폭 zero-padding과 Stride 1을 적용, 합성곱 연산, 특성맵 생성 과정

■ **렐루(ReLU)-Rectified Linear Unit(정류 선형 유닛)**

ReLU는 비선형 작업을 위한 함수로, 출력은 $f(x)=\max(0,x)$이다. ReLU는 CNN에 비선형성을 도입하는 것이 목적이다. 실제 데이터는 CNN이 음이 아닌 선형 값을 학습하기를 원할 것이기 때문이다. ReLU 대신에 사용할 수 있는 tanh(하이퍼볼릭 탄젠트)나 시그모이드sigmoid와 같은 다른 비선형 함수도 있다. 성능 면에서 ReLU가 다른 두 가지보다 우수하기 때문에 대부분의 데이터 과학자들은 ReLU를 사용한다.(그림10에서 음의 값을 모두 '0'으로 처리하고 있다)

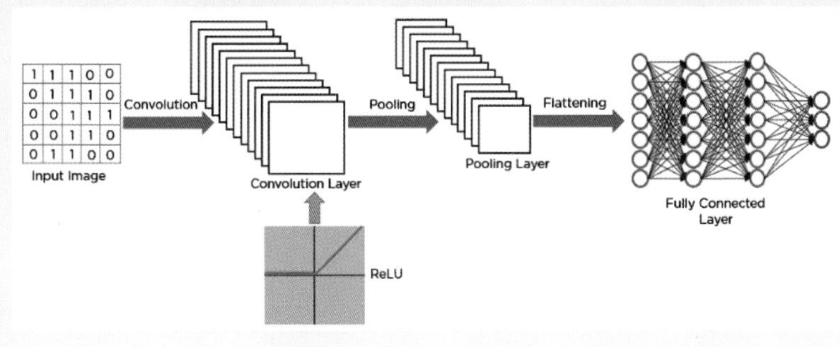

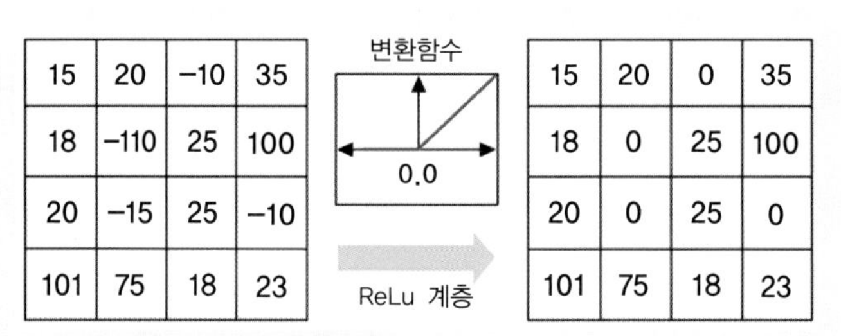

그림 10 ReLU 작업

■ **풀링 계층(Pooling Layer; 통합 계층)**

풀링 계층은, 컨볼루션 계층의 출력 데이터를 입력으로 하여, 출력 데이터에 해당하는 특성 맵=Activation Map의 크기를 줄이거나, 특정 데이터를 강조하는 용도로 사용된다. 풀링의 유형에는 최대(MP)-, 평균(AP)-, 최소-풀링Pooling, 그리고 합계-풀링 등이 있다. 그림 11은 최대-Pooling과 평균-Pooling의 동작 방식을 나타내고 있다. 일반적으로 Pooling의 크기와 Stride의 크기를 같은 크기로 설정하여, 모든 원소가 한 번씩 처리되도록 설정한다. 공간 풀링을 서브-샘플링 또는 다운-샘플링이라고도 하며, 각 맵의 차원을 줄이지만, 중요한 정보는 유지한다.

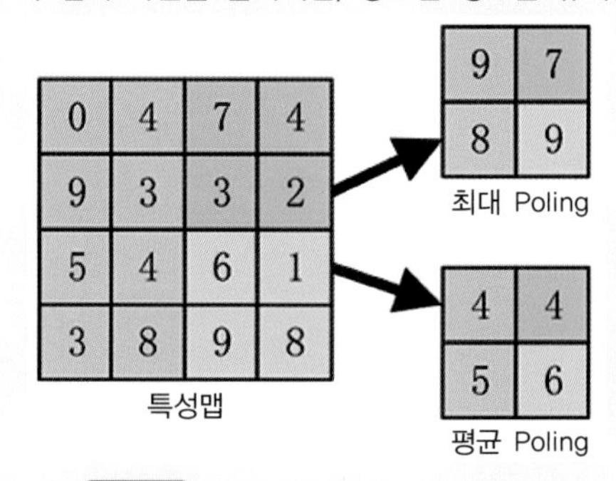

그림 11 최대-풀링과 평균-풀링의 예

풀링 계층은 컨볼루션 계층과 비교하여 다음과 같은 특징을 가지고 있다.

- 학습 대상 파라미터가 없음
- 풀링 계층을 통과하면 행렬의 크기 감소
- 풀링 계층을 통해서 채널 수 변경 없음

이때 필터링을 거친 원본 데이터를 특성 맵feature map이라고 하며, 필터를 어떻게 설정하느냐에 따라 특성 맵이 달라진다.

■ **플래튼(Flatten; 평탄화) 계층**

추출된 주요 특징을 전결합층Fulley Connected Layer에 전달하기 전에, 특성 맵을 1차원 자료로 변환하는 계층이다. 이미지 형태의 데이터를 배열형태로 평탄하게 만들어준다. 1차원 자료는 전결합층에 전달된다.

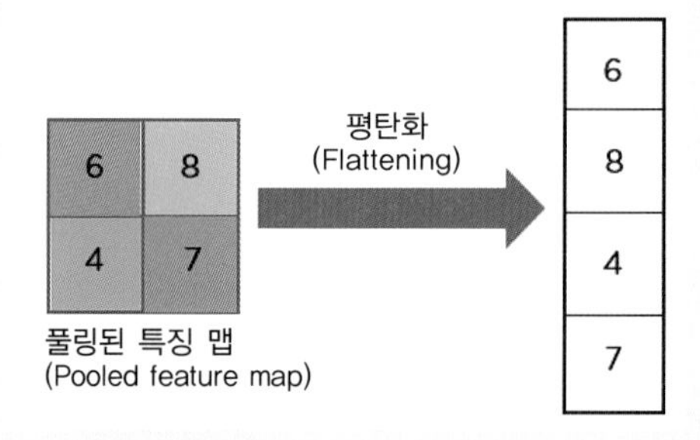

그림 12 풀링된 특성 맵 데이터를 플래트닝을 거쳐 전결합 층으로 전달하는 과정

■ **전결합층(全結合層: Fully Connected Layer)**

다층 퍼셉트론(MLP)에서 은닉층과 출력층에 있는 모든 뉴런은, 바로 이전 층의 모든 뉴런과 연결돼 있었다. 이처럼, 어떤 층의 모든 뉴런이 이전 층의 모든 뉴런과 연결돼 있는 층을 전결합층Fully-connected layer 또는 완전연결층(또는 FC)이라고 한다.

특성 맵 행렬은 벡터(x1, x2, x3, …)로 변환된다. 전결합층을 사용하여 이러한 특성을 함께 결합하여 모델을 만든다. 마지막으로, 출력을 고양이, 개, 자동차, 트럭 등으로 분류하기 위해 소프트맥스softmax 또는 시그모이드sigmoid와 같은 활성화 함수를 사용한다.

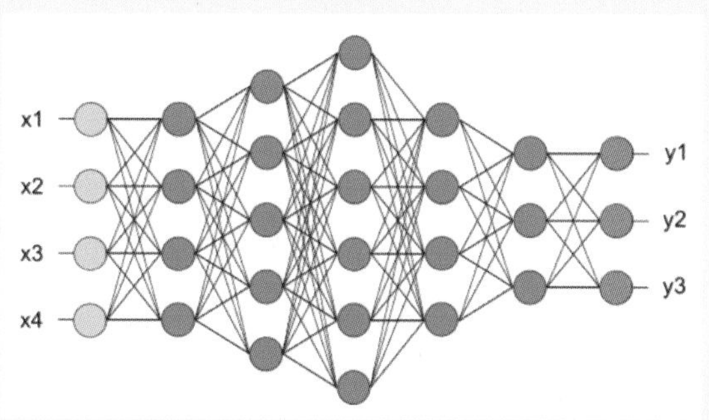

그림 13 풀링(pooling) 계층 다음에, 평탄화(flatten) 과정을 거친 전결합층

- **미니 배치 학습법**(mini-batch learning); 원래의 데이터에서 무작위로 한 번의 연산에 입력되는 크기의 데이터를 뽑아내어, 학습을 반복하는 학습방법
- **배치**(batch); 한 번의 연산에 입력되는 데이터 크기(예: m=100)
- **미니 배치**(mini-batch): 1 배치batch 크기에 해당하는 데이터 세트(예: m=100)
- **이터레이션**(iteration): 전체 데이터(예: m=1000)를 모델에 1회 학습시키는데 필요한 배치의 수(예: 미니 배치 10개)
- **에포크**(epoch); 훈련 데이터 세트에 포함된 모든 데이터가 한 번씩 학습모델을 통과한 횟수로, 1-에포크는 전체 학습 데이터 세트(예: m=1000)가 하나의 신경망에 적용되어, 순전파와 역전파를 통해, 신경망을 1회 통과하였음을 의미한다.

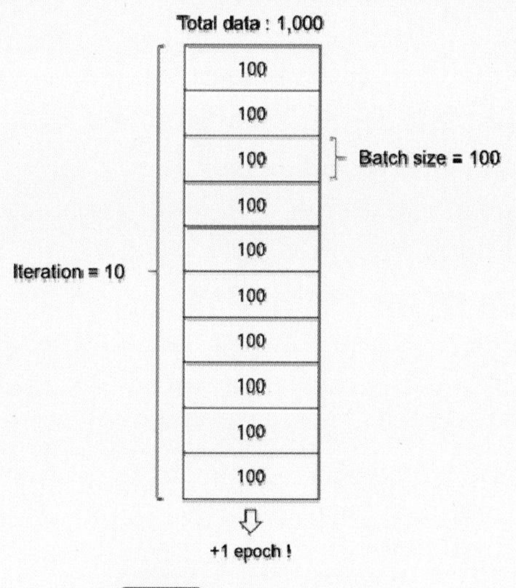

그림 14 배치(Batch) 구조

Batch Normalization(배치 정규화); 이것은 신경망 각층의 출력 데이터를 표준화함으로써 경사 소실 · 폭발 및 과학습을 방지하는 원리이다.

활성화 함수(입력 신호의 총합을 출력 신호로 변환하는 전달 함수)는 출력 계층만 tanh을 사용하지만, 그 이외의 층은 램프함수 ReLu를 사용한다. 식별자는 모든 계층에서 Leaky ReLU를 사용한다.
ReLu는 x가 음수이면 0을, 양수이면 입력값 x를 출력하는 함수이고,
Leaky ReLU는 x가 음수이면 0.2x를, 양수이면 입력값 x를 출력하는 함수이다(그림 15 우측).

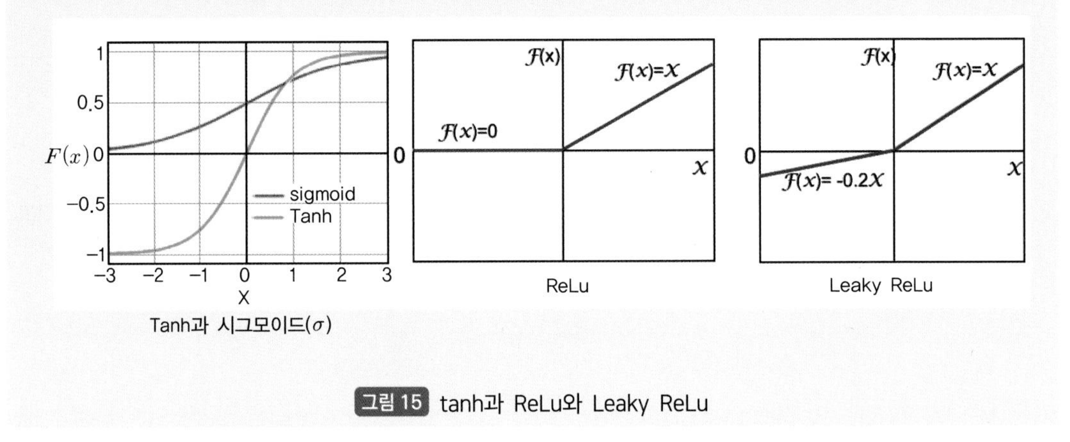

그림 15 tanh과 ReLu와 Leaky ReLu

참고문헌 REFERENCES

[1] PROGRAMS WITH COMMON SENSE, “Programs with common sense”, in Proceedings of the Teddington Conference on the Mechanization of Thought Processes, Her Majesty’s Stationery Office, London, 1959.

[2] MASSACHUSSETS INSTITUTE OF TECHNOLOGY, Heuristic Aspects of the Artificial Intelligence Problem, MIT Lincoln Laboratory Report 34-55, ASTIA Doc. No. AS 236885, 1956.

[3] LUC J., L’intelligence Artificielle n’existe pas, Éditions First, Paris, 2019.

[4] CRUTCHFIELD T., MORRISON J.D., FARMER P. et al., “Chaos”, Scientific American, vol. 255, no. 6, pp. 38-49, 1986.

[5] Tom Mitchell, Machine Learning, McGraw Hill, 1997.

[6] Abdelaziz B ensr hair, Thierry Bapin. From AI to Autonomous and Connected Vehicles. Wiley. 2021.

[7] Vivienne Sze et. al.: Efficient Processing of Deep Neural Networks: A Tutorial and Survey", 2017, CoRR, abs/1703.09039. ⓒ2017.

[8] Yaniv Taigman, Ming Yang, Marc’ AUrelio ranzato, and Lior Wolf. Deepface: Closing the gap to human-level performance in face verification. In Proceedings of the IEEE conference on computer vision and pattern recognition, page 1701-1708, 2014.

[9] Aäron Van Den Oord, sander Dieselman, Heiga Zen, Karen Simonyan, Oriol Vinyals, Alex Graves, Nal kalchbrenner, Andrew W Senior, and Koray Kavukcuoglu. Wavenet: A generative model for raw audio. InSSW, page 125, 2016.

[10] Camera Based Image Processing. In: Self Driving Cars [Internet]. 26 Sep 2017 [cited 11 Jul. 2022]. https://sites.tufts.edu/selfdrivingisaac/2017/09/26/camera-based-image-processing/
[11] Prabhu. Understanding of Convolutional Neural Network (CNN) — Deep Learning. In: Medium [Internet]. Medium; 4 Mar 2018 https://medium.com/@RaghavPrabhu/understanding-of-convolutional-neural-network-cnn-deep-learning-99760835f148
[12] Convolutional Neural Network Architecture: Forging Pathways to the Future. In: MissingLink.ai [Internet]. [cited 12 Dec 2019]. https://missinglink.ai/guides/convolutional-neural-networks/ convolutional-neural -network –architecture-forging-pathways-future/
[13] https://data-science-blog.com/blog/2022/04/19/variational-autoencoders/]
[14] www.kdnuggets.com/2017/01/generative-...-learning.html)
[15] Karpathy A. Multi-Task Learning in the Wilderness. SlidesLive; 2019. https://slideslive.com /38917690
[16] Eight F. TRAIN AI 2018 – Building the Software 2.0 Stack. 2018. https://vimeo.com/272696002
[17] J. Kim and J. Canny, "Interpretable learning for self-driving cars by visualizing causal attention," in 2017 IEEE International Conference on Computer Vision (ICCV). IEEE, 2017, pp. 2961–2969.
[18] Tobias Glasmachers. Limits of end-to-end learning, arXiv preprint arXiv: 1704.08305,2017.
[19] Anelia Angelova, Alex Krizhevsky, Vincent Vanhoucke, Abhijit S Ogale, and Dave Ferguson. rea;-time pedestrian detection with deep network cascades. In BMVC, volume 2, page 4, 2015.
[20] Alex Kendall, Matthew Grimes, and Roberto Cipola: A convolutional network for real-time 6-dof camera relocalization. In Proceedings of the IEEE international Conference on computer vision, pages 2938-2946, 2015.
[21] Mariusz Bojarski et. al. Explaining how a deep neural network trained with end-to-end learning streets a car. CoRR, abs/1704.07911, 2017.
[22] Shai Shalev-Schartz and Amnon Shashua. On the sample complexity of end-to-end training vs semantic abstraction training. arXiv preprint arXiv: 1604.06915,2016.
[23] Ni, J.; Chen, Y.; Chen, Y.; Zhu, J.; Ali, D.; Cao, W. A Survey on Theories and Applications for Self-Driving Cars Based on Deep Learning Methods. Appl. Sci. 2020, 10, 2749. https://doi.org/10.3390/app10082749
[24] Zhao, R., Yang, Z., Zheng, H. et al. A framework for the general design and computation of hybrid neural networks. Nat Commun 13, 3427 (2022). https://doi.org/10.1038/s41467-022-30964-7
[25] Rouven Koch and Jose L. Lado: Neural network enhanced hybrid quantum many-body dynamical distributions. DOI: 10.1103/PhysRevResearch.3.033102(2021). Department of Applied Physics, Aalto University, Finland. 2021.
[26] Jiayuan Mao et.al.: THE NEURO-SYMBOLIC CONCEPT LEARNER: INTERPRETING SCENES, WORDS, AND SENTENCES FROM NATURAL SUPERVISION. https://arxiv.org/pdf/1904.12584.pdf ICLR 2019.
[27] PEARL J., Probabilistic Reasoning in Intelligent Systems: Networks of Plausible Inference, Morgan Kaufmann, San Francisco, CA, 1988.
[28] BOZINOVSKI S., FULGOSI A., "The influence of pattern similarity and transfer learning upon training of a base perceptron", Proceedings of Symposium Informatica, 3-121-5, Bled, 1976.
[29] GUPTA M., SANCHEZ E., Approximate Reasoning in Decision Analysis, North-Holland Publishing Company, Amsterdam, 1982.
[30] DUBOIS D., PRADE H., Possibility Theory: An Approach to Computerized Processing of Uncertainty, Kluwer Academic/Plenum Publishers, New York/London, 1988.
[31] KAMIŃSKI B., JAKUBCZYK M., SZUFEL P., "A framework for sensitivity analysis of decision trees", Central

European Journal of Operations Research, vol. 26, no. 1, pp. 135–159, 2017.
[32] PAGÈS G., "Introduction to vector quantization and its applications for numerics", Proceedings and Surveys, EDP Sciences, vol. 48, no. 1, pp. 29–79, 2015.
[33] LLOYD, S.P., Least square quantization in PCM, Paper, Bell Telephone Laboratories, 1957.
[34] HOLLAND J.H., "Genetic algorithms and adaptation", in SELFRIDGE O.G., RISSLAND E.L., ARBIB M.A. (eds), Adaptive Control of Ill-Defined Systems. NATO Conference Series (II Systems Science), vol. 16, Springer, New York, 1984.
[35] Francisco A et. al.: Performance Comparisons of Bio-Micro Genetic Algorithms on Robot Locomotion. https://www.mdpi.com/2076-3417/10/11/3863/htm
[36] AAMODT A., PLAZA E., "Case-based reasoning: foundational issues, methodological variations, and system approaches", Artificial Intelligence Communications, vol. 7, no. 1, pp. 39–52, 1994.
[37] S. Vacek, T. Gindele, +1 author R. Dillmann: Using case-based reasoning for autonomous vehicle guidance. 2007 IEEE/RSJ International Conference on Intelligent Robots and Systems. DOI:10.1109/IROS.2007.4399298 Corpus ID: 14967672
[38] SOWA, J.F., Knowledge Representation: Logical, Philosophical, and Computational Foundations, Brooks/Cole, Pacific Grove, CA, 2000.
[39] ZADEH L.A., "Fuzzy logic and approximate reasoning", Synthese, vol. 30, pp. 407–428, University of California, Berkeley, CA, 1975.
[40] WEISS G., A Modern Approach to Distributed Artificial Intelligence, Multiagent Systems, MIT Press, Cambridge, MA, 1999.
[41] O'CONNOR T., WONG H.Y., "Emergent properties", The Stanford Encyclopedia of Philosophy, Stanford University, Stanford, CA, 2012.
[42] Alexander Zai, Brandon Brown: Deep Reinforcement Learning in Action. Manning Publications Co. 2022 https://www.manning.com/books/deep-reinforcement-learning-in-action
[43] RAO M., GEORGEFF P., "BDI-agents: From theory to practice", Proceedings of the First International Conference on Multiagent Systems(ICMAS'95), Australian Artificial Intelligence Institute, Melbourne, 1995.
[44] VALIANT L.G., "A theory of the learnable", Communications of the ACM, vol. 2, no. 11, 1984.

Chapter 5

주행환경과 차량의 상호작용

Interaction of the Vehicle with driving Environment

5-1 개요
Introduction

제2장에서 설명한 바와 같이 자율주행차량은 다양한 하드웨어 센서를 이용하여 교통 환경정보를 탐지한다. 그러나 인간의 눈과 마찬가지로 이들 센서가 생성한 원시정보는 본질적으로 큰 의미가 없다. 이들 정보를 해석하고, 해석을 근거로 주변 환경 지도를 구축하고 동적/정적 개체를 파악, 추적하는, 소프트웨어의 역할이 더 중요하다. 보다 구체적으로, 이러한 해석 작업을 수행하는 것은 인지 및 경로탐색perception and navigation 소프트웨어이다. 예를 들어, 1.5m 높이의 가느다란 개체가 전방 도로를 천천히 가로질러 이동하는 것을 보행자로 식별하고, 해당 정보를 제어 소프트웨어에 전달하면, 제어 소프트웨어는 차량의 회피 조처 수준을 결정할 것이다.

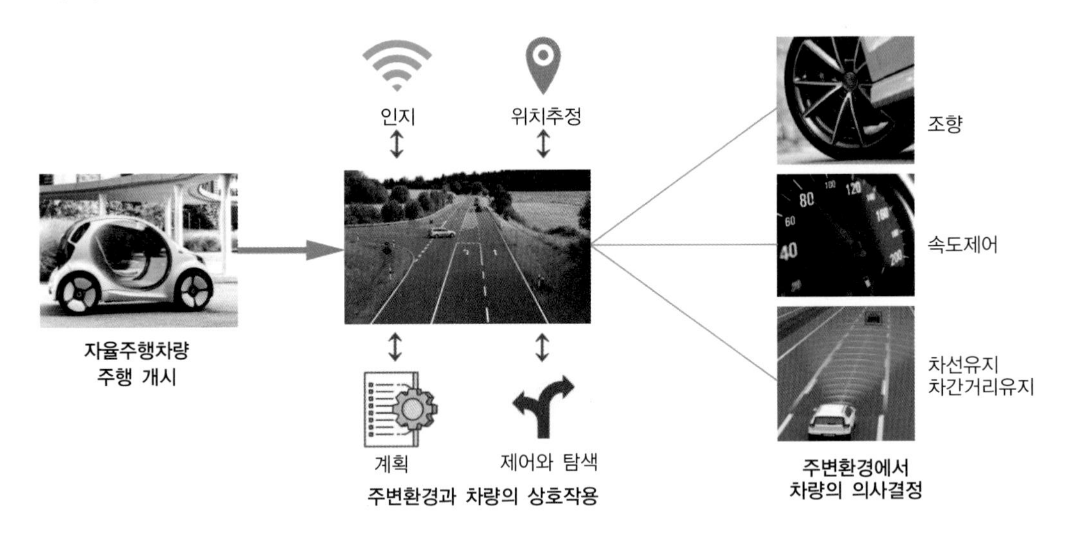

그림 5-1 자율주행 환경에서 AI 기반 의사결정의 일반적 구조[1].

환경과 차량의 상호작용

5-2 인지
Perception

인지(認知; perception)[1)]는 자율주행차량의 가장 중요한 단일 기능이다. 주변 환경을 모니터링하고 자차(自車)의 포즈(pose; 지리적 위치와 주행방향)[2)]를 파악하는 능력이 없으면, 위험 요소를 피하고 적절한 경로를 찾아, 안전하게 목적지에 도달하는 방법을 알 수 없기 때문이다.

인지(認知)의 목적은 "자차(自車)의 포즈pose와 주변 환경"을 정확하게 파악하는 것이다.

인지 과정은 지도작성mapping과 위치추정, 개체 감지 및 다중 센서 데이터 융합을 포함한, 다수의 하위 작업으로 구성된다. 지도작성과 위치추정은 서로 밀접하게 의존하며, 일반적으로 SLAM(Simultaneously Localization and Mapping; 동시적 위치추정 및 지도작성)과 같은 기법으로 해결한다. SLAM은 주변 환경 지도를 작성하는 동시에, 차량의 위치 및 주행 방향을 작성된 지도상에서 추정하는 기법이다.

1 ICP 알고리즘과 SLAM(동시적 위치추정 및 지도작성)

ICP(반복 최근접 점) 알고리즘은 카메라, LiDAR 등을 통해 생성된 3차원 점구름을 정합, 지도작성에 활용되는 알고리즘이다. SLAM 알고리즘의 대부분은 ICP를 응용 목적에 따라 수정해 개발한 것으로, 수학적 계산 모델은 ICP와 SLAM에서 서로 비슷하다.

(1) ICP(Iterative Closest Point; 반복적 최근접 점) 알고리즘

ICP 알고리즘은, 하나의 대상 개체에 대해 서로 다른 지점에서 스캔scan한 2개의 점구름

---

1) Perception은 [per; 완전히]+[cept; 받아들이다]+[ion; 명사 어미]로서 우리말로는 인지, 인식, 지각 또는 통찰 등으로 번역할 수 있다. 이 책에서는 인지(認知)로 통일한다.
2) **포즈**(pose)는 로봇공학에서 위치와 자세를 의미하는 용어이다. 이 책에서는 지리적 위치와 차량의 자세(주행방향)를 포괄하는 용어로 사용한다.

이 있는 경우, 이 2개의 데이터를 퍼즐puzzle처럼 합쳐, 정합(整合)하는 알고리즘이다. 반복적으로 가장 근접된 점들을 퍼즐처럼 짝을 맞추기matching 때문에, '반복적 최근접 점'이라는 의미의 영문 명칭을 사용한다.

ICP Iterative Closest Point 알고리즘은 세 가지 주요 단계로 구성된다.

- 고정된 기준(M) 스캔의 각 점을 기준으로, 이동하는 개체(S) 스캔에서 가장 가까운 점이나 가장 가까운 이웃을 선택하여 대응 관계를 찾는다.
- 기준과 개체 스캔의 모든 대응 쌍의 평균 제곱 오차를 최소화하는 강체 변환을 계산한다.
- 개체 스캔에 변환을 적용하고, 수렴될 때까지 반복한다.

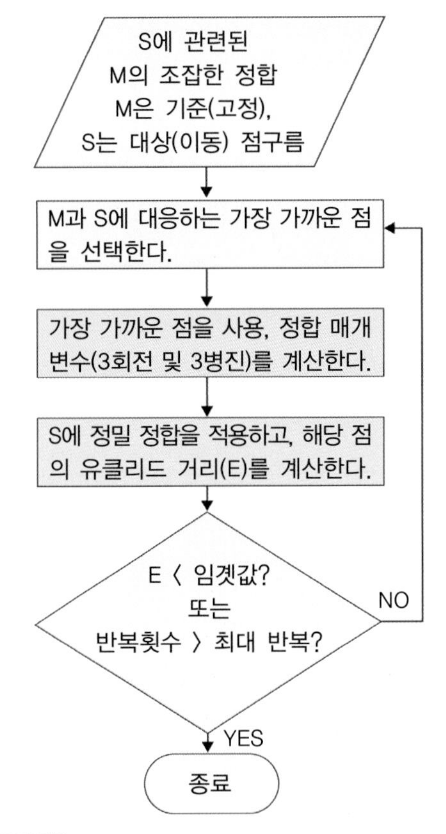

그림 5-2 ICP 알고리즘을 이용한 점구름 정합 순서도[2]

(2) SLAM Simultaneous Localization and Mapping; 동시적 위치추정 및 지도작성

SLAM은, 카메라, LiDAR나 RADAR 센서를 단독 또는 복합 구성한, 인지체계를 활용하여, 주변환경(지형지물, 특징점landmark, 표지판 등)을 인지하고, 인지된 환경을 지도화하여, 차량이 보유하고 있는 오프라인 지도, 또는 플랫폼화 되어 있는 온라인 지도 등에서 자신의 위치를 확인함으로써, 주변환경과 자차의 역동적dynamic 이동 상태를 파악한다.

SLAM은 프런트-엔드Front-end와 백-엔드Back-end로 구성된다. 프런트-엔드에는 데이터 연결 및 센서 자세 초기화가 포함된다. 백-엔드에서는 필터링 기반 방법, 자세 그래프 최적화 방법이 사용된다.

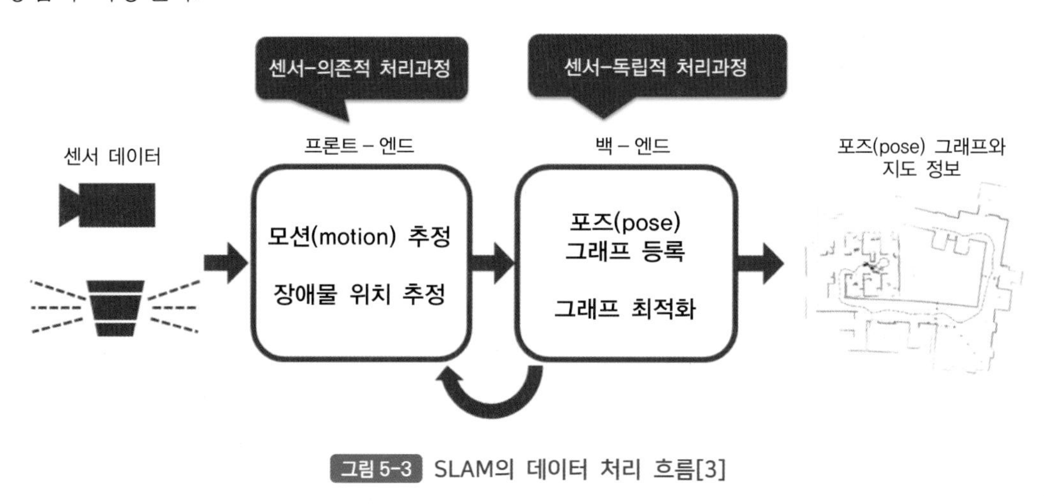

그림 5-3 SLAM의 데이터 처리 흐름[3]

■SLAM의 본질적 문제

SLAM은 자율주행차량(또는 모바일 로봇)이 환경 지도를 구축함과 동시에 이 지도를 사용하여 위치를 추론할 수 있게 하는 알고리즘이다. 실제 위치는 절대로 알려지거나 직접 측정되지 않는다. 실제 차량 위치와 랜드마크 위치 사이를 관찰한다. SLAM에서 플랫폼의 궤적과 모든 랜드마크의 위치는, 위치에 대한 사전 지식 없이도 온라인으로 추정할 수 있다.

그림 5-4와 같이 차량에 탑재된 센서를 사용하여, 알 수 없는 다수의 랜드마크(특징점)를 상대적으로 관찰하는, 환경을 이동하는 경우를 고려한다. 순간의 시간 k에서 다음이 정의된다.

- X_k: 차량의 위치와 방향을 설명하는 상태 벡터.
- U_k: 시간 k에서 차량을 상태 X_k로 운전하기 위해, 시간 k-1에 적용되는 제어 벡터.

- m_i: 실제 위치가 시간 불변인 것으로 가정되는, i번째 랜드마크의 위치를 설명하는 벡터.
- Z_{ik}: 시간 k에서 i번째 랜드마크의 위치를 차량에서 관찰한 것. 한 번에 다수의 랜드마크를 관찰했거나, 특정 랜드마크가 검토와 관련이 없는 경우, 관찰은 간단히 Z_k로 작성된다.

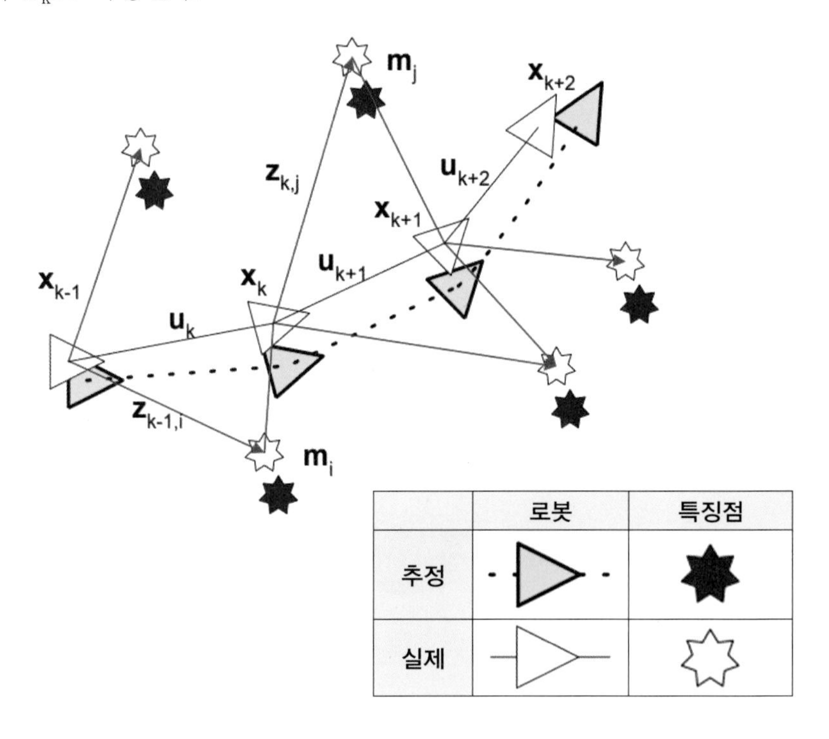

그림 5-4 본질적인 SLAM 문제[4]

SLAM은 환경의 정확한 지도를 구축하는 동시에, 그 지도상에서 차량의 위치를 추정하는 기술이다. 그림 5-4에서와 같이 문제는, 관찰된 지도 특징과 차량의 보고된 위치에 오류가 발생하고, 이러한 오류는 차량이 마지막으로 알려진 위치에서 이동할수록 증가한다는 점이다. 그러나 루프 폐쇄 덕분에 전체 경로가 루프에서 두 번 이상 구동되면, SLAM은 일정하고 정확한 지도를 생성할 수 있다. 이 경우는, 위치추정 모드에서만(지도작성을 하지 않고) 동일한 SLAM 알고리즘을 수행하여, 지도상의 모든 위치에서 차량의 정확한 위치를 추정할 수 있다.

SLAM은 크게 시각적 SLAM과 라이다LiDAR SLAM으로 구분할 수 있다.

(3) DATMO Detection and Tracking of Moving Objects; 동적 개체 감지 및 추적

인지된 개체 중, 움직이는 개체에 대한 감지detection, 추적tracking에는 DATMO(역동적 개체 감지 및 추적) 기법을 적용하며, SLAM과 마찬가지로 카메라, LiDAR 또는 RADAR 센서를 활용한다. DATMO 기법으로는 모델-프리model-free, 모델-기반model-based 및 그리드 기반grid-based의 세 가지 접근방식이 제시되고 있다[5].

그림 5-5는 3D DATMO 시스템 처리 경로를 개략적으로 제시하고 있다.

① 3D 개체 감지 모듈은, 감지된 경계상자를 ROS 통신을 사용하여, 원시 LiDAR 점구름으로부터 프레임 t에 제공한다.

② 3D-칼만필터는 예측 단계 전반에 걸쳐, 프레임 $t-1$에서 현재 프레임 $\hat{t}$까지의 궤적 상태를 예측한다.

③ 프레임 t에서의 감지와, $\hat{t}$에서의 예측된 궤적은 Khun-Munkres(일명 Hungarian) 알고리즘을 사용하여 일치시킨다.

④ 일치된 궤적은, 대응하는 일치된 검출에 기초하여 갱신되는 데, 이는 프레임 t에서 갱신 궤적을 획득하기 위함이다.

⑤ 일치하지 않는 궤적과 감지는, 각각 사라진 궤적을 삭제하거나 새 궤적 생성에 사용된다.

⑥ 일치하는 예측된 궤적은, ROS 통신을 사용하여 시스템으로 반환된다.

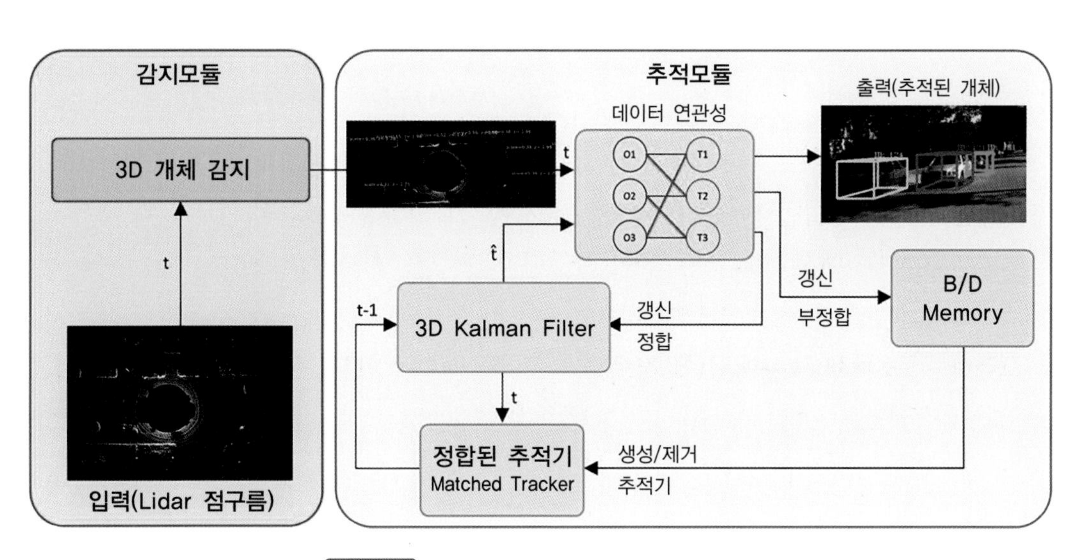

그림 5-5 3D DATMO 시스템 처리 경로[6]

2 위치 추정 (로컬라이제이션; Localization)

위치추정 과정을 시작하기 전에 주요 기준 좌표계reference frame를 먼저 확인해 보자. 오용하는 경우가 많으므로, 유의해야 한다. (표 5-1과 그림 5-6 참조).

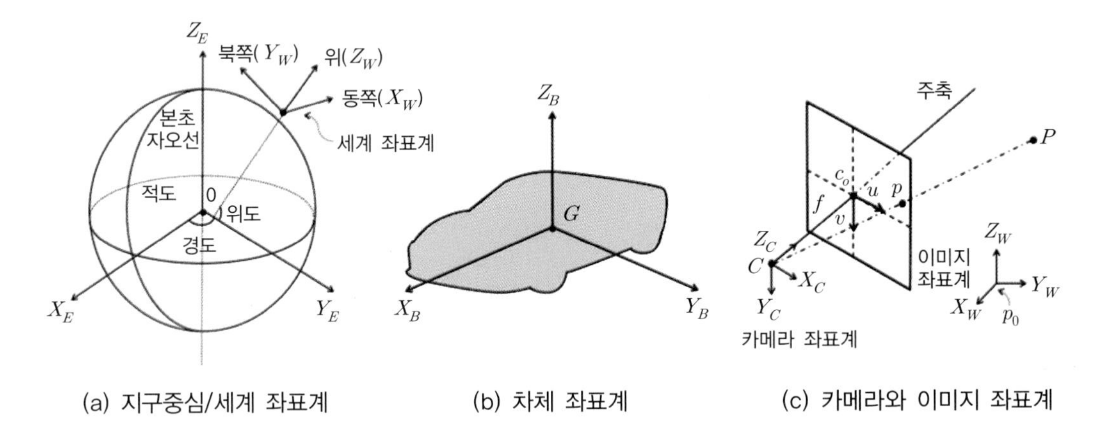

(a) 지구중심/세계 좌표계 (b) 차체 좌표계 (c) 카메라와 이미지 좌표계

그림 5-6 많이 사용하는 기준 좌표계(reference frame)의 정의

[표 5-1] 다양한 기준 좌표계(reference frame) 특성 요약

기준 좌표계	원점(origin)	기준 축		
		X축	Y축	Z축
지구중심-지구고정 (Earth-centered-Earth-Fixed)	지구 질량중심(O)	X_E; 본초 자오선과 적도 사이의 교차점을 가리킨다.	Y_E; 오른손 좌표계를 완성한다.	Z_E; 지구의 자전축으로, 측지(geodetic) 북쪽을 향함.
세계(world) (로컬 탄젠트 평면)	임의 고정된 로컬-포인트(P_0)	X_W:측지(geodetic) 동쪽을 향함.	Y_W: 측지(geodetic) 북쪽을 향함.	Z_W: 타원 법선을 통해 위쪽으로 연장된다.
차체(Body)	차량 무게중심(G)	X_B: 정면 방향. 차체 길이 방향 중심축선	Y_B: X_B에 직각인 좌/우 방향축 오른손 좌표계 완성	Z_B: $X_B Y_B$ 평면에 수직인 축
카메라(핀홀 모델)	카메라 중심(C)	X_C: 이미지 평면의 오른쪽 방향을 향함.	Y_C: 이미지 평면 아래쪽 방향을 향함.	Z_C: 이미지 평면에 수직, 주축통과 연장됨
이미지(image)	이미지 평면 중심(c_0)	u: 이미지 평면의 우측 방향을 가리킴	v: 이미지 평면의 아래쪽 방향을 향함.	해당 없음 (N/A)

위치추정은 지도를 기반으로 차량의 현재 위치와 주행방향을 추정하는 과정process이다. 지도는 공공도로를 주행하는 순수 개인 차량용 전역global 지도일 수도 있고, 군기지와 같이 지리적 울타리로 제한된 구역 안에서 주행하는 차량용 국지local 지도일 수도 있다.

위치추정localization 방법에는 현재 위치를 이전 위치와 비교하는, 국지적local 또는 상대적 위치추정 방법, 그리고 외부 기준reference을 사용하여 현재 위치를 결정하는, 전역적global 또는 절대적 위치추정 방법이 있다. 전역적global 방법의 기준에는 위성 또는 이미 알고 있는 특징점landmark이 포함될 수 있다.

상대적 위치 추정방식은 일반적으로 전역적 방식과 비교해 빠르며, 필요로 하는 자원이 적다. 그러나 이들은 오류error나 표류drift의 영향을 받는다. 더 심각하게는, 주행 중 아무런 정보 없이 임의의 위치로 주행하거나, 외부 영향으로 자세pose 전환이 이루어질 수도 있다. 이러한 현상(예: 로봇 납치)은 시발점을 정확히 알지 못한 채, 임의의 다른 위치로 이동할 때 발생한다.

상대적 위치추정은 현재 위치를 추적하는 데 사용되지만, 주기적으로 절대적 위치추정을 실행하여 표류drift를 수정하거나, 시스템 재설정 후, 위치를 부팅booting해야 한다.

(1) GNSS(전역 위성항법 시스템) 기반, 절대 위치 추정(pp.158, 2-6 e-horizon 참조)

오늘날 항법 시스템에서 널리 사용하는 GNSS는 차량의 위치를 간단하고 저렴한 방법으로 추정하는 전역적global 위치추정 기술이다. 주행 중 차량항법시스템navigation 지도 화면에서 점(또는 작은 화살표)으로 표시된 차량이 시시각각 이동하는 것을 확인할 수 있다. 이 기술이 바로 GNSS 기반, 절대위치 추정기술이다.

삼각측량의 원리를 적용하여, 전 세계 어디에서나 차량의 절대 위치를 추정한다. 그러나 이 접근방식은 최소 3개의 위성과의 가시선(可視線)이 필요하므로, 위성이 가려진 일부 운영 환경, 도심의 빌딩 숲, 터널 등에서는 정상적인 작동을 기대하기 어렵다. 또 다른 단점은 정확도가 상대적으로 낮다는 점이다. 현재의 정확도는 반경 약 1~3m 이내로 인간 운전자가 운전하는 데는 불편함이 없으나, 자율주행차량은 cm 단위의 정밀도를 요구한다 [7].

차동-GNSS Differential-GPS나 RTK(Real Time Kinematic; 실시간 이동 측위) 기지국을 사용하여 크게 개선할 수 있지만, 기지국을 어느 곳에서나 활용할 수 있는 것은 아니다. 따라서 기지국이 필요 없는 정밀 단독 측위(PPP; Precise Point Positioning) 기술을 적용할 수 있으나, 실시간 PPP-시스템은 아직 대중화되지 않고 있다.

(2) INS Inertial Navigation System 기반, 상대 위치 추정 (pp.178 2-7 관성측정장치 참조)

INS(관성항법 시스템)를 이용한 위치 측정은, 외부 기준reference이 필요 없는, 상대적 위치 추정 기술이다. INS 기반 위치추정은 일반적으로 가속도계, 자이로스코프와 자력계로 구성된 IMU(관성측정장치)가 제공하는 동작 및 회전 데이터에 추측항법(推測航法, dead reckoning) 기술을 적용한다. 일반적으로 INS 기반 위치추정은 휠 오도메트리(wheel odometry; 차량 주행속도/주행거리 측정 시스템)보다 더 정확하게 위치를 추정할 수 있으나, 가속도와 각속도를 적분하여 위치와 주행방향 정보를 추정한다. 이는 관성 센서의 바이어스bias와 잡음noise으로 인해, 오차가 누적되기 쉽다. 따라서 다른(절대) 위치추정 기술을 적용, 수시로 누적 오차를 수정해야 한다.

(3) 휠 주행거리 wheel odometry 기반, 상대적 위치 추정 (2-7 관성 측정 장치 참조)

이 방식은 휠 센서와 방향 센서를 활용하는 상대적 위치 추정방식이다. 이미 알고 있는 출발점을 기준으로, 주행한 거리에 근거해서 자차의 현재 위치를 추측(추정)하는 추측항법(推測航法, dead reckoning) 기술이다. 이 방식은 외부 기준reference이 필요 없으므로, 모든 운전 환경에서 사용할 수 있다. 그러나, 고무 타이어의 탄성변형(공기압 등으로 인한), 휠 슬립wheel slip, 고르지 않은 노면 등으로 인한 오차가 누적된다. 따라서 일반적으로 다른 측위 기술을 일시적으로 사용할 수 없는 경우, 예를 들면, 긴 터널을 주행할 때 단기적으로만 사용해야 한다.

(4) LiDAR 기반 위치추정 (pp.83 2-4 LiDAR 참조)

LiDAR 기반 위치추정에는 교통환경에 이미 존재하는 건물, 벽 등과 같은 '자연적' 육상 지표(또는 특징점)를 사용하므로, 특별한 기반시설을 필요로 하지 않는다. 이 방법은 알고 있는 지도를 사용하는, 지역local 및 전역global 위치추정, 모두에 사용할 수 있다.

LiDAR 센서의 출력값은 일반적으로 2차원(x, y) 또는 3차원(x, y, z) 점구름point cloud데이터이다. 이들 점구름에는 특징점Landmark을 나타내는 수많은 점point이 포함되지만, 이들 중 상당수는 쓸모가 없으며, 후속 처리의 부담을 가중하므로, 먼저 노이즈 필터링noise filtering하여 해결한다. 예를 들어, 경계상자 필터Bounding Box Filter를 사용하여 직사각형 경계 영역에서 점들을 제외할 수 있다. 또 다른 방법은 법선과 기울기를 사용하여 로컬 특징을 계산한 다음, 영역 성장region grown 알고리즘을 실행하여 지상점ground point들을 추출한다. 이 과정을 거치면, 3차원 점구름은 2차원 이미지로 변환되고, 계산량은 크게 줄어든다.

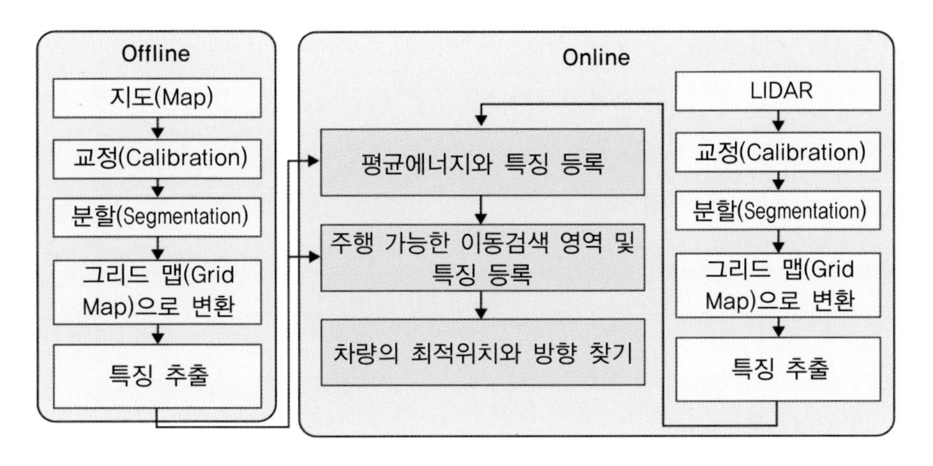

그림 5-7 위치추정 알고리즘의 흐름 선도[8]

점구름을 사용하면 고정밀 거리 추정이 가능하며, SLAM을 적용한 지도 생성에도 매우 효과적이다. 일반적으로 움직임motion은 점구름을 정합하여 순차적으로 추정한다. 계산된 움직임(이동 거리)을 차량의 위치추정에 사용한다. 라이다 점구름 정합에는 ICP Iterative Closest Point와 NDT(Normal Distributions Transform; 정규분포 변환) 알고리즘 같은 정합 알고리즘을 사용한다. 2차원 또는 3차원 점구름 지도는 격자grid 지도 또는 복셀voxel 지도로 표현할 수 있다. 시발점으로부터의 이동 및 회전을 추적하여, 현재 위치를 추정할 수 있다.

정규분포 변환(NDT; Normal Distributions Transform)은 점구름을 가우스 확률 분포 집합으로 나타낸다. 점에 대해 직접 계산하는 대신에, 점-분포 또는 분포-분포 대응을 반복적으로 계산하고, 각 반복 단계에서 거리 함수를 최소화한다.

기계학습을 기반으로 하는 점구름 분할segmentation도 좋은 접근방법이다. CNN(합성곱신경망)을 이용해, 지상점 ground point과 아닌 점들을 분할할 수 있다. 하지만, 이러한 지도학습 방법은 모델을 훈련하기 위해, 미리 이름표 label가 지정된 대규모 데이터 세트가 준비되어 있어야 한다.

한편, LiDAR 점구름의 밀도는 카메라 영상처럼 세밀하지 않으며 정합하기에 충분한 특징을 항상 제공하는 것도 아니다. 예를 들어 장애물이 거의 없는 장소에서는 점구름을 정렬하기 어렵고, 이에 따라 차량의 위치를 놓칠 수 있다. 더구나, 점구름 정합은 일반적으로 높은 수준의 처리 능력이 필요하므로, 속도를 개선하려면, 공정을 최적화할 필요가 있다. 이러한 문제 때문에 차량의 위치추정에는 일반적으로 주행거리 정보, GNSS/INS 측정 정보 등을 융합하는 작업을 동시에 실행한다.

(5) 카메라 기반 위치 추정 Localization based by camera

카메라를 유일한 위치 감지 센서로 사용할 수도 있으나, 오늘날은 다중 센서 시스템의 구성 요소로 사용하는 경우가 더 많다. 따라서 입력, 출력, 성능 측면에서 기술을 비교하여, 비전 기반 위치추정의 원리 이해를 목표로 아래의 분류표를 제시한다.

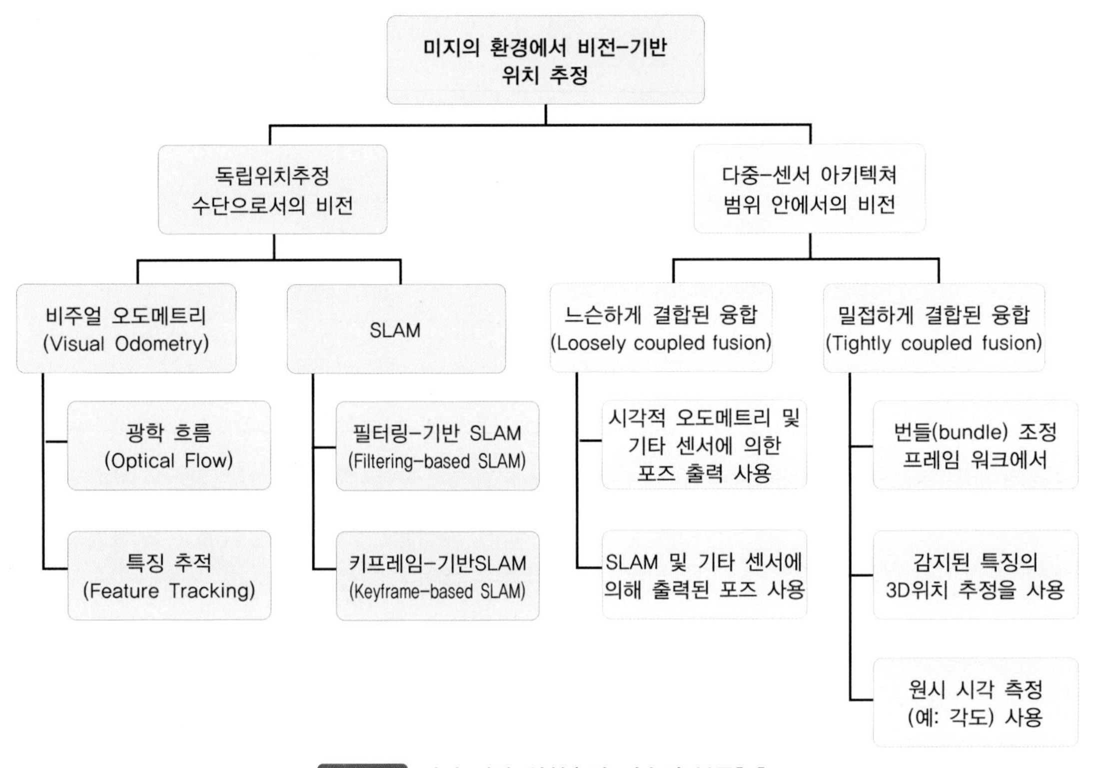

그림 5-8 비전 기반 위치추정 기술의 분류[9]

미지(未知)의 환경에서 차량의 위치를 추정하는 기술은, 환경에 대한 사전 정보가 없는 기술이다. 따라서, 카메라만 사용하는 위치추정은 추측항법Dead-Reckoning을 기반으로 한다.

추측항법은 차량(카메라)이 주행(이동)할 때, 2개의 다른 위치에서 찍은 2개의 연속 이미지를 비교하여 위치와 주행방향 변경을 측정하고, 이 변경 사항을 이전 위치와 주행방향에 추가하여 현재 위치와 주행방향을 구한다. 이 원리를 '시각적 주행거리 측정(VO; visual odometry)'이라고 하며, 차량에 설치된 카메라로 촬영한 이미지에서 동작motion이 유도하는 변화를 조사하여, 차량의 위치와 자세(주행방향)를 점진적으로 추정하는 과정이다.

포즈(pose: 위치와 자세) 추정은 전역 프레임global frame을 기준으로 수행되며, 초기 포즈pose에 대한 정보가 필요하다.

SLAM 기법은 관찰된 특징의 위치를 추정하여, 3D 장면을 재구성하며, 동시에 차량의 포즈pose 추정을 목표로 한다. 시각적 주행거리 측정(VO)은 차량 포즈pose만 점진적으로 추정하는 Mapless 기법, 즉 광학흐름(OF) 및 특징추적(FT) 기법을 기반으로 한다.[10]

그러나 광학흐름(OF) 및 특징추적(FT) 기술은 이미지 간의 위치 및 자세 변화를 추정하는 것을 목표로 하지만, 3D 장면의 재구성도 포함할 수 있다. 따라서 이러한 기술은 SLAM 프로세스의 일부로 사용될 수 있으며, 항상 Mapless 기술로 간주될 수는 없다. 따라서 지도map 기반 기법과 지도를 사용하지 않는mapless 기법을 구분하기보다는, 3D 장면을 재구성하지 않고, 일련의 카메라 영상에서 측정된 변위에 따라 카메라 포즈pose만으로 추정하는 것을 목표로 하는 시각적 주행거리측정(VO), 그리고 기존의 상관관계를 설명하는 SLAM으로 구분한다. 카메라 포즈pose와 카메라가 관찰한 3D 포인트 사이를 계산하고, 이를 바탕으로 지도 내부의 카메라 포즈pose와 함께 환경 지도를 추정한다.

VO(시각적 주행거리 측정) 또는 비주얼 SLAM을 처리하려면, 몇 가지 가정을 해야 한다. 우선, 환경이 충분히 조명되어야 한다. 그다음에, 포즈pose 추정은 인식된 정적 개체에서 시작하여 차량(장치)이 이동할 때 이미지에서 발생하는 변화를 기반으로 하므로, 이미지 시퀀스에서 움직이는 개체보다 정적(움직이지 않는) 개체가 우세하도록 하는 것이 중요하다. 마지막으로, 연속 프레임 간의 겹침은 변위에 대한 충분한 정보를 수집하기에 충분해야 한다.

① **시각적 주행거리 측정**(VO: visual odometry)

VO(시각적 주행거리 측정)는 일반적으로 두 프레임 간의 정합match 설정, 이상값(異狀値; outliner) 제거 및 두 프레임 간의 이동motion 추정의 3가지 주요 단계에 의존한다.

■ 정합 설정(establishing matches)

두 프레임의 정합은 OF(광학흐름) 또는 FT(특징추적)로 수행할 수 있다. 특징추적은 고려된 화소가 현명하게 선택되는, 희소 광학흐름으로 간주되며, 화소 선택이 잡음noise에 대해 더 강건robust하므로, 특징추적이 광학흐름보다 더 바람직하다 [11].

■ 광학 흐름(OF; optical flow)

OF(광학흐름)는 일련의 이미지에서 특징의 겉보기 움직임move이다. 차량이 움직이면 정적 형상이 차량에 대해 움직이는 것처럼 보인다. 2개의 연속 프레임 사이의 OF(광학흐름)는 각 화소에 대해 하나의 벡터 세트a set of vectors로 표시된다. 여기서 기준은 이동motion 속도에 따라 달라지고 방향은 연속 이미지에서 해당 화소의 움직임을 나타낸다. 단안의 경우 이러한 벡터의 노름(norm; 벡터 공간을 정의역(定義域)으로 하는 비음(非陰)의 실함숫값)은 스케일 팩터까지 추정된다. 모든 화소에서 광학흐름(OF)을 추정하기 위해서, 작은 이미지 영역의 강도가 시간이 흘러도 일정하게 유지된다는 '강도 불변성 Intensity Constancy'을 가정한다 [41].

■ 특징 추적(FT: Feature Tracking)

특징추적(FT)의 첫 단계는 현재 이미지에서 두드러진 영역 즉, 특징(모서리, 가장자리 등)을 감지하는 것이다. 특징 감지기는 모든 이미지에서 동일한 지점을 감지하기 위해 카메라 움직임에 따른 원근감 변화에 대해, 충분하게 견고해야 한다. 가장 널리 사용되는 감지기는 Harris 모서리 감지 알고리즘 [12]과 Shi and Thomasi 모서리 감지 알고리즘 [13]이다. 일단 감지되면 이들 특징은 고유한 방식으로 특성화되어야 한다.

FT의 두 번째 단계는 특징 설명을 통해 수행된다. 특징 설명자는 모든 특징 특성 feature characteristics을 포함한다. 매우 많은 수의 특징 설명자가 개발되어 있다. 가장 널리 사용되는 알고리즘은 SIFT Scale Invariant Feature Transform [14]와 SURF Speed Up Robust Feature [15]이다.

모서리 점 외에도 선line은 특히 벽, 문 및 창과 같은 평행 또는 수직 모서리를 갖는 기하학적 구조가 널리 발견되는 실내 환경에서 특징으로 사용된다. 선line 감지는 [16]에서 설명되고 비교된 Hough 변환, Iteratively-Reweighted-Least Squares-based line detection, Edge Linking Method 또는 Line Fitting using Connected Components와 같은 다양한 기술을 사용하여 수행할 수 있다. 자세 추정은, 카메라가 움직일 때 카메라 영상에 투영된 선의 구성 변화로부터 자세를 추론한다 [16].

FT의 마지막 단계는 특징 정합 Feature Matching으로, 두 가지 방법으로 수행할 수 있다. 이전 이미지와 현재 이미지 모두에서 개별적으로 특징을 추출한 다음에 정합을 수행하는 방법, 그리고 이전 이미지에서 특징을 추출하여, 현재 이미지에서 특징을 찾을 수 있는 영역을 예측하고, 정합을 수행하는 방법이 있다. 전자의 접근방식은 대규모 환경에 더 적합하고, 후자의 접근방식은 일반적으로 소규모 환경에 적용한다.

이 단계의 목표는, 이전 이미지와 현재 이미지 모두에서 카메라 시야에 존재하는, 동일한 물리적 특징에 해당하는 특징을 일치시키는 것이다. 이 단계는 두 기능이 동일한 물리적 기능에 해당할 가능도 likelihood를 나타내는 정합점수를 계산하는 것으로 구성된다. 점수가 가장 높은 특징이 정합된다. 정합과정은 특징 설명자 descriptor 사이의 거리 계산을 고려하여 수행할 수도 있다. 이 경우 거리가 가장 가까운 특징이 정합된다.

■ 특정 임곗값을 벗어난 값(outlier) 제거

VO(시각적 주행거리 측정)의 두 번째 단계는 일반적으로 아웃리어outlier라고 하는, 특정 임곗값을 벗어난 값을 제외하는 과정이다. 이들 아웃리어outlier는 카메라 모션motion 추정에 심각한 오류를 일으킬 수 있으며, 정확한 모션 추정을 하려면, 이를 제거해야 한다.

아웃리어outlier 제외에 사용하는 일반적인 알고리즘은 에피폴라 기하학의 제약을 기반으로 하는, RANSAC RANdom SAmple Consensus 알고리즘이다(2-5절 카메라 참조). RANSAC은 데이터 세트에서 특정 임곗값 이상의 데이터outlier를 완전히 무시해버리는 특성이 있어, 노이즈noise를 제거하고 모델을 예측, 이상적인 모델을 추출하는 알고리즘이다. 특히 컴퓨터 비전 분야에서 광범위하게 사용된다[17].

그러나, RANSAC은 무작위로 표본sample을 추출하므로, 항상 같은 결과가 보장되지는 않는다. 그리고, 범위 안에 드는 값inlier만으로 샘플링될 확률(p)을 위해 N번 반복하므로, 아무리 반복해도 최상의 모델을 뽑지 못할 불확실성이 조금은 존재한다. 또 데이터가 밀집되어있는 경우는, 반응이 미흡하다는 점 등의 약점을 가지고 있다.

■ 모션 추정(Motion estimation)

현재 이미지와 이전 이미지 사이의 카메라 움직임은 이전 단계에서 설정된 매칭을 기반으로 추정된다. 카메라의 궤적은 이러한 모든 단일 움직임을 연결하여 복구된다. 알 수 없는 고유 매개변수의 경우, 기본 행렬만 추정된다. 카메라 변위는 사영(투영) 변환projective transformation까지는 복구되지만, 거리 비율과 각도는 복구할 수 없다. 이것이 대부분의 VO(시각적 주행거리 측정) 애플리케이션에서 카메라가 보정된 것으로 가정하는 이유이다. 즉, 보정 매트릭스 K는 알려져 있다. 이 경우, 필수 행렬은 방정식을 사용하여 계산하며, 필수 행렬은 회전 및 병진 벡터로 분해될 수 있다[18].

② **동시적 위치추정 및 지도작성**(SLAM; Simultaneous Localization And Mapping)

SLAM은 모바일 장치(예: 차량)가 환경 지도를 구축하고 이 지도를 사용하여, 환경에서의 자기 위치를 추론하는 과정이다. SLAM에서는 사전 위치 정보가 없어도, 차량의 궤적과 모든 특징점landmark의 위치를, 모두 온라인으로 추정한다. 초기의 SLAM 접근방식은 LiDAR, RADAR, 초음파센서, 차륜 회전속도 센서가 제공하는 주행 데이터 또는 다중 센서 데이터 융합과 같은 다양한 센서를 사용했다. 최근 비전vision 기반 기술의 발전으로 카메라는 비전-기반 SLAM을 더욱 매력적으로 만드는 센서로 사용되고 있다. 실시간 비주얼visual SLAM에 대한, 선구적인 연구는 Handa, A 등이 수행하였다[19].

2개의 연속된 프레임 사이에서 측정된 변위를 기반으로, 카메라 포즈pose만을 추정하는 것을 목표로 하는 VO(시각적 주행거리 측정)와는 다르게, 비전 기반 SLAM은 카메라 포즈와 관찰된 특징의 3D 위치 사이에 존재하는 상관관계를 설명하므로, VO보다 정확하다. 그러나, 계산이 더 복잡하므로 계산성능이 좋아야 한다. 비주얼 SLAM은 VO와 동일한 기술을 사용하지만, 위치추정만 하는 것이 아니라, 위치추정과 동시에 지도를 작성(3D 특징 위치 결정)한다는 점이 다르다. 이것은 관찰된 특징과 카메라 포즈pose 사이의 상관관계를 고려하기 때문에 포즈 추정 정확도를 극적으로 개선하지만, 추가로 계산 부담이 커진다. 결과적으로, 비주얼 SLAM과 VO 사이의 선택은 구현의 정확성과 단순성 간의 균형에 따라 좌우된다.

비전 기반 SLAM 기술은, 단일 위치에서 3D 포인트 위치를 완전히 관찰하는 스테레오 비전 방식, 그리고 단안 시퀀스를 활용하는 자세방위기준 bearing-only; AHRS; Attitude Heading and reference System 방식의 두 가지 범주로 분류한다 [20].

비주얼 SLAM 기술도 키-프레임 기반 SLAM과 필터링 기반 SLAM으로 세분화된다 [21].

■ 키-프레임 기반 비주얼 SLAM(Keyframe-based visual SLAM)

장면에 대한 사전 지식이 제공되지 않으면, 카메라 포즈pose 추정은 3D 장면 재구성으로 알려진, 관찰된 특징의 3D 위치추정과 전적으로 관련이 있다. 이를 SFM Structure From Motion 문제라고 한다. 키-프레임 기반 SLAM의 원리는, 이미 재구성된 3D 맵 포인트의 위치에 따라 카메라 포즈pose를 계산하고, 필요한 경우 새 3D 포인트를 재구성하고, 시퀀스에서 선택한 일부 키-프레임에 대해 3D 재구성된 포인트와 카메라 포즈를 공동으로 수정하는 것이다. 이 접근방식은 번들 조정(BA; Bundle Adjustment)을 기반으로 한다.

번들 조정(BA)은, 이미지에서 감지된 점과 계산된 모델에서 얻은 재투영 사이의 잔차 제곱의 합으로 정의된, 재투영 오류를 최소화하여 위치 정확도를 향상하는 것을 목표로 하는, 비선형 최소 자승 미세 조정 알고리즘이다 [22, 23].

이 경우, 비주얼 SLAM은 연속 이미지에서 감지된 특징(2D/2D 대응) 간의 정합matching을 설정하는 대신에, 현재 이미지에서 감지된 특징과 이미 재구성된 특징 간의 정합을 설정한다. 이 과정을 '3D/2D 대응'이라고 한다. 모션motion 추정은 VO(시각적 주행거리 측정)에서와 같은 필수 행렬의 분해로부터 추론되지만, 오히려 원근perspective-3점 문제를 푸는 것에서 추론된다. 이 문제의 정의와 솔루션은 [24]에 자세히 설명되어 있다.

잘 알려진 키-프레임(KF)-기반 SLAM으로는, ORB-SLAM과 LSD-SLAM이 있다.

- ORB–SLAM [25]

모노, 스테레오 및 RGB-D 카메라에서 작동하는 ORB-SLAM2는 알고리즘 소스source가 공개되어 있으며, 기본적으로 FAST 감지기의 변형, 그리고 회전 인식 BRIEF Binary Robust Independent Elementary Features 바이너리 디스크립터의 조합인 ORB Oriented FAST & Rotated BRIEF 기능을 사용한다. 그림 5-9에서와 같이 ORB-SLAM2는 추적, 로컬 매핑 및 루프 폐쇄 감지를 병렬로 수행하는 세 가지 기본 스레드thread를 사용한다. 추적 스레드는 ORB 특징 감지 및 로컬 맵 일치를 수행한다. 로컬 매핑 스레드는 로컬 맵을 관리하고 로컬 번들bundle 조정을 수행한다. 마지막으로 루프 폐쇄 감지 스레드는 루프 폐쇄를 감지하여 지도map 중복을 방지하고 누적된 표류drift를 수정한다.

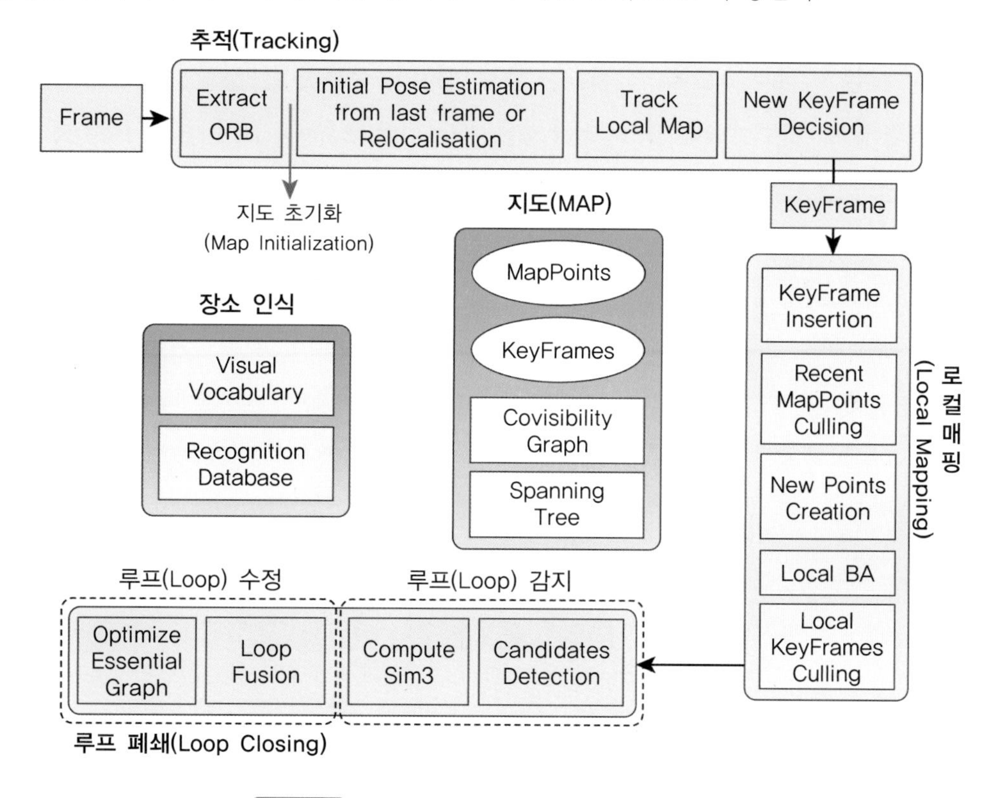

그림 5-9 ORB-SLAM2 시스템 개요[25]

알고리즘이 루프 폐쇄를 감지하거나 예를 들어 추적 실패로 인해 위치를 추정하기 위해 DBoW2 Discriminative Bags of Visual Words를 기반으로 하는 ORB 기능 데이터베이스가 장소 인식 모듈에서 사용 및 유지 관리된다. 시각적 단어 가방A bag of visual words은 자연어 처리에서 영감을 얻은 개념이다. 시각적 단어는 일련의 로컬 특징local feature으로 구성된 정보 영역이다. 시각적 어휘는 일반적으로 대규모 이미지 훈련 데이터 세트의 기능을 군집clustering하여 생성되는 시각적 단어 모음이다. 따라서 시각적 단어의 가방 개념에서 이미지는 공간 정보와 관계없이, 해당 이미지에서 얻은 시각적 단어의 빈도에 대한 막대그래프로 표현된다.

– LSD–SLAM(Large Scale Direct Monocular–SLAM)

대규모 직접 단안 SLAM(LSD-SLAM) [25] 및 스테레오 대규모 직접 SLAM(S-LSD-SLAM) [20]은 외모 기반 시각적 위치추정의 핵심 알고리즘으로서, 둘 다 추적 및 매핑 모두를 위해 이미지 강도에서 직접 작동하므로 ORB-SLAM2의 경우처럼 특징 감지 및 일치가 필요하지 않다. LSD SLAM(및 스테레오 카운터 파트)은 기본적으로 키-프레임(KF)을 자세 그래프로 사용하는, 그래프 기반 SLAM이다. 각 키-프레임(KF)에는 예상되는 반-밀도 깊이 지도가 포함되어 있다. 여기서 'semi-dense(반-밀도)'라는 용어는 모든 이미지 화소가 사용되는 것이 아니라, 충분히 큰 강도 기울기를 가진 화소만 사용됨을 의미한다. 그림 5-10과 같이 알고리즘은 추적, 깊이 지도 추정 및 지도 최적화의 세 가지 주요 작업으로 구성된다 [26].

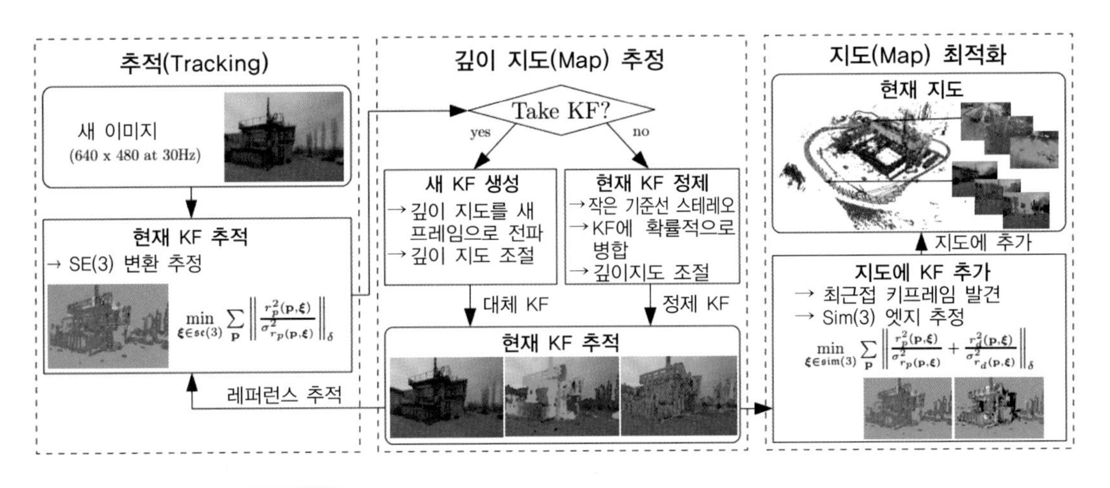

그림 5-10 LSD-SLAM 알고리즘의 개요[29] KF; Key Frame

추적 단계에서는 직접 이미지 정렬 방법을 사용, 강체 변환을 추정하여 자세-그래프 제약 조건을 결정한다. 깊이 지도 추정 단계에서는 현재 깊이 지도를 정제 refinement하거나, 현재 프레임을 새로운 키-프레임(KF)으로 사용하여 새로운 깊이 지도를 생성한다. 후자는 카메라가 기존 지도에서 너무 멀리 이동할 때, 수행된다. 마지막으로 지도 최적화 단계에서는 제약 조건으로 인한 오류가 최소화되도록, 최적의 그래프 구성을 계산한다. 이는 General (Hyper) Graph Optimization **[27]** 또는 sparse Sparse Bundle Adjustment(sSBA) **[28]**와 같은 일반 그래프 기반 SLAM 백-엔드back-end 프레임워크로 해결할 수 있다.

■ 필터링 기반 비주얼 SLAM(Filtering-based visual SLAM)

이 접근 방식은 전역global 프레임에서, 카메라의 현재 포즈 추정과 지도를 정의하는, 재구성된 3D 특징을 설명하는, 확률적 3D 특징 지도의 구성을 기반으로 한다. 또한, 이 접근 방식은 추정 불확실성을 제공한다. 지도는 프로세스의 시작 부분에서 초기화되고, 차량이 이동함에 따라 칼만필터(KF; Kalman Filter), 확장 칼만필터(EKF; Extended Kalman Filter) 또는 입자필터(PF; Particle Filter)와 같은 베이지안 필터에 의해 업데이트된다. 확률 지도는 상태 벡터와 공분산 행렬을 통해 수학적으로 설명된다. 상태 벡터는 카메라 포즈pose와 3D 특징에 대한 추정의 연결로 구성된다. 지도 매개변수의 확률 밀도 함수는 일반적으로 다중 변수 가우스 분포로 근사된다.

■ 비주얼 SLAM을 위한 최적의 접근방식(Optimal approach for Visual SLAM)

키-프레임(KF) 기반 SLAM과 필터링 기반 SLAM 중에서, 어떤 접근방식이 더 나은지 결론을 내리기는 어렵다. 사실, 각 접근방식은 의도한 애플리케이션에 따라 장단점이 있다. 필터링 기반 비주얼 SLAM은 측정 공분산을 쉽게 처리할 수 있는 장점이 있지만, 대규모 환경에서는 키-프레임(KF) SLAM보다 정확도가 떨어진다. 번들 조정(BA)을 사용한 키-프레임(KF) 기반 접근방식이 정확도와 계산 비용 측면에서, 필터링 기반 접근방식보다 더 효율적인 것으로 평가되고 있다.

③ **독립 실행형 시각적 위치추정**(standalone visual localization) **기술의 한계**

비전 기반 위치추정 기술은 추측항법 원리를 사용하므로, 오류가 누적된다는 점에 유의해야 한다. SLAM과 비교하여 VO(시각적 주행거리측정)는, 추측항법 원리에만 기반하기 때문에 표류drift율이 더 높고, 반면에 SLAM 기술은 추측항법과 번들 조정(BA)을 결합하여 위치추정 프로세스의 정확도를 개선하지만 계산 비용이 증가한다.

또한, ECEF(지구중심-지구고정) 프레임과 같은 세계-프레임world frame에서 카메라의 초기 위치와 자세를 알 수 없는 경우, 카메라의 지리적 기준위치를 알 수 없다는 점이 약점이다. 따라서 이 경우는 GNSS와 같은 전역적 수단의 사용이 필요하게 된다.

마지막으로, 카메라 구성을 선택할 때 단안 카메라를 사용하면, 짧은 시간 내에 스케일 드리프트scale drift가 발생한다는 점도 고려해야 한다. 사실, 단안 카메라로 위치를 추정하는 동안에, 이 스케일을 관찰할 수 없으므로 인해, 프로세스 전반에 걸쳐 축적계수 scale factor를 전파하는 것이 어렵다. 결과적으로 축척계수는 특히 2개의 연속 이미지 사이에서 많은 특징이 갑자기 사라지는 경우(예: 급격한 회전), 누적된 오류 및 짧은 시간 내 표류drift의 직접적인 대상이다. 이러한 이유로, 위치추정 성능을 개선하기 위해서는, 비전 기반 시스템과 다른 센서의 통합이 필요하다.

(6) 다중-센서 데이터 융합기반, 위치추정 Localization based on multi-sensor data fusion

실제로는 위에 설명한 여러 위치추정 기술을 조합, 모든 상황에서 최적의 위치추정 결과를 얻고자 한다. GNSS 기반 위치추정이 불가능하거나 신뢰할 수 없는 경우를 대비해서 다양한 센서의 데이터 또는 결과를 결합, 위치를 추정한다.

GNSS와 INS를 융합한 측위시스템은, 두 센서의 정보를 확장 칼만필터Extended Kalman filter, EKF 또는 입자필터Particle Filter, PF와 같은 필터로 융합하여, 각각의 센서를 사용하는 방식에 비해, 향상된 위치추정 정확도를 제공한다.

GNSS/INS 및 LiDAR 스캔의 결합을 활용, 위치추정을 위한 HD 지도를 구축하는 방식 [16], 그리고 눈이 많이 내리는 환경과 같이 노면이 이물질로 덮인 상황에서는 지도와 센서 데이터의 특성이 크게 달라지기 때문에, Camera/LiDAR와 RADAR를 함께 사용하여, 노면 패턴이 보일 때는 Camera/LiDAR를 우선하고, 노면 패턴이 보이지 않을 때는 RADAR를 우선하는 위치추정 시스템도 제안되고 있다 [31].

모션motion 모델에서 센서 융합에 널리 사용되는 방법은, 위치추정에 칼만 필터를 사용하는 방법이다. 차량 대부분은 일반적으로 비선형 모션 모델을 사용하므로 흔히 확장 칼만 필터와 입자 필터(몬테카를로 위치추정)를 사용한다. 때로는 무향 칼만 필터처럼 더 유연한 베이즈 필터Bayes filter를 사용할 수도 있다.

다음과 같은 센서 융합 위치추정 시스템들이, 많이 사용되고 있다.

① GNSS/INS/Odometer 융합 위치추정

위치추정을 수행하는 차량 자체에 설치된 센서들을 융합, 사용하는 방식이다. 융합하는 센서 수에 대응하는, 연합형 칼만 필터를 이용한 위치추정 방식은 부 sub-필터를 사용함으로써 측정 벡터의 차원을 증가시키지 않고 계산할 수 있어서, 센서 수의 증가에 따른 계산량의 증가율을 감소시킬 수 있다. 또한 각 센서를 따로 융합하기 때문에 센서의 고장 검출이 쉽다는 장점이 있다.(그림 5-11에서 EKF는 확장 칼만필터이다.)

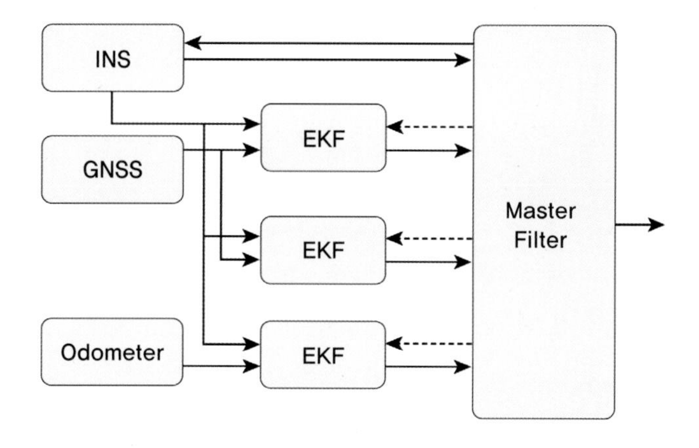

그림 5-11 GNSS/INS/Odometer 융합 위치추정[32]

② **협력적 위치추정 시스템**

GPS 의사거리 측정정보, 차량간 상대 거리 측정정보, 상대 차량의 위치정보를 사용하여, 모든 차량들이 각기 자차 ego-vehicle의 위치 상태벡터를 계산한다. 그리고 위성 의사거리 측정값의 우도함수 Likelihood와 차량간 상대거리 측정값의 우도함수를 계산한다. 계산한 예측값 prediction과 측정한 우도함수 값들을 곱하고, 그 과정을 반복 iteration하여 최적 근사해(Baysian 근사해)를 구하여 위치를 추정하는 방식이다. GNSS/INS/Odometer를 융합한 위치추정 방식보다 더 정확한 것으로 평가되고 있다.

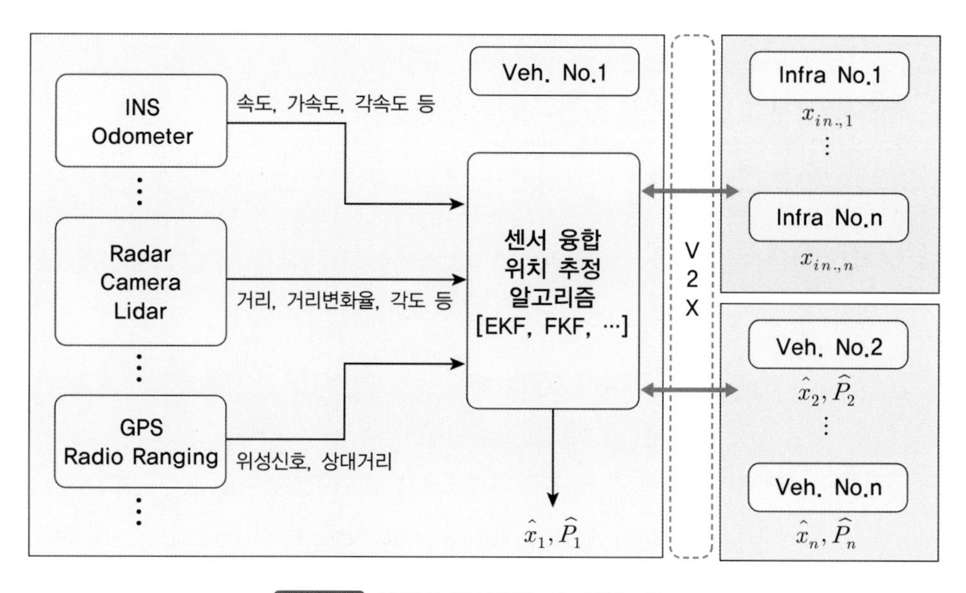

그림 5-12 협력적 위치추정 시스템 [32]

5-3 지도 작성
Mapping

5-2절에서 순수 위치추정 기술은 매우 정밀하고 정확한 지도가 이미 사용 가능하다는 가정하에서 작동한다. - 고정밀 디지털 지도 High-definition digital map

'고정밀 디지털 지도'는 도로의 굴곡, 표지판이나 차선폭 등, 도로상 모든 정보를 촬영해 3D 화면으로 만든 지도이다.

차량용 지도는 크게 항법지도, ADAS Advanced Driver Assistance System 지도, 고정밀(HD)지도로 구분할 수 있다. 항법지도는 현재 대부분의 도로차량 내비게이션에 사용되는 것으로서, 주로 목적지까지의 경로 탐색 및 안내 등의 기능을 수행한다. ADAS 지도는 이보다 한층 진보된 것으로, 도로의 커브 각도와 오르막/내리막길 등의 정보가 담겨 있어 차량의 ADAS 기능이 안전하게 작동할 수 있도록 지원한다. 하지만 SAE 수준 3(SL3) 이상의 자율주행차량에는 정적/동적으로 매우 고도화된 3차원 지도정보가 필수이다.

SAE L3 차량부터는 차선 변경, 장애물 회피 등을 스스로 판단, 주행해야 한다. 물론 안전성을 확보하기 위해 각종 인지센서와 통신 장치를 탑재하고, 인지 및 판단 능력을 개선하기 위한 대책들을 강구하고 있지만, 이것만으로는 불완전하다. 탑재 장치에 고장이 발생하거나 악천후(눈, 짙은 안개, 폭우)에는 인지 센서들만으로는 주변 상황을 정확히 인지할 수 없을 수도 있으며, 또 언덕이나 대형트럭의 적재함이 시야를 가로막아 인지 센서 자체가 무용지물이 될 수도 있다.

고정밀 디지털 지도에는 도로의 기울기, 중앙선과 경계선, 차선폭 등 차선 단위 정보와 연석, 신호등, 횡단보도, 표지판, 도로 인근 구조물 등과 같은 각종 구조물의 정보가 cm 단위로, 3차원으로 상세하게 표시된다. 기존 지도(오차 범위 약 ±5m)가 '차량이 어느 도로에 위치하는지' 정도만 인지할 수 있었다면, 고정밀 지도(오차 범위 약 ±2~3㎝)는 '어느 도로의 어느 차선에서 주행하고 있는지'를 실시간으로 파악할 수 있다(그림 5-13, -14 참조).

그림 5-13 고정밀 디지털 지도의 예 [출처: Here Technologies]

그림 5-14에서 좌측은 센서만 사용할 때 자동차가 인식하는 도로 상황을 표현한 이미지이다. 자차 주변만 선명하고 나머지는 흐릿하다. 센서와 정밀지도를 함께 사용할 때는 우측처럼 도로 전반에 대해 명확한 정보를 파악할 수 있다.

그림 5-14 고정밀 디지털 지도 이용 여부에 따른 이미지 [출처: Here Technologies]

1 지도 데이터 구축 및 축적 방법

고정밀(HD: high-definition) 지도는 인간이 자연스럽게 습득할 수 있는 정보까지 디지털화하기 위해 1 : 1에 가까운 축척 scale으로 제작된다. 그래야만 오차 수준을 ±5cm 이하로 낮출 수 있기 때문이다. 고정밀 디지털 지도는 대부분 세계적인 지도제작 전문회사들이 구축한다.

예를 들면, 세계 유명 지도 전문 기업 중 하나인 '히어 테크놀로지스 Here Technologies'는 아우디/BMW/다이믈러 등 독일 자동차 3사가 공동소유하고 있고, 미국 인텔/독일 보쉬/일본

미쓰비시가 투자하고, 우리나라의 현대차그룹과도 협력하고 있다. 전 세계 200여 국가의 일반 지도 데이터를 보유하고 있으며, 각국의 정밀지도 데이터를 구축하고 있다.

고정밀지도 구축에는 다양한 센서를 장착한 3차원 공간정보 조사 차량인 MMS Mobile Mapping System를 사용한다. MMS-차량에는 위치측정 및 지형지물 측량을 위한 카메라, 라이다LiDAR, 레이더RADAR, GPS 등, 다수의 인지 센서가 장착되어 있다. 이들은 서로 유연하게 작동해, 다양하고 세밀한 위치정보를 획득한다. 특히 LiDAR는 3차원 공간 지도작성에 큰 역할을 한다.

정밀지도 제작사들은, 일단 MMS가 탑재된 차량을 사람이 직접 운전, 전 세계의 도시와 마을 구석구석을 다니면서 초기 지도를 만든다. 이후 지도 앱(예: HERE WeGo) 사용자나, 공용 와이파이 등의 위치 정보로 지도를 고도화한다. 예컨대 어떤 지점에 스마트폰 신호가 잡힌다면 그곳엔 길이 있다는 의미이다.

즉, 실시간 지도를 사용자들과 함께 만든다. 정밀 디지털 지도 제작사들은 세계 각국의 협력사가 오랜 기간 축적한 지도 정보로 내비게이션 서비스 등을 한다. 서비스 과정에 쌓이는 정보는 다시 본사의 데이터베이스에 전송, 축적된다. 이 과정이 반복되면 지도가 풍성해지고 사소한 오류도 수정된다. 데이터베이스의 크기와 품질이 향상되면서, 다시 데이터가 축적되는 선순환이 발생한다. 물론, 데이터는 철저하게 암호화돼 개인 정보 침해 우려 없이도, 실시간 정보를 수집, 실시간 지도를 만들고 있다. - '오픈 이노베이션open inovation' 방식.

그림 5-15 자율주행차량이 실시간으로 정밀지도를 업데이트하는 가상 이미지 [출처: Here]

고정밀지도는 정보 수집 → 후처리 작업 → 영상화 과정을 거쳐 제작된다. MMS-차량에 장착된 센서들을 이용하여, 도로 및 주변 지형 등에 대한 정보를 수집한다. 수집한 정보는 여러 후처리 과정을 거쳐, 흑백 레이저 영상 이미지로 변환된다. 이 영상 이미지는 수백만 개의 점point이 모여 완성되며, 각각의 점은 위도와 경도 등 삼차원 공간 좌표를 가진다. 데이터 후처리 과정에서는 생성된 영상 이미지에서 필요한 정보에 맞는 개체object를 추출한다. 여기서 개체란 표지판, 차선 정보, 건물 외곽선, 노면 정보 등의 특정 속성값을 말한다. 이러한 속성값을 계산해 가공한 다음, 자동차 데이터베이스 포맷으로 변환, 고정밀지도를 완성한다.

고정밀지도는 여러 대의 MMS-차량이 동일한 도로를 여러 번 주행한 데이터를 합산한다. 수집 횟수가 늘어날수록 더 많은 데이터가 축적, 지도 품질도 향상된다. 해당 작업은 대부분 클라우드에서 수행된다. 하지만 데이터에 따른 비용 문제는 고정밀지도 제작의 큰 과제다. 전문가들은 실시간으로 공유되어야 할 정보와 그렇지 않은 정보를 구분하는 것이 하나의 해결 방법이 될 수 있다고 제시한다. 운전에 실제로 영향을 주는 도로상 사고, 자연재해에 따른 정보, 공사 정보 등 실시간 정보만, 셀룰러 네트워크를 통해 전달하는 방식이다.

2 고정밀 디지털 지도의 5계층

고정밀 디지털 지도는 5개의 계층으로 구성된다.

- 기본 지도 Base map layer; standard definition map
- 기하학적 지도 geometric map
- 의미론적 지도 semantic map
- 지도 선행(우선) 계층 Map priors layer
- 실시간 계층 real-time layer.

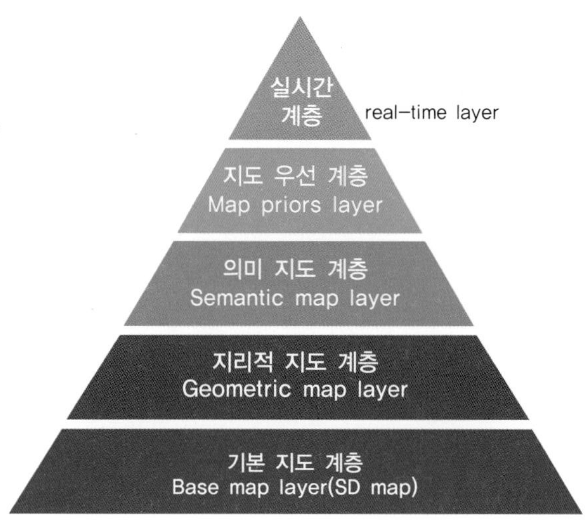

그림 5-16 고정밀지도의 5계층 분류[33]

(1) 기본 지도 계층 Based map layer; standard map

현재 인터넷에서 제공하고 있는 기본적인 도로망 지도 수준의 지도

(2) 기하학적 지도 계층 Geometric Map layer

다수의 센서가 수집한 원시 데이터로 구성되며, 출력은 조밀한 3D 점구름이다. 이들 정보를 후처리하여 생성된 지도 개체들은 기하학적 지도에 저장된다.

그림 5-17은 공간에 대한 3D 정보를 포함하고 있다. SLAM기술을 이용하여 수집된 센서 데이터의 좌표계 정합 및 위치를 표시한다. 핑크색이 위치 정보이다.

그림 5-17 기하학적 지도 [출처: Lyft]

기하학적 지도 계층의 3차원 정보는 정확한 계산을 지원하기 위해 매우 자세하게 구성되어 있다. 다양한 센서들의 원시 데이터를 SLAM 알고리즘으로 처리, 지도정보 수집장치가 탐색한 영역의 3D 뷰 view를 먼저 구축한다. SLAM 알고리즘의 결과물은 정렬된 조밀한 3D 점구름과 지도작성 차량이 취한 매우 정확한 궤적이다. 차량 궤적은 분홍색으로 표시되어 있다.

3D 점구름은 후처리되어, 기하학적 지도에 저장될 파생 개체를 생성한다. 두 가지 중요한 파생 개체는 복셀화된 voxelized 기하학적 지도와 지상지도 ground map이다.

- **복셀화된 기하학적 지도**voxelized geometric map : 점구름을 5cm×5cm×5cm만큼 작은 복셀로 분할하여, 생성한다. 실시간 작동 중 기하학적 지도는 점구름 정보에 접근access하는 가장 효율적인 방법이다. 정확도와 속도 사이에 좋은 균형을 제공한다.
- **지상 지도** ground map : 분할 알고리즘은 지도의 주행 가능한 도로로 정의된 지표면 모델을 구축하기 위해 점구름에서 3D 점point을 식별한다. 이들 지상 점들은 작은 구간section에서 지면의 매개변수적parametric 모델 구축에 사용된다. 지상 지도ground map는 의미론적 지도 semantic map와 같은 지도의 후속 계층 정렬에 중요하다.

(3) 의미론적 지도 계층 Semantic Map layer

기하학적 지도 위에 의미론적semantic 개체를 추가한다. 안전 운전을 위해 사용되는 의미론적 개체들로는 2D(차선 경계, 교차로, 주차 공간) 또는 3D(정지 간판, 신호등 등) 등일 수 있다. 이들 개체에는 교통흐름 속도, 차선 변경 규칙과 같은 추가 정보가 포함되어 있다.

그림 5-18 의미론적 지도(semantic map) [출처: Lyft]

3D 점구름에는 신호등을 나타내는 모든 화소와 복셀voxel이 포함될 수 있지만, 신호등 및 다양한 구성요소에 대한 3D 위치와 경계 상자를 식별하는 깨끗한 3D 개체가 저장되는 것은 의미 지도 계층에 있다. 이러한 의미론적 개체와 이들의 메타데이터metadata에 대한 가설을 생성하기 위해 발견적 방법, 컴퓨터 비전 및 포인트 분류 알고리즘의 조합을 사용한다. 이들 알고리즘의 결과물은 충실도가 높은 지도를 생성할 만큼 정확하지 않다. 따라서 작업자는 풍부한 시각화 및 주석annotation 도구를 사용, 이러한 가설을 후처리하여 품질을 검증하고, 빠진 부분을 수정한다. 특히, 일관성을 보장하는 현지 법률이 있으므로, 도로 구축setup 방법에는 다양한 구조가 있다. 인간 선별curation 및 품질 보증 단계의 피드백은 이를 최

신 상태로 유지하는 데 사용된다.

기하학적 및 의미론적 지도 계층은 자율주행차량에 중요한 공간의 정적 및 물리적 부분에 대한 정보를 제공한다. 이들은 매우 높은 충실도로 구축되었으며 실측 정보ground truth가 무엇인지에 대해 모호함이 거의 없다. SAE L5에서는 지도를 공간의 물리적 및 정적 부분뿐만 아니라 환경의 동적 및 행동적 측면에 대한 이해를 획득하는 구성요소로 본다. 지도 우선priors 계층과 실시간 지식 계층은 이들 정보를 나타낸다.

(4) 지도 선행(우선) 계층 Map priors layer

동적 요소와 인간의 운전 행동에 대한 파생 정보가 포함되어 있다. (예: 신호등의 색깔이 바뀌는 순서, 색깔이 바뀌는 사이클의 평균 시간, 주차장에서 차량의 이동속도 평균, 주차장 점유확률). 기하학적 및 의미론적 계층의 정보와 달리, 이 계층의 정보는 개략적이며 암시hint 역할을 하도록 설계된다. 자율 알고리즘은 일반적으로 모델에서 이들 선행prior정보를 입력 또는 특징으로 사용하고, 다른 실시간 정보와 결합한다.

(5) 실시간 계층 Real-time layer

지도의 최상위 계층으로, 동적 실시간 교통 정보를 포함하고 있다. 실제 주행 중에 읽기/쓰기가 가능하며, 동시에 갱신되도록 설계된, 유일한 계층이다. 이들 정보는 차량단fleet 간에 실시간으로 공유될 수도 있으며, 관찰된 속도, 교통정체, 새로 발견된 공사구역 등과 같은 실시간 교통 정보가 포함된다. 실시간 계층은 전체 자율주행 차량단 간에 실시간 글로벌 정보 수집 및 공유를 지원하도록 설계된다.

3 고정밀지도 정보 활용

하드웨어 센서를 통해 미리 수집된 고정밀지도는 자율주행 시스템을 작동하기 위해 유기적으로 활용된다. 먼저 인지 시스템이다. 고정밀지도는 끊임없이 현실 상황과 지도를 교차 비교해 정적 정보 이외의 동적 움직임 정보를 시스템에 전달한다. 사람이 횡단보도를 건너가는 행위나, 신호등의 색깔이 바뀌는 것 등, 실제 움직임에 인지되면, 그에 따라 자율주행 시스템이 작동하게 된다.

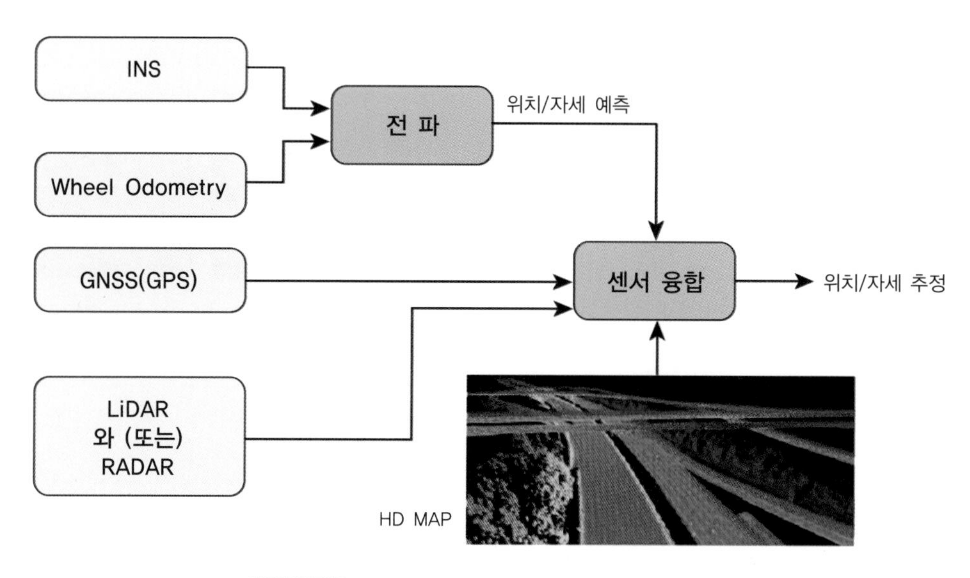

그림 5-19 고정밀(HD) 지도를 이용한 위치추정(예)

위치 기반의 위치추정localization 시스템도 작동한다. 고정밀지도 정보와의 연동을 통해 지도 내의 위치정보와 실제 차량의 위치를 비교하여 정보를 전달한다. 예를 들면 "현재 차량의 위치가 횡단보도 100m 앞이다"라는 정보를 토대로 자율주행 시스템 내에 있는 제어모듈이 속도를 줄이는 방식이다. 고정밀 지도가 더 정밀한 역할을 하기 위해서는 고정밀 GNSS와의 연동이 필요하다. 지도의 상태를 최신으로 유지하고, 실시간으로 변화를 읽어내는 것이 고정밀지도의 핵심이기 때문이다.

4 자율주행차량의 지도작성

차량에 탑재된 고정밀(HD) 지도와 자율주행차량이 스스로 만든 국지local 지도를 비교, 자차의 위치를 추정한다.

(1) 점유 격자 지도 Occupancy grid map

격자 지도는 환경을 정사각형 셀(또는 3D 지도의 육면체 셀) 세트(또는 격자grid)로 이산화한다. 격자 지도의 각 셀에는 점유 또는 비어 있는 점유확률이 포함된다. 일반적인 표현으로 인해 점유 격자 지도는 다중 센서 데이터 융합을 위한 인기 있는 지도 선택이기도 하다.
점유확률 정보가 경로 계획 작업의 복잡성을 줄일 수 있는, 경로 계획 및 탐색 알고리즘에 유용하다.

주요 단점은 특히 대규모 환경에서는 계산이 복잡하다는 점이다.

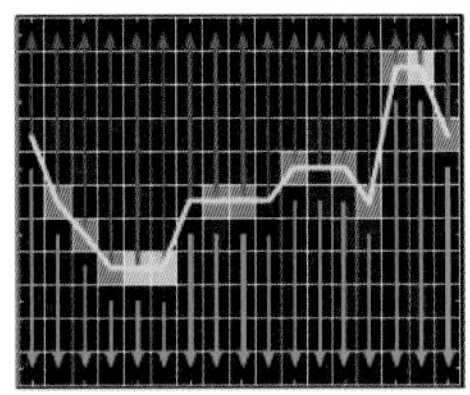
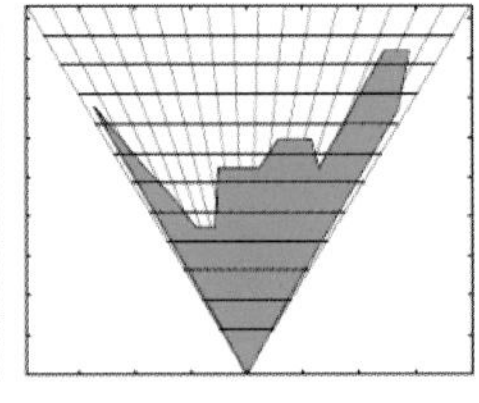
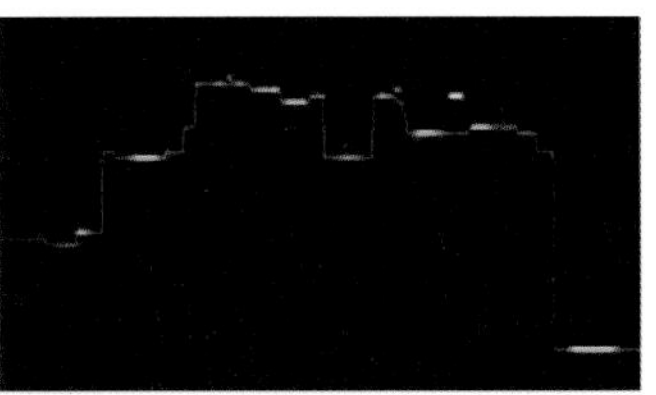

(a) 극좌표 점유 그리드 (b) 세계좌표의 대응 자유공간 (c) 분할 결과 (d) 자유공간

그림 5-20 극좌표 표현에서 자유 공간 탐색 [34]

(2) 특징 지도 Feature Maps

지형지물 또는 랜드마크 지도에는 환경에서 나무와 그 위치와 같은 고유한 물리적 요소가 포함된다. 격자 지도와 비교하여, 특징 기반은 더 높은 추상화 수준으로 인해, 표현이 더 간결하며, 센서 관찰의 작은 변화에 더 강력하다. 계산비용을 비교적 낮게 유지할 수 있다. 반면에, 특정 자율주행차량 작업 환경에 가장 적합한 특징을 선택하는 것은 어려울 수 있다. 이 외에도 온라인으로 특징 추출 및 일치를 수행하면, 계산 오버헤드가 추가된다.

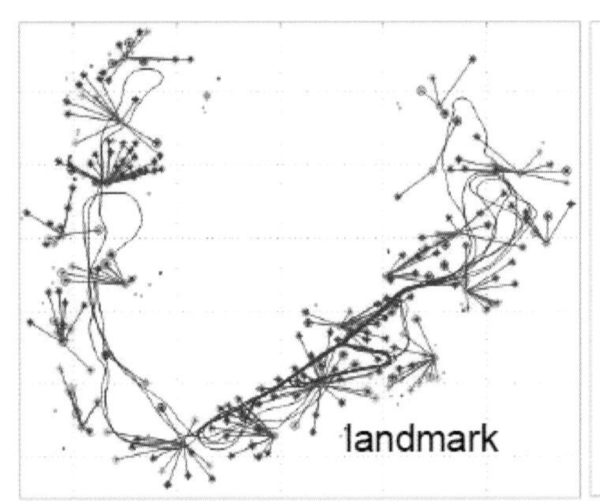

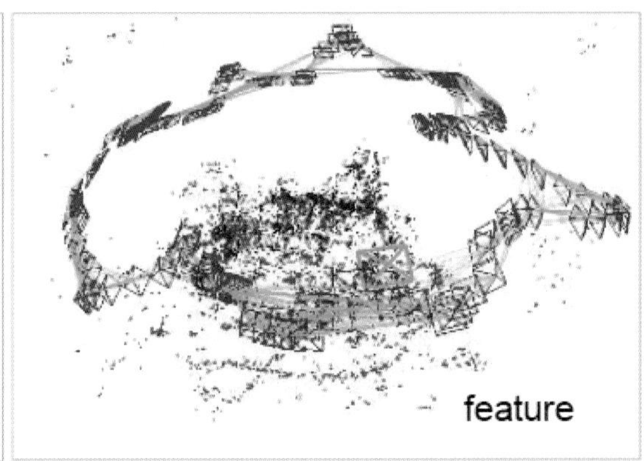

그림 5-21 특징 지도의 예[35]

(3) 관계형 지도 Relational maps

관계형 지도는 환경 요소 간의 관계를 정의한다. 이는 환경의 공간 정보를 기반으로 작동하는 다른 위의 지도 유형과 대조된다. 한 가지 예는 그림 5-22에 표시된 자세-제약 조건 지도로, 주로 그래프 기반 SLAM에 사용된다. 자세-제약조건 지도에서 지도의 요소는 차량 자세, 즉 위치 및 방향이며 점진적으로 구축되고 그래프를 사용하여 표시한다. 지도의

요소(또는 그래프의 노드)는 일반적으로 주행거리 측정을 기반으로 하는, 자세 간의 공간적 제약을 나타내는 가장자리를 사용하여, 서로 연결된다.

그림 5-22는 포즈 pose 그래프 SLAM에 대한 세 가지 접근방식을 비교한 것으로, 적색은 스위칭 가능한 제약조건 알고리즘, 청색은 최대 혼합 알고리즘, 그리고 녹색은 RRR(Realizing, Reversing, Recovering) 알고리즘의 추정 궤적이다.

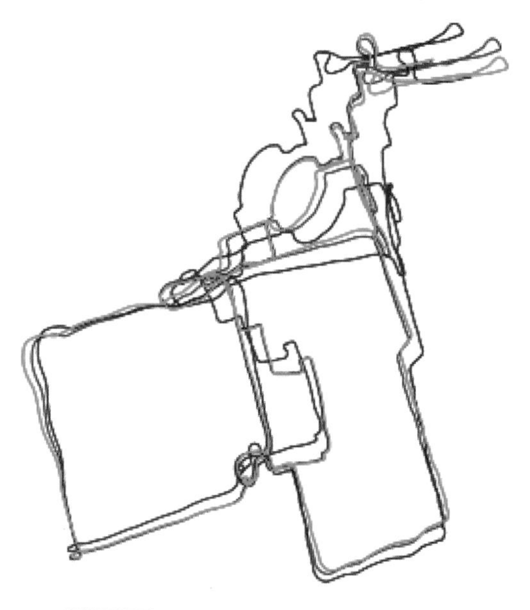

그림 5-22 포즈(pose) 그래프 SLAM에 대한 세 가지 접근방식의 비교[36]

(4) 다른 유형의 지도 Other type of maps

위에서 언급한 것 외에도 몇 가지 다른 지도 표현이 있다. 격자 지도는 모든 셀의 점유 정보를 저장하지만, 점-기반 지도는 라이더 센서가 감지한 고체 개체의 3D 점구름 세트와 같은, 점유 정보만 포함하는, 더 조밀한 compact 지도 유형이다. 이와 대조적으로 자유 공간 지도는 자유 공간 정보만 보유하는, 또 다른 메모리 최적화 지도 유형이다. 자유 공간은 기하학적 모양, 예를 들면, 사다리꼴, 원뿔 등, 또는 보로노이 Voronoi 그래프로 나타낼 수 있다. 또 다른 인기 있는 지도 유형은 선 집합을 사용하여 환경을 나타내는 선 지도이다.

5 정밀(HD)-지도를 이용하지 않는 접근방법의 시도(예)

위에 설명한 바와 같이 HD 지도는 차선, 지형, 교통 표지, 노면 및 나무와 같은 물체의 위치를 나타낼 수 있으며, 따라서 지도에서 알려진 물체로부터의 거리를 삼각 측량함으로써, 차량의 정확한 위치를 결정할 수 있으며, 지도에 포함된 자세한 정보가 차량의 인지 시스템이 획득해야 하는 정보의 범위를 좁힐 수 있고, 센서와 소프트웨어가 움직이는 물체에 더 많이 노력을 기울일 수 있다는 장점이 있다[37].

문제는 고화질 지도를 생성하고, 최신 상태로 유지하려는 큰 노력, 그리고 이러한 지도를 저장하고 전송하는 데 필요한, 많은 양의 데이터 저장 및 대역폭에 있다[38].

업계 대부분은, HD 지도가 AI(인공지능)의 제한된 능력을 보완해야 하며, 어떤 상황에서도 가까운 장래에 높은 수준의 자율성을 달성하기 위해서는 HD-지도가 필요하다고 말한다. 그러나, 일부에서는 동의하지 않거나, 다른 접근방식을 사용한다.

Elon Musk에 따르면 Tesla는 '고정밀 차선[지도]의 나무를 간단히 껍질을 벗겼지만, 좋은 생각이 아니라고 결정했다.'[39]. 2015년 Apple은, 이를 위해서, 차량이 외부 데이터 공급원을 참조하지 않고, 탐색할 수 있도록 하는, 자율 내비게이션 시스템에 대한 특허를 취득했다. 특허받은 시스템은, 대신에 인공지능(AI)의 능력과 차량 센서를 활용한다 [40].

또 다른 예로, 런던에 기반을 둔 스타트업 Wayve는 표준 위성 항법 시스템(GNSS)과 카메라만 사용한다. Wayve는 모방 학습 알고리즘을 사용, 전문 인간 운전자의 행동을 모방한다. 결과적으로 강화 학습을 사용하여, 자율 모드에서 모델을 훈련하는 동안에, 인간 안전 운전자의 개별 개입으로부터 학습하는 방법으로, 완전한 자율성 달성을 목표로 하고 있다 [41].

MIT 컴퓨터 과학 및 인공지능 연구소(CSAIL)의 연구원들도 '지도 없는 mapless' 접근방식을 취하고, 대략적인 위치추정을 위해 GPS에만 의존하며, 경로 탐색 navigation의 모든 측면에 LiDAR 센서를 사용하는 시스템을 개발하였다 [42, 43, 44].

환경과 차량의 상호작용

5-4 개체 감지
object detection

개체 감지는 안전한 주행(예: 충돌/사고 방지)을 위한 필수 요소로서, 현재 상황에서 최선의 결정을 내릴 수 있도록, 환경에 대한 적절한 이해를 얻는 방법이다. 인간 운전자는, 때로는 무의식적으로, 광범위한 개체 감지 작업을 동시에 수행한다. 자율주행차량도 자동차, 보행자, 자전거, 동물 등과 같은 환경의 역동적dynamic 개체뿐만 아니라 차선, 연석, 교통표지판, 신호등 및 기타 여러 가지 정적static 개체를 인간처럼(최소한 인간과 비슷한 수준으로) 인식해야 한다.

1 개체 감지 개요

개체 감지는 일반적으로 다음과 같은 문제들을 포괄한다.

① **개체 위치추정** localization : 탐지된 개체의 경계 상자를 결정한다.

② **개체 분류** classification : 탐지된 개체를 미리 정의된 클래스class 중 하나로 분류한다.

③ **의미론적 분할** semantic segmentation : 이미지를 의미를 가진 부분으로 분할하고, 각 부분을 미리 결정된 의미론적 영역 중 하나로 분류한다.

이미지의 내용을 정량적으로 설명하는 방법은 크게 두 가지로 분류할 수 있다.

① **영역-기반 접근법**(Region-based approach): 이미지 분할과 특징 추출을 결합하여 영역별 특징을 설명하는 접근방법

② **점-기반 접근법**(Point-based approach): 특징점 key-point 검출과 특징 서술자 descriptor를 결합하여, 위치별 특징을 설명하는 접근방법

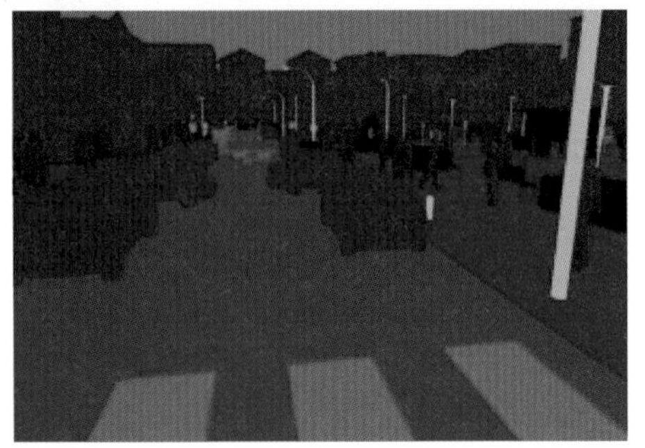

(a) 영역-기반 접근방법　　(b) 점-기반 접근방법

그림 5-23 이미지의 내용을 정량적으로 설명하는 접근방법 [45]

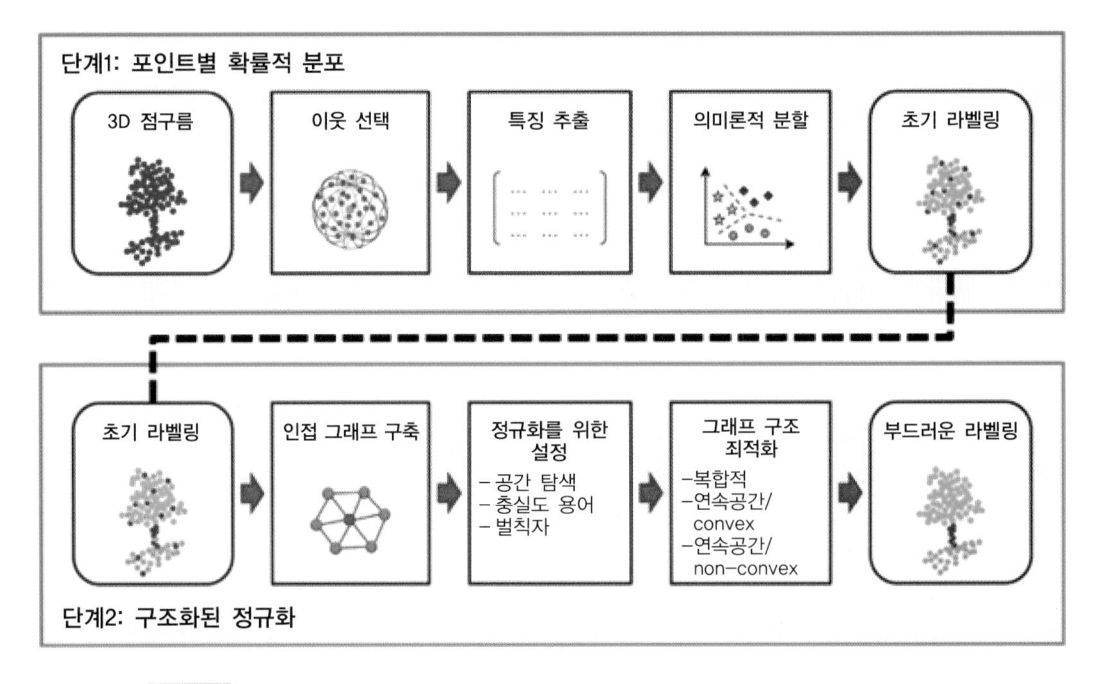

그림 5-24 점구름의 의미론적 분할 기법(Semantic Segmentation technique)[46]

그림 5-24는 점구름의 의미론적 분할 기법의 처리 순서도이다. 그리고 그림 5-25는 번잡한 시가지 도로를 주행하는 차량들의 클래스 class와 경계상자 bounding box 그리고 IOU 점수를 나타내고 있다.

그림 5-25 YOLO 개체 감지기를 이용한 차량 감지/분류의 예[47]

그림 5-25에서 경계상자는 2차원 4각형 상자를, 클래스 class는 버스 또는 승용차 car와 같은 차종을, 그리고 IOU(Intersection Over Union; 교집합/합집합)는 개체 검출의 정확도를 평가하는 지표이다.

IOU는 일반적으로 개별 개체에 대한 감지의 성공 여부를 결정하는 지표로 0~1 사이의 값으로 표현한다. 실제 개체 위치 경계상자(B_{gt})와 예측한 경계상자(B_p)가 서로 중복되는 영역의 크기로 평가한다. 겹치는 영역이 넓을수록 잘 예측한 것으로 평가된다.

$$\text{IOU} = B_{gt}\text{와 } B_p\text{의} \left(\frac{\text{교집합}}{\text{합집합}}\right) = B_{gt}\text{와 } B_p\text{의} \left(\frac{\text{중복영역}}{\text{합산영역}}\right)$$

그림 5-26 입력 이미지(위)의 개체영역을 색상 분할(아래)한, 의미론적 이미지 분할[48]

(a) 입력 이미지 (b) 의미론적 분할

(c) 개별 분할 (d) 파노라마적 분할

그림 5-27 심층 신경망을 기반으로 한 다양한 이미지 분할의 예[49]

그림 5-27에서 의미론적 분할(b)은 그림 5-26의 분할 방법처럼 개체 중에서 클래스별로 차량(오토바이 포함)은 모두 청색, 사람은 모두 적색, 나무는 모두 초록색, 도로변 구조물은 흑색, 도로는 보라색으로 나타내고 있다. 반면에 개별instance 분할(c)에서는 배경은 원본 이미지(a)와 같고, 동적 개체인 사람과 차량은 각각 쉽게 구별할 수 있도록 개별적으로 색상을 다르게 표현하고 있다. 파노라마적panoptic 분할(d)은 (b)와 유사하지만, 차량마다 색상을 다르게 하고, 사람들도 개별적으로 색상을 다르게 하여, 동적 개체를 한눈에 쉽게 알아볼 수 있게 표현한 점이 다르다는 것을 알 수 있다.

일반적인 컴퓨터 비전 데이터 처리 경로는 그림 5-28과 같다.

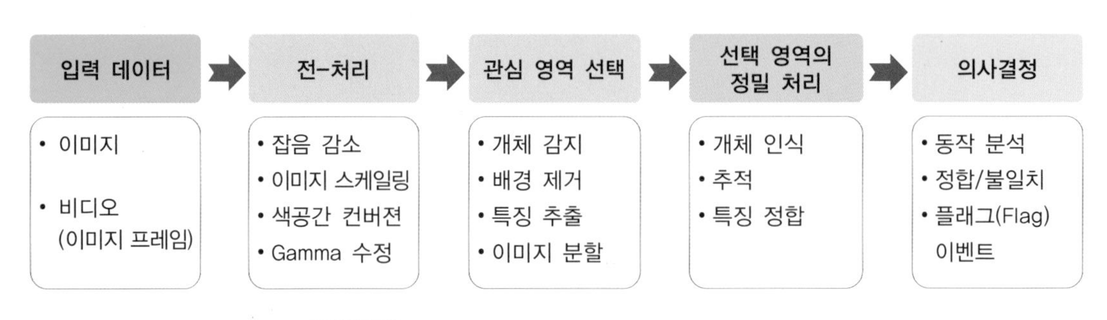

그림 5-28 일반적인 컴퓨터 비전 데이터 처리 경로

일반적으로 개체 감지에는, 그림 5-29와 같은 단계가 필요하다.

그림 5-29 일반적인 개체 감지 경로

① **전-처리**(pre-processing): 전-처리 단계는 이미지를 '정규화 normalizing'한다. 즉, 원시 이미지에 일부 조정을 수행하여, 후속 특징 추출 단계에 대한, 예상 입력과 일치하도록 한다. 불량 데이터 제거, 잡음 제거 및 필터링, 분할 segmentation, 채널 선택 등의 작업이 포함된다. 여기에는 이미지 회전 및 크기 조정, 강도 조정 등도 포함될 수 있다. 수행할 실제 작업은 응용 프로그램에 따라 다르다. 일부 접근방식은 사전 처리 단계를 건너뛰기도 한다.

② **특징 추출**(feature extraction): 특징 추출 단계는 이미지에서 중요하지 않거나 관련 없는 정보를 제거하고, 분류를 위해 관련 정보(또는 특징)만 보존한다. 즉, 이미지를 특징 지도 feature map라고 하는 다른 표현으로 변환한다.

③ **분류**(classification): 마지막 단계는, 미리 정의된 각 클래스 class를 나타내는 참조 reference 특징 지도와 특징 지도를 일치시킨다.

2 특징 추출 feature extraction

원하는 개체를 찾을 때, 개체를 추적하거나 인식할 때, 그리고 이미지와 이미지를 정합 matching할 때는 먼저 개체의 특징점을 검출(또는 추출)해야 한다. 개체 감지의 주요 과제는 각 클래스class를 다른 클래스와 명확하게 구별할 수 있도록 하는, 특징 서술자(또는 기술자; feature descriptor)를 설계하는 데 있다.

이미지에서 특징이 될 만한 지점 또는 이미지의 중요한 정보를 포함하고 있는 지점을 특징점 keypoint이라고 한다. 특징점 keypoint은 물체의 형태나 크기, 위치가 변해도 쉽게 식별할 수 있고, 카메라의 시점 view point과 조명이 변해도 이미지에서 해당 지점을 쉽게 찾아낼 수 있어야 한다. 영상(또는 이미지)에서 이러한 조건을 만족하는 가장 좋은 특징점은 바로 모서리 점corner point이다. 따라서 특징점 keypoint 추출 알고리즘들은 대부분, 이러한 모서리 점 검출을 바탕으로 한다. (윤곽선을 사용하기도 한다).

이상적인 특징점 검출 방법은 환경의 다양한 변화에 강인하고 불변하게 검출할 수 있어야 한다. 즉, 카메라의 위치 및 관찰 방향 변화, 조명 변화, 물체의 위치 변화, 물체의 크기/형태 변화, 그리고 물체의 회전과 같은 변화에도 확실하게 검출할 수 있어야 한다.

특징점 검출에 사용되는 특징 서술자(또는 기술자; Feature descriptor)는 특징점의 지역적 특성을 정량적으로 기술하는 특징 벡터로서, 특징점을 서로 비교할 수 있게 한다.

특징 서술자는 다음과 같은 특성이 필요하다.

① **분별력**: 서로 다른 특징점의 기술자는 서로 분별 가능해야 한다.

② **불변성**: 크기 변화, 회전, 변형 등이 발생해도 변하지 않아야 한다.

③ **데이터의 양**: 서술자의 데이터의 양이 적을수록 좋다.

대표적인 특징 서술자(또는 기술자; feature descriptor)는 다음과 같다.

① SIFT Scale-Invariant Feature Transform

② HOG Histogram of Oriented Gradient

③ MSER Maximally Stable Extremal Regions

④ 이진 서술자 LBP, BRIEF, ORB, BRISK

(1) SIFT Scale-Invariant Feature Transform; 스케일 불변 특성 변환

SIFT는 크기, 조명, 회전, 병진, 잡음 noise 및 기타 뷰 view 조건에 불변이며, 강건한 이미지에서의 로컬 특징local feature이다. 이미지 콘텐츠가 병진, 회전, 스케일scale 및 기타 이미지 처리 매개변수에 불변인, 지역 특징 좌표로 변환된다.

SIFT의 장점은 다음과 같다.

- **지역성** locality : 기능이 지역적이므로 폐색 및 혼란에 강하다(사전 분할 없음).
- **구별성** distinctiveness : 개별 기능을 개체의 대규모 데이터베이스와 일치시킬 수 있다.
- **수량** quantity : 작은 개체에도 많은 기능을 생성할 수 있다.
- **효율성** efficiency : 실시간에 가까운 성능
- **확장성** extensibility : 제각기 견고성을 추가, 다양한 기능 유형으로 쉽게 확장할 수 있다.

높은 수준에서의 전체 절차는 다음과 같다.

① **스케일 공간 극한 감지**: 다수의 축척scale 및 이미지 위치를 검색한다.

② **특징점 위치추정/검출**: 모델을 피팅fitting하여 위치와 축척을 결정하며, 안정성 측정을 기반으로 특징점을 검출, 선택한다. 가우시안 흐림Gausian blur → 가우시안의 차이 → 극점peak 검출 → 잡음 극점 제거의 순서로 작업한다.

③ **방향 배정**: 각 특징점 영역에 대한 최상의 방향을 계산, 결정한다.

④ **특징 서술자 추출**: 선택한 축척 및 회전에서 로컬 이미지 그래디언트를 사용하여, 각 특징점 영역을 설명한다. → 그래디언트(화소 값들의 변화량) 막대그래프 계산

단계 3까지는 SIFT 감지기detector를 정의하며, 단계 4는 서술자 descriptor이다. 따라서 알고리즘은 특징 추출을 위한 감지기와 서술자(또는 설명자)를 모두 설명한다.

그림 5-30 동일한 건물의 두 이미지에서 특징 일치 [출처: http://www.robots.ox.ac.uk/]

(2) HOG Histogram of Oriented Gradients

HOG는 그래디언트 gradient의 방향에 따라 표현한 막대그래프로서, 사각형 영역에 대한 특징 서술자(특징점 기반의 서술자가 아님)이다. 즉, 이미지의 지역적local 그래디언트를 해당 영상의 특징으로 사용한다. 그래디언트 기반의 서술자이므로 조명에 불변이지만, 회전과 심한 형태 변화에 약하다. 그래디언트는 주변 픽셀과의 픽셀값 차이, 즉 픽셀값들의 변화량을 의미한다.

HOG 서술자(또는 기술자; descriptor)는 로컬 개체 외관과 형태의 표현으로 강도 그래디언트, 또는 가장자리edge 방향의 분포(또는 막대그래프)를 사용한다. 따라서 상대적으로 내부 패턴 pattern이 단순하고, 윤곽선이 명확한 경우에 유리하다. 예를 들면, 보행자, 자동차 등, 고유한 윤곽선을 가진 개체의 검출이나 사람의 형태에 대한 검출 즉, 개체 추적 tracking에 많이 사용한다. 처리 과정은 그림 5-31과 같다.

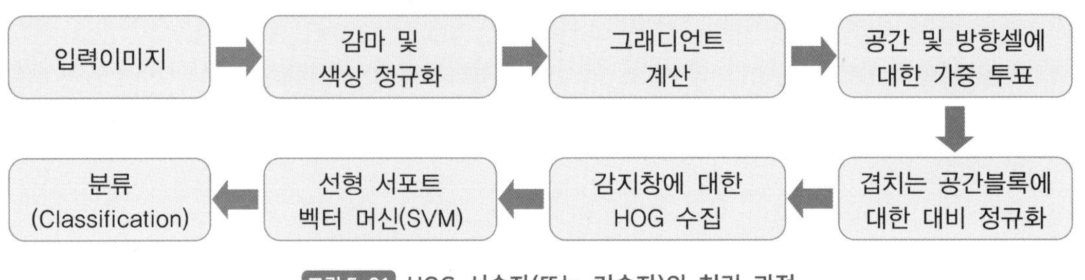

그림 5-31 HOG 서술자(또는 기술자)의 처리 과정

그리고 그림 5-32와 같이, 알고리즘은 이미지를 작은 셀로 나누고 셀의 각 화소에 대한 "그래디언트 지향 막대그래프(HOG)"를 계산한다.

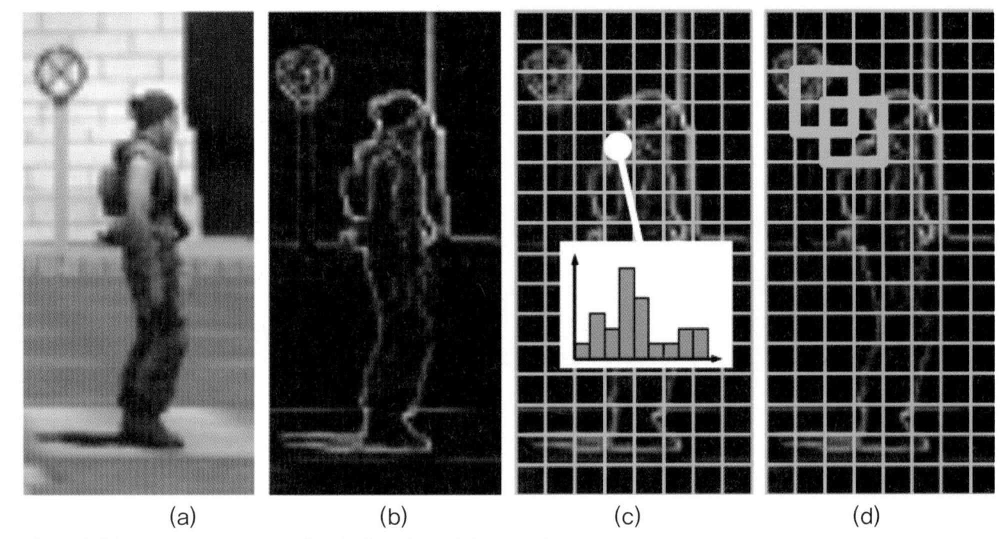

(a) 감지 창detection window이 이미지 위로 슬라이딩sliding된다.
(b) 창window이 적용된 각 위치에서 그래디언트가 계산된다.
(c) 창은 결국 셀로 분할되고, 셀의 각 화소는 셀 그래디언트 방향 막대그래프에 기여한다.
(d) 겹치는 2×2 셀-블록에 대한 방향 막대그래프가 정규화되고 수집되어, 최종 서술자를 형성한다.

그림 5-32 HOG 서술자(또는 기술자; descriptor)의 막대그래프 생성[50]

일반적으로 로컬local 막대그래프의 대비contrast는 모든 로컬 막대그래프가 연결되어 최종 서술자를 형성하기 전에, 블록 또는 연결된 셀 집합의 평균 강돗값을 사용하여 정규화한다.

(3) MSER Maximally Stable Extremal Regions; 가장 안정적인 극단 영역

MSER 알고리즘은 강도 intensity가 주변에 인접한 화소들과 서로 다른 화소들의 집합 영역을 얼룩 blob으로 검출하는 알고리즘이다. MSER 알고리즘은 가장 우수한 영역 검출 알고리즘의 하나로, 전처리로서 얼룩 blob을 찾는 데 널리 사용되고 있다.

MSER 알고리즘은 SWT Stroke Width Transform 알고리즘에 비해 빠르게 얼룩 blob을 검출할 수 있다는 장점이 있으나, 티클이나 잡음을 얼룩 blob으로 검출하는 등 정확도가 다소 낮다는 단점이 있다.

MSER의 목표는 ① 얼룩 blob이 연결된 구성요소, ② 거의 균일한(즉, 거의 동일한) 화소 강도, 그리고 ③ 대비되는 배경을 나타내는 이미지 영역에 의해 정의되는 '얼룩 blob'과 같은 감지기를 생성하는 것이다. 이 세 가지가 모두 충족되면, 이미지 영역이 특징점 keypoint으로 표시된다.

그림 5-33에서 개별 영역에는 ① 유사한 색상 분포로, ② 대비되는 색상으로 둘러싸여 있으며, ③ 색상 분포가 유사하므로, 영역(즉, 창문이나 문)의 의미론적 개념에 '유사'하고 '연결되어 있음'에 유의해야 한다. 여기서 MSER 감지기 detector가 어떤 방식으로든 '연결된' 이미지 영역을 감지했음을 알 수 있다. 이 영역은 색상도 매우 유사하다. 또한, 대비되는 색상으로 둘러싸여 있다. 이 방식이 본질적으로 MSER 특징점 감지기가 작동하는 방식이다.

즉, MSER은 강도 변화에도 불구하고, 이미지를 최대로 안정적이거나 거의 변하지 않는 영역 집합으로 설명한다. 다른 말로, 광범위한 밝기에서 볼 수 있는 영역을 찾으려고 한다. MSER 영역은 일반적으로 실제 모양에 맞는 타원체를 사용하여 설명한다. SIFT와 비교하여 MSER은 더 빠르고 스큐잉 skewing과 같은 아핀 affine 변환에 불변이다.

그림 5-33 이미지에서 MSER 영역 감지의 예[51]

MSER 감지기detector에 대한 더 정확한 정의는 다음과 같다.

1단계: 임곗값 이미지 각각에 대해, 이진binary 영역에 대한 연결 성분 분석을 수행한다.

2단계: 연결된 각 구성요소의 면적 $A(i)$를 계산한다.

3단계: 여러 임곗값에 걸쳐 이러한 연결된 구성요소의 영역 $A(i)$를 모니터링한다. 영역의 크기가 비교적 일정하게 유지되는 경우, 영역을 특징점으로 표시한다.

MSER 감지기detector는 [0, 255] 그레이스케일 레벨 T_i 각각에 대해, 하나씩 일련의 임곗값을 적용하여 작동한다. 이들 각 레벨에 대해 임곗값 이미지는 '$I_t = I > T_i$'로 정의되므로 일련의 흑백 임곗값 이미지를 구성한다. 그림 5-34는, 입력 이미지에 대한 일련의 임곗값 이진binary 이미지를 계산하는 예이다.

그림 5-34는 백색에서 흑색으로(위), 흑색에서 백색으로(아래) 바뀌는 임곗값 이미지의 예를 나타내고 있다. 내부적으로 MSER은 이러한 임곗값 이미지 각각의 변경 사항을 모니터링하고, 가능한 임곗값의 큰 집합에 대해, 변경되지 않은 모양을 유지하는 임곗값 이미지의 영역을 찾는다. 이들 각 임곗값 세트에 대해 MSER은 연결된 영역 구성요소를 모니터링한다. 다수의 임곗값에 걸쳐 거의 동일한 크기를 유지하는 영역은 특징점(소스; source)으로 표시된다.

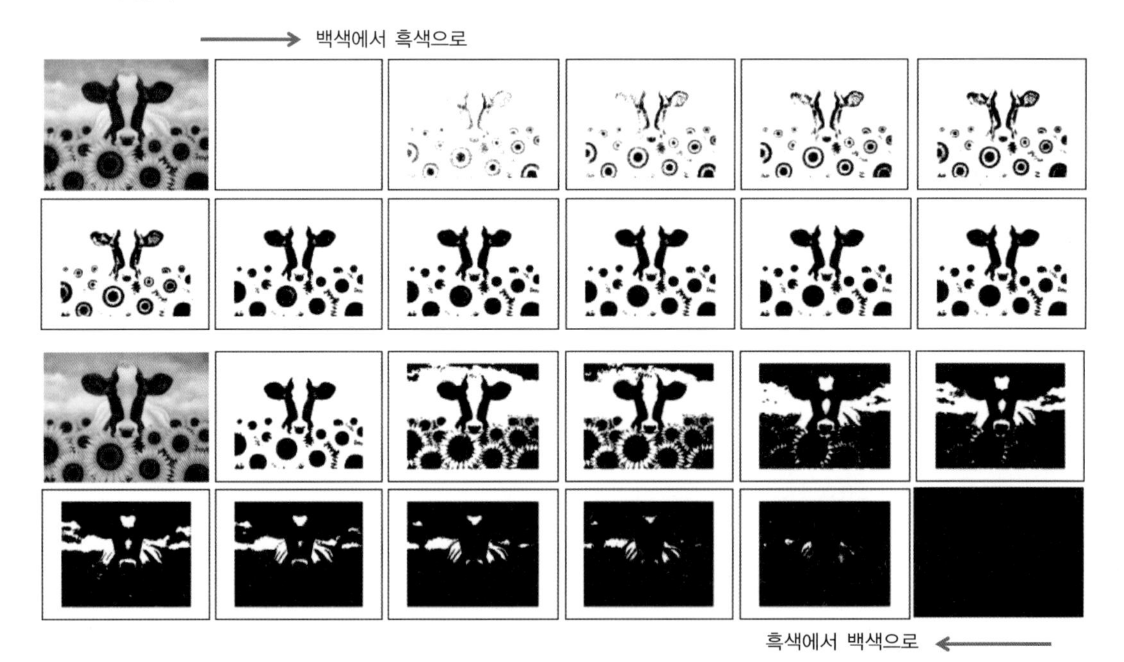

그림 5-34 백색에서 흑색으로(위), 흑색에서 백색으로(아래) 바뀌는 임곗값 이미지[52]

이제 MSER은 이러한 각 영역을 사용하여 연결된 구성요소 분석을 계산한 다음, 여러 임곗값에서 크기가 변경될 때, 모니터링한다. MSER 특징점 감지기는, 독특한 경계를 포함하는 이미지의 작은 영역에서 잘 작동하는 이점이 있다. 이 두 가지 개념이 유지되면 MSER 감지기가 특징점에서 우수한 반복성을 나타낼 수 있다. 그러나 MSER은 흐림blurring의 경우, 잘 수행되지 않는다. 이는 임곗값과 연결된 구성요소 분석 단계를 모두 왜곡할 수 있기 때문이다.

SER 감지기를 사용할 때 감지하려는 이미지의 영역이 ① 작고, ② 상대적으로 동일한 화소 강도를 가지며, ③ 대비되는 화소로 둘러싸이도록 특별히 주의해야 한다.

MSER 감지기는 실시간 성능에 비해 너무 느린 경향이 있지만, 위의 세 가지 시나리오가 유지되는 경우, 우수한 분류 및 검색 성능을 나타낼 수 있다. 이미지에서 '얼룩blob'과 같은 구조를 검출하는 데 사용된다. 이러한 영역은 작고, 상대적으로 동일한 픽셀 강도를 가지며 대비되는 픽셀로 둘러싸인 것으로 가정된다. MSER 특징점 감지기는 OpenCV에서 공개적으로 사용할 수 있다.

3 분류 Classification

객체 감지 작업의 마지막 단계는 이전 단계에서 추출한 특징을 보행자, 자동차, 트럭' 등과 같은 미리 정의된 클래스class 집합으로 분류하는 것이다. 일반적으로 분류 작업에는, 지원 벡터 머신(SVM), 랜덤 포레스트random forest 및 인공 신경망ANN: Artificial Neural Network 등과 같은, 기계학습 분류기 알고리즘을 사용한다. 대중적인 분류기(기계학습 알고리즘 포함) 대부분은 mlpack[https://www.mlpack.org] 및 OpenCV[https://opencv.org]와 같은 오픈소스 라이브러리로서, 공개적으로 사용할 수 있다.

(1) 서포트 벡터 머신 Support vector Machine

SVM Support Vector Machine [53]은 분류를 위한 가장 인기 있고 효율적인 알고리즘 중 하나로, 서로 다른 클래스-레이블-집합sets of class labels을 최적으로 분리하는 분리 초평면hyper-plane을 찾는 것을 목표로 한다. 대부분의 경우, 단순히 선형 함수를 사용하여 클래스를 분리하는 것은 불가능할 수 있다. 그러나 분리할 수 없는 데이터는 고차원 공간에서 선형으로 분리될 수 있으며, 최적의 분리 초평면을 결정할 수 있다.

따라서 일부 비선형 매핑(또는 커널) 함수의 도움으로 입력 데이터를 먼저 그림 5-35와 같이 고차원 특징 공간으로 변환, 분리 초평면에 따라 분류할 수 있다.

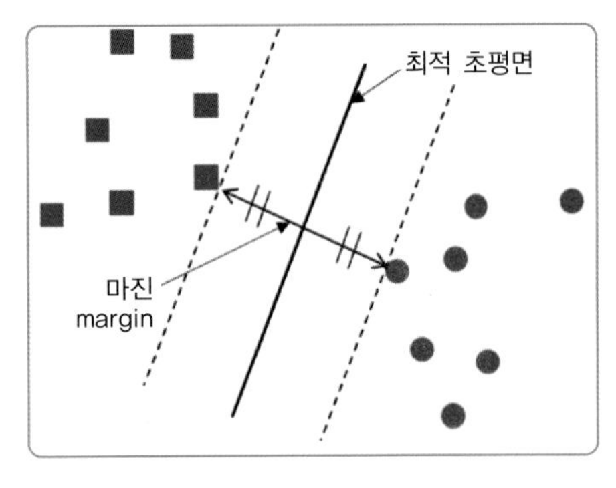

(a) 최적 초평면과 마진

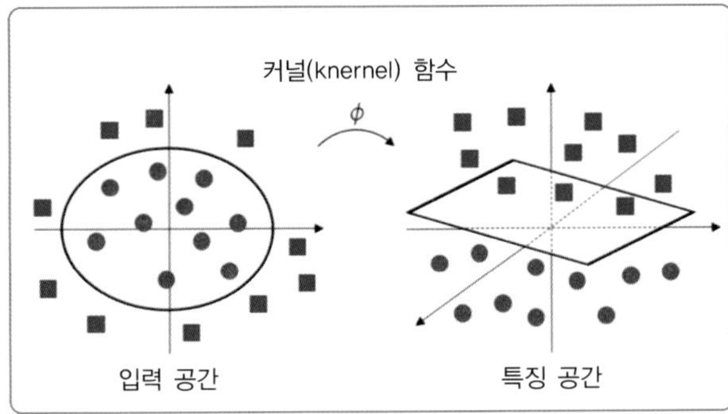

(b) 커널함수를 이용한 공간 변환

그림 5-35 SVM의 개념[54]

(2) 랜덤 포레스트 Random Forest

Random Forest는 그림 5-36과 같이 데이터의 무작위 선택과 특징 하위 집합의 무작위 선택으로 인해 자동으로 생성되는, 다수의 의사결정나무 decision tree의 모음이다. 분류 결과는 과반수 투표에 의해 결정된다. 즉, 모든 의사결정나무의 결과 중 가장 인기 있는 결과를 선택한다. 단일 의사결정나무와 비교하여 랜덤 포레스트는 랜덤 노이즈 noise를 모델의 일부로 통합하므로 과적합(overfitting: 잘 일반화되지 않는 모델 구축)에 더 강력하다. 또한, 나무의 평균화 효과로 인해 분산이 더 낮다.

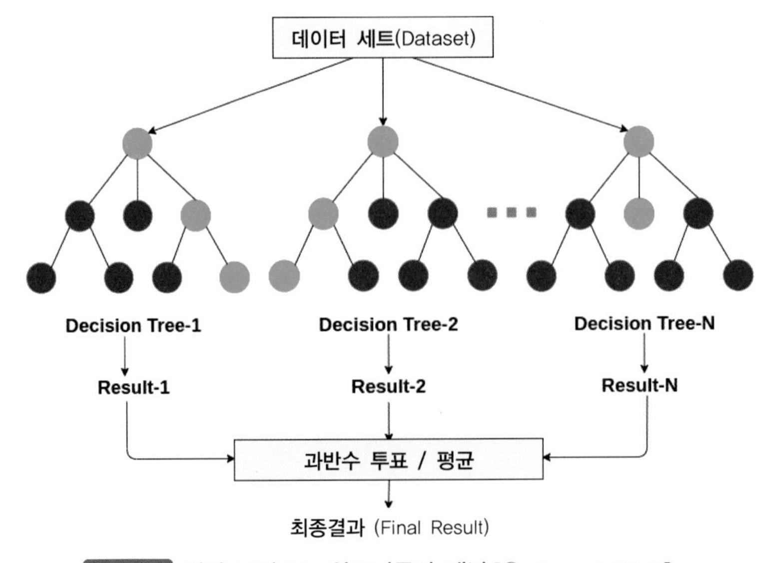

그림 5-36 랜덤 포리스트 알고리즘의 개념 [© AI pool 2020]

(3) 인공 신경망 Artificial neural network – (pp.232 인공신경망 참조)

인공 신경망(ANN)은 상호 연결된 노드(또는 뉴런)의 다층 시스템이다. 비선형 분류는 일반적으로 ANN의 특수 클래스, 즉 MLP(다층 퍼셉트론)를 사용한다. 다층 퍼셉트론은 최소 3개의 계층(입력, 은닉 및 출력)으로 구성되며 각 기능은 입력 계층의 노드로 표시된다. 올바른 분류가 달성될 때까지 순방향 및 역방향으로 각 노드의 가중치를 반복적으로 업데이트하는 역전파 알고리즘을 사용하여 훈련된다. 순방향에서는 입력 데이터에 노드의 실제 가중치를 곱하고 일부 비선형 활성화 함수를 적용한 후, 출력 계층의 최종 결과가 얻어질 때까지 출력을 다음 계층으로 전파한다. 실제 결과와 예상 결과 사이의 오차를 측정하고, 각 노드의 가중치를 출력 계층에서 시작하여 입력 계층으로 조정(따라서 역전파)하여 오차를 줄인다.

환경과 차량의 상호작용

5-5 센서-데이터 융합

Sensor-data fusion

센서는 종류별로 환경 인지perception 방식이 서로 다르고, 각기 고유한 장단점을 가지고 있다. 한 가지 센서만으로 모든 도로환경을 완벽하게 인지할 수는 없다. 따라서, 센서-데이터 융합은 자율주행 분야에서 필수이다. 인간은 진화의 일부로 시각적 자극을 기반으로 고도로 효과적이고 효율적인 인지를 개발, 발전시켰다. 우리는 현재 인간의 인지능력을, 제한된 에너지 자원을 가진 차량에서 구현할 수 있을 정도로 잘, 그리고 계산 효율적으로 모방emulation할 수 있는 단계에 도달하지 않았다. 현재의 비디오 센서는 낮은 신호 대 잡음비(SNR)로 인해 특히, 악천후 조건에서는 한계까지 확장되어, 감지detection 기능이 제한된다.

또한, 자율주행차량은 인간보다 우수하면서도 동시에 안전해야 사회에서 인정받을 수 있다. 인지perception 단계에서 장면을 매우 잘 측정하고, 유용한 장면 콘텐츠contents와 쓸모없는 장면 콘텐츠를 분리할 수 있는 능력을, 가능한 한 일관되게 유지해야만 오버헤드(overhead; 어떤 처리에 걸리는, 간접적인 처리 시간 · 메모리 등)를 크게 줄일 수 있다. 이는 여러 종류의 센서를 사용하여 환경을 측정해야만 가능하다. 또한, 여러 종류의 센서 데이터 융합은, 무엇보다도 센서 고장 시 안전성을 높인다.

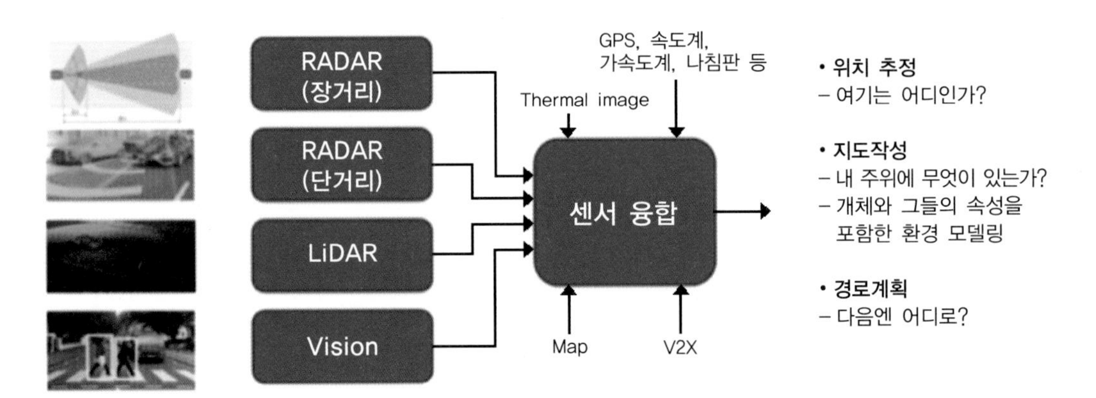

그림 5-37 센서 융합의 예 [출처: Synopsys]

다음과 같은 기술적 요인이 센서 선택 및 융합에 영향을 미친다.

① 스캔 범위scanning range: 감지되는 물체에 반응해야 하는 시간을 결정한다.

② 해상도resolution: 센서가 제공할 수 있는 세부 정보의 정밀도를 결정한다.

③ 시야각angle of view 또는 각도 분해능: 감지하려는 영역을 포괄하는 데 필요한 센서의 수를 결정한다.

④ 3차원에서 다중 정적 및 동적 개체를 구별하는 능력: 추적 가능한 개체의 수를 결정한다.

⑤ 데이터 갱신update 빈도: 센서의 정보가 갱신되는 빈도를 결정한다.

⑥ 다양한 환경 조건에서 일반적인 신뢰성과 정확성

⑦ 비용(가격), 크기 및 소프트웨어 호환성

⑧ 생성된 데이터의 양

표 5-2에는 자율주행차량에 일반적으로 사용되는, 인지 기반 센서의 기술적 특성과 날씨 및 조도 조건과 같은, 외적 요인에 따른 강점과 약점을 정성적으로 요약한 것이다.

[표 5-2] 자율주행차량에 일반적으로 사용되는 센서 성능 비교 [55]

요인	Camera	LiDAR	RADAR	융합(fusion)
탐지 영역	▲	▲	●	●
해상도	●	▲		●
거리 정확도	▲	●	●	●
속도 감지	▲		●	●
색상 인지 (예: 신호등)	●			●
개체 탐지	▲	●	●	●
개체 분류	●	▲		●
차선 감지	●			●
장애물 윤곽감지	●	●		●
조명 조건		●	●	●
기상 조건		▲	●	●

"●"는 센서가 특정 요인factor에서 제대로 작동함을, '▲'은 센서가 특정 요인에서 합리적으로 잘 작동함을, 그리고 '×'는 센서가 다른 센서에 비해 특정 요인에서 제대로 작동하지 않음을 나타낸다.

1 센서융합 접근방식

센서로부터의 정보들이 결합되는, 처리과정 사슬 processing chain의 위치에 따라, 세 가지 유형의 센서-데이터-융합으로 구분한다. 저수준 융합(LLF), 중간수준 융합(MLF) 및 고수준 융합(HLF) [56].

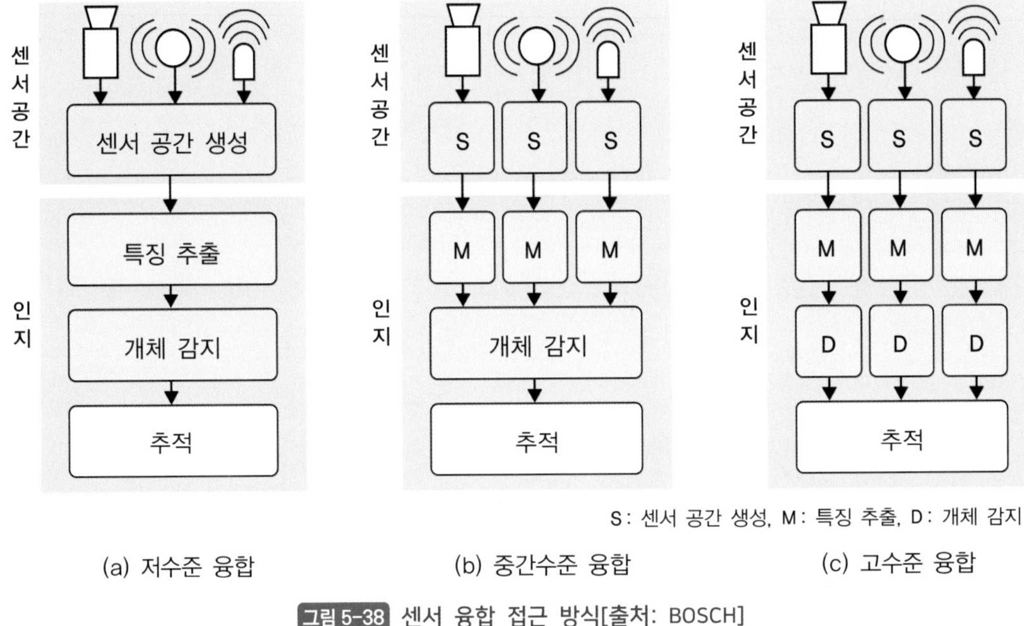

그림 5-38 센서 융합 접근 방식[출처: BOSCH]

① **저수준 융합**(LLF; Low level Fusion) **또는 조기 융합**(EF: Early Fusion) **접근 방식**

각 센서로부터 출력된 데이터가 가장 낮은 추출 수준(원시 데이터)에서 곧바로 통합(또는 융합)된다. 센서의 사용 가능한 원시 데이터가 모두 센서 공간 sensor space[1)]에 전달된다. 이 공통 센서 공간의 주제는 개별 센서 데이터가 서로 결합하는 방법을 설명하는 모델이다. 모델의 매개변수는 선험적 지식을 기반으로 설정하거나, 데이터에서 학습할 수 있다.

조기 융합(또는 저수준 융합)에 대한 전통적인 접근방식은 센서 공간이 명시적으로 생성되고, 모델 매개변수가 다른 고려 사항을 참조하여 설정되는 별도의 단계를 포함한다. 이 단계는 다른 정보 처리 단계가 작동하는 기본 원칙이다.

1) **센서 공간**(sensor space)에는, 센서 측정을 기반으로 하는, 환경 묘사가 포함된다(예: 비디오 센서의 경우 화소 또는 이미지, LiDAR 센서의 경우는 점구름).

기본 학습 방법을 적용하는 경우, 센서 공간 생성을 후속 학습-기반 정보처리 단계와 결합할 수 있다. 이 단계에서 개별 알고리즘 블록의 매개변수를 함께 학습한다. 이 경우 센서 공간은 암시적으로만 생성된다. 서로를 기반으로 하는 단계의 최적 상호적응을 통해, 더 나은 결과를 얻을 수 있다. 그러나, 각 단계가 처리과정 사슬 process chain을 따라 어떤 영향을 미치며, 어디에 어떤 유형의 정보가 사용되는지 추적하기가 더 어렵다. 신경망은 이러한 절차를 비교적 쉽게 구현할 수 있는 기회를 제공한다.

인지 perception는 정보 깔때기처럼 기능한다. 센서가 측정하는 장면 정보의 상위 집합에서, 자동 운전 작업과 관련된 정보만 추출한다. 이들 정보는 다른 메커니즘에 의해 다른 지점에서 필터링된다. 개체가 모든 센서에 대해 SNR(신호-대-잡음비)이 낮은 정보를 나타내더라도, 서로 다른 센서 공간에서 측정 간의 종속성을 분석하여, 개체를 감지할 수 있다.

조기 융합에는 몇 가지 단점이 있다. 최적의 결과를 얻으려면, 센서를 매우 정확하게 동기화해야 한다. 측정 소요시간이 센서마다 아주 크게 다를 수 있으므로, 때로는 동기화가 어렵다. 또 교정 요구 사항도 매우 엄격하고, 동시에 많은 양의 데이터를 처리해야 하므로, 컴퓨터 하드웨어 요구 사항이 증가한다. 더구나 단일 센서의 오류는 후속 처리과정에서 문제로 이어질 수 있다.

실용적인 측면에서 또 다른 문제는 센서 인터페이스가 아직 표준화되지 않았다는 점이다. 향후 이 인터페이스를 표준화할 예정인 ISO 23150 표준 TC22/SC31[57]은 현재 준비 단계에 있다. 모든 센서가 원시-데이터 인터페이스를 제공하거나, 필요한 동기화 및 교정 요구 사항을 충족하는 것은 아니다.

② 중간수준 융합(MLF: Mid-Level Fusion) **또는 특성**(feature) **수준 융합 접근방식**

이 접근방식은 LLF(저수준 융합)와 HLF(고수준 융합)의 중간 추출 수준이다. 개별 센서의 센서 공간이 눈에 띄는 영역에 대해 검사되고, 필요한 경우는 이러한 영역이 물체 감지를 위해 결합되기 전에 추출된다. 조기 융합과 비슷하게, 개체는 장면에 대한 전체 센서 설명을 기반으로 감지된다. 그러나 눈에 띄는 영역에 대한 검색은 센서별로 다르다.

중간수준 융합은 저수준 융합과 비슷하지만, 저수준 융합의 단점이 덜 나타나며, 성능을 개선할 수 있는 여지가 있다. 따라서 여러 센서의 모든 측정을 동시에 처리하지는 않으므로, 동기화, 가용성 및 하드웨어 요구 사항이 덜 엄격하다. 그러나 인터페이스와 관련된 어려움은, 중간수준 융합에도 남아 있다.

③ **고수준 융합**(HLF: High Level Fusion) **또는 후기 융합**(Late Fusion) **접근방식**

각 센서는 특징 추출, 개체 감지 또는 추적 알고리즘을 독립적으로 수행한 후, 최종적으로 융합된다. 전체 센서 기반으로 융합되기 전에, 먼저 센서별로 감지한다. 융합의 한 가지 추가 선택 option은 시간이 지남에 따라, 특별히 조정된 측정 모델의 도움으로 센서별로 감지된 개체를 함께 추적하는 것을 포함한다. 융합은 다양한 경험적(또는 발견적) 방법으로 실행한다. 이 방식은 장면의 개체가 센서별로 감지되고 추적되는 때에도 작동한다.

센서 네트워크에서만 감지할 수 있는 정보는 융합단계에서 폐기되기 때문에, 후기 융합은 조기 융합의 성능을 달성할 수 없다. 또한, 잘못된 감지의 수를 줄이기 위해, 일반적으로 낮은 SNR 범위의 센서별 정보를 무시하기 때문에, 중간수준 융합 Mid-level fusion의 품질을 달성할 수도 없다. 그러나 후기 융합은 조기융합 및 중간수준 융합의 단점을 나타내지 않는다. 처리되는 것은 개체이지, 센서 측정 또는 장면 설명이 아니므로, 데이터 속도가 매우 낮다. 동기화 및 보정 요구사항도 낮고, 센서 가용성은 중요하지 않다. 이유는 융합 네트워크의 센서가 고장인 경우에도 다른 센서의 개체를 분석하여 장면을 인식할 수 있기 때문이다.

후기 융합 방식은 조기 및 중간 융합 방식보다 상대적 복잡성이 낮으므로, 자주 채택된다. 그러나, 후기 융합 방식의 약점은 예를 들어 여러 개의 겹치는 장애물이 있는 경우, 신뢰도 값이 낮은 분류가 폐기되기 때문에, 부적절한 정보를 제공할 가능성이 있다 [58].

후기 융합(또는 고수준 융합)은 현재 ADAS 분야에서 가장 많이 적용하는 센서 융합 방식이다. 자율 주행 분야에서 더 큰 컴퓨팅 기능의 가용성과 더 높은 성능에 대한 요구는 개발의 초점이 주로 중간수준 융합(MF)에 있음을 의미한다. 조기(저수준) 융합은 무엇보다도 최고의 성능을 요구하는 작업에 대한 기준 benchmark으로 제시되고 있다.

[표 5-3] 센서 융합 접근방식의 비교

융합 수준	설명	강점	약점
고수준 융합 (HLF)	각 센서는 개별적으로 감지 또는 추적 알고리즘을 수행하고 그 결과를 하나의 전역적(global) 결정으로 결합한다.	복잡성이 낮고 계산 부하 및 통신 자원이 덜 필요하다. 또한 HLF는 융합 알고리즘에 대한 인터페이스 표준화를 가능하게 하며, 관련된 신호 처리 알고리즘에 대한 심층적인 이해를 필요로 하지 않는다.	신뢰도 값이 낮은 분류는 폐기되므로 부적절한 정보를 제공할 수 있다. 또한, 융합 알고리즘을 미세 조정하면, 데이터 정확도나 지연 시간에 미미한 영향을 미친다.
저수준 융합 (LLF)	센서 데이터는 더 나은 품질과 더 많은 정보를 제공하기 위해 가장 낮은 수준의 추상화(원시 데이터)에서 통합된다.	센서 정보가 유지되고 독립적으로 작동하는 개별 센서보다 더 정확한 데이터(낮은 신호 대 잡음비)를 제공한다. 결과적으로 탐지 정확도를 개선할 수 있는 가능성이 있다. 또한 도메인 컨트롤러가, 센서가 데이터를 처리하기 전에 데이터를 처리할 때까지 기다릴 필요가 없어, 대기 시간을 줄인다. 이는 시간이 중요한 시스템에서 특히 중요한 성능 속도를 높이는 데 도움이 될 수 있다.	메모리나 통신 대역폭 측면에서 문제가 될 수 있는 많은 양의 데이터를 생성한다. 또한, 센서의 인지를 정확하게 융합하기 위해 정밀한 보정이 필요하며 불완전한 측정을 처리하는 데 어려움을 겪을 수 있다. 다중 소스 데이터는 최대한 융합할 수 있지만 데이터 중복성이 있어 융합 효율성이 낮다.
중간수준 융합 (MLF)	각 센서 데이터(원시 측정)에서 상황에 맞는 설명 또는 특징을 추출한 다음, 각 센서의 특징을 융합, 추가 처리용의 융합된 신호를 생성한다.	작은 정보 공간을 생성하고 LLF 접근 방식보다 계산 부하가 적다. 또한 강력한 특징 벡터를 제공하며, 해당 특징 및 특징 하위 집합을 감지하는 특징 선택 알고리즘은 인지 정확도를 향상시킬 수 있다.	가장 중요한 특징 하위 집합을 찾으려면 대규모 훈련 세트가 필요하다. 각 센서로부터 특징을 추출하고 융합하기 전에, 정확한 센서 보정이 필요하다.

2 주행 장면의 표현 Representation of the driving scene

현재 융합 작업의 알고리즘 솔루션의 대부분은 주행 장면의 정보가 표시되는 방식이 서로 다른 두 가지 아키텍처architecture를 이용한다.

(1) 격자 접근방식 Grid approach

격자 접근방식은 주행 장면을 일반적으로 겹치지 않는 영역으로 이산화(離散化: discrete)하는 것을 기반으로 한다. 각 시점point in time에서 이들 영역 중 하나가 개체로 채워져 있는지에 대한 센서 측정을 기반으로 결정한다. 그리고 다음 단계에서 개별 영역을 개체로 모을 수 있다 [58].

(2) 개체-모델 접근방식 Object-model approaches

부분에 대한 개체-모델 접근방식은 처음부터 개체를 명시적으로 표현하는 것으로부터 시작한다. 이 표현은 기하학적 특성을 가지며, 일반적으로 개체를 둘러싸는 다면체(多面體; polytope)의 원리를 기반으로 한다. 여기에는 크기, 방향, 위치 및 동역학 dynamics과 같은 개체 속성이 포함되며, 센서 측정을 기반으로 각 시점에서 다시 계산된다.

3 인공지능(AI) 기반 센서-데이터 융합

센서-데이터 융합은 인지의 틀 안에서, 물체를 감지하고 추적하기 위해 중요하다. 여기서 감지 detection는 중요한 개체와 중요하지 않은 개체로의 분할(즉, 감지 detection)과 객체 유형의 사양(즉, 분류 classification)을 모두 나타낸다. 다양한 센서를 사용하여 장면을 최적으로 측정하여 최적의 감지 및 추적을 위한 기반을 설정할 수 있다.

일반적으로 추적을 구현하는 알고리즘의 매개변수는 선험적 지식을 기반으로 정의되는 반면, 탐지를 구현하는 알고리즘의 매개변수는 학습 데이터에서 학습된다. 물론 학습 접근방식 기반인 추적 알고리즘 솔루션도 있다.

(1) 개체 감지 Object detection

모든 센서 측정이 분석되고 이러한 측정이 개체에서 비롯되었는지 아닌지가 결정된다. 실제로 개체는 집합의 일부로 이해될 수 있다. 예를 들어 움직이는 모든 것 또는 오토바이와 같은 독립형. 중요한 것은 문제에 따라 중요한 것과 중요하지 않은 것을 분리할 때의 감지이다.

① 분류기(Classifier)

결정 문제를 푸는 알고리즘들은 분류기로서, 이들은 입력과 이산 출력 사이의 관계를 구성하는 수학 함수이다. 입력은 결정을 내려야 하는 개체의 표현을 포함하는 수학적 개체(보통 벡터)이다. 출력은 이 개체가 속한 클래스의 이름표 label와 연결된다. 개체 감지의 경우, 센서 측정값(또는 센서 측정값에서 직접 유도된 양)은 분류 알고리즘의 입력을 구성하고, 일련의 개체 유형은 출력을 구성한다. 분류기의 수학적 표현은 중요한 설계 매개변수이다.

뉴런neuron의 조합으로 구성된 분류기의 매개변수는 선험적 지식에 기초하여 수동으로 결정되거나, 자동으로 결정될 수 있다. 매개변수의 자동 결정은 기계학습 프로세스의 일부로 학습으로 생성된다. 주어진 입력에 대한 분류기의 출력 계산을 추론 inference 이라고 한다.

데이터 또는 보상이 학습의 기초가 된다. 배타적으로 입력-출력 쌍(즉, 이름표가 지정된 데이터)이 학습 중에 사용되는 경우, 학습이 감독 된다. 학습이 독점적으로 입력 데이터(즉, 이름표가 없는 데이터)를 사용하는 경우, 학습은 감독 되지 않는다. 이름표가 지정된 데이터와 이름표가 지정되지 않은 데이터를 혼합하여 사용할 수도 있다.

② 선형 분류기와 퍼셉트론(Linear classifiers and the perceptron)

분류기가 풀 수 있는 가장 간단한 결정 문제는 이진법 binary이다. 이 경우 분류기의 입력은 2개의 가능한 클래스 중 하나에 할당되어야 한다. 다중 클래스 결정은 여러 이진 결정의 조합으로 이루어질 수 있으므로, 이진 분류기를 고려하는 것으로 현재 충분하다.

가장 간단한 이진 분류기는 선형 함수 $C: \mathbb{R}^N \rightarrow \mathbb{R}$, 즉 1차 다항식을 기반으로 한다. 이 함수는 $y = \vec{w}^T \vec{x}$와 같은, 각 입력 벡터 $\vec{x}$ 및 출력 y에 대한 기호로 기능한다. 여기서 $\vec{w}$는 매개변수를 포함한 벡터이다.

분류 알고리즘은 입력을 클래스 이름표에 할당한다. 함수 C는 출력에서 실젯값을 제공하므로, 분류 알고리즘의 틀 안에서 출력 y는 이름표 세트(예: {0,1})에 매핑된다. 매핑에는 비선형 함수 H를 사용한다. 따라서 선형 이진 분류기 K는 두 함수 $K = C \cdot H$로 구성되며, 여기서 C는 선형이고 H는 비선형 함수이다(그림 5-39 참조).

선형 분류기의 제로-레벨 세트 zero-level set는 하이퍼hyper 레벨이다. 따라서 클래스 간의 이러한 분리 수준만이 입력 벡터 공간에서 모델링될 수 있으며, 이는 실제로 선형 분류기에 상당한 제한을 가한다.

퍼셉트론은 헤비사이드 Heaviside 함수를 비선형성 nonlinearity으로 사용하는, 선형 이진 분류기이다.

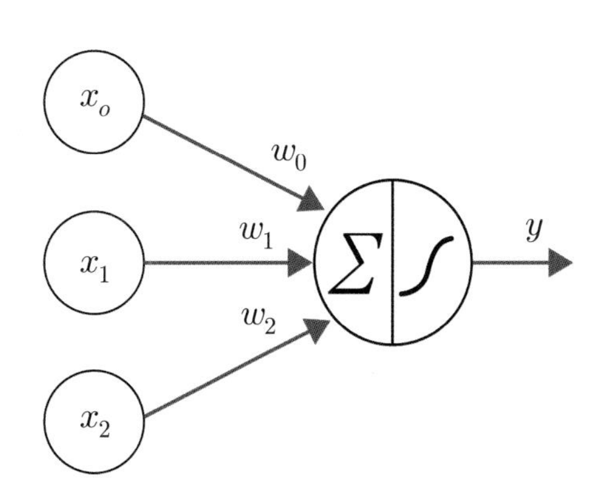

그림 5-39 선형 분류기의 그래픽 표현

Heaviside 함수는 다음과 같이 정의된다.

$$H: \mathbb{R} \rightarrow [0,1]$$

$$H(y) = \begin{cases} 0, y < 0 \\ 1, y \geq 0 \end{cases}$$

따라서, 입력 벡터는 $y \geq 0$일 때 클래스 '1'에 속하고, 그렇지 않으면 클래스 '0'에 속한다.

③ **심층 신경망**(Deep neural network)

퍼셉트론Perceptron 네트워크는 또한 비선형 인터페이스를 모델링할 수 있지만, 실제로는 뉴런으로 구성되는 경우에만 가능하며, 여기서 헤비사이드 함수와 대조되는 비선형성은 예를 들어 시그모이드sigmoid 함수와 같이 유도될 수 있다.

$$S(y) = 1/(1+e^{-x})$$

신경망은 계층에서 뉴런을 결합하고, 더 많은 계층이 서로의 위에 구축될수록 신경망은 더 깊어진다. 가장 단순한 네트워크는 3개의 계층(입력/은닉/출력)으로 구성된다.(pp.233, 그림 4-7 참조)

따라서 네트워크의 입력 x_i는 은닉층에서 처리된다.

$$y_j = \sum w_{ij} x_i$$

출력 계층 y_k가 은닉 계층의 출력 y_j를 처리하는 동안

$$y_k = \sum w_{jk} y_j$$

이러한 평면 신경망은 이미 가능한 모든 비선형 함수를 근사할 수 있으며, 따라서 보편적인 근사기approximator이다. 그러나 실제로는 심층 신경망이 평면 신경망보다 정보를 더 효율적으로 처리하는 것으로 나타났다. 즉, 적은 매개변수로 비슷한 결과를 얻을 수 있다.

평면 신경망과 비교하여 심층 신경망은 다양한 추상화 수준에서 입력 정보를 집계하여, 결정 품질에 부정적인 영향을 미치는 간섭 요인을 제거할 수 있다. 결국, 융합은 입력 데이터의 더 나은 특징을 계산하게 하여, 이러한 특징이 개체 클래스에 대한 올바른 결정을 위한, 중요한 지원이 된다. 이러한 관점에서, 심층 신경망은 출력이 분류기에 통합되는, 특징 추출 변환으로 구성된다. 즉, 변환의 출력이 분류기의 입력으로 사용된다.

입력 데이터에서 다른 계산을 통해, 유도된 특징은 분류 문제를 단순화할 수 있다.

예를 들어 오토바이는 이미지를 기준으로 승용차와 구별되어야 한다. 중요한 특징은 차륜의 개수일 수 있다. 따라서 화소를 분석하는 대신에 차륜의 개수를 고려하여, 입력 개체의 클래스를 결정한다. 그러나 관심 있는 특징에 도달하려면 입력을 변환해야 한다. 심층 신경망 작업의 주요 실제 이점은, 이 변환이 분류기 매개변수를 사용하여 훈련하는 동안에도 학습된다는 점이다.

④ **지도학습**(Supervised learning)

이름표가 붙은labeled 데이터 세트를 기반으로 학습이 이루어지는 경우를 고려하면, 이 방법은 현재 자동 운전 환경에서 가장 널리 사용되는 성능을 통해, 인지에 특별한 역할을 하기 때문이다. 학습은 최적화 방법으로 구현된다. 분류기의 매개변수는 특정 측정값을 구현하는 함수의 인수로 계산되며, 이 함수는 최적의 값을 달성한다.

학습이론은 이상적으로, 추론 시간과 관련된 오류 가능성을 최소화하는 측정값을 가져와야 한다. 이것은 결정하기 어렵거나 심지어 불가능하므로, 측정은 일반적으로 분류기의 복잡성과 분류기가 기존 데이터 레코드에서 만드는 오류를 고려한다. 기본 직관은 더 적은 수의 복잡한 분류기가 더 잘 일반화된다는 것이다. 차륜을 일반화하는 분류기는, 학습된 데이터와 마찬가지로 새로운 입력 데이터를 결정한다.

잘 설계된 심층 신경망은 보편적인 근사기이므로, 훈련 기록의 오류를 최소화하면, 항상 효과가 있다. 그러나 신경망은 기억하고 일반화할 수 없다. 이것은 훈련 데이터에 대한 성능이 이전에 본 적이 없는 데이터에 반영된다는, 이전의 일반화 가정과 모순된다. 그 결과, 일반적인 학습이론은 단순히 신경망의 일반화 능력을 올바르게 파악하지 못하고, 다른 경험적(발견적) 방법을 적용해야 한다. 신경망의 매개변수는 학습 데이터의 도움으로 설정되지만, 검증 데이터의 오류가 증가하는 즉시, 학습이 중단된다. 특히 심층 신경망의 일반화 능력을 개선하는, 다른 경험적(발견적) 방법도 있다.

학습 중 최적화 문제는 그래디언트gradient 방법의 도움으로 해결된다. 이를 위해 도출derivation이 결정된다. 이것이 비-도함수 비선형성non-derivable nonlinearity을 사용하는 퍼셉트론이 신경망에 적합하지 않은 이유이다.

신경망의 경우, 학습은 '역전파 알고리즘'의 도움으로 효율적으로 수행된다. 심층 신경망의 경우, 이 알고리즘의 성공적인 수렴을 보장하기 위해 특별한 조치를 해야 한다.

(2) 추적 tracking

센서는 미리 정의된 시간 간격으로 장면을 측정한다. 시간 간격이 끝나면 각각의 경우, 측정이 가능하다. 시간이 지남에 따라 추적을 통해 관찰된 각 측정 및 개체의 속성(예: 속도 및 방향)에서, 개체를 다시 찾을 수 있다. 추적 문제는 두 측정 사이의 시간 간격에서 개체의 움직임을 알 수 없다는 사실로 인해 악화된다. 또한, 센서 잡음 noise은 물체에 대한 측정의 단순 할당simple assignment을 방지한다.

추적 문제는 측정의 시간 순서를 분석하여 해결한다. 분석을 수행하기 위한 다양한 접근법이 있다. 첫째, 연대순의 모델링은 이산적인 확률적 신호로 간주되어야 한다. 이 모델의 매개변수는 선험적priori 지식을 기반으로 설정된다. 이와 관련하여 주목할 만한 점은, 특정 개체 속성을 직접 관찰할 수 없다는 점이다. 특정 개체 속성은 시간의 경과에 따라 측정된 값의 속성 추정을 통해 간접적으로 얻는다.

① **확률적 신호**(Stochastic signal)(**그림** 5-40)

확률적 신호 ξ_t^k는 실현지수 k와 시간지수 t의 두 가지 매개변수에 따라 달라진다. 특정 시간에 대한 지수 $t_1\xi_{t1}^{(k)}$는 랜덤random변수이다. 실현 i는 시간 신호 $\xi_t{}^{(i)}$에 해당한다.

랜덤 신호는 결합 확률 $p(x_{1,}x_2....,x_n)$로 설명할 수 있다. 여기서 $x_1 = \xi_{t1}^{(k)}$이다. 자율주행 분야의 추적 응용 프로그램의 경우, x_1은 일반적으로 벡터(즉, 상태 벡터)이다. 시간 t_1에서 추적된 개체의 위치 외에도, 개체의 속도 및 기타 속성이 포함될 수 있다.

추적 문제를 해결하려면 시간 t에서 상태 벡터 x_t를 계산해야 한다. 이 목적을 위해 먼저 확률 밀도 함수 $p(x_t)$를 결정한 다음, $p(x_t)$가 최댓값에 도달하는 인수 x_t를 계산한다. 가우스 분포를 가정하면, x_t는 기대 연산자를 사용하여 계산한다.

추적된 개체는 이동하고, 시간이 지남에 따라 임의로 변경되지 않는다. 시간 t의 상태 벡터는 시간 $t-1$의 상태 벡터에 따라 다르다. 또한 개체의 전체 이력이 알려져 있으므로, 현재 상태를 더 잘 추정할 수 있다. x_t의 확률은 개체의 전체 이력의 함수로 계산할 수 있다. 즉, 찾는 것은 조건부 밀도 $p(x_t \mid x_{t-1,}....,x_1)$이다.

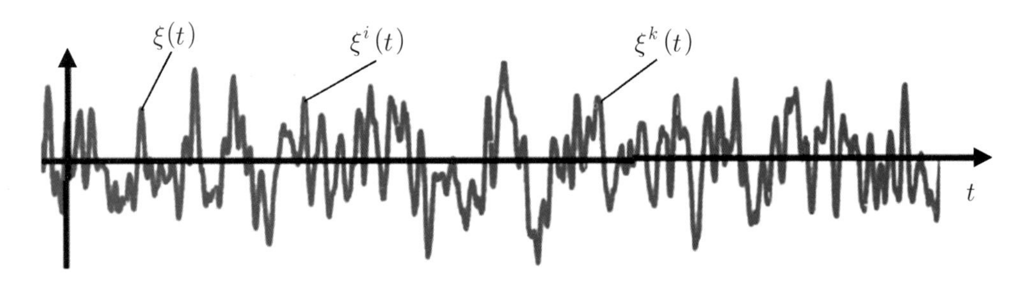

그림 5-40 랜덤 신호-2개의 실현 i와 k가 제시됨

이 조건부 밀도는 추적 문제의 확률적 모델 $p(x_{1,}.....,x_n)$에서 유도할 수 있다. 즉, 모델에서 추론이 수행된다. 추론의 기초는 결합 확률이 여러 요인의 곱으로 표시될 수 있다는 속성이며, 여기서 각 요인은 조건부 확률 또는 다른 결합 확률이다.

② **확률적 그래픽 모델**(Stochastic-graphical models) (**그림** 5-41 **참조**)

확률적 모델을 그래프 형태로 제시하면, 직관적인 추론이 가능하다. 확률적 그래픽 모델(PGM) **[59]**은 결합 확률이 모델의 다른 구성요소(즉, 무작위 변수) 간의 종속성과 함께 조건부 확률의 곱으로 표현될 수 있는 방식을 반영한다. 각 노드는 랜덤변수 또는 랜덤변수 세트를 나타내며 각 연결은 종속성을 나타낸다.

추적 문제를 풀기 위해 현재 상태 벡터는 이전 상태에만 의존하고, 마지막 이전의 다른 모든 이전 상태는 마지막 상태를 통해서만 영향을 미친다고 가정한다.

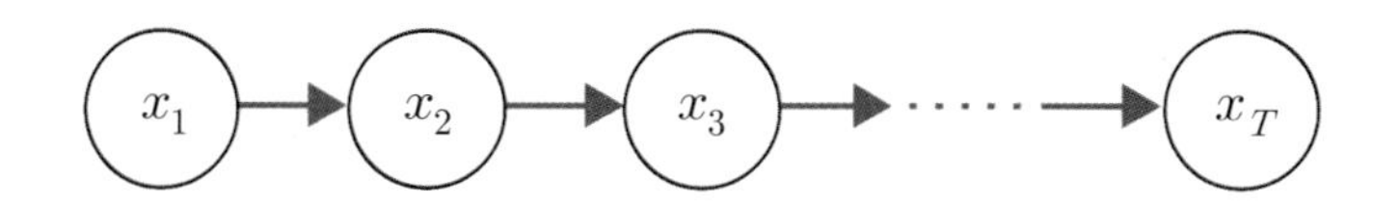

그림 5-41 추적 문제에 대한 확률적 그래픽 모델

③ **칼만 필터**(Kalman filter)

추적 문제를 풀기 위해 상태벡터를 직접 관찰하는 것은 불가능하다. 대신에, 각 상태는 센서에 의해 측정되고, 상태에서 생성된 측정은 관찰된다. 센서 측정은 노이즈noise의 영향을 받지만, 노이즈가 결정적이지 않기 때문에 각 측정 자체는 랜덤변수 y_t로 모델링된다. 그림 5-42는 추적 문제의 전체 그래픽 모델이다.

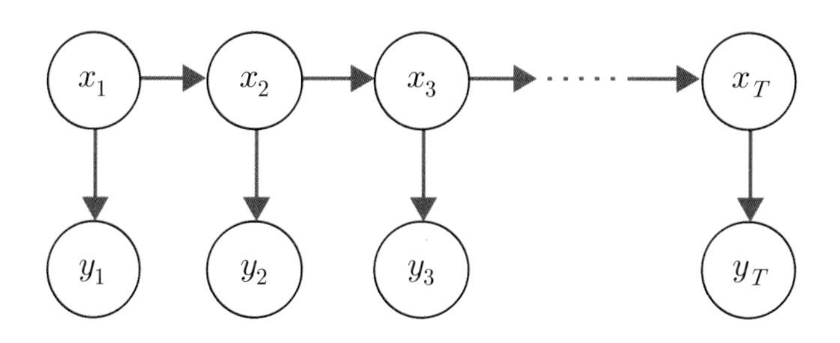

그림 5-42 모델링 과정을 포함한 추적 문제의 확률적 그래픽 모델

추적 문제는 다음과 같이 공식화된다. 상태 x_t는, 이전 상태 x_{t-1} (즉, 이전 상태가 알려진 경우)와 관찰된 모든 측정값 $\{y_{1,...,}y_t\}$으로부터 결정된다.

이 문제에 대한 알고리즘 솔루션은 칼만 필터[59]이다. Kalman 필터는 여러 가지 가정을 단순화하여 작동한다. 먼저, 그림 5-42의 모델의 모든 랜덤random변수는 가우스 분포를 따른다고 가정한다. 이러한 방식으로 추론은 닫힌closed 형태로 계산될 수 있다. 상태 프로세스가 선형 동적 시스템인 $x_t = Fx_{t-1} + v$ 라고 가정한다. 여기서 v는, 평균값이 0이고, 분산이 V인, 가우스 잡음 $N(0, V)$이다. 마지막으로 측정 모델은 관찰값 y_t를 연결하는 상태도 선형인 $y_t = Cx_i + w$로 가정된다. 여기서 $w \sim N(0, V)$이다. 매개변수 F, V, C 및 w도 시간에 따라 달라질 수 있다.

이러한 가정에서 x_t는 $p(x_t | y_{1,} \cdots, y_t)$ 즉, 랜덤변수 x_t의 실현 가능성이 가장 높다는, 가우스 가정에서 평균값으로 추정된다. 따라서 x_t는 다음 관계로 추정된다.

$$m_t = \int x_t \, p(x_t | y_{1,} \ldots y_t) dx_t$$

④ **실제 추적**(Tracking in practice)

일반적으로 칼만 필터는 추적 문제에 대한 수용 가능한 솔루션을 제공하지만, 많은 경우에 특정 가정을 생략할 필요가 있다. 예를 들어 가우스 가정이 생략되어야 하는 경우, 추적 문제에 대한 솔루션은 입자 필터 또는 변분 variation 접근방식으로 풀어야 한다 [59]. 선형성 가정이 무너지면, 추적 문제는 확장 칼만 필터나 무향 칼만 필터로 해결할 수 있다 [59].

실제로는 매개변수 F, V, C 및 w가 시간 종속적이라는 사실에 직면해야 하는 경우가 많다. 사용 가능한 증거로부터 대체 경로를 통해 현장에서 편차 분산 V 및 w를 추정해야 한다. 측정 모델을 결정하기 위해 유사한 생성도 수행된다.

상태 모델 F의 매개변수는 시간 종속적인 경우, 자체적으로 랜덤변수로 모델링된다. 그래픽 모델은 그에 따라 조정된다. 그러나, 이 경우 추론은 훨씬 더 어렵다. 단순화는 다중 모델 접근방식의 형태로 존재한다. 이것들은 상태 모델의 기능적 공간의 이산화를 수행한다. 이러한 접근방식 중 가장 잘 알려진 것은 IMM Interacting Multiple Model [60]이다.

상황을 복잡하게 만드는 것은, 실제로 일반적으로 여러 개체를 동시에 추적해야 한다는 사실이다. 새로운 측정값을 특정 개체와 연결하는 것은 복잡하다. 이것은 사회 문제로서 다양한 솔루션을 가지고 있으며, 그중 많은 부분이 문제 종속적이다. 가장 잘 알려진 일반적인 접근방식은 Nearest Neighbour, Joint Probabilistic Data Association, Multi Hypothesis [61], 그리고 Random Finite Sets [62]이다. multi-Bernoulli filter는 확률적 그래픽 모델을 배경으로 이 문제를 매끄럽게 해결한다 [63].

4 센서 데이터 융합의 실제 예

다양한 기상 조건에서 센서 융합은 매우 중요하다. 예를 들어 폭설 시 라이다와 카메라로 장애물을 감지하는 것은 매우 불확실하며, 레이더, 원적외선(FIR) 열화상 카메라 및 초음파 센서를 결합하여 표적의 감지 및 다중 추적을 개선할 수 있다. 표 5-4와 같이, 모든 기상 조건에서의 견고성에 대한 이해를 크게 개선할 수 있는, 센서의 적절한 조합에 대한 많은, 제안들이 제시되고 있다.

[표 5-4] 전천후 주행을 위한 센서 융합의 예[64]

적용	RADAR			초음파	LiDAR			카메라		원적외선 (FIR)
	단거리	중거리	장거리		단거리	중거리	장거리	단안	스테레오	
ACC			●				●			●
FCA		●	●			●		●	●	●
TSR						●		●	●	●
TJA	●	●			●	●		●	●	●
LK/LDA		●				●		●	●	
BSM	●	●		●	●	●		●	●	
PA	●	●		●	●	●		●	●	

ACC: 정속주행, FCA: 전방충돌 회피, TSR: 도로/교통 표지 확인, TJA: 교통체증 지원,
LK/LDA: 차선 유지/이탈 지원, BAM: 사각지대 감시, PA: 주차 지원

그러나, 완성차 회사들은 저마다 기술적, 전략적, 경제적 이유로 사용하는 센서 세트, 그리고 배치 위치에 대해 서로 다른 접근방식을 사용하고 있다.

(1) TESLA

Tesla Model S는 1개의 전방 RADAR마저 제거하고, 비전 카메라 8개와 초음파센서 12개를 사용한다. 전방에 장착된 3개의 전방 카메라로 도로 표지판, 차선 및 물체를 식별하고, 초음파센서(12개)로 차량 주변의 근접 장애물을 감지한다. (차량에 따라 실내 감시용 카메라 1개를 추가하기도 한다.)

차량의 전원이 켜지면 이들 센서의 입력과 위치, 속도, GPS 및 관성측정과 같은, 판독값이 2개의 ECU에 개별적으로 동시에 전송된다. 2개의 ECU는 이러한 입력을 기반으로, 조

치 과정을 독립적으로 결정하고, 제안된 계획을 자동차의 안전 시스템에 전송하여, 합의 여부를 확인한다. 계획이 합의되면 명령이 확인되고, 센서가 정보를 피드백하여, 명령한 계획을 실행했음을 확인한다 [65].

테슬라 자율주행 시스템의 특징은 순수하게 시각vision 정보만을 사용하며, 시스템의 인공지능을 심층 학습시켜 자율주행을 구현한다는 점이다. 테슬라 방식은 "**인간은 자동차를 운전할 때 시각을 사용하여 환경 감지와 관련된 정보를 식별한다. 따라서 자율주행차량은 비디오 센서만을 사용하여 환경(또는 주변 환경)을 인지할 수 있다는 결론을 내릴 수 있다.**"는 논리에 근거한다. 따라서 비전vision 데이터를 다루는 인공지능의 성능 개선에 많은 투자를 하고 있다.

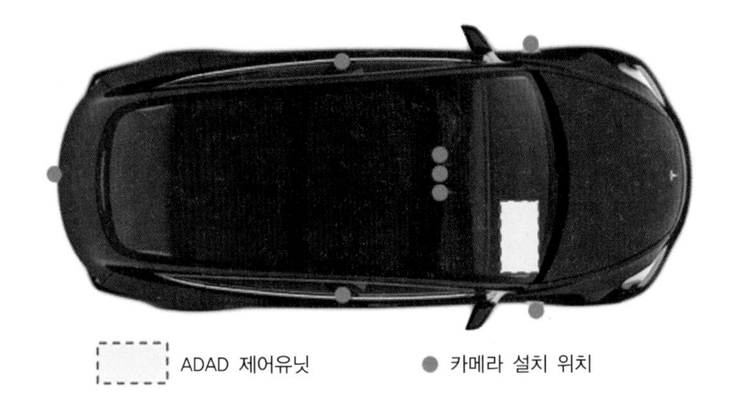

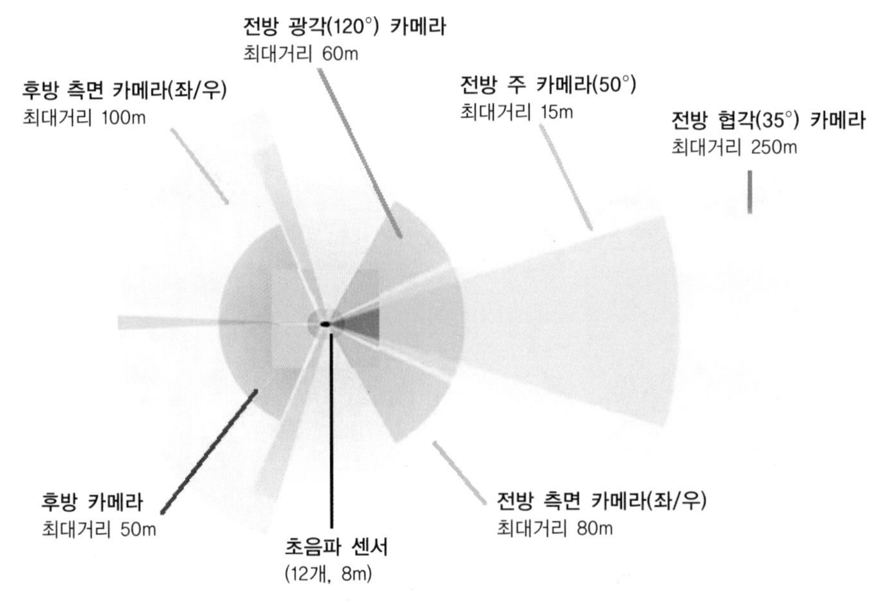

그림 5-43 TESLA MODEL 3 센서 구성 [출처: TESLA, 2022]

(2) Volvo-Uber

Volvo-Uber는 상단에 장착된 360도 Lidar를 사용하여 도로상의 개체를 감지하고, 근거리 및 장거리 광학 카메라를 사용하여 도로 신호를 식별하고, 레이더를 사용하여 근접 장애물을 감지한다. Uber가 자체 자율주행 하드웨어에 직접 연결할 수 있도록, Volvo는 사전에 배선 및 배선묶음을 기본 차량에 제공한다.

그림 5-44 Volvo-Uber 자율주행차량 [Volvo]

(3) Waymo

Waymo는 360도 Lidar를 사용하여 도로 물체를 감지하고, 9대의 카메라를 사용하여 도로를 추적하고, 레이더를 사용하여 차량 근처의 장애물을 식별한다.

그림 5-45 WAYMO의 자율주행차량 [Waymo]

(4) Wayve

Wayve는 하이 다이내믹 레인지를 지원하는 230만 화소 RGB 카메라와 위성 내비게이션을 사용하여 자율 주행한다[66].

(5) 현대자동차 - 아이오닉 로보택시

현대자동차는 무인 자율주행차량 '아이오닉 로보택시'를 2021년 9월 7~12일(현지 시간) 독일 뮌헨에서 열린 IAA에서 세계무대에 첫선을 보였다. 2023년부터 글로벌 차량공유업체 리프트Lift를 통해 미국에서 승객을 원하는 지점까지 이송하는 '라이드 헤일링ride hailing' 서비스에 투입될 예정이다 [출처: 현대자동차].

그림 5-46 현대자동차의 무인 자율주행차량 '아이오닉 로보택시(IONIQ 5 Robotaxi)'

아이오닉 로보택시는 RADAR/LiDAR/카메라 등의 자율주행 센서 기술을 고도화하고, 약 30개 이상의 센서를 차량에 외관이 드러나도록 탑재하였으며, 360도 전방위로 주행 상황을 감지, 예측할 수 있다. 외관에서 가장 먼저 눈에 띄는 것은, 루프에 장착된 파란색 원통형의 라이다와 이를 받치고 있는 카메라, 레이더 등의 자율주행 센서다. 루프 외에 전/후면 범퍼, 좌/우 펜더 등에도 다수의 센서를 장착하였다.

차량의 주요 시스템(조향, 제동, 전력, 통신 등)에는 중복 시스템Redundancy을 적용, 이중 안전 시스템을 구축하였다.

참고문헌 REFERENCES

[1] Shah in Atakishiyev, Mohammad Salameh, Hengshuai Yao, Randy Goebel: Explainable artificial intelligence for autonomous driving: An overview and guide for future research directions. Department of Computing Science at the University of Alberta. 27. April, 2022.

[2] https://www.researchgate.net/figure/Flowchart-of-the-point-cloud-registration-by-the -ICP-lgorithm_fig3_333052260

[3] https://kr.mathworks.com/discovery/slam.html

[4] Hugh Durrant-Whyte, Fellow, IEEE, and Tim Bailey: Simultaneous Localization and Mapping (SLAM): Part I The Essential Algorithms
https://people.eecs.berkeley.edu/~pabbeel/cs287-fa09/readings/Durrant-Whyte_Bailey_SLAM-tutorial-I.pdf

[5] Llamazares, Á, Molinos, E., & Ocaña, M. (2020). Detection and Tracking of Moving Obstacles (DATMO): A Review. Robotica, 38(5), 761-774. doi:10.1017/S0263574719001024

[6] Carlos Gómez-Huélamo et al.. 360° real-time and power-efficient 3D DAMOT for autonomous driving applications. Multimedia Tools and Applications volume 81, pages 26915–26940 (2022)
https://link.springer.com/article/10.1007/s11042-021-11624-2/figures/3

[7] Morales, Y., Tsubouchi, T.: 'DGPS, RTK-GPS and StarFire DGPS Performance Under Tree Shading Environments', Proc. IEEE Int. Conf. Integration Technology, 2007, pp.519-524

[8] Chih-Ming Hsu, and Chung-Wei Shiu; 3D LiDAR-Based Precision Vehicle Localization with Movable Region Constraints. Sensors 2019, 19(4), 942; https://doi.org/10.3390/s19040942

[9] A. Ben-Afia et al. ; Review and Classification of Vision-based Localization Techniques in Unknown Environments. https://hal-enac.archives-ouvertes.fr/hal-00996022/document

[10] Bonin-Font, F., Ortiz, A., Oliver, G.: 'Visual Navigation for Mobile Robots: A Survey', Journal of Intelligent and Robotic Systems, 2008, 53, (3), pp.263-296

[11] Nourani-Vatani, N., Borges, P.V.K., Roberts, J.M. : 'A Study of Feature Extraction Algorithms for Optical Flow Tracking', Proc. Australian Conf. Robotics and Automation, 2012

[12] Harris, C., Stephens, M.: 'A Combined Corner and Edge Detector', Proc. Alvey Vision Conference, 1988, pp.147-151

[13] Shi, J., Tomasi, C.: 'Good Features to track', Proc. IEEE Computer Society Conf. Computer Vision and Pattern Recognition, 1994, pp.593-600

[14] Lowe, D.G.: 'Distinctive Image Features from Scale-Invariant Keypoints', International Journal of Computer Vision, 2004, 60, (2), pp.91-110

[15] Bay, H., Ess, A., Tuytelaars, T., Van-Gool, L.: 'SURF: Speeded-Up Robust Features', Computer Vision and Image Understanding, 2008, 110, (3), pp.346-359

[16] Kessler, C.,Ascher, C., Frietsch, N., Weinmann, M., Trommer, G.: 'Vision-based attitude estimation for indoor navigation using vanishing points and lines', Proc. IEEE ION/PLANS, 2010, pp.310-318

[17] Choi, S., Kim, T., Yu, W.: 'Performance Evaluation of RANSAC Family', Proc. British Machine Vision Conference, 2009

[18] Hartley, R., Zisserman, A.: 'Multiple View Geometry in Computer Vision', (Cambridge University Press, March 2004, 2nd edn.), pp.239-261

[19] Davison, A.J., Reid, I.D., Molton, N.D., Stasse, O.: 'Vision for mobile robot navigation: A survey', IEEE Trans. Pattern Analysis and Machine Intelligence, 2007, 29, (6), pp.1052-1067

[20] Lemaire, T., Berger, C., Jung, I.K., Lacroix, S.: 'Vision-Based SLAM: Stereo and Monocular Approaches', International Journal of Computer Vision, 2007, 74, (3), pp.343-364

[21] Strasdat, H., Montiel, J.M.M, Davison, A.J.: 'Visual SLAM: Why Filter?', Image and Vision Computing, 2012, 30, (2), pp.65-77

[22] Engles, C., Stewénius, H., Nistér, D.: 'Bundle adjustment rules', Proc. Symp. Photogrammetric Computer Vision, 2006

[23] Triggs, B., McLauchlan, P.F., Hartley, R.I, Fitzgibbon, A.W.: 'Bundle Adjustment - A Modern Synthesis', Proc. Int. Workshop Vision Algorithms: Theory and Practice, Springer-Verlag, 1999

[24] Haralick, R.M., Lee, D., Ottenburg, K., Nolle, M.: 'Analysis and solutions of the three point perspective pose estimation problem', Proc. IEEE Computer Society Conf. Computer Vision and Pattern Recognition, 1991, pp.592-598

[25] Jakob Engel, Thomas Schöps, and Daniel Cremers; LSD-SLAM: Large-Scale Direct Monocular SLAM, Technical University Munich, Germany.
https://jakobengel.github.io/pdf/engel14eccv.pdfhttps://jakobengel.github.io/pdf/engel14eccv.pdf

[26] Jakob Engel, Jörg Stückler, and Daniel Cremers; Large-Scale Direct SLAM with stereo cameras. In Intelligent Robots and Systems(IROS), 2015 IEEE/RSJ International Conference on, pages 1935-1942. IEEE, 2015.

[27] R. Kümmerle, G. Grisetti, H. Strasdat, K. Konolige and W. Burgard, "G2o: A general framework for graph optimization," 2011 IEEE International Conference on Robotics and Automation, 2011, pp. 3607-3613, doi: 10.1109/ICRA.2011.5979949.

[28] Kurt Konolige, Sparse Sparse Bundle Adjustment(2010).
http://www.willowgarage.com/~konolige

[29] Jakob Engel, Thomas Schops, Daniel Cremers, 2014, Computer Vision — ECCV 2014. Lecture Notes in Computer Science, vol.8690. Springer, Cham.

[30] Strasdat, H., Montiel, J.M.M, Davison, A.J.: 'Visual SLAM: Why Filter?', Image and Vision Computing, 2012, 30, (2), pp. 65-77

[31] J. Levinson, M. Montemerlo, and S. Thrun. Map-Based Precision Vehicle Localization in Urban Environments. In Proc. of Robotics: Science and Systems (RSS), 2007.

[32] 공승현, 전상윤, 고현우: 센서융합 측위 기술의 현황과 연구 동향, 한국과학기술원
https://koreascience.kr/article/JAKO201511059258731.pdf

[33] Kumar Chellapilla, Director of Engineering; Lyft Level 5 Rethinking Maps for Self-Driving

[34] BADINO, Herna'n et al.; Free Space Computation Using Stochastic Occupancy Grids and Dynamic Programming. In: In Dynamic Vision Workshop for ICCV, 2007

[35] https://blog.cometlabs.io/teaching-robots-presence-what-you-need-to-know-about-s
lam-9bf0ca037553

[36] Niko Sunderhauf and Peter Protzel: Switchable Constraints vs. Max-Mixture Models vs. RRR -A Comparison of Three Approaches to Robust Pose Graph SLAM
https://nikosuenderhauf.github.io/assets/papers/ICRA13-comparisonRobustSLAM.pdf

[37] Waymo Team. Building maps for a self-driving car. In: Medium [Internet]. Waymo; 13 Dec 2016 [
https://medium.com/waymo/building-maps-for-a-self-drivingcar-723b4d9cd3f4

[38] Lyft. Rethinking Maps for Self-Driving. In: Medium [Internet]. Lyft Level 5; 15 Oct 2018
https://medium.com/lyftlevel5/https-medium-com-lyftlevel5-rethinking-mapsfor-self-driving-a147c24758d6
[39] Templeton B. Elon Musk Declares Precision Maps A "Really Bad Idea" Here's Why Others Disagree. In: Forbes[Internet]. Forbes; 20 May 2019. https://www.forbes.com/sites/bradtempleton/2019/05/20/elon-musk-declaresprecision-maps-a-really-bad-idea-heres-why-others-disagree/
[40] Ahmad Al-Dahle and Matthew E. Last and Philip J. Sieh and Benjamin Lyon.
Autonomous Navigation System. US Patent. 2017 /0363430 Al, 2017. https://pdfaiw.uspto.gov/.aiw?Docid=20170363430
[41] Kendall A. Learning to Drive like a Human. In: Wayve [Internet]. Wayve; 3 Apr 2019
https://wayve.ai/blog/driving-like-human
[42] Conner-Simons A, Gordon R. Self-driving cars for country roads. 7 May 2018
http://news.mit.edu/2018/self-driving-cars-for-country-roadsmit-csail-0507
[43] Teddy Ort and Liam Paull and Daniela Rus. Autonomous Vehicle Navigation in Rural Environments without Detailed Prior Maps. 2018. https://toyota.csail.mit.edu/sites/default/files/documents/papers/ICRA2018_AutonomousVehicleNavigationRuralEnvironment.pdf
[44] Matheson R. Bringing human-like reasoning to driverless car navigation.
http://news.mit.edu/2019/human-reasoning-ai-driverless-car-navigation-0523
[45] Computer Vision & Pattern Recognition Lab. Hanyang Univ. Image segmentation & Feature extraction.http://166.104.231.121/ysmoon/mip2019/lecture_note/%EC%A0%9C5%EC%9E%A5_%EC%B5%9C%EC%A2%85%EC%88%98%EC%A0%95%EB%B3%B8.pdf
[46] Yuxing Xie et al.: Linking Points With Labels in 3D: A Review of Point Cloud Semantic Segmentation; https://arxiv.org/pdf/1908.08854
[47] https://github.com/tejaslodaya/car-detection-yolo
[48] Jamie Shotton & Pushmeet Kohli; Semantic Image Segmentation, © 2022 Springer Nature Switzerland AG. Part of Springer Nature.
[49] WenchaoGu et al.; A review on 2D instance segmentation based on deep neural networks; https://doi.org/10.1016/j.imavis.2022.104401
[50] Michal Olejniczak and Marek Kraft. Taming the HoG: The Influence of Classifier Choice on Histogram of Oriented Gradients Person Detector Performance: Poznan University of Technology, Pozna'n, Poland. marek.kraft@put.poznan.pl
[51] https://cvexplained.wordpress.com/2020/07/28/10-10-7-mser/
[52] P. Forss'en, D. Lowe, S-H Wang : MSER (Maximally Stable Extremal Regions)
https://www.micc.unifi.it/delbimbo/wp-content/uploads/2011/03/slide_corso/A34%20MSER.pdf
[53] https://scikit-learn.org/stable/modules/svm.html
[54] Jiwoong Kim, Jooyoung Park, Woojin Chung. Self-Diagnosis of Localization Status for Autonomous Mobile Robots. PMCID: PMC6165573 DOI: 10.3390/s18093168
[55] De Jong Yeong et al.: Sensor and Sensor Fusion Technology in Autonomous Vehicles: A ReviewSensor and Sensor Fusion Technology in Autonomous Vehicles: A Review. https://doi.org/10.3390/s21062140.
[56] Banerjee, K.; Notz, D.; Windelen, J.; Gavarraju, S.; He, M. Online Camera LiDAR Fusion and Object Detection on Hybrid Data for Autonomous Driving. In Proceedings of the 2018 IEEE Intelligent Vehicles Symposium (IV), Changshu, China, 26–30 June 2018.

[57] "International Organization for Standardization", [Online]. Available:
http://www.iso.org/committee/5383568.html.
[58] A. Elfes: -Using occupancy grids for mobile robot perception and navigation", Computer, Vol. 22, No. 6, pp. 46 ... 57, 1989.
[59] C.M. Bishop: Pattern Recognition and Machine Learning, Springer, 2006.
[60] E. Mazor, A.AVerbuch, Y. Bar-Schalom, J.Dayan: "Interacting Multiple Model Methods in : Target Tracking: A Survey", IEEE Transactions on Aerospace and Electronic Systems, Vol. 34. No.1, 1998.
[61] Y. Bar-Shalom, X.R. Li: Multitarget-multisensor Tracking: Principles and Techniques, Storrs: YBS, 1995.
[62] R. P. S. Mahler: Statistical Multi- source-Multitarget Information Fusion, Artech House, Inc., 2007.
[63] B.-T. Vo, V.-N. Vo, A. Catoni, "The cardinality balanced multi-target multi-Bernoulli filter and its implementations", IEEE Transactions on Signal Processing, Vol. 57, No. 2, pp. 409...423, 2009.
[64] Abdul Sajeed Mohammed et al.: The Perception System of Intelligent Ground Vehicles in All Weather Conditions: A Systematic Literature Review.
https://www.coursehero.com/file/85046266/sensors-20-06532pdf/
[65] Tesla, "Autonomy Investor Day," April 22, 2019.
[66] Stereo_Image_Proc—ROS Wiki. Available online: http://wiki.ros.org/stereo_image_proc (accessed on 4 December 2020).39.Stereo_Image_Proc—ROS Wiki. :
http://wiki.ros.org/stereo_image_proc
[67] G. Velasco-Hernández, De Jong Yeong, John Barry, Joseph Walsh: Autonomous Driving Architectures, Perception and Data Fusion: A Review. 16th International Conference on Intelligent Computer Communication and Processing (ICCP) 2020

Chapter 6

주행환경에서 차량의 의사결정 및 제어

Decision making and control of the vehicle in the driving environment

의사결정 및 제어

6-1 계획 - 궤적계획
(Planning - Trajectory planning)

1 계획의 정의와 분류

자동차와 자율주행차량 분야에서 계획은 부분적으로 제어를 포함하는, 일반적인 용어로 간주할 수 있지만, 경로계획과 궤적계획을 포함한다.

(1) 경로계획 Route planning

전략적 수준으로써, 출발지에서 목적지까지 경로의 모든 교차로에서 여정의 선택 및 기동(機動)을 정의하는 것을 포함한다. 이 매개변수는 시내에서는 더 짧을 수도 있고, 고속도로에서는 더 길 수도 있지만, 두 필수 기동 간의 거리는 약 200m~1,000m이다.

지도에서 제공하는 도로 네트워크 정보를 기반으로, 현재 위치에서 목적지까지 이동하는 최적의 경로를 결정하는 계산을 수행한다. 경로계산은 실시간 교통정보, 예상 에너지소비량(특히 전기 자동차의 경우에 관심 사항), 유료도로 사용 여부 등 사용자의 선호도와 다른 외부 요인을 고려해야 할 수도 있다. 이 수준의 계획도 인간 운전자는 내장된 자동차 내비게이션 시스템 및 모바일 앱(Google Maps, Here 등)으로 실행한다.

자율주행차량에서 경로계획은 일반적으로 최단 경로 문제를 해결하기 위해, 특수 알고리즘을 사용한다. 즉, 그래프에서 두 지점 사이의 최단 경로를 찾는 것으로 정의할 수 있다.

가장 잘 알려진 최단 경로 알고리즘 중 하나는 그림 6-1과 같은 Dijkstra의 알고리즘 [1, 4]이다. 알고리즘은 모든 지점의 거릿값을 무한대로 초기화하는 것으로 시작한다. 시작 지점에서 직접 도달할 수 있는 모든 지점에 대해 새 거릿값 또는 비용을 계산하고, 거리가 더 짧으면 값이 업데이트된다. 이 프로세스는 모든 지점을 통과할 때까지 전체 그래프를 반복한다. 목적지까지의 최단 경로는 이제 지점의 비용과 해당 지점에 도달하기 위한, 등록된 가장자리edge 세트를 합산하여 결정할 수 있다.

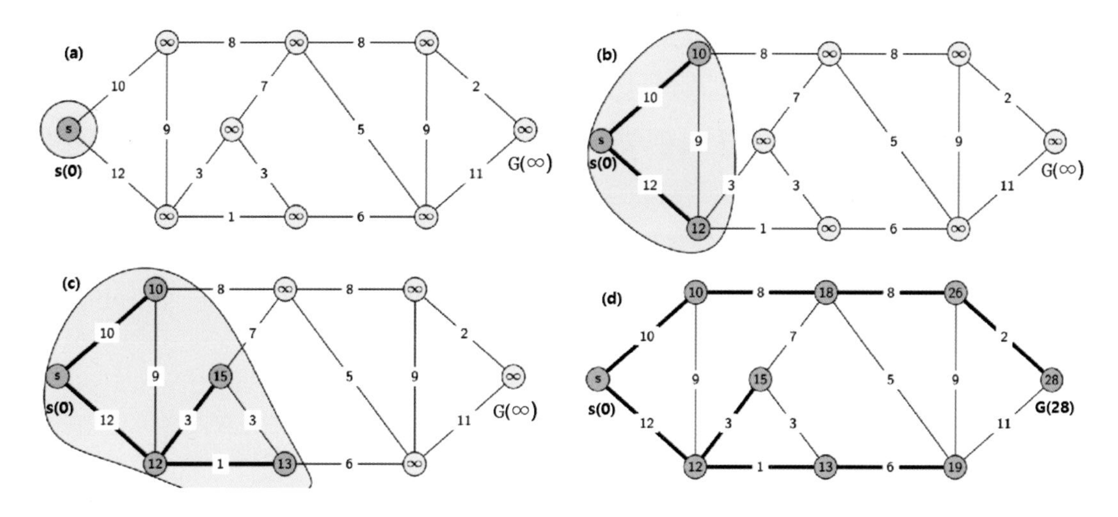

그림 6-1 Dijkstra의 알고리즘[1, 4] S; Start, G: Goal.

그림 6-1에 제시된 Dijkstra 알고리즘[1, 4]은 다음과 같은 순서로 작동된다.

(a) 각 노드node의 모든 비용을 무한대로 초기화한다.

(b) 바로 이웃에 대한 비용이 갱신update 된다.

(C) 2번째 반복. 비용이 갱신된다.

(d) 그래프의 시작 노드에서 주어진 노드까지의 최단 경로를 결정할 수 있다. 여기서, 2개의 가장 바깥쪽 노드 사이의 최단 경로 비용은 28이고, 결과적으로 최단 경로는, 흑색으로 강조 표시된 위쪽의 굵은 실선이다.

최첨단 경로계획 알고리즘은 RoutingKit [2]와 같은 고급 경로계획 기능을 제공하는 C++ 라이브러리를, 또는 GrassHopper [3]와 같은 Java 라이브러리를, 오픈-소스 프로젝트로 자유롭게 사용할 수 있다.

(2) 궤적 계획 Trajectory planning – 행동 계획

전술적 tactical 수준 단계로써, 도전 과제는 실제 지역의 주행 상황, 즉 현재 도로의 기하학적 형상, 감지된 장애물, 다른 교통 참가자, 실제 교통 규칙(속도 제한, 추월 금지 구간), 차량 통제 제한 등을 고려하여, 다음 중간 지점에 도달하는 최선의 궤적을 결정한다. 이 계획 단계의 결과는 차선변경, 차선 유지, 차선 병합, 추월 등과 같은 상위 수준의 결정이다. 행동의 공간적 범위는 약 20~100m로 추정되며, 긴급 충돌 회피와 같이, 더 빠른 반응이 필요한 이벤트 event의 경우에는 이보다 더 짧을 수 있다.

이 단계에서 가장 어려운 문제 중 하나는, 환경에서 동적 개체의 행동을 예측하는 것이다. 이는 자율주행차량이 일반 차량과 도로를 공유하는 혼합 교통 환경에서 특히 중요하다. 다른 교통 참가자의 행동이 불확실한 상황에서의 궤적 결정 문제를 해결하기 위해, 여러 가지 접근 방식이 있다. 예측 및 비용 함수 기반(PCB) 접근[5]은 가능한 종방향 및 횡방향 제어 지시에 대한 여러 대안을 생성하고, 예측 엔진을 사용하여 지시를 시뮬레이션하여 simulation, 시뮬레이션 된 궤적을 생성하고, 이어서 반응을 예측한다. 각 시뮬레이션 단계에서는 주변 차량을 고려하고, 전진주행, 안락성, 안전 및 연료소비의 총비용을 평가하여 최상의 결정을 선택한다.

(3) 제어 계획 Control planning – 모션 계획 Motion planning

운영operational 수준에 해당한다. 제어(또는 모션) 계획의 역할은 궤적계획에 의해 결정된 궤적을 따르기 위해, 차량의 액추에이터에 적용할 제어를 결정하는 것이다. 이것은 따라야 할 궤적과 실제로 완료된 궤적 사이의 오차를 줄이는 동시에, 동적dynamic 시스템(차량)의 안정성 보장을 포함해야 한다.

2 궤적 계획Trajectory planning의 일반적 특성

궤적계획에는 자율주행차량에 대한 일련의 외부 제약(도로 기반시설, 기타 도로 사용자, 장애물, 취약한 사용자, 교통법규, 기상 조건)에 따라 공간과 시간에서 자율주행차량의 경로를 결정하는 것이 포함된다. 일반적으로, 궤적계획의 간단한 문제는 '실행 가능한 feasible' 또는 '적용 가능한 applicable' 궤적, 즉 일련의 제약 조건(예: 차량 동역학, 인지perception 능력 및 액추에이터, 운전자/승객의 상태)을 고려하고, 주어진 시간 범위 안에 목표를 달성할, 궤적을 찾는 것이다. 추론의 목적을 위해 솔루션 공간이 존재하고, 목표가 물리적으로 달성 가능하다고 가정한다.

(1) 최적의 궤적 계획과 관련된 장애물들

① 실시간으로 여러 궤적을 계산하기 위한 계산 시간 문제

현재로서는 실시간으로 단일 궤적을 계산하는 것이, 도전 과제이다. 이는 필요한 비상 기동을 계획하는 경우와 같이, 시스템의 신속한 대응(중요한 이벤트에 대한 반응)이 필요한 단일의 경우에 특히 어렵다.

② 계획된 궤적에 무관하게, 달성하고 유지해야 하는 시스템의 안정성 (높은 견고성을 의미).

차량의 불안정성은 차량사고로 이어질 수 있으므로, 차량의 구조와 동역학dynamics을 고려하여, 계획된 궤적의 안정성 보장 여부를 확인해야 한다.

③ 여러 대의 자율주행차량이 일렬로 주행할 때, 차량단의 점근적asymptotic **안정성**

실제로 선두 차량 leader의 동역학이 갑자기 변하는 경우, 이러한 상황은 주행속도의 맥동(파동 효과)을 생성할 수 있으며, 이는 후행 차량의 수가 많아질수록 더 중요하다.

④ 생성된 궤적의 최적성

단일 또는 다중 목표 인지와 관계없이, 생성된 궤적은 실현 가능할 뿐만 아니라, 하나 이상의 목표에 따라 최적이어야 한다. 그래야만, 자율주행차량이 사회적 문제(오염, 안전, 에너지, 경제, 등등.)에 해결책을 제공할 수 있기 때문이다. 이 최적 조건은, 무시할 수 없는 계산 복잡성을 추가한다.

⑤ 계획된 궤적의 설명 가능성(설명 가능도)

예를 들어 인공지능 기반 방법(신경망, 기계학습, 심층학습 등)이 포함될 때, 복잡할 수 있는 설명 가능성은, 완전한 인간-기계 인터페이스 HMI : Human-Machine-Interface를 생성하는 데 중요하며, 사고 발생 시 책임 충돌을 해결하는 데에도 사용할 수 있다.

(2) 궤적계획에서의 고려 사항

기본 원칙은 항상 같으며, 다음과 같은 정의를 포함한다. 계획하고자 하는 궤적의 시스템, 최적화 변수, 이들 변수에 적용된 제약 조건, 목표(들) 및 관련 비용 함수, 그리고 마지막으로 선택한 계획 방법 등.

① 변수 Variables

중요한 변수는 차량의 종방향 및 횡방향 운동 motion과 관련된 요소들이다.

② 제약 조건 Constraints

시스템과 관련해서 제한되는 조건으로서, 차량의 동역학, 기본 데이터(초기 속도 등), 그리고 고속도로 교통 규칙과 같이 설정된 제한 사항이다. 이 경우 고속도로 교통규칙은 안전 평가를 위한 기준 reference으로 사용된다. 인간과의 상호작용을 고려한다면, 운전자의 상태와 관련된 제한 사항도 추가될 수 있다.

③ **비용 함수** Cost functions

'목적objectives' 함수로부터 도출되는 비용 함수를 정의한 후, 계획할 변수의 수를 제한하기 위해, 운전 모델을 단순화하고 운전자의 행동을 요약할 필요가 있다. 예를 들어, 경제 운전eco-driving의 정의는, 각 목표에 대한 비용 함수도 모델링 된, 다중 목표 최적화 방법을 사용하여 논리적으로 모델링 되어야 한다 [6].

④ **계획 방법론** Planning methodology

공공도로에서 주행하는 차량에 초점을 맞춘, 궤적 계획과 관련된 다수의 알고리즘. 예를 들면, 공간구성 알고리즘, 최단 경로 알고리즘, 수치 최적화 알고리즘, 인공지능 알고리즘 등.

3 부조종사(Co-pilot project) 알고리즘 - HAVEit 프로젝트[7, 8, 9]

다양한 자동화 수준의 가용성에 근거하여 성능 및 안전의 우선순위를 고려하여, 가능한 차량 궤적을 계산한다. 종방향 또는 종방향과 횡방향 주행이 결합된 궤적을 계산하고, 순위를 지정하며, 궤적을 실행하는 과정에서는 인간 운전자와 상호작용한다.

HAVEit 프로젝트에서는 인간과의 상호작용을 고려하여, 부조종사 Co-pilot라는 명칭을 사용하였으나, 완성차 회사(예: TESLA)는 오토-파일럿Auto-polit이라는 명칭을 사용하고 있다.

(1) 개요 Introduction

유럽 프로젝트(HAVEit; Highly Automated Vehicles for Intelligent Transport) 및 프랑스의 저속 자동화(ABV; Automatisation Basse Vitesse) 프로젝트의 결과물이다. 인간 운전자와 공유되는, 고도로 자동화된 운전 위임 애플리케이션(소위 부조종사: Co-pilot) 알고리즘을 개발하였다. 완전 자동운전 시스템으로 가는 중간단계로서, 인간 운전자와 부조종사 알고리즘이 상호작용한다. 부조종사 알고리즘은 유엔 교통안전 협약(1968)의 교통규칙을 기반으로 하며, 다른 모든 교통 참가자도 교통규칙을 준수하는 것으로 가정한다. 궤적의 계획 및 실행 알고리즘의 하나로서 소개한다.

첫째, 환경에 대응하여, 높은 수준의 법적 안전을 보장한다. 즉, 가상 부조종사는 혼재된 교통 상황에서 안전과 효율성을 보장하기 위해, 교통규칙과 고속도로 교통법규를 준수한다.

둘째, 사용자의 안전을 보장하는 운영 공간, 그리고 모든 도로 사용자가 준수하는 교통 규칙의 적용 영역을 정의했다. 이 작업 영역에서는 충돌을 피하거나, 최악의 경우, 충돌을 완화하는 데 필요한, 모든 전략을 구현할 수 있어야 하기 때문이다.

마지막으로 셋째, 인적 요소가 제어 루프 control loop에 포함되어 있어, 운전 작업을 자동운전 시스템(부조종사)과 공유한다. 이 능동적이고/또는 유용한 인간/기계 상호작용은, 기수와 말 사이의 관계처럼, 간단한 인터페이스를 효율적으로 관리할 수 있도록 구성되어 있다.

인간 운전자와 부조종사 알고리즘의 상호작용 측면에서 이른바 '적응형 정속주행 모드 adaptive cruise mode'는 운전자의 의사를 반영해 고도의 자율주행을 가능하게 한다. 이와 같은 방법으로, 운전자는 목표속도와 목표차선을 선택하고, 합법적이고 안전하게 주행할 수 있다. 또한, 사용자의 안전을 보장하기 위해 시스템 장애 시, 운전자가 현재 운전상황에 효과적으로 대응 및/또는 대응할 수 없을 때, 자동화된 차량을 안전하게 정지시키는 '페일 세이프fail safe 모드'가 구축되어 있다.

그림 6-2는 서로 다른 모듈, 모듈의 상호 작용, 모듈에 적용된 제약 조건(규칙 수준), 그리고 이 고도로 자동화되고 공유된, 운전 응용 프로그램에 관련된 행위자를 나타내고 있다.

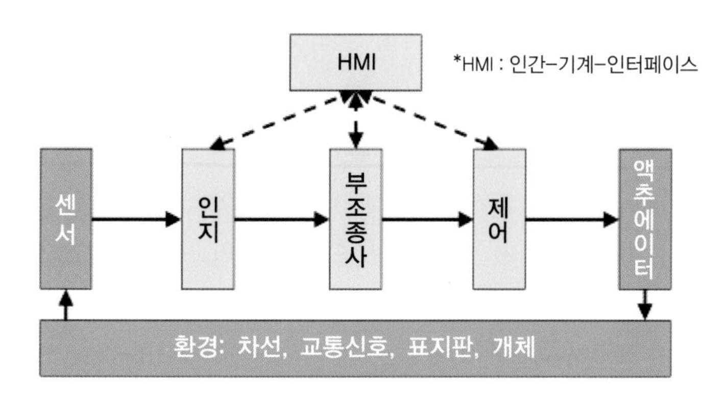

그림 6-2 부조종사 알고리즘 개발을 위한 모듈, 규칙 및 상호 작용 [HAVEit Project]

부조종사 모듈을 생성하고, 제어 모듈에 최소한 하나의 허용 가능한 궤적을 제공하기 위해서는, 4단계가 필요하다. 첫 단계는, 공통 기준 프레임 내에서 장애물, 자차 및 도로(궤적 및 표시)의 속성을 추정하여, 인지 perception로부터의 결과 데이터를 검색한다. 그다음에는, 장애물과 유령 ghost-장애물에 대응하여, 모듈은 허용할 수 있으면서도, 달성 가능한 궤적을 예측한다. 그다음 모듈은 자차에 대한 주행속도 형태 profile와 궤적을 생성한다, 최종적으로, 마지막 모듈은 이전 모듈들에서 생성된 모든 궤적을 평가, 필터링하기 위해 교통 규칙, 인간의 한계 및 시스템의 제약(인지/제어)을 적용한다. 결과적으로, 최소의 비용으로 하나 이상의 궤적을 선택할 수 있게 된다.

(2) 부조종사 알고리즘에 적용된 규칙 The rules applied by the co-pilot

적용된 규칙 수준은 운전 수준(교통 규칙: 1~9), 인간 수준(규칙 10과 11) 및 시스템 수준(규칙 12~15)이다. 이 규칙은 유엔 교통안전 협약(1968)의 교통 규칙에 기반을 둔다.

① **규칙** 1: 도로 사용자는 도로 기반시설을 손상하거나, 다른 도로 사용자에게 피해를 주지 않아야 한다.

② **규칙** 2: (인간) 운전자는 신체적, 정신적 상태가 양호해야 하며, 항상 차량을 제어할 수 있어야 한다.

③ **규칙** 3: 추월을 제외하고는 가능한 한, 가장 오른쪽 차선에서 주행해야 한다.

④ **규칙** 4: 차량은 왼쪽 차선에서만 추월해야 한다. 단, 교통 체증 시에는 오른쪽 차선으로 추월할 수 있다. 추월 기동은 동일한 차선에서 자차의 앞/뒤에 있는 차량이, 다른 차량의 추월 기동을 지시하거나 시작하지 않은 경우에만 수행할 수 있다. 또한, 진입 차선을 주행하는 차량이 자차의 기동으로 인해, 방해받아서는 안 된다. 현지 도로교통 표지판, 또는 표시로, 금지하고 있는 추월 기동을 해서는 안 된다. 추월하는 동안에는, 해당 방향등이 점멸해야 한다.

⑤ **규칙** 5: 속도는 도로 및 기상 조건(예: 가시성 및 도로와 타이어의 접촉력), 속도 제한 표지판 및 다른 차량의 존재에 적합하게 조정되어야 한다. 차량간 거리는, 차량이 비상 제동을 수행해도 충돌을 피할 수 있어야 한다. 운전자는 또한, 자신의 인지 영역을 벗어난 '예측 가능한' 차량과의 충돌을 피할 수 있어야 한다.

⑥ **규칙** 6: 제동은 안전상의 이유에서만 실행되어야 하며, 제동 조작을 알리는 제동등으로 제동 신호를 보내야 한다.

⑦ **규칙** 7: 충분히 강력한, 고성능 차량만 고속도로를 주행할 수 있다. 차량은 후진 또는 역주행해서는 안 된다. 이미 고속도로를 주행하고 있는 차량은, 고속도로에 진입하는 차량에 우선한다. 기술적 이유로 정차해야 할 때는, 가능하면 비상 정지 차선에서 정지해야 한다.

⑧ **규칙** 8: 차량의 다이내믹 dynamic과 조명은 가시성 조건에 맞게 조정되어야 한다.

⑨ **규칙** 9: 우선권 priority이 있는 차량은, 규칙 1을 제외한, 나머지 교통 규칙은 면제된다.

⑩ **규칙** 10: '운전자 전용(DO: Driver Only)' 수준의 자동화에서는, 시스템(부조종사)이 활성화되지 않는다. '운전자 지원(DA: Driver Assisted)' 수준의 자동화에서는 인간 운전자가 종방향 및 횡방향 제어를 수행하고 주행 시스템은 최적의 속도와 최적의

차선에 대한 정보를 제공한다. '반자동(SA: Semi Automated)' 모드에서는 시스템이 종방향 제어를 대신한다. '고도 자동화(HA; Highly Automated)' 모드에서는, 시스템이 차량의 종방향 및 횡방향 제어를 수행하는 반면, 인간 운전자는 상황을 모니터링하고, 목표속도와 목표차선을 지정한다. '완전 자동화(FA: Full Automated)' 모드에서는 인간 운전자가 더는 차량의 여정 progress과 기동 maneuver을 감시할 필요가 없으며, 차선변경은 자동으로 이루어진다. 선택적으로, 인간은 '보통', '스포츠 sport' 또는 '컴포트 comfort'와 같은 운전 모드를 선택할 수 있다.

⑪ **규칙 11**: 적용 영역 밖에서는 DO(운전자 전용)만 가능하다. 적용 영역에서는 시스템이 DO에서 DA(운전자 지원)로 변경된다. 자동화 모드는 인간 운전자 또는 부조종사 시스템에 의해 변경될 수 있다. 운전자는 연속적인 DA, SA(반 자동화), HA(고도 자동화) 및 FA(완전 자동화) 수준 사이를 전환할 수 있다. 운전자가 페달이나 조향 핸들을 조작하면, 자동화 수준은 곧바로 DA(운전자 지원)로 전환된다. 시스템은 충돌을 피하고자, 비상 제동을 적용하고, 자동으로 DA에서 SA로 전환된다. 시스템은 또한 도로를 벗어나지 않도록 HA(고도 자동화)로 전환한다. 부조종사 시스템에 장애가 발생하거나 적용 구역이 종료된 경우, 운전자가 차량을 다시 제어하지 않는 한, 시스템이 차량을 비상 차선에서 자동으로 정지한다.

⑫ **규칙 12**: 인지 영역에서, 도로 장면(장애물, 도로, 자차 및 환경)에 있는 행위자의 속성 추정 오류는 제한되어야 하며, 최소 품질(최소 보장 인지 품질)을 준수해야 한다.

⑬ **규칙 13**: 결정/계획 모듈에 의해, 장애물과 자차에 의해 추정된 궤적은, 컨트롤러가 달성할 수 있어야 한다. 이들 궤적은 물리적으로 유효해야 한다.

⑭ **규칙 14**: 제어 모듈은 한계가 있으며 오류를 가진, 경로에 차량을 유지한다. 제어 모듈의 정확도는 특정 안전거리를 두고 차선을 변경하고, 극단적 경우에도 차량이 목표 차선을 유지할 수 있는 정도의 안전거리를 확보해야 한다.

⑮ **규칙 15**: 구성요소 간에 전달되는 모든 정보에는, 제한된 수의 요소 element가 있다. 인지 perception는 최대 3개의 차선(좌측, 현재 및 우측)을 설명한다. 인지는 그림 6-3과 같이 최대 8개의 개체를 설명한다. 이들 개체는, 3개의 차선 각각에서, 자차의 앞과 뒤에서 가장 가까운 장애물, 그리고 자차의 좌우, 양쪽에 있는 개체이다. 의사결정 모듈은 최대 4개의 궤적, 각 차선에 대한 최적의 궤적 및 장애가 발생하면 차량을 정지시키는 '안전한' 궤적을 설명한다. 또한 인지, 계획/결정 및 제어 모듈의 계산 시간은 제한적이고, 미리 정의된 기간 period을 준수해야 한다. 이 마지막 제약조건은 실시간 작동을 보장해야 한다.

(3) '유령 ghost' 개체 및 차량에 대한 궤적 예측

① **계산 기준 좌표계와 가상 경로 계획 기준 UW 좌표계**(그림 6-3 참조)

부조종사 알고리즘을 설계하기 위해, 먼저 궤적 계산 단계와 위험도를 단순화하고자, 기준 좌표계를 변경했다. 데카르트 XY '세계 world' 인지 perception 기준 좌표계에서, 더 단순한, 선형 UW 로컬local 기준 좌표계로 변환했다. UW 곡선 궤도 좌표계는 자차 XY 좌표계와 원점은 같다. 그러나 새로운 기준 좌표계에서 U축은 각 차선의 중앙에 평행하고, W축은 U축에 직각이다. 이 UW 환경은, 자차 및 주변 개체와 관련된, 궤적 계산을 위한 자연스러운 환경이다. UW 차선 좌표계에서, 차선의 중심은 일정한 W 좌표를 갖는다. 자차의 궤적 그리고 차선 중앙을 목표로 하는 개체는 과도 transient 부분(가변 W 좌표를 가짐)과 일정한 W 좌표를 가진 영구적인 부분으로 나타낼 수 있다.

일정한 W-좌표를 사용한 계산은, 일반적으로((그러나 반드시 그런 것은 아님) 선, 나선 및 원의 조합을 기반으로 하는, 실제 XY 궤적 기하학에서보다 계산이 훨씬 더 쉽고 더 빠르다 [10]. 모든 자차 및 개체 궤적은 UW 좌표계에서 계산된다.

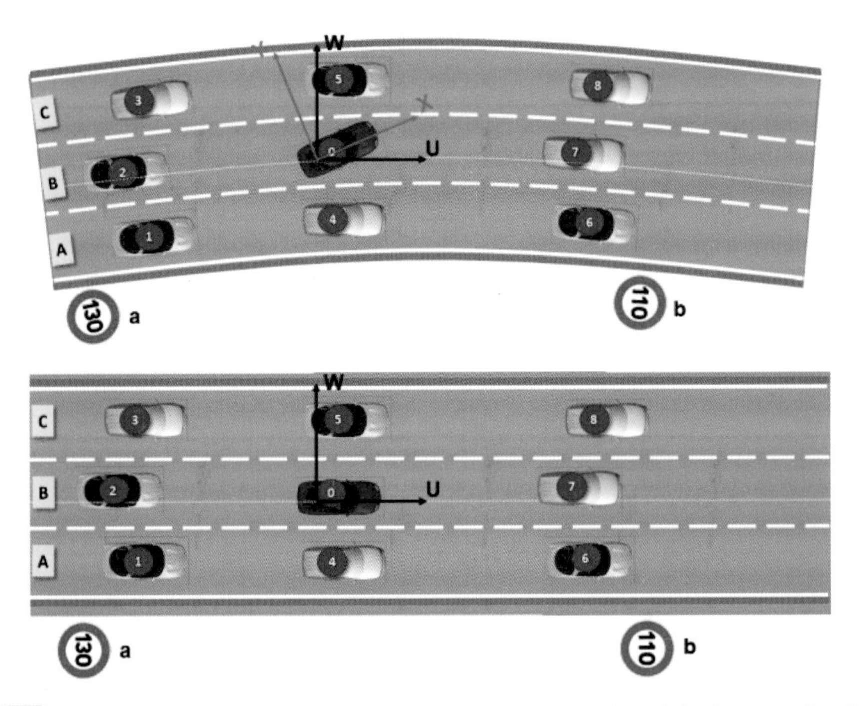

그림 6-3 환경(자차, 장애물, 차선 및 도로 표시)의 인지, 그리고 실제 인지 기준 XY 좌표계에서 가상 경로 계획 기준 UW 좌표계로의 변환

② **'유령(ghost)' 개체 및 차량의 궤적 계산**

두 번째 단계는 역동적 dynamic 상태, 그리고 현재의 구성에 적용 가능한, 교통 규칙(고속도로 코드)에 따라, 개체(1에서 8까지 번호가 지정된 개체)가 탐지된, 3개 차선(A, B, C)에서 법적 안전 궤적을 예측한다(그림 6-4 참조).

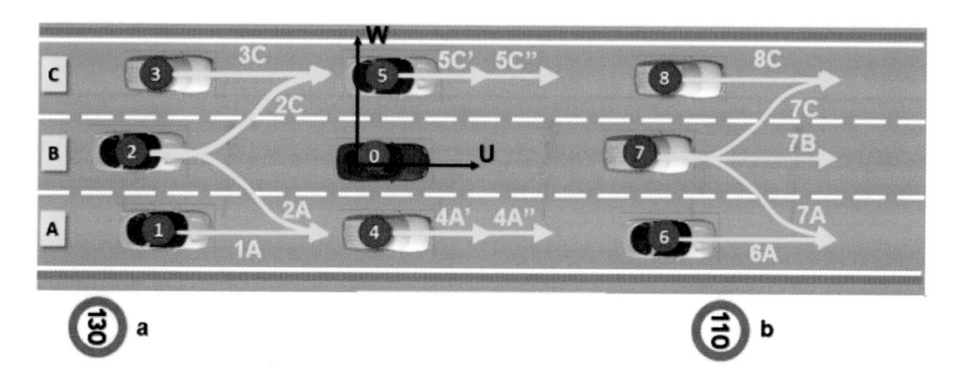

그림 6-4 자차 및 교통법규 관련, 상대적 위치에 따른 개체(1-8)의 가능한 궤적 예측

시간적 공간 temporal space에 관한 궤적 생성의 개념을 추가하기 위해, 그림 6-5의 '수학적 영역 모델'에서 확장된 개념을 제시하고 있다. 예시적인 실제 궤적(실선)과 관련하여, 허용할 수 있고, 달성 가능한, 최소 및 최대 궤적(점선)을 생성한다.

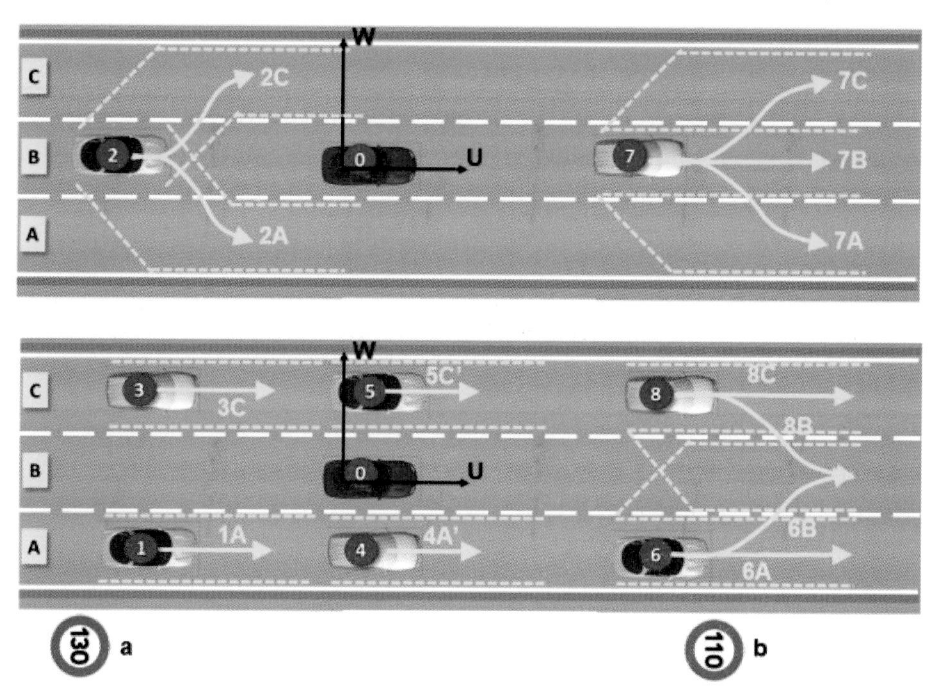

그림 6-5 예측된 최소 및 최대 궤적(점선)을 포함한, 진화 영역의 모델(실제 이상적으로 예측된 궤적(실선)과 비교)

멀어서 인지할 수 없는 경우까지도, 최대한의 안전을 보장하기 위해, '유령ghost' 차량의 개념을 제안, 개발하였다. 이 새로운 '안전 safety' 단계에는 인지 영역(유령 I에서 VI까지) 바깥의 가장 '비호의적인' 개체를 위한, 3개 차선(A-C)에 대한 교통 규칙을 준수하는, 안전한 궤적 예측이 포함된다(그림 6-6 참조).

그러므로, 다음 단계에서는 자차에 가까운 환경에 존재하는 개체(개체 1~8) 및 유령 차량(I-VI)에 대한, 안전 속도 프로필과 교통 규칙 준수를 예측한다(그림 6-6, 6-7).

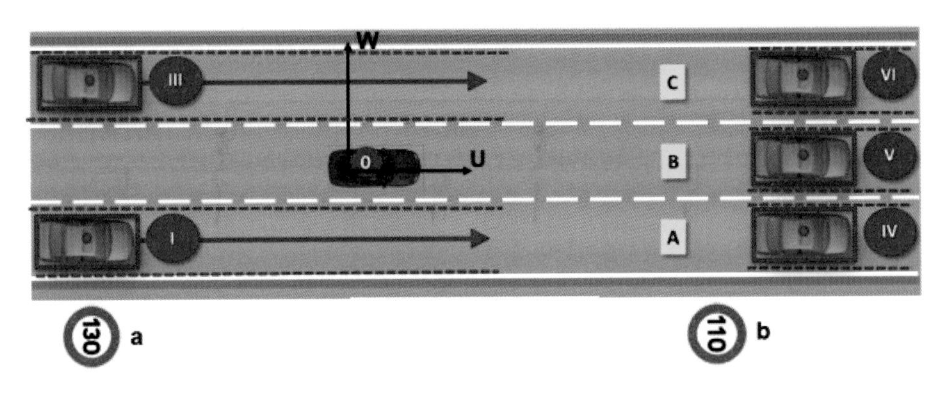

그림 6-6 자차의 현재 위치에 따른 유령의 궤적(I-VI) 예측(최소/최대 궤적의 영역 포함)

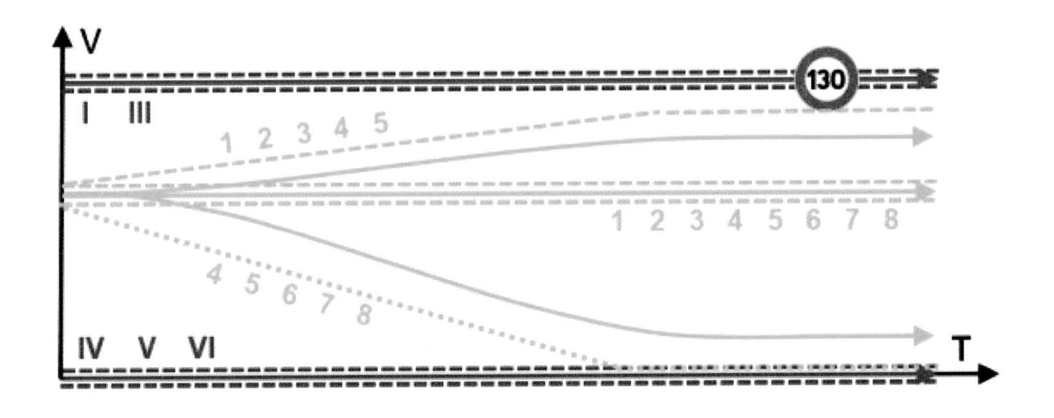

그림 6-7 자차의 위치함수로서, 개체(1-8)와 유령 차량(I-VI)에 대한 속도 프로파일 예측

③ **차량의 속도 프로파일 및 궤적 예측** (그림 6-8 참조)

실제 개체와 유령 개체의 궤적을 예측한 다음에는, 위에서 언급한 자차(0) 및 3개의 차선(A~C)에 관한 규칙에 따라, 안전 속도 프로파일을 계산해야 한다. 자차에 대한 이들 속도 프로파일은, 속도 지능형 적응 및 안전거리 유지의 제약 조건을 충족해야 한다.

자차가 도달할 수 있는 궤적의 계산은, 환경 인지 모듈(장애물과 차선의 탐지)의 사용, 그리고 앞에서 이미 제시한 개체의 궤적 예측을 기반으로 한다. 궤적계획에 대한 기존 문헌에는 '샘플링 기반' 알고리즘, 그리고 직접 알고리즘의 두 가지 주요 유형이 있다 [0]. 샘플링 기반 로드맵 roadmap, RRT Rapidly-exploring Random Tree 알고리즘 또는 그리드 기반 알고리즘(공간 이산화)과 같은 '샘플링 기반' 알고리즘은, 먼저 궤적 공간에서 무작위 견본sample을 생성하고, 나중에 이들 견본을 평가함으로써, 보편적인 접근을 가능하게 한다. 전문가 시스템, 전위장 potential fields 또는 제어 기반과 같은, 직접 알고리즘은 궤적을 생성할 때, 평가 단계를 요구하지 않고, 모든 주행 측면을 직접 고려하는 응용 프로그램별 접근 방식을 제공한다. 직접 알고리즘은 '샘플링 기반' 알고리즘보다 더 최적의 솔루션을 찾고, 계산이 덜 필요하다. '샘플링 기반' 알고리즘은 직접 알고리즘이 해결하기 어려운, 복잡한 문제를 해결한다.

정지상태(0)에서부터 최고 속도까지의 종방향 속도, 또는 극단적인 제동에서 강한 가속에 이르는 종방향 가속도와 같은, 연속적인 변수를 사용할 때, 직접 계산은 간단하고 정확하다. '샘플링 기반' 접근 방식을 사용하는 계산은, 본질적으로 눈에 거슬리지 않는, 횡방향 lateral 기동에 사용된다. 이것은 주로 교통 차선의 구조 때문이다. 결정 모듈의 현재 구현에서는, 차선의 중앙을 중심으로 하는 궤적만 계산된다.

그림 6-8은 양방향(종방향 및 횡방향)에서 자차에 대해 가능한, 7가지 속도 프로파일의 생성을 제시하고 있다. 이 프로필은 3가지 범주로 나뉜다. 첫 번째는 정상적인 차량 작동(0A, 0B, 0C)에 해당한다. 두 번째는 자차의 파손 및 고장(FA, FB, FC)과 같은 단일 상황을 고려한다. 이 경우, 생성된 안전 속도 프로파일(고장의 경우 F)은 모든 사용자를 위한 안전한 정지를 가능하게 해야 한다. 마지막 범주는, 안전 제동이 필요한 위험한 상황이나, 긴급 제동(JB; 하단 그림에서 적색 곡선)이 필요한 충돌에 대한, 안전 반응 safe reaction과 관련된 상황에 해당한다. 이것은 안전장치가 장착되지 않은 차량이, 교통과 인간의 규칙을 존중하지 않을 때 발생할 수 있다. 그림 6-8은 궤적 0A, 0B, FA, FB 및 FC에 대한, 영역/최소 및 최고 도달 가능한 속도 범위에 관한 모델을 제시하고 있다.

결정 모듈은 궤적을 계산하기 전에, 먼저 속도 프로파일을 계산해야 한다. 이 접근 방식은 고전적인 '속도 경로 speed path' 분해 접근방식과 반대이다. 속도와 가속도 프로파일을 생성하기 위해, 일련의 방정식을 사용해야 한다.

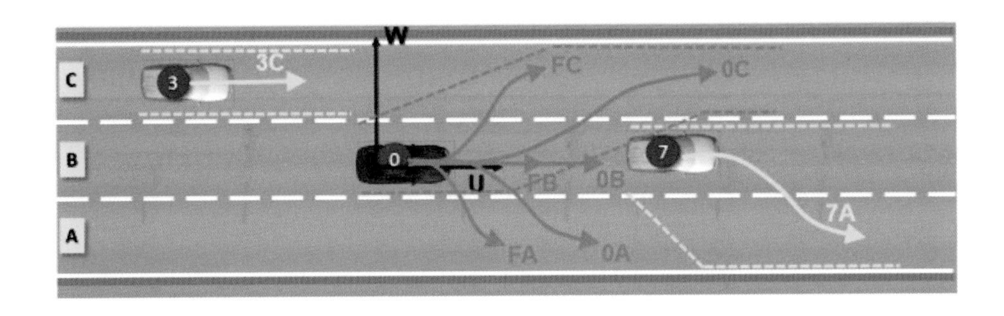

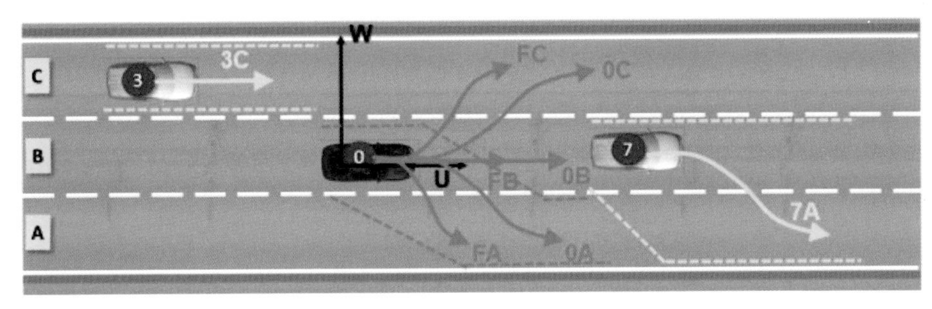

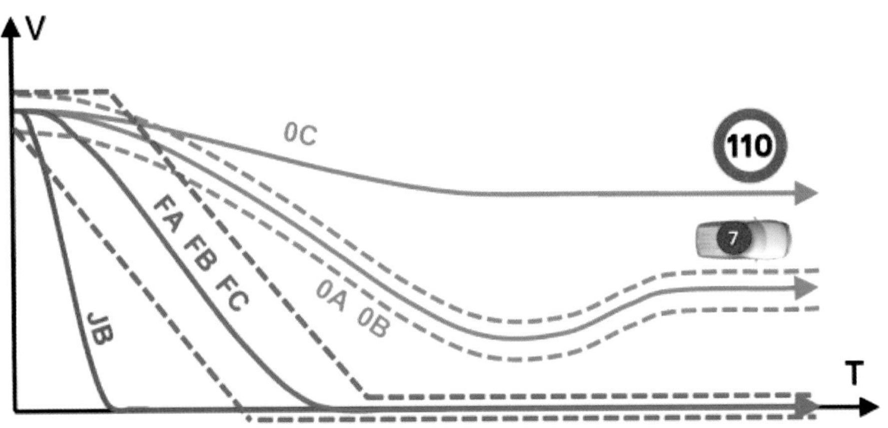

그림 6-8 자차에 대한 7가지 속도 프로파일(정상, 고장, 비상 제동)의 생성

이들은 자차의 동역학(마찰 한계(G), 인간 한계(H) 및 시스템 제약(I))에 영향을 미치고, 기반 시설, 환경의 개체, 그리고 '유령ghost' 차량에 의존하는 다양한 매개변수의 한계와 관련된 제약을 적용하며, 인지가 생성한 전자 지평electronic horizon의 한계 때문에 강요되는, 경계 보안 사례를 모델링한다. 이러한 제한은 차량의 용량, 운전자의 행동 및 운전 스타일, 인지와 제어 모듈의 제한과 관련이 있다. 결과적으로, 이들 제한은 시스템뿐만 아니라 사람을 관리하는 규칙에 크게 의존한다.

극단적인 가속과 감속 즉, 최대 가속도와 최대 감속도, 원심력을 고려한 횡가속도, 제동 안전거리, 주행 안전거리 등등을 계산해야 한다. 다음 절에서 설명한다.

의사결정 및 제어

6-2 주행궤적과 주행속도의 계산
Calculation of driving track and speed

앞 절에서 설명한 알고리즘은, 모든 입력(자동화 수준, 운전자가 요청한 자동화 수준, 일련의 궤적, 탐지된 목표 개체, 차량 위치, 궤적 및 상태 한계, 차량 상태)에 따라, 필요한 자동화 작업을 달성하기 위해 수행해야 할 차량 행동 action을 계산한다. 이 함수의 출력은 주로 궤적과 주행속도이다.

1 종방향(차량의 전/후 방향) 제어 Longitudinal control

종방향 제어의 주요 임무는 최적의 주행속도 형태 profile를 계산하고 실행하는 것이다. 기본적으로 설정한 주행속도를 유지하려고 하는 주행속도 제어(정속제어)이지만, 차간거리 조절(ACC; 적응형 정속주행)과 차량 전방 도로 기울기에 따라 범위가 달라질 수도 있다.

(1) 주행속도 형태 speed profile의 설계

목적은 종(세로)방향 에너지를 사용하여, 연료(에너지) 요구량을 줄일 수 있는 속도 궤적을 설계하는 것이다. 도로 기울기와 제한속도를 알고 있다면, 주행속도 형태를 설계할 수 있다. 이들 요소에서 맞춤 fitting 속도를 선택하면, 불필요한 가속 및 제동의 횟수를 줄일 수 있다.

차량 전방의 도로를 여러 구간으로 나누어, 이에 적합한 기준속도를 선택한다(그림 6-9 참조). 도로의 기울기와 제한속도의 비율은 각 구간의 끝점에서 알고 있는 것으로 가정한다. 도로 기울기에 대한 지식은 주행속도 신호 계산에 필요한 가정이다. 실제로 도로의 기울기는 두 가지 방법으로 알 수 있다. 등고선이 표시된 지도를 사용하거나, 추정기법을 적용하여 구할 수 있다. 전자의 경우 다른 탐색 작업에 사용되는 지도의 기울기 정보를 활용할 수도 있다. 기울기 추정기법에는 여러 가지가 있다. 이들은 대부분 카메라, 레이저/관성 프로파일로미터 profilometer, 차동 GPS 또는 GPS/INS 시스템을 사용한다 [11, 12, 13]. 또 차량 모델과 칼만 Kalman 필터에 기반한 추정기법[14]도 제안되고 있다.

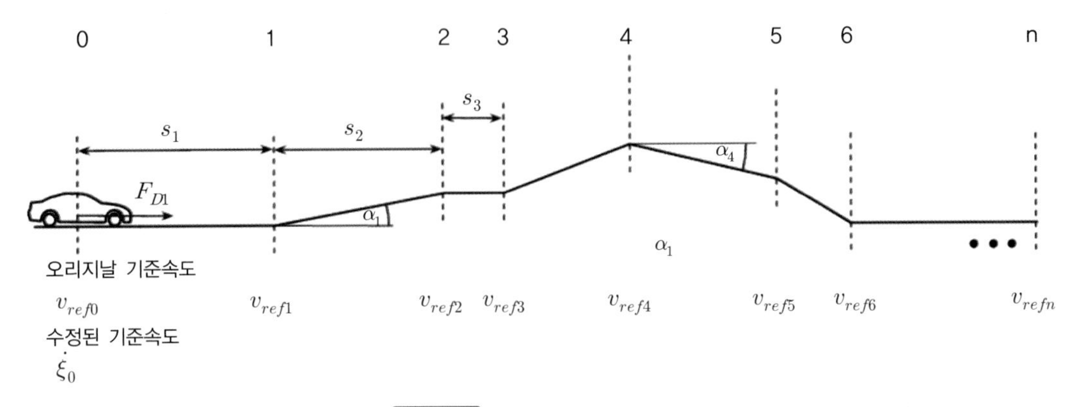

그림 6-9 도로 기울기의 분할

그림 6-10은 차량의 종(길이) 방향 동역학에 관한 간략한 모델이다. 차량의 길이(종) 방향 운동은 제어 신호와 구동력, 그리고 차량에 작용하는 각종 저항의 영향을 받는다. 차량에 작용하는 저항으로는 크게 전동저항(F_{roll}), 공기저항(F_{air}) 및 기울기 저항(F_s) 등이 있다.

전동저항(F_{roll})은 $F_{roll} = f_R \cdot F_N$이며, 여기서 F_N는 차체에 작용하는 수직 하중[N], f_R은 노면과 타이어 접지면과의 전동마찰계수이다. 마찰계수는 경험값으로서 $f_R = f_{R0} + f_{R1}(v) + f_{Rn}(v^n)$을 사용한다. 일반적으로 승용자동차의 전동마찰계수는 주행속도 150km/h에 근접할 때까지는 주행속도와 관계없이 거의 일정한 것으로 알려져 있다. 그러나 그 이상의 속도에서는 반드시 고차 항을 고려하여야 한다. 일반적으로 승용자동차 타이어에는 다음 식을 적용한다.

$$F_{roll} = f_R \cdot F_N \approx F_N \cdot f_{R0}(1 + f_{R1}v^2)$$

공기저항(F_{air})은 $F_{air} = c_w \cdot A \cdot \frac{\rho}{2} \cdot (v_{rel})^2$를 적용한다. 여기서 F_{air}는 공기저항[N], A는 전면 투영 단면적[m^2], ρ는 공기밀도[kg/m^3], v_{rel}는 바람의 속도와 주행속도의 합성속도[m/s]이다. 바람의 속도가 0일 경우, 합성속도는 자동차 주행속도와 같다($v_{rel} \approx v$)

기울기 저항(F_s)은 $F_s = m \cdot g \cdot \sin\alpha$로서, m은 자동차 질량[kg], α는 노면의 경사각, g는 중력가속도[m/s^2]이다. 그리고, 정속주행할 때의 총저항(F_R)은 $F_R = F_{roll} + F_{air} + F_s$가 된다. 따라서, 자동차 구동력을 ($F_D$)라고 하면, 자동차 가속도($a$)는 대략 $a \approx (F_D - F_R)/m$이 된다.

자동차를 하나의 강체로 가정하면, 자동차는 가속될 때, 자동차 전체는 주행방향으로 가속된다(병진 가속). 그러나 내부의 회전부품들(동력원과 동력전달계 부품들)은 주행방향은 물론이고, 동시에 회전방향으로도 가속되어야 한다 - 병진가속과 회전가속.

따라서, 가속저항에서 이들 회전부 상당질량(Δm)을 고려하면, 가속도를 계산할 때의 전체 질량은 $m+\Delta m$이 된다.

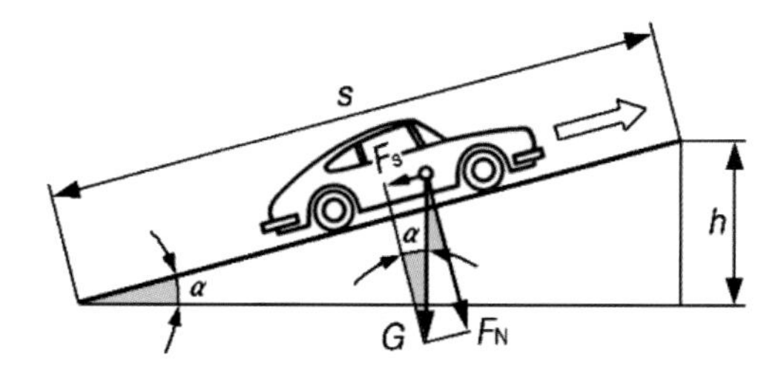

그림 6-10 간략화한 자동차 동역학 모델

등가속도 운동(等加速度運動; uniformly accelerated motion)

가속도가 일정한 운동에서, 계의 가속도(a)는 계가 받는 알짜 힘(F)을 질량(m)으로 나눈 값이다.

가속도는 물체의 위치(x)의 2차 시간 미분으로서, 시간(t)에 대한 계의 위치를 x라 놓으면,

$$a=\ddot{x}$$

이다. 초기조건 $x(t=0)=x_0$, $\dot{x}(t=0)=v_0$에서, 위의 식을 적분하면,

$$\dot{x}=at+v_0 \qquad x=\frac{1}{2}at^2+v_0t+x_0$$

가 된다. 위치 (x)의 시간 미분($\dot{x}$)은 속도이므로, 위 식은 등가속도에 따른 계의 속도(v)와 위치(x)가 된다.

$$v=at+v_0 \tag{1}$$

$$x=\frac{1}{2}at^2+v_0t+x_0 \tag{2}$$

식 (2)를 식 (3)과 같이 변형하고,

$$x-x_0=\frac{1}{2}at^2+v_0t \tag{3}$$

$x-x_0\equiv\Delta x$로 정의하고, t를

$$t=\frac{(v-v_0)}{a}$$

식 (2)에 대입하면, 식 (4)가 된다.

$$\Delta x=\frac{1}{2}a\left(\frac{v-v_0}{a}\right)^2+v_0\left(\frac{v-v_0}{a}\right) \tag{4}$$

식 (4)의 양변에 $2a$를 곱하면

$$2a\Delta x=(v-v_0)^2+2v_0(v-v_0)$$

위 식의 우변을 정리하면,

$$2a\Delta x=v^2-v_0^2 \tag{5}$$

식 (5)의 양변에 $m/2$를 곱하면(여기서 m은 계의 질량),

$$ma\Delta x=\frac{1}{2}m(v^2-v_0^2) \tag{6}$$

이고, $ma=F$는 계에 작용하는 알짜 힘, 여기에 변위 x를 곱하면, $F\cdot x$는 알짜 힘이 계에 한 일이 된다.

$$F\cdot x=W \tag{7}$$

여기서 $x=0$, $v=0$는 $t=0$(초기위치)에서의 위치와 속도, $\Delta x\equiv x-x_0$는 변위 즉, 구간거리가 된다.

두 지점 사이에 가속 및 감속이 있을 수 있지만, 계산에는 평균속도를 사용한다. 그러므로, 이들 두 지점 사이에서 차량은 등가속도 운동을 하는 것으로 간주한다. 등가속도 운동의 경우, 간단한 운동 방정식을 사용하여, 차량의 주행거리(s_1)를 구할 수 있다.

$$s_1 = v_0\left(\frac{v_1 - v_0}{a}\right) + \frac{1}{2}a\left(\frac{v_1 - v_0}{a}\right)^2,$$

여기서 v_0는 시작 지점에서의 차량속도, v_1은 첫 번째 구간 지점에서의 차량속도, s_1은 두 지점 사이의 거리이다. 따라서 첫 번째 구간 지점의 속도는

$v_1^2 = v_0^2 + 2as_1 = v_0^2 + \frac{2}{m}s_1(F_{D1} - F_{R1})$이 된다.

첫 번째 구간 지점의 속도 v_1^2는 기준속도 $v_{ref.1}^2 = v_1^2$로 정의된다. 이 관계는 다음 도로구간에도 적용된다. $v_2^2 = v_1^2 + 2as_2$. 종방향 구동력 (F_{D1})은 첫 번째 구간에서 알려져 있음을 강조하는 것이 중요하다.

더욱이, 종방향 힘($F_{D.i},\ i > 1$)은 첫 번째 구간을 주행하는 동안은 모른다. 따라서 제어력을 계산할 때 추가적인 종방향 힘이 차량에 작용하지 않는다고 가정한다. 즉, 종방향 힘 ($F_{D.i},\ i > 1$)은 다음 구간에 영향을 미치지 않는다. 동시에 도로 기울기로 인한 저항(교란)은 사전에 알고 있다. 유사하게, 차량의 속도는 다음 n구간 지점에서 공식화할 수 있다. 이 원리를 사용하여, 차량의 경로를 따라 필요한 속도를 포함하는, 속도 사슬이 구성된다.

제어력 계산 시에, 추가적인 종방향 힘($F_{D.i},\ i \in [2,n]$)은 다음 구간에 영향을 미치지 않을 것이다. 유사한 도구를 사용하여, 도로의 각 구간지점에서의 차량속도를 구한다.

n번째 구간지점의 속도는 다음과 같이 표현할 수 있다.

$$v_n^2 = v_0^2 + \frac{2}{m}(s_1 F_{D.1} - \sum_{i=1}^{n} s_i F_{Ri}) = v_{ref.n}^2$$

속도의 순간 값을 추적하는 것도 역시 중요한 목표이다. 이것은 다음 방정식에서도 고려할 수 있다. 그림 6-9에서 수정된 기준속도($\dot{\xi}_0$)는 $\dot{\xi}_0 \approx v_0^2 \rightarrow v_{ref.0}^2$이다.

저항력($F_{R.i}$)은 두 부분으로 나눌 수 있다. 첫 번째 부분은 도로 기울기로 인한 저항 ($F_{Ri,s}$)이고, 두 번째 부분($F_{Ri.0}$)은 구름 저항, 공기저항 등과 같은, 다른 모든 저항을 포괄한다. 우리는 기울기 저항($F_{Ri,s}$)은 알고 있는 반면에, $F_{Ri.0}$은 알려지지 않은 것으로 가정한다. 기울기 저항($F_{Ri,s}$)은 $F_{Ri,s} = m \cdot g \cdot \sin\alpha$로서, 차량의 질량($m$)과 도로기울기($\alpha$)에 따라 다르다. 구동력($F_{D.1}$)을 계산할 때, 측정되지 않은 모든 저항($F_{Ri.0}$) 만이 차량에 영향을 미친다. 제어 설계에서, 측정되지 않은 저항($F_{Ri.0},\ i \in [2, n]$)의 영향은 무시된다. 이 가정의 결과는 모델에 도로 저항에 대한 모든 정보가 포함되어 있지 않으므로, 강력한 속도 컨트

롤러를 설계해야 할 필요가 있다. 이 컨트롤러는 바람직하지 않은 효과를 무시할 수 있다. 결과적으로, 구간 지점에서 차량의 속도 방정식은 다음과 같이 계산된다.

$$v_0^2 = v_{ref.0}^2 \quad \cdots\cdots (1)$$

$$v_0^2 + \frac{2}{m}s_1F_{D.1} - \frac{2}{m}s_1F_{R1,0} = v_{ref.1}^2 + \frac{2}{m}s_1F_{R1.s} \quad \cdots\cdots (2)$$

$$v_0^2 + \frac{2}{m}s_1F_{D.1} - \frac{2}{m}s_1F_{R1,0} = v_{ref.2}^2 + \frac{2}{m}(s_1F_{R1.s} + s_2F_{R2.s}) \quad \cdots\cdots (3)$$

$$\vdots$$

$$v_0^2 + \frac{2}{m}s_1F_{D.1} - \frac{2}{m}s_1F_{R1,0} = v_{ref.n}^2 + \frac{2}{m}\sum_{i=1}^{n}s_1F_{R1.s} \quad \cdots\cdots (4)$$

차량이 교통 체증 상태에서 주행하며, 다른 차량을 추월하는 일이 발생할 수 있다. 충돌 위험 때문에 차선의 선행 차량 속도(v_{lead})를 고려해야 한다.

$$v_0^2 \rightarrow v_{lead}^2 \quad \cdots\cdots (5)$$

구간segment의 수가 중요하다. 예를 들어 평탄한 도로의 경우, 구간의 경사가 급격하게 변하지 않기 때문에 비교적 적은 수의 구간지점을 사용하는 것으로도 충분하다. 구불구불한 도로의 경우, 차량의 가속도는 구간지점 사이에서 일정하다고 알고리즘에서 가정하기 때문에, 상대적으로 많은 수의 구간 지점과 짧은 구간을 사용할 필요가 있다. 따라서, 차량 전방의 도로는 불균일하게 분할되어, 도로의 지형과 일치한다.

다음 단계에서는 기준속도에 가중치$\gamma_1, \gamma_2, \cdot\cdot\cdot\cdot, \gamma_n$를 적용한다. 순간 속도에 추가 가중치 Q를 적용한다. 선두 차량leader 속도에 추가 가중치 L을 적용한다. 가중치 γ_i는 도로 상태의 비율을 나타내지만, 순간속도 가중치(Q)는 필수적인 역할을 한다. 가중치는 현재 기준속도($v_{ref.0}$)의 추적 요구 사항을 결정한다. 순간속도 가중치(Q)를 높이면, 도로 상태가 덜 중요해지는 반면에, 순간속도는 더 중요해진다. 마찬가지로 선두 차량leader 속도 추가 가중치(L)를 높이면, 도로 상태와 순간속도는 무시할 수 있다. 가중치의 합은 1이어야 한다. 즉,$\gamma_1 + \gamma_2 + \cdot\cdot\cdot\cdot + \gamma_n + Q + L = 1$

가중치는 제어 설계에서 중요한 역할을 한다. 가중치를 적절하게 선택함으로써 도로 상태의 중요성이 고려된다. 예를 들어 $Q = 1$이고 $L = \gamma_i = 0,\ i \in [1, n]$일 때, 제어 연습은 도로 조건과 관계없이, 순항 제어 문제로 단순화된다. 등가 가중치를 사용할 때, 즉, $Q = \gamma_1 = \gamma_2 = \cdot\cdot\cdot\cdot = \gamma_n$이고 $L = 0$일 때는, 도로 조건은 동일한 중요도로 간주된다.

$L=1$이고 $Q=\gamma_i=0$, $i\in[1,n]$의 경우는, 선행 차량의 추적만을 수행한다. 가중치의 최적 결정은 중요한 역할, 즉 현재 속도와 도로 기울기의 영향 사이의 균형을 달성하는 것이다. 결과적으로, 차량의 속도와 경제성 매개변수 사이의 균형을 공식화할 수 있다.

위의 방정식을 요약하면, 다음 공식이 생성된다.

$$v_0^2+\frac{2}{m}s_1(1-Q-L)F_{D1}-\frac{2}{m}s_1(1-Q-L)F_{R1,0}=\vartheta \quad \cdots\cdots (6)$$

여기서 값 ϑ의 값은 도로 기울기, 기준속도 및 가중치에 따라 다르다.

$$\vartheta=Lv_{Lead}^2+Q\,v_{ref,0}^2+\sum_{i=1}^{n}\gamma_i v_{ref,i}^2+\frac{2}{m}\sum_{i=1}^{n}s_iF_{Ri,s}\sum_{j=1}^{n}\gamma_j \quad \cdots\cdots (7)$$

마지막 단계에서, 기준속도와 가중치를 고려하는, 제어 지향 차량모델이 구성된다. 차량의 순간 가속도는 다음과 같이 표현된다.

$a_0=(F_D-F_{R,0}-F_{R1,s})/m$이고, $F_{R1,s}=m\cdot g\cdot \sin\alpha$이다. 식 (6)은 다음과 같이 정리된다.

$$v_0=\lambda \quad \cdots\cdots (8)$$

여기서 매개변수 $\lambda=\sqrt{\vartheta-2s_1(1-Q-L)(a_0+g\sin\alpha)}$는 설계된 ϑ를 기반으로 계산한다.

결과적으로, 속도 추적을 통해 도로 상황을 고려할 수 있다. 차량의 순간속도 v는 도로 정보를 포함하는 매개변수 λ와 같아야 한다. λ를 계산하기 위해서는, 종방향 가속도(a_0)를 측정해야 한다.

(2) 정속주행 제어 최적화 optimization of the vehicle cruise control

다음 단계에서의 작업은, 제어력의 최소화와 이동 시간을 모두 고려하는 방식으로 최적의 가중치를 선택하는 것이다. 식 (6)은 다음과 같은 방식으로 가중치에만 의존함을 나타낸다.

$$F_{D1}=\beta_0(Q)+\beta_1(Q)\gamma_1+\beta_2(Q)\gamma_2+\cdot\cdot\cdot+\beta_n(Q)\gamma_n \quad \cdots\cdots (9)$$

β_i는 가중치(Q)에 따라 달라지므로, 구동력(F_{D1})은 가중치 Q와 γ에 따라 달라진다. 종방향 제어력은 $|F_{D1}|\rightarrow Min$으로 최소화되어야 한다. 대신에, 실제로는 더 간단한 수치 계산 때문에 '$|F_{D1}^2|\rightarrow Min$'최적화가 사용된다. 동시에, 순간속도와 수정된 속도 간의 차이는 최소화되어야 한다. 즉, $|v_{ref,o}-v_0|\rightarrow Min$.

두 가지 최적화 기준은 서로 다른 최적 솔루션을 유도한다. 첫 번째 기준에서 도로 기울기와 제한속도는 적절하게 선택된 가중치 $\overline{Q}, \overline{\gamma_i}$를 사용하여 고려한다. 동시에, 정보가 무시되는 경우, 두 번째 기준이 최적이다. 두 번째 경우의 가중치는 $\breve{Q}, \breve{\gamma_i}$로 표시된다. 첫 번째 기준은 단순simplex 알고리즘을 사용하여 2차 형식을 선형 계획법으로 변환하여 충족한다. 다음과 같은 형태가 된다.

$$\overline{F}_{D1}^2(\overline{Q}, \overline{\gamma_i}) = (\beta_0(\overline{Q}) + \beta_1(\overline{Q})\overline{\gamma}_1 + \beta_2(\overline{Q})\overline{\gamma_2} + \cdot\cdot\cdot\cdot + \beta_n(\overline{Q})\overline{\gamma_n})^2.$$

여기서 제약 조건은, '$0 \le \overline{Q}, \overline{\gamma_i} \le 1$'과 '$\overline{Q} + \sum \overline{\gamma_i} = 1 - L$' 이다. 이 작업은 가중치 때문에 비선형이다. 최적화 작업은, 단순simplex 알고리즘과 같은, 선형 계획법으로 해결할 수 있다.

두 번째 기준도 고려해야 한다. 도로 상태를 고려하지 않으면, 차량이 미리 정의된 속도를 추적하므로, 최적 솔루션을 비교적 쉽게 결정할 수 있다. 결과적으로, 다음과 같은 방법으로 가중치를 선택하여, 최적 솔루션을 구할 수 있다. $\breve{Q} = 1$ 및 $\breve{\gamma} = 0, i \in [1, n]$.

여기서는 2가지 추가 성능 가중치, 즉 R_1과 R_2를 도입하였다. 성능 가중치 $R_1(0 \le R_1 \le 1)$은 종방향 제어력(F_{D1})의 최소화와 관련이 있으며, 반면에 성능 가중치 R_2는 $|v_{ref,0} - v_0|$와 관련이 있다. 성능 가중치에 따른 제약은 $R_1 + R_2 = 1$이다. 따라서 최적화 작업 간의 균형을 보장하는 성능 가중치는, 다음 식으로 계산한다.

$$Q = R_1\overline{Q} + R_2\breve{Q} = R_1\overline{Q} + R_2 \quad \cdots\cdots (10)$$

$$\gamma_i = R_1\overline{\gamma_i} + R_2\breve{\gamma_i} = R_1\overline{\gamma_i},\ i = [1. n] \quad \cdots\cdots (11)$$

계산된 성능 가중치를 기반으로 속도를 예측할 수 있다.

충돌을 피하기 위해서는 선행 차량의 추적이 필요하므로 선행차량 속도에 대한 추가 가중치 L은 줄어들지 않는다. 선행 차량이 가속하면, 추적하는 차량도 가속해야 한다. 속도가 증가함에 따라 제동거리도 증가하므로, 추종 차량은 선행 차량의 속도를 엄격하게 추적해야 한다. 한편, 차량의 속도가 공식 제한속도 이상으로 높아지는 것을 방지할 필요가 있다. 따라서 선행 차량의 추적 속도는 최대 제한속도에 의해 제한된다. 앞차가 가속하여 제한속도를 초과하면, 뒤따르는 차량은 뒤처질 수 있다.

- 효율성과 안전한 코너링을 고려한 전방 제어: 구간별 최대 코너링 속도는 차량의 설계 경로를 미리 알면, 사전에 계산할 수 있다. 구간지점 i에서의 제한속도($v_{ref,i}$)가 안전한 코너링 속도를 초과하는 경우, 제한속도($v_{ref,i}$)는 미끄러짐 또는 전복과 관련된

가장 작은 값으로 대체된다. 즉,

$$v_{ref,i}^{\text{mod}} = \min\left(v_{ref,i}\,;\, v_{skid,i}\,;\, v_{roll,i}\right) \quad \cdots\cdots (12)$$

(3) 속도 설계의 구현

제어 시스템은 그림 6-11과 같이 3단계로 구현할 수 있다. 첫 번째 단계의 목표는 기준 속도의 계산이다. 이 계산의 결과는 차량에 의해 추적되어야 하는 가중치와 수정된 속도이다. 두 번째 단계에서는 차량의 종방향 제어력(F_{D1})이 설계된다. 높은 수준의 컨트롤러가 필요한 종방향 힘을 계산한다. 세 번째 단계에서는 낮은 수준의 컨트롤러가 가속페달 위치(또는 스로틀밸브 개도), 변속단 위치 및 브레이크 압력과 같은 시스템의 실제 물리적 입력을 생성한다.

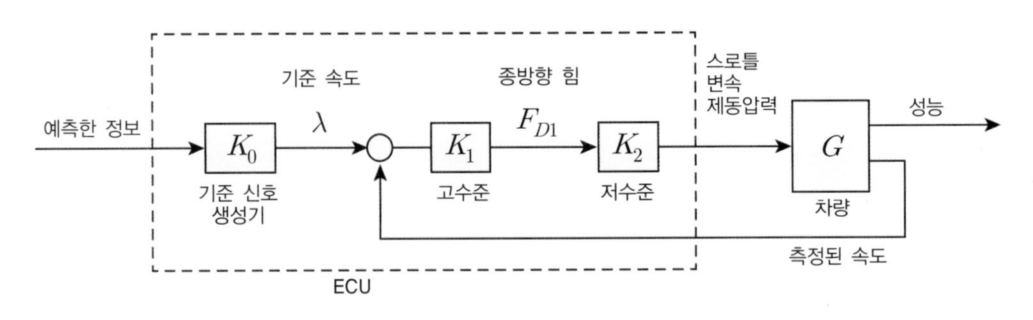

그림 6-11 제어 시스템의 구현

도로 상황을 고려하는 것 외에도 교통 환경을 고려하는 것도 중요하다. 즉, 충돌 위험이 있으므로, 기준속도 설계에 선행차를 고려해야 함을 의미한다. 제동 시 차량의 운동에너지는 마찰로 인해 소산되거나, 일부는 회생제동으로 회수된다. 안전 정지거리의 이러한 추정은, 선행 차량도 제동하는 정상적인 교통 상황에서 보수적일 수 있으므로, 차량 사이의 간격이 줄어들 수 있다. 차량 사이의 안전한 정지거리(d_{st})는 91/422/EEC, 71/30/EEC UN 및 EU 지침에 따라 결정된다(차량 등급 M_1의 경우: $d_{st} = 0.1v_0 + v_0^2/150\,[\text{m}]$ 속도는 v [km/h]). 또, 앞에 차량이 없으면 안전 정지거리의 고려가 불가능하거나, 필요하지 않다는 점을 고려해야 한다.

(4) 차량단 platoon 으로의 확장

단체 platoon로 이동하는 경우, 동일한 속도가 필요하므로 다른 차량에 따라 최적 속도를 수정해야 한다. 차량단에서 선두 차량의 속도가 모든 종속 차량의 속도를 결정한다. 목표는 구성원의 속도가 자신의 최적 속도에 최대한 가까운 공통 속도를 결정하는 것이다. 차량단의 경우, 차량마다 최적의 기준속도(λ_j)가 있다. 또한 선두 차량의 속도(λ_1)가 모든 대원의 속도($\dot{\xi}_{o,j}$)에 영향을 미치기 때문에 차량속도는 서로 독립적이지 않다. 목표는 선두 차량에 대한 최적의 기준속도($\overline{\lambda_1}$)를 찾는 것이다.

차량단에서 차량들의 속도 사이에는 상호작용이 있다는 점에 유의하는 것이 중요하다. 앞차가 속도를 변경하면, 추종 차량은 속도를 수정하여 짧은 시간 내에 선행 차량의 움직임을 추적해야 한다. 차량단의 구성원은 선두 차량으로부터 독립적이지 않으므로, 차량단 구성원(j^{th})의 속도($\dot{\xi}_{o,j}$)와 선두 차량 및 앞차와의 관계를 공식화할 필요가 있다. 입력과 출력을 포함한 전달함수로 공식화한다.

출력 $Y_j = F[L(\ddot{\xi_{0,j}})\ L(\dot{\xi_{0,j}})\ L(\xi_{0,j})]^T$은 차량의 가속도, 속도 및 위치 정보를 포함하며, 이 정보는 추종 차량에 전송된다.

입력 $U_j = \mathscr{G}\ [L(\ddot{\xi}_{0,j-1})\ L(\dot{\xi}_{0,j-1})\ L(\xi_{0,j-1})\ L(\dot{\xi_0})\ L(\xi_0)]^T$ 은 선두 차량과 앞차의 가속도, 속도 및 위치 정보를 포함한다. U_j와 Y_j 간의 전달함수는 $G_{j,cl} = K_j G_j / (1 + K_j G_J)$이며, j^{th} 차량 K_j의 컨트롤러와 종방향 다이내믹을 포함한다. 마찬가지로 선두 차량과 앞차가, 차량단 구성원$(j+1)^{th}$에게 미치는 영향을 공식화한다.

$$Y_{j+1} = G_{j+1,cl} U_{j+1},$$

여기서 $U_{j+1} = \begin{bmatrix} G_{j,cl} & \\ 0 & 1 \end{bmatrix} U_j$이며, 최종적으로 $Y_{j+1,cl} = G_{j+1,cl} \begin{bmatrix} G_{j,cl} & \\ 0 & 1 \end{bmatrix} U_j$가 된다. 결과적으로, 차량($j^{th}$)의 속도는 다음 공식에 의해 결정된다.

$$L[\dot{\xi_{0,j}}] = \begin{bmatrix} 0 \\ 1 \\ 0 \end{bmatrix}^T \ Y_j = \begin{bmatrix} 0 \\ 1 \\ 0 \end{bmatrix}^T \ G_{j.cl} \Pi_{k=2}^{j-1} \begin{bmatrix} G_{k.cl} & \\ 0 & 1 \end{bmatrix} G_{1.cl}\, \overline{\lambda} = \widehat{G_j}\, \overline{\lambda_1}$$

$\widehat{G_j}$의 값은, 차량단 $\overline{\lambda_1}$의 최적 기준속도의 계산에 사용된다.

마지막으로 선두 차량($\overline{\lambda_1}$)의 요구 기준속도를 설계한다. 설계의 목적은 모든 차량이 생성한 속도($\dot{\xi}_{0,j}$)가 가능한 한 수정된 기준속도에 근접하도록 하는 것이다.

$$\Sigma_{J=1}^{m} \left| \lambda_j - \dot{\xi_{0,j}} \right| \rightarrow Min. \quad \cdots\cdots (13)$$

j^{th} 차량의 속도는 $\dot{\xi}_{0,j} = \widehat{G_j}\overline{\lambda_1}$로 공식화되므로, 이어지는 최적화 공식은 다음과 같다.

$$\Sigma_{j=1}^{m} (\lambda_j - \widehat{G_j}\overline{\lambda_1})^2 = \Sigma_{j=1}^{m} \lambda_j^2 + \Sigma_{j=1}^{m} (\widehat{G_j}\overline{\lambda})^2 - 2\Sigma_{j=1}^{m} (\lambda_j \widehat{G_j}\overline{\lambda_1}) \rightarrow 0,$$

여기서 $\widehat{G}_j = \Pi_{k=1}^{j-1} \widehat{G}_k$이다. 유일하게 알려지지 않은 변수는 $\overline{\lambda_1}$뿐이다.

최적화의 해는 다음 방정식에 따른다.

$$\overline{\lambda_1} \Sigma_{j=1}^{m} \widehat{G}_j^2 - \Sigma_{j=1}^{m} (\lambda_j \widehat{G}_j) = 0$$

최적화 문제의 해결책을 구할 수 있다. $\overline{\lambda_1}$의 최적화의 공식은 다음과 같다.

$$.\overline{\lambda_1} = \frac{\Sigma_{j=1}^{m} (\lambda_j \Pi_{k=1}^{j-1} \widehat{G}_k)}{\Sigma_{j=1}^{m} (\Pi_{k=1}^{j=1} \widehat{G}_k)^2} \quad \cdots\cdots (14)$$

이는 선두 차량이 필요한 기준속도 $\overline{\lambda_1}$를 추적해야 함을 의미한다.

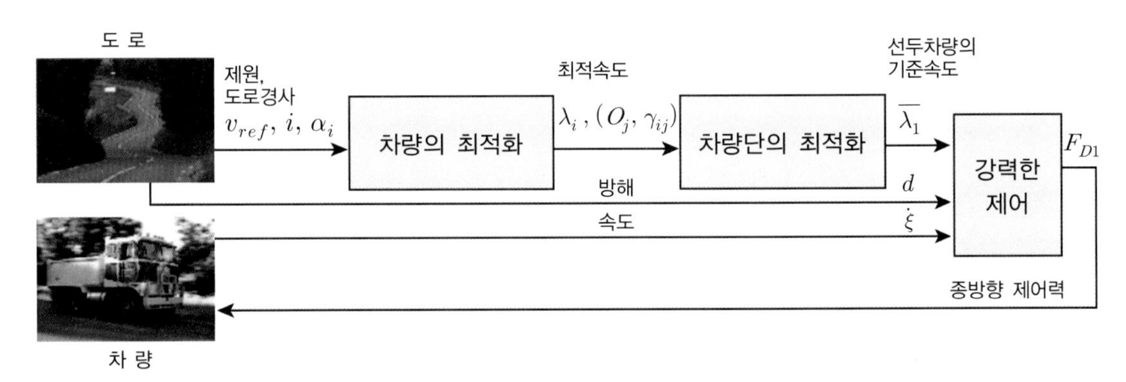

그림 6-12 제어 시스템의 아키텍처

2 횡(가로)방향 제어 Lateral control

(1) 궤적의 설계 design of trajectory

도로 건설 당국은 수평 곡선 설계와 관련하여 고속도로 설계 지침에서 미리 정의된 속도, 도로 편경사 및 점착 마찰계수에 대한 최소 곡선 반경을 결정한다 [15, 16]. 계산은 차량이 그림 6-13에서와 같이 곡선 중심에서 멀어지는 원심력을 받는 원형 경로를 따라 이동한다는 가정에 기반을 두고 있다 [17]. 슬립각(β)은 횡력이 경로 반경을 추적하기에 충분히 작은 것으로 가정하고, 종방향 가속도 역시 차량의 횡방향 마찰을 크게 떨어뜨리지 않을 만큼 낮은 것으로 가정한다.

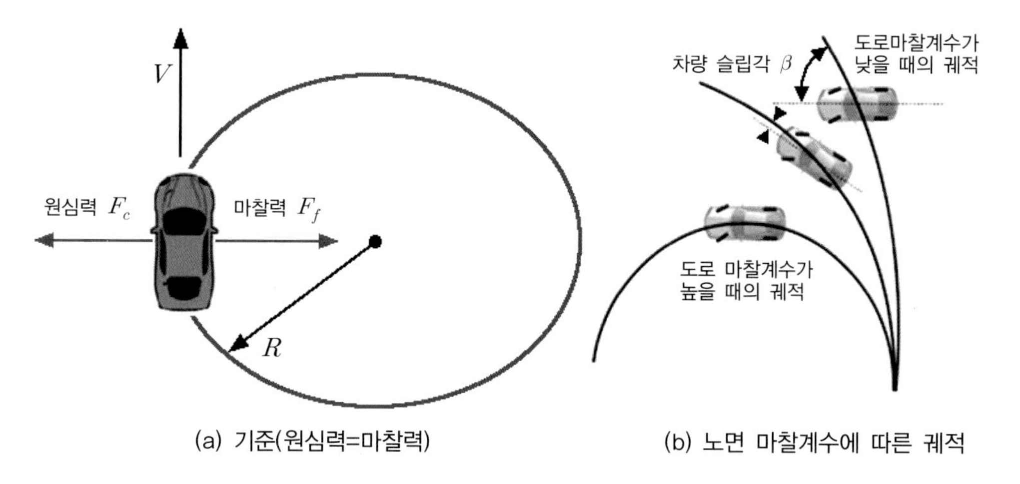

그림 6-13 커브를 주행할 때, 횡력의 균형 잡기

차량의 질량(m)은 도로 편경사 ϵ(횡경사)와 타이어와 노면 사이의 측면 마찰(μ)과 함께 원심력과 균형을 이룬다. 차량의 각 바퀴에서 마찰계수(μ)가 같다고 가정하면, 횡력의 합은 다음과 같다. $\sum F_y = mg(\mu+\epsilon)$, 여기서 $g = 9.81\text{m/s}^2$, ϵ는 도로의 편경사(횡경사각)이다.

곡선도로를 주행할 때, 차량의 동역학은 두 힘의 평형으로 설명된다.

$mv^2/R = mg(\mu+\epsilon)$, 여기서 R은 곡선의 반경이다. 도로 형상이 GPS와 같은 온보드 장치를 통해 알고 있다고 가정하면, 안전한 곡선도로 주행속도를 계산할 수 있다.

다음은 곡선도로curve에서 미끄러질 위험과 관련된, 최대 안전 선회속도에 적용된다.

$$v_{skid} = \sqrt{Rg(\mu+\epsilon)} \quad \cdots\cdots (15)$$

식 (15)는 충돌 재구성에도 적용하며, 임계속도 공식(CSF)이라고 한다[18, 19]. 소위 요yaw 마크 방식에서는 도로에 남겨진 타이어 미끄럼skid 흔적으로부터 차량 경로의 반경을 계산하여, 차량의 임계속도를 결정한다.

안전한 코너링 속도를 계산할 때 횡마찰계수(μ)의 값이 중요한 역할을 한다. 이 계수는 도로의 품질과 질감, 기상 조건, 차량 속도 및 기타 여러 요인에 따라 변한다. 마찰계수(μ)의 추정은 몇 가지 중요한 논문에 제시되어 있다[20], [21], [22]. 그러나 이러한 추정은 즉각적인 측정을 기반으로 하므로, 미래 도로구간의 마찰을 추정해야 하는 예측 제어 설계에는 유효하지 않다.

도로 설계 핸드북에서 마찰계수 값은 설계속도의 함수로서 조견표lookup table에 제공되며, 차량 승객이 편안한 횡마찰 감각을 느끼게 하도록 제한된다. 안전한 코너링 속도 계산에, 이들 마찰계수 값은 매우 보수적인 결과를 제공한다.

수평 곡선도로의 횡마찰을 평가하는 방법은 수요-공급 개념을 사용한다. 여기서 횡마찰은 다음과 같이 설계속도와 기하급수적인 관계를 갖는다 [23].

$$\mu = F_{0,v} \exp \frac{v - v_{skid}}{s_p} \quad (16)$$

여기서 $F_{0,v}$ 및 S_p는 포장도로의 질감에 따라 일정한 값이다. $F_{0,v}$는 측정 속도(v)에서 추정된 기준 마찰이다. 따라서 식 (15)와 (16)을 사용하고, 주어진 노면에 횡마찰 계수를 적용하여, 최대 안전 코너링 속도를 결정할 수 있다(그림 6-13, 6-14 참조). 수요-공급 곡선의 교차점은 안전한 코너링 속도와, 이에 해당하는 최대 횡마찰을 제공한다. 마찰 공급은 차량의 속도에만 의존하지만, 마찰 요구는 속도와 곡선 반경의 함수이기도 하다.

곡선 반경과 안전한 코너링 속도 사이의 관계는 선형이 아니다. 이는 커브 반경이 커짐에 따라 안전한 코너링 속도가 증가함을 의미한다. 즉, 코너링 반경을 많이 증가시키면, 필요 횡마찰계수는 낮아지고, 안전한 코너링 속도는 완만하게 높아진다.

전복 위험에 관한 최대 안전 코너링 속도의 준정적 분석[24]을 보자. 튼튼한 차량이라면, 작은 각도의 편경사에 대한 근삿값($\sin\epsilon \approx \epsilon$, $\cos\epsilon \approx 1$)을 적용하여, 코너링 중 차량의 바깥쪽 타이어에 대한 모멘트 방정식은 다음과 같이 쓸 수 있다.

$$m\frac{v^2}{R}h - mg\epsilon h + F_{zi}b - mg\frac{b}{2} = 0 \quad (17)$$

여기서 h는 중력중심의 높이, b는 궤적의 폭, F_{zi}는 코너링할 때, 안쪽 바퀴에 걸린 하중이다.

차량 안정성 한계는 하중(F_{zi})이 0에 도달하는 지점에서 발생하며, 이는 차량이 롤roll 평면에서 더는 평형을 유지할 수 없음을 의미한다. 따라서 식(17)을 재구성하고, $F_{zi} = 0$을 대입하면, 전복rollover 임곗값은 다음과 같이 된다.

$$v_{roll} = \sqrt{\frac{Rg}{2h}(b + 2\epsilon h)} \quad (18)$$

따라서 미끄러지거나 전복될 위험이 없는 코너링 조종에서 차량의 안전한 코너링을 보장하기 위해 차량의 속도는 식(15)와 (16)에 의해 정의된 두 가지 제약 조건을 충족하도록 선택해야 한다.

(2) 도로 커브 반경의 계산(그림 6-14 참조)

또 다른 중요한 작업은 안전한 코너링 속도를 미리 정의하기 위해 차량 전방의 커브 반경을 계산하는 것이다. 차량 앞의 도로는 n개의 구간으로 나눌 수 있다. 목표는 커브 반경에 해당하는 안전한 코너링 속도를 결정하기 위해 차량 전방의 각 n구간 지점별로 커브 반경을 계산하는 것이다.

코너링 반경 $R_j,\ j \in [1,n]$의 계산은 다음과 같다. 차량 경로의 전역 궤적 좌표 x와 y가 알려져 있다고 가정한다. 충분히 작은 거리를 고려하면 구간지점 주변의 차량 궤적은 그림 6-14와 같이 호arc로 간주할 수 있다. 호arc는 k개의 데이터 포인트로 나눌 수 있다.

호arc의 길이는 데이터 포인트 사이의 거리를 합산하여, 근사화할 수 있다.

$$s_j = \sum_{i=1}^{k} s_i,\ j \in [1,n],$$

이들 거리는 다음과 같이 계산된다.

$$s_i = \sqrt{((x_i - x_{i-1})^2 + (y_i - y_{i-1})^2)},\ i \in [2,k].$$

현chord d_j의 길이는 다음 식으로 계산한다.

$$d_j = \sqrt{((x_k - x_1)^2 + (y_k - y_1)^2)},\ j \in [1,n].$$

호의 길이 s_j와 현의 길이 $d_j,\ j \in [1,n]$을 알고 있다면, 커브 반경(R_j)의 합리적 추정을 계산할 수 있다. 호의 길이는 신중하게 선택해야 한다. 데이터 포인트의 수가 아주 적은, 너무 짧은 구간은 반경의 허용할 수 없는 근사치를 제공할 수 있다. 반면에 너무 큰 거리도 부적절할 수 있다. 그러면 구간이 단일 호로 근사화되지 않을 수 있기 때문이다.

선택한 데이터 포인트의 수도 중요하며, 개수 k를 증가시키면, 후속 계산의 정확도를 개선할 수 있다. 호의 각도(φ_j)는 다음과 같다. $\varphi_j = \dfrac{s_j}{R_j},\ j \in [1,n].$

현의 길이(d_j)는 반지름의 함수로도 표현할 수 있다. $d_j = 2R_j \sin(\varphi_j/2).$

반경(R_j)은 다음 식으로 표현할 수 있다.

$$R_j = \frac{d_j}{2\sin\left(\dfrac{s_j}{2R_j}\right)} \quad \cdots\cdots (19)$$

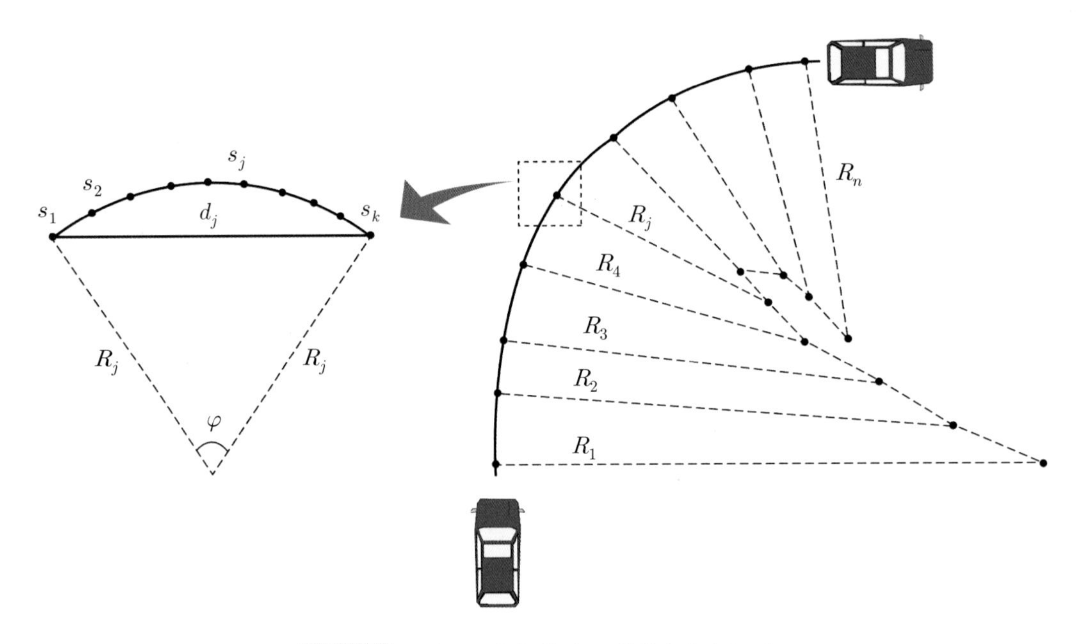

그림 6-14 곡선도로에서 차량 주행궤적의 호(arc)

이 표현은 $x_j = s_j/2R_j$를 도입하고, $\sin(x_j)$ 함수의 근사 즉, $\sin(x_j) \cong x_j - x_j^3/6$에 Taylor 급수를 적용하여, 변환할 수 있다. 그러면 반경에 대해 다음 식이 유도된다.

$$R_j = \sqrt{\frac{s_j^3}{24(s_j - d_j)}} \quad \cdots\cdots (20)$$

커브 반경 $R_j,\ j \in [1,n]$은 차량 경로 앞의 각 구간 점에서 계산할 수 있다. 계산 방법은 CarSim 시뮬레이션 환경을 통해 검증할 수 있다. 여기서, 차량은 커브 반경이 측정되는 동안, 원하는 경로를 따라가는 동시에, 실젯값에 가까운 근삿값을 제공하는 계산 방법을 실행한다.

식 (20)을 이용하여 커브의 반경을 계산하고, 차량의 안전 선회속도는 식(15)와 (18)을 이용하여 결정할 수 있다. 이 속도는 차량이 미끄러져 궤적을 벗어나거나 전복될 위험 없이 코너에서 주행할 수 있는 최대 속도로 간주할 수 있다. 악천후 조건에서 이 안전 속도는 제한속도보다 낮을 수 있으므로, 순항 제어 설계에서 최대 안전 속도를 고려하는 것은 필수이다.

6-3 모션 제어 벡터 생성과 차량제어

Production of motion control vector & vehicle control

1 모션 제어 벡터의 생성 Production of motion control vector

(1) 자동화 수준 Level of automation

고도로 자동화된 차량(SAE L4)에서 제어권을 차량에 넘기는 것은 항상 운전자의 결정이지만, 그렇게 하려면 먼저 특정 조건을 충족해야 한다. 예를 들면, HAVEit의 부조종사 알고리즘에서는 궤적계획 계층은 환경 인지(감지) 계층에서 전달되는 차량 및 환경 데이터는 물론이고, 인간-기계-인터페이스(HMI)에서 제공하는 운전자의 의도, 운전자 상태 평가 데이터 및 운전자 자동화 수준 요청을 처리한다. 더 높은 자동화에 대한 운전자 요청은 전제조건이 충족되는 경우에만 가능하다.

① **더 높은 자동화 수준의 가용성**

- 실시간 환경 감지
- 차량 역학dynamic의 현재 상태
- 운전자 주의attention

② **더 높은 자동화를 위한 운전자의 요청**

잠재적 자동화 수준은 운전자가 요청한 자동화 수준에 대한 옵션option만 제공한다. 명령 계층은 잠재적인 자동화 수준을 결정하고 시스템이 운전자의 결정에 따라 여러 수준 간의 전환을 시작할 수 있도록 한다. 물론 SAE L5에서는 운전자의 간섭이 없다.

(2) 모션 제어 벡터 motion control vector의 생성

모션 제어 벡터는 궤적계획의 끝에서 환경 감지계층(센서와 기타 데이터 소스)의 출력, 오토-파일럿(또는 Co-pilot)의 요청 및 자동화 모드 선택기에 기초하여 생성된다. 모션 제어 벡터는 차량이 실행할, 원하는 종방향 및 횡방향 제어 요구(및 제약 조건)를 포함하고 있다. 모션제어 벡터는 인터페이스 벡터로서, 실행계층에 전달되며, 파워트레인, 조향장치와 제동장치 제어용 지능형 액추에이터가 이를 실행한다.

명령 생성 및 검증 모듈은 궤적을 따라 차량을 제어하고 오토-파일럿(또는 부조종사)이 제안한 속도/조향 프로파일을 결정한다. x축(종) 방향 가/감속 요구 사항과 y축(횡) 방향 조향에 필요한 조향각(또는 곡률값)을 생성한다.

2 차량 제어 Vehicle control

차량제어의 주요 목표는 차량의 안전한 작동을 보장하면서, 이전 단계에서 내린 결정을 실행하는 것이다. 차량제어에는 일반적으로 계산된 궤적을 액추에이터에 대한 일련의 제어 명령으로 변환하여 차량의 안정성을 보장하고 예기치 않은 사건event의 영향을 최소화하는 작업이 포함된다. 센서/하드웨어 오류, 측정 부정확성 또는 구현 오류의 확률이 결코 0이 아니라는 점을 감안할 때 후자는 중요하다.

더 높은 안전 요구 사항(일반적으로 ASIL C 또는 D)으로 인해 차량제어 모듈은 일반적으로 자율주행차량의 다른 애플리케이션과 별도로 구현 및 처리된다. 자율주행차량의 다른 모듈로부터의 독립성은 다른 모듈과의 '간섭으로부터의 자유'를 보장하는 데 필요하다. 다른 모듈은 이중화 안전 시스템 역할을 하고, 사고를 방지하거나, 이미 피할 수 없는 사고의 영향을 최소화하기 위해, 상위 수준 애플리케이션에서 내린 결정을 무시할 수 있는, 마지막 안전장치의 역할을 한다.

안전 요구 사항 외에도, 차량제어 모듈은 자율주행차량이 갖추어야 하는 일반적인 종방향 및 횡방향 차량 제어 기능도 담당한다.

차량의 종방향 및 횡방향 모션motion을 제어하는 차량 자동화 기능은, 초기 단계이지만 이미 널리 사용되고 있다. 자율주행차량에 적용할 수 있는 몇 가지 제어 기능을 소개한다.

(1) 종방향 모션 longitudinal Motion 제어

종방향 모션 제어는 오래전부터 상당히 빠르게 발전했다. 표준 기계식 정속주행장치ruise control로부터 시작하여, 레이더 확장 적응형 정속주행에 Stop&Go 기능을 추가하고, 이어서 V2X 연결기반 협력적 능동 정속주행장치로 빠르게 발전하였다.

초기 정속주행cruise control 기능은 주행속도와 관계없이 엔진 회전속도만을 일정 수준으로 유지할 수 있었다. 이후에 시스템은 미리 설정한 주행속도를 일정하게 유지할 수 있는 수준으로 발전하였다. 이어서 장거리 레이더를 적용한, 정속주행장치가 등장하면서, 자연스럽게 ACC(Adaptive Cruise Control: 적응형 정속주행) 시스템으로 진화하였다. 자차(自車) 전방의 교통 상황에 따라 주행속도 조절과 차간거리 조절 간에 자동 전환이 이루어졌다. ACC는 브레이크 시스템을 제2의 액추에이터로 도입하였다. 정지&발진Stop & Go 기능으로 혼잡도가 높은, 정지/발진을 빈번하게 반복하는, 혼잡한 교통에 ACC의 적용 범위를 확장했다. 발진&정지Stop & Go 기능을 갖춘 ACC는 종방향 속도를 0으로 낮추었다가, 다시 속도를 설정하여 교통체증에서 효율적으로 사용할 수 있는 수준에 도달하였다. 오늘날, 가장 진보된 ACC 시스템은 또한, 전방 수 킬로미터에 대한 최적의 속도 프로파일을 계산하기 위해, 전방의 커브 및 경사와 같은 e-호라이즌e-Horizon의 지형 정보를 고려할 수 있다.

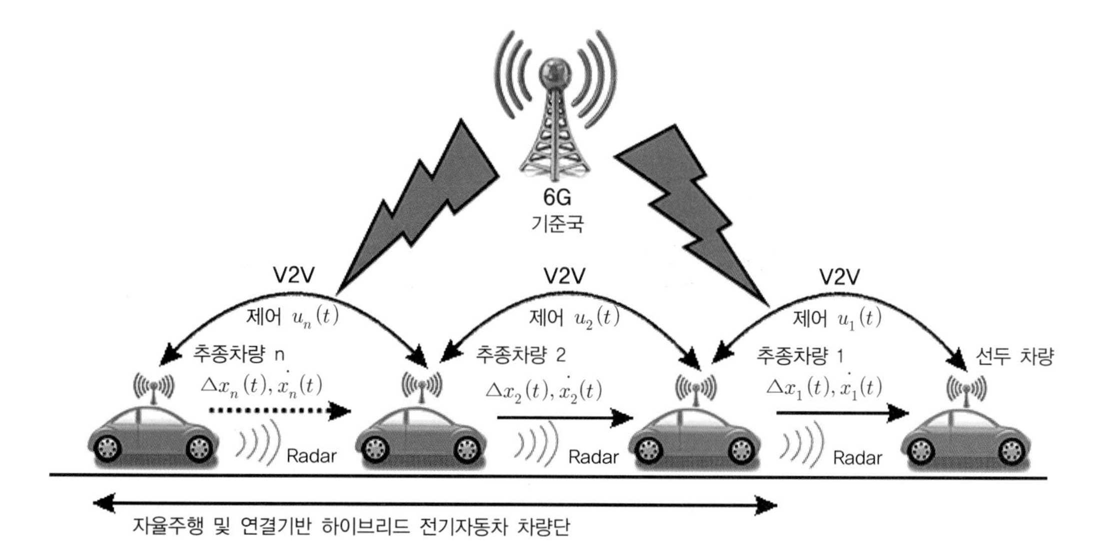

그림 6-15 협력적 능동 정속주행장치(C-ACC)의 구성[25]

차량 탑재 레이더 센서를 사용하여 자차의 거리와 속도를 감지하는 표준 ACC Adaptive Cruise Control와 달리 협력적Cooperative ACC는 V2V 통신을 사용, 가속도 데이터를 전송하여 온보드 레인지 센서의 시간 지연을 줄인다. 이를 통해 후행(後行) 차량은 내 차의 속도에 따라 속도를 조절하여, 더 나은 거리 유지 성능을 확보할 수 있다.

적응형 정속주행(ACC)이나 협력적 정속주행(CACC: Cooperative ACC)은 첨단 운전자 지원(ADAS) 기능으로 자동 종방향 제어의 한 예이다. ACC 기능에 대한 성능 요구 사항 및 테스트 절차는 ISO 15622[26]에 표준화되어 있다.

(2) 횡(좌/우) 방향 모션 Lateral motion 제어

기본적인 주차 제어 parking control, 차선 유지제어 lane keeping control, 차선 이탈 방지 제어 lane departure prevention control, 교통체증 지원 시스템 등은 횡방향 모션제어의 기본 기능에 속한다.

① 주차 제어

종방향 모션 제어가 없는 횡방향 모션 제어는 거의 존재하지 않는다. 근거리 측정용 정밀 초음파 센서, 그리고 무인 조향을 가능하게 할 전자식 동력조향장치 (EPAS)가 개발됨에 따라, 직렬, 병렬 및 직각 또는 각도 주차가 가능해졌다.

그리고 주차장의 좁은 노폭, 급격한 방향 전환, 예측할 수 없는 이동 장애물, 다양한 주행 방향 전환으로 인해 주차가 어려운 도시 환경에 적용할 수 있는 완전 자율주차 시스템이 속속 등장하고 있다. 그러나, 아직도 차량의 지능형 액추에이터의 가용성에 따라 주차 궤적을 실행하려면, 보조 운전자 개입이 필요할 수도 있다 [27].

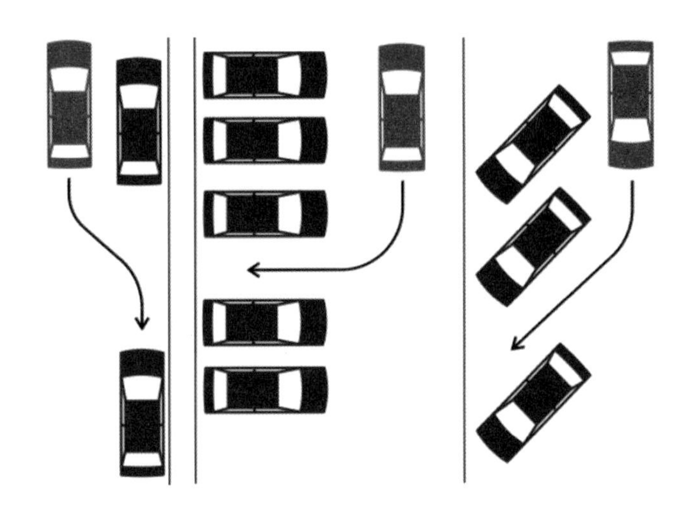

그림 6-16 자동 주차 시스템의 일반적인 주차 시나리오의 예 [출처: TU Wien]

② 교통체증 보조 시스템 (Traffic jam assistant system)

주차 외에도 종방향 및 횡방향 제어가 결합된 저속의 또 다른 좋은 예는 교통 체증 보조 시스템이다. 0~40km/h 또는 60km/h(OEM에 따라 다름)의 속도에서 교통 체증 보조 시스템은 교통흐름에 보조를 맞추고 특정 제약 조건 범위 안에서 차량을 조종하는 데 도움이 된다. 또한, 자동으로 가속 및 제동한다. 이 시스템은 조향 및 차선 안내의 측면 제어를 추가하여 확장된 정차/발진 stop & go 기능을 갖춘, 적응형 능동 정속주행의 기능을 기반으로 한다. 이 기능은 내장 레이더 센서, 광각 비디오 카메라 및 주차 시스템의 초음파 센서를 기반으로 한다. 운전자는 교통량이 많은 곳에서 많은 시간을 보내기 때문에, 이러한 시스템은 후방 충돌의 위험을 줄이고 스트레스가 많은 운전으로부터 운전자를 정신적으로 보호할 수 있다 [출처: VW].

그림 6-17 작동 중인 교통체증 보조 시스템 [출처: VW]

③ 차선 유지 보조 시스템(LKA)과 차선 유지(LK) 기능

■ 차선 유지 보조 시스템(LKA: Lane Keeping Assist)

이 시스템은 차량의 고속 횡방향 제어의 초기 사양이다. 이 시스템은 카메라와 RADAR 정보를 기반으로 차량의 차선 이탈을 감지할 수 있으며, 자동 조향 및/또는 제동 개입을 통해 차량이 차선을 벗어나지 않도록 지원한다. LKA의 고급 확장 기능은 차량이 차선 안에 머무를 뿐만 아니라, 횡방향 제어 알고리즘이 차량을 차선 중앙 근처 경로에 유지하는 차선 중심 지원(LCA: Line centering assist) 기능이다. 차선 유지 지원 및 차선 중앙 유지 지원 기능의 주요 목적은 운전자에게 경고하고 지원하는 것이며 이러한 시스템은 기술 수준에서는 그렇게 할 수 있지만, 차량을 조향하는 운전자를 대체하도록 설계된 것은 아니다 [28], [29].

■ 차선 유지(Lane keeping) 기능

차량을 주행하는 차선의 중앙에 가깝게 유지하는 기능으로, 핵심은 차선 경계 표시를 감지하는 기능이다. 많은 고급 차량에는 이미 방향 지시등이 켜지지 않은 상태에서 차량이 의도치 않게 현재 차선 경계를 벗어나기 시작할 때 운전자에게 경고하는 ADAS Advanced Driver Assistance Systems 기능의 일부와 유사한 기능을 갖추고 있다. 가장 큰 차이점은 자율주행차량의 차선 유지 기능에는 단순히 운전자에 대한 경고가 아니라 차량의 능동 횡방향 제어가 포함된다는 점이다.

그림 6-18 차선 유지 지원 시스템(LKA) 작동 [출처: VW]

④ **차선 변경**(Lane changing)

자동 차선변경 기능은 차량이 한 차선에서 다른 차선으로 안전하게 진입하는 것을 목표로 한다. 그림 6-19에서 볼 수 있는 차선변경은 좌/우 및 전/후 방향 제어를 모두 포함할 뿐만 아니라, 많은 센서의 정보와 인접 차선 감지와 같은 다른 기능의 신뢰성에 의존하기 때문에, 앞서 설명한 다른 기능들보다 더 복잡하다.

그림 6-19 고속도로(뮌헨-하노버)에서 차선 변경 [출처: BMW]

종방향 및 횡방향 제어가 결합된, 고도로 자동화된 운전 시스템(예: L4)은 고속도로에서 가장 먼저 나타날 것이다. 이유는 교통을 쉽게 예측할 수 있고, 더 안전하기 때문이다(일방통행 전용, 상대적으로 폭이 넓은 고품질 도로, 측면 보호대, 잘 보이는 차선표시, 보행자 또는 자전거 이용자 없음 등). 고속도로는 고속에서 핸즈프리hand-free 운전을 도입할 수 있는 최적의 장소이기 때문에, 오토파일럿, 즉 고속도로 자율주행 보조 기능이 탑재된 차량들이 발표되고 있다.

고속도로 자율주행이란, 교통 상황에 따라 운전자가 선택한 안전한 속도로 주행하거나 차선을 변경하거나, 앞차를 추월하거나, 필요에 따라 자동으로 속도를 줄이거나, 비상시 가장 오른쪽 차선에 차량을 정지시키는 등, 고속도로 주행의 복잡한 운전 작업을 자동으로 제어하는 것을 의미한다.

다수의 자동차 회사들이 도로 주행이 목표인 고도로 자동화된 차량(SAE L4) 개발에 도전하고 있다. LiDAR, 서라운드 뷰 모니터 카메라, RADAR, 고급 인공지능 및 액추에이터를 갖추고 있지만, 운전자가 언제든지 수동으로 제어할 수 있도록, 시스템이 설계되었기 때문에 완전히 자율적인 것은 아니다. 현재, SAE L4 수준의 차량들은 고속도로 출구, 차선 변경, 추월 차량을 포함한 다양한 종방향 및 횡방향 제어 시나리오에서 테스트되고 있다.

차선 유지

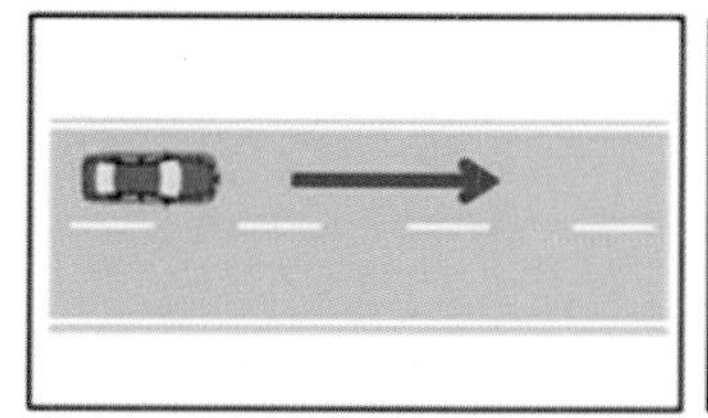

자동 진출

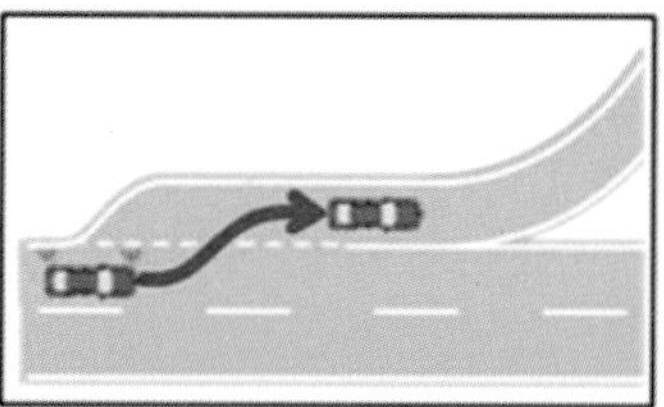

자동차선 변경

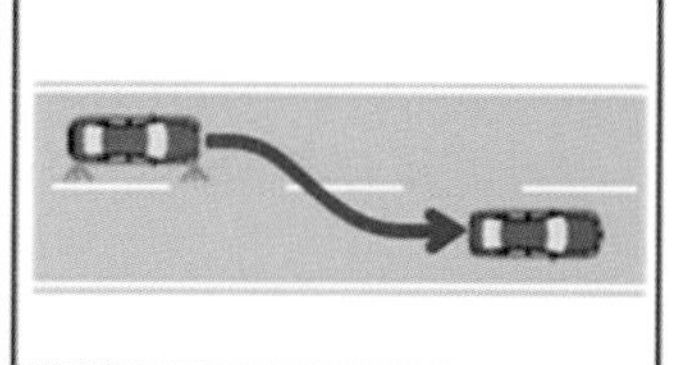

서행 또는 정지차량 자동 추월

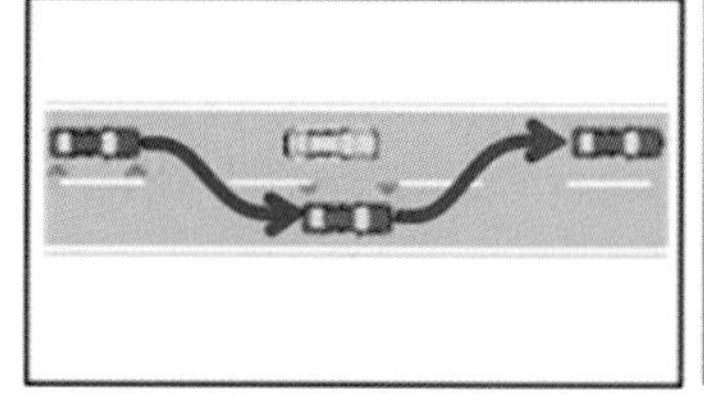

고속도로 정체 상태에서 자동 감속

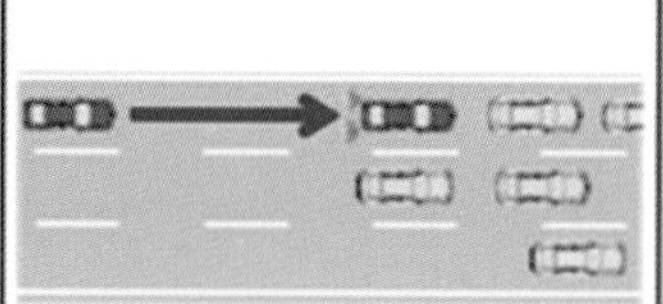

적색 신호등에서 자동정지

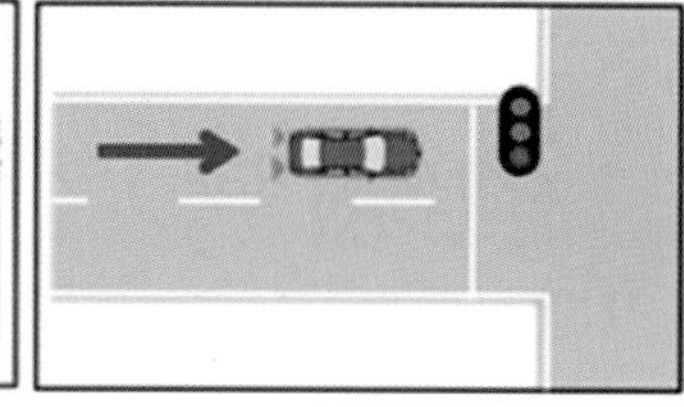

그림 6-20 단일 또는 결합 횡방향/종방향 제어 시나리오(SAE L4 시험의 예: Nissan)

[0] La Valle, S.M. : Planning Algorithms. Cambridge UNiversity Press, Cambridge, UK. 2006.

[1] Edsger W Dijkstra. A note on two problems in connecxion with graphs. Numerische Mathematik,1(1): 269-271, 1959.

[2] Julian Dibbelt, Ben Strasser, and Dorothea Wagner. Customizable concraction hierachies. https://i11www.iti.kit.edu/extra/publications/dsw-cch-sea-14.pdf

[3] GraphHopper. Graphhopper routing engines.https://github.com/graphhopper/graphhopper

[4] DSC Duksung Women's University Tistory. https://dscduksung.tistory.com/14

[5] Junqing Wei, Jorrod M Snider, Tianyu Gu, John M Dolan, and Bakhtiar Litkouhi. A behavioral planning frame work for autonomous driving. https://www.ri.cmu.edu/pub_files/2014/6/IV2014-Junqing-Final.pdf

[6] Lydie Nouveliere, Hong-Tu Luu, Saïd Mammar, Qi Cheng, Olivier Orfila. Eco-driving assistance system : a new way of how to save energy. ASME 2012 11th Biennial Conference on Engineering Systems Design and Analysis (ESDA2012), Jul 2012, Nantes, France. pp.575-581, ff10.1115/ESDA2012-82846ff.ffhal-00787117f

[7] Highly Automated Vehicles for Intelligent Transport(HAVEit Project) 20130628_174319_29918_HAVEit_FinalReport.

[8] B. Vanholme, D. Gruyer, S. Glaser and S. Mammar, "A legal safety concept for highly automated driving on highways," 2011 IEEE Intelligent Vehicles Symposium (IV), 2011, pp. 563-570, doi: 10.1109/IVS.2011.5940582.

[9] Wei Xu et al.: Safe Vehicle Trajectory Planning in an Autonomous Decision Support Framework for Emergency Situations. Appl. Sci. 2021, 11(14), 6373; https://doi.org/10.3390/app11146373.

[10] Rajesh_Rajamani_Vehicle_Dynamics_and_Con.pdf. 2006

[11] H. S. Bae, J. Ruy and J. Gerdes, "Road grade and vehicle parameter estimation for longitudinal control using GPS.," in 4th IEEE Conference on Intelligent Transportation Systems, Oakland, 2001.

[12] R. Labayrade, D. Aubert és J. Tarel, „Real time obstacle detection in stereovision on non flat road geometry through "v-disparity" representation," in Intelligent Vehicle Symposium IEEE, 2002.

[13] J. Hahn, R. Rajamani, S. You és K. Lee, „Real-time identification of road-bank angle using differential GPS," IEEE Transactions on Control Systems Technology, %1. kötet12, pp. 589-599, 2004.

[14] P. Lingman és B. Schmidtbauer, "Road slope and vehicle mass estimation using Kalman filtering," Vehicle System Dynamics Supplement, %1. kötet37, pp. 12-23, 2002.

[15] M. Trentacoste, „Prediction of the expected safety performance of rural two-lane highways, Technical Report," Midwest Research Institute, Kansas City, 1971.

[16] J. Glennon és G. Weaver, „The relationship of vehicle paths to highway curve design, Research Study," Texas Transportation Institute, Texas, 1971.

[17] O. Masory, S. Delmas, B. Wright és W. Bartlett, „Validation of the circular trajectory assumption in critical speed, SAE Technical Paper," 2005.

[18] R. Brach, „An analytical assessment of the critical speed formula, Research Report," Society of Automotive Engineers (SAE), 1997.

[19] R. Lambourn, P. Jennings, I. Knight és T. Brightman, „New and improved accident reconstruction techniques for modern vehicles equipped with esc systems, Project Report," TRL Limited, 2007.

[20] F. Gustafsson, „Slip-based tire-road friction estimation," Automatica, %1. kötet33, %1. szám6, pp. 1087-1099, 1997.

[21] K. Li, J. A. Misener és K. Hedrick, „On-board road condition monitoring system using slip-based tyre-road friction estimation and wheel speed signal analysis," Automatica, %1. kötet221, %1. szám1, pp. 129-146, 2007.

[22] L. Alvarez, J. Yi, R. Horowitz és L. Olmos, „Dynamic friction model-based tire-road friction estimation and emergency braking control," Journal of Dynamic Systems, Measurement and Control, %1. kötet127, %1. szám1, pp. 22-32, 2005.

[23] T. Echaveguren, M. Bustos és H. Solminihac, „A method to evaluate side friction in horizontal curves, using supply-demand concepts," in 6th International Conference on Managing Pavements, 2004.

[24] T. D. Gillespie, Fundamentals of Vehicle Dynamics, Warrendale: SAE, 1994.

[25] Yazar O, Coskun S, Zhang F, Li L. A comparative study of energy management systems under connected driving: cooperative car-following case. Complex Eng Syst 2022;2:7. http://dx.doi.org/10.20517/ces.2022.06

[26] ISO. ISO 15622; Intelligent transport system-adaptive cruise control systems-performance requirements and test procedures. https://www.iso.org/standard/71515.html.

[27] P. Zips, M. Böck és A. Kugi, „A Fast Motion Planning Algorithm for Car Parking Based on Static Optimization," in IEEE/RSJ International Conference on Intelligent Robots and Systems(IROS 2013),

[28] Toyota Motor Corporation, „Lane Keeping Assist," 2014. [Online]. Available: http://www.toyota-global.com/innovation/safety_technology/safety_technology/technology_file/active/lka.html.

[29] Mercedes-Benz, „Active Lane Keeping Assist," 2014. [Online]. Available: http://www4.mercedes-benz.com/manual-cars/ba/cars/w166/en/overview/fahrsysteme8.html.

Chapter 7

차세대 지능형 교통 체계와 차량-사물 간 통신

C-ITS & V2X

교통 체계

7-1 차세대 지능형 교통 체계

C-ITS: Cooperative Intelligent Transport Systems

1 차세대 지능형 교통체계의 정의 및 구성 요소

(1) 차세대 지능형 교통체계의 정의

고속 광대역 인터넷-망, 차량과 도로의 센서 수 증가, 사물 인터넷(IoT; Internet of Things)의 광범위한 구현으로 인해 도로교통과 정보기술(IT)의 융합이 가능한 시대가 되었다.

사물 인터넷(IoT)에 비유하여 차량 인터넷(IoV: Internet of vehicle)이라는 개념이 정착되고 있다. 도로교통과 정보기술 간의 놀라운 융합, 그리고 이동성 mobility의 미래에 미치는 영향의 핵심에는 다양한 차량 통신 기술이 있다. 소위, '협력 ITS(C-ITS)'와 'V2X'이다.

기존의 ITS(지능형 교통체계)는 각종 교통수단의 수송 효율을 높이고, 교통시설의 편의성과 안전을 높이는 체계이다. 교통수단과 시설에 통신과 제어기술을 접목하고, 각종 정보를 수집해 맞춤형 서비스를 제공해오고 있다. 버스가 정류장에 도착하려면 몇 분이 남았으며, 빈 좌석 수는 몇 개인지 알려주는 것은 물론이고, 실시간 교통정보나 통행료 하이패스 결제 등이 ITS-기반 서비스이다.

C-ITS는 기존의 지능형 교통 체계(ITS)에 협력이라는 개념을 추가한 것으로, '차세대 지능형 교통체계'라고도 한다. 크게 차량 단말기, 도로 기반시설 infrastructure, 관제센터(C-ITS 센터)로 구성된다. 차량 대 차량(V2V), 차량과 도로 기반시설(V2I) 사이에 데이터가 양방향으로 공유된다. 차량에 탑재된 센서와 카메라, 도로에 설치된 신호등과 검지기detector는 도로정보와 교통정보를 실시간으로 수집해 중앙관제 센터로 보내고, 관제센터는 이를 분석해 다시 차량과 도로 기반시설로 보낸다. 또한, 시스템에 포함되는 모든 개체가 정보를 주고받기 위해서는, V2X(차량-사물 간 통신) 역시 필수적이다.

(2) 차세대 지능형 교통체계의 구성 요소와 핵심기술

C-ITS를 통해 도입된 교통안전 관련 서비스는 다양하다. 검지기는, 결빙과 같은 노면 기상정보, 낙하물과 같은 위험 구간 정보, 도로 작업 구간 정보 등을 수집해 차량에 전달한다. 횡단보도를 건너는 보행자를 알리는 것은 물론, 전/후방 차량 추돌방지, 응급차량 접근 경고, 통학차량 승하차 상태 등에 따른 속도 조절도 가능하다.

① **차량 탑재시스템**(on-board unit of vehicle)

V2X 단말기, ADAS, 표시장치display 등으로 구성된다. V2X 단말기는 차량을 인증하고, 통신을 담당하며, 차량의 각종 정보를 센터로 보내거나, 센터와 도로 기반시설이 보내는 정보를 수신하거나, 이를 다른 차량과 공유한다. ADAS는 운전자 지원을 위한 기본 기능에 추가로 V2X 단말기로 수신한 정보를 이용하여 사고를 예방한다. 도로 상태나 주변 차량 정보(차간 거리 등)에 맞춰 주행차로를 변경하고, 교통사고를 예방한다. 운전자의 졸음운전이나 전방주시 태만 등의 정보도 주변 차량과 공유해, 발생할 수 있는 사고에 미리 대응할 수 있다. 표시기display는 이러한 정보를 사용자(운전자)에게 직접 제시함으로써, 운전자의 대응능력을 높인다. 현재로서는, 여객 버스에 이러한 장치를 탑재하고, 운행관리나 요금징수를 통합하는 방식으로 활용 중이다.

② **도로 기반 시설**(Road infrastructure)

검지기, 신호제어기, 노변 기지국 등으로 구성된다.

검지기는 도로에서 발생하는 각종 정보를 수집한다. 이전에는 CCTV 등을 통해 얻던 한정된 정보를 넘어, 다양한 센서를 통해 복합적인 정보를 얻는 것이 특징이다. 가령 도로 기상정보 검지기는 풍향이나 풍속, 안개, 강우량, 적설량 등을 복합 센서로 파악할 수 있다. 교차로 및 건널목 검지기는 인공 지능에 기반한 CCTV를 통해 보행자, 신호위반, 정체 등의 정보를 파악해, 사고를 예방한다.

신호제어기는 검지기와 차량에서 받은 정보를 기반으로 우선 신호를 제공하거나, 교통상황에 따라 신호를 바꾼다. 특히 실시간 수집 정보를 이용하여, 혼잡 시간대에 맞춘 신호 변경도 가능하다. 노변 기지국은 차량, 기반시설의 정보를 관제센터와 주고받는 중계자 역할을 한다. 특히, 5G 주요 기술 중 하나인 모바일 에지 컴퓨팅(MEC: Mobile Edge Computing)과 결합하면, 지연시간 없이 신속한 정보 제공도 가능하다.

관제센터는 C-ITS 단말기 장착 차량, 도로 기반시설 등을 통해 수집되는 정보를 분석하고, 최적의 교통정보를 제공하는 시설이다. 여기에는 빅-데이터big data 실시간 분석을 위한 고성능 컴퓨팅 기반시설과 함께, 교통 관련 주요 기관의 정보를 공유할 수 있는 플랫폼을 갖추고 있다. 특히 안전과 직결된 교통정보를 다루는 만큼, 통신 과정에서의 사이버 보안 역시 필수 요소이다.

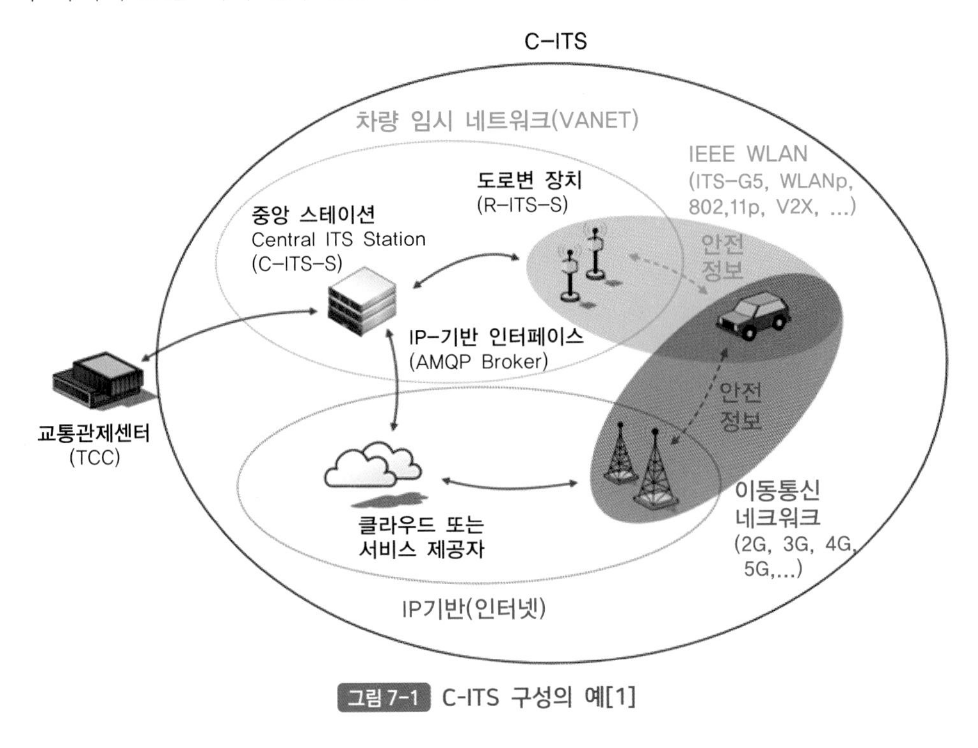

그림 7-1 C-ITS 구성의 예[1]

2 V2X (Vehicle to Everything: 차량과 사물 간) 통신

V2X는 C-ITS를 구현하기 위한 대표적인, 필수 기술이다. '연결 자동차connected car'라는 개념은 자동차 산업에 새로운 것은 아니지만, 이를 가능하게 하는 기술(및 필요한 통신 표준)은 몇 년 전까지만 해도 사용할 수 없었다. V2X는 차량을 주변 세계와 연결한다는 목표 달성에 필요한, 광범위한 통신 기술 세트의 상위 범주로서, 차세대 지능형 교통체계(C-ITS)에서 차량과 다른 참가자, 이동 또는 고정 장치 사이의 외부 통신을 의미하는 일반적인 용어가 되었다.

뒷단back-end 서버와의 통신은, 자율주행차량이 (제한된) 인식 기능의 경계를 넘어, 더 안정적으로 작동하도록 도와준다. 그러나, 이들 뒷단 서버에서 보낸 전역global 정보는 대규모 배포 범위에서 개별 자율주행차량을 지원하기에 항상 충분하지 않을 수 있어서, 지역local 정보를 보강해야 할 필요가 있다. 또한, 뒷단 통신의 독점 특성은 정보가 일반적으로 동일한 제조업체의 차량에서만 사용할 수 있음을 의미하므로, 다른 제조업체의 차량 간에 정보 공유는 어려운 작업이다. 이것이 바로 V2X(차량과 사물 간의 통신)가 필요한 이유이다.

[표 7-1] C-ITS의 핵심기술 요약 [1]

기술명	기술 내용 요약
환경인지	RADAR, LiDAR, 카메라 등의 센서를 사용, 장애물(차량/보행자/동물 등), 도로 표식(차선, 정지선, 건널목 등), 교통신호 등 환경을 인지하는 기술
위치인지 및 지도작성	GPS/INS/Encoder, 기타 지도작성에 필요한 센서를 사용, 자차의 절대/상대 위치를 추정하는 기술
판단	목적지까지의 경로계획, 장애물 회피 경로계획, 주행상황별 행동(차선 유지, 차선 변경, 좌/우회전, 저속차량 추월, 유턴, 비상정지, 갓길 정차, 주차 등)을 판단하는 기술
제어	계획된 경로를 추종하기 위해 조향, 감속/가속, 변속 등의 액추에이터를 제어하는 기술
차선 변경 지원 시스템	차선 변경 시의 위험 상황을 방지하고, 안전한 차선 변경을 유도하는 기술
능동 안전	차량 간 통신을 이용, 운전자와 제어기에 전/후방 차량의 주행상태에 관한 정보를 공유, 주행 안전도를 개선하는 기술
주행 안전 평가	자율주행차량이 안전한 운행을 위해 주행모드와 관련된 인지/의사결정/제어를 적정하게 수행하는 지 여부를 확인하고 평가하기 위한 기술
고장 안전 평가	자율주행차량의 복잡한 전자제어장치의 기능과 관련, 최소한의 기능 고장 안전 설계 여부, 전자제어장치 고장 시 제어전략 적정성 등의 평가 기술
통신 보안 안전 평가	방해 전파 등 통시 교란, 통신 데이터의 위조/변조 및 운행 데이터의 임의 수집에 관한 안전성을 평가하기 위한 기술
V2N	차량과 네트워크(Vehicle-to-Network) 통신
V2I	차량과 기반시설(Vehicle-to-Infrastructure) 통신
V2V	차량 간(Vehicle-to-Vehicle) 통신
PKI	공개키 기반구조(PKI; Public Key Infrastructure) 기술(차량 인증 기술)
기타	자율주행차량의 통신 신뢰성 보장 및 해킹 방지 등 사이버 보안기술

환경에 온라인 차량이 존재하려면, 각 스마트smart 자동차에 인터넷 식별 번호, 또는 차량 글로벌 식별(GID) 터미널에서 제어하는 '사이버 라이선스cyber license'가 있어야 한다. 차량-인터넷(IoV)의 이러한 인터넷 작동환경 덕분에, 스마트 자동차 간에는 V2N을 통해 서비스 네트워크 또는 유목민 기기에, V2V를 통해 다른 차량에, V2R을 통해 노변장치(RSU)에, V2P를 통해 개인(보행자) 장치에, V2I로 교통관제 센터(예: 신호등)에, V2S로 환경 센서에 연결하는, 다양한 무선접속기술(WAT)을 사용할 수 있다. -V2X는 이들 모두를 포괄한다.

3 V2X(Vehicle to everything: 차량-사물 간 통신) 표준

오늘날 C-ITS에 사용되는 통신기술은 크게 DSRC와 C-V2X(LTE, 5G) 두 가지이다. 먼저, DSRC는 와이파이(WiFi) 기반의 '근거리전용 통신 시스템'으로, 수백 미터 이내에 있는 차량과 도로시설물을 연결한다. DSRC는 IEEE 802.11p, 802.11bd와 같은 표준을 기반으로 ITS와 같은 다양한 교통 서비스에서 활용되고 있으나, 방대한 데이터를 처리하기에는 범위와 속도 측면에서 한계가 있다. 이를 극복하기 위한 대응책으로 이동통신 Cellular 기반의 V2X 기술인 C-V2X Celluar V2X를 개발하게 되었다. 그러나, 유감스럽게도 C-V2X 방식은 DSRC 방식과 호환되지 않는다.

V2X를 최대한 활용하려면, 가능한 한 많은 참가자의 적극적인 참여가 필요하다. 따라서 다양한 제조업체의 장치(또는 스테이션) 간의 상호 운용성을 보장하기 위해 표준화가 필요하다. 그러나, 2023년 현재, V2X 통신방식은 와이파이 기술을 기반으로 하는 '근거리전용 무선통신(DSRC, IEEE 802. 11p 기반 표준)' 방식, 그리고 이동통신 기술을 기반으로 하는 'C-V2X(Celluar V2X: 3GPP의 LTE 기반 표준) 방식'으로 분화되어 있다. DSRC는 다시 미국 표준인 'WAVE', 유럽 표준인 'ITS-G5'로 나누어져 있다.

(1) DSRC 표준 - WAVE Wireless Access in Vehicular Environments

DSRC 미국 표준 즉, WAVE는 IEEE 802.11a 무선-랜(WLAN) 기술을 변형한 기술(IEEE 802.11p)로 5.9GHz 대역에 대역폭 10MHz를 사용한다. 최대 전송속도는 27Mbps를 지원한다. 일반 무선-랜(WLAN)과 확연한 차이는 200km/h의 고속 주행 중에도 끊김이 없는 통신을 구현한다는 점이다. 100ms 이내의 짧은 무선접속 및 패킷 전송속도로 차량 간 통신을 지원함으로써, 전방의 돌발상황을 실시간으로 전송, 차량의 안전한 운행을 돕는다.

무선-랜(WLAN)이 정지 환경에서 데이터 서비스를 제공한다면, WAVE는 고속 환경에서 무선통신이 주가 되기 때문에, 주변 건물 및 지형의 영향을 고려한, 구조를 채택하고 있다. WAVE 주파수 채널은 1개의 제어 채널과 6개의 서비스 채널로 구성되며, 제어 채널은 링크 초기 접속 메시지, 그리고 메시지 지연이 짧은, 차량 안전 메시지를 전송한다.

서비스 채널은 무정차 요금징수, 인터넷 접속 등과 같은 정보를 제공하는 채널이며, 제어 채널과 서비스 채널이 시간적으로 스위칭하는 방식으로 동작한다.

그림 7-2와 같은 미국의 DSRC(WAVE), 그리고 그림 7-3과 같은 유럽 ETSI ITS-G5 V2X 표준은 모두, 그들의 프로토콜 스택의 물리(PHY) 및 매체 액세스 제어(MAC) 계층에 대해 IEEE 802.11p를 적용한다 [2].

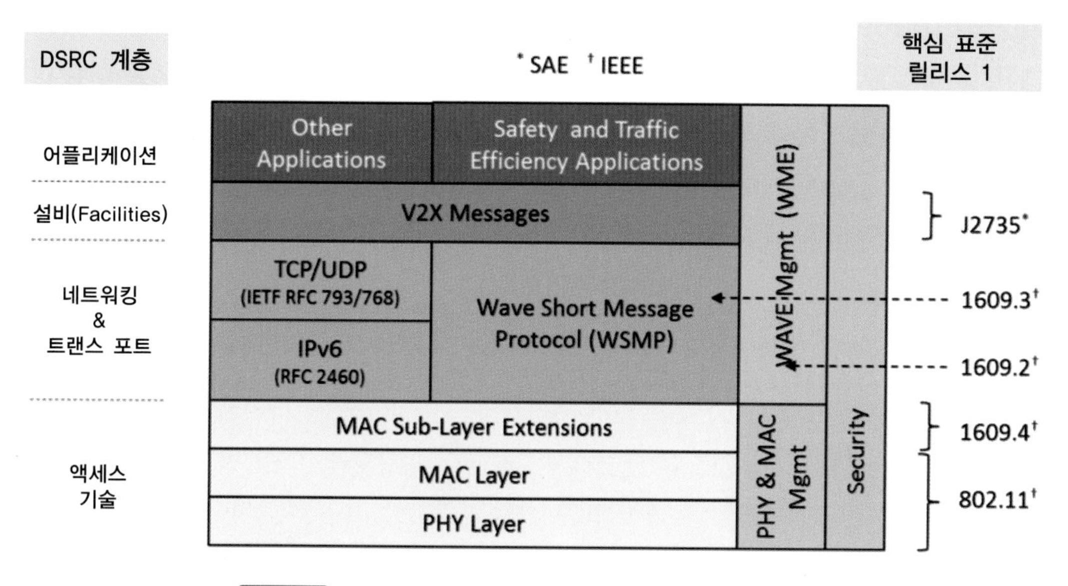

그림 7-2 DSRC 프로토콜 스택과 관련 핵심 표준(USA)[3]

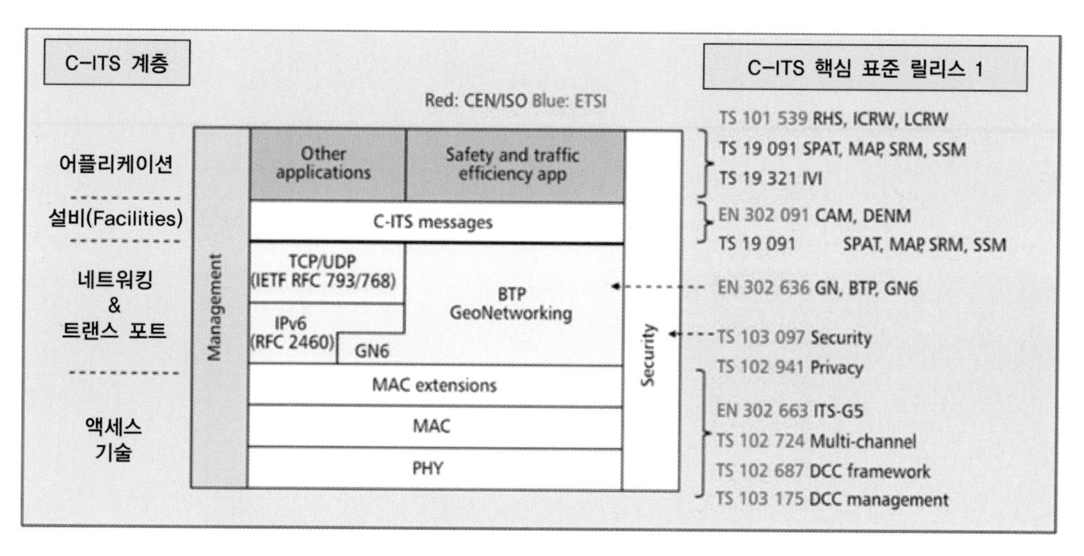

그림 7-4 C-ITS에 대한 프로토콜 스택 및 관련 핵심 표준(EU)[3]

(2) C-V2X(Cellular Vehicle-to-Everything) 표준

C-V2X 표준은 2016년에 설립된 자동차, 기술 및 통신 산업의 기업 컨소시엄인 5GAA(5G Automotive Association)에서 개발하였으며, 국제표준화단체인 3GPP가 3GPP Release 14에 C-V2X 표준을 정의하였다. 최대 전송속도는 100Mbps, 지연시간은 100ms 정도이다. C-V2X 표준은 V2X 통신을 위해 셀룰러 네트워크(LTE-4G 및 5G)를 사용하므로, 물리계층이 IEEE 802.11p와 완전히 호환되지는 않는다. 그러나 C-V2X는 DSRC 및 ITS-G5 표준의 상위 계층 프로토콜 및 서비스를 재사용한다.

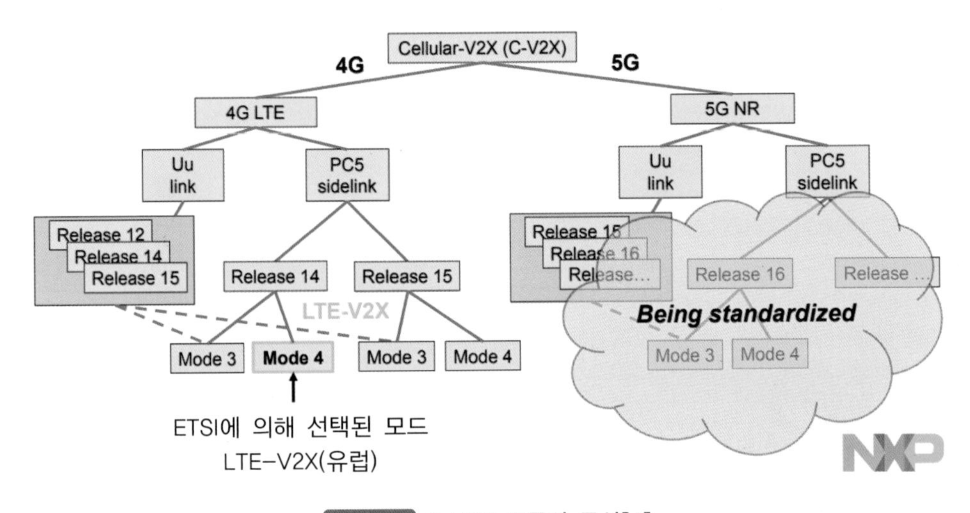

그림 7-4 C-V2X 표준의 구성[4]

3GPP Release 14는 V2X 동작을 위한 시나리오를 정의하고, 성능 평가결과를 바탕으로 V2V, V2P 및 V2I를 지원하기 위한, 27가지 응용 서비스를 도출하였다. 여기에는 ITS 서비스와 자율주행 서비스를 포함하고 있으며, 대표적인 응용 서비스에는 군집platoon 주행, 차량 센서와 지도 정보 공유, 원격 제어 등 27가지의 서비스를 제시하고 있다[5].

3GPP Release 15는 LTE-V2X의 기틀을 유지하면서 성능을 개선, 주파수 수율을 높이고 신뢰성을 더욱 개선하였다. 3GPP NR New Radio에서는 5G를 기반으로 하는, 5G-V2X(또는 NR-V2X)를 표준화하고 있다. 완전자율주행을 뒷받침하기 위해서는 5G의 도입이 필수라는 관점에서 보면, C-ITS 표준에서 5G-V2X를 완전히 제외하기는 어려울 것으로 예상할 수 있다. 무엇보다 5G-V2X에서는, 자율주행에 필수요건인 지연시간 10ms 이하가 가능하기 때문이다.

C-V2X 통신은 PC5 인터페이스를 사용하는 단일 대역, 그리고 PC5와 Uu 인터페이스 모두를 사용하는 대역 간 통신에 근거하고 있다. PC5 인터페이스는 5.9GHz ITS 대역에서

셀룰러-망과 독립적으로 V2V, V2I, V2P를 운영하는 사이드-링크 side-link이며, Uu 인터페이스는 셀룰러 이동통신 주파수에서 V2N을 운영하는 업/다운-링크이다. 물론 네트워크는 서로 보완 및 백업backup 구조의 형태로 이중화 통신망을 구축해야 한다. (그림 7-5 참조)

* Uu(User-to-user signaling: 사용자 간 신호 방식), UE(User equipment: 사용자 장비)

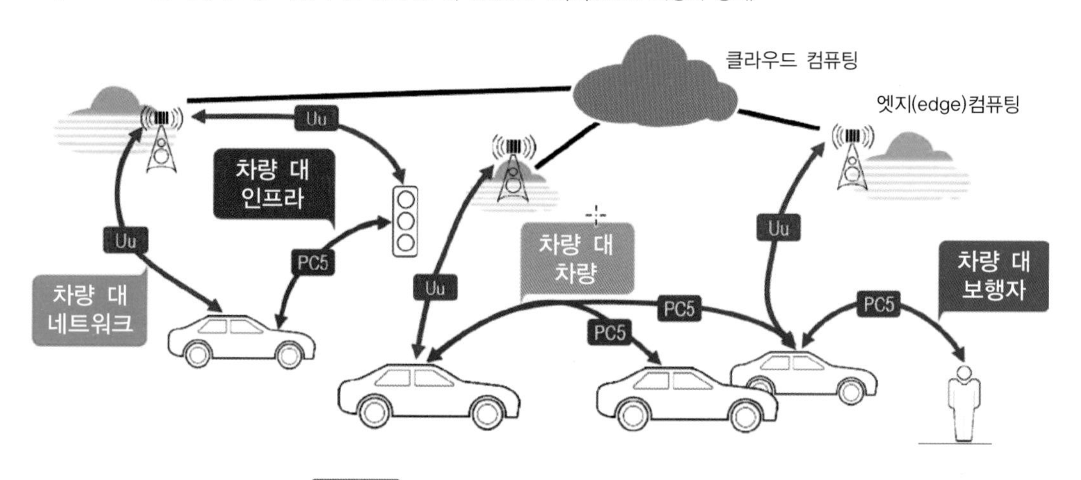

그림 7-5 3GPP C-V2X 네트워크 아키텍쳐[6]

4 DSRC와 C-V2X 기술의 비교 및 전망

DSRC는 WiFi 기반 기술이고, C-V2X는 셀룰러 cellular 즉, 이동통신 기반이다.

(1) 유사점은 다음과 같다.

① 둘 다 5.9GHz 대역을 사용하여 직접 통신한다.

② 둘 다 동일한 메시지 세트인 SAE J2735 및 J2945와 사용 사례use case를 사용한다.

③ 둘 다 디지털 서명을 사용, 메시지 공급자의 보안과 신뢰를 보장한다.

(2) 차이점

모든 V2X 표준에는 안전이 중요한 애플리케이션과 중요하지 않은 애플리케이션에 대해 서로 다른 프로토콜 스택이 있다.

안전이 중요하지 않은 애플리케이션은 일반적으로 전송 계층 및 네트워크 계층 프로토콜에 대해, 각각 TCP/UDP Transmission Control Protocol/User Datagram Protocol 및 IPv6을 사용한다.

안전이 중요한 애플리케이션에 대한, 전송 및 네트워크 프로토콜은 표준마다 다르다.

DSRC는 IEEE 1609.3 WAVE Short Message Protocol(WSMP)[7]을 사용하는 반면, ITS-G5는 BTP Basic Transport Protocol [8] 및 GeoNetworking 프로토콜 [9]을 사용한다.

유럽 표준에 따라 V2I 참가자 간의 안전에 중요한 메시지는 CAM Cooperative Awareness Message과 DENM Decentralized Environment Notification Message으로 교환된다. CAM은 10Hz와 1Hz 사이에서 주기적으로 전송되며, V2X 네트워크의 다른 참가자에게 방향heading, 속도, 차선 위치 등의 상태정보를 제공한다. DENM은 교통 체증 감지와 같은 트리거trigger 조건이 충족될 때마다 트리거 trigger되는, 사건 event 기반 메시지로, 교통체증 종료와 같은 종료 조건에 도달할 때까지 반복적으로 전송된다.

DSRC 기반 V2X 네트워크는 신호등 상태를 전달하기 위한 SPaT Signal Phase and Timing 메시지와 도로 상태 또는 기타 관련 정보, 예를 들어 도로 작업 구역 또는 특정 도로 구간에 대한 권장 속도를 교환하기 위한 TIM(여행자 정보 메시지)과 같이, SAE J2735 표준에 정의된 일련의 안전 메시지를 사용한다 [10].

DSRC의 경우, WAVE Wireless in Vehicular Environment 통신 표준을 충족하는 기반시설들이 이미 많이 구축되어 있고, 성능이 안정적인 것이 특징이다.

C-V2X는 신규 투자가 필수적이지만, LTE, 5G 기반이기 때문에 서비스 가능 지역이 넓어지고, 정보를 지연delay 없이 빠르게 전송할 수 있다. 특히, 앞에서도 언급했지만, 5G-V2X는 자율주행의 필수요건인 지연시간 10ms 이하를 충족한다. (표 7-2 참조).

(3) 미래 전망

미국과 EU에서는 기술표준 채택에 어려움을 겪고 있다. 미국은 2016년 말, NHTSA가 모든 신형 경자동차가 DSRC 기반 V2V 통신을 지원하도록 요구하는 명령을 제안했으며, 2021년 FCC(연방통신위원회)가 5.9GHz 대역의 주파수 일부 대역폭을 C-V2X용으로 배정을 결정하였지만, 미국 의회는 2022년 이를 부결하였다. EU도 V2X 통신 기술로 ITS G5 기술표준을 채택하려고 했으나, LTE V2X를 지지하는 5GAA 진영의 반발로 ITS G5 기술의 채택이 무산되었다. 이로 인해 C-ITS 사업에 어려움을 겪고 있다.

그러나, 일부 완성차회사들은 이미 특정 기술을 통합하기 시작했다. 예를 들어, Volkswagen은 2020년식 Golf 8에 ITS-G5를 적용하였으며, BMW, Audi, Ford와 같은 다른 회사들은 C-V2X PC5에 더 집중하고 있다. 중국은 이미 LTE-V2X 자동차 모델을 시판하고 있다.

[표 7-2] V2X 통신기술 비교 [11]

구분	WAVE	LTE-V2X	5G-NR-V2X (표준화중)	차세대WAVE (표준화중)
명칭	차량환경통신 (Wireless Access Vehicular Environment)	LTE-V2X	5G-NR-V2X	차세대 차량 통신 (Next Generation Vehicular)
표준화 시점	2010년 5월	2017년 3월	2020년 7월	2022년 1Q 완료 목표
통신 규격	IEEE 802.11p	3GPP Ref.14	3GPP Ref.16	IEEE 802.11p
V2X 사용 주파수	5.9GHz	5.9GHz	5.9GHz	5.9GHz 63GHz(검토중)
통신지역 (응답 속도)	100ms 이내 (생명안전 10ms, 공공안전 20ms이내) (SAE J3067)	100ms 이내	1ms 이내	100ms 이내 (생명안전 10ms, 공공안전 20ms이내) (SAE J3067)
통신거리	500m(반경)	수 km(반경)	수 km(반경)	1,000m(반경) (WAVE 대비 통신 게인 5dB 이상)
주행속도	〈 200km/h	〈 160km/h	〈 600km/h	〈 260km/h
전송속도	3Mbps-27Mbps	3Mbps-100Mbps	10Gbps-50Gbps	~WAVE의 10배
연결방식	V2I, V2V, V2P 등	V2N(Broadcast), V2V, V2P 등	V2N, V2V, V2P 등	V2I, V2V, V2P 등
활용	• 안전서비스, 차량제어에 특화 - 위험상황 경고 등 안전서비스 - 자율주행 등 실시간 차량 제어 • 교통정보 수집/제공 가능 • 통행료 등 요금 처리	• 단말기간에는 PCS 인터페이스 규격으로 통신 • 단말기와 기지국은 UU인터페이스로 네트워크에 연결	• 자율주행차의 군집주행 및 원격 주행을 위한 초저지연 통신 지원	• 인포테인먼트 및 대용량 데이터 통신 •기존 802.11p 단말과 상호호환성 유지 •고정밀(25cm이하)위치정보 교환
타켓 서비스	C-ITS서비스	자율주행 3단계까지 지원	자율주행 4, 5 단계까지 지원 중점	C-ITS + ?

우리나라는 2014년부터 DSRC(WAVE) 위주로 진행해 온 C-ITS 시범 사업을 2021년 완료하고, 본격적인 전국 도로망 구축에 나설 예정이었으나, 새로 추가된 C-V2X에 대한 실증 관계로, 계획을 수정하였다. 2022년까지 LTE-V2X 방식을 실증하고, 2023년에 일부 고속도로에 병행방식((WAVE)+(LTE-V2X)) 시범 사업을 거쳐, 2024년 이후 단일표준을 전국으로 확산할 계획이다.

이와 같은 이유에서, C-V2X 기술로 기존의 ITS-G5 및 DSRC 기술을 완전히 대체하는 방식보다는, 이들의 결합 내지는 병행이 가능한 하이브리드 C-V2X에 관한 연구와 제안이 늘어나고 있다 [12].

예를 들면, 차량에 하이브리드-단말기(Hybrid-OBU)를 탑재하고, 차량, 신호등, 교통정보 센터와 같은 노변시설과는 WAVE(DSRC)를 이용한 D2D 통신을 하고, 주변 스마트폰과 통신하거나 공간적 범위가 넓고 대용량 전송이 필요한 서비스는 LTE(4G, 5G)를 통해 통신하는 방식이 제안되고 있다. 이와 관련한 국제표준 아키텍처는 ISO 21217: 2020 Intelligent transport systems - Station and communication architecture에서 정의하고 있으며, 다른 통신방식보다는 주로 WAVE(DSRC)와 LTE의 융합기술 개발에 중점을 두고 있다.

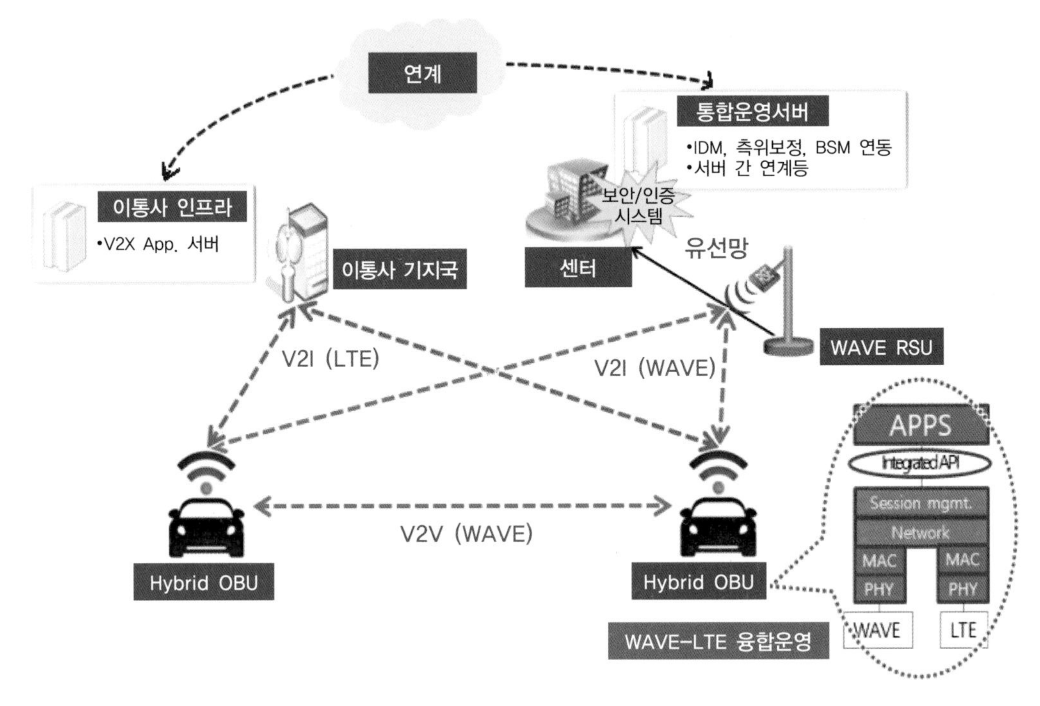

그림 7-6 하이브리드 V2X 통신 기술 아키텍처의 예

예를 들어, 도로 안전을 개선하기 위한 경고 서비스는 간선 도로 경로에서는 V2X 지역화 통신(ITS-G5 사용), 농촌 지역에서는 중앙 집중식 통신(셀룰러 네트워크 사용)을 사용하여 최적화된 방식으로 수행할 수 있다. 반대로, 셀룰러 네트워크가 제공되지 않는 지역은, 서비스 범위를 보장하기 위해 도로변에 ITS-G5 장비를 배치할 수 있다.

5 V2X 사용 사례 (V2X use cases)

V2X의 궁극적인 목표는 차량 및 기타 교통 참가자가 사고를 피할 수 있도록 지원, 교통 안전을 개선하는 것이다. V2X 통신에서 얻은 정보는 처리되어 인간 운전자에게 경고로 표시되거나 차량의 일부 안전 메커니즘을 작동하게 할trigger 수 있다. V2X를 통해 자율주행차량은 일시적인 차선 방향 변경, 공사 또는 사고로 인해 폐쇄된 차선 또는 갑작스러운 사고 또는 나쁜 기상 조건으로 인해 인지 능력이 일시적으로 제한되는 경우와 같이, 시야와 내부 정보를 넘어서 중요한 상황을 인식할 수 있다.

또 다른 중요한 V2X 목표는 특히 교통흐름 및 에너지 효율성의 맥락에서, 효율성을 높이는 것이다. 지역에 관련된 상세하고 정확한, V2X 정보의 도움으로 차량은 교통 혼잡을 줄이기 위해 대체 경로를 선택하거나, 속도를 조정할 수 있다. 동적 정보는 스마트 차량에서 에너지 소비를 최적화하거나, 운전과 관련된 환경 비용을 줄이는 데 사용할 수도 있다.

ETSI(European Telecommunications Standards Institute: 유럽통신표준연구소)는 V2X 통신을 크게 4가지 유형(①-④)으로 구분한다 [13]. 그러나, 기술의 발전에 따라 이들로부터 파생된 여러 가지 유형의 사용 사례가 속속 등장하고 있다 [14].

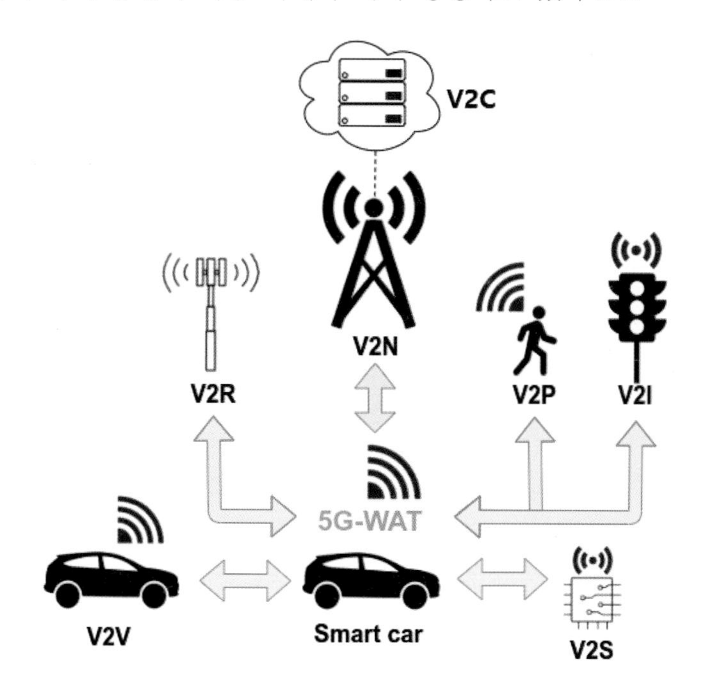

그림 7-7 차량 인터넷(IoV)에 의한 V2X 상호 작용의 유형[15]

다음은 몇 가지 예이다.

① 차량 대 네트워크(V2N: Vehicle to network)
② 차량 대 기반시설(V2I: Vehicle to infrastructure)
③ 차량 대 차량(V2V: Vehicle to vehicle)
④ 차량 대 보행자(V2P: Vehicle to pedestrian)
⑤ 차량 대 클라우드(V2C: Vehicle to cloud)
⑥ 차량 대 장치(V2D: Vehicle to device)
⑦ 차량 대 배전망(V2G: Vehicle to grid) 등등

(1) V2N Vehicle to Network 통신

V2N Vehicle to Network은 셀룰러 네트워크 및/또는 DSRC(전용 근거리 통신) 표준을 사용하여 V2X 관리 시스템과 도로기반시설은 물론이고 다른 차량과도 상호 통신할 수 있다. 이러한 수준의 연결을 고려하면, 차량을 스마트폰, 태블릿 및 웨어러블 기기와 같은 '무선기기device'로 간주할 수 있다. 차량이 모바일 네트워크 사업자의 LTE-4G, 5G 통신망 및/또는 DSRC(전용 근거리 통신망)에 접속하면 다음과 같은 일을 할 수 있다.

- **V2I** (Vehicle to Infrastructure: 차량 대 기반시설) 직접 통신은 도로 상태(사고, 정체, 날씨 등)에 관한 방송 알림을 수신한다.
- **V2V** (Vehicle to Vehicle: 차량 대 차량) 직접 통신은 주변 차량(셀룰러 네트워크 및 DSRC를 통해)과 통신한다.
- **V2P** (Vehicle to Pedestrian: 차량 대 보행자) 보행자 기기와의 통신 구축

LTE-4G, 5G 및 DSRC를 사용하는 V2N은, 차량이 기반시설, 다른 차량, 기타 장치 및 보행자와 안정적으로 상호 작용할 수 있도록 한다.

(2) V2I(Vehicle to Infrastructure: 차량-대-기반 시설) 통신

V2I 통신은 차량과 도로 기반시설 간의 양방향 정보 교환으로 구성된 지능형 교통 시스템(ITS)의 필수 부분이다. 이 정보에는 다른 차량에서 수집한, 차량 생성 교통 데이터, 도로 기반시설에 설치된 센서의 데이터(카메라, RADAR, LiDAR, 신호등, 차선 표지 가로등, 도로 표지판, 주차 미터기 등) 및 ITS에서 방송하는 데이터(속도제한, 기상 조건, 사고 등)가 포함된다. 예를 들면, 도로 공사 경고, 도로 위험 및 사고 경고 및 신호등 위상 이벤트 등이 여기에 속한다.

앞서 설명했듯이 이 정보교환은 셀룰러 네트워크 및/또는 DSRC(전용 단거리 통신) 주파수를 통해 무선으로 수행된다. V2I의 목표는 운전자에게 도로의 다양한 상황에 대한 실시간 정보를 제공하여 도로 안전을 강화하고, 사고를 예방하는 것이다. 또한 V2I 및 ITS 기술은 이 귀중한 정보에 의존할, 미래 자율주행차량의 핵심 요소이다.

(3) V2V Vehicle to Vehicle 통신

V2V Vehicle to Vehicle 통신은 도로를 주행하는 차량들이 서로 실시간으로 데이터를 교환할 수 있도록 한다. 이 교환은 V2I 통신에서 사용되는 것과 동일한 전용 단거리 통신(DSRC) 주파수를 통해 무선으로 이루어진다. V2V 덕분에 차량은 속도, 위치, 방향 및 기타 관련 정보를 공유하여 시스템에 주변 환경을 360도 표시할 수 있다. V2V 통신은 메쉬 mesh 네트워크로 인식되기 때문에 각 차량은 신호를 포착, 전송 및 재전송할 수 있는 노드 node가 된다. V2V는 V2X와 V2N의 필수적인 부분이므로, 노드에는 스마트 교통신호, 도로 센서 및 기타 V2I 구성 요소도 포함된다.

메쉬 mesh 디자인 덕분에 V2V 기술이 적용된 차량은, 주변 300m 반경서 일어나는 모든 일에 대한 실시간 정보를 취득할 수 있다. 첨단 운전자 지원 시스템(ADAS) 및 자율주행차량은 이 정보를 사용, 운전자에게 임박한 위험을 즉시 경고하여, 도로 안전 수준을 개선할 수 있다.

예를 들면, 교차로 이동 보조 경고, 잘못된 방향으로 주행하는 운전자 경고, 추월 금지 경고 등의 사용 사례를 활용할 수 있다.

(4) V2P(Vehicle-to-Pedestrian: 차량 대 보행자) 통신

V2X 생태계의 최하위 범주 중 하나는 V2P(차량 대 보행자) 통신이다. V2V 및 V2I와 같은 다른 V2X 기술에는 의도적으로 서로 통신할 수 있도록 준비된, 자동차 및 도로 기반시설이 있다. 휠체어, 자전거 및 유모차와 같은 일부도 스마트 센서를 구현하여 그 존재에 대한 인식을 생성할 수 있다. 그러나 보행자와 거리에서 노는 아이들과 같은 취약한 도로 사용자는 상황이 완전히 다르다. 일부 자동차 제조업체는 차량에 장착된 LiDAR와 360도 카메라를 사용, 충돌 경고 및 사각지대 경고를 통해 보행자를 감지한다. 그러나 그러한 접근 방식의 신뢰성은 천차만별이다. 운전자가 취약한 도로 사용자와의 충돌 가능성을 인식할 수 있도록, 차세대 휴대용 장치와 모바일 앱이 개발되고 있다.

(5) V2C Vehicle to Cloud 통신

V2C Vehicle to Cloud 통신은 광대역 셀룰러 모바일 네트워크에 대한 V2N 접근 access을 생성하여 클라우드와 데이터를 교환할 수 있다. 일부 응용 프로그램은 다음과 같다.

- OTAOver the Air를 통해 차량의 소프트웨어를 갱신update한다.
- DSRC 통신에 대한 이중화
- 원격 차량 진단
- 클라우드에도 연결된 가전제품과 양방향 통신(IoT)
- 디지털 비서와 양방향 통신

머지않은 미래에 V2C는 공유 이동성에서도 중요한 역할을 할 것으로 예상된다. 예를 들어, 운전자의 선호도를 클라우드에 저장하고 차량-공유 car-sharing에 사용하여, 좌석 위치, 거울, 라디오 방송국 등을 자동으로 조정할 수 있다.

(6) V2D Vehicle to Device 통신

V2D(차량-대-장치)는 차량이 일반적으로 Bluetooth 프로토콜을 통해 모든 스마트 장치와 정보를 교환할 수 있도록 하는 V2X 통신의 하위 집합으로 생각할 수 있다. 이 기술의 대표적인 애플리케이션은 스마트폰, 태블릿 및 웨어러블이 차량의 오락프로그램 infotainment 시스템과 상호 작용할 수 있도록 하는 Apple의 CarPlay 및 Google의 Android Auto이다.

(7) V2G Vehicle to Grid 통신

V2G(차량 대 전력망) 통신은 V2X 기술 그룹의 비교적 새로운 구성원으로서, 플러그인 하이브리드(PHEV), 배터리 전기 자동차(BEV) 및 수소 연료전지 자동차(HFCEV)와 교통의 전기화를 지원하는 스마트-그리드(배전망) 간의 양방향 데이터 교환을 가능하게 할 것이다. V2G 통신 덕분에 차세대 전력망은 차량을 에너지저장장치(ESS)로 인식하여 전력부하의 균형을 보다 효율적으로 유지하고, 비용을 절감할 수 있다. 예를 들면, 전력망 전기가 부족한 시간에는 전력망과 연결된 차량의 전기를 사용하고, 전기가 남아돌 때는 차량을 다시 충전하는 방식이다.

7-2 백-엔드 시스템
Back-end systems

1 백-엔드 back-end 시스템의 필요성

가장 정교한 하드웨어와 지능형 소프트웨어가 설치되어 있어도, 자율주행차량이 외부로부터 인식할 수 있는 것에는 여전히 한계가 있다. 제한은 센서의 최대 작동 범위, 센서 폐쇄, 악천후 등으로 인해 발생할 수 있다. 따라서 자율주행차량이 미리 계획하고 실행할 수 있도록 스스로 인식할 수 있는 것, 이상의 외부 정보를 얻는 것이 때때로 필수적일 수 있다. 그래야만, 적시에 더 나은 결정을 내릴 수 있다. 따라서, 자율주행차량은 일반적으로 운영자 또는 제작사에서 제공하는 일부 백-엔드 Back-end 서비스와 함께 작동한다. 그러나 차량과 백엔드 시스템을 연결하기 전에 선결해야 할 과제는, 외부 공격으로부터 시스템을 보호하고, 데이터 프라이버시를 보장하는 사이버 보안이 완벽해야 한다는 점이다.

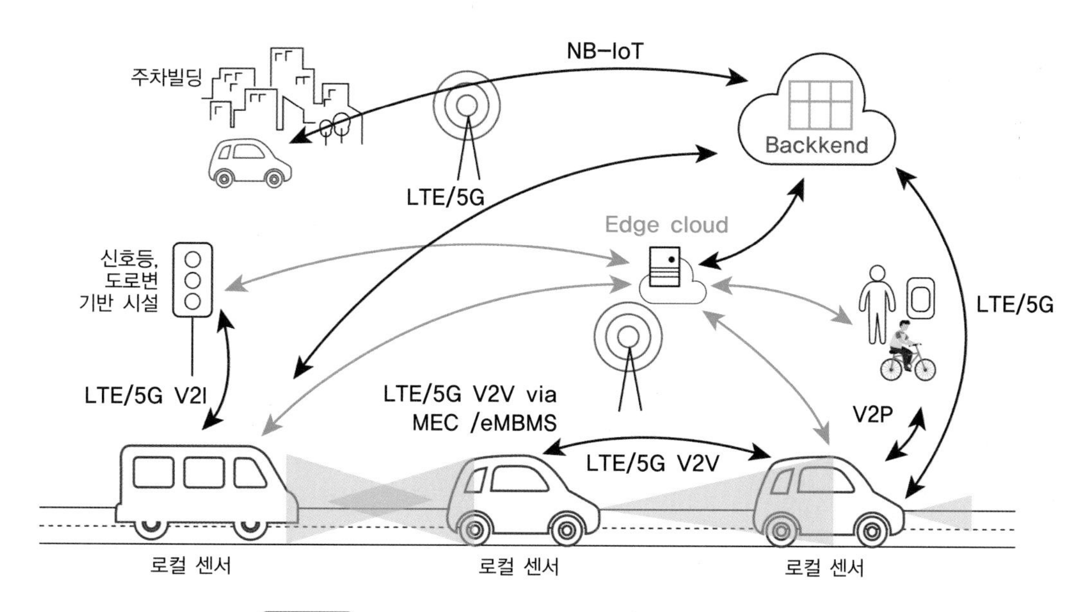

그림 7-8 백-엔드(Back-end)를 활용하는 V2X 시스템[16]

사이버 보안이 완벽하다면, 사용 가능한 컴퓨팅 자원resource에 따라 일부 과부하가 걸리거나, 자원 집약적인 작업을 백-엔드 시스템으로 보내고, 계산 결과를 다시 수신할 수 있다. 이와 관련된 작업은, 많은 데이터를 처리해야 하지만 안전에 중요하지 않은 계산, 자율주행차량에서 로컬local로 사용할 수 없는 데이터를 사용하는 작업 또는 백-엔드 서버에서 더 효율적으로 수행할 수 있는 작업 등이다.

예를 들면, V2V 또는 V2I 통신은 차량이 다른 V2V 지원 차량 또는 V2I 지원 인프라와 작동 가능한 범위 내에 있는 경우에만 사용할 수 있다. 또한, 실시간 교통정보 및 실시간live 지도 갱신, 소프트웨어 무선 갱신, 그리고 고화질 지도 관련 정보 등은 백-엔드 시스템을 활용하는 것이 더 합리적이다.

2 백-엔드 back-end 시스템의 주요 기능

(1) 소프트웨어 무선 업데이트 Software over-the-air update

차량 소프트웨어를 갱신하는 '고전적인' 또는 전통적인 방법은 수리점을 방문하여, 차량에 부착된 특수 커넥터를 이용하는 방법이다. SOTA Software Over-The-Air는 공용 셀룰러 LTE 네트워크 또는 개인/공용 Wi-Fi 핫스팟hotspot과 같은 공통 통신 네트워크를 사용하여 원격으로 차량 소프트웨어를 갱신하는 방법이다. 예를 들면 TESLA와 같은 자동차회사는 SOTA 아이디어를 수용하고, SOTA를 소프트웨어 갱신 방법으로 적극적으로 활용하고 있다.

(2) 지도 High definition maps 정보 제공

① 지역 동적 지도(LDM; Local Dynamic Map)

C-ITS 운영을 위해서는, 방대한 데이터를 실시간으로 저장하고 표현하는 기술이 필요하다. 이를 위해 제안된 동적 정보 시스템인 LDM은 지도, 차량, 도로상황 등과 관련된 정보들을 규격화하여 표현하는 기술이다. LDM은 도로 인프라와 차량 간에 주고받는 정보의 표현 규격을 표준화하고, 이를 처리하기 위해 계층적으로 체계화하고 있다. LDM은 총 4개의 계층으로 구성되며, 일반적인 지형 정보부터 자세하게는 차량 위치 정보까지를 실시간으로 갱신, 저장하고 있다.(그림 7-9 참조) 교통상황, 급정거, 낙하물 등 사고관련 정보를 실시간으로 운전자에게 제공하는 시스템이다. C-ITS에서 활용하는 동적 정보에 관한 표준은 TR 17424(ISO, 2015) 및 ISO 18750(ISO, 2018) 등이 있다.

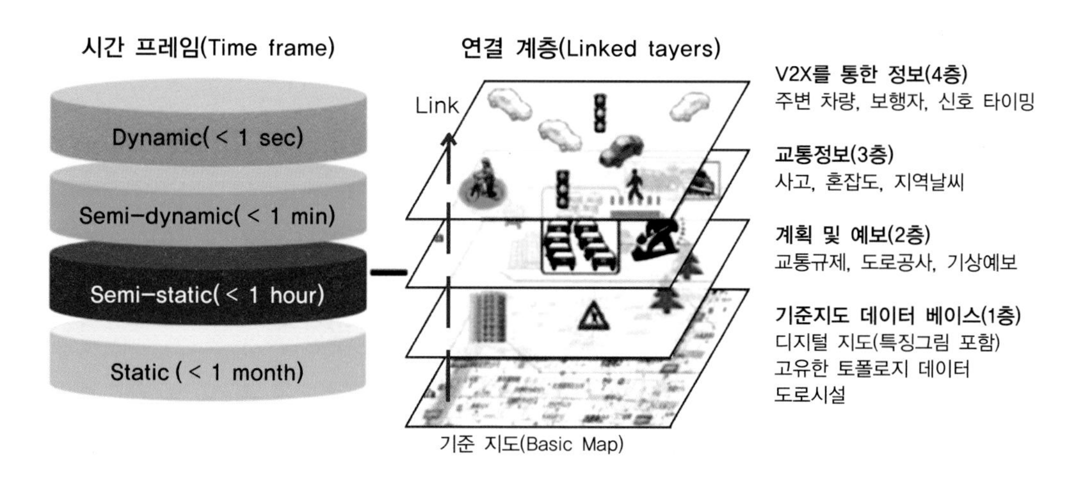

그림 7-9 고속도로용 지역 동적 지도(LDM)의 구성[17]

그러나, LDM은 고속도로에 적용, 시험한 바 있으나, 실제 적용 및 실시간 데이터 저장/관리/ 제공까지에 대한 실증은 이루어지지 않았다. 또한, 도심도로 구간에 대해서는 LDM 데이터에 대한 정의 또한 시행된 바 없다. 따라서 도심도로의 안전한 자율주행을 위해 도심도로에 적합한 정보 플랫폼을 구성하고, 이에 대한 평가체계를 마련한 후, 실제 적용을 통한 평가가 이루어져야 할 것이다.

[표 7-3] LDM(지역 동적 지도의 구성요소 요약)

정보 범위		제공자	정보	갱신 사이클
정적 정보	1층 정밀 전자지도 (정적)	지도 제작자	〈1층만의 정보〉 -도로 전자 정밀 지도(도로 모양)	〈 month
			〈1/2층 공동 정보〉 -도로시설(간판, VMS, etc.) -도로 통제 정보(가변차선 정보 등) -건물(휴게소 등)	
	2층 계획 & 예상 (반-정적)	도로교통 당국	〈2층만의 정보〉 -일시적 통제 정보(건설공사, 재난 등) -휴게소 개방/폐쇄 시간	〈 hour
역동적 정보	3층 교통 정보 (반-역동적)	도로교통 당국/ 차량 감지 시스템	-사고 -지연/혼잡 정보 -교통 조건(condition) 정보 -지역 날씨 등	〈 min
	4층 V2X를 통한 정보 (역동적)	차량	-차량 위치정보 -차량 주행정보 -차량 상태정보 -차량 정보	〈 sec

② 고화질 정밀지도(HD-Map)

제5-3절에서 설명한 바와 같이, 자율주행차량은 정밀도가 매우 높은(종종 cm급) 고화질(HD) 지도를 사용하여 스스로 위치를 추정한다. 그러나 HD-지도를 저장하기 위해서는 엄청난 양의 데이터가 필요하다. 차량의 컴퓨팅 플랫폼의 가용 하드웨어 자원과 운영 영역의 크기에 따라, 모든 지도 데이터를 차량에 저장하지 못할 수 있다. 따라서, 차량은 백-엔드 서버에 새 지도 데이터 또는 누락된 지도 데이터를 요청할 수 있다. 백-엔드 서버는 또한 내부 지도를 업데이트하거나 도로 공사로 인한 차선 폐쇄, 교통사고 등과 같은 경로를 따라 관련 이벤트에 대한 공지 사항을 발행trigger할 수 있다.

차량에 저장된 일부 내부 정보는 더 이상 정확하지 않거나 실시간으로 갱신해야 할 수 있다. 차선의 임시 폐쇄 또는 교통사고 또는 공사 현장으로 인한 교통의 역류contraflow가 발생할 경우, 백-엔드 서버는 다양한 소스로부터 정보를 수집, 집계하고 관련 정보를 개별 차량에 전달해야 한다. (pp.291, 그림 5-13, 5-14 고화질 지도 참조)

(3) 차량단 관리 Fleet management

백-엔드 시스템은 차량관리에도 필수이다. 자율 공공 셔틀의 경우, 백-엔드 시스템은 도로 공사가 있는 경우, 경로를 자동으로 조정하거나, 실시간 상황에 따라 특정 셔틀을 충전소로 안내할 수 있다. 또한 수요가 많은 시간에는 예약 셔틀을 자동으로 배차할 수 있다. 자율주행차량 운영자 또는 제작사는 원격 진단, 차량 상태의 실시간 모니터링을 수행하거나 백-엔드 시스템을 통해 무선(OTA)으로 소프트웨어 갱신을 실행해야 할 수도 있다.

또한, 택배 시스템과 같은 일부 사용 사례에서는 여러 대의 차량이 함께 작동하며 서비스를 제공한다. 차량 관리 서비스는 모든 차량의 원활하고 안전하며 효율적인 운영을 보장해야 한다. 일반적인 차량 관리 서비스에는 개별 택배 차량의 위치 추적, 동적 경로 계산, 시스템 상태 모니터링 및 원격 진단이 포함된다. 차량 관리 서비스는 제어실의 작업자가 수동으로 실행하거나 백-엔드 서버의 차량 관리 소프트웨어를 사용하여 자동화하거나 이 두 가지를 조합하여 실행할 수 있다.

참고문헌 REFERENCES

[1] https://c-its-deployment-group.eu/mission/statements/2021-12-20-its-directive-2022/

[2] Khadige Abboud, Hassan Aboubakr Omar, andWeihua Zhuang. Interworking of DSRC and cellular network technologies for V2X communications; A survey. IEEE transactions on vehicular technology, 65(12):9457-9470, 2016.

[3] A Costandoiu and M Leba: Convergence of V2X communication systems and next generation networks.I OP Conf. Series: Materials Science and Engineering 477 (2019) 012052. doi:10.1088/1757-899X/477/1/012052

[4] https://docbox.etsi.org/Workshop/2019/201903_ITSWS/SESSION04/NXP_MOERMAN.pdf

[5] H. S. Oh, Y. S. Song, "V2X communication technology standardization trend for ITS and autonomous driving service," 2020. Available: http://weekly.tta.or.kr/weekly/files/20204113084100_weekly.pdf

[6] Holger Rosier, Daniel Ion: C-V2X. https://scdn.rohde-schwarz.com/ur/pws/Module_2_C-V2X.pdf

[7] IEEE. IEEE standard for wireless access in vehicular environments(wave)-networking services. IEEE 1609 Working Group and others, pages 1609-3, 2016.

[8] ETSI. Ts 102 636-4-1 v1.2. Intelligent Transport systems(ITS); vehicular communications; geonetworking; part 5: Transport protocols; sub-part 1: Basic transport protocol .

[9] ETSI. Ts 102 636-4-1 v1.2. Intelligent Transport systems(ITS); vehicular communications; geonetworking; part 4: Geographical addressing and forwarding for point-to-point and point-to-multipoint communications; sub-part 1: Media-independent functionality.

[10] SAE J2735: Dedicated short range communications(dsrc) message set dictionary. https://www.sae.org/standards/development/dsrc

[11] 임기택: 자율협력주행을 위한 V2X 통신기술, pdf. KETI 2020. 11. 20

[12] ISO 21217:2020. Intelligent transport systems — Station and communication architecture. ICS 〉 03 〉 03.220 〉 03.220.01

[13] ETSI. ETSI-ts 122 185. Requirements for V2X services. https://www.etsi.org/deliver/etsi_ts/122100_122199/122185/14.03.00_60/ts_122185v140300p.pdf

[14] https://blog.rgbsi.com/7-types-of-vehicle-connectivity

[15] Storck and Duarte-Figueiredo: A Survey of 5G Associated with V2X Communications by IoV. Digital Object Identifier 10.1109/ACCESS.2020.DOI

[16] https://www.5gamericas.org/wp-content/uploads/2021/09/Vehicular-Connectivity-C-V2X-and-5G-InDesign-1.pdf

[17] Ryota Shirato, “Dynamic Map Development in SIP-adus,” ITS World Congress in Bordeaux 2015.

Chapter 8

차량의 기능적 안전, 사이버 보안 및 개인정보 보호

Automotive functional safety, cyber security & Privacy

8-1 차량의 기능적 안전
Automotive functional safety

1 기능적 안전 개요

차량의 전기/전자화가 가속되고, 자동화 수준이 높아짐에 따라, 센서 수와 컴퓨터(ECU와 MCU) 수가 급격히 늘어나고, 복잡하고 난해한 소프트웨어 탑재도 증가하고 있다. 일부 고급 승용차 모델에는 최대 100개의 ECU가 탑재되고 있다(그림 8-1 참조). 차량에 ECU를 신속하게 통합하는 것은 특히 데이터 처리 및 네트워크 보안 최적화를 위한 전기 및 전자 아키텍처에 중대한 문제를 제기하고 있다. 그리고, 인공지능(AI)과 기계학습은 자율주행차량 개발에 핵심적인 역할을 하지만, 복잡성을 더하고 있다. 또한, 이들로 인해 차량의 기능불량이나 오작동이 발생하고, 차량 내/외부의 사람이 다치거나 사망에 이르는, 최악의 사태도 배제할 수 없다.

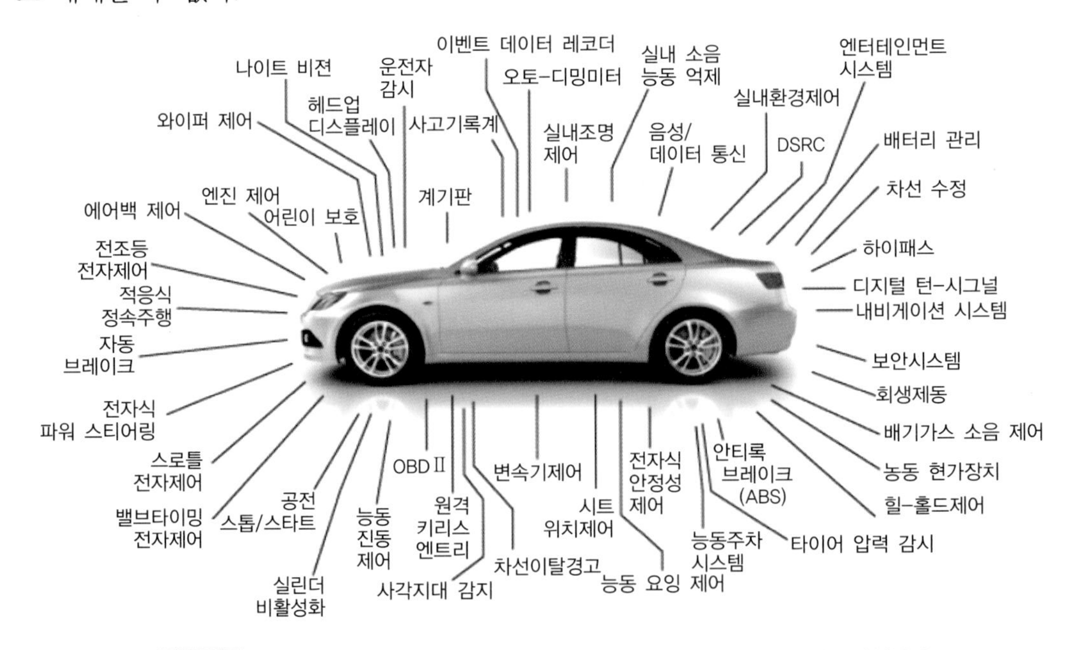

그림 8-1 오늘날 고급 승용자동차의 소프트웨어 기반 시스템(ECU 아키텍처)[1]

따라서, 기능적 안전이 차량의 생애주기life cycle에 걸쳐, 중요한 요소 중 하나라는 사실은 재론의 여지가 없다.

기능 안전 표준은 소비자뿐만 아니라 제조업체에도 중요하다. 자동차 산업 분야에는 ISO 26262(자동차 산업을 위한 도로 차량 기능 안전) 및 IATF 16949(품질 관리)와 같은 산업 전반의 기능 안전 표준이 있다. 이 표준을 준수함으로써 자동차 관련 제조업체는 제조물의 결함에 대한 책임의 위험을 최소화할 수 있다. 자동차 산업 분야의 이 표준은 현재 모범 사례를 기반으로 최첨단 안전 프로세스, 요구 사항 및 지침을 설정하고 있다.

그러나 기능 안전 표준을 준수한다고 해서, 자동차 제조업체가 미래의 책임 문제에서 자동으로 벗어나는 것은 아니다. "최신기술로 오작동을 감지할 수 없는 경우는, 법적 책임이 면제된다"고는 하지만, 입증이 쉽지 않은 것도 사실이다. '최신기술'을 주장하는 것은 일부 국가에서는 제조물 책임 사례에서 유효한 방어 수단이 될 수 있지만, 다른 나라에서는 통용되지 않을 수도 있다. 그리고 통상적으로 표준은 항상 실제 기술 발전에 뒤져 있다. 기술이 발전함에 따라 표준이 더는, 현재 기술 상태를 반영하지 않게 되면, 쓸모없게 될 수도 있다. 따라서 ISO 26262와 같은 기능 안전 표준은, 최소한의 안전 요구 사항에 지나지 않는다는 점을 유념해야 한다.

2 ISO 26262 (Road vehicles - Functional safety: 도로차량-기능적 안전)

ISO 26262(도로 차량-기능적 안전) 표준은 2011년 11월에 제정, 공표되었고, 2018년에 개정되었다. 기존의 10개 부문에 반도체 부문과 모터사이클 부문이 추가되어, 총 12개 부문으로 구성되어 있다. 기능적 안전관리, 엔지니어링 프로세스, V-모델을 참조 프로세스 모델로 사용하는 제품 개발의 여러 단계에 대한 권장 사항 및 지원 프로세스를 개략적으로 설명하고 있다. V-model은 V자형을 사용하여 개발 활동을 나타내는 자동차 시스템 엔지니어링의 표준 프로세스 모델이다. 왼쪽에는 사양 및 설계, 오른쪽에는 테스트 및 통합, V 아래쪽에는 구현implementation이 있다. V-모델은 개발 활동의 각 단계와 해당 테스트 단계 간의 직접적인 관계를 나타내고 있다(그림 8-2, 8-3 참조).

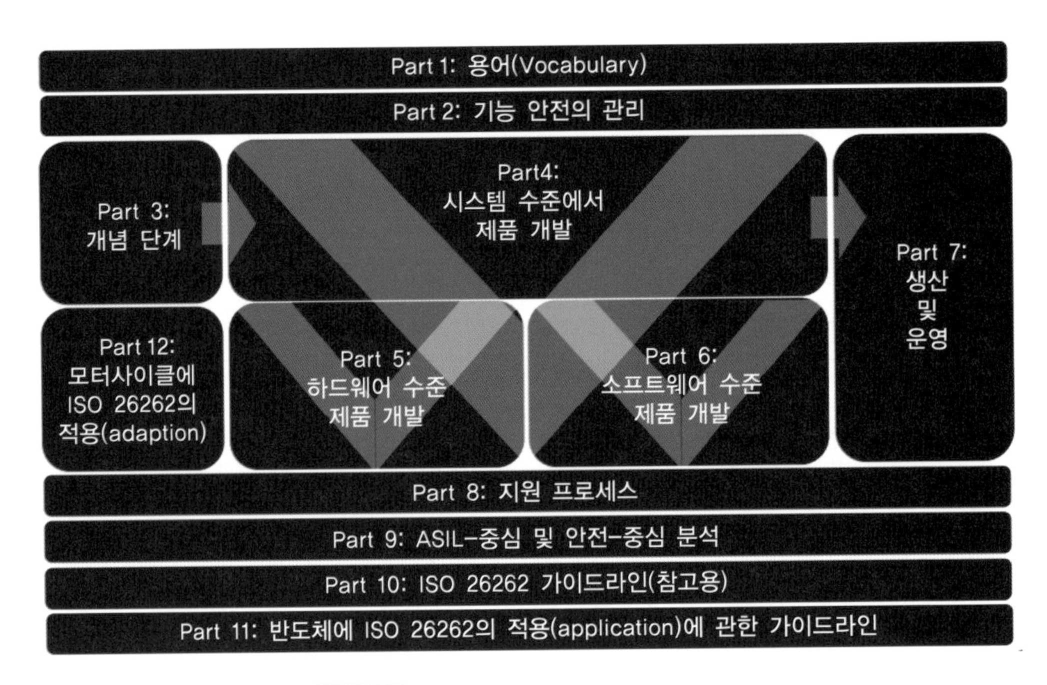

그림 8-2 ISO 26262의 12개 부문 개요[2]

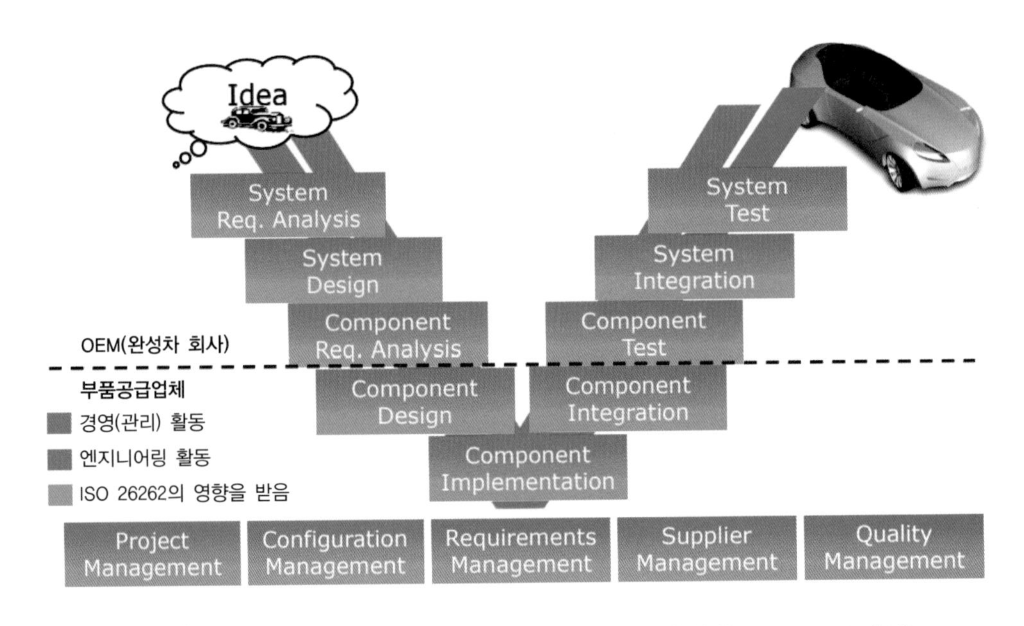

그림 8-3 ISO 26262에 따른 시스템 엔지니어링용 V-모델 [출처: Vector GmbH]

(1) 안전관리 Safety management

ISO 26262 표준의 처음 두 부분은 용어vocabulary와 기능적 안전관리에 관해 설명한다. 안전관리는 차량 수명주기의 6단계 전반에 걸친 안전활동을 말한다. 이들은 개념concept → 개발development → 생산production → 운영 또는 사용operation → 서비스service → 해체decommissioning의 6단계이다. 즉, 안전 활동은 차량의 설계단계에서부터 폐차에 이르는 전 과정에 적용된다. 안전관리에 대한 권고사항 및 요구사항은 종합 안전관리, 개념 및 개발단계에서의 안전관리, 생산 이후의 안전관리의 3가지로 구분된다. 전반적인 안전관리 요구 사항에는 조직의 안전문화 평가, 역량관리(관련자가 충분한 수준의 기술, 역량 및 자격을 갖추도록 보장), IATF 16949 또는 ISO 9001과 같은 공통 품질관리표준 준수가 포함된다.

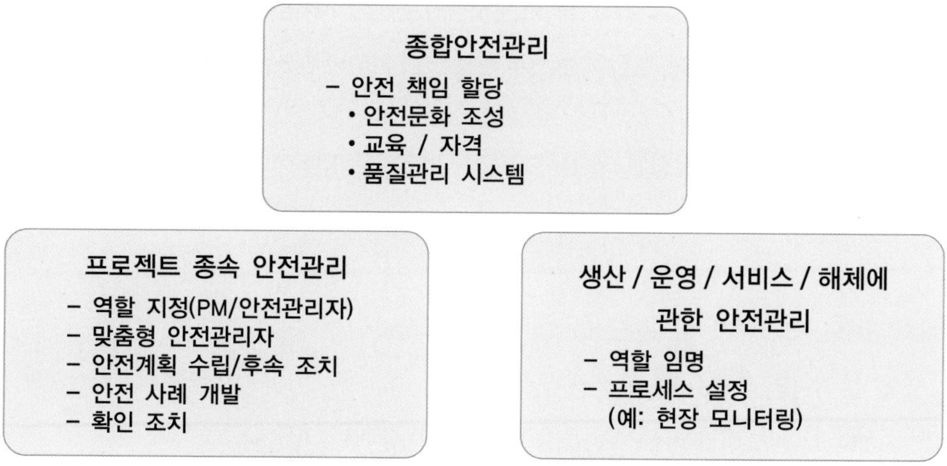

종합안전관리
- 안전 책임 할당
  - 안전문화 조성
  - 교육 / 자격
  - 품질관리 시스템

프로젝트 종속 안전관리
- 역할 지정(PM/안전관리자)
- 맞춤형 안전관리자
- 안전계획 수립/후속 조치
- 안전 사례 개발
- 확인 조치

생산 / 운영 / 서비스 / 해체에 관한 안전관리
- 역할 임명
- 프로세스 설정 (예: 현장 모니터링)

그림 8-4 안전관리에 관한 ISO 26262 권고사항 요약

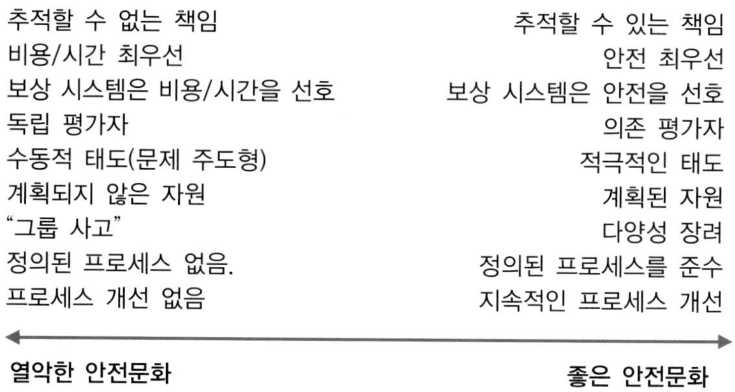

열악한 안전문화	좋은 안전문화
추적할 수 없는 책임	추적할 수 있는 책임
비용/시간 최우선	안전 최우선
보상 시스템은 비용/시간을 선호	보상 시스템은 안전을 선호
독립 평가자	의존 평가자
수동적 태도(문제 주도형)	적극적인 태도
계획되지 않은 자원	계획된 자원
"그룹 사고"	다양성 장려
정의된 프로세스 없음.	정의된 프로세스를 준수
프로세스 개선 없음	지속적인 프로세스 개선

그림 8-5 안전 문화 평가 사례(예)

(2) 개념 단계 concept phase

개념 단계의 안전 활동은 '항목(즉, 차량 수준에서 고려해야 할 시스템(에어백, 전자식 브레이크 등))의 정의와 안전 수명주기의 시작, 즉 새로운 항목 개발 또는 기존 항목의 수정이다. 수정의 경우, 의도된 수정의 식별, 수정의 영향 평가, 선택적으로 안전 활동의 조정을 포함하는, 영향 분석은 정제된 안전 계획의 일부이다. 이 단계에서는 HARA Hazard Analysis and Risk Assessment가 수행된다. 여기서, 해저드hazard는 피해(정신적, 물질적)를 일으킬 가능성이 있는 위험요인이고, 리스크risk는 해당 위험요인에 대한 노출을 기반으로 피해 harm가 발생할 가능성을 의미한다.

HARA(해저드 분석 및 리스크 평가)는 차량의 수명기간 동안, 위험이 발생할 수 있는 시나리오, 즉 위험요인 이벤트 event를 체계적으로 식별하고 분류하는 방법이다. HARA는 FMEA(Failure Mode & Effects Analysis) 또는 FTA(Failure Tree Analysis)와 같은 일반적인 기술의 도움으로 수행한다. 목표는 ASIL(Automotive Safety Integrity Level; 자동차 안전 무결성 수준)과 관련된 위험을 완화하기 위한, 안전목표를 결정하는 것이다. 마지막으로, 개념 단계는 안전목표에서 파생된 기능 안전 요구사항의 정의로 종결된다. 요약은 다음과 같다.

① **해저드**(Hazard) **분석 및 리스크**(risk) **평가** (HARA)

- 상황 분석 및 위험요인hazard 식별
- 위험 요인hazard 이벤트event의 분류는 다음과 같다.

심각도(Severity)

S0	S1	S2	S3
부상 없음	경상 및 중등도 부상,	심하거나 생명을 위협하는 부상(생존 가능성 있음)	생명을 위협하는 부상(생존 불확실), 치명적 부상

노출 확률(Probability exposure)

E0	E1	E2	E3	E4
믿을 수 없음	매우 낮은 확률	낮은 확률	중간 확률	높은 확률

통제 가능성(Controllability)

C0	C1	C2	C3
일반적으로 통제가능	간단히 통제가능	정상적으로 통제가능	통제하기 어렵거나 통제할 수 없음

그림 8-6 위험(hazard) 요인 이벤트의 분류

② **ASIL**(Automotive Safety Integrity Level: **자동차 안전 무결성 수준)과 안전 목표의 결정**

ASIL은 불합리한 잔류 위험을 피하고자, 항목에 적용해야 하는 필수 안전 조치를 평가하는 표준 대책이다. ISO 26262는 ASIL A(최소 엄격한 수준)에서 ASIL D(가장 엄격한 수준)에 이르는 ASIL 등급을 정의한다. ASIL D 기능은 ASIL A, B 및 C보다 더 포괄적인 안전 요구 사항 및 대책이 필요하다. 정보 및 오락 시스템 도메인의 엔터테인먼트 애플리케이션과 같은 차량의 많은 기능은, 안전과 관련이 없으므로, ISO 26262에 정의된 안전 대책에 대한, 요구 사항이 없다. 이들 기능은 표준품질관리(QM) 프로세스만 적용되므로, ASIL QM으로 분류한다.

ASIL은 ASIL 결정 테이블에 따라, 각 위험 이벤트의 심각도(S: Severity), 노출 확률(E: Exposure-probability), 통제 가능성(C: Controllability)에 따라 결정된다. 심각도는 상황으로 인한 결과의 심각성을 수량화한다. 노출 확률은 위험한 이벤트가 발생할 확률을 나타낸다. 통제 가능성은 이벤트와 관련된 피해를 피할 수 있는 능력과 관련이 있다. 심각도, 노출(확률) 및 통제 가능성의 교차점은 표 8-1과 같이 ASIL 등급을 정의한다.

[표 8-1] ASIL(자동차 안전 무결성 수준) 결정 표

		C1	C2	C3
S1	E1	QM	QM	QM
	E2	QM	QM	QM
	E3	QM	QM	A
	E4	QM	A	B
S2	E1	QM	QM	QM
	E2	QM	QM	A
	E3	QM	A	B
	E4	A	B	C
S3	E1	QM	QM	A
	E2	QM	A	B
	E3	A	B	C
	E4	B	C	D

예1 충돌 중 에어백이 전개되지 않았다
- 심한 부상 → S3
- 아주 낮은 노출 확률 → E1
- 통제 어려움 → C3

➡ ASIL A
- 안전 목표: 충돌 시 에어백은 전개되어야 한다.

예2 원하지 않은 에어백 전개
- 심한 부상 → S3
- 아주 높은 노출 확률 → E4
- 통제 어려움 → C3

➡ ASIL D
- 안전 목표: 원하지 않는 에어백 전개 없음.

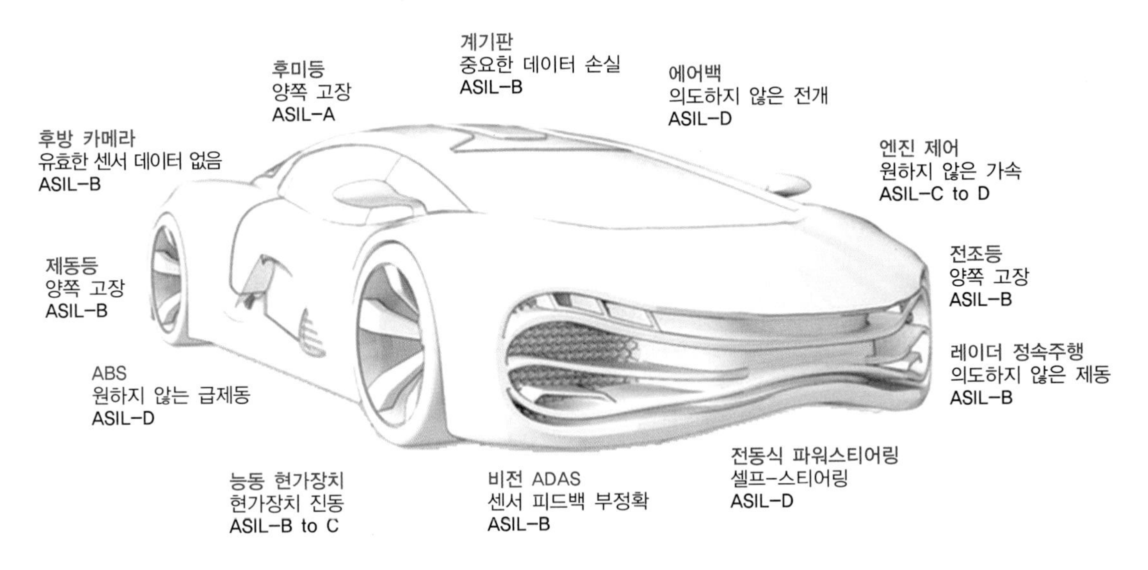

그림 8-7 자동차 장치별 ASIL 등급 [출처: Synopsys]

(3) 제품 개발 product development

개념 단계 다음은 제품개발단계이다. 시스템 수준에서 기능적 안전개념은 이제 관련 기능안전 요구사항 달성에 필요한 안전 메커니즘을 정의하는, 기술안전 요구사항 사양으로 개선되었다. 예를 들어, 사양은 시스템 자체 또는 외부 시스템의 결함을 감지하고 제어하기 위한 안전 조치와 안전한 상태, 즉 부당한 위험 수준이 없는 작동 상태를 달성 및 유지하기 위한 안전 대책을 정의한다. 다음 단계는 이러한 기술안전 요구사항 사양을 기반으로 시스템 설계 및 기술안전 개념을 개발하는 단계이다. 기술안전 개념에는 시스템 오류를 방지하고 차량 작동 중, 임의의 하드웨어 오류를 제어하기 위한, 안전대책이 포함된다. 일부 기술안전 개념은 하드웨어 및/또는 소프트웨어에 관한 기술 안전 요구 사항 할당, HSI(하드웨어 - 소프트웨어 - 인터페이스) 사양, 생산, 사용, 서비스 및 폐기 과정을 대비한, 시스템 수준의 요구사항에 관한 것이다.

개발단계에서 하드웨어와 소프트웨어는 모두 안전 요구 사항, 아키텍처 설계, 세부/장치 unit 설계 및 안전 분석(오류의 가능한 원인과 그 영향을 식별하기 위해), 통합 및 통합 테스트가 필요하다. 마지막으로, 시스템 수준의 안전 활동은 통합 및 검증 단계로 종료된다. 통합 단계는 시스템 통합 계획, 통합 검증 계획, 하드웨어 및 소프트웨어 통합, 시스템 통합, (시스템) 통합 테스트, 차량 통합 및 차량 테스트로 진행된다. 검증 단계에서는 검증 계획 및 공표release 문서와 관련된 요구 사항을 제공한다.(그림 8-3 V-모델 참조)

(4) 생산 및 안전 수명 주기 Production and the safety life-cycle

개발 후 표준은 생산을 대비해, 제품이 출시된 후 단계에서의 요구 사항 및 권장 사항을 지정한다. 이 표준은 생산 단계의 세 가지 하위 단계인 계획, 사전 생산 및 생산을 간략하게 설명한다. 생산 단계의 권장 사항 및 요구 사항은 두 가지 목표를 충족하도록 설계되어 있다. 생산 과정에서 기능적 안전을 달성한다. 마지막으로 사용/운영operation, 서비스 및 해체 단계에서의 표준은 유지보수 계획 및 수리 지침, 경고 및 성능 저하 개념, 현장 모니터링 프로세스, 해체 지침 및 안전 수명 주기 전반에 걸쳐 기능 안전을 유지하기 위한, 기타 사안에 대한 요구사항 및 권장사항을 제시한다.

(5) 지원 프로세스 Supporting process

표준의 마지막 부분은 지원 프로세스에 대한 요구 사항, ASIL 중심orientated 및 안전 중심 분석 및 표준 적용에 대한 지침을 설명한다. 지원 프로세스는 특정 안전 수명주기 단계에 국한되지 않지만, 기능적 안전 및 추적성 달성에 필수적인 프로세스/활동을 의미한다. 지원 프로세스에는 안전 요구 사항의 정확한 사양 및 관리, 구성 관리, 변경 관리, 하드웨어/소프트웨어 구성요소의 자격 등이 포함된다. ASIL(자동차 안전 무결성 수준) 중심 및 안전 중심 분석 부분은 ASIL 분해, ASIL 등급이 서로 다른 하위 요소의 공존, 종속 장애 분석 및 안전성 분석에 관한 주제를 다룬다. 표준의 마지막 부분은 ISO 26262I에 대한 일반적인 개요와 표준의 선택된 부분에 대한 추가 설명 및 예를 제시하여, 이해를 높이는 것을 목표로 한다.

ASIL 분해는 동일한 목표를 해결하지만, 가능한 한 더 낮은 ASIL을 사용하는 여러 독립 요소를 결합하여, 주어진 안전 목표를 달성하기 위한 ASIL 조정 기술이다. ASIL 분해는 대상 ASIL D 분해의 일부인 ASIL C 요구 사항을 의미하는 'ASIL C(D)' 표기법을 사용한다. 예를 들어 ASIL D 요구 사항은 ASIL C(D) 요구 사항과 ASIL A(D) 요구 사항 또는 2개의 ASIL B(D) 요구 사항을 결합하여 해결할 수 있다. 허용되는 조합 표는 ISO 26262 표준의 끝에서 두 번째 부분에 제공된다. ASIL 분해는 2개의 분해된 기능 안전 요구 사항을 달성하기 위한, 노력이나 개발 비용이 원래 요구 사항을 달성하는 것보다, 더 낮은 상황에서 유용하다.

기능적 안전

8-2 사이버 보안

Cyber security

연결기반connected 자동차의 등장으로 사이버 보안 위협에 대한 우려가 커지고 있다. 재래식 또는 자율주행 기능이 없는 차량은 외부 연결이 없어도 여전히 잘 작동한다. 그러나 연결기반 자율주행차량은 그렇지 않다. 최근 몇 년 동안 인터넷 사용자를 괴롭힌 외부 공격으로부터 차량을 보호하는 것은 필수가 되었다. 이는 대부분의 연결기반 차량이 백-엔드back-end 시스템과 같은, 외부 데이터 공급원source에 의존해야 하며, 그뿐만 아니라 V2X 네트워크는 실시간 주행 환경에 관한 최신 정보를 제공해야 한다는 사실을 고려할 때 더욱 그렇다.

자동차 사이버 보안문제에 관한 국제기준(UN Regulation No,155)이 제정되었지만, 아직 우리나라의 법체계에 맞추기 위한 검토과정 및 시간이 필요함에 따라, 국토교통부는 국내기준을 제정하기 전에 임시로 활용할 수 있도록, 2020년 12월 『자동차 사이버보안 가이드라인』을 배포하였다.

미국의 경우, 사이버 보안 및 안전 문제와 관련된 주요 규제 기관은 NHTSA(고속도로교통안전국)이다. NHTSA는 NIST(National Institute of Standards and Technology)의 사이버 보안 프레임워크를 차량 사이버 보안에 권장하는 다단계 접근방식의 일부로 통합했다. NHTSA는 연결기반 및 자율주행차량의 소비자 개인정보 보호와 관련된 문제에 대해 연방통상위원회(FTC)와 긴밀히 협력하지만, 그 임무는 안전이다.

연결기반 차량을 사이버 공격으로부터 보호하는 것은 쉬운 일이 아니다. Code Complete (Steve McConnell 작성, Cob and Mills, 1990)에 따르면, 최상의 코딩 방법에서도 코드 10,000줄당 하나의 코딩 오류가 존재한다. 이 논리를 적용하면, 코드가 약 1억(100,000,000) 줄에 이르는, 오늘날의 고급 승용자동차의 온보드on-board 소프트웨어에는 약 10,000개의 버그bug가 존재한다고 말할 수 있다[3].

즉, 완전 자동화된 자율주행차량(SAE L5)이 아닌, SAE L2에 지나지 않는, 현재의 고급 승용자동차도 소프트웨어 버그bug가 10,000개에 이르며, 따라서 차량이 도로에 진입하기도

전에, 자체적으로 소프트웨어 오류가 발생할 수 있으며, 또한 해커의 시뮬레이션된 공격으로 인해 취약점을 쉽게 감지당할 수 있다 [3].

사이버 공격이 아닌, 소프트웨어 차체 오류로 인한 리콜의 예를 보고, 독자 여러분의 생각을 정리해 보길 권한다. 소프트웨어가 완벽하다는 말은 자동차회사의 주장일 뿐이다. 99.9999%가 완벽하더라도, 나머지 0.0001%가 문제를 일으킬 수 있기 때문이다 [5].

- 2004년, Jaguar는 변속기 수리를 위해 67,798대의 자동차를 리콜했다. 소프트웨어 결함으로 오일 압력이 크게 떨어지면, 차량이 후진으로 변속되었다 [3].
- 2015년, Nissan은 엔진 회전속도가 3,600min^{-1}을 초과하면, 의도치 않게 차량이 갑자기 가속되는 소프트웨어 결함으로 영국에서만도 3,806대의 'Micras'를 리콜했다. [3, 4]
- 2016년, GM은 에어백 소프트웨어 결함으로 430만 대의 자동차를 리콜했다. 모든 픽업 및 SUV에 영향을 미친, 이 버그bug는 충돌 시 에어백의 전개 불능을 유발할 수 있었다 [3].
- 2016년, 볼보는 일부 운전자가 운전 중 엔진이 멈추고 재시동되는 것을 발견한 후, 소프트웨어 버그로 인해 59,000대를 리콜했다 [3].

1 공격 벡터와 공격 표면 attack vectors & attacks

연결기반 자동차의 매력 중의 하나는, 연결된 인터넷의 편리함이다. 그러나 이러한 편리함에는 사이버 보안에 대한 더 높은 표준이 따르므로, 차량에 내려받는 소프트웨어 패키지에서부터 개인 데이터를 훔치거나, 더 심하게는 브레이크를 비활성화할 수 있는, 트로이 목마*와 같은 악성 소프트웨어가 함께 들어오지 않도록 유념해야 한다. 차량 통신을 가능하게 하는 하위 시스템을 자세히 살펴보면, 수많은 취약점이 드러난다. 해커는 하드웨어 수준의 암호화 공격에서부터 무선(OTA) 프로토콜 공격에 이르기까지 다양한 침투를 시도할 수 있다 [20].

주 트로이 목마는 합법적인 프로그램인 것처럼 가장하여, 사용자를 오도하는 악성 소프트웨어malware이며, 감염된 이메일 첨부 파일이나 가짜 소프트웨어를 통해 전파되는 경우가 많다.

(1) 공격 벡터 attack vector

공격 벡터attack vector는 네트워크 또는 컴퓨터 시스템에 무단unauthorized으로 접근access하여, 민감한 데이터 유출을 촉진할 수 있는, 잠재적 경로를 말한다. 가장 많이 알려진 해킹 사례를 소개한다. 이를 통해 컴퓨터 사이버 보안의 중요성을 실감할 수 있을 것이다.

① 패시브 키리스 엔트리/리모트 키 해킹

키리스 도어 엔트리를 사용하면 '열림' 및 '잠금' 신호를 무선으로 전송하는 버튼이 있는 무선키를 사용하여, 사용자가 자동차 문을 개폐할 수 있다. 이 익스플로잇(exploit: 취약점을 공격하는 자동화된 프로그램)은 키-포브key-fob에서 전송된 신호를 포착하고, 동시에 동일한 주파수에서 재밍jamming신호를 보내는 장치를 사용하는, 메시지 가로채기man-in-the-middle 공격을 기반으로 한다. 무선키 사용자는 무선키가 오작동했다고 생각하고 다시 시도한다. 이번에는 자동차 문이 열린다. 무선키를 사용할 때마다 고유한 일회용 코드를 전송한다.

공격자 장치는 첫 번째 코드를 가로채기한 다음, 두 번째 코드 전송을 가로채기할 때 문을 잠금 해제하기 위해 이를 전송하고 '희생sacrifices'한다. 코드에는 만료 시간이 없으므로 공격자는 두 번째 가로채기한 코드를 사용하여, 문을 열 수 있다. 동일한 기술과 장치를 차고 문 개폐기 공격에도 사용할 수 있다 [6].

② 차량 모니터링 부품 (Vehicle-Monitoring Components)

잘 알려진 연구는 타이어 공기압 모니터링 시스템(TPMS) [7]과 관련이 있다. TPMS는 정보를 차량의 전자제어장치(ECU)로 전송하는 동시에, 타이어 공기압이 사양을 벗어나면 ECU가 대시보드 경고등(일부 차량에서는 실제 타이어 공기압이 표시됨)을 트리거할 수 있도록 타이어 공기압을 지속적으로 감시한다. 이러한 시스템은 보안 보호 장치 없이 배포된 것으로 알려져 있다.

TPMS 신호는 차량에서 최대 40m 떨어진 곳에서 포착할 수 있으므로, 공격자는 가능한 수동 공격을 통해 모바일 또는 길가 추적 스테이션을 사용하여, 차량 이동 및 위치를 추적할 수 있다. 반면에 TPMS 신호에 대한 암호화 보호가 부족하면, 차량의 ECU가 차량 센서에서 제공되는 모든 정보를 신뢰하므로 능동적인 공격이 가능하다. 따라서, 스푸핑spoofing된 신호를 무선으로 주입하여, ECU가 잘못된 타이어 압력 측정값을 표시하도록 속이고, 심지어 범위를 벗어난 타이어 압력 측정값을 표시하게 하는 것이 가능하다. 이러한 유형의 공격을 완화하는 것은 하드웨어 페어링(예: 하드웨어 주소 지정 하드웨어의 센서와 ECU 통신)을 사용하고 암호화 전용 신호 전송을 배포하는 것만큼 간단할 수 있다.

주 스푸핑Spoofing은 '속임'을 이용한 사이버 공격을 총칭한다. 네트워크에서 스푸핑 대상은 MAC 주소, IP주소, 포트 등 네트워크 통신과 관련된 모든 것이 될 수 있다.

③ **도로 기반시설**(road infrastructure)

차량과 기반시설의 연결(V2I)이 증가함에 따라, 도로 기반시설 구성 요소도 증가하고 있다. 스마트 신호등, 보행자 횡단보도 센서 및 스마트 도로, 적응형 도로 표지판 등은 이제 교통환경의 필수 요소들이 되었다.

표시되는 메시지를 변경하기 위해 도로 표지판의 취약성을 악용하는 사례가 있었다. 예를 들어, 2014년 외국인이 처음에 노스캐롤라이나주에서 5개, 다른 2개 주에서 6개의 오버헤드 고속도로 표지판을 손상하여, SunHacker에 의해 해킹되었음을 표시하여 디스플레이를 변경한 공격이 있었다 [8]. 이 공격은 신호기 제조사가 설정한 기본 비밀번호를 신호기 운영자가 부주의로 노출함으로 인해 가능했다 [9].

개별 도로 표지판 손상, 좀비 공격 및 기타 장난스러운 위협에 대해 경고하도록 변경되었지만, 이것은 네트워크로 연결된 도로 표지판의 대규모 손상 사례로 알려진, 첫 번째 사례이다. 이 공격은 피해가 없었으나, 고속도로 표지판을 제어하는 악의적인 행위자가 도로 기반시설을 손상하면 특히, 긴급상황에서 교통중단보다 더 큰 문제를 일으킬 수 있음이 분명하다.

이러한 유형의 공격을 완화하려면 제조업체의 기본 암호와 함께 배송되는 다른 컴퓨팅 장치에서 기대할 수 있는, 도로 표지판에 대한 암호 관리의 모범 사례를 따라야 한다. 시연된 공격은 운전자에게 잘못된 정보를 제공했지만, 도로 기반시설 자산에서 센서들을 통해 잘못된 정보가 차량에 어떻게 전달될 수 있는지 쉽게 추정할 수 있다.

차량의 관점에서 보호는 주행속도, 동작, 도로 및 교통상황 감지와 관련된 V2V 및 V2I 감지를 모두 제공하는 센서의 보안 설계에서 비롯되어야 한다. 이들 각 센서는 잠재적인 공격 벡터를 나타내므로 보안설계는 배포뿐만 아니라 센서 설계에서도 고려되어야 한다. 공격을 완화하기 위한 센서 설계에는 다양한 접근방식이 있다. 예를 들어, 센서의 입력을 통계적으로 분석, 예상 입력의 전체적인 윤곽을 파악하고, 공격을 탐지할 수 있는 선형 가우스 역학 기술을 사용하는, 스마트 센서를 개발하는 방법이다 [10].

④ **원격 공격**(Remote Attacks)

널리 알려진 사례는 Jeep Cherokee [11]에 대한 공격이다. 원격 인터넷 기반 공격은 차량의 엔터테인먼트 시스템에서 발견된 취약점을 악용하여 실행되었다. 공격자는 운전자로부터 제어권을 빼앗아 조향장치, 브레이크, 변속기 제어는 물론이고, 대시보드 기능과 차량의 GPS 시스템을 조작할 수 있었다. 이 공격은 크라이슬러의 스마트폰 애플리케이션인 유커넥트Uconnect를 악용한 것이었다. 차량의 IP 주소가 탈취되면, 차량은 인터넷 연결을 통해 취약해지며, 물리적 연결이나 접근access이 무력화된다.

취약점의 근본 원인은 암호 추측password-guessing 및 무차별 대입 공격brute force attack에 취약한 차량 무선 액세스 포인트의 고유한 약점에 있었다 [12]. 이 공격으로 인해 필요한 소프트웨어 패치를 설치하기 위해, 차량 140만 대를 리콜했다.

잘 문서화된 또 다른 공격은 Nissan의 전기 자동차인 Leaf와 관련된 것이다. Jeep 공격과 비슷하게 이 취약점은 NissanConnect EV(이전의 CarWings) [13]라는 애플리케이션을 사용하여 휴대폰을 통해 원격으로 차량에 접근access할 수 있는 능력을 기반으로 했다. 이 취약점을 통해 공격자는 한 차량의 배터리 상태 정보에 접근하고 냉/난방 시스템을 제어할 수 있을 뿐만 아니라, VIN(차량 식별 번호)을 사용하여 전 세계의 다른 Leaf 차량에 연결할 수 있었다. Nissan은 이 해킹에 대하여 신속하게 애플리케이션을 비활성화하여 대응했다 [14].

이들 예는 원격 접근장치의 심각한 취약점이다. 그러나, Tesla는 소프트웨어에 대한 의존도가 높지만, 공격에 덜 취약한 것으로 보인다. 공격자들은 Tesla에 연결하여 일부 기능을 수행할 수 있는 능력을 시연했지만, 광범위한 보안 블록을 극복해야 했으며, 물리적 접근과 광범위한 물리적 분해를 통해서만 성공할 수 있었다 [15].

⑤ **차량 아키텍처 취약점**(Vehicle Architecture Vulnerabilities)

오늘날 자동차의 잠재적인 공격 영역은 차량 내부 구성 부품의 연결에 사용되는 CAN-버스 아키텍처이다. 1985년, 개인용 컴퓨터에 일반적으로 사용되는 배선 연결과 유사한, 자동차 내부 연결용 대체 아키텍처(CAN-버스)가 개발되었다. CAN-버스 아키텍처는 2008년부터 차량에 도입되었으며, 차량의 배선량을 크게 줄이는 효과가 있다 [16].

오늘날 자동차에는 2개의 CAN-버스를 사용하는 경향이 있다. 하나는 저속 통신용이고 다른 하나는 고속 통신용이다. 저속 CAN-버스는 냉/난방, 라디오, 도난 방지 모듈 및 TPMS(타이어 공기압 감시 센서) 신호와 같은 덜 중요한 시스템 및 구성요소를 제어한다. 고속 CAN-버스(네트워크 구현에서 둘 중 더 신뢰할 수 있음)는 중요한 엔진, 파워트레인 및 제동장치 구성요소를 제어한다.

이 두 네트워크에는 강력한 연결과 게이트웨이가 있어야 한다. 게이트웨이는 고속-버스를 통해서만 재-프로그래밍이 가능하므로, 신뢰도가 낮은 저속-버스 네트워크보다 더 높은 수준의 보호를 보장한다. 이 두 CAN-버스에 모두 GM의 OnStar 시스템과 같은 원격 제조업체 접근access에 사용되는 본체 제어 및 텔레매틱스 모듈이 연결되어 있다.

CAN 아키텍처 내에서 방송broadcast 메시지는 네트워크를 통해 전송되고, 각 장치는 메시지가 자신과의 관련 여부를 결정한다. 그러나 이 기술은 배선 복잡성을 줄이는 측면에서 효율적이지만, 네트워크를 분할하고 구성요소를 격리하거나 경계 방어를 생성하도록 설계되지 않았다. 아키텍처의 중앙 집중식 특성을 감안할 때, 모든 것이 ECU에 연결된다 [17]. 공격자가 시스템의 한 부분에 접근하면, 다른 모든 시스템에 접근하여 공격할 수 있다. CAN-아키텍처의 또 다른 고유한 약점은 전송된 정보가 실제 장치에서 비롯된 것인지 확인할 방법이 없으므로, 장치 인증이 부족하다는 점이다. 또한, CAN 안의 트래픽은 암호화되지 않으므로, 메시지 전송을 가로채면 볼 수 있다.

이 고유한 취약점을 수정하는 가장 좋은 방법은 CAN 안에서 전송되는 메시지를 암호화하는 것이며, 대체substitution, 전치transposition 및 시간 다중화 [17]의 3단계 알고리즘을 사용하는 SecureCAN, 그리고 ECU와 함께 표준화된 OBD-II 인터페이스에 대한, 코드 난독obfuscation 및 암호화encryption와 같은 다수의 해결책이 있다 [18].

장치 인증은, 알고 있는 공급자의 지정된 목록을 신뢰하는 장치 컨트롤러를 설계하여, 수행할 수도 있다. 암호화된 메시징과 결합하면, 스푸핑spoofing 공격의 위험이 최소화된다. 실험실 및 현장 설정 모두에서 수행된 흥미로운 연구 중 하나는 차량의 연결된 시스템에 악의적인 공격이 있는 경우, 보안에 미치는 영향을 결정하는 것이었다 [19].

이 연구의 결과는 악의적인 공격을 시작하는 잠재적인 방법으로 두 가지 기본 벡터를 식별하는 것이었다. 첫 번째 방법은 배출가스 테스트에 필요한 물리적 OBD-II 포트에 접근하는 것이고, 두 번째 방법은 사용 가능한 무선 인터페이스에 접근하는 것이다. 이 연구에서는 노트북을 차량의 OBD-II 포트에 연결하여 다양한 익스플로잇(exploit: 취약점을 공격하는 자동화된 프로그램)을 실행하는 방법을 시연했다. CAN의 약점을 악용하여 여러 시스템 및 구성요소를 공격했다. 특히 인상적인 공격에는 주행 중 ECU 리플래시(reflash; 재-프로그래밍)가 포함된다. 이는 엔진이 작동할 때마다 ECU가 재-프로그래밍 시도를 거부해야 하므로, 발생해서는 안 된다. 결과적으로 엔진이 작동을 멈추었다 [19].

저속 CAN-버스를 통한 텔레매틱스 장치 프로그래밍과 같은 몇 가지 다른 공격이 성공적으로 시연되었다. 이 CAN-버스는 인증자 필드가 없고, 접근access 제어가 약하며, 메시지 전송이 브로드캐스팅 프로토콜을 기반으로 하므로 서비스 거부(DOS) 및 기타 유형의 공격에 취약하다 [19].

설명한 고유한 약점을 사용하여 공격 및 혼동을 위한 ECU 재-프로그래밍, 퍼징(즉, 임의의 알려지지 않은 패킷 또는 부분적으로 알려진 패킷 전송)을 시연하고, 시스템 응답을 연구하고, 시스템이 다양한 메시지를 처리하는 방법을 관찰하여 '역설계reverse engineering' 할 수 있다[19].

⑥ **센서 취약성 위험**

사이버 보안의 새로운 영역은 차량 센서 데이터의 잠재적 조작이다. 센서 제조업체는 기존 소프트웨어/펌웨어 수정 외에도 센서 신호 조작을 통해 차량 시스템과 그 동작이 영향을 받을 수 있다는 점을 고려하는 것이 좋다.

스푸핑spoofing 공격은 가짜 센서 신호를 생성하여 대상 센서가 실제로는 존재하지 않는 무언가의 존재를 믿게 한다. 재밍Jamming은 표적이 되는 주파수에 방해 신호를 보내는 공격 방법으로 센서의 입력 신호를 왜곡하여 실제 신호를 노이즈와 더 이상 확실하게 구분할 수 없도록 한다. 블라인드Blind 공격은 카메라에 강렬한 빛을 직접 비추어 가시성을 침해하거나 센서를 영구적으로 파손하는 방식으로 작동한다. 다른 형태의 공격은 대상 센서에서 전송된 펄스를 포착하여 다른 시간에 다시 보내거나replay attack, 다른 위치에서 다시 보내는 것relay attack이다.

센서 제조업체는 GPS 스푸핑[21], 도로 표지판 수정[23], 라이더/레이더 재밍 및 스푸핑[24], 카메라 블라인드[25, 26, 27], 또는 기계학습 오탐의 자극과 같은 센서 취약성 및 잠재적인 센서 신호 조작 공격과 관련된 위험[28]을 고려해야 한다.

(2) 공격 표면 attack surface

공격자가 네트워크 또는 컴퓨터 시스템을 조작하거나, 데이터 추출에 사용할 수 있는 공격 벡터의 총 수량을 말한다. 연결기반 (자율주행)차량에는 다음과 같은 유선 및 무선의 잠재적인 사이버 공격 표면attack surface 외에도 다수의 공격표면이 존재한다.

① **유선 공격 표면**

OBD-II포트, 네트워크 배선 하네스 커넥터, 진단 포트, USB-포트, 온보드 차량 네트워크(CAN, LIN, FlexRay, Ethernet, MOST 등), CD/DVD-플레이어, 차량 충전 포트 등.

② **무선 공격 표면**(Attack surfaces)

ECU, BT/BLE Bluetooth/Bluetooth low energy, DSRC, GPS-수신기, ECU 버스 커넥터로 가는 HEU Head end unit, NFC(근거리 통신), TPMS, 패시브 키리스 엔트리/리모트 키, OTA(4G/LTE, 5G와 연결되는 Over-the-air), SEC(차량 보안 모듈), 그리고 WiFi 등

등, 수없이 많다.

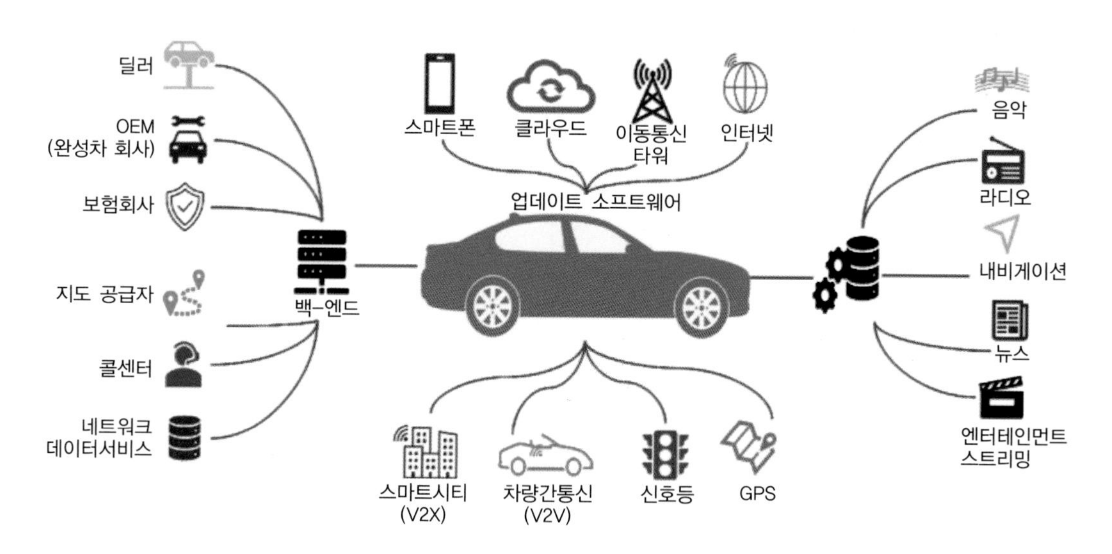

그림 8-8 사이버 공격 유형, 공격 벡터(또는 모드) 및 자율주행차량의 공격표면[29]

2 차량의 수명 전체 기간에 걸친 사이버 보안 위험 관리

2021년 8월 30일, SAE J3061을 기반으로 하는, ISO/SAE 21434 - Road Vehicles: Cybersecurity engineering' 표준이 발표되었다. 안전한 차량의 체계적인 개발을 보장하고 차량의 수명 전반에 걸쳐 이러한 보안 유지를 목표로 한다. ISO/SAE 21434 표준은 안전과 보안을 결합한다. 구성요소 및 인터페이스를 포함하여 도로차량 전기/전자 시스템의 개념, 개발, 생산, 운영, 유지 관리 및 폐기까지의 엔지니어링과 관련된 사이버 보안 위험 관리에 관한 요구 사항을 명시하고 있다.

ISO/SAE 21434가 발표되기 이전부터, 자동차 OEM 및 부품/시스템 생산회사들은 차량의 제품 수명 주기에 사이버 보안 위험을 관리해 왔다. 설계 검증 및 기능 테스트 검증의 각 단계에서 보안 점검이 이루어지고 있다. 자동차는, 도로에서의 수명기간 동안, 보안 위협에 취약하다. 이것이 ECU와 같은 하위 시스템의 해킹을 방지해야 하는 이유이며, 보안 시스템은 수명 내내 펌웨어 업데이트나 애플리케이션 다운로드와 상관없이, 자동차를 보호해야 한다.

NHTSA(미국 고속도로교통안전국)가 제시하는 사이버 보안 고려 사항에는 ISO 26262 표준과 마찬가지로, 개념→설계→생산→판매→사용→유지보수→재판매→사용→폐기를 포함하는 차량의 전체 수명주기가 포함된다. 완성차 회사는 개발 프로세스 초기에 억제 및 복구를 쉽게 해결할 수 있는 기능뿐만 아니라, 보호기능을 더 유연하게 설계해야 한다. 즉, 사이버 보안은 기능안전과 마찬가지로, 자동차를 설계할 때부터 시작해서 수명을 마감하고, 폐차장으로 이동하기 직전에, 민감한 데이터를 제거하는 과정protocol까지로 확장된다.

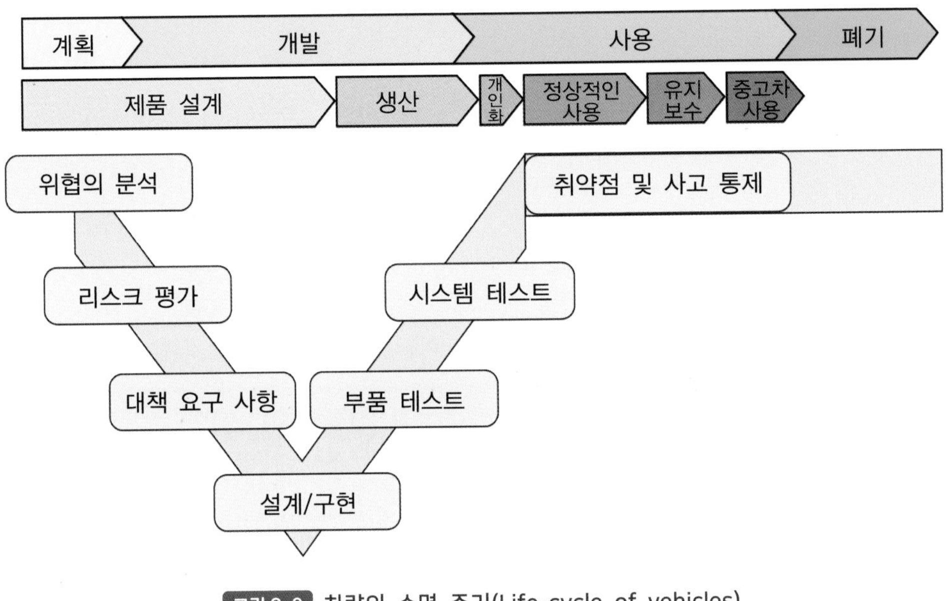

그림 8-9 차량의 수명 주기(Life-cycle of vehicles)

자동차 설계 및 테스트 엔지니어가 자동차를 보호하기 위해 시도하는 한 가지 방법은, 전체적인 침입 방지 전략의 사용이다. 하드웨어 보안 검증과 소프트웨어를 결합하여, 동적 위협 라이브러리에 대한 잠재적 공격 인터페이스를 스트레스stress 테스트한다. 자동차 사이버 보안 개발자는 해커보다 한발 앞서 나가는 것을 목표로, 테스트 계획을 지속적으로 업데이트하고 '라이브live' 애플리케이션 및 위협 인텔리전스(ATI) 라이브러리에 대해 테스트 계획을 실행해야 한다. 차량 내 무선 및 유선 인터페이스 모두를 테스트하여, ECU와 같은 안전에 중요한 구성요소는 물론이고, ADAS 및 V2X 애플리케이션용 통신 시스템을 검증할 수 있다.

(1) 사이버 보안 침투 테스트 Cyber security penetration test [30]

줄여서 펜-테스트 Pentest라고도 한다. NHTSA(미국 고속도로교통안전국)는 명시적 사이버 보안 고려사항이 포함된, 차량 개발 프로세스로서, 침투 테스트를 제시하고 있다.

고도로 숙련된 보안 전문가가 컴퓨터 시스템이나 웹 애플리케이션 네트워크를 조직적으로 공격, 취약점을 찾고, 실제 공격을 복제하는 과정으로, 일종의 합법적(윤리적) 해킹이다. 테스트는 요구사항에 따라 자동, 또는 수동으로 실행하거나, 두 가지를 혼합하여 실행할 수 있다.

사이버 보안 침투-테스트 pentest 아키텍처는 다섯 가지 주요 요소로 구성할 수 있다.

① **연결 게이트웨이** - 다양한 자동차 DUT(Device Under Test; 테스트 대상 디바이스)에 유선 및 무선 연결을 모두 허용한다.

② **테스트 관리 서버** -화이트 햇 white-hat 엔지니어는 포트 스캐닝, 퍼지fuzzy 테스트 등과 같은 다양한 정찰 시나리오를 통한, 취약점 스캐닝을 포함하여, 테스트 계획을 관리할 수 있다.

③ **정찰 및 퍼징** fuzzing **서버** - 퍼징 및 기타 많은 침투-테스트 시나리오가 서버에서 실행된다. 사이버 공격이 시뮬레이션되기 전에 코딩 오류 및 기타 보안 허점이 발견되는 곳이다.

④ **애플리케이션 및 위협 인텔리전스(ATI:** Application & threat intelligence**) 라이브러리** - 포착된 모든 위협 및 정보를 저장한다. 세분화된 애플리케이션 수준 가시성 및 제어, 지리적 위치, 알려진 불량 IP 주소 차단 및 기타 위협 정보를 제시한다.

⑤ **자동화** - 수백 개의 DUT Device Under Test와 수천 개의 테스트 계획이 있는 지능형 자동화 플랫폼은 엔지니어가 침투-테스트 작업을 함께 유지할 수 있도록 온전성sanity 검사를 제공한다. 대표적인 DUT는 ECU 패밀리, 복합 하위-시스템complex sub-system, 완성차 등이다.

전체론적 침투-테스트 플랫폼을 통해 엔지니어는 운전자, 승객 및 시장을 위험에 빠뜨릴 수 있는 사이버 보안 허점의 과잉plethora을 조사할 수 있다. 단일 완성차 회사는 대부분 사이버 보안 취약점의 전체 목록을 가지고 있지 않다. 이것이 바로 자동차 제작사가, IoT 대응업체가 24시간 연중무휴로 제공하는, 안전하고 동적인 위협 인텔리전스 라이브러리를 구독하는 방식에 눈을 돌리는 이유 중 하나이다.

완성차 회사가 직면한 과제 중 하나는 다양한 연구·개발 및 생산 팀에 걸쳐 체계적이고 일관된 자동차 사이버 보안 테스트 전략이 필요하다는 점이다. 이 성장 산업에서 경험과 전문지식을 갖춘 기술자들에게는 경력에 따른 이직 가능성이 크다. 따라서, 형제 같은 직장 동료들 fraternity 간에 공유되는 문제에는 시험 기록 관리 허술 및 두뇌 유출로 인한 전형적인 기술 유출사례가 포함된다.

완성차 업계는 방어에 대한 단편적인 접근방식이 더는 충분하지 않다는 것을 알고 있다. 전 세계가 자율주행 기술로 이동함에 따라, 완성차 회사에는 안전과 보안을 강화할 수 있는, 기업 수준의 플랫폼이 점점 더 중요해지고 있다. 이러한 기업 수준 사이버 보안 플랫폼의 빅 데이터는 전체 자동차 산업에 큰 혜택을 줄 수 있다. 테스트 엔지니어는 다양한 테스트 구성을 추적하고, 설계를 변경하고, 다시 테스트하여, 생산성과 제품 또는 서비스 품질을 개선할 수 있다. 경영진은 위협 동향 및 패턴에 대한 통찰력을 얻고, 미래의 연결-자동차를 보호하기 위해 더 나은 방어를 공식화할 수 있다.

(2) 애프터마켓/사용자 소유 장치에 대한 보안 고려 사항 [30]

타사에서 설계 및 제조한 사용자 소유 장치는, 고유한 사이버 보안 문제를 일으킬 수 있다.

① 완성차 회사는

소비자가 부품 시장 장치(예: 보험 동글) 및 개인 장비(예: 휴대폰)를 반입하여, 완성차 회사가 설치한 인터페이스(셀룰러 데이터, IEEE 802.11 WiFi, 블루투스, USB, OBD-II 포트 등)를 매개로 차량 시스템에 연결할 수 있음을 고려해야 한다. 그리고 차량 시스템에 연결했을 때 이러한 장치로 인해 나타날 수 있는 잠재적인 위험에 대한, 합리적인 보호를 제공해야 한다. 또한, 제3자 장치에 대한 모든 연결은 인증되어야 하며, 적절하게 접근을 제한해야 한다.

② 애프터마켓 장치 제조업체는

장치가 인간의 안전에 영향을 미칠 수 있는 사이버-물리적 시스템과 연결된다는 점을 고려해야 한다. 시스템의 주요 목적이 안전과 관련되지 않을 수도 있지만(예: 차량 운영 데이터를 수집하는 텔레매틱스 장치), 차량 시스템 아키텍처에 따라 적절하게 보호되지 않으면, 장치가 차량의 안전에 중요한 시스템의 행동에 영향을 미치는 대용물 proxy로 사용될 수 있다. 애프터마켓 장치는 인터페이스의 차량 측에서 다양한 수준의 사이버 보안 보호를 해야만, 다양한 유형의 차량에 연결될 수 있다. 따라서, 애프터마켓 장치 제조업체는 제품에 강력한 사이버 보안 대책을 적용해야 한다.

(3) 서비스 가능성 Serviceability [30]

자동차는 평균 10년 이상 도로를 주행한다. 사용 중에 안전하게 작동하려면, 정기적인 유지 관리와 비정기적인 수리가 필요하다.

자동차 산업은 개인 및 제3자에 의한 차량 부품/시스템의 서비스 가능성을 고려해야 한다. 그리고 차량 소유자가 승인한, 제3자가 수리 서비스를 위해 차량에 접근하는 것을 부당하게 제한하지 않으면서도, 강력한 차량 사이버 보안수준을 확보할 수 있어야 한다.

NHTSA는 제3자 서비스 가능성과 사이버 보안 간 균형의 달성이 쉬운 일은 아니라는 점을 인식하고 있다. 그러나 사이버 보안이 서비스 가능성을 제한하는 이유가 되어서는 안 되며, 역으로 서비스 가능성이 강력한 사이버 보안 통제를 침해해서도 안 된다고 명시하고 있다.

3 차량 사이버 보안 기술 권장 사항 [30]

NHTSA는 NHTSA와 대중이 공유한 이해 관계자 경험뿐만 아니라, 내부 응용 연구를 통해 얻은 내용을 기반으로, 가장 기초적인 권장 사항을 제시하고 있다.

(1) 생산 장치에서 개발자/디버깅 접근

소프트웨어 개발자는 ECU에 상당한 접근권한을 가지고 있다. 이러한 ECU 접근은 직렬 콘솔을 통한 개방형 디버깅 포트 또는 차량 Wi-Fi 네트워크의 개방형 IP-포트를 통해 촉진될 수 있다. 하지만,

① 배포된 장치의 ECU에 대한 지속적인 접근에 대한, 예측 가능한 운영상의 이유가 없으면, 개발자 수준의 접근을 제한하거나 제거해야 한다.

② 지속적인 개발자 수준의 접근이 필요한 경우, 권한이 있는 사용자에 대한 접근을 제한하기 위해, 모든 개발자 수준 디버깅 인터페이스를 적절하게 보호해야 한다.
개발자 디버깅 접근용 커넥터, 트레이스trace 또는 핀을 물리적으로 숨기는 것만으로는 충분한 사이버 보안이 실행되었다고 볼 수 없다.

(2) 암호화 자격증명 Cryptographic Credentials

암호화 자격증명은 차량 컴퓨팅 자원 및 백-엔드 서버에 대한 접근을 중재하는 데 도움이 된다. 암호password, PKI(공개-키 인프라) 인증서 및 암호화 키encryption key가 있다.

① 차량 컴퓨팅 플랫폼에 대한 승인된, 높은 수준의 접근을 제공하는 암호화 자격증명은

공개되지 않도록 보호되어야 한다.

② 단일 차량의 컴퓨팅 플랫폼에서 얻은 자격증명이, 다른 차량에 대한 접근을 허용해서는 안 된다.

(3) 차량 진단 기능

차량 진단 기능은 차량의 수리 및 서비스 가능성을 지원하는 수단을 제공한다. 그러나 적절하게 설계 및 보호되지 않으면, 차량 시스템이 손상될 수 있다.

① 진단 기능은 가능한 한, 관련 기능의 의도된 목적을 달성하는, 특정 차량 작동 모드로 제한되어야 한다.

② 진단 작업은 의도된 목적을 벗어나 오용되거나 남용되지 않아야 하며, 잠재적으로 위험한 결과를 제거하거나 최소화하도록 설계되어야 한다. 예를 들어, 차량의 개별 브레이크를 비활성화할 수 있는 진단 작업은 저속에서만 작동하도록 제한될 수 있다. 또한, 이 진단 작업은 모든 브레이크를 동시에 비활성화하는 것을 금지할 수 있으며/또는 이러한 진단 제어 작업의 지속 시간은 제한될 수 있다.

③ 진단 접근을 위한, 전역 대칭 키 및 임시 암호화 기술의 사용은, 최소화해야 한다. 공개 키 암호화 기술Public key cryptography techniques은 여러 차량에서 유효한 대칭 키보다 더 안전하다.

(4) 진단 도구

엔지니어들은 인증 키를 획득하고 펌웨어 재-프로그래밍과 같은 민감한 작업을 수행하기 위해, 진단도구를 역설계했다. 차량 및 진단도구 제작사는 적절한 인증 및 접근access 제어를 제공, 진단 및 재-프로그래밍할 수 있는 차량 시스템에 대한, 도구 접근을 제어해야 한다.

(5) 차량 내부 통신

중요한 안전 메시지는, 안전이 중요한critical 차량 제어 시스템의 작동에 직간접적으로 영향을 미칠 수 있는 메시지이다.

① 가능하면 중요한 안전 신호는 외부 차량 인터페이스를 통해 접근할 수 없는 방식으로 전송되어야 한다. 예를 들어 ECU의 중요한 센서에 전용 전송 메커니즘을 제공하면, CAN과 같은 공통 데이터 버스에서 신호를 스푸핑spoofing하는 것과 관련된, 위험을 제거할 수 있다. 분할된 통신 버스는, 안전하지 않은 애프터마켓 장치를 차량 네트워크

에 연결하는, 잠재적인 영향을 완화할 수도 있다.

② 중요한 안전 메시지, 특히 비분할 통신버스를 통해 전달되는 메시지는, 메시지 스푸핑 가능성을 제한하기 위해 메시지 인증 방법을 사용해야 한다.

(6) 이벤트 로그 event log

차 안의 네트워크 및 연결된 서비스는, 차량 컴퓨팅 자원에 접근하려는, 무단 시도의 감지를 지원할 수 있는 데이터를 생성한다.

① 사이버 보안 공격 또는 성공적인 침해의 성격을 밝히기에, 충분한 이벤트 로그를 생성하고 유지 관리해야 한다.

② 차량 전반에 걸쳐 집계될 수 있는 이러한 로그는, 사이버 공격의 잠재적 경향을 평가하기 위해 주기적으로 검토되어야 한다.

(7) 차량으로의 무선 경로

차량 시스템에 대한 무선 인터페이스는 잠재적으로 원격으로 악용될 수 있는, 새로운 공격 벡터를 생성한다. 차량 컴퓨팅 자원에 대한 무단 무선 접근access은 적절한 통제가 없는, 다수의 차량으로 빠르게 확장될 수 있음을 고려해야 한다.

① 무선 인터페이스 (wireless interface)

제조업체는 차량의 무선 인터페이스 외부에 있는, 모든 네트워크와 시스템을 신뢰할 수 없는 것으로 취급하고, 적절한 기술을 사용하여 잠재적 위협을 완화, 또는 제거해야 한다.

② 차량 아키텍처 설계의 분할 및 격리 기술

무선 연결 ECU와 하위수준 차량 제어 시스템, 특히 제동, 조향, 구동 및 출력 관리와 같은, 안전에 중요한 기능을 제어하는 시스템 간의 연결을 제한하기 위해, 네트워크 분할 및 격리 기술을 사용한다.

경계 제어boundary control를 통한 권한 분리는 시스템 보안을 개선하는 데 중요하다. 논리적/물리적 격리 기술을 사용하여 프로세서, 차량 네트워크 및 외부 연결을 적절하게 분리하여, 외부 공격벡터로부터 차량의 사이버-물리적 기능까지의 경로를 제한하고 제어할 수 있다.

서로 다른 네트워크 세그먼트 간의 메시지 흐름에 대한 엄격한 화이트리스트-기반 필터링과 같은, 강력한 경계 제어가 가능한, 게이트웨이를 네트워크 간의 인터페이스를 보호하는 데 사용해야 한다.

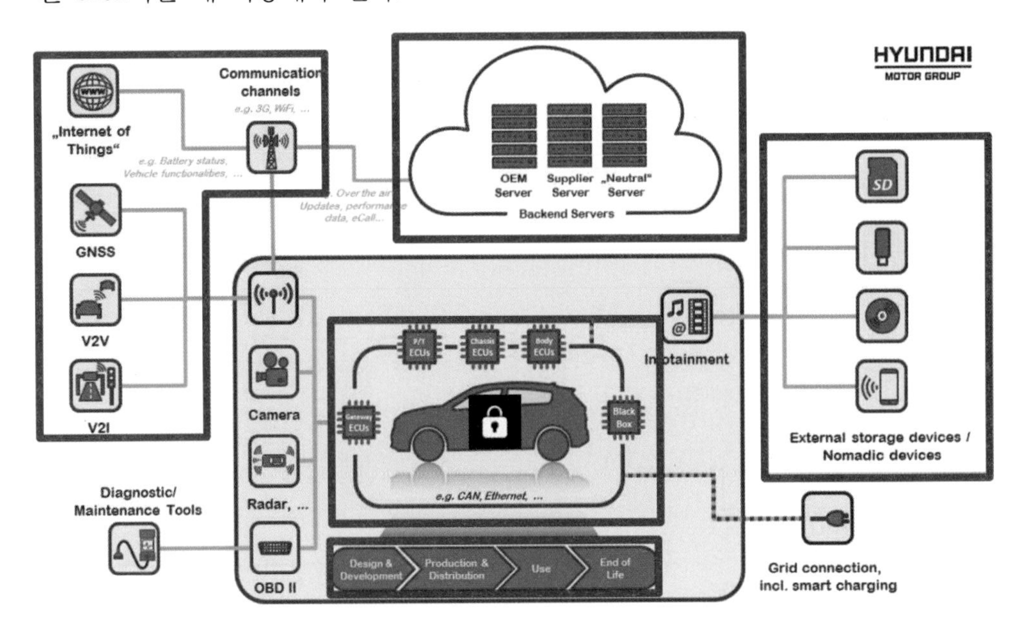

그림 8-10 경계제어(적색 사각형)가 제시된 차량 사이버 보안 솔루션 [출처: 현대자동차].

③ 네트워크 포트, 프로토콜 및 서비스

인터넷 프로토콜(IP) 포트에서 수신하는 모든 소프트웨어는, 악용될 수 있는 공격 벡터를 연다. telnet, dbus, 및 Android Debugger와 같은 네트워크 서비스는 생산 차량의 네트워크에서 포트-스캔port-scan을 통해 발견되었다. 네트워크 포트와 관련된 잠재적인 취약점을 해결하기 위한 권장 사례는 다음과 같다.

- 생산 차량에서 불필요한 인터넷 프로토콜 서비스 제거.
- 차량 ECU의 네트워크 서비스 사용을 필수 기능으로만 제한한다. 그리고,
- 승인된 당사자에게만 사용하게 제한하여, 해당 포트를 통해 서비스를 적절하게 보호한다.

④ 백엔드(back-end) 서버와의 통신

제조사는 외부 서버와 차량 사이의 모든 운영 통신에서, 적절한 암호화 및 인증 방법을 사용해야 한다.

⑤ 라우팅 규칙 변경 능력(capability)

제조업체는 네트워크 라우팅 규칙의 변경 사항을 단일 차량, 차량 하위 집합 또는 네트워크에 연결된 모든 차량에 신속하게 전파하고 적용할 수 있는, 프로세스를 계획하고 만들어야 한다.

(8) 소프트웨어 업데이트/수정

자동차 소프트웨어 아키텍처는 분산되고 복잡하며 자동차 산업은 현장 문제 및 시스템 업데이트를 해결하기 위해 차량의 ECU 펌웨어를 업데이트하는 기능을 오랫동안 포함해 왔다. 이러한 메커니즘의 무단 사용과 관련된 위험을 고려하고 해결해야 한다.

① 완성차 회사는 펌웨어를 수정할 수 있는 권한을, 승인되고 적절하게 인증된 당사자로 제한하기 위해 최신기술을 사용해야 한다.

공격자의 펌웨어 수정 능력을 제한하면, 악성 소프트웨어가 차량에 설치되기가 더 어려워진다. 디지털 서명 기술을 사용하면, 자동차 ECU가 수정/승인되지 않고, 펌웨어 이미지를 손상시킬 수 있는 부팅을 방지할 수 있다. 또한 서명 기술을 사용하는 펌웨어 업데이트 시스템은 인증된 소스source에서 시작되지 않은, 손상 소프트웨어 업데이트의 설치를 방지할 수 있다.

(9) 무선 소프트웨어 업데이트 Over-the-Air Software Updates

OTA Over - the - Air는 무선 전송을 사용하는 소프트웨어 업데이트 배포 방법이다. 차량에 OTA 소프트웨어 업데이트 기능을 설계하고 제공하는 제조업체는 다음을 수행해야 한다.

① 일반적으로 OTA 업데이트, 업데이트 서버, 전송 메커니즘 및 업데이트 프로세스의 무결성을 유지해야 한다.

② 보안 조치를 설계할 때 손상된 서버, 내부자 위협, 중간자 공격 및 프로토콜 취약성과 관련된 위험을 고려해야 한다.

4 하드웨어와 소프트웨어 보안

현장 컴퓨터 엔지니어들은, 위에서 설명한 소프트웨어의 오류 가능성, 공격 취약성, ISO/SAE 21434 - 도로차량: 사이버 보안 엔지니어링, 그리고 NHTSA의 사이버 보안 위험 관리 지침 등을 누구보다 더 잘 이해하고 있다. 그리고 자율주행차량은 소프트웨어의 품질에 따라 유용성이 크게 달라지는, 매우 복잡한 시스템이라는 것도 잘 알고 있다. 엔지니어들은 이를 근거로, 하드웨어와 소프트웨어의 설계를 시작할 때부터, 기능적 안전과 사이버 보안을 고려한다.

(1) 하드웨어 보안 Secure Hardware

외부 조작 또는 무단 액세스로부터 실제 차량 구성요소를 보호하는 데 중점을 둔다. 하드웨어 수준 보안은 일반적으로 하드웨어-보안모듈(HSM)의 지원으로 실행된다. HSM은 암호화 서비스 엔진(일반적으로 하드웨어 가속)과 보안 키 저장소로 구성된다. 데이터 암호화/복호화 및 메시지 다이제스트 계산과 같은 암호화 기능은 기본적으로 자원 집약적인 계산이므로 전용 구성요소로 이동하는 것이 좋다. 보안 키 저장소는 불법적인 액세스나 변조로부터 보안 키를 보호한다. HSM(하드웨어 보안 모듈)은 또한 부팅 전에 코드의 디지털 서명을 확인하여 변조된 부트 로더가 실행되는 것을 방지하는 메커니즘인 보안 부팅을 지원할 수 있다.

자동차 산업에서는 주요 하드웨어 보안 표준으로 EVITA HSM, SHE 및 TPM을 사용한다. EVITA HSM(E-safety Vehicle Intrusion proTected Applications Hardware Security Module) 표준은, 세 가지 HSM 버전(또는 프로파일)을 지정한다. Light, Medium, Full.

라이트Light EVITA HSM(하드웨어 보안모듈) 버전은 내부 클록, 기본 하드웨어 가속 암호화 처리, 일반적으로 128비트 키(AES-128)를 사용하는 고급 암호화 표준에 따른 대칭 암호화/복호화 알고리즘 및 물리적 TRNG True Random Number Generator, 내장 PRNG Pseudo-random Number Generation 알고리즘에서 사용할 수 있다. 라이트 프로파일은 센서 및 액추에이터와 같이 비용 및 효율성 제약이 있는 구성요소에서 보안 통신을 가능하게 하도록 설계되었다 [31].

중간 프로파일은 보안 차량 내 네트워크 통신 네트워크를 활성화하기 위한 것이며 보안 틱(모노토닉 카운터), 보안 메모리, 보안 부팅 메커니즘 및 암호화 해시 기능 지원과 같은 라이트 프로필에 몇 가지 요구 사항을 추가한다. 예를 들어, 보안 해시 알고리즘(SHA).

마지막으로 전체 프로필은 V2X 네트워크 내에서 안전하고 시간이 중요한 통신과 같이 매우 까다로운 자동차 사이버 보안 애플리케이션을 지원한다. 이 수준에서 암호화 기능은 고속 타원 곡선 산술 high-speed elliptic curve arithmetic에 기반한 고성능 256비트 비대칭 암호화 엔진에 의해 수행된다 [32]. 또한 해시 함수를 WHIRLPOOL [33]이라는 ASE 기반 함수로 대체한다.

SHE(Secure Hardware Extension)는 2009년 독일 자동차 제조업체 컨소시엄 HIS (Hersteller-Initiative Software)에서 제안했다. SHE는 저비용 보안 키 저장 및 암호화 서비스 엔진으로 설계되었으며, 기존 ECU의 온-칩 확장으로서 그래픽적으로 구현된다 [34]. 기능과 관련하여 SHE는 EVITA HSM Light 사양과 매우 유사하다. 그러나 EVITA 라이트와 달리 SHE는 보안 부팅을 표준으로 제공한다.

또 다른 주요 HSM(하드웨어 보안모듈) 표준은 TCG(Trusted Computing Group)에서 개발한 TPM(Trusted Platform Module)이다. TPM은 ISO/IEC 11889로 표준화되었으며, 최신 PC 및 랩톱에서 TPM 칩의 유비쿼터스 사용으로 인해 널리 알려져 있다. 2015년에 처음 출시된 TPM 2.0 Automotive -Thin Profile은, 자원resource이 제한된 ECU에 배포하기에 적합한 TPM 2.0 사양의 하위 집합을 지정한다 [35]. EVITA HSM 및 SHE 표준과 유사하게 TPM Automotive-Thin Profile은 보안 키 저장 및 관리도 지원한다. 그러나 TPM을 사용하면, 차량 내 네트워크 통신을 위한 하드웨어 기반 지원을 제공하기보다는, 펌웨어 및 소프트웨어 무결성을 보호하고, 소프트웨어 증명을 지원하며, 보안 소프트웨어 업데이트를 활성화하는 데 더 중점을 둔다.

(2) 소프트웨어 보안 Secure software

자율주행차량의 소프트웨어는 각각 특정 작업을 해결하는 여러 특수 기능의 집합이다. 이러한 각각의 기능은 서로 다른 소프트웨어를 기반으로 하며, 각각의 종속성은 다른 소프트웨어 등에 의존한다. 자율주행차량의 다양한 소스에서 통합된 종속 소프트웨어 구성요소의 수는 피할 수 없는 것처럼 보이지만, 보안 위험도 발생한다. 체인은 가장 약한 링크link만큼만 강력하며 보안에도 동일한 원칙이 적용된다. 전체 시스템은 가장 취약한 구성요소만큼만 안전하다. 그러나 시스템의 높은 복잡성으로 인해, 모든 소프트웨어 구성요소를 항상 안전하게 유지하는 것은 쉬운 일이 아니다. 소프트웨어 개발의 모범 사례는 자체 개발 소프트웨어의 보안 위험을 최소화하는 데 도움이 될 수 있다. 여기에는 정적 코드 분석, 데이터 흐름 분석, 코드 복잡성 분석 및 소프트웨어 개발-작업흐름의 필수적인 부분으로 기타 도구의 통합과 함께 방어 프로그래밍, 피어-코드 peer-code 검토가 포함된다. 그러나 이 마이그레이션(데이터나 소프트웨어를 한 시스템에서 다른 시스템으로 이동하는 것)은 불가능하지는 않더라도, 타사가 소유권을 가지고 있는 소프트웨어에 적용하기는 어렵다. 소스 코드나 소프트웨어에 관한 자세한 정보가 부족하고, 업데이트 종속성으로 인해, 구성요소 및 종속성에 대한 보안 패치는 소프트웨어 공급업체만 사용할 수 있다.

또 하나의 고려사항은 하드웨어 플랫폼 및 운영 체제의 선택이다. 보안 부팅 및 보안 디버그(오류 찾기)와 같은 일반적인 소프트웨어 보안 기능에는 이러한 기능을 지원하는 하드웨어가 필요하다. 보안 디버그는 런타임에 ECU의 소프트웨어를 안전하게 디버그하는 수단이다. 소프트웨어 분할 partition은 간섭 위험을 최소화하기 위해, 소프트웨어 부품 또는 기능을 여러 개의 격리된 인스턴스 instance로 분할하는, 일반적인 기술이다. 임베디드 가상화라고 하는 밀접하게 관련된 보안 방법은, 임베디드 하이퍼-바이저(hypervisor: 물리적 하드웨어의 자원을 사용하여 가상 머신(VM)을 생성하고 실행하는 컴퓨터 소프트웨어)를 사용하여, 단일 탑재 시스템에서 여러 개의 격리된 가상 머신(VM)을 효율적으로 실행한다. 그림 8-11은 (사용자 또는 네트워크 연결) OS가 손상되었지만 VM(가상머신)에 캡슐화되어 공격으로부터 시스템의 나머지 부분을 보호하는 가상화 사용 사례이다. 그러나 임베디드 가상화를 최대한 활용하려면, 적절한 하드웨어의 조합이 필요하다. 예를 들면, 최소한 하나의 메모리 보호 장치(MPU), 그리고 안전하고 효율적인 임베디드 하이퍼-바이저를 지원하거나 그 역할을 하는 적절한 실시간/임베디드 운영 체제(RTOS)를 갖추어야 한다.

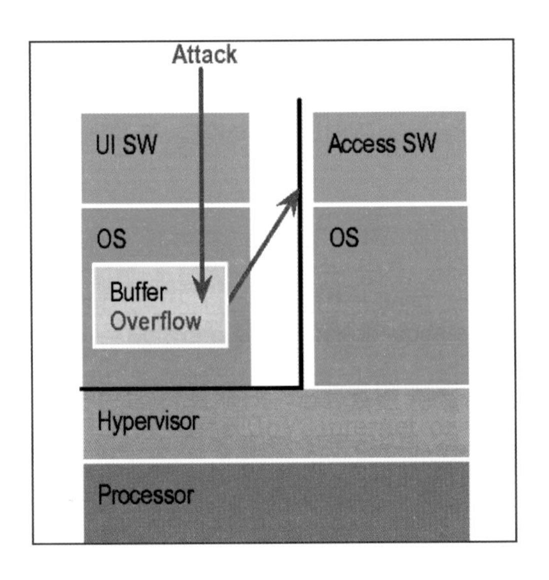

그림 8-11 표준 보안 사용 사례[36]

5 네트워크 통신 보안 Secure network communication

(1) 차내 네트워크 통신 보안 Secure in-vehicle network communication

보안 온보드 통신(SecOC) 모듈의 목적은 AUTOSAR(자동차 개방형 시스템 아키텍처) 기본 - 소프트웨어(BSW) 모듈을 제공하여 자동차 임베디드 네트워크를 통해 정보를 교환하는 둘 이상의 피어peer 간에 보안 데이터를 전송하는 것이다.

① AUTOSAR(자동차 개방형 시스템 아키텍처) 보안 모듈 [37]

AUTOSAR에는 차량 네트워크 전체의 통신 보안을 담당하는 2개의 모듈이 있다. SecOC(Secure Onboard Communication) 모듈은 차량 내 통신 네트워크를 통해

ECU 간에 전달되는 보안 메시지를 생성하고 확인하는 역할을 한다. AUTOSAR SecOC 사양은 '자원 효율적이고 실용적인 인증 메커니즘'을 염두에 두고 설계되었으므로, 레거시legacy 시스템에서도 최소한의 오버헤드로 이점을 얻을 수 있다. 암호화 서비스 관리자(CSM: Crypto Service Manager) 모듈은 SecOC 모듈을 포함하여 런타임 시 모든 모듈에 암호화/복호화, 메세지 인증 코드(MAC) 생성/검증 등의 기본 암호화 서비스를 제공한다. 사용되는 플랫폼에 따라 일부 암호화 기능은 HSM/SHE와 같은 하드웨어 구현 또는 AUTOSAR 기본-소프트웨어 스택의 일부로 소프트웨어 구현을 사용할 수 있다. 이 경우 CSM(암호화 서비스 매니저)은 모든 암호화 기능에 추상화 계층을 제공하므로, 모든 AUTOSAR 모듈은 구현 세부 사항과 관계없이, 동일한, 표준화된 API(Application Programming Interface)를 사용할 수 있다.

② **SecOC**(Secure Onboard Communication) **요약**

AUTOSAR 스택 내에서 SecOC 모듈은 기본 소프트웨어 계층 내의 AUTOSAR 페이로드 데이터 유닛 라우터PduR 모듈과 동일한 수준에 있다(그림 8-12 참조). PDU (Payload Data Unit)는 차량 네트워크를 통해 교환되는 데이터 유닛의 일반적인 용어이다. 즉, PduR 모듈은 정적으로 구성된 라우팅 테이블을 기반으로 CAN, FlexRay, 이더넷 등과 같은 다양한 차량 버스를 통해 전송된 PDU를, AUTOSAR 모듈로 또는 그 반대로 분배한다. 보안 PDU, 즉 모든 PDU가 보안 관련성이 없으므로, 통신 보안이 필요한 PDU가 수신되면, PduR은 SecOC 모듈에서 확인할 메시지를 전달하고, 확인이 성공한 경우에만 PDU가 라우팅된다. 평소와 같이 상위 AUTOSAR 모듈로 이동한다.

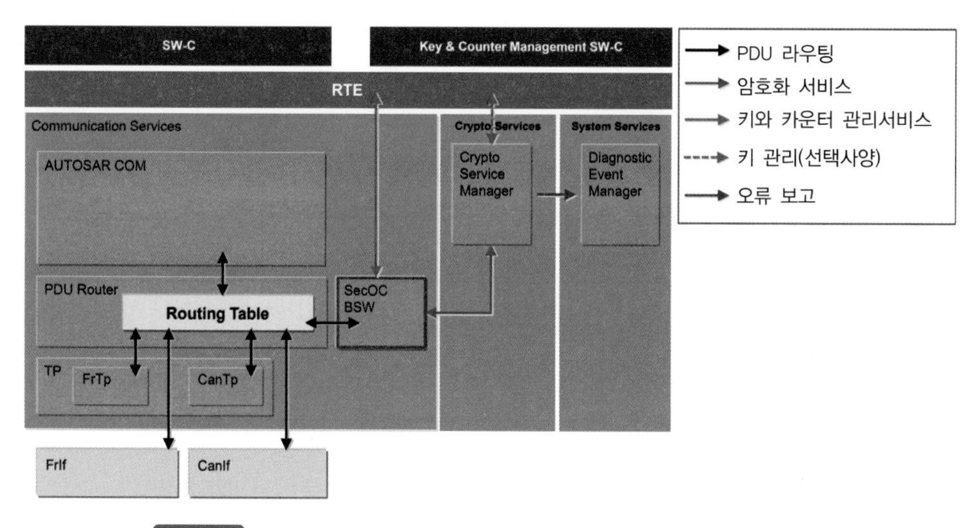

그림 8-12 AUTOSAR 기본 소프트웨어 스택에서 SecOC 모듈 [38]

그리고 보안 PDU가 차량 버스로 전송되기 전에, SecOC 모듈은 수신기 데이터에 대한 인증 목적을 위해 일부 보안 데이터를 PDU에 추가한다. 전체 보안 메커니즘은 AUTOSAR 통신 스택에서 매우 낮은 수준에서 수행되므로, 사용자 애플리케이션 즉, 애플리케이션 계층의 SWC(소프트웨어 구성요소)에 완전히 투명하다는 점은 주목할 가치가 있다. 즉, 안전한 차내 네트워크 통신을 이용하기 위해, 사용자 애플리케이션을 수정할 필요가 없다.

보안을 더욱 강화하기 위해, SecOC(온보드 통신 보안모듈) 사양은 PDU 특정 키를 사용하는 MAC(Message Authentication Code; 메시지 인증 코드) 계산을 권장한다. 각 PDU(프로토콜 데이터 단위 또는 버스 메시지)에는 고유한 데이터 식별자(데이터-ID)가 할당된다. 데이터—ID 및 비밀 키를 사용하여, 해당 특정 보안 PDU에 대한 CMAC(Ciper-based MAC; 암호-기반 MAC) 계산을 위해 개별 AES(대칭키 암호) 비밀 키를 파생할 수 있다. 따라서 자동차 특정 키가 손상되더라도 공격자가 Data-ID와 특정 PDU에 대한 비밀 키를 유도하는 규칙에 대한 명시적인 지식 없이는, 성공적인 스푸핑 및 변조 공격을 시작하는 것은, 여전히 어렵다.

위의 보안 메커니즘 외에도 AUTOSAR는 SWC(소프트웨어 구성 요소)가 SecOC(온보드 통신 보안) 모듈과 직접 상호 작용할 수 있는 방법을 제공한다. 예를 들어 SWC가 특정 확인 상태에 대해 알림을 받거나 SecOC 확인 상태를 일시적으로 또는 영구적으로 무시할 수 있다 [5]. 따라서 애플리케이션은 실패한 검증의 수가 증가할 때 잠재력을 감지하거나 의심스러운 특정 PDU(Payload Data Unit)를 무시하는 것과 같은 예방 조치를 취할 수 있다.

(2) 외부 통신 보안 Secure external communication

컴퓨터 내부 보안은 필수적이지만, 자율주행차량 기능이 차량 외부의 정보 또는 서비스에 점점 더 의존함에 따라 안전한 외부 통신은 안전 및 개인 정보 보호 관점 모두에서 중요하다. 차량의 외부 통신은 제조업체 또는 운영자의 백엔드-서버 또는 V2X 통신에서 다른 차량 및 도로 기반시설과의 상호작용으로 발생할 수 있다.

V2X 통신 또는 ITS(지능형 교통체계)에 관한 주요 표준에는 미국 교통부에서 개발한 SCMS(보안 자격증명 관리 시스템)와 ETSI(유럽통신표준연구소)에서 공표한 ETSI-ITS 표준 등이 있다.

이들 표준의 아키텍처 및 기술 세부 사항의 차이에도 불구하고 보안 V2X 통신은 일반적으로 모든 통신 파트너의 자격증명 검증을 쉽게 하고, 여러 V2X 네트워크에서 기관 간의 신뢰 관계를 유지하기 위해, 공개-키 인프라(PKI)를 사용한다. 본인 확인은 일반적으로 통신 파트너의 디지털 인증서를 확인하여 수행된다. 디지털 인증서는 독립적인 인증기관(CA)에서 발급한다. 인증기관(CA)은 발급된 디지털 인증서의 소유자가 실제로 주장하는 사람인지 확인하는, 신뢰할 수 있는 엔터티entity 역할을 한다. CA의 또 다른 작업은 활성 유효 기간에도 불구하고 신뢰할 수 없는 모든 인증서를 나열하는 인증서 해지 목록(CRL)을 유지관리하는 것이다. 공개 키 암호화 및 단방향 해쉬Hash 함수의 도움으로, 보안 통신을 시작하기 전에, 다른 통신 파트너의 디지털 인증서를 인증할 수 있다.

통신 및 데이터 보안은 ITS(지능형 교통체계) 스테이션 아키텍처의 핵심 요소이다. 기본원칙은 ITS 스테이션이 트러스트 도메인(BSMD: Bounded - Secured - Managed - Domain: 경계 - 보안 - 관리 - 도메인)이라는 점이다. 표준은, ITS 스테이션 구현이 이 규칙을 준수하도록 하는 방식을 정의하지 않는다. 이는 각 통합 환경에, 각 운영 체제에, 그리고 서로 다른 통신 장치(ITS-SCU) 간의 조직에 고유하기 때문이다.

그러나, 통신 및 데이터 보안에 필요한 기능은, 데이터를 송수신하는 모든 기능에 접근할 수 있도록 '보안security' 엔티티 아래에 그룹화된다(ISO 전문 용어에서는 응용 프로그램 프로세스 -ITS-S AP라고 함). 이들은, 애플리케이션 서비스, 통신 서비스 관리 또는 ITS 스테이션의 수명주기를 잘 참조할 수 있으므로, ITS 스테이션의 엔티티에서, 또는 모든 계층에서 찾을 수 있다.

'보안security' 엔티티는 인증기관에서 획득한 인증서에 대한 접근권한을 얻기 위한 기능을 포함하며, 공개-개인 키 메커니즘을 기반으로 한다. 인증서는 '방송' 모드에서든 또는 '점-대-점 세션' 모드에서든, 수신기와 송신기의 인증을 보장하기 위해, ITS 스테이션 간의 교환에 사용된다. 또 다른 원칙은, 애플리케이션 프로세스가 자신의 역할 및 부여된 권한과 일치하는 데이터에만 접근할 수 있다는 점이다. 이 확인은 인증서를 제시하여 수행할 수 있다.

등록기관(EA: Enrollment Authority)은 위에서 설명한 대로 공개 키 암호화 및 디지털 인증서를 사용하여 통신 참여자(사용자)의 신원 확인을 쉽게 한다. 유효한 인증에서 등록기관은 등록 자격 증명(EC)이라고도 하는 가명 인증서 형태의 임시 ID를 발급한다. 사용자가 V2X 네트워크 서비스를 사용하기 위해서는, 해당 자격증명(EC)을 전송, 권한-부여기관(AA: Authorization Authority)에 권한을 요청해야 한다. 자격증명(EC)이 성공적으로 검증되면, 권한-부여 기관(AA)은 요청된 각 서비스에 대해 인증 인증서 또는 인증 티켓(AT)을 발행한다. EA(등록기관) 및 AA (권한-부여 기관) 자격증명에 대한 증명은, 기관 계층 구조에서 가장 높은 인증기관(CA)인 루트root 기관(RA)에서 제공한다. 관련된 모든 인증기관(RA, EA 및 AA)은 발급된 인증서를 모니터링하고 자체 CRL(인증서 해지 목록)을 유지 관리한다. V2X 네트워크 통신에서는 개인정보를 보호하기 위해, 그리고 ETSI-ITS 표준은 자격증명 인증 및 서비스 권한 부여를 위해, 분리된 인증기관(CA)이 있는 PKI(공개키 인프라)를 권장한다 [39].

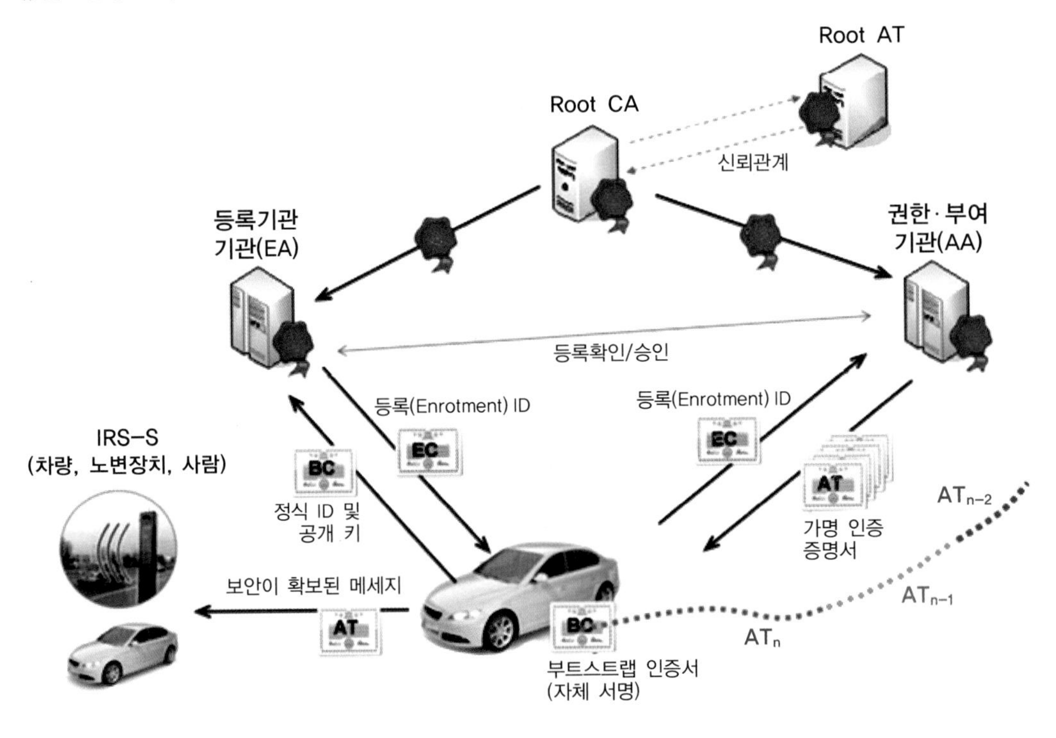

그림 8-13 ETSI V2X 신뢰 모델(PKI)[40]

그러나, 가장 큰 문제는 때때로 전 세계의 많은 기술 회사를 괴롭히는 보안 및 안전 문화(결핍)이다. 개발자의 보안 모범 사례에 대한 인식/집행의 부족뿐만 아니라 경제성, 치열한 경쟁 및 투자자의 압력, 즉 가시적이거나 입증할 수 있는 기능이, 종종 보이지 않는 보안 및 안전 기능보다 우선시되는 경우가 많다. 일부 안전 및 보안 관련 결정은 나중에 추가 기능으로 단순히 변경하거나 구현할 수 없으므로, 이 접근방식은 보안이 취약하거나 전반적인 개발 및 유지 관리 비용이 더 많이 드는 제품으로 이어질 수 있다.

대표적인 사례는 미국 최대 차량호출 서비스 업체인 우버Uber의 경우이다 [41]. 우버는 지난 2016년 10월, 해커들의 공격으로 전 세계 고객 5천만 명과 운전기사 700만 명의 개인정보가 유출된 사실을 1년간 숨겼다가 여론의 뭇매를 맞고, 당국에 거액의 벌금을 낸 적이 있다.

2022년 9월 15일 우버Uber는 또 해킹 공격을 당했다 [41]. 해커(18세)는 우버의 정보기술(IT) 담당 직원에게 문자메시지를 보내 비밀번호를 넘겨받아 시스템에 침투할 수 있었다. 시스템의 취약점이 아니라 개인의 취약점을 노려 필요한 정보를 빼낸 뒤, 시스템에 침투하는 사회공학적 해킹 방식을 사용하였다. 해커는 우버 정보기술(IT) 담당 직원의 슬랙slack 계정을 이용, 다른 직원들과 대화를 주고받은 뒤, 우버의 이메일, 클라우드 스토리지, 소스 코드 저장소, 내부 금융 정보 등에 접근할 수 있었다.

해커는 보안이 취약한 우버 시스템에 '재미로' 침입, 내부 시스템을 장악한 뒤, 슬랙slack을 통해 "나는 해커이고, 우버는 데이터 유출을 겪고 있음을 선언한다."는 메시지를 우버 직원들에게 보내고, "몇 달 안에 우버의 소스 코드를 유출할 수 있다."고 폭탄선언을 하였다.

참고로, 슬랙slack이란 사람들과 정보를 연결해주는 기업용 메시징 앱으로서, 다른 말로 개별 대화방과 인스턴트 메시지를 한곳에 모아 놓은 커뮤니케이션 도구이다.

기능적 안전

8-3 자율주행차량과 개인정보 보호

Personal data and the autonomous vehicle

1 개인정보에 관한 법률적 정의 Legal definition of personal information

(1) 우리나라의 「개인정보 보호법」 등 관련 법률에서 규정하고 있는 개인정보의 개념

살아 있는, 개인에 관한 정보로서 다음을 포함한다. [출처: 개인정보보호위원회]

① 성명, 주민등록번호 및 영상 등을 통하여 개인을 알아볼 수 있는 정보

② 해당 정보만으로는 특정 개인을 알아볼 수 없더라도, 다른 정보와 쉽게 결합하여 알아볼 수 있는 정보

③ ① 또는 ②를 가명 처리함으로써, 원래의 상태로 복원하기 위한 추가 정보의 사용, 결합 없이는 특정 개인을 알아볼 수 없는 정보(가명 정보)

현행 우리나라 개인정보보호법제는 개인정보보호법을 중심으로 정보통신망 및 정보보호 등에 관한 법률, 신용정보의 보호에 관한 법률, 위치정보의 보호 및 이용 등에 관한 법률, 전기통신사업법 등 정보통신, 금융/신용, 의료, 교육 등 분야별로 분산되어 있다.

(2) 유럽연합(EU) 일반 데이터 보호 규칙 GDPR: General Data Protection Regulation

유럽연합의 일반 데이터 보호규칙은 2018년 5월 25일부터 유럽 회원국에 공통으로 적용되고 있다. GDPR은 기존의 데이터보호지침(Directcive 95/46/EC)을 대체한 것이다.

GDPR 제 4조는 개인정보를 다음과 같이 매우 광범위하게 정의하고 있다.

식별되거나 식별 가능한 자연인과 관련된 모든 정보; 데이터 주제는 특히 이름, 주민등록번호, 위치 데이터, 온라인 식별자, 또는 이들 자연인의 신체적, 생리적, 유전적, 정신적, 상업적, 문화적 또는 사회적 정체성을 표현하는, 여러 가지 특별한 특성 중 하나 등이다.

EU에 우리 자동차를 팔기 위해서는, 이름, 나이, 성별, 이메일 주소, IP-주소뿐만 아니라

운전 면허증 번호, 지리적 위치 데이터 등도 개인 데이터로 간주한다는 점을 기억해 두어야 한다.

(3) 캘리포니아주 소비자 프라이버시법 CCPA: Consumer Privacy Act of 2018

CCPA는 2018년 6월 28일 제정, 2020년 1월 1일부터 시행되고 있다. CCPA는 유럽연합의 GDPR에 비견할 만큼, 엄격한 소비자 프라이버시 규제체계로서, 미국은 물론 우리나라, 일본, 중국 등의 소비자 프라이버시 법제의 혁신에 크게 영향을 미칠 것으로 평가되고 있다.

CCPA는 개인정보, 소비자, 사업, 집합 소비자 정보, 생체정보 외에도, 이들의 수집, 비식별deidentified, 판매, 서비스, 제3자 등 많은 용어를 정의하고 있다.(§1798.140)
여기서 개인정보란, 특정 소비자나 가계와 관련되어 식별하고, 서술되며, 직접 또는 간접적으로 연관될 수 있거나 합리적으로 연결되는 정보이다. (§1798.140(o)(1))

개인정보는 다음을 포함하지만, 이에 국한되지 않는다. (§1798.175)

- ① 성명, 별칭, 주소 및 IP주소, ② 캘리포니아주나 연방법의 보호분류의 특성, ③ 개인재산, 구매 물품 및 서비스, 소비 내역이나 성향을 포함한 상업정보, ④ 생체정보, ⑤ 검색기록과 같은 인터넷이나 그 밖의 전자 네트워크 활동정보, ⑥ 지리 데이터, ⑦ 오디오, 전자, 시각, 열, 후각 또는 이와 유사한 정보, ⑧ 직업 또는 고용관련 정보, ⑨ 교육정보, ⑩ 소비자에 관한 파일을 생성하기 위한 식별정보로부터 유도된 추론 등을 열거하고 있다.
- 그러나 장치를 통하는 것을 포함하여 어떤 소비자나 가계와 연계되지 않았거나, 합리적으로 연결될 수 없는 데이터인 "집합 소비자 정보, 그리고 연방, 주 또는 지방정부 기록에서 공개적으로 얻을 수 있는 정보는 개인정보에서 제외하고 있다.

개인정보와 관련하여 소비자에게 부여하는 5가지 종류의 데이터 프라이버시 권리로는 ① 알권리 right to know, ② 접근권 right to access, ③ 삭제권 rights to deletion, ④ 거부권 right to opt out, ⑤ 서비스 평등권 right to equal service 등이 제시되어 있다.

(4) ISO/IEC 15408 보안 표준에서의 개인정보 보호 측면에 대한 정의[ISO/IEC 15408]

ISO/IEC 15408 보안 표준은 검색 및 신원 오용으로부터 보호해야 하는 4가지 개인정보 보호 측면을 정의하고 있다. 익명성, 가명성, 연결 불가 및 관찰 불가이어야 한다.

① **익명성**Anonymity이란 시스템과 상호작용하거나 서비스를 이용하는 사용자의 신원을 확인할 수 없어야 함을 의미한다.

② **가명**Pseudonymity이란 사용자가 시스템 상호 작용 또는 서비스 사용에 대해 여전히 책임을 질 수 있음을 의미한다. 그러나 실제 사용자 ID는 공개되지 않는다.

③ **연결 불가능성**Unlinkability이란, 다른 엔티티가 여러 시스템 상호 작용 또는 여러 서비스 사용이 동일한 사용자에 의해 발생되었는지의 여부를 결정할 수 없어야 한다.

④ **관찰 불가능성**Unobservability이란, 시스템/서비스가 사용되고 있다는 사실을, 다른 엔티티entity 없이도, 시스템과 상호 작용하거나 서비스를 사용할 수 있는 능력과 관련이 있다.

2 자율주행차량과 개인정보의 상관관계

유럽연합의 일반 개인정보 보호법(GDPR)의 규정에 따른 데이터 보호는, 자율주행차량의 설계가 시작되는 첫 순간부터 고려되어야 한다. 차량의 주요 구성요소들은 차량이 개인정보보호법을 준수하도록 하는 데 유용하고 필요한 기능을 제공해야 한다.

차량 데이터 중에는 개인, 더 정확하게는 차량 소유자/운전자를 식별하기 위해 교차 확인이 가능한 한, 개인정보가 들어있다. 운전자 행동을 '추적trace'할 수 있는 센서 정보뿐만 아니라, 차량의 지리적 위치 및 수행된 여정에서 생성된 정보도 많다. 따라서, 이들 데이터의 수집 및 처리가 개인정보보호법을 위반할 수 있는 소지가 있다는 사실은 의심의 여지가 없다.

따라서 센서와 블랙박스가 연결된 자율주행차량도 개인정보 규제에서 면제되지 않는다. 기능을 수행하고 특정 기능을 보장하려면, 기본 기능이든 아니든, 데이터를 수집, 처리해야 하기 때문이다. 그러나, 자율주행차량에 대한, 법률적 규제 범위는 악의적 및 무기한 수집으로부터 개인을 보호하기 위한 최소한의 틀frame이어야 한다. 데이터 보존 한도는 자율주행차량의 생존을 위한 필수 조건이다. 핵심 구성요소는 데이터 안전을 보장하고, 개인정보를 보호하고, 안전하게 보관할 수 있는 모든 수단을 강구해야 한다.

특히, 관심의 대상은, 자율주행차량의 블랙박스인 데이터 기록장치data logger이다. 자율주행차량에 관한 프랑스 법령(2018년 3월 28일 공표) 제 11조에는 공공도로에서 자율주행차량의 실험 목적으로 하는 모든 차량에는 "차량이 부분 또는 전체 자율주행 모드로 구동되었는지를 언제든지 확인할 수 있는, 기록장치가 장착되어 있어야 한다."고 규정하고 있다.

비행기의 블랙박스에 해당하는 장치를 모든 자율주행차량에 장착해야 한다는 의미이다.

데이터-기록장치에서 수집한 데이터는 성격이 다를 수 있다. 차량 자체에서 생성된 자료일 테지만, 다른 차량에서 생성된 데이터도 있을 것이다. 센서와 마찬가지로, 이는 자율주행차량 오작동의 원인을 찾는 데 필수적인 도구이다. 이 외에도 교통사고 재구성에도 필요하다.

데이터 기록장치뿐만 아니라, 차량에 이미 존재하는 다양한 로거logger는 오작동의 특정 원인을 정확하게 식별하고, 증거 수집 방법을 파악하는 데 도움이 된다. 이는 차량주행관련 지리 정보의 분석, 차량 자동화 시스템 또는 기타 관련 기능의 활성화/비활성화, 차량에 대한 운전자의 행동(제동/가속, 전화 사용) 이력 분석 등을 위한, 자동차 전문지식의 맥락에서 기본적인 도구들이다.

마지막으로, 교통사고 소송의 경우에는 책임(민사 및 형사)을 결정하는 데 결정적인 증거를 제시할 수 있을 것이다. 법률에 사고 전, 5분 동안의 기록은 1년 동안 보관해야 한다고 명시하고 있는 나라도 있다. 현재로서는 법령 위반의 경우에, 보험사는 운전자의 동의 없이 데이터에 접근할 수 없다. 피해자 보상 프로세스의 핵심 구성요소인 보험회사는 중요한 정보에 대한 접근권한을 요구하고 있다. 그들은 이러한 장치들이 사고 발생 시 책임 사슬을 더 쉽게 결정할 수 있다고 주장하고 있다. 다양한 역할 당사자 및 이해 관계자가 있음을 감안할 때, 자율주행차량에는 복잡한 책임 사슬이 있다.

자유의 문제에서 항상 그렇듯이, 중재는 관련된 다양한 자유, 즉 정보의 자유에 대항하는 사생활 존중 사이에서 이루어진다. 최선의 이익을 보호하는 방법은, 이것이 유도할 수 있는 주관성의 부분과 타협해야 하는 것이다.

자료data수집을 제한하고, 데이터의 무결성을 보장하고, 데이터의 삭제를 제공해야 하는 필요성 외에도 기록장치가 수집한 데이터에 대한 제한적이고 통제된 접근을 유지하는 것은 필수적인 사안이라는 점에 상당한 공감대가 형성되어 있다. 예를 들면, 교통사고 피해자의 상황을 개선하고, 보상 절차를 가속하기 위한, 피해자 보상을 목적으로, 자율주행차량의 주행기록 데이터 열람의 경우도, 필요한 데이터에만 접근할 수 있도록 엄격하게 제한해야 한다는 것이 차량 운전자들의 생각이다. 그러나, 이 데이터는 사법경찰관과 대리인, 조사 및 보안을 담당하는 기관, 보험회사, 또는 사고처리 관련 당사자가 접근할 수 있다. 이 데이터의 목적은 법률적 책임을 공평무사하게 결정하는 것이다.

결론적으로, 자율주행차량에 데이터 기록장치(일명 블랙박스) 도입은 개인 데이터 보호 및 더 일반적으로 사생활 보호에 관한 규정을 준수하도록, 엄격하게 감독 되어야 한다. 개인 데이터 보호 및 사생활 존중에 관한 규정 준수를 보장하는 것과 같은, 이러한 제한 사항은, 데이터 기록 시스템을 필수 도구로 만들 것이다.

3 차량을 통한 개인정보 누설과 사생활 침해

우선 GPS 모니터링은 가족, 정치, 직업, 종교 및 성별 관계에 관한, 많은 세부 사항을 반영하는 개인의 공공 이동에 대한 정확하고 포괄적인 기록을 생성한다.

"개인이 제3자에게 자발적으로 공개한 정보의 프라이버시에 대해 합리적으로 기대하지 않는다는 전제를 재고할 필요가 있다. 이러한 접근 방식은 사람들이 일상적인 작업을 수행하는 과정에서 제3자에게 자신에 대한 많은 정보를 공개하는 디지털 시대에 적합하지 않다." 다수의 플레이어player들이 연결기반 (자율주행)차량 안의 여러 지점에서 상시로 자료 즉, 정보를 수집하고 있다. [www.fpf.org]

(1) 일반적인 데이터 프라이버시 취약성

① **차량 여행 관련 데이터** - 자동차 제조사, 앱 개발자, 온보드 지원 시스템 등은 차량의 주행 관련, 데이터를 수집하고 있다. 데이터가 보관되는 기간, 데이터에 접근할 수 있는 사람, 소비자의 거부 권리 여부가 주요 문제이다.

② **소비자 습관 및 선호도에 대한 데이터** - 음악 선호도, 뉴스 및 라디오 선택, 기타 기능에 이르는 데이터는 소비자를 대상으로 하는 데 사용된다. 이 작업을 수행하는 방법과 동의를 얻었는지 아닌지에 따라 잠재적인 결과가 결정된다.

③ **아동의 데이터 또는 아동과 관련된 데이터** - 아동 데이터의 수집, 사용 및 저장은 고려해야 하는 특별 규칙에 따라 관리된다.

④ **시장별 규정 차이** - 개인정보 보호 규정은 지역 및 시장별로 크게 다르다. 예를 들어, EU는 획기적인 데이터 개인정보 보호 및 보호법인 GDPR(일반 개인정보 보호법)을 시행하고 있다. 법률에는 개인정보에 대한 광범위한 정의와 그러한 데이터의 동의, 사용 및 보호에 대한 엄격한 요구 사항이 포함되어 있다. 유럽 시장에서 일하는 기업은 준비가 필요하다.

(2) 개인정보 누설 원인을 제공하는 기술적 요소들

다음은 개인정보를 포함하고 있으나, 개인이 무관심하거나 동의한 내용 중 극히 일부이다.

① **GPS**: 위치 데이터는 주변을 둘러보고 탐색하는 데 도움이 될 수 있다. 어디를 갔는지, 언제 출발하고 도착했는지, 얼마나 일찍 도착했는지 등에 대한 테라바이트급 데이터를 얻을 수 있다. 따라서 내 차량의 GPS 정보는 광고주와 경찰에게 중요하다. 차량 위치 및 추적에 대한 데이터로 인해, 형사사건에서 용의자를 찾거나 추적하는 데 도움을 요청하는 경찰 또는 기타 법 집행 기관의 요청이 증가할 수 있다. 이러한 요청에 대한 회사의 응답은 이러한 추적 기능에 대한 소비자의 불신으로 이어지거나, iPhone 액세스와 관련하여 발생하는 것과 유사한 법 집행 기관과의 충돌로 이어질 수도 있다.

② **전자 통행료 징수**: 위성중계기는 통행료 자동 결제 장치를 통과한 여행 기록을 생성한다.

③ **정보 오락 프로그램/스마트폰/블루투스**: 스마트폰은 차량과 동기화되어 연락처, 문자, 통화를 올릴 upload 수 있다. 공유 또는 렌터카의 경우는, 사용 후 반드시 삭제해야 한다.

④ **장애물 감지**: 차량은 자동 제동 및 전방 충돌 경고를 위해 카메라와 레이더를 사용한다. 일부 완성차 회사는 데이터를 자동으로 회사로 보내도록 시스템화하고 있다.

⑤ **텔레매틱스 모뎀**: 일부 완성차 회사는 EDR(전자 데이터 기록장치) 또는 진단 포트에서 얻을 수 있는 것과 유사한 정보가 포함된, 데이터를 자동차 컴퓨터로부터 직접 받는다.

⑥ **진단 포트**: 정비사가 고장을 진단하고, 배출가스 장치 모니터링에 사용한다. 일부 보험회사는 데이터를 보험회사에 보내는 장치를 자발적으로 연결하는 운전자에게 할인을 제공한다.

⑦ **운전자 카메라**: 운전자 지원 시스템은 주의를 기울이고 있는지 확인하기 위해 카메라를 사용할 수 있다. 카메라는 졸음과 주의 산만을 감지할 수 있다. 그러나 운전자의 일거수일투족을 기록한다. 따라서, 선명한 이미지 확인이 불가능한, LiDAR나 RADAR가 대안으로 떠오르고 있다.

⑧ **EDR**(Electronic Data Recorder): 수사관은 EDR에 저장된 정보를 사용, 충돌 전 마지막 몇 초 동안 무슨 일이 일어났는지 확인한다.

⑨ **컨시어지 서비스(개인의 라이프스타일에 맞춘 비서 서비스: (예) OnStar)**: 셀룰러 연결을 사용하여 긴급 지원 및 컨시어지(Concierge; 비서) 서비스를 제공한다.

모빌리티 기술 생태계는 매우 역동적이기 때문에, 자율주행차량의 불충분한 데이터 개인정보보호 및 보안정책이 우리의 관심 대상이다. 현재, 완성차 회사들은 SAE 수준이 높은 차량을 출시하는 데 초점을 맞추고 있으나, 장래에는 완성차 회사의 개인정보 보호정책이 포괄적이고 규정을 준수하는지가 중요한 요소가 될 것이다.

또한, 연결기반 자율주행차량은 소비자용 자동차와 승차 공유 로봇 택시만이 아니다. 물류 및 배송, 농업, 광업, 폐기물 관리 등을 포함한 B2B 산업은 연결기반 자율주행차량의 배포를 추구하고 있으며, 이들을 통한 개인정보의 누설 및 사생활 침해도 고려되어야 할 것이다.

참고문헌 REFERENCES

[1] https://www.monolithicpower.com/the-road-from-ecus-to-dcus

[2] http://safety.addalot.se/upload/2019/SCSSS_2019_Karlsson_ISO26262.pdf

[3] LEE TESCHLER: Safety and cyber security for the connected car. JULY 31, 2020
https://www.microcontrollertips.com/safety-and-cyber-security-for-the-connected-car-faq/

[4] https://www.vehicle-recall.co.uk/recall/R/2015/066

[5] Even-André Karlsson: Introduction to ISO 26262. Addalot
http://safety.addalot.se/upload/2019/SCSSS_2019_Karlsson_ISO26262.pdf

[6] C. Kraft, "Anatomy of the RollJam Wireless Car Hack," Makezine, 11 August 2015. [Online]. Available: https://makezine.com/2015/08/11/anatomy-of-the-rolljam-wireless-carhack/.[Accessed 30 January 2018].

[7] I. Rouf, et al., "Security and Privacy Vulnerabilities of In-Car Wireless Networks: A Tire Pressure Monitoring System Case Study," University of South Carolina and Rutgers University, Columbia, 2010.

[8] T. P. N. S. T. A. Committee, "NSTAC Report to the President on the Internet of Things," U.S. Government - NSTAC, Washington D.C., 2014.

[9] E. Kovacs, "Default Password Exposes Digital Highway Signs to Hacker Attacks," Security Week, 6 June2014.https://www.securityweek.com/default-password-exposes-digitalhighway-signs-hacker-attacks. [Accessed 20 Aug. 2022].

[10] M. Sayin, T. Basar, "Secure Sensor Design Against Undetected Infiltration: Minimum Impact-Minimum Damage," University of Illinois, Urbana-Champaign, 2018.

[11] A. Greenberg, "Hackers Remotely Kill a Jeep on the Highway - With Me in it," 21 July 2015. [Online]. Available:https://www.wired.com/2015/07/hackers-remotely-kill-jeep-highway/.[Accessed 10 Jan. 2022].

[12] C. Miller, C. Valasek, "Remote Exploitation of an Unaltered Passenger Vehicle," SecurityZap.com, Panama City, 2015.

[13] T. Hunt, "Controlling vehicle features of Nissan LEAFs across the globe via vulnerable APIs," 24 February 2016. [Online]. Available:
https://www.troyhunt.com/controlling-vehicle-features-of-nissan/.[Accessed 3 March 2018].

[14] E. Weise, "Nissan Leaf app deactivated because it's hackable," USA Today, 24 February 2016. [Online]. Available: https://www.usatoday.com/story/tech/news/2016/02/24/nissan-disablesapp-hacked-electric-leaf-smart-phone-troy-hunt/80882756/. [Accessed 6 July 2022].
[15] A. Goodwin, "Tesla hackers explain how they did it at Defcon," CNET, 9 August 2015. [Online]. Available:https://www.cnet.com/roadshow/news/tesla-hackers-explain-how-theydid-it-at-def-con-23/. [Accessed 5 March 2022].
[16] The Nobel Foundation, "The History of the Integrated Circuit," 5 May 2003. [Online]. Available: https://www.nobelprize.org/educational/physics/integrated_circuit/history/. [Accessed 1 Jan. 2022].
[17] R. Currie, "Developments in Car Hacking," SANS Institute – SANS Reading Room, North Bethesda, 2015.
[18] J. Lu Yu, J. Deng, R. Brooks, S. Yun, "Automobile ECU Design to Avoid Data Tampering," in Proceedings of the 10th Annual Cyber and Information Security Research Conference, Oak Ridge, 2015.
[19] K. Koscher, A. Czeskis, F. Roesner, S. Patel, T. Kohno, S. Checkoway, D. McCoy, B. Kantor, D. Anderson, H. Shacham, S. Savage, "Experimental Security Analysis of a Modern Automobile," in 2010 IEEE Symposium on Security and Privacy, Berkeley/Oakland, 2010.
[20] T. Bécsi, S. Aradi, P. Gláspár, "Security Issues and Vulnerabilities in Connected Car Systems," in 2015 International Conference on Models and Technologies for Intelligent Transportation Systems (MT-ITS), Budapest, 2015.
[21] DefCon 23 – Lin Huang and Qing Yang – Low cost GPS Simulator: GPS Spoofing by SDR. 2015 Video of the talk: https://media.defcon.org/DEF%20CON%2023/DEF%20CON%2023%20video/
[22] Desmond Scmidt et al.: A survey and analysis of GNSS spoofing tjreat and countermeasures. ACM Computing Surveys(CSUR), 48(4): 64, 2016.,
[23] McAfee Labs, Model Hacking ADAS to Pave Safer Roads for Autonomous Vehicles 2020, available at: https://www.mcafee.com/blogs/other-blogs/mcafee-labs/model-hacking-adas-to-pave-safer-roads-for-autonomousvehicles/.
[24] Mark Harris, IEEE Spectrum Sept 4, 2015, Researcher Hacks Self-driving Car Sensors.
[25] Petit, J. et al., "Remote Attacks on Automated Vehicles Sensors: Experiments on Camera and LiDAR." 2015, available at:
https://www.blackhat.com/docs/eu-15/materials/eu-15-Petit-Self-Driving-And-Connected-CarsFooling-Sensors-And-Tracking-Drivers-wp1.pdf.
[26] Chen Yan et al.: Can you trust autonomous vehicles; Contactless attacks against sensors of self-driving vehicle. DEF CON, 24, 2016.
[27] Jonathan Petit et al.: Remote attacks on automated vehicles sensors: Experiments on camera and lidar. Black Hat Europe, 11:2015, 2015.
[28] Tencent Keen Security Lab, Experimental Security Research of Tesla Autopilot 2019, available at:https://keenlab.tencent.com/en/whitepapers/Experimental_Security_Research_of_Tesla_Autopilot.pdf.
[29] Singh, M. (2021). Cybersecurity in Automotive Technology. In: Information Security of Intelligent Vehicles Communication. Studies in Computational Intelligence, vol 978. Springer, Singapore. https://doi.org/10.1007/978-981-16-2217-5_3
[30] Cybersecurity Best Practices for the Safety of Modern Vehicles, NHTSA.2020
https://www.nhtsa.gov/sites/nhtsa.gov/files/documents/vehicle_cybersecurity_best_practices_01072021.pdf
[31] Marko Wolf and Timo Gendrullis: Design, implementation, and evaluation of a vehicular hardware security module. ICISC, Springer 2011.

[32] Tim Gueneysu and Christof Paar: Ultra high performance ECC over NIST primes on commercial FPGAS. ICISC. Springer, 2008.
[33] Norbert Pramstaller et al.: A compact FPGA implementation of the hash function whirlpool. In proceedings of 2006 ACM/SIGDA 14th International symposium on field programmable gate array, pp 159-166. ACM, 2016.
[34] Christian Schleiffer et al.: Secure key maanagement-a key feature for modern vehicle electronics. SAE Technicla Paper, 2013.
[35] TCG TPM 2.0 Automotive Thin Profile For TPM Family 2.0; Level 0; https://trustedcomputinggroup.org/resource/tcg-tpm-2-0-library-profile-for-automotive-thin/[accessed 2 Sep. 2022]
[36] G. Heiser: The role of virtualization in embedded systems. Published in IIES '08 1 April 2008. Computer Science DOI:10.1145/1435458.1435461Corpus ID: 9908672
[37] https://www.autosar.org/fileadmin/ABOUT/AUTOSAR_EXP_Introduction.pdf
[38] https://www.autosar.org/fileadmin/user_upload/standards/classic/4-3/AUTOSAR_EXP_LayeredSoftwareArchitecture.pdf
[39] ETSI. ETSI-ts122 185 Requirements for V2X service
[40] https://www.etsi.org/deliver/etsi_tr/103400_103499/103415/01.01.01_60/tr_103415v010101p.pdf
[41] https://www.washingtonpost.com/technology/2022/09/15/uber-hack/

Chapter 9

적용 사례와 미래 전망

Application cases and future outlooks

1. 적용 사례
2. 자율주행기술 로드맵
3. 자율주행차량의 장단점 및 과제

미래 전망

9-1 적용 사례

application cases

자율주행기술이 아직 초기 단계(SAE L2)이기 때문에, 해결해야 할 과제들이 많다. SAE L2 수준의 자율성을 갖춘 차량에서 완전 자율주행차량(L5)으로 진화하는 데는 시간이 걸릴 것이다. 반면에 현대 AI(인공지능) 기술과 기계학습 알고리즘은 빠르게 발전하고 있으며, 자율주행기술의 발전을 촉진할 것이다. 새로운 인공지능 모델, 강력한 고성능 하드웨어의 개발로 차량의 의사결정 능력이 배가되고 있다. 그러나, 상대적으로 소프트웨어의 개발이 더디다. 감성 지능은 추가 연구 영역이다. 우발적 상황에 부닥친 인간의 상황적, 정서적 인식은 아직 자율주행차량에서 볼 수 없다. 전통적인 완성차 회사들과 신생 회사들은 L5 자율성을 달성하기 위해 막대한 투자를 바탕으로, 연구개발 및 테스트를 빠른 속도로 진행하고 있다.

그러나, 상대적 복잡성으로 인해, 개인용 승용자동차의 SAE L5의 자율성에 도달하기까지는 아직도 긴 여정이 남아있는 것으로 보인다. 공공 셔틀 및 라스트-마일last-mile 배송 차량과 같은 기타 운송용 사례는 운영설계영역(ODD)의 제한으로, SAE L5의 자율성을 달성할 가능성이 더 쉬워 보인다.

운송을 넘어선 자율주행 기술은 농업에 혁명을 일으킬 것이며, 보안 순찰과 같은 작업에 사용되는 자율 로봇의 기반이 될 수 있다. 또한 위험한 상황에서 인간의 투입을 대체하거나 보완하도록 설계된 자율 구조 로봇 기술에 상당한 영향을 미칠 것이다.

현재 자율주행차량 기술이 적용되고 있는 몇 가지 예를 보자.

① 개인 이동성 Personal Mobility

② 대중교통 및 셔틀버스 Public Transportation and Shuttle Fleet

③ 물류 및 배송 Logistics and Delivery

④ 자동화된 농업 Automated Agriculture

⑤ 구급대원 및 긴급구조 차량 Paramedic and Emergency-response Vehicles

⑥ 보안 및 감시 작업 Security and Surveillance Operations

⑦ 지원 및 서비스 차량 Assistance and Service Vehicles

⑧ 장애인용 자율주행차량 Autonomous vehicles for physically challenged

1 운송 교통 영역

(1) 개인 승용차 - 예: TESLA Model 3(2020), 그림 5-43 참조

일반 대중에게 자율주행차량의 선두주자로 각인된 TESLA의 Model 3 사용자 매뉴얼(2020)의 많은 설명 중 일부를 발췌, 제시하여, 독자 여러분의 판단을 돕고자 한다.

대부분의 완성차 회사들이 첨단 운전자 지원 시스템(ADAS) 진화 로드맵의 일부로 완전 자율성을 추구하고 있으나, 테슬라와 같은 신생 자동차회사는 처음부터 자율주행을 목표로 매진하고 있다. 그러나, 미디어들이 보도하고 있는 SAE L3나 L4 차량의 실제 운전 자동화 기술수준은, 기준과는 괴리가 크다,

TESLA Model 3(2020)의 사용자 매뉴얼 어디에도 SAE L3에 해당하는 기능은 없다. L3 차량은 스스로 앞차를 추월하거나, 장애물을 감지하고 이를 피할 수도 있다. 또한, 사고나 교통혼잡을 미리 감지하고 우회할 수도 있다. 사용자 매뉴얼에 근거하면, TESLA Model 3, Autopilot(2020)은 SAE L2에 해당하는 차량이다. 파괴적 시나리오보다는 진화적 로드맵에 가깝게 진화하고 있다.

참고 테슬라 Model3 사용자 매뉴얼에서 발췌한 내용

[참고] 운전을 시작하기 전에 모든 카메라와 센서가 깨끗한지 확인하라. 오염된 카메라와 센서는 물론 비, 흐릿한 차선 표시와 같은 환경 조건은 autopilot 성능에 영향을 미칠 수 있다.

① 다음 안전 기능은 모든 Model 3 차량에서 사용할 수 있다.
- 차선 지원(lane Assist)
- 충돌 회피 지원(Collision Avoidance Assist)
- 주행속도 지원(Speed Assist)
- 자동 하이빔(Auto Hi-beam)

② 다음과 같은 Autopilot 편의 기능은 운전자의 작업 부하를 줄이도록 설계되었다.
- 트래픽 어웨어 크루즈 컨트롤(Traffic-Aware Cruise Control)
- 자동 조향(Autosteer)
- 자동 차선변경(Auto Lane Change)
- 자동 주차(Autopark)
- 호출(Summon)
- 스마트 호출(Smart Summon)
- Autopilot에서 내비게이션(navigation on Autopilot)
- 정지등 및 정지 신호 경고(Stop Light and Stop Sign warning)
- 신호등 및 정지 신호 제어(Traffic Light and Stop Sign Control).

[참고] 설정에 접속하려면 제어 > Autopilot을 터치한다.

③ **제한 사항(Limitations)**

많은 요인이 Autopilot 구성 요소의 성능에 영향을 미쳐, 의도한 대로 작동하지 못하게 할 수 있다. 여기에는 다음이 포함된다. 단, 이에 국한되지 않는다.

- 시야가 좋지 않다(폭우, 눈, 안개 등으로 인해).
- 밝은 빛(대향 차량의 전조등, 직사광선 등으로 인해).
- 진흙, 얼음, 눈 등으로 인한 센서의 손상, 오염 또는 장애물(대형 트럭의 적재함이 가려 전방을 볼 수 없다).
- 차량에 장착된 물체(예: 자전거 거치대)에 의한 간섭 또는 방해.
- 차량에 과도한 페인트 또는 접착제품(예: 랩, 스티커, 고무코팅 등)을 적용, 발생한 장애물.
- 좁거나 구불구불한 도로.
- 손상되거나 잘못 정렬된 범퍼.
- 초음파를 발생시키는 다른 장비의 간섭.
- 혹한이나 혹서(온도가 아주 낮은, 또는 온도가 아주 높은 날씨)

[경고] 위의 목록은 Autopilot 구성 요소의 적절한 작동을 방해할 수 있는 상황의 전체 목록이 아니다. 안전을 유지하기 위해 이러한 구성 요소에 의존하지 마시라. 항상, 주의를 기울이고 안전하게 운전하며, 차량을 통제하는 것은 운전자의 책임이다.

④ 트래픽 어웨어 크루즈 컨트롤(TACC)

전방 카메라를 사용하여 같은 차선에 전방 차량이 있는지 확인한다. Model 3 전방에 차량이 없으면, 트래픽 어웨어 크루즈 컨트롤이 설정된 주행속도를 유지한다. 차량이 감지되면 트래픽 어웨어 크루즈 컨트롤은 앞 차량과의 선택된 시간 기반 거리를 설정 속도까지 유지하기 위해, 필요에 따라 Model 3의 속도를 줄이도록 설계되었다. TACC는 전방 도로를 주시하고 필요할 때 수동으로 브레이크를 밟을 필요가 있다.

TACC는 주로 고속도로 및 고속도로와 같은 건조하고 직선인 도로에서 운전하기 위한 것이다. 도시의 시가지에서 사용해서는 안 된다.

[주의] 운전을 처음 시작할 때마다 사전에 모든 카메라와 센서가 깨끗한지 확인한다. 불결한 카메라와 센서는 물론 비, 흐릿한 차선 표시와 같은 환경 조건은 autopilot 성능에 영향을 미칠 수 있다.

[경고] TACC는 운전자의 편안함과 편의를 위해 설계되었으며, 충돌 경고 또는 회피 시스템이 아니다. 항상 주의를 기울이고, 안전하게 운전하고, 차량을 통제하는 것은 운전자의 책임이다. Model 3의 속도를 적절하게 낮추기 위해 TACC에 의존하지 마시라. 항상 전방 도로를 주시하고 항상 비상대처를 취할 준비를 해야 한다. 그렇게 하지 않으면 심각한 부상이나 사망사고를 유발할 수 있다.

[경고] TACC가 보행자와 자전거 이용자를 감지할 수 있지만, TACC에 의존하여 Model 3의 속도를 적절한 수준으로 낮추지 않는다. 항상 전방 도로를 주시하고 항상 비상대처를 취할 준비를 하고 있어야 한다. 그렇게 하지 않으면 심각한 부상이나 사망사고를 초래할 수 있다.

[경고] 교통 상황이 끊임없이 변화하는 시가지나 도로에서는 TACC를 사용해서는 안 된다.

[경고] 급커브가 있는 구불구불한 도로, 빙판/미끄러운 노면 또는 기상 조건(예: 폭우, 눈, 안개 등)으로 정속주행이 부적절할 때, TACC를 사용해서는 안 된다. TACC는 도로/주행 조건에 따라 주행속도를 조정하지 않는다.

[경고] Autosteer(자동 조향)는 hand-on 기능이다. 항상 핸들에 손을 대고 있어야 한다.

(2) 공공 셔틀 public shuttle

자율주행 셔틀은 일반적으로 제한되고 통제된 지리적 영역의 개인 또는 공공도로에서 운행한다. 이들은 또한 기차역에서 공항 터미널까지, 대규모 캠퍼스의 건물 사이 또는 대규모 테마파크 안에서 한 지점에서 다른 지점으로 사람들을 운송하는 것과 같은, 미리 정의된 경로를 주행한다. 일반도로에서 사용하는 자가용 승용차에 비해 복잡성이 많이 감소하여 더 높은 수준의 자동화를 더 쉽게 달성할 수 있다. 제한된 운영설계영역(ODD)으로 인해 전체 환경을 매우 정확하게 정합하여, 정확한 위치 파악이 가능하다. 또한 이러한 셔틀은 일반적으로 미리 정의된 경로를 따라 천천히 주행하며, 일반적으로 불확실한 경우, 정지하고 상황이 해결될 때까지 대기한다.

자율 공공-셔틀 시스템은 일반적으로 차량 관리, 서비스 인력파견, 상태 모니터링 등을 운영자 측의 백-엔드 back-end 시스템이 지원한다. 백엔드 시스템은 작업자가 수동으로 제어하거나 작업자만이 완전히 자동화할 수 있다. 또한, 차량 내부의 승객 정보 표시, 정류장 서비스 요청에 응답, 발권 시스템 제어 등과 같은 자율 셔틀 이외의 보조 구성 요소를 통제할 수 있다. 자율 공공-셔틀은 가까운 장래에 SAE L4에 도달할 가능성이 있어 보인다.

(3) 라스트-마일 배송 Last mile delivery

라스트-마일 배송은 우리의 택배에 해당한다. 지역 유통 센터에서 최종 목적지의 개별 소비자에게 상품을 배송하는, 사슬의 마지막 과정이다. 라스트-마일 배송이 물류 및 공급망에서 가장 비효율적인 구간인 이유는, 도시 지역의 교통 혼잡과 주차 공간 부족, 외딴 지역으로의 장거리 이동, 수취인 부재로 인한 반복적인 배달 횟수 등을 들 수 있다. 따라서 많은 물류회사가 자율주행차량 기술을 적용하고 있으며, 이는 라스트-마일 배송을 보다 효율적이고 저렴하게 만들 수 있는 잠재력을 가지고 있다. 무인 택배 차량과 배달 드론은 라스트-마일 배송 문제를 완화하기 위한, 자율주행차량 기술 적용의 두드러진 예이다.

그림 9-1 NURO & KROGER 라스트마일 배송차량(NURO & KROGER)

2 운송 부문 이외의 사용 사례 Non-transportation use cases

(1) 자동화된 농업 Automated Agriculture

농업은 노동 집약적인 산업이다. 농업에 현대 기술이 도입되면서 농업은 빠르게 성장하고 있다. 자율주행기술은 지리적으로 제한된 공간인 농장에서 즉, ODD(운영설계영역)와 DDT(동적 운전작업)가 크게 제한됨으로 인해, 무인 트랙터, 자율 수확기, 특수 농업 기계 등에 쉽게 적용할 수 있다. 무인 트랙터에는 기본인 자율주행 시스템뿐만 아니라, 토양 수분 레벨 센서, pH 레벨 센서, 지표면 온도 센서와 같은 농업 관련 시스템도 장착된다. 그리고 GNSS 수신기, 레이더 또는 카메라와 같은 다양한 센서들도 장착된다. 이들 센서의 도움으로 트랙터는 기존의 작업기능은 물론이고, 충돌 회피를 위한 물체 감지 또는 현장 탐색을 위한 위치 파악과 같은 자율주행차량의 기본기능을 쉽게 수행할 수 있다.

그림 9-2 자율주행이 가능한 농업기계들[0]

(2) 비상 대응 로봇 Emergency-response robots

비상 대응 로봇은 인간이 접근할 수 없거나 인간에게 안전하지 않은 재난지역에서, 인간을 돕도록 설계되었다. 로봇은 통신 인프라가 제한적이거나 존재하지 않는, 위험한 환경을 탐색하는 데 사용할 수 있다. 예를 들면, 화산 폭발지역, 원전 폭발사고(예: 후쿠시마나 체르노빌), 탄광 매몰사고, 그리고 지뢰 제거와 같은 위험한 현장에서 인간을 대신하여 위험한 임무를 수행할 수 있다.

미래 전망

9-2 자율주행기술 로드맵

Roadmap for autonomous driving technology

자율주행차량 개발 및 생산을 목적으로 설립된 신생 회사들은 대부분 장밋빛 전망을 하고, 파괴적(또는 혁명적) 시나리오를 제시하고 있다. 그러나, 기존의 완성차 회사들이나 대형 부품공급회사들은 비교적 느린 변화 즉, 진화적 시나리오를 예상하는 편에 속한다.

1 독일 자동차 산업계의 기술 로드맵

자동차 산업의 본고장 독일의 OEM, 즉 완성차 회사들의 관점을 반영한 자율주행기술의 로드맵을 중심으로 설명한다 [1]. 이는 기존 완성차 회사들의 관점과 거의 일치한다.

그림 9-3에 제시한 기본 로드맵에는 기술수준, 제품수준, 시장수준 및 사회적 및 정치적 환경의 동인 수준의 4가지 수직 수준이 있다. 기술수준은 차량기술 및 인프라의 하위 수준으로 더 나뉜다. 또한, 정보기술에 대한 또 다른 하위 수준이 도입될 가능성을 열어두고 있다.

소프트웨어와 인공지능은 로드맵에 차량기술로 제시되며, 이는 완성차 회사들의 관점에 부합해야 한다. 제품수준은 SAE 자동화 수준으로 분류되고, 황색 화살표로 표시되어 있다. 이 로드맵은 자율주행시스템을 탑재한 자동차에 관한 것이지 특정 차종에 관한 것은 아니다.

전문가를 대상으로 한 설문조사에서 미래에는 다이내믹dynamic 섀시가 필요하다는 의견이 가끔 제시되었다. 다이내믹 섀시는 고속 코너링 시에도 차량의 동적 안전을 보장할 것이다. 그래야만 쾌적하고 효율적인 방식으로 주행 중에 차량 실내에서 다른 작업을 수행할 수 있을 것이다. 로드맵의 시간축(가로축)은 자동차 생산초기부터 2050년까지를 예측하고 있다.

(1) 진화적 시나리오 evoutionary senario - 그림 9-3 참조

진화적 시나리오 지지자들은, 일반적으로 기존 ADAS의 점진적 개선을 통해서만 완전 자율주행이 달성될 수 있다고 믿는 자동차 산업의 주요 업체(OEM 및 공급업체)들이다. 제시된 진화 시나리오를 보면, SAE L3까지 자동화 단계가 길고, 이는 2022~2023년부터 시작

될 예정이며, 2040년대 초반에 SAE 수준 4로 진화할 것으로 예측한다. 기존 ADAS 기능을 기반으로, 점점 더 높은 수준의 자동화를 달성한다. 따라서 완전 자율주행은 이러한 진화과정의 논리적 종점이다. 참고로, TESLA는 FDS(2022)가 SAE L3에 해당한다고 공표하였다.

동시에 독일 완성차 회사 중 Volkswagen은 차량공유 자회사인 Moia와 함께, Daimler와 BMW는 합작 투자회사인 ShareNow와 협력하는, 새로운 형태로 차량 사용 시장 진출을 위해 노력하고 있다. 이 시나리오에서 완성차 회사에서 운전 및 부가가치 서비스 제공업체로의 전환은, SAE L3 기술도 더 발전하고, 기반시설도 확충되어 점진적으로 시장이 확장되는, 2030년대부터 시작된다.

이러한 변화는 운전 및 부가가치 서비스를 위한 데이터 전문성의 확장과 기업 문화의 변화를 요구하는 것으로, 완성차 회사에는 무시할 수 없는 과제이다. 최소한 10년 전부터 기업문화와 직업문화가 엔지니어링에서 IT-문화로 눈에 띄게 달라졌어야 했다. 특히 기술 부분의 경쟁자들은 재정적으로 매우 강하므로, 완성차 회사들은 상대적으로 재정적 어려움도 있다.

원칙적으로 완성차 회사들도 강력한 종속 효과에 직면하고 있다. 개인용 차량의 전통적인 판매에서의 현재의 성공은 수익이 높으므로, 대체 형태의 이동성을 창출할 유인책incentive이 거의 없다. 이와 유사한 현상이, 이미 E-모빌리티에서 관찰되고 있다.

자율주행과 관련하여 기술회사와 자동차 신생기업의 동기는 특히 운전 서비스 사업이 지금까지 이익이나 손실이 거의 없었더라도, 초기 단계에서 기술 및 브랜드 우위를 확보하여, 나중에 이로부터 시장 지배적 위치로 발전할 수 있기를 기대한다. 기존의 완성차 회사들은, 고정화Lock-in 효과 때문에 현재의 핵심 사업과는 독립적으로 시장을 개척할 수 있는 자회사에 의식적으로 미래 주제를 위탁하는 방법을 고려하고 있다. 이 권장 사항은 전문가 인터뷰에서도 여러 번 공식화되었다.

진화적 시나리오는 점진적이고, 진화적인 발전을 설명하며, 완성차 회사들 사이에서 널리 인정되는 예측이자, 희망 사항이기도 하다. 그리고, 현재의 진화추세와 가장 가까운 로드맵이다. 시나리오의 정확성 여부는 시간이 말해 줄 것이다.

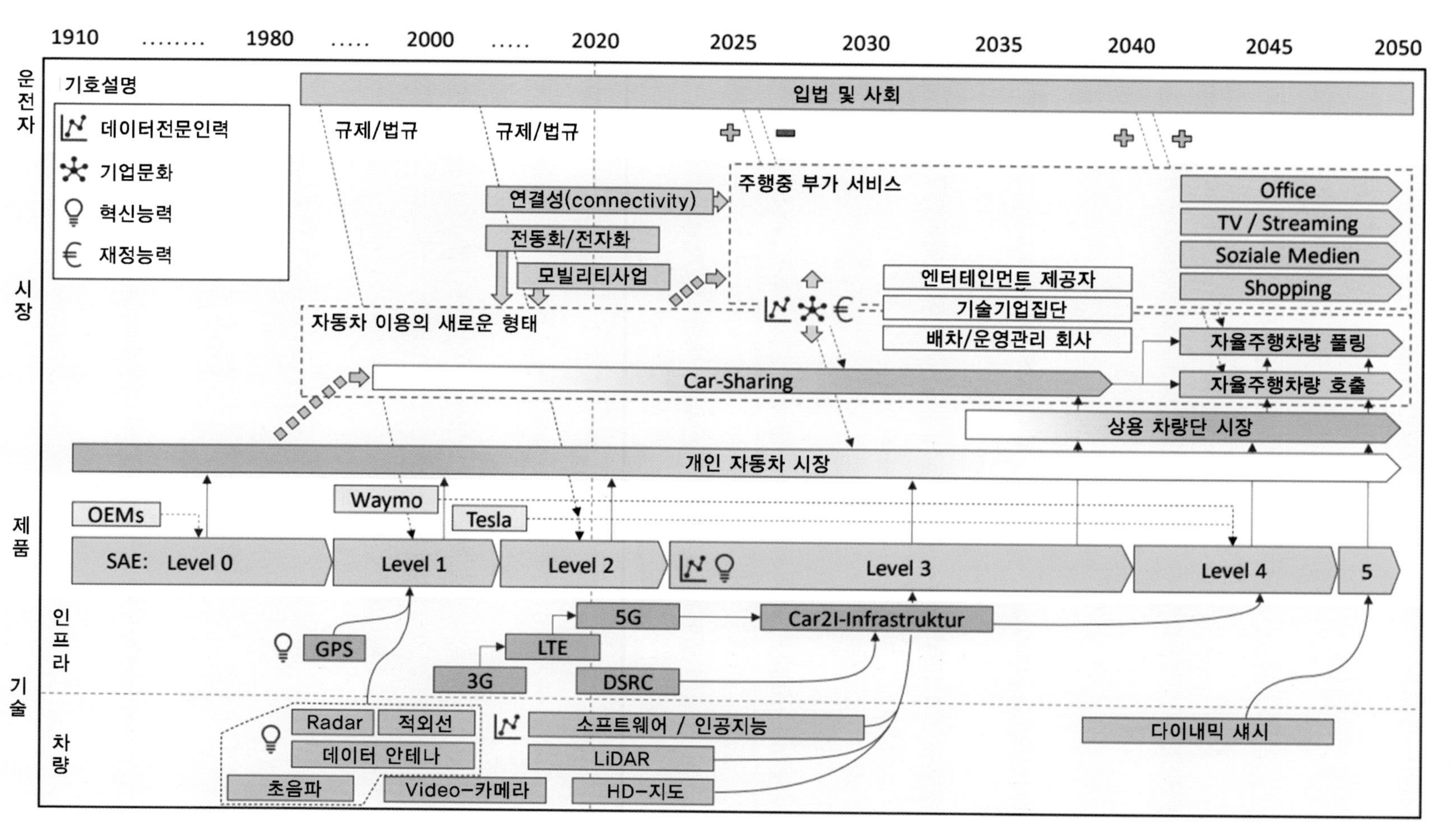

그림 9-3 자율주행 기술 로드맵(진화적 시나리오)[1]

(2) 파괴적 시나리오 Destructive scenario – 그림 9-4 참조

그림 9-3에 제시된 진화적 시나리오는 완성차 회사들의 관점과 거의 일치할 수 있다. 그러나 Tesla나 Waymo와 같은 새로운 경쟁자들의 관점은, 기존 완성차 회사들과는 다르다. 그림 9-4는 새로운 경쟁자들의 관점을 반영한 로드맵이다.

이 시나리오는, 자동화 수준 SAE L2에서 L3를 건너뛰고 L4에 진입하며, 비교적 짧은 L4를 거쳐 2025년이면 L5에 진입할 것으로 예측하고 있다. 이 시나리오는 완전히 빗나갔으나, 파괴적 시나리오에 대한 희망과 욕망은 사라지지 않았다.

파괴적 또는 혁명적 시나리오의 지지자들은 진화적 시나리오가 완전한 자율성을 달성하는 데 너무 오래 걸릴 수 있다고 주장한다. 파괴적 시나리오는 오직 파괴적 또는 혁명적 전략을 통해서만 완전한 자율성을 쉽게 달성할 수 있다는 태도를 보이는데, 이는 기존의 자동차 산업이 차량을 개발하는 방식에 비해 발상의 전환이다. 이 시나리오를 추구하는 회사들은 일반적으로, 전통적인 자동차 산업과는 거리가 먼 Waymo와 같은 IT 기술회사들이 대부분이다.

파괴적 시나리오를 지지하는 기업들이 공유하는 공통적인 특징이 있다. 첫째, 이들 회사는 짧은 개발 주기에 소프트웨어 기반 또는 데이터 기반 제품 구축에 강력한 전문성을 보유하고 있다. 둘째, 이들은 일반적으로 인공 지능(AI)에 대한 강력한 경험이 있다. 따라서 파괴적 시나리오 지지자들은 이러한 영역에 대한 전문지식을 기반으로, 자율주행차량을 제작한다. 즉, 자율주행차량은 바퀴가 달린 컴퓨터로서, 소프트웨어, 데이터 및 인공지능(AI) 기반 제품으로 간주된다. 컴퓨터와 자동차의 차이점을 간과하고 있는 것은 아닌지 염려스럽지만, 이 철학은 자동차 산업의 일반적인 접근 방식과는 근본적으로 다르다.

안전하고 효율적이며 편안한 차량에, 점점 더 많은 지능(자동화)을 추가하며, 또한, 조향핸들을 제거하여 전체 차량 개념을 재정의하는 것과 같이, 완전 자율성을 향한 비관습적이고 공격적인 접근을 선호한다.

여기서 인공 지능의 기하급수적 학습곡선을 과소평가해서는 안 된다. Tesla나 Waymo는 컴퓨터 지원 알고리즘이 독립적으로, 그리고 인간의 지원을 받아 학습할 수 있는 센서를 통해 자료를 수집하기 위해, 최대한 빨리 자동화된 차량을 실제 도로에 배포하고자 노력하고 있다.

대부분의 Tesla 차량 모델은 이미 서로(V2V), 그리고 중앙 데이터 센터(V2I)와 통신한다. 차량이 낯선 교통 상황에 처하면, 곧바로 비디오-카메라의 이미지를 비교하여, 전 세계적

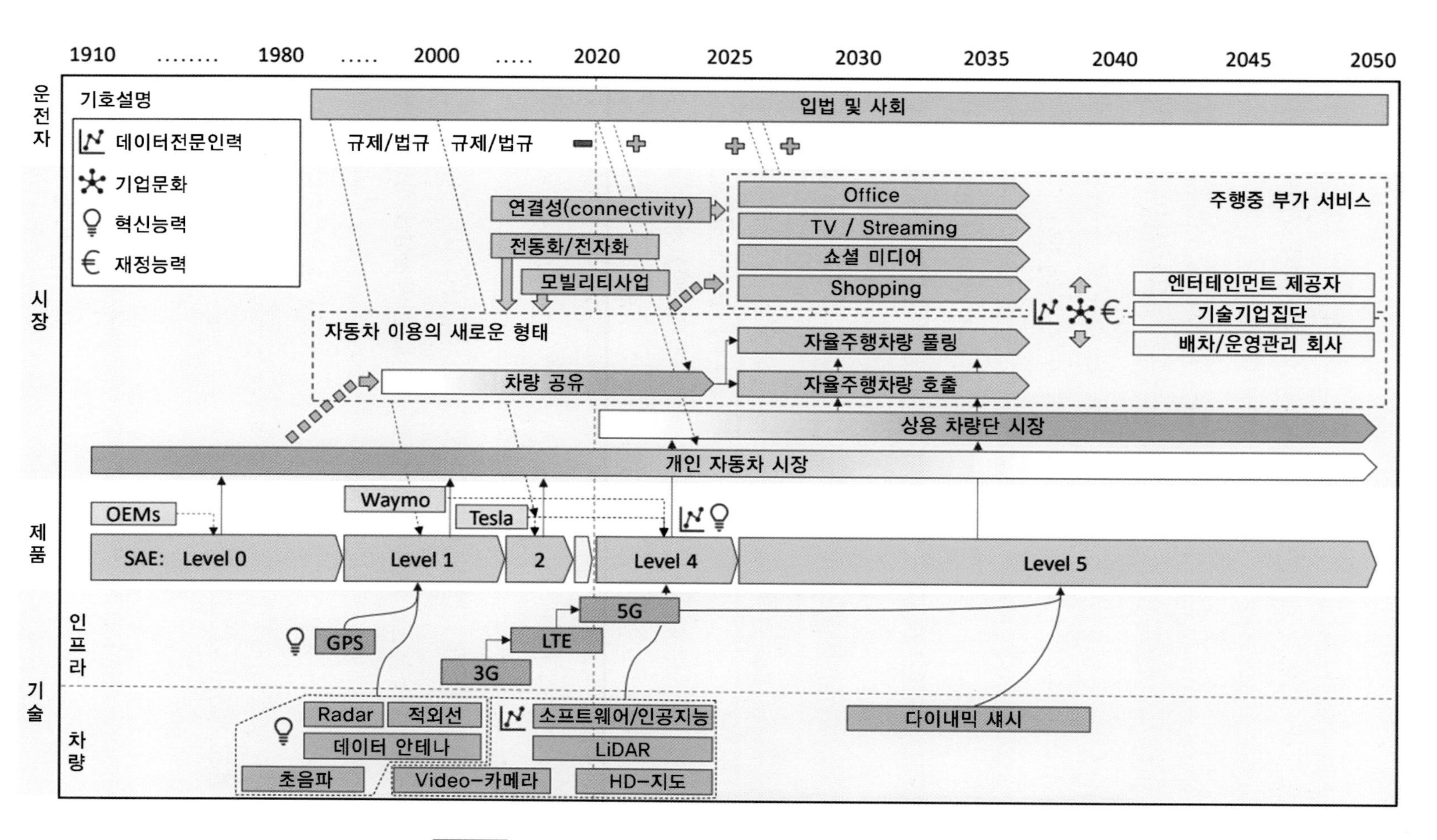

그림 9-4 자율주행 대체 기술 로드맵(파괴적 시나리오)[1]

으로 비슷한 상황을 경험한, 다른 차량의 예를 검색한다. 수집된 데이터는 대량의 데이터에 의존하는 인공지능의 개선된 의사결정을 가능하게 한다. 필요한 경우, 인간 전문가도 상황을 평가한다. 문제가 해결되면, 전체 차량에 통보한다. 이런 식으로 인공지능이 연속적으로 훈련되고, 이러한 과정을 통해 특정 교통 상황의 난제를 해결하는 방식을 적용하고 있다.

이들 IT/기술 기업의 진정한 의도나 비즈니스 모델이 무엇인지는 아직 명확하지 않지만, 자율주행차량을 판매하는, 기존 비즈니스를 확장할 가능성은 거의 없다. 보다 가능성 있는 시나리오는 자율주행차량과 관련된 새로운 온라인 제품 및 서비스를 제공하여, 새로운 비즈니스를 창출하거나 비용을 절감하거나 자동차 산업의 기술 공급업체가 되는 것이다. 서로 다른 비즈니스 모델로 인해 자율주행차량은 시스템 복잡성과 개발/테스트 노력을 줄이기 위해, 특정 지역 또는 지리적 울타리 안에서만 작동하도록 설계될 수 있다. 이러한 자율주행차량은 소량으로 생산될 가능성이 크므로, 지역/지역별 맞춤화에 상대적으로 덜 민감하다.

이 전략이 성공하면, Tesla와 같은 이질적인 신생회사들이 경쟁 우위를 확보하고, 기존의 자동차회사들에게 상당한 영향을 미칠 것이다.

(3) 변형적 시나리오 Transformative senario

변형적 시나리오는 제한된 범위 안에서 완전한 자율성을 실현하는 것을 목표로 한다. 운영범위를 작은 지리적 영역으로 제한하고 저속으로 이동하는 것과 같은, 간단한 시나리오를 먼저 해결하면, 상대적으로 높은 자동화 수준(L4 이상)에 상대적으로 쉽게 도달할 수 있다.

더 넓은 운영 영역, 더 빠른 속도, 더 복잡한 혼합 교통과 같은, 공공도로 시나리오의 실현은, 시간이 지나면서, 자율주행차량 기술이 발전함에 따라, 점진적으로 가능하게 될 것이다.

변형적 시나리오는, 일반적으로 자율 공공 셔틀 및 라스트-마일 배송과 같은 특정 사용 사례에 대한, 자율주행 솔루션을 전문으로 하는 하이테크 신생기업들에 의해 시도되고 있다. 진화적이고 혁명적인 접근 방식을 추구하는 회사에서 개발한 자율주행차량은 일반 대중을 대상으로 한다. 반면에, 변형적 시나리오는 일반적으로 운영 및 모니터링을 위해 훈련을 받았거나, 숙련된 개인이, 필요에 따라 사용한다.

각 지역 배포에 필요한 높은 수준의 사용자 정의로 인해, 이러한 신생기업은 지역 대중교통 당국, 물류회사, 놀이공원 등과 같은 서비스 운영자를 위한 기술공급업체로 자리매김할 가능성이 크다. 예상된 로드맵을 추종하고 있는 부문으로 평가할 수 있다.

2 특허를 기반으로 한 혁신적 강점

자율주행기술 경쟁은, 혁신 경쟁이다 [2]. 기업의 혁신력에 대한 대중적인 척도는 특허로서, 연구 및 개발 성공을 반영할 뿐만 아니라 산업의 내부 기술 구조에 대한 정보를 제공한다. 특허는 특히 기술 부문에서 기업의 경제적 성공을 위한 충분조건은 아니지만, 종종 필수 조건이다 [3]. 대부분 20년 동안 자신의 발명품을 사용할 독점권을 보장받는다.

자율주행 관련 신규 특허 출원 건수는 한동안 꾸준히 증가해 왔다. 2010년에는 '자율주행 - 일반 코스 제어', '주행 제어를 위한 보조 시스템', '교통 제어를 위한 보조 시스템', '차량의 전자 장치 일반', '내비게이션', 센서 기술 및 환경센서 등, 기술 분야에서 여전히 930개의 새로운 특허가 등록되어, 2017년 기준 총 2,633건이 등록되어 있다 [2].

독일에서 유효한 특허에는 독일 제조업체가 52%로 분명히 앞서고 있으며, 일본이 28%, 미국이 11%, 프랑스가 5%, 한국이 3%로 그 뒤를 이었다 [5]. 프리미엄 부문에서 이전에 인용된 시장 점유율과 비교 가능한, 유사성이 있는 분포이다.

독일 자동차 산업의 혁신력은 국제적으로 유효한 특허에서도 확인되고 있다. 2010년 이후 자율주행에 대한 특허 출원이 가장 많은 10개 회사 중 6개 회사가 독일 기업이다. [2, 4]의 분석에 따르면, 1위는 독일의 부품회사인 Bosch이다. 그 뒤를 아우디, 컨티넨탈, 포드, 제너럴 모터스, BMW, 도요타, 폭스바겐 순이다. 놀랍게도 Alphabet(구 Google)은 Daimler 바로 뒤에 있으며 Volkswagen, Toyota 및 BMW와 매우 가까운 순위에 있다 [2].

또한, 총 70개의 자율주행 관련 기업을 22개의 국제 자동차 제조업체, 25개의 대형 부품공급업체, 17개의 기술 및 전자 회사, 그리고 Tesla, Apple, Google과 같은 6개의 신생 도전자를 하나의 그룹, 도합 4개의 그룹으로 나누었다. 2010년부터 세계 - 지적 - 재산권 - 기구의 특허 데이터베이스에 등록된 자율주행 관련 특허 2,838건 중 약 절반은 기존 자동차 제조업체의 것이고, 3분의 1은 부품공급업체의 것이고, 지금까지 7%만이 도전자 그룹의 소유이다 [2].

완성차 회사 중 독일 점유율은 51%, 부품공급업체 점유율은 82%이다. 도전자 그룹에는 독일인 주주가 없다. 모든 그룹에서 독일 특허의 비율은 58%이다 [2].

특허 수가 절대적인 것은 아니지만, 특허를 얻기까지의 노력과 투자 그리고 기술력을 인정해야 한다. 따라서 기술력을 바탕으로 자율주행차량 시장에서도 시장을 선도하고자 하는 노력을 계속하고 있다.

3 미국에서의 설문조사에 따른 로드맵[6]

2014년 공표된 자료로서, 긍정적이고 낙관적인 시나리오로서, 다소 공격적이다. 2030년이면, SAE L5 수준의 차량이 도로에 등장할 것으로 예상하고 있다. 2050년 이후를 예상하는 독일의 진화적 시나리오와는 20년 이상의 시차가 있다.

(1) 2020년부터 2025년까지의 시나리오

배출가스 규제가 엄격해짐에 따라, 하이브리드 및 배터리 전기 자동차의 시장 점유율이 높아지고, 전기자동차용 배터리 비용이 많이 감소한다. 보조금 없이도 경쟁력을 갖출 수 있는 단계에 진입한다.

도시 환경을 관리할 수 있는 자율주행차량에 대한 집중적인 테스트와 개발이 필요한 시기다. 미국의 연구개발 테스트는 셔틀 커뮤니티, 차량 군집 주행의 공개 테스트, 고속도로 및 도시 환경에서의 개인 테스트를 중심으로 한다. 자율주행차량의 주행거리가 누적되고 디지털 매핑 서비스는 도로 자산 관리를 지원할 뿐만 아니라, 미국의 더 많은 고속도로 및 일반도로에서 자동화 차량을 지원하는 데 사용할 수 있게 되었다. 통합 시뮬레이션 및 테스트 트랙 조작을 사용하는 테스트 및 평가를 위한 통합 전략은, 시스템 안정성과 시스템 성능에 대한 전반적인 확신을 높이는 데 도움이 되고 있다. NHTSA(National Highway Traffic Safety Administration)는 자동차 산업과 협력하여 OEM이 2010년대 후반에 고도 자동화를 도입할 수 있는 테스트 및 규정 준수 프로토콜을 개발하고 승인하였다. 초기 테스트를 통해 안전성이 입증되었으며 일부 제조업체는 도시 시장을 위한 자율주행 전기 자동차를 설계하고 있다.

2025년에 출시될 차량의 거의 50%가 조향, 스로틀 및 제동에 필요한 드라이브 바이 와이어 기능을 갖출 것이다. 마찬가지로, 시장에 진입하는 운전자 지원 기능이 있는 차량의 수는 의무적으로 연결된 차량 기능에 대한 유사한 숫자와 함께 50%에 근접할 것이다. 사고 건수는 부상, 사망 및 재산 피해가 비례적으로 감소하면서 10년 전 수치의 50%로 떨어질 것이다. 여전히 운전자 지원 및/또는 자동화 없이 주행하는 차량이 도로를 누비고 있어서 차량 운전에는 위험이 따른다. 구조적, 능동적, 수동적 안전 부품을 줄여 무게를 줄이기에는 아직 이르다. 또한 시각 장애인이나 노인 또는 기타 이동 장애가 있는 인구가 자율주행 차량으로 도시 환경을 돌아다닐 가능성도 작다.

또한, 고속도로 자동 출퇴근 기능을 갖춘, 차량의 수는 2025년에 이 기능이 탑재된 차량의 약 35%가 판매될 정도로 계속해서 증가할 것이다. 고속도로 자율주행 기능을 탑재한 차량에 대한 수요는 적응형 정속주행 기능을 탑재한 차량에 대한 수요와 유사하다. 또한 고속도로 교통사고 및 관련 지연 건수는 계속해서 급감하고 있으며, 이는 차량 주행거리의 증가와 주요 도시 주변의 외곽 교외 지역의 지속적인 성장에 상당한 영향을 미치고 있다. 연결기반 차량기술을 사용하는 운전자가 증가하고, 자동화된 통행료 징수 및 사용자 요금 지불 기능이 다수의 대도시 지역에서 가능할 것이다.

이 기간에 도시 지역에 '자율주행' 기능을 갖춘 차량이 등장하게 될 것이다. 이 차량은 도시의 한 구역에서 다른 구역으로 운전할 수 있으며, 시간 대부분에 인간 운전자 없이 고속도로를 따라 이동할 수 있다. 그러나 복잡한 상황에서는 위험한 여행 조건으로 인식될 수 있는 차량에 운전자가 필요하다. 자율주행 시스템은 무사고 운전이 가능한 환경에서만 작동한다. 게다가, 차량이 고장이 나면, 안전한 위치로 인식되는 곳에서 정차할 수 있지만, 차량 대부분은 비상시에 제어권을 넘겨받아 운전하는 운전자에 의존할 것이다.

(2) 2025년부터 2030년까지의 시나리오

이 시기에는 고도의 자동화 기능을 갖추고 고속도로와 도시 환경 모두를 주행할 수 있는 차량이 시장에 출시되며, 고도 자동화를 위해 특별히 설계된 무과실 보험 정책이 수반될 것이다. 고도의 자동화 기능을 갖춘 차량이 소수이지만, 시장은 꾸준히 확장되어 2035년까지 신차의 30% 가까이에 이 기능이 탑재될 것이다. 이러한 새로운 자율주행차량의 대부분은 전기자동차이기도 하다. 차량은 환경의 정확한 감지를 통해 유도 충전 장소를 활용할 수 있을 것이다. 이들 자율주행차량에는 고속도로 자동화 기능을 갖출 것이며, 통근 기능이 있는 자동화된 차량이 고속도로에서 증가할 것이다. 유도 충전 및 자동 고속도로 주행 기능을 갖춘 전기 자동차는 충전 및 자동 주행 전용 차선을 따라 주행할 수 있을 것이다. 통근자들은 이 차량을 타고, 다른 비운전 작업에 시간을 할애할 자유를 누리지만, 대부분의 대도시 지역에서 사용자 요금의 자동지불을 통해 전반적인 수요를 관리할 것이다.

일부 새로운 차량은 연료 전지 기술을 사용하여 시장에 출시되며 적절한 기반 시설을 갖춘 일부 지역에서 이러한 차량에 대한 수요가 높아질 것이다. 그동안에 소비자들이 운전자 없이 한 곳에서 다른 곳으로 이동할 수 있는 자율주행 택시가 도입될 것이다. 공무원들은 2030년에 예상되는 자율주행 택시를 가능하게 하는 새로운 법안을 마련하기 위해 노력하고 있다. 이 차량은 또한 사람이 탑승하지 않은 위치까지 운전할 수 있는 능력을 갖추게 될 것이다.

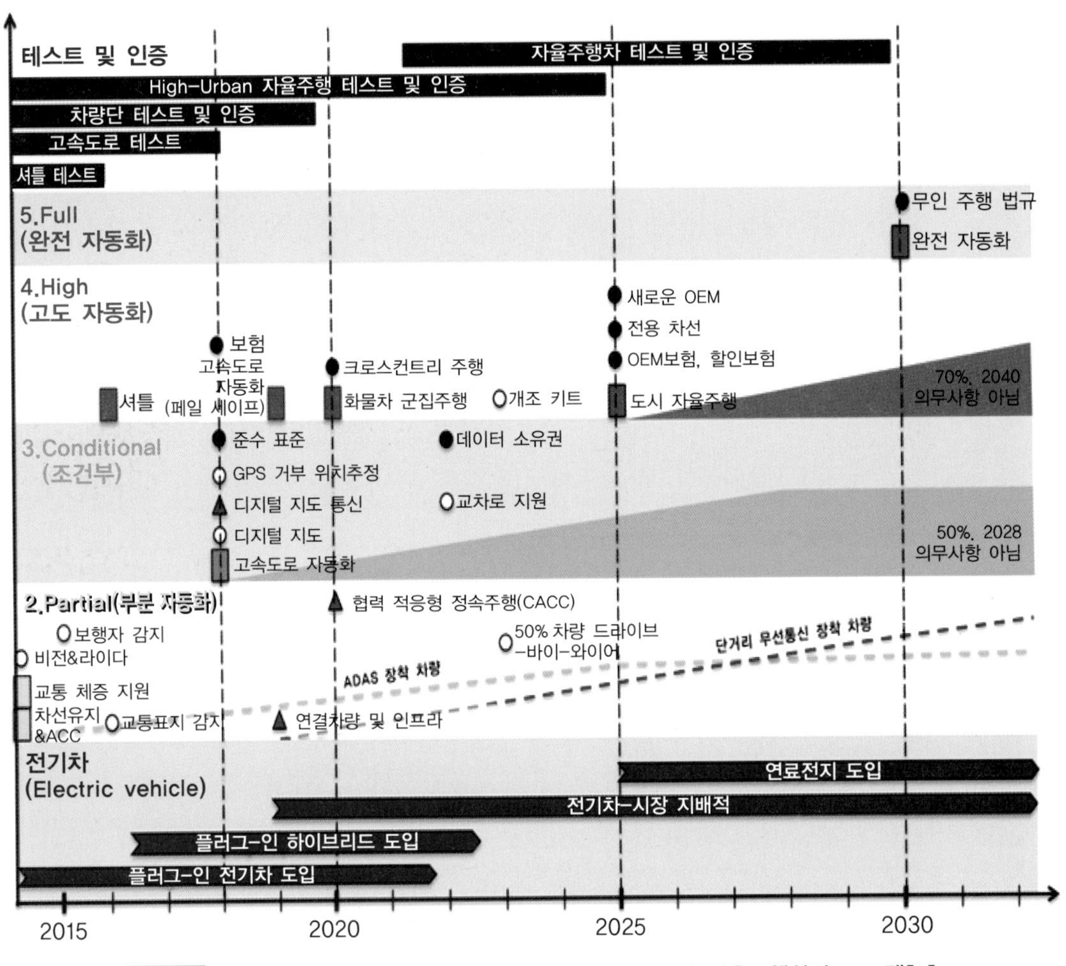

그림 9-5 지속 가능한 이동성을 위한, 연결기반 전기구동식 자율주행차량 로드맵[6]

도로 위의 차량 중 거의 50%가 능동 안전 시스템을 갖추고 있어 교통사고 및 도로 관련 지연의 건수에 심각한 영향을 미치고 있지만, 여전히 많은 고객이 관심이 없거나, 차량 자동화에 의한 운전자 지원이 필요하다고 느끼지 않을 것이다. 따라서 사고 건수는 많이 감소했지만, 완전히 제거되지 않았으며, 대부분의 교통사고는 자동화되지 않은 차량의 운전자에 의해 발생할 것이다. 이는 자동화 차량에 사고로 이어지는 상황에 대한 상당한 세부 정보를 제공하는 전자 데이터 기록 시스템(소위 블랙박스)이 있어, 쉽게 확인할 수 있을 것이다. 데이터 레코더는 또한 자동화 차량의 법적 책임 및 보험 관련 충돌의 경우에도 도움이 될 것이다.

이 데이터는 인적 오류와 운전자 주의 산만이, 계속해서 충돌의 가장 큰 원인이라는 분명한 증거를 제공할 것이다. 자율주행차량은 충돌이 있을 때, 잘못을 저지르는 경우가 거의 없을 것이다.

(3) 2030년부터 2040년까지의 시나리오

완전 자동화된 자율주행차량(L5) 또는 택시는 2030년, 늦어도 2035년이면 시장에 등장할 것이다. 이들 자율주행차량 기술의 대부분은 자동 셔틀, 자동화된 통근 차량, 화물 군집주행 시스템, 그리고 최근에는 도시형 자율주행차량, 그리고 마지막으로 제조 및 광업과 같은 특수 용도를 위해 설계된 차량들을 통해, 약 20년 동안 개발 및 테스트되었다. 고도로 자동화된 자율주행차량을 허용하는 주정부에서는 운전자 없이 운전할 수 있도록 하려면 특별법이 필요하다. 고도로 자동화된 자율주행차의 기술과 시스템은 5년 전에 도입된 도시형 자율주행차에 사용된 기술과 시스템의 파생물이자 시스템이다. 지난 5년 동안 자율 시스템과 고도로 자동화된 도시 자율주행 시스템의 도로 테스트를 통해 차량이 스스로 운전할 수 있는 수준에 도달했다.

이 시나리오의 정확성 역시, 시간이 말해 줄 것이다.

미래 전망

9-2 자율주행차량의 장단점 및 과제

Pros and Cons of AVs and unresolved Challenges

1 잠재적 장점 및 장애물

(1) 잠재적 장점

자율주행 자동차의 사용 증가로, 다음과 같은 이점이 가능할 것으로 예상된다.

① 교통사고 및 충돌의 감소(사망, 부상 및 보상 비용, 보험료 등의 감소).
통계에 따르면 사고의 90%가 운전자 실수에 의한 것으로 나타나고 있다 [7].

② 교통흐름 관리능력의 향상으로 도로 용량이 증가하고 교통 혼잡이 감소한다.
자동 가/감속 및 브레이크 관리, 부드러운 승차감 - 연비 개선.

③ 차량 주차에 필요한 물리적 공간 감소.
복잡한 도시에서 로봇 택시의 활용으로 차량 소유의 감소 및 이동 차량 대수의 감소

④ 에너지 절약 및 유해 배출가스 감소 - 차량간 간격 단축 및 속도차 최소화

⑤ 새로운 서비스(예: MaaS; Mobility as a Service) 및 사업 business 모델 창출

⑥ 자율주행으로 운전자가 운전작업에서 벗어나, 다른 작업을 하거나 휴식을 취할 수 있다.

⑦ 상업용 차량공유의 확대

⑧ 어린이, 노인, 장애인 등 교통약자의 이동성 개선.

⑨ 물리적 도로 표지판 감소 등.......

(2) 잠재적 장애물 [8]

차량 자동화 증가의 다양한 이점에도 불구하고, 몇 가지 예측 가능한 문제가 지속될 것이다.

① 기계 오류

무인 자동차의 장/단점을 검토할 때는 기계 오류를 고려해야 한다. 사람들은 대부분 자율주행차가 사고를 더 많이 예방할 것이라는 데 동의하지만, 기계 오류로 인한 사고의 위험을 완전히 배제할 수는 없다. 또한 소프트웨어나 차량의 특정 부분의 고장으로, 자율주행차가 인간 운전자가 직접 차량을 운전하는 것보다 더 위험할 수도 있다.

② 불분명한 데이터 보안 문제 및 사이버 범죄의 위협

잠재적인 단점 중 하나는 해킹 가능성이다. 자동화된 자동차가 서로 대화하고 조정하도록 하려면 동일한 네트워크 프로토콜을 공유해야 한다. 그러나 수많은 자동차가 동일한 네트워크를 공유하는 경우, 해킹에 취약하다. 작은 해킹이라도 충돌과 교통정체를 일으켜 혼잡한 도로에서 심각한 피해를 발생시킬 수 있다.

③ 소프트웨어 오류로 인한 사고를 배제할 수 없다.

④ 사람의 신뢰성이 기계의 신뢰성으로 대체될 수 있는지 의문의 여지가 있다.

⑤ 주(主) 센서와 예비 센서가 고장일 경우 차량에 사고의 위험이 있다.

⑥ 엄청난 초기 비용

자율주행차량은 장기적으로 상당한 사회적 비용을 절감할 수 있지만, 초기 비용은 천문학적일 수 있다. 일부 전문가들은 완전 자율주행차량을 소유하는 데 차량 1대당 엄청난 추가 비용이 들 수 있다고 추정한다. 물론 신기술이 발전할수록 비용은 낮아질 것이다. 그러나 초기 단계에서는 기존의 차량에 비해 크게 비쌀 수 있다.

⑦ 실직 문제

생계를 위해 운전에 종사하는 사람들은 자율주행차량의 도입으로, 운전경력이 무용지물이 될 수 있다. 트럭 산업에 종사하는 사람들, 버스/택시 운전사, 패스트푸드 배달기사 등은 상당수가 새로운 일자리를 찾아야 할 것이다.

2 미해결 과제

(1) 교통과 인류의 미래- 완전 자율주행차량에 대한 사회적 합의 및 법률 개발

- 대중과 개인의 교통환경 변화, 사생활 침해, 국가 간 이동 문제

(2) 자율주행 제어 기술의 완성도

- 시스템 오류나 버그의 치명적인 사고 유발 가능성 - 소프트웨어 안정성.
- 지도나 데이터베이스에 입력되어 있지 않은 도로 및 공사 구간에서의 주행 능력.
- 다양한 기상 환경(열사, 극한, 눈, 비, 안개 등)에 대한 자동차 센서 시스템의 민감도.
- 혼잡한 도심 교통환경에서의 주행 능력 - 여전히 제대로 작동하지 않는다.

(3) 자율주행차량 사고의 윤리적, 법적 문제-소위 도덕적 기계의 딜레마 dilemma

자율주행차의 또 다른 단점 중 하나는 여러 가지 불리한 결과를 판단하는 능력이 부족하다는 점이다. 예를 들어, 자율주행차량이 두 가지 가능한 선택의 기로에 직면해야 한다면 어떻게 해야 하는가?

- 좌측으로 조향하면, 보행자가 죽게 된다. 또는
- 우측으로 조향하면, 가로수에 부딪혀 승객의 일부는 죽고, 일부는 크게 다친다.

이 경우, 인간 운전자는 본능적으로 반응, 대응하므로, 그 순간, 어떤 행동이 도덕적으로 정당화되는지 고려할 수 없다. 그러나, 자율주행차량은 사고가 일어나기 훨씬 전에 즉, 프로그래밍 단계에서, 어떤 상황에서 어떻게 행동해야 할지를 결정해야 한다. 자율주행차량에 대한 사회적 담론이 사고가 불가피하게 된 상황에 대해, 사전에 프로그래밍된 대응책이 정당화될 수 없다는 결론에 이르게 된다면, 현재의 관행을 어느 정도까지 합법화할 수 있느냐가 불가피한 문제가 될 것이다 [10].

사고 책임 및 손해 배상 문제도 해결해야 할 숙제이다.

(4) 자율주행 시스템의 해킹 및 바이러스에 대한 사이버 보안 대책

- 범죄에 악용 가능성(예: 무인 공격용 폭탄 적재), 교통의 혼란 및 마비 유발 가능성 등

(5) 상대적으로 초기 비용 및 생산 비용과 자원 소비 문제

자율주행차량을 대중화하기 위해서는 인프라 정비 비용 등 엄청난 초기 비용이 필요하며, 기존 차량에 비해 상대적으로 생산비용이 높다. 자율주행 택시가 일반화되면, 차량 소유를 포기할 사람이 증가할 것이라는 예측이 많다. 따라서 전반적으로 전체 자동차 대수는 감소할 것이지만, 개별 자동차는 이전보다 더 많은 시간 동안 도로를 주행할 것이다. 차량 대수의 감소로 주차 공간에 여유가 생길 것으로 예측된다.

3 에필로그 epilogue

(1) 개인용 SAE L5 승용차가 꼭 필요할까?

손목시계를 보자! 오늘날 값이 싸면서도 편리한, 많은 기능(예: 혈압/맥박 측정, 만보기, 비상벨 기능 등)을 갖춘 전자식 디지털(또는 아날로그) 손목시계가 대량으로 생산되고 있다. 경제적이고, 합리적인 사람이라면, 당연히 이 시계를 사야 한다. 그러나, 현실은 그렇지만은 않다.

돈에 밝은 부자일수록 편리하면서도 값싼, 최신식 디지털 손목시계를 사지 않고, 수천만 원을 넘어 억대에 이르는 클래식, 명품 아날로그 손목시계를 즐겨 산다. 하나만 사는 것도 아니다. 그리고, 시계가 노출된 팔목을 휘젓고 다닌다. 이유는 무엇일까?

이와 같은 논리를 승용자동차에 적용해 보자!

부자들 대부분은 전속 운전사(비서 겸)를 고용하고 있다. 일상적인 업무만으로도 피곤하다. 퇴근 시간이라도, 아니면 출장을 가는 시간이라도 뒷좌석에서 편히 쉬고 싶다. 운전은 전속 운전사의 몫이다. 자동차를 이용하지만, 운전은 내가 하지 않는다. 완전 자율주행차량은 필요 없다.

부자들은 개인정보와 사생활 침해에 민감하다. 고도로 자동화된 자율주행차량이 좋을 것 같지만, 수많은 연결장치를 통해 개인정보 또는 사업상 비밀에 해당하는 일정 또는 여정이 항상 노출된다. 또한, 전통적인 차량과 비교해, 사이버 공격에 취약하고, 따라서 카파라치나 적대적 공격에 쉽게 노출될 수 있다. 부자들은 이런 약점을 가진 자동차를 많은 돈을 지불하고, 굳이 사야 할 당위성을 느끼지 못할 것이다.

인간은 때로는 자동화보다는, 손수 운전으로 드라이브의 즐거움을 만끽하고 싶어 한다. 주말이나 휴가지에서는 손수 운전하면서 드라이브를 즐기고 싶다. 도로에서 핸들로 전달되는 타이어와 도로의 접촉 감각과 진동을 손으로 느끼면서, 내 심장의 고동 소리와 비교하고 싶어 한다. 시원하면서도 신선한 공기는 덤이다. 이때는 완전 자율주행차량이 아니라, 1930년대 클래식 자동차가 제격이다. 아니면 L1이나 L2이면, 충분하다. 산악자전거를 즐기는 "자전거 애호가들처럼!"

완전 자율주행차량(SAE L5)은 주로 공공 셔틀, 공유 차량 또는 공유 택시로 많이 사용될 것으로 예상하는 사람들이 늘어나고 있다. 부자들이나 약간의 차별화 의식을 가진 사람들은 승용차도 택시(영업용)로 많이 사용되는 모델은 쳐다보지도 않는다는 점을 이해해야 한다.

독일 완성차 회사들은 특히, 프리미엄 부문에서 세계 선두주자이다. 세계 프리미엄 자동차 시장 점유율은 독일이 71.7%로, 일본(11.3%), 영국(5.9%), 스웨덴(5.8%), 미국(4.7%), 이탈리아(0.3%)를 앞서고 있다 [9]. 프리미엄 자동차회사들은 이와 같은 강점을 바탕으로 자율주행차량 시대에 대응한 진화적 시나리오를 모색하고 있다.

(2) 다양한 자동화 수준 차량들이 공존할 것이다.

기술이 발전함에 따라, 안전(인명과 재산의 보호) 차원에서, 자동화 수준이 일정 이하(예: SAE L1)인 차량의 생산을 법으로 금지하는 시대를 예상할 수는 있다. 물론, 먼 미래의 일이지만!!!! 그러나, 모든 도로에 자동화 수준이 SAE L5인 차량들만 주행하는 시대는 상상하기 어렵다. 아마도, 상당 기간은 SAE L0부터 L5인 차량들이 함께 도로를 누빌 것이다.

개인들은 자신의 재력, 용도 그리고 취향에 따라 자동화 수준을 선택할 것이다. 그리고 SAE L5 차량의 장단점을 따져 볼 것이다. "SAE L5가 꼭 필요한지? 아니면 자신의 취향과 경제적 수준은 예를 들면, SAE L2이면 충분한지?"를 말이다.

개인용 SAE L5 차량의 시장 점유율에 따라, 자동차회사들은 대체 수요(예: 공유차량) 개발에 집중하거나, 개인용 L5 차량의 계속 생산 여부를 고민해야 하는 상황도 예상할 수 있다.

(3) 우리나라의 법적 제도의 정비 필요성

윤리적, 사회적, 법적, 심리적, 또는 교통 관련 측면에서 여러 가지 난제들을 해결, 또는 사회적 합의에 도달해야 하는 것이 첫 번째 과제이다. 우리나라의 자율주행차량과 관련된 현행법 제도는 「자동차관리법」, 「자동차손해배상 보장법」(이하 '자동차손배법') 및 「자율주행자동차 상용화 촉진 및 지원에 관한 법률」(이하 '자율주행자동차법')의 3법에 분산돼 있다. 자율주행자동차법은 2019년 4월 30일 제정, 2020년 5월 1일부터 시행 중이다.

자율주행자동차법은 자동차관리법이나 자동차손배법과 달리 자율주행자동차에 관한 사항만을 독립적으로 규정한 특별법이다. 자율주행자동차 연구·시범 운행 및 상용화를 뒷받침하고 관련 규제를 완화하는 등 자율주행자동차의 개발을 촉진하고 운행 기반을 조성하려는 취지에서 제정하였다. 따라서 자율주행자동차 관련 시장 및 기술 등을 전반적으로 규율하는 법률이 아니라 '자율주행자동차 시범 운행지구'(제2조 제1항 제5호)에서의 자율주행자동차의 연구 및 시범 운행에 필요한 '규제 특례'를 규정한 법률이다. 자율주행자동차법 제3조(다른 법률과의 관계)에서 "이 법은 시범 운행지구에서의 규제 특례에 관하여 다른 법률에 우선하여 적용한다"고 규정하고 있으며, 내용의 상당 부분이 시범 운행지구에서의 규제 특례에 관한 구체적 사항을 규정하고 있다.

또한, 국토교통부 장관은 자율주행자동차의 도입·확산과 자율주행 기반 교통물류체계의 발전을 위하여 5년 단위로 '자율주행 교통물류 기본계획'(이하 '기본계획')을 수립해야 하며(제4조 제1항), 기본계획에 따라 연도별 시행계획을 수립·시행할 재량이 있다(제4조 제3항). 기본계획의 수립·시행 외에도 국토교통부 장관은 자율주행자동차 정책의 수립 및 추진과 관련해 정밀도로 지도의 구축 및 갱신(제22조), 기관 및 사업자 등에 대한 행정적·기술적 지원(제23조), 기술개발 지원(제24조), 전문 인력 양성(제25조) 등을 할 수 있다고 규정하고 있다.

장래에는 자율주행차량과 관련된 핵심적 쟁점들 - 개인정보의 보호, 안전기준의 확립, 자율주행차량 사고의 손해배상책임, 그리고 사이버-보안 등에 관한 내용은 물론이고, 다른 내용들도 국제적 법률이나 규정에 상응하는 내용으로 보완되어야 할 것이다. 또한, 무엇보다도 자율주행차량 개발자, 생산자, 그리고 사업자의 편의나 이익을 우선하는 법이 아니라, 자율주행차량 시대에 국민의 생명과 재산 보호를 우선으로 하는 법률이 제정되어야 할 것이다.

참고문헌 REFERENCES

[0] Code of Practice drives the future of autonomous farm machinery. Grain Central, August 5, 2021. https://www.graincentral.com/ag-tech/code-of-practice-drives-the-future-of-autonomous -farm-machinery/

[1] Roos, Michael; Siegmann, Marvin (2020) : Technologie-Roadmap für das autonome Autofahren: Eine wettbewerbsorientierte Technik- und Marktstudie für Deutschland, Working Paper Forschungsförderung, No. 188, Hans-Böckler-Stiftung, Düsseldorf

[2] Bardt, H. (2016): Autonomes Fahren. Eine Herausforderung für die deutsche Autoindustrie. In: Vierteljahresschrift zur empirischen Wirtschaftsforschung 43 (2).

[3] Koppel, O.; Puls, T.; Röben, E. (2018): Die Patentleistung der deutschen KFZ-Unternehmen. Eine Analyse der Patentanmeldungen beim deutschen Patent- und Markenamt unter Berücksichtigung von branchen- und technologiespezifischen Schwerpunkten. IW-Report 34/18, 1-27, https://www.iwkoeln.de/fileadmin/user_upload/Studien/Report/PDF/20 18/IW-Report_2018-34_Patente_der_Kraftfahrzeugindustrie.pdf

[4] Bardt, H. (2017): Deutschland hält Führungsrolle bei Patenten für autonome Autos. In: IW-Kurzberichte, Institut der deutschen Wirtschaft Köln, S. 1-3.

[5] DPMA (Deutsches Patent- und Markenamt) (2019): Autonomes Fahren: Zahlen und Fakten,https://www.dpma.de/docs/presse/infografiken_autonomes_fahren.pdf

[6] Steven Underwood: Automated, Connected, and Electric Vehicle Systems: Expert Forecast and Roadmap for Sustainable Transportation. Connected Vehicle Proving Center Institute for Advanced Vehicle Systems University of Michigan - Dearborn. 2014

[7] NHTSA: Critical Reasons for Crashes Investigated in the National Motor Vehicle Crash Causation Survey. Feb. 2015. https://crashstats.nhtsa.dot.gov/Api/Public/ViewPublication/812115

[8] https://valientemott.com/auto-collisions/self-driving-cars-pros-and-cons/

[9] Dudenhöffer, Ferdinand (2014): Deutsche Autobauer dominieren Premiumgeschäft. In. GAK - Gummi, Fasern Kunststoffe 67 (4), S. 200-202

[10] Hanky Sjafrie; Introduction to Self-Driving Vehicle Technology, Chapman and Hall/CRC, 2020.

ㅈ

ㅊ